전사^{戰士}의 길

옮긴이 임채상

육군사관학교에서 전쟁사를 전공하고 기갑여단장을 역임하였으며, 전역 후 국방대학교 정신전력·리더십개발원과 육군리더십센터에서 전문연구원으로 활동하였다. 그리고 가천대학교에서 행정학박사 학위를 받고 행정학과 겸임교수로서 강의하였다. 현재는 한국설득연구소 설득포럼 전문위원으로 활동하면서 시민교육에 참여하고 있다. 주요 연구 활동으로 "리더의 암묵적 지식과 리더십 유효성 관계", "군 리더십정책과 교육발전", "육군 리더십철학 정립", "전장리더십 역량개발" 등이 있으며, 주요 저서로서 『골란고원의 영웅들』(세창출판사)을 편역하여 출간하였다.

전사戰士의 길

초판 1쇄 인쇄 2021년 03월 25일
초판 1쇄 발행 2021년 04월 1일

—

지은이 아비그도르 카할라니   **옮긴이** 임채상
펴낸이 이방원
편 집 안효희·김명희·정조연·정우경·송원빈·최선희·조상희
영 업 최성수

—

펴낸곳 세창출판사

  신고번호 제300-1990-63호 **주소** 03736 서울특별시 서대문구 경기대로 58 경기빌딩 602호
  전화 02-723-8660 **팩스** 02-720-4579 **이메일** edit@sechangpub.co.kr **홈페이지** http://www.sechangpub.co.kr
  블로그 blog.naver.com/scpc1992 **페이스북** fb.me/Sechangofficial **인스타그램** @sechang_official

—

ISBN 979-11-6684-011-1   03390

ⓒ 임채상, 2021

이스라엘 전쟁영웅의 회고록

전사戰士의 길

A. 카할라니 지음 | 임채상 옮김

세창출판사

옮긴이의 머리말

아비그도르 카할라니는 '군인(軍人)의 길'이 아닌 '전사(戰士)의 길'을 기록했다. 그는 현대사에 있어서 이스라엘이 수차례 치러야만 했던 전쟁인 1967년의 6일 전쟁, 1973년의 욤키푸르 전쟁, 1982년 레바논 전쟁에 모두 참가하였다. 수년마다 치른 전쟁을 통해서 그는 국가가 실행하기로 결정한 전쟁이란 무엇인가? 이때 군대의 역할은 어떠해야 하는가? 전투의 본질과 실상은 무엇인가? 역경을 극복해야 할 전투전사로서 지휘관과 리더들은 어떠한 리더십을 발휘해야 하는가? 부하 전투원들은 실제로 어떠한 사람들인가? 전우애란 무엇인가? 후세들에게 물려줄 군대유산과 전통은 무엇인가? 지향해야 할 전투발전의 모습은 어떠한 것인가?에 대해서 끊임없이 고민하고 염려하였으며, 이를 하나의 군대철학으로 엮어서 우리에게 보여 주고 있다.

카할라니는 한 사람의 참군인인 동시에 한 사람의 진솔한 인간으로서, 사람 냄새를 느끼게 해 주는 이스라엘의 살아 있는 전쟁 영웅이다. 항상 올바른 길을 정하고 전쟁터와 일상에서 진정한 용기를 보여 주었던 이스라엘의 한 전사의 이야기를, 우리나라 군인들과 또 군대에 관심 있는 독자들에게 소개할 수 있어서 매우 영광스럽게 생각한다.

국가가 전쟁의 목적과 목표를 결정하면, 군대는 모든 수단과 방법을 사용하여 전쟁을 기필코 승리로 이끌어야 한다. 이스라엘 군대는 정치지도자들의 결정에 따라서 수행했던 매번의 전쟁에서 극적인 승리를 거두었지만, 오늘날 매스컴과 언론매체가 발달한 현대전쟁의 환경하에서 국민들의 따가운 목소리와 여론을 함께 들어야 했다. 카할라니는 그들의 목소리를 전해 주고 있다.

카할라니는 첫 번째 저서인 『용기의 고원(The Heights of Courage)』(국내에서는 『골란고원의 영웅들』로 출간됨)에서는 대대장으로서 치렀던 전쟁 이야기를 다루었지만, 이번 『전사의 길(A Warrior's Way)』에서는 초급 및 중급 지휘관 시절뿐만 아니라 고급 지휘관인 사단장으로서 레바논 전쟁(이스라엘에서는 '갈릴리 평화작전'이라고 함)에 참가했던 경험을 자세하게 소개해 주고 있다. 레바논의 착잡한 산악지형과 도시지역에서 실시되었던 기갑사단의 작전은 우리나라 군대의 전쟁계획 수립가들과 기계화부대 전사들에게 많은 교훈을 주게 될 것이다.

끝으로 한국어 출판을 흔쾌히 허락해 준 카할라니 장군에게 진심으로 감사드린다. 그는 현재 이스라엘 상이군인후원회 회장으로 재직하고 있으면서 상이군인들의 재활과 복지를 위하여 온갖 힘을 기울이고 있다. 또한 선배들이 이룩한 영광스러운 군대유산을 후세 청소년들에게 물려주기 위해서 안보교육 강의 활동에도 열심히 참여하고 있다.

2021년 3월, 임채상

이츠하크 라빈 전 수상의 머리말

이스라엘 사람들은 전쟁을 치르기 위해서 이 세상에 태어난 사람들이 아닐뿐더러, 자신들의 미래를 대부분 군대라는 곳에서 보내길 원하지 않습니다. 이스라엘의 젊은이들은 다른 나라의 보통 젊은이들과 마찬가지로 하나의 안정된 직업을 가지고 열심히 일하면서 삶을 즐기고 평화롭게 살아가기를 원하고 있습니다.

그러나 이스라엘 국가의 존립에 대해 외부로부터 끊임없이 가해지는 위협은 이스라엘 젊은이들로 하여금 어떠한 어려움이 있다고 하더라도 군복무를 하도록 요구하고 있으며, 또 이러한 위협이 자기가 존재하는 데 있어 어떠한 영향을 미치고 있는지 스스로 물어보게 하고 있습니다. 우리의 젊은이들은 이러한 도전을 극복해 내어야 합니다. 젊은이들은 국방의 의무를 완수하기 위해서 개인주의와 자기의 삶을 희생해야 하는 수많은 사람들 가운데 한 사람이 되어야 합니다. 다시 말해서 젊은이들은 국가의 멸망을 막아 내고 국가의 존립을 지켜 내어야 하는 것입니다. 20세기 들어서 우리나라와 같이 국가의 존망이 계속해서 위험의 구렁텅이 속으로 빠져들었던 나라는 지구상에 사실상 거의 없었습니다.

개인의 삶을 희생해야만 하는 운명이 아비그도르 카할라니에게 닥친 것입니다. 여러 번의 전쟁은 그를 죽음의 전선으로 내몰았으며 항상 위험의 끝자락에 서 있도록 만들었습니다. 그는 6일 전쟁 시 적의 탄막사격을 뚫고 전진했던 어느 선두 전차에 타고 있었습니다. 그리고 욤키푸르 전쟁 시에는 전우들과 함께 인간과 장갑 사이, 삶과 죽음 사이, 그리고 승리와 패배 사이에 걸쳐 있던 운명의 얇은 벽 하나를 두고 처절하게 싸워야만 했습니다.

여기에 담긴 아비그도르 카할라니의 이야기는 조국을 지키기 위해 전차포탑 속에서 평생을 보냈던 용감한 이스라엘 군인의 삶을 보여 주고 있습니다. 자기 생명의 보존을 위해 싸워야 했으며, 전우들의 죽음을 지켜보면서 적개심에 이를 갈고, 또 전쟁의 상처를 안고 영혼의 고통을 숨겨 가면서 싸워야 했던 어느 용감한 군인의 삶에 대한 진솔한 이야기입니다.

1993년 8월, 이츠하크 라빈

사단장 시절의 카할라니 장군

전사의 길

헤르만 워크의 소개말

『전사의 길』 저자인 아비그도르 카할라니 준장은 전쟁영웅으로서뿐만 아니라 군사저술가로도 유명합니다. 욤키푸르 전쟁 시 골란고원에서의 영웅적이고 서사적인 전차전을 기술하고 있는 첫 번째 저서인 『용기의 고원』은 현대 전장의 생생한 경험을 다루고 있는 걸작이라고 할 수 있습니다. 이 책은 이스라엘에서 베스트셀러 반열에 올랐으며 영문판으로도 출간되었는데, 1973년 10월 이스라엘의 국가 존망이 어떻게 될지도 모르는 상황에서 그가 며칠 동안 치른 외롭고 치열했던 전투를 생동감 있게 기술하고 있습니다.

카할라니는 시리아군의 기습적이고도 맹렬한 공격을 천신만고 끝에 막아 내고 마침내 승리를 거두었는데, 이에 대한 공로로 이스라엘군 최고 무공훈장(Medal of Valor: Itur G'vura)을 받았습니다. 골란고원 전투의 분기점에서 드디어 시리아군이 전투에서 이탈해 퇴각하고 있을 때, 그의 대대는 많은 사상자들과 함께 단지 몇 대의 전차만 살아남았고 그들의 심신은 극도로 지쳐 있었습니다. 이때 그는 상급 지휘관으로부터 무전을 받았습니다. "자네가 이스라엘을 구했다!" 비록 이러한 칭찬이 전투의 열기 속에서 상관의 진심에서 우러나왔다고 할 수 있겠지만, 이는 어떻게 보면 과장된 표현일 수도 있습니다. 그러나 나중에 골란고원 전투를 냉철하게 분석했던 다수의 전쟁역사가들이 일관되게 동일한 평가를 반복하고 있다는 사실은 그 의미가 매우 크다고 할 수 있습니다.

카할라니는 예멘 혈통의 후손으로서 이스라엘 땅에서 태어났으며, 수

차례의 전쟁에서 용감하게 싸웠던 진정한 전사입니다. 전역 후에도 카할라니는 이스라엘 크네셋(Knesset)의 일원인 국회의원으로서 공공 봉사를 하였습니다.

『전사의 길』에서 아비그도르 카할라니는 전투(戰鬪)의 실상과 전사(戰士)의 본질을 더욱 상세하게 파헤치는 철학적인 작품을 썼습니다. 이스라엘군이 성취했던 경이적인 작전의 성공뿐만 아니라 이례적으로 실패했던 부분에 대해서도 솔직하게 기술한 이 책은, 관심 있는 독자들을 위해 흥미진진함과 동시에 적나라한 전장의 모습을 보여 줄 것입니다.

나는 카할라니를 수년간 알고 지내고 있는데, 그의 저작을 통해서 많은 것을 얻었을 뿐 아니라 그를 친구로 둔 것을 매우 자랑스럽게 생각하고 있습니다. 카할라니에 대한 이츠하크 라빈 수상의 설득력 있는 머리말이 모든 것을 말해 주고 있지만, 나는 카할라니에게 존경의 말을 덧붙임과 동시에 이 책의 영문판을 추천하게 된 것을 무한한 영광으로 생각하고 있습니다.

1993년 10월, 헤르만 워크

욤키푸르 전쟁 시 카할라니 대대장

차례

부록

살아 돌아오지 못한 전우들에게
이 책을 바칩니다.

욤키푸르 전쟁이 끝나고

새벽이 밝아 오자 우리는 차를 타고 내가 태어나서 자라난 고향의 농촌 마을인 네스 시오나(Nes Ziona)로 향했다. 나의 삶에서 많은 부분을 차지하고 있고 정다운 이웃들이 살고 있는 그곳으로 가고 있었다. 심장이 두근거렸다. 나는 가족과 재회할 순간이 다가오자 점점 흥분되기 시작했다. 나의 동생 에마누엘(Emmanuel)이 전사했다. 불과 몇 시간 전 부대에서 이 소식을 나에게 알려 주었는데 마음이 무척이나 무거웠다. 나는 동생의 마지막 순간에 대해서 알고 싶었고, 또 그가 어떻게 싸웠는지도 듣고 싶었다. 내가 알고 있었던 동생은 시나이 전선에서 이집트 군대에 맞서 싸운 전차승무원으로 있었다는 것뿐이었다. 부모님을 뵙는다는 것이 다시금 나를 초조하게 만들었다. 나의 상관인 여단장 야노시(Yanush)[1] 대령이 전해 주기를, 나의 부모님은 동생의 전사 소식을 듣자마자 나를 곧바로 전쟁터로부터 빼내어 빨리 고향에 오게 하도록 자기에게 간청했었다는 것이다.

고향에 오는 동안 차 안은 안락했지만 잠을 잘 수 없었다. 고속도로에는 유달리 많은 군용차량들이 달리고 있었다. 나는 운전병에게 부모님 집과 얼마 떨어져 있지 않은 내 집에 먼저 차를 세워 달라고 요청했다. 지붕에 기와가 깔려 있는 것을 보고는 깜짝 놀랐다. 내가 전쟁에 나갈 때는 지붕에

---

[1]   **아비그도르 '야노시' 벤-갈(Avigdor 'Yanush' Ben-Gal)**: 1973년 욤키푸르 전쟁 시 제77전차대대장인 카할라니의 상관으로서 제7기갑여단장 직책을 수행하였다. 나중에 야노시는 골란고원의 제36사단장, 북부사령관 등을 역임하였다. 그는 카할라니가 평생 존경했던 군 선배의 한 사람으로서 여러 면에서 조언과 도움을 주었다.

아무것도 없었다. 집 옆에 산더미 같이 쌓아 놓았던 기와들이 지금은 모두 지붕 위에 올라가 있었다. 마당을 조용히 둘러보니 곧 다가올 겨울비를 더 이상 걱정하지 않아도 될 것 같았다. 이웃인 실로모(Shlomo) 씨가 마당으로 뛰어나오면서 흥분한 채 인사를 했다. 그는 아내 달리아(Dalia)가 아이들을 데리고 예루살렘의 친정집으로 갔기 때문에 지금은 집에 없다고 알려 주었다. 아내는 처남 일란(Ilan)이 이번 전쟁에서 전사해서 지금 7일장을 치르고 있기에 자기 부모님 곁에 가 있었다. 전쟁 기간 동안에 처가 부모님들이 우리 부모님 집에 와 있었는데, 그들에게도 우리와 똑같은 비통한 소식이 날아들었던 것이다. 나는 굳이 아내를 찾지 않았다. 처가 부모님에게 있어서 그들의 아들 일란은 이스라엘이 치른 전쟁에서 두 번째로 잃어버린 자식이 되었다.

"지붕에 기와들을 어떻게 올렸습니까?" 실로모에게 물었다.

"민방위대 사람들이 와서 올렸지요. 마을 이장님이 그들에게 시켰어요. 우리 모두 비가 오는 것 때문에 걱정을 많이 했습니다." 그는 지붕 작업을 마친 것에 대해 자랑스러워했다. "그들이 수고를 많이 했지요."

오랜만에 집에 온 나는 좀 더 머물면서 쉬고 싶었다. 그렇지만 정작 나를 기다리고 있는 어려운 일을 늦추어 봐야 소용이 없었다. 그건 부모님과의 피할 수 없는 재회였다.

차가 부모님이 사는 집 마당으로 조용히 들어가 멈추어 섰다. 안에서 기도소리가 들렸다. 이웃에 사는 유대교회 신자들이 부모님한테 와서 같이 예배를 드리고 있었는데, 이것은 상을 당한 이웃을 위한 유대인들의 관습이었다. 내가 도착한 것을 알고는 아버지가 마당으로 나오셨다. 아버지는 내가 입고 있던 더럽고 기름때가 잔뜩 묻은 전차승무원복을 바라보았다. 나의 얼굴은 18일 동안 자란 수염으로 덥수룩하게 덮여 있었다. 이를 본 아버지는 감정이 북받쳐 올랐다. 하얀 수염이 난 아버지는 눈이 빨갛게 충혈

전사의 길

되고는 이내 고개를 푹 떨구었다.

"수고했다. 와 주어서 고맙다. 마침내 부대에서 너를 집에 보내 주었구나." 아버지는 감정을 억누르며 다소 불만스러운 듯 말씀하셨다. "그래, 무슨 말이라도 좀 해 보아라." 나를 끌어안고 기쁨과 슬픔이 교차한 듯 눈물을 흘리며 말을 이었다. "에마누엘이 죽었다. 그리고 나는 늘 네가 걱정이 되었어. 너는 언제나 불길 속에 먼저 뛰어드는 녀석이었잖아."

집 안에 있던 사람들이 예배를 드리다 말고 창문을 통해 우리를 내다보았다. 아버지가 격한 슬픔을 쏟아내자 나의 운전병은 놀라서 한 발짝 뒤로 물러섰다.

동생 에마누엘은 나를 따라 기갑부대로 왔었는데, 사실은 내가 병기병과에서 전차병과로 전과하도록 그를 부추겼던 것이다. 그는 지금 행복하고 신나는 신혼여행을 가 있어야 할 사람인데, 불행하게도 전쟁터에서 죽고 만 것이다.

나는 어머니를 보고 싶었다. 어머니는 나에게 달려와 목을 껴안았다. 눈물을 닦아드리는 것 말고는 달리 할 것이 없었다. 어머니가 더 늙어 보이셨다.

"하나님이 나를 위해서 너를 살려 주셨구나." 어머니는 날 놓지 않고 훌쩍거리며 우셨다. 전쟁 기간 동안 나의 전차대대에서 정비병으로 복무하고 있던 막냇동생 아르논(Arnon)도 집에 와 있었다. 내가 동생을 집에 가도록 승인해 준 기억이 없는데 누가 보내 주었단 말인가. 멀리 아라드(Arad)에서 살고 있는 여동생 일라나(Ilana)도 부모님 곁에 왔다. 잠시 후 가족들은 나더러 예루살렘 처가에 가 있는 아내와 자식인 드로르(Dror)와 바르디트(Vardit)를 보러 빨리 가 보라고 말했다.

먼저 아내와 잠시 통화한 다음 예루살렘으로 출발했다. 오랜만에 만난 아내의 얼굴은 분필처럼 하얗고 창백하게 보였다. 처가 부모님을 보니 그들은 자식 잃은 상실감을 도저히 이겨 낼 수 있을 것 같지 않아 보였다. 그들의 슬픔을 위로하기 위해 흩어져 살고 있던 친척들이 모두 모였다. 거기에 온 사람들은 내가 골란고원에서 겪었던 이번 전쟁의 시련에 대해 나에게 직접 듣고 싶어 했다. 그들이 유일하게 들었던 전쟁 소식은 주로 매스컴을 통한 것이었기 때문에 현장에서 직접 겪은 군인에게 들어 보기를 원했다.

내가 이 전쟁이 왜 일어나게 되었는지 잠깐 설명하자, 사람들은 곧 정부의 처사에 대하여 비난의 화살을 일제히 퍼부었다. 나는 그들의 비난을 듣고 싶지 않았다. 대화의 주제는 나와 전혀 상관없는 것들이었다. 나는 후방에서 가족들과 머물고 있는 것이 더 이상 편치 않았다. 당시 나의 부하들은 모두 골란고원에 있었고, 그들은 나처럼 휴가를 내어 빨리 집에 가기를 절실하게 원하고 있는 것이 분명하였기 때문이다.

당시 휴전이 발효되었음에도 불구하고 골란고원에서는 여전히 긴장감이 감돌았다. 시리아 영토 내의 '점령지역'²에 주둔하고 있던 아군 부대들은 적과 가끔씩 교전을 실시하였다. 그때 보이고 있었던 상대적인 평온함은 마치 폭풍의 전야와도 같았다. 모든 군인들은 또 다른 사태가 곧 벌어지게 될 것이라고 믿고 있었다.

아내와 같이 네스 시오나에 있는 내 집으로 돌아오자 전화벨이 계속 울리고 있었다. 나는 즉시 부대로 복귀해야 했다. 부대로 돌아가기 위해 조용히 짐을 꾸리기 시작하자, 아내는 이것저것 궁금한 것을 걱정스럽게 물어보았다.

부대에 복귀하여 다음 전투를 위해서 다시 재편성한 전차 대열을 바라

---

2   **점령지역(Enclave):** 타국 영토 내에 있는 자국 영토를 말한다. 욤키푸르 전쟁 시 이스라엘군이 최초 방어작전에 성공한 후 시리아 영토 내로 반격작전을 실시해서 점령했던 지역을 말한다.

보니 나는 자신감이 생겼다. 나는 초급 지휘관들과 병사들을 사랑하였다. 전차 사이를 돌아다니면서 화기를 점검하고, 탄약을 적재하며, 헌신적으로 정비하고 있는 전차병들의 모습을 보는 것은 무척이나 즐거운 일이었다. 전차를 정상 상태로 만들어 놓기 위해서 그 누구도 정비교범을 굳이 펴 볼 필요가 없었다. 그들은 자기의 할 일을 완벽히 숙지하고 있었다. 일에는 중요한 것과 중요하지 않은 것이 있는데, 이 전쟁은 두 가지를 분명하게 구분할 수 있는 능력을 키워 주었다. 부하들은 어떤 상황에서도 임무를 완수할 수 있다는 감각을 키웠고 또 자신감을 가지게 되었다. 내가 타는 대대장전차 승무원들도 각자의 일을 열심히 하고 있었다. 조종수 유발(Yuval)은 적 사격으로부터 전차궤도를 방호해 주는 바주카 플레이트(Bazooka Plates)[3]를 어디선가 구해 와 뚝딱거리면서 붙이고 있었다. 탄약수이자 무전병인 기데온(Gideon)은 예비탄약을 포탑에 적재하고 기관총과 무전기를 점검하고 있었다. 포수인 동시에 다른 승무원을 보조하는 킬론(Kilyon)은 혹시 듣고 싶어 하는 사람들이 있다면 그 누구에게도 자신의 전쟁 경험담을 끊임없이 주절거리며 들려주고 있었다. 대대 작전장교인 기디 펠레드(Gidi Peled)는 더욱 성숙해져 있었다. 우리 모두는 전쟁의 상처를 안은 채 다음 전투를 준비하고 있었다.

　　나는 평온 속에 있는 대대에 비상을 걸어서 흔들어 깨운 다음 골란고원에 있는 훈련장으로 출동하였다. 각 중대의 전차들은 마치 실제 전투라도 하는 듯이 사격훈련을 실시했다. 굳이 표적을 따로 세울 필요가 없었는데, 왜냐하면 도처에 파괴되어 있는 시리아군 전차들이 널려 있었기 때문이다. 그

3　**바주카 플레이트:** 전차 차체의 측면 스커트(Side Skirt)를 말한다. 적의 경대전차화기로부터 전차궤도를 보호하기 위하여 부착한다. 우리나라의 K계열 전차에도 특수장갑의 측면 스커트가 부착되어 있다.

것들 중에는 손상되지 않은 전차와 장갑차들도 있었는데, 나중에 전장구난
팀이 와서 쉽게 견인해 갈 수 있도록 이들을 따로 분리해서 정렬해 놓았다.

우리는 전시치장물자 창고[4]에서 새로운 장비와 보급품을 풍족하게 수
령하였다. 전차의 적재상자에는 담배와 과자들을 가득 채웠다. 우리는 전
쟁 동안 빠졌던 체중을 다시 늘릴 수 있었다. 전투 기간 내내 우리가 가장
많이 요구했던 것이 방탄조끼[5]의 지급이었는데, 지금은 대부분의 승무원들
이 착용할 수 있게 되었다.

당시 정부 지도자들이 벌이고 있었던 정치적 협상은 어떠한 결실도 가
져다주지 않았기 때문에 군인들은 또다시 전쟁의 문턱에 와 있음을 느끼
고 있었다. 이스라엘은 이집트와 시리아를 대상으로 휴전 협상을 한창 진
행하고 있었다. 우리가 전쟁에서 압도적인 승리를 이끌어 내었음에도 불구
하고, 시리아는 승자에게나 볼 수 있는 그런 자신감을 내보이고 있었다. 나
는 그들의 뻔뻔함이 도대체 어디서 나오는 것인지 궁금하였다. 그들은 눈
에 보이는 않는 무슨 비밀병기라도 갖고 있는 것일까? 우리가 알기로 소련
은 그들이 원하고 있는 전쟁 물자를 다시 지원해 주고 있었는데, 전차의 공
급을 포함해서 이번 전쟁에서 잃었던 모든 것을 되돌려 놓고 있었다. 어찌
된 일인지 그들의 수도인 다마스쿠스(Damascus)로부터 30㎞ 근접지역까지
진격한 우리의 존재가 시리아에게는 전혀 문제가 되어 보이지 않았다.

나는 정치적인 문제보다는 우선 나의 대대로 관심을 돌렸다. 만일 나
의 예측이 맞는다면 우리 대대는 전쟁 중에 획득한 시리아 내의 점령지역

4   **전시치장물자 창고(Emergency Depots):** 상비군에게도 중요하지만, 대규모의 동원 예비군 전
력에 의존하는 이스라엘군은 이 창고를 매우 중요시하고 있다.

5   **방탄조끼(Flak Jackets):** 욤키푸르 전쟁 후 전차병의 방탄조끼 착용에 대해서 이스라엘군 내부에
서 논란이 있었다. 그러나 전투현장에 있었던 여단급 이하 지휘관들은 방탄조끼의 지급을 선호하였다.

으로 곧 돌아가 그곳에 주둔하게 될 것이다. 전쟁 전 시나이 지역에 주둔하고 있었던 제77전차대대의 주둔지는 해체되었고, 그곳에 있던 모든 장비와 비품들이 이곳 골란고원의 새 주둔지로 옮겨졌다. 며칠이 지나서 우리는 전사한 많은 전우들의 소식을 듣게 되었다. 나는 더 이상의 이러한 죽음들이 제발 멈추어 주기를 진심으로 간절히 기도했다. 이스라엘군의 특성상 군대생활을 오래 한 군인들은 자연히 전우들도 많이 알게 되어 있다. 나는 슬픈 소식을 되도록 늦게 듣고 싶어서 전사자 명단을 일부러 찾으려고 하지 않았다.

TV 뉴스, 신문 헤드라인, 토크 쇼, 라디오 등 모든 이스라엘 언론매체들은 새롭게 떠오른 국가 스포츠처럼 이번 욤키푸르 전쟁의 속죄양 사냥(Scapegoat-Hunting)에 나섰다. 국민들은 전쟁으로 인해서 큰 충격을 받았으며, 위기를 제대로 극복하지 못한 국가의 능력에 대해서 의심하였다.[6] 전쟁 전 우리는 조국 이스라엘이 튼튼한 국방력을 갖고 있는 강한 국가라고 생각했었다. 따라서 국민들이 무기를 줄여 나가고 식량을 더 많이 요구하게 되자, 상대적으로 이스라엘 군대는 서서히 약해지기 시작했다. 욤키푸르 전쟁 바로 직전, 정부는 병사들의 의무복무 월수가 36개월에서 30개월로 줄어들 것이며, 예비군들의 동원훈련 기간도 매년 50% 정도씩 줄여 나갈 것이라

---

6   전사자 2,812명, 부상자 8,800명, 포로 239명이 발생한 욤키푸르 전쟁이 끝난 후, 이스라엘 국민들의 여론은 전쟁에 대한 진상조사를 요구하였다. 이에 따라 1973년 12월 대법원장 아그라나트(Agranat)를 위원장으로 전쟁진상조사위원회(일명 아그라나트 위원회)를 구성하였다. 아그라나트 위원회는 군대의 전투준비태세와 욤키푸르 전쟁이 발발하던 과정에 대해서 14개월 동안 50여 명으로부터 증언을 들었다. 최종보고서(1,500페이지)를 작성한 후 일단 60페이지의 요약본만 먼저 공개하고, 나머지는 비밀로 분류하였다가 40년 만에(2009년)에 해제하여 일반에게 공개하였다. 아그라나트 위원회의 전쟁진상조사 보고서를 보면, 군 수뇌부의 전쟁징후 판단과 최종 결심권자인 정치지도자 사이에 올바른 의사결정에 도달하는 데 실패했던 과정을 잘 보여 주고 있다.

고 발표하였다. 또 시나이 전선에 투입하게 되는 동원기갑여단 2개 중 하나를 해체할 준비를 하였다. 돌이켜 보면 이러한 모든 조치들은 차기 선거와 연관되어 있었으며, 따라서 정부는 임박한 전쟁에 대비하는 우선적 조치인 예비군 동원령을 발령하는 데도 조심스러워하고 있었다. 전문가 의견에 의하면 동원령 발령은 국민들이 국가안보에 절대적으로 필요하다고 공감했을 경우에만 정치적 힘을 얻을 수 있다고 한다. 당시 소련은 이스라엘로 이민 가기를 원하는 유태인들을 모두 보내 주었고, 미국은 이스라엘에 무기와 식량을 원하는 대로 대어 주었으며, 아랍 국가들은 편리하고 값싼 노동력을 이스라엘에 충분히 제공해 주고 있었다. 바로 이러한 여유로움과 평화스러운 분위기 속에서, 정부는 예비군 동원령을 발령해야만 하는 운명적인 의사결정을 해야 했다. 오늘날과 마찬가지로 그 당시에도 이스라엘은 상비군만 가지고 국가를 방어할 수 없었다. 이스라엘군이 전쟁의 억제력을 유지하면서 전쟁을 수행할 공격력을 가지기 위해서는 예비군 동원이 절대적으로 필수적인 것이다.

욤키푸르 전쟁이 끝난 후 국가는 스스로 목을 조이고 있었다. 전쟁 전과 같은 일상생활로 쉽게 돌아가지 않았고, 전쟁의 원인을 두고 국민여론을 분열시키는 논쟁들이 더욱 뜨거워졌다. 따라서 국민들은 피로감으로 지쳐 갔고 이러한 시기가 지나게 되자 사람들은 오로지 평화와 고요함을 원하였다. 이집트와의 협상에서 우리가 유리한 고지를 선점하고 있는 것이 틀림없었다. 우리는 당시 이집트의 제3군을 포위하였으며, 이제 그들은 국제기구에게 원조와 보호를 호소하고 있었다. 이집트군 참모총장 샤즐리(Shazli) 장군은 자신의 저서 『수에즈의 도하』에서 이스라엘군은 당시의 전투력을 가지고서 이집트의 영토를 완전히 유린해 버릴 수도 있었음을 인정하였다.[7] 이와 대조적으로 시리아는 수도 다마스쿠스에 대한 우리의 군사적 위협을 중지할 것을 협상조건에 달고, 또 전쟁포로 송환에 대한 논의를 거절하면서 여전히 완강하게 고집을 부리고 있었다. 추운 겨울바람이 골란고원에 주둔하고 있는 군인들의 사기를 얼어붙게 하듯이, 그들의 고집스럽고 계속적인 압박은 정치적 협상에 찬물을 끼얹고 있었다.

전쟁 후의 나날들

제77전차대대의 전사들에게는 일상적인 훈련실시와 함께 전투준비태세를 유지하는 두 가지 임무를 수행하는 부대생활이 시작되었다. 많은 부대원들이 전쟁 기간 동안에 길렀던 턱수염을 당분간 그대로 두어 달라고 건의하였는데, 앞으로 6개월만 더 허용해 줄 수 있다는 것을 서면으로 약속받았다.[8] 그들은 무슨 말인지 곧 알아차렸다. 우리는 전쟁 전에 유지했던 군기와 질서로 되돌아오고 있었다.

장교와 병사들은 노획한 적군의 무기와 아군의 우지(Uzis) 소총을 비교해 본 후 적군의 무기를 취하기 시작하였다. 적군의 권총과 AK-47 자동소총은 어디에서나 볼 수 있었다. 그러나 이런 전리품들은 부하들을 위험하게 만들었다. 대대에는 적군의 화기를 쏠 수 있는 탄약을 갖고 있지 않았을뿐더러 아무도 그것을 정비할 줄 몰랐다. 나는 이러한 행동에 대해서 종지부를 찍고 모두 우지 소총으로 환원시켰다.

전차들의 풍경이 평시 모습과 달라 보였다. 전차승무원들은 예비품목

---

7   **수에즈의 도하(The Crossing of the Suez):** 당시 이집트군 참모총장이었던 사드 엘 샤즐리 중장의 저서로서 제4차 중동전쟁(욤키푸르 전쟁)의 일일 진행과정, 바 레브(Bar Lev)선의 탈취, 정치지도자와 군부의 갈등, 그리고 이스라엘군의 역습과 이집트 방어선 돌파에 대해서 기술하고 있다. 우리나라에는 아직 번역되지 않은 책이다. 반면 이스라엘의 시각에서는 기갑사단장 아브라함 아단 장군이 저술한 『수에즈의 양안(On the Banks of Suez)』이라는 책이 유명하다. 우리나라에서는 『수에즈 전역』이라는 제목으로 번역 출판되어 있다.

8   **전쟁 기간 중 면도하지 않기:** 우리에게는 이상하게 보일지 모르지만, 이스라엘군은 전쟁 기간 동안 금기사항(타부)으로서 수염이나 머리를 깎지 않는 관습이 있다.

을 몇 다발씩 포탑 주위와 펜더 부분에 끈으로 묶었는데, 이는 마치 전쟁 동안에 잃어버렸던 모든 것에 대해서 이자를 붙여 보상받으려 하는 것 같았다. 적의 사격에 충분히 대응하기 위해 외부 적재상자에 추가 탄약을 가득 채웠다. 나는 병사들에게 탄약적재규정에 따라서 다시 적재하도록 명령했다. 그러나 전차포탑 주위에 묶어 놓은 예비품목들은 다른 문제이다. 예비품목들은 유사시 전차승무원들이 활용하는 용도에 추가하여 전차의 방호력을 증가시켜 주는 데 유용한 측면도 있다. 전차 차체의 보호를 위한 측면 스커트판을 전투 중에 잃어버렸는데, 승무원들은 '눈물의 계곡' 지역으로 가서 잃어버렸던 것을 되찾아 전차에 싣고서 돌아왔다. 지금은 전차 간 서로 빌려 가지 못하도록 측면 스커트판에다 페인트로 자신의 표식을 해 놓았다.

골란고원에 매서운 겨울 날씨가 닥쳐오자, 병사들은 마치 접시처럼 보이는 알록달록한 외투를 입기 시작하였다. 전쟁이 끝난 다음 얼마 동안은 지옥의 불길에서 다시 살아 돌아온 부하들에 대해서 정상적인 리더십을 발휘하기가 무척 어려웠다. 그러나 군대의 기강 속으로 부하들을 되돌려 놓는 것을 지체했다간 나중에 일을 더 어렵게 만들 것이다. 지휘관은 전투가 준 교훈을 자기 부대에 즉시 적용시켜야 한다. 전차포탑에 불필요한 예비품목들을 잔뜩 매달고 있으면 전차포의 360도 회전을 어렵게 만들어 적으로부터 먼저 공격을 받을 뿐이다. 남아서 여기저기 돌아다니는 각종 탄약들도 승무원과 주변을 위험하게 만든다. 부대 관행으로 전투차량에 색칠해 놓은 '전통적인 흰색 전술표식'[9]은 오히려 적으로 하여금 원거리에서 아군

---

9 **흰색 전술표식(White Tactical Marking):** 전투 간에 피아 식별뿐만 아니라, 아군 부대 간에도 식별이 용이하도록 사용한다. 그러나 카할라니는 적이 원거리에서 아군을 용이하게 식별할 수 있음을 경계하고 있다. 자세한 내용에 대해 관심 있는 독자들은 『골란고원의 영웅들』(세창출판사, 2000)을 참고하기 바란다.

전사의 길

전차의 식별을 용이하게 만들어 줄 수 있는 측면도 있다.

솔직히 말해서 군인들은 전장에서 살아 돌아오지 못한 전우들을 많이 생각한다. 자신이 살아 있다는 것은 정말로 행운이라는 생각이 갑자기 든다. 사실 살아남는다는 것은 지혜를 필요로 하는 것이 아니며, 어쩌면 행운의 결과일 수 있다. 이러한 마음의 틀 속에서 군인들은 책을 읽음으로써 이러한 생각을 다듬으려고 노력한다. '자기중심적(Me-First)' 태도를 가진 일부 군인들은 힘든 임무를 자처하여 희생하고자 하는 동료전사들의 마음에 상처를 줄 수 있다.

사단 부관부에서 전투 중에 부상당한 부하들의 명단을 보내왔다. 부상자들은 이스라엘의 여러 민간 종합병원에 분산되어 입원하고 있었는데, 그들의 개인 위치를 명확하게 파악할 수 없었다. 누구든지 쉽게 죽을 수 있다는 생각이 항상 나를 괴롭혀 왔다. 나의 대대에서는 전투 중에 실종된 병사가 하나도 없음을 하나님께 감사드렸다. 나는 전쟁 기간 동안 대대에서 발생한 사상자의 신원을 식별하지 못하는 일이 발생하지 않도록 특별한 관심을 가졌으며, 사상자 후송반으로 하여금 그들의 몸에 반드시 인식표를 부착할 것을 강조하였다. 전쟁이 벌어진 이튿날, 적의 압박으로 인해서 전투진지에서 철수할 때 적 포병사격으로 전차장 한 명이 전사하였고 기타 승무원들은 피격된 그 전차를 포기하고 탈출했던 일이 있었다. 당시 우리는 그 전차장이 쓰러져 있는 전차에서 멀리 떨어진 후방에 철수해서 새로운 전투진지를 점령하게 되었다. 우리는 전사한 전차장의 시신을 후방으로 옮기기 위해서 적이 있는 그 지역을 다시 공격하였다. 시리아군의 기관총과 포병사격을 받는 가운데 우리는 피격된 전차에 도착해서 그의 시신을 수습하였으며, 이후 장례를 위해 후방으로 이송하였다. 나는 시신마저 전쟁터에서 돌아오지 못한 자식의 부모를 만나서 이를 어떻게 설명해야 할지 생각하면 늘 마음이 아팠다. 즉 전투실종자(Missing in Action: MIA)의 문제다.

전투실종자

전투실종자(MIA)라는 개념은 나를 항상 불편하게 만든다. 이스라엘군에서 많은 지휘관들이 이것 때문에 시련을 겪었다. 나는 다른 지휘관들이 겪었던 쓰라린 경험을 통해서 이것을 배웠다는 것이 그저 행복할 뿐이다.

이스라엘군에서 전투실종자란 '생존해 있다는 증거가 발견되지 않은 군인'이라고 정의하고 있다. 아직도 살아 있을지 모르는 전투실종자와, 분명히 전사했는데 매장장소가 알려지지 않은 사망자 사이에는 구분이 필요하다. '전투 중 분명하게 전사했는데 시신을 발견하지 못한 군인'을 매장불명자(Place of Burial Unknown: PBU)[10]라고 한다. 목격자의 증언과 전쟁터의 증거를 바탕으로 하여 매장불명자를 분류하는데, 이들이 전투실종자가 아니라는 것을 판정하는 권한을 가진 유일한 사람은 이스라엘군 국방부의 랍비 수장(Chief Rabbi)[11]이다. 그의 판정은 결정적이다. 이스라엘에서 개인의 신분을 지배하는 종교적 법률 하에서 전투실종자의 아내를 '아구나(Aguna)', 즉 재혼할 수 없는 '버림받은 아내'라고 부른다. 그래서 이 판정은 재혼하려는 며느리의 운명에 대해 부모의 친척들이 가지고 있는 의구심을 떨쳐 버리게 해 준다는 점에서 매우 중요하다. 1948년 이래 이스라엘군은 58명의 매장불명자 목록을 가지고 있다. 여기에 1968년 바다에서 사라진 잠수함 다카(Dakar)호의 승무원 69명을 더해야 할 것이다.

이스라엘군 국방부에 대령이 담당하는 특별부서가 전투실종자 문제를 다루고 있다. 욤키푸르 전쟁의 사후조치를 하면서 전투실종자 처리를 공식화하였다. 공군은 자기 소속의 전투실종자를 다루는 전담부서를 만들었으며, 육군은 3개의 지역사령부와 사단급 제대의 대표자들을 활용하여 전투실종자를

---

10 **매장불명자:** 우리나라 군대에서는 명확하게 설정되어 있지 않은 개념이다.
11 **랍비 수장:** 우리나라 국방부의 군종실장과 같은 역할이다.

전사의 길

찾는 전담기구를 설치했다.

욤키푸르 전쟁이 끝난 직후 약 1,200명이 전투실종자로 기록되었다. 그러나 이 숫자에는 기록상의 문제가 포함되어 있음이 분명하였으며, 또 그중 일부는 적의 포로로 잡혔기 때문에 그들의 이름을 알 수 없는 경우도 있었다. 적에게 잡힌 포로의 명부를 확인하고 또 기록상의 오류 문제를 해결한 후 전투실종자는 약 300명으로 줄어들었다. 이스라엘군 국방부 군종실과 연계한 특별기구가 이러한 문제를 해결하기 위해서 오랫동안 작업을 해 왔다. 이스라엘의 최고전문가 몇 명이 야전부대 담당관을 돕기 위해서 임명되었다. 아군 지역을 비롯해 적군지역까지 포함하여 많은 조사와 수색활동을 통해 확인한 결과, 전투실종자는 최종 19명으로 줄어들었다. 이스라엘군 랍비 수장은 기존의 전투실종자 중 대부분이 전투 중에 사망한 것으로 확인하고 그들을 매장불명자로 재분류하는 것을 승인해 주었다. 최종 전투실종자는 공군 5명, 해군 2명, 그리고 육군의 기갑부대 소속 전차승무원 12명이다.

그리고 갈릴리 평화작전이 끝났을 때는 43명의 군인들이 전투실종자 명단에 올랐다. 현재 이스라엘군 국방부는 7명이 전투실종자로 분류되어 있다고 기록하고 있다. 베카 계곡의 술탄 야콥(Sultan Yacoub) 전투 시 매복한 시리아군에게 잡힌 전차승무원 3명, 레바논에서 납치된 드루즈(Druze) 병사 1명, 1986년 2월 레바논 헤즈볼라(Hizballah)에게 납치된 병사 2명, 1985년 10월 아말(Amal)에 잡힌 1명의 공군항법사가 그들이다.

여러 전쟁에 참전했던 지휘관의 관점에서 보면 나는 전투실종자를 최소한으로 줄일 수 있다고 확신한다. 이 문제를 해결하기 위해서 많은 노력이 필요하다. 우선 이스라엘군의 모든 지휘관은 전투실종 문제를 예방하고 대처하는 방법에 대해서 교육을 받아야 한다. 지휘관은 전투실종 당시의 상황에 대해서 잘 알고 있어야 하며, 특히 그 가족의 입장을 이해하고 있어야 한다. 야전부대에서 전투실종을 예방하는 데는 큰 어려움이 없다. 모든 이스라엘군 군인들은 전장에 나가기 전에 특별한 형식의 서류를 작성한다. 그리고 전차나 차량의 차체에 차량등록 번호가 새겨져 있다. 또한 군인들은 목에 걸고 있는 인식표 외에 전투화 속에 예비를 하나 더 가지고 다닌다. 이와 관련된 군기위반에 대해서 평시와 전시를 막론하고 엄중하게 처리해야 한다. 추가적으로 이스라엘군은 전투실종자의 기록을 효과적으로 유지하기 위해 전산체계를 활용하고 있다.

　일단 지휘관들이 이 문제를 잘 인식하고 있으면, 비록 전투의 열기 속에서 군인들이 전사했더라도 신원을 알 수 없는 전사자들이 발생하지 않는다. 현재는 신원불명의 전사자가 후방으로 후송되면 의무부대나 군 종교시설에서 인수받아, 이들의 시신을 이 부대에서 저 부대로 옮기면서 신원을 정확하게 확인하기 위해 노력하고 있다. 사상자가 전장으로부터 후송되기 전에 전우들은 그를 확인해 줄 수 있는 것이라면 그 어떤 것이라도 몸에 지니게 해 주어야 한다. 치열한 전투 중에 그렇게 하는 것이 매우 힘들겠지만, 우리에게는 전사하거나 부상당한 군인을 전우들이나 의무부대에 반드시 넘겨주어야 할 숭고한 의무가 있다는 것을 명심해야 한다. 전우들이나 의무부대만이 사상자들을 전쟁터로부터 떠나가게 할 수 있다. 당시의 전투지역이 나중에 더 이상 아군이 통제할 수 없는 지역으로 바뀔 것 같다고 예상하는 현명한 지휘관이라면, 부대원으로 하여금 전사자 시신을 먼저 다른 안전한 지역으로 옮기도록 명령할 것이다.

　전투나 전쟁이 끝났을 때 부대 내에서 전투실종자가 발생하면 해당 지휘관은 군법회의나 조사위원회에서 조사를 받게 된다. 지휘관이 부하 사상자들을 전쟁터에 그냥 내버렸다는 것은 쉽게 넘어갈 수 있는 문제가 아니다. 군법회의는 지휘관의 유죄 또는 무죄를 판결하는 절대적 권한을 가지고 있다. 부하들을 전쟁터로 끌고 나가는 것은 지휘관이 가지고 있는 대단한 특권이다. 부하들은 지휘관이 자기들을 승리로 이끌어 줄 것이라 믿고 있기 때문에 물불을 가리지 않고 따른다. 그들은 자기 지휘관이 한 판단과 결심을 신뢰할 수 있다고 믿기 때문에 그가 하달한 명령을 무조건 따르게 된다. 자기 지휘관에게 몸과 마음을 맡기고 있는 부하들은 만일 그들이 부상당하거나 죽게 되더라도 결코 버림받지 않을 것임을 잘 알고 있다. 이스라엘군의 진정한 힘은 '전사(Fighter) 자신들이 어떠한 상황하에서 무슨 일이 생기더라도 전쟁터에 결코 홀로 남겨지지 않으리라는 절대적인 믿음을 갖고 있는 것'으로부터 나온다.

나는 전쟁이 끝나자마자 유가족들을 신속하게 찾아보는 것을 나의 의무로 여기고 있었으며 항상 그것을 인식하고 있다. 나는 부하 전사자들에 대해 자세하게 기록한 참고철을 가지고 있었다. '전사자 참고철'에는 그 부하가 언제 어떻게 전사했는지, 그의 죽음을 목격한 전우들의 이름, 자식의 마지막 순간을 좀 더 자세히 부모에게 전해 줄 동료들의 이름 등이 기록되어 있다. 또 전사자의 마지막 순간에 대해 중대장이나 소대장이 기록한 내용과 전사자를 처음으로 후송했던 전우들의 기록도 포함되어 있다. 그러나 지나치게 자세하거나 참혹한 내용은 배제시켰다. 다시 말하면 시나이 전선에서 전사한 동생 에마누엘의 죽음에 대해서 내가 알고 싶었던 내용이 나의 전사자 참고철에 모두 기록되어 있는 것이다.

부대 행정망을 통해서 전사자 명단을 받아 보니 내가 모르고 있었던 추가적인 전사자들이 있었다. 그들은 시나이 브엘세바(Beersheba)의 대대 주둔지 경계를 위해서 잔류하고 있었는데, 나중에 다른 부대로 배속되어 갔던 것이다. 그들이 전사했을 때 공식적으로는 제77전차대대 소속으로 되어 있었다. 에이탄 루텐버그(Eitan Lutenberg), 엘리 벤 시몬(Eli Ben Simon), 사씨 작크(Sassi Zak), 엘리 아이브리(Eli Ivri), 그리고 케이 테렌스(K. Terrence)가 그들이다. 벤 시몬의 시신은 전후 2개월이 지나서 발견됐다. 루텐버그도 최초에 전투 실종자로 분류되었는데 전후 8개월이 지나 시나이의 어느 모래언덕에서 그의 시신이 발견되었다.

이 사실은 나를 새로운 긴장 속으로 빠뜨렸다. 이 시신들에 대한 책임은 누구에게 있는가? 누가 그들의 죽음을 상급부대에 보고했는가? 누가 그들의 부모를 찾아보았는가? 그의 가족은 어떻게 살고 있으며, 누가 그의 부모에게 사랑하는 자식이 전사했던 전투에 대해서 소상하게 설명해 주었는가? 이러한 질문을 스스로 해 보니 나는 마음의 평정을 잃을 수밖에 없었다. 그들도 모두 나의 부하였던 것이다.

유가족을 찾아가는 것은 결코 잊을 수 없는 아픈 기억으로 남는다. 나는 유가족들에게 찾아간다는 것을 미리 알려 주었는데 이때 유가족의 대부분이 참석했다. 나는 명쾌하게 대답해 줄 수 없는 그들의 질문이 걱정되었다. 내가 그들의 집 안에 들어섰을 때 한 가지 사실로 인해서 나는 곧 그들의 '가족 일원'이 되었는데, 그들은 전투 기간 내내 한 번도 면도하지 못해 수염이 덥수룩한 초췌한 얼굴의 조문객을 보자마자 금방 연민의 정을 느꼈던 것이다. 유가족 가운데 어느 누구도 나에게 적대적으로 대하지 않았다. 나는 유가족들에게 이 방문의 목적을 이해시키려 노력했고, 아들이 전사하게 된 이번 전쟁의 중요성에 대해서 설명해 주었다. 이것이 그들에게 작은 위안이 되었다. 유가족들에게 자식의 죽음은 결코 헛되지 않았으며 조국을 지키기 위해서 영웅적인 죽음을 맞이하였노라고 위로해 주었다.

제77전차대대의 가족들은 이제 하나의 대가족이 되었다. 모든 유가족들은 골란고원의 눈물의 계곡(Valley of Tears)[12]을 내려다볼 수 있는 곳에 대대원들이 세운 전승기념탑에서 일 년에 두 번씩 모인다. 대대는 용감하게 싸

---

12 **눈물의 계곡:** 욤키푸르 전쟁 시 카할라니의 전차대대가 궤멸 직전에 이를 때까지 시리아군의 압도적인 공격을 필사적으로 막아 내었던 '부스터 능선'과 '헤르모니트 능선' 사이에 위치하고 있는 저지대의 계곡을 말한다. 전투가 끝났을 때 제7기갑여단은 최초 100여 대의 전차 중에서 단지 7대만 살아남아 있었고, 시리아군은 눈물의 계곡 일대에 파괴된 260대의 전차와 수백 대의 장갑차들을 남기고 퇴각하였다.

윘던 전사들의 기억을 영원히 기리고 있는데, 새로 취임하는 모든 지휘관들은 그때의 전투전사를 자세하게 연구한다. 유가족들의 슬픔을 자기들 혼자 극복하도록 놔두지 않는다는 우리의 믿음이 그들에게 자신감을 주었고, 이러한 대대의 전투유산은 모든 부대원들에게 용기와 영감을 계속 불러일으켜 주고 있다.

나는 유가족들을 만나는 데 있어 어려움이 점차 줄어들었다. 일부 유가족에게는 '접근 불가능'이라는 꼬리표가 붙어 있었는데 이제는 그것도 모두 사라졌다. 이들과의 만남에서 전사한 아들, 남편, 아버지에 대한 언급을 가급적 자제하면서 대화를 이끌려 했지만, 결국에는 날씨나 정치에 대한 이야기만 할 수 없다는 것을 깨달았다. 유가족들이 말하고 싶은 것을 모두 말하도록 대화 분위기를 이끌고 나가야 한다. 그들에게 고통을 줄 수 있다는 염려 때문에 자칫 주제를 벗어날 수도 있다. 유가족들의 관심사항을 모두 들어 주고 그들과 슬픔을 공유하는 것만이 그들의 고통을 덜어 줄 수 있다.

유가족들은 그들의 아픔을 스스로 달래지 못한다. 모든 면에서 자식의 죽음을 기릴 수 있도록 만들어 주고, 또 모든 이스라엘 국민들이 유가족들에게 관심을 가져야 한다. 지휘관이나 전우들이 직접 보살펴 줄 수 없는 지역에서는 국방부의 보훈처가 유가족들을 보살피고 있다. 최선을 다해서 유가족들을 보살펴 주는 것이, 살아남아 있는 자들이 해야 할 일이며 신성한 의무인 것이다. 현충일이면 자식의 묘지에 부대 마크로 장식된 추모화환을 놓아 주는 것이 무엇보다도 유가족들을 위로한다. 우리가 이 문제들을 다룰 줄 알게 되면 그것이 비록 사소하기는 하겠지만, 유가족들이 가지고 있는 불멸의 고통을 조금이나마 덜어 줄 수 있을 것이다.

시리아 전선의 골란고원에서는 끊임없이 비상태세가 발령되었다. 부대의 재편성을 마무리 한 다음, 나의 대대는 시리아 내 점령지역으로 이동하여 시리아군의 공격징후를 확인하라는 명령을 받았다. 당시 대대는 골란고원의 나파(Nafah) 동쪽 방향에 있는 시리아 내 점령지역인 칸 에린바(Khan Erinba)로 이동하였다. 이때 우리는 이번 전쟁의 전체적인 모습과 우리가 전쟁으로부터 받은 엄청난 충격을 이해하기 시작했다. 전쟁이 일어나기 전보다 전쟁이 끝난 다음에 부대를 지휘하는 것이 무척이나 복잡하고 더 어려웠다. 그러나 나는 곧바로 새로운 현실에 적응하기 시작했다.

남느냐 떠나가느냐

동생 에마누엘이 전사하고 30일이 지난 후, 그의 묘비 제막이 있어서 나는 고향 집으로 갔다. 그날 밤 늦게 제7기갑여단의 작전과장 하가이 레게브(Haggai Regev) 소령이 몹시 다급한 목소리로 내게 전화를 했다. 골란고원의 부대로 즉시 복귀하라는 것이었다. 다음 날 묘비 제막 행사에 내가 빠진다면 가족들이 크게 상심할 것은 너무나도 뻔한 일이었다. 가족들도 에마누엘이 묘지에 안장된 후 처음 가는 길이었다. 마음이 너무 불편한 나머지 내일 행사가 끝난 후에 복귀하겠다고 요청해서 결국은 허락을 받아 내었다. 전화를 끊고 나서 더 이상 잠을 이룰 수 없었다. 레게브 소령의 말에 의하면 대대장이 없는 상태에서 나의 대대가 특정한 지역으로 이동하고 있다는 것이다. 사실 여단본부에서는 내가 없는 동안 에미(Emi) 중대장이 대대장 대리로 임무를 수행한다는 것을 잘 알고 있었다. 온갖 의문들이 내 머릿속에 떠올랐다. 부대는 도대체 어디로 가고 있을까? 부대가 새로운 임무지역으로 이동하고 있는데 대대장이 개인사정 때문에 집에 와 있다는 것이 과연 옳은 일일까? 그러나 생각을 멈추었다. 어느 누구도 이 한밤중에 골란고원으로 차를 몰아서 곧장 복귀하라고 요구하지는 않을 테니까.

묘비 제막은 견디기 힘든 경험 중의 하나였다. 우리 가족은 미시마 하네게브(Mishmar Hanegev)에 있는 묘역으로 가서 수많은 묘지 가운데 사랑하

전사의 길

는 이가 묻혀 있는 곳을 찾았다. 고통과 슬픔의 순간에 나는 가족들의 모습을 조용하게 지켜보았다.

나는 그때 보았던 가족의 모습을 잊지 못한 채 부대로 복귀했다. 며칠이 지났지만 여전히 가족의 일로 고통을 받았다.

"잠시 동안이라도 집에 와라." 내가 떠나오기 전에 아버지가 말씀하셨다.

아버지는 나의 부대가 시리아 내에 있는 점령지역에 주둔하고 있다는 사실을 알고 계셨다. 그는 내가 또다시 전쟁의 포화 속으로 빨려 들어가게 될까봐 두려워하셨다. 어머니는 울고만 계셨다. 그렇지만 아내 달리아만은 나를 편안하게 해 주려고 노력했다. 그녀는 아버지 말씀에 동의하고 있었지만, 내가 해야만 하는 군인의 일에 대해서 잘 이해하고 있었다. 나는 당시 동생이 전사했기 때문에 그의 형제로서 위험한 전투지역을 떠날 수도 있다는, 이스라엘군에서 보장하는 합법적 권리를 가지고 있었다. 아내의 눈은 광채를 잃고 있었다. 나의 가족들이 구석진 곳에 내팽개쳐져 있다는 느낌을 받았다.

'그렇다고 당장 대대장 직책을 그만두고 지금 떠날 수는 없어.' 나의 가족들이 어떻게 해서든 내 마음을 바꾸어 보려고 애쓸 때마다 나는 이렇게 다짐했다.

대대로 복귀하고 나니 다시금 자신감이 생겼다. 죽음의 전선에서 같이 싸워 준 부하들을 놔두고 나 혼자 떠나갈 수는 없었다. 주위에 있는 전쟁 기계들이 내 몸의 일부가 되었다. 차가운 전차였지만 그 안에 타고 있으면 오히려 따뜻함을 느꼈다. 나의 마음속에서는 대대에 남아 있어야 하느냐, 아니면 대대를 떠나가야 하느냐의 갈등이 계속되고 있었다. 나는 그것을 억누르려 했지만 또다시 생각이 났다. 대대장 집무실에 혼자 있으면 집으로 가야지 하고 생각하다가, 밖으로 나와 부하들과 함께 섞이게 되면 그 생각은 금방 달아나 버렸다.

욤키푸르 전쟁이 끝나고

나의 이러한 우유부단함은 1967년 6일 전쟁 시 화상으로 입원했을 때도 마찬가지였다. 가족의 힘을 느꼈던 것이 그때가 처음이었다. 수많은 사람들이 내게 병문안을 왔지만, 고통 속에 있는 나를 남겨 둔 채 그들은 곧 각자의 길로 돌아갔다. 오직 가족들만이 내 곁에 남아 있었다. 나는 그것을 인정하지 않을 수 없다. 가족이 나에게 주었던 그 따스함을 나는 그들에게 되돌려주지 못했다. 그럼에도 불구하고 가족은 모든 것을 나에게 주었던 것이다.

최전선에 있는 직업군인들은 일주일에 한 번 집으로 외출이나 외박을 가지만, 그 짧은 시간 동안에 그들은 진정한 가족의 일원이 되지 못한다. 아내와 자식들은 배우자나 아버지 없이 살아가는 방법을 서서히 배우게 된다. 직업군인들이 좀 더 긴 휴가를 받으면 당황스러운 일이 생긴다. 자기 자식들이 무엇을 원하고 있고, 또 어떤 생각을 하고 있는지 아무것도 모르고 있는 자기 자신을 문득 발견하게 된다. 그래서 자식들의 생각과 행동에 미칠 수 있는 자신의 영향력은 점차 줄어든다. 나의 경우도 마찬가지였는데, 가족 중에서 누가 나를 대신하여 나의 자리를 채워 주고 있겠지 하고 막연하게 생각했었다. 내가 부대에 멀리 떨어져 있더라도 집안은 큰 문제없이 잘 돌아가겠지 라고 생각했었다. 전에는 나 자신과 싸우고 있을 때 항상 이렇게 생각하고 있었는데, 이번에는 전과 다르게 모든 것을 잃어버릴 것만 같았다.

나는 이 문제를 야노시 여단장과 상의하는 것을 염려하고 있었는데, 드디어 마음의 결정을 했다. 때는 시리아 내 점령지역인 칸 에린바 마을에서의 어느 늦은 밤이었다. 운전병은 마침 다른 곳에 있었다. 나는 여단장 지프차 안으로 고개를 들이밀었다.

"저… 드릴 말씀이 있습니다." 지프차 내부가 잘 정돈되어 있고 편안한 것 같다고 먼저 에둘러 말했다. 그리고 바로 본론에 들어갔다.

"문제가 있습니다. 가족의 문제입니다. 가족을 모두 잃어버릴 것만 같습니다. 지금 저의 가족이 무너져 가고 있습니다. 제가 이곳의 상황은 잘 알고 있습니다만 제 가족의 상황은 더 심각합니다." 나는 여단장의 눈을 쳐다보며 그의 반응을 살폈다. "오랫동안 마음속에 품고 있었습니다. 무척 힘들었습니다."

"언젠가는 자네가 이 말을 하게 될 줄 알았네." 그는 내 말이 진심임을 알고 대답했다. "전쟁 기간 내내 자네 가족들이 자네를 집으로 보내 달라고 간청했던 일을 기억하고 있네. 그렇지만 대대장 직책을 당장 그만두게 할수는 없지 않은가. 잘 알고 있잖아. 자네 부대대장은 부상당해 후송 가 버렸고…. 이 점령지역에서 책임이 막중한 임무를 자네에게 맡길 수밖에 없었지. 나는 자네와 중대장들에게 의지해야 했어." 그리고 전쟁이 끝날 때까지 내 동생의 전사 소식을 미리 알려 주지 못했던 일에 대해서 깊이 사과했다. 그것은 분명 잘못된 일이었지만, 여단장도 역시 힘들었던 것이다.

"여단장님, 당연히 해야 할 일을 하셨고 저에게 말해 주지 않은 것에 대해 감사드립니다. 제가 여단장이라도 그렇게 했을 것이고 또 그것이 최선의 방법이었습니다. 그때 저보고 집에 가라고 하셨더라도 저는 가지 않았을 겁니다. 전쟁의 와중에서 저 때문에 어려움을 끼쳐 드린 점 죄송합니다."

당시 내가 집에 가겠다고 끝까지 고집했더라면 그때 여단장은 결국 동의해 주었을 것이라는 느낌을 받았다.

"내가 허락해 주었더라도 자네가 가지 않았을 거라고 하니 정말 고맙네." 여단장은 웃으며 말했다.

대화는 밤늦게까지 계속됐다. 지프차 안에서 뜨거운 커피와 스프를 마셔 가면서 이런저런 대화를 나누었다. 여단장은 라풀(Raful)[13] 사단장과 상의할 때까지 기다려 줄 것을 부탁했다. 사단장이 대대장 보직교체를 승인해 줄 수 있었기 때문이다.

당시 나의 후임 대대장으로 당장 올 수 있는 사람이 한명 있었다. 요스 엘다르(Yoss Eldar) 중령이 얼마 전 병원에서 퇴원했는데, 아직 특별한 임무가 없어서 내 후임을 맡을 수 있었다. 그는 이번 전쟁에서 대대장을 하면서 두 번씩이나 부상을 당했다. 두 번째 경우 그는 전차 근처에 떨어진 적 포탄의 파편에 의해서 부상을 당했다. 그는 어쨌든 임무를 다시 수행할 수 있다고 우기면서 절뚝거리며 여단에 돌아왔던 것이다. 그러나 그의 부대대장이었던 요시 멜라메드(Yossi Melamed)가 이미 대대장 직책을 맡아서 임무를 수행하고 있었다. 엘다르 중령은 자신의 대대를 다시 맡고 싶어 했지만 소용이 없었다. 새로운 대대장이 거기에 있었다.

여단장과 나는 엘다르 중령이 나의 가장 적당한 후임자라는 데 동의했다. 그는 즉시 대대장 직책을 수행할 수 있었다. 그러나 내가 이 제안을 했을 때 엘다르는 강하게 거절했다. 나의 후임 대대장으로 요시 멜라메드가 오는 것이 바람직하고, 자신은 원래의 자기 대대로 돌아가야 한다는 것이었다. 얼마 후 라풀 사단장은 여단장이 건의했던 대로 대대장 보직교체를 승인해 주었다. 나는 대대를 곧 떠나가게 될 것이라고 가까운 사람들에게 말했다. 나에게 개인적으로 이 사실을 들은 부하들은 놀라면서 이를 받아들이려 하지 않았다. 나는 중대장들에게 내가 결심하게 된 이유를 숨김없이 말해 주었다.

그러나 내가 막상 직접 건의한 후임자가 선뜻 동의해 주지 않았다. 여단장, 엘다르 중령, 그리고 나를 포함한 세 사람이 여단장 지프차 안에서 이 문제에 대해 서로 대화를 나누었다. 내가 침묵하고 있자 성미가 급한 여단

13　**라파엘 '라풀' 에이탄(Rafael 'Raful' Eitan):** 1973년 욤키푸르 전쟁 당시 골란고원 전선에서 제36사단장 직책을 수행하였다. 나중에 이스라엘군 참모총장에 올랐으며, 1982년 레바논 전쟁(갈릴리 평화작전) 시 샤론 국방장관과 함께 이 전쟁을 이끌었다.

　　　　　　　　　　　　　　　　　　　　　　　　　　전사의 길

장이 단도직입적으로 엘다르 중령에게 말했다.

"나는 자네의 진짜 문제가 무엇인지 알고 있네. 카할라니 후임이 되는 것을 꺼려 하고 있잖아. 자네는 카할라니와 부하들의 끈끈한 관계에 대해서 너무나 잘 알고 있어. 그 점을 걱정하고 있는 거야!"

엘다르 중령은 순간 당황했고 나도 당황스러웠다. 분위기가 심상치 않았다. 나는 곧바로 지프차 밖으로 나가고 싶었지만, 좀 더 부드러운 방향으로 대화를 이끌기 위해 중간에 끼어들었다. 나의 가족이 빠진 위험한 상황을 자세하게 설명해 주고, 지금 누군가가 나를 도와주어야 하는데 부대대장도 없는 사정도 이야기했다. 결국 우리는 다음 날 대대장 이취임식을 진행하기로 결정했다. 엘다르 중령은 자신이 우려하는 바를 나에게 진솔하게 말해 주었다.

"나는 내가 지휘하고 있었던 대대로 정말 돌아가고 싶었네. 그리고 자네 부하들이 나를 쉽게 받아 줄 것 같지가 않아."

나는 후임자의 어려움을 덜어 주기 위해 내가 할 수 있는 모든 것을 다 했다.

"엘다르 중령, 77전차는 최고의 대대야. 나는 부하들에게 내가 떠나고자 하는 진짜 이유를 분명하게 설명해 줄 거야. 진심이야. 그것은 내가 부대를 인계하는 것보다 더 어려운 일이야. 우리가 일을 더 복잡하게 만들지 말자고. 자네가 생각하는 것보다 더 쉽고 간단할 거야."

나는 시리아 내 점령지역과 나파지역에 흩어져 있던 모든 부하들을 만나 작별인사를 전하기 위해 일정표를 짰다.

나는 대대장 이임사에서 전쟁 동안 함께 생사고락을 했던 일에 대해서는 언급하지 않았다. 그 대신 내가 대대를 떠나가야 하는 이유를 설명하는 데 초점을 맞추었다. 부하들의 눈빛을 보니 내가 떠나고자 하는 이유를 이해하여 주고 또 나의 행동이 정당하다고 생각해 주는 듯했다. 나는 말을 쉽게 풀어 나갔다. 나는 엘다르 중령이 친한 친구이며 동시에 내가 직접 추천한 후임자로서 그보다 더 훌륭한 사람이 없다고 소개해 주었다. 그와 나는 공통점이 많았는데 그것이 무엇인지 알아내는 것은 장차 부하들의 몫으로 돌렸다. 나의 대대는 지휘관의 교체로 곤란을 겪지 않을 것이었는데, 우리는 같은 기갑장교훈련 과정을 수료했기 때문이다.

나는 이임사에서 한 가지 제안을 했고, 또 그것을 길게 설명했다.

"대대원 여러분, 부상당한 전우를 찾아가십시오. 그리고 전사한 전우들의 유가족을 찾아보아야 합니다. 이것은 우리들의 의무입니다. 우리와 같이 싸운 전우를 위해서, 그리고 이제는 우리와 함께하지 못하는 그들을 위해서 말입니다. 미루지 마십시오. 이것은 여러분들이 휴가 가는 것보다 더 중요한 일입니다. 유가족들을 찾아가서 그들의 아들이 싸웠던 마지막 순간에 대해서 이야기해 주십시오. 그것이 두렵다는 것을 잘 알고 있습니다. 맹세하십시오. 그들과 만나 이야기하고 당신의 눈으로 항상 그들을 직접 바라보십시오. 미루지 마십시오. 나중에는 더 어려워질 것이고 어쩌면 한 번도 가 보지 못할 수도 있습니다! 그리고 마지막으로 부탁하건대 대대원들이 힘을 함께 모아서 눈물의 계곡에 전승기념비를 세워 주십시오. 앞으로 우리는 그곳에서 눈물의 계곡을 내려다보며 먼저 간 전우들을 영원히 기억하게 될 것입니다."

나는 눈물을 흘렸다. 목이 메었다. 그리고 단상 뒤 의자에 돌아가서 앉은 다음에도 솟구쳐 오르는 감정을 억누를 수 없었다. 엘다르 중령이 하는 말이 들렸다.

"약속합니다. 카할라니 대대장님." 연설 마지막 부분에서 그가 말했다. "당신은 앞으로 우리들로부터 좋은 소식만 듣게 될 것입니다!"

모든 것이 끝나고 가족들이 절실하게 나를 기다리고 있는 집으로 돌아왔다.

전사의 길

나의 뿌리와 고향

원래 작은 농촌마을이었던 네스 시오나가 내가 태어난 고향이다. 그리고 나의 아버지 모세 카할라니(Moshe Kahalani)는 1923년 아라비아반도 끄트머리에 있는 항구도시 아덴(Aden)에서 태어났다. 할아버지 사디아 카할라니(Saadia Kahalani)의 가족은 이슬람교도들이 그들을 개종시키지 못하도록 예멘의 수도 사나(San'a)에서 아덴으로 도망을 갔었다. 할아버지는 아덴에서 할머니를 만나 결혼하였다. 얼마 후 그들은 선조의 나라 이스라엘에 돌아가 정착하기로 결정한 다음, 배를 타고 수에즈 운하를 통과해서 팔레스타인[14]으로 갔다. 그 당시 아버지의 나이는 한 살이었다. 도중에 할머니가 쌍둥이 딸을 낳았는데, 그중 한 명은 나중에 죽었다.

이곳저곳을 돌아본 다음, 할아버지 가족은 텔아비브(Tel Aviv) 근처에 작은 오두막집 하나를 장만하였다. 그리고 삼 년 후 예멘 출신 이주민들이 운영하는 유대인 포도농장에서 일하기 위해 케렘 하-테이마님(Kerem Ha-Teimanim)으로 이사했다. 할아버지는 그 당시 무척 고생하셨는데 채소가게 주위를 돌면서 푸성귀를 주워 모아 가족을 먹일 때도 있었다. 1929년 아랍인들의 폭동 당시, 할아버지의 가족은 다른 유대인들처럼 집에 숨어서 막대기나 돌멩이 같은 무기를 이용해 자신들을 지켜 나갔다.

14　**팔레스타인:** 당시 시오니즘 운동의 영향으로 인해서 해외에 거주하고 있던 유대인들이 유대인 국가를 건설하기 위하여 팔레스타인 땅(현재의 이스라엘)으로 대거 돌아가고 있었다. 1910~1929년 사이에 돌아간 이민자는 10만 명에 이르렀다.

나의 아버지는 케렘 하-테이마님 남쪽 마하네 요세프(Mahane Yossef)에 있는 유대정교회 소년학교에 다니게 되었다. 할아버지는 아버지에게 신발 하나 변변하게 사 줄 여유가 없었다. 아버지는 신발이 없어서 집과 학교 사이에 있는 뜨겁고 이글거리는 모래언덕을 맨발로 걸어 다녔는데, 가끔은 교실 안에 들어가지도 못했다. 아버지는 학교에서 종종 매를 맞았는데 그 당시 교사들은 학생들에게 회초리를 드는 데 익숙해 있었다. 신발 없는 학생들은 집에 올 때 신발 신은 친구들의 등에 업혀 오기도 하였다.

1930년대 초에 할아버지 가족은 아랍인들이 많이 사는 욥바(Jaffa) 근처인 만시야(Manshiya)로 이사했다. 1936년의 아랍인 폭동으로 인하여 가족들은 몇 달 동안 피난민 신세가 되었으며, 1937년 네스 시오나에서 남동쪽으로 15km쯤 떨어진 곳으로 이사했다.

이때 몸이 불편해지신 할아버지가 병석에 눕게 되었다. 따라서 아버지는 다니던 학교를 그만두고 가계를 돕기 위해 감귤 과수원에서 일하게 되었다. 제2차 세계대전 중에 우리 마을 사람들이 줄어드는 바람에 아버지는 일거리를 찾아 텔아비브로 나갔다.

아버지는 텔아비브 근처의 케렘 하-테이마님에서 어머니 사라 시아니스(Sarah Sianis)를 만났다. 어머니의 가족은 1933년 예멘의 사나에서 이민을 온 후 그곳에 정착하고 있었다. 어머니는 어린 나이에 학교를 그만두고 일을 하러 다녔다. 아이들은 생계 때문에 학교에 가지 못했는데 그 당시에는 의무교육 제도가 없었을뿐더러 또한 필요성도 크게 느끼지 못했다. 그 시절 대부분 여자아이들은 남자아이들처럼 공부할 수 있는 여건을 갖지 못했다. 그렇지만 어머니가 학교에 다니지 않았다고 해서 좋은 가정주부와 훌륭한 부모로서 역할을 제대로 하지 못한 적은 없다고 생각한다.

부모님은 1943년에 결혼하여 9개월 후 첫아들인 나를 낳았다. 그들의 기도가 응답을 받은 것이다. 8일 후 예멘 출신 이주민들이 다니는 유대교회당에서 있었던 할례의식에서 논쟁이 벌어졌다.

"사디아(Saadia)라고 부르게." 옆에 있던 사람이 아버지한테 말했다. "돌아가신 자네 부친의 이름을 따라야 오래 살 걸세."

"사디아는 안 돼요! 그리고 제카리아(Zecharia)도 아닙니다! 우리는 에레츠 이스라엘[15]에 살고 있어요. 이 시대와 조국에 걸맞은 이름이 필요해요. 이 아이를 아비그도르(Avigdor)라고 할 겁니다!" 아버지가 주장했다.

"아시케나짐(Ashkenazim)[16] 사람들 이름이잖아요!"라는 반응이 나왔다. 자랑스러운 예멘 출신의 유대인이 첫 자식에게 나약한 북유럽 유대인의 이름을 주다니? 그러나 아버지는 완강하게 주장했다. 아버지는 자신이 존경하던 두 사람이 있었는데 한 사람은 시인이며 작가인 아비그도르 하메이리(Avigdor Hameiri), 또 한 사람은 근처의 베이트 오베드(Beit Oved) 마을을 지켜낸 전설적인 파수꾼 아비그도르 요시폰(Avigdor Yossifon)이었다. 이름 짓기에 대한 논쟁은 결국 랍비가 해결하였다. 랍비는 할례의식에 참석한 모든 사람들에게 나의 아버지가 선택한 이름을 인정해 주도록 요구했다. "모세 카할라니의 아들 아비그도르, 이 작은 아이가 건강하게 무럭무럭 자라나길 기도합니다…."

나의 아버지는 1944년 제2차 세계대전 동안 영국군의 경찰 보조로서 근무한 후 팔레스타인 유대인 공동체의 민병대 조직인 하가나(Hagana)에 입대했다. 아버지는 우리 마을의 방위대원으로 임명됐다. 하가나가 본격적으로

---

15   **에레츠 이스라엘(Eretz Israel):** '이스라엘의 땅(The Land of Israel)'이란 뜻으로 원래 이스라엘 사람들이 살던 땅으로 일컬어지는 곳이다. 이스라엘 민족이 가나안을 정복하여 그 땅에 정착한 후 오늘날까지 긴 역사를 통해서 유대인들이 일관되게 사용하고 있는 명칭이다.

16   **아시케나짐:** 주로 유럽 등지에서 이민을 온 사람들을 아시케나짐이라 부르며, 이들은 대부분 고대 히브리어와 독일어를 혼합하여 만든 이디시어(Yiddish)라고 불리는 언어를 사용하고 있다.

전투를 시작하게 되자, 아버지와 친구들은 마을을 지키는 임무를 부여받고 후방에 남겨지게 되었다. 그러나 그들은 자신들에게 부여된 임무에 대해서 실망한 나머지, 하가나를 떠나 다른 민병대 조직인 이르군(Irgun)에 합류해서 실제 전투에 몇 차례 참가했다.[17] 1948년에서 1949년까지 독립전쟁 동안에 이스라엘군(Israel Defense Force: IDF)이 정식으로 창설되면서 모든 민병대 조직들이 해체되었는데, 아버지는 자신의 직업으로 경제활동을 하는 것이 더 낫겠다 생각하여 제대를 했다. 그러나 몇 달 후 이 결정에 실망한 끝에 하던 일을 그만두고 다시 이스라엘군에 입대했다. 두 아들을 둔 나이 많은 병사인 아버지는 하렐 팔마(Harel Palmah) 여단의 이츠하크 라빈이 지휘하는 포트침(Portzim: 히브리어로 강도라는 뜻) 대대에 소속되었다. 아버지는 병사로 참전해서 독립전쟁을 치렀다. 서쪽의 지중해 방향으로부터 동쪽 예루살렘으로 오는 회랑지역과 예루살렘의 많은 지역에 포트침 대대의 이름이 붙었다. 아버지는 하투브(Hartuv) 경찰서 점령작전, 그리고 예루살렘 남서쪽 20km 떨어진 베이트 쉬메시(Beit Shemesh) 부근 데이르 알하와(Deir alHawa)와 데라본(Derabon)의 아랍인 마을 점령작전에 참가하였다.

네스 시오나에 있던 우리 집은 와디 하닌(Wadi Hanin)이라고 불리는 장미 계곡 근처 아랍인 마을과 붙어 있는 가옥들 가운데 가장 끄트머리에 있었다. 이 집은 아랍인 마을로부터 날아오는 기관총탄을 막기 위해서 튼튼한 콘크리트로 지어져 있었다. 이러한 환경에도 불구하고 나는 나보다 몇 살 더 먹은 아랍인 마호메드(Mahmud)와 절친한 친구 사이로 지냈다. 우리가

---

17   시오니즘 운동으로 팔레스타인 땅에 이스라엘 이민자들이 급증하게 되자 기존에 살고 있었던 아랍인들과의 갈등이 고조되었다. 이스라엘 이민자들은 아랍인들의 공격으로부터 유대인 정착지를 스스로 방어하기 위해서 하가나(Hagana), 이르군(Irgun), 레히(Lehi) 등 민병대 조직을 결성하였다. 나중에 유대인들의 반영국 감정이 일어나자 이르군은 정복자 영국에 대항하는 혁명운동을 선언하고 과격한 저항활동을 전개하였다. 참고로 〈영광의 탈출〉이라는 영화에서 이들의 활동상을 엿볼 수 있다.

자주 놀러갔던 곳은 우리 집과 그 친구 집 사이에 있는 담장 부근이었다. 마당과 조금 떨어진 곳에 화장실과 목욕탕이 있었는데, 그 당시 이곳은 유사시 우리가 이용했던 피신처였다. 옆집에 살고 있었던 할머니와 두 명의 삼촌들도 우리 집 마당을 같이 사용했다.

얼마 후 비좁은 주거지에 불만을 느낀 아버지는 땅을 조금 구입해서 자신이 자라나고 내가 태어난 곳으로부터 멀리 떨어진 곳에 자신의 집을 새로 지었다. 아버지는 집터 다지기에서부터 지붕 얹기에 이르기까지 모든 것을 혼자 힘으로 하였는데, 이때 공사장으로 열심히 점심을 나르는 것은 나의 몫이었다. 아버지는 버려지거나 무너진 아랍가옥에서 가져온 철근을 이용해서 콘크리트 슬래브 집을 튼튼하게 지었다. 그 이후 우리는 이사를 다니지 않았는데, 반면 이웃에는 다른 사람들이 계속해서 이사를 왔다. 어린 시절 폴란드에서 살았던 사람들이 이웃으로 이사 왔을 때는 그들과 친하게 지내기 위해서 그들이 쓰는 이디시어(Yiddish)[18]를 빨리 배워야 했다.

주거지를 옮겼다고 해서 우리 가족이 예멘 출신 이민자 마을과 완전히 관계를 끊은 것은 아니었다. 우리는 그곳의 유대교회당에 계속 다녔고, 그곳에 살고 있는 친구들을 자주 찾아갔다.

오늘날 네스 시오나는 텔아비브의 교외지역으로서 도시화가 많이 이루어졌지만, 1940년과 1950년대에는 두 지역으로 나뉘어 있었던 작은 마을이었다. 농장을 운영하는 농부들은 중심가의 서쪽지역에 살았고, 나중에 정착한 노동자들은 중심가의 동쪽지역에 자리를 잡았다. 우리 가족은 노동자들이 사는 동쪽지역에 살았는데, 일터는 서쪽지역의 농부들이 운영하는

---

18   **이디시어:** 아시케나짐 유대인들이 사용했던 서게르만 어군의 언어이다. 9세기경 중앙 유럽에서 발생되었으며, 고지대의 독일어를 바탕으로 한 방언에 히브리어, 유대 아람어, 슬라브어 및 로망스어 계열의 요소들이 결합된 언어이다.

감귤 과수원이었다. 내가 유치원에 다닐 나이가 되자 부모님은 나를 농부들이 사는 곳에 있는 유치원으로 보냈다. 당시 아버지가 서쪽마을의 부유한 농부 자식들이나 다닐 수 있었던 유치원에 나를 삼 년 동안이나 다니게 했던 용기를 어떻게 내셨는지 이해할 수 없었다.

매일 아침 동쪽에서 중심가를 지나 서쪽으로 갈 때마다 나를 사로잡았던 긴장감과 두려움을 아직도 기억한다. 나를 가장 두렵게 했던 것은 복잡한 교통이 아니라 이슬람 사원 근처 도로가에 모여 있었던 아랍인들이었다. 그 이슬람 사원은 나중에 철거되어 교회당으로 완전히 바뀌었다. 네스 시오나의 아랍인들이 이웃집에 불을 지르기 위해 들고 있었던 횃불이 기억나고, 짐을 싸서 마을을 떠나 가자(Gaza) 지구를 향해 남쪽으로 내려가고 있던 그들의 모습이 생생하게 떠오른다. 창문을 통해 그들을 보면서 내가 무슨 일이냐고 물었을 때, "그들은 전쟁이 끝나면 다시 돌아올 거야"라는 대답을 들었다.

나는 노동자들이 주로 살고 있는 동쪽지역에 있는 초등학교에 입학했다. 당시 학교에서 학급을 나누면서 나를 히브리어를 모르는 새로운 이민자 반에 들어가도록 했다. 아버지가 학교에 달려가서 그 이유를 물어보자 이런 대답을 들었다.

"아들이 유치원에 다니지 않았기 때문에 학습능력이 모자라는 애들이 들어가는 이민자 반에 넣었습니다. 이 아이들은 특별한 보살핌을 받게 될 것입니다."

다혈질의 아버지는 화가 나서 몸을 떨었다. 얼마 후 학교에서는 내가 유치원을 3년 동안이나 다녔던 사실을 확인하고는 깜짝 놀랐다.

가족도 늘어났는데 남동생 에마누엘, 여동생 일라나, 그리고 막냇동생 아르논이 새로 태어났다. 우리 모두는 행복한 어린 시절을 보냈다. 어머니는 우리가 바라는 것을 모두 해 주셨고 집안을 항상 깨끗하고 청결하게 만들었다. 아버지는 가까운 농장에서 일하셨고 더 많은 돈을 벌기 위해서 부업도 하셨다. 아버지는 새로 구입한 트랙터로 저녁마다 밭을 일구었고 나도 그 일을 열심히 도왔다. 열한 살이 되자 혼자 밭을 일굴 정도가 되었다.

아버지는 내가 경제활동을 하는 직업을 갖기를 원했기 때문에, 나는 초등학교를 졸업한 후 직업훈련학교에 들어가서 정밀기계 기술을 배우기로 했다. 욥바(Jaffa)에 있는 학교에 진학하였는데 거기는 수업료가 매우 비쌌다. 따라서 반나절은 학교에서 학생으로 공부하고 또 반나절은 공장노동자로 일하면서 수업료를 마련하였다.

나는 일하는 것을 좋아했고 공부하는 것도 좋아했다. 그리고 아버지가 타는 오토바이를 좋아했다. 어린 나이에도 불구하고 한밤중에 몰래 오토바이를 끌고 나가 네스 시오나의 시가지를 돌아다녔다. 그것은 꽤 큰 오토바이였는데 혼자 다루기가 힘들 정도였다. 정식 면허증을 딸 수 있는 16세가 되는 생일날을 손꼽아 기다렸다. 만일 내가 오토바이 면허증을 따 오게 되는 날이면 어머니가 집을 나가 버리겠다고 위협하는 바람에, 아버지와 나는 오토바이를 집 밖으로 살금살금 끌고 나와 면허시험장으로 갔다. 나는 정식 운전교습을 받지 않고서도 오토바이를 멋지게 타 냈다. 면허시험에 합격해서 웃고 있는 나를 보고는 어머니도 따라서 같이 웃지 않을 수 없었다.

군에 입대하다

군에 입대할 나이가 되었다. 나는 직업훈련학교를 나왔기 때문에 병기부대에 입대하는 것이 자연스러운 일이었다. 그러나 내가 학교에서 배운 것을 가지고 군대생활을 보내고 싶지는 않았다. 무엇인가 다른 것을 하고 싶었다. 다행히도 병무청 산하의 징병 수용 및 분류 기지(Reception & Classification Base)에서 나를 공군조종사 과정에 입소하도록 분류하였는데, 생각하면 할수록 나는 조종사가 되고 싶었다. 그러나 거기에 문제가 하나 있었는데 어린 시절에 귀를 잘못 다루는 바람에 오른쪽 귀의 청력이 손상된 것이다. 하지만 나는 징병 담당관이 실시하는 최초의 청각검사에 통과할 수 있었다. 한쪽 귀를 손가락으로 막고 등 뒤에 있는 그의 말을 따라 하는 간단한 검사였는데, 나는 귀를 일부러 절반만 막고 있었기 때문에 모든 소리를 들을 수 있었다. 다음 단계에서는 공군의 청각검사원이 검사를 했다. 이번에는 전문적인 청각검사였는데, 기계에서 흘러나오는 모든 소리에 반응해야 했으므로 나는 더 이상 거짓말을 할 수 없었다.

나는 다시 분류되어야 했다. 원하는 병과가 무엇이냐고 질문하는 분류 담당 장교에게 이렇게 대답했다. "공수부대에 가고 싶습니다!" 잠시 후 나는 보병병과를 지원하는 징집병들 무리에 섞였다. 붉은 베레모를 쓴 공수부대 군의관이 나의 평발을 지적했다.

"자네는 평발이야. 장거리를 걸을 수 없어. 오래 걸으면 지옥 같을 거야. 보병은 절대 안 돼. 반드시 무엇을 타고 다니는 병과로 가야 돼!"

그의 판정은 옳았다. 보병은 잊어버리기로 했다.

전사의 길

그 당시 1960년대 초, 징집병들에게 군대생활에 대한 정보가 사전에 주어지지 않았기 때문에 수많은 날을 혼란 속에서 대답할 수 없는 스스로의 질문에 괴로워했다. 단 한 번도 본 적이 없는 사람들이 나의 운명을 결정하였으며, 어느 누구도 내가 원하는 것을 충분히 말할 기회를 주지 않았다. 나는 어디로 가야 하지? 내 자신에게 계속 반문한 후, 이제는 어쩔 수 없이 병기부대로 가야겠다고 결심했다.

다음 날 나는 '분류 미정' 징집병들이 모여 있는 그룹의 한 곳에 포함되었다. 징집병들을 연병장에서 행진시킨 후 땅바닥에 그룹별로 모여 앉아 있도록 지시했다. 그리고 그룹별로 이름을 불렀는데, 같은 그룹에 있던 징집병들은 같은 부대로 분류되었다. 우리는 이를 '노예시장'이라고 불렀다. 내가 속한 그룹에 몇 사람이 말하기를 자기는 분류 담당 장교에게 희망 병과를 기갑이라고 말했다면서, 우리는 모두 기갑부대로 가게 될 것이라고 예상했다. 마침내 분류 담당 장교가 우리 그룹을 호명한 다음 각자의 군장을 챙겨 어디로 갈지 모르는 트럭에 5분 이내에 올라타라고 소리를 쳤다. 그리고 무뚝뚝하고 간략하게 판정했다. "너희들은 기갑이다. 하싸 기지 (Camp Hassa)로 간다."

드디어 내가 항상 두려워했던 일이 벌어졌다. 이것은 내가 군대에서 전혀 하고 싶지 않은 일이었다. 나는 폐쇄된 곳에 가고 싶지 않았다. 입대 전에 아버지가 나에게 맹세를 요구한 것이 하나 있었다.

"아비(Avi), 나는 네 일에 가급적 간섭하고 싶지 않다. 그러나 한 가지는 꼭 부탁하는데 전차병은 절대로 안 된다."

나는 아버지에게 그 이유를 물어보았다. 아버지는 1948년 독립전쟁과 1956년 시나이 전쟁[19] 때 겪었던 고통을 말해 주었다. 그는 공병부대의 트랙터 운전병으로, 파괴된 전차를 전쟁터에서 구난하여 후송하는 임무를 수행한 적이 있었다. 전차에서 새까맣게 타 버린 시신을 꺼내기 위해 그 안에 들어간 적이 있었는데, 아버지는 죽는 날까지 그때 보았던 광경을 절대 잊지 못하겠다고 말했던 것이다.

"알겠습니다, 아버지. 저는 공군조종사가 되어서 우리 집 위로 날아와 날개로 인사를 드릴 겁니다." 나는 아버지께 이렇게 약속했었다.

나는 도대체 어디서부터 무엇이 잘못되었는지 잘 모르겠지만 확실히 전차 쪽은 아니었다. 작은 파이프를 통해 숨 쉬어야 하는 깡통 속에 나를 가두어 두지는 않겠다고 마음먹었다. 하싸 기지로 이동하는 도중, 나는 다음 단계에서 실행할 일을 계획했다. 우선 재분류 신청서를 제출할 것이다. 그것이 안 되면 탈영할 것이다. 지옥에 떨어지든 폭풍우 속에 높은 파도가 몰아치든 결코 전차 안에 갇혀 있는 나를 보지 못하리라!

징병 제도

이스라엘군의 징병업무는 최고사령부 인사참모부(Manpower Branch)가 계획하고, 대령이 책임지고 있는 병무청(Induction Administration)이 시행한다. 병무청은 강한 이스라엘 군인들을 육성하기 위해 입영 청소년들이 가지고 있는 모든 잠재능력을 최대한 활용하여 이들을 분류하고 배치하는 업무를 수행하고 있다. 군인이 되기 위해 첫 번째로 가는 곳은 텔아비브 서쪽에 위치하고 있는 징병 수용 및 분류 기지이다. 그곳에서는 군의 소요에 맞추어 징집대상자들을 가장 적절한 부대로 분류하고 배치하는 임무를 수행한다.

징집은 매년 4회에 걸쳐 실시하는데 4월, 8월, 11월, 다음 해 2월이다. 매번 징집시기마다 수천 명의 남녀들이 모인다. 병무청은 '전투적 성향'을 가지고

---

19   카할라니의 아버지는 1948년 독립전쟁(1차 중동전쟁)과 1956년 시나이 전쟁(2차 중동전쟁), 1967년 6일 전쟁(3차 중동전쟁)을 치렀다. 아들 카할라니는 1967년 6일 전쟁(3차 중동전쟁), 1973년 욤키푸르 전쟁(4차 중동전쟁), 1982년 레바논 전쟁을 치렀다. 이스라엘의 안보상황은 2세대에 걸쳐 전쟁터에 나가도록 요구하였다.

있는 자원을 전투부대에 우선적으로 분류하기 위해 자원들을 징집하기 전 그들의 잠재력을 먼저 판단하고, 그들 중에서 장차 누구를 지휘관 과정(Command Training), 장교후보생학교(Officer Candidate School: OCS), 또는 기타 특수분야로 보낼 것인가를 판단할 다양한 방법을 활용한다.[20] 또한 병무청은 특수부대인 공군, 해군, 의무, 정보, 공수부대로 갈 최적의 자원을 선발한다. 이러한 특수부대에 가고자 하는 사람들은 자발적으로 지원하며, 징집 전 또는 후에 일정한 시험을 치르는데, 이는 최적의 자원을 선발하기 위한 방법이다.

징집자원들은 징병 수용 및 분류 기지에서 4일을 보낸다. 1일차에 멀티미디어 홍보를 통해 각 병과에 대한 소개를 받는다. 2일차에 분류 담당 장교와 면담 후 자신이 가고자 하는 병과에 지원한다. 3일차에 개략적으로 병과 분류를 결정한다. 징집병들은 자기가 선택한 병과의 신병훈련을 받기 위해서 사전 신체검사를 받는다. 이곳의 신체검사를 통해 각 병과별로 일부 징집병들이 탈락한다. 어떤 징집병들은 자신의 문제점을 감추기도 한다. 나머지는 문제가 있더라도 몇 달이 지나면 새로운 환경에 자연스레 적응한다. 어떤 사람들은 징병검사에 의문을 제기하면서 재검사를 요구한다. 군인들은 분류되기 전에 어떤 검사라도 받을 수 있으며, 많은 사람들이 징병검사 시 특급으로 분류되고 있는데 이들은 평소에 건강을 잘 유지했던 사람들이다.

징병 수용 및 분류 기지를 통한 징집체계는 매우 효과적이다. 징집병들은 다년간 동일한 업무를 다룬 경험이 풍부한 예비역 장교인 분류 전문가를 통해

---

20   세계 각국에서 지휘관(장교)을 양성하는 제도는 크게 '신사장교 제도'와 '지원선발 제도'의 두 가지가 있다. 대부분 나라에서는 주로 사관학교를 통한 신사장교 제도를 채택하고 있다. 이 제도는 모험에 대한 열정을 가진 사람들을 선택해서 멋진 제복을 입힌 후 충분한 고등교육을 시킨다는 장점이 있으나, 단점으로는 임명된 지휘관과 병사들 간에 신뢰감의 단절이 있을 수 있다는 점이 있다. 반면 지원 선발 제도는 독일과 이스라엘이 채택하고 있다. 병사들 중에서 잠재력 있는 인원을 장교로 선발하며, 그들이 능력을 발휘하면 체계적으로 점점 더 높고 책임이 큰 직위에 보직한다. 지휘관은 병사들의 생활을 경험해 보았기 때문에 상하 간에 신뢰감이 크다는 장점이 있다.

서 면접과 재면접을 받는다. 징집병들은 3지망까지 희망할 수 있다. 부대에 보내지기 전에 다시 한번 점검한다. 매일 밤 이곳의 담당관들은 다양한 단계에서 수집한 세부 자료들을 비교해서 희망하는 부대에 보내는 것이 정말 타당한가를 확인 점검한다. 4일차에 징집병들은 아무런 걱정 없이 그들이 선택한 부대에 무사히 도착하게 된다.

신체검사 진료기록은 병사들을 분류하는 데 있어서 아주 중요한 자료이다. 97점을 받은 가장 건강한 사람들은 이스라엘군의 최정예부대로 분류된다. 보병은 80점 이하의 지원자는 받지 않는다. 기갑, 포병, 방공부대는 72점까지 받아들인다.

징집병의 절반 이상이 전투부대 분류를 지원하는데, 최근에는 80%가 전투부대에 지원하였다. 기술고등학교를 졸업하는 대부분 학생들은 기술병과를 지원하지만 일부는 전투부대 병과로 분류된다. 전자공학을 배운 학생들은 상비군에서 몇 년을 더 복무하기도 한다.

몇몇 군인들은 병무청의 결정을 거부함으로써 '출국금지자(Refuseniks)'가 된다. 이스라엘의 징집체계는 이를 절대 용납하지 않는데, 강제적인 징집만이 요구될 뿐이다.

복지문제를 포함한 군인들의 복무여건은 자대에 달려 있다. 그렇지만 징병 수용 및 분류 기지에서는 자기 집안과 관련된 개인문제를 가진 군인들을 처음부터 도와주기 위해서 최선을 다한다.

병무청은 모든 군인들에 대한 '자질 등급 판정(Quality Group Ranking)'을 내린다. 그러나 이스라엘군 내에서 군인들의 잠재능력을 측정하고 평가하는 데 대해서 많은 논란이 있다. 이러한 자질 등급 부여 시스템으로 인해 각 병과에서는 차세대 지휘관으로 육성할 좋은 징집대상자들을 많이 확보하기 위해서 서로 경쟁을 벌이고 있다.

모든 절차가 끝나면 대부분의 군인들은 자신이 원하는 곳으로 간다. 자

전사의 길

신이 원하지 않는 부대에 배치된 병사들도 며칠이 지나면 자연스레 적응한다. 전우애와 서로 나누는 군대의 경험들이 동질성을 불러일으킨다. 사회적 압력 (Social Pressure)[21]이 조성되면서 거의 대부분의 군인들은 자신이 속한 부대에 소속감을 가지고 자긍심을 가지게 된다. 자신의 희망과 상반되게 배치됨으로써 자대 내에서 사고뭉치가 되는 병사들도 가끔 발생하기도 한다.

전투병이 되느냐, 전차병이 되느냐

트럭이 하싸 기지로 덜커덕거리며 들어가더니 곧장 신병교육대 천막으로 향했다. '제82전차대대에 온 것을 환영합니다'라는 표지판이 우리를 맞아 주고 있었다. 식민지 당시 영국군이 주둔했던 터에 세워진 남부 이스라엘의 군사시설인 하싸 기지는 기갑학교(Armored Corps School)가 있는 줄리스(Julis) 기지에서 멀리 떨어지지 않은 곳으로서 호디야(Hodiya) 환승역에서 북쪽으로 3km 떨어진 곳에 있었다. 제82전차대대는 이스라엘군 최초로 창설된 전차대대이다. 이 대대는 전설적 인물인 이츠하크 사데(Yitzhak Sadeh)가 제8기갑여단을 창설할 때 그 예하 대대로 동시에 창설한 부대였는데, 독립전쟁이 끝난 다음 제7기갑여단으로 예속이 전환되었다.[22]

나는 제82전차대대 예하의 조하르(Zohar) 중대에 배치되었다. 여러 동의 천막으로 이루어진 신병교육대는 엉성하게 이발한 신병들로 북적거렸다. 이발병이 이들의 머리를 완전하게 삭발하지는 않고 윗부분을 약간 남

---

21 **사회적 압력:** 개인이나 집단의 태도·의견·행동 등을 특정 방향으로 유도하고 변화시키는 사회적인 작용을 말한다. 신병들은 지휘관에 의한 정신교육, 리더십 발휘, 문제해결, 그리고 병사 상호 간 전우애와 존중 및 배려의 분위기 구축 등으로 차츰 소대나 중대의 생활에 익숙해진다.

22 제8기갑여단은 1948년 5월 24일에 창설된 이스라엘군 최초의 기갑여단(예하에 2개 대대: 제81대대, 제82대대)으로서 독립전쟁에 참가하였다. 1949년 4월 군 구조 개편에 따라 이 여단은 해체되었으며, 제82전차대대는 제7기갑여단의 예속부대로 들어가서 현재까지 존속하고 있다.

거 두었기 때문이다. 나도 이를 경험해 보기 위해서 줄을 섰다. 몇 달 동안 이발을 하지 않았는데, 얼마 후 머리카락이 무참히 깎여 나가자 나의 머리도 다른 신병들처럼 짧고 흉한 모습을 드러냈다. 상병과 하사 분대장들의 명령에 따라 신병들이 천막 주위를 미친 듯이 구보하고 있었는데, 분대장들은 분명히 자기의 일을 즐기고 있는 듯했다.

내가 소속된 천막 내무반으로 들어가자 새로운 전우들이 따뜻하게 맞아 주었다. 그들은 나에게 군대에서 필요한 첫 번째 요령인 의류대에 각 잡는 법을 가르쳐 주었다. 모든 관물은 상자의 모서리처럼 반듯해야 하고, 모든 금속 부분은 반짝반짝 빛나야 했다. 나는 상황을 파악하고 곧바로 적응했다. 모든 관물에 플라스틱 판과 마분지를 이용해 가장자리를 일직선으로 반듯하고 간결하게 만들어 놓아 어떤 내무검사에도 이상 없도록 만들어 놓았다.

나는 전차병 기본교육을 의외로 쉽게 통과했다. 토요일마다 우리는 위협적인 쇳덩어리 괴물인 전차를 조심스럽게 살펴보면서 그것이 만들어 주는 그늘 속으로 숨어들곤 하였다. 신병교육대에서 전차병 주특기 교육 단계에 이르자 우리는 전차를 매일 볼 수 있게 되었다. 우리는 각자 필요한 주특기를 부여받았는데, 나는 센추리온(Centurion) 전차의 포수 주특기를 받았다. 전차에 대해 조금씩 알아갈수록 거부감이나 두려움이 없어져 갔다. 이제 배우는 것을 천천히 즐기게 되었다. 나이 어린 병사들은 성가시게 보이는 쇳덩어리 괴물을 두려움 없이 조종하게 되고, 표적을 찾아 무거운 포탑을 회전시킬 수 있었으며, 신비스럽고 두렵게 생긴 괴물을 바라보는 것이 무척이나 흥미진진하였다. 나는 능숙하게 장비를 다루면서, 신속 정확하게 사격하며, 교관들이 가르친 모든 내용들을 머릿속에 저장하는 등 모든 분야에서 능숙하게 배워 나갔다.

우리 대대는 신병들의 주특기 교육이 끝난 후 승무원훈련, 소대훈련,

중대훈련을 실시하기 위해 야외훈련장으로 이동할 준비를 하였다. 나는 놀랍게도 포수가 아니라 탄약수 직책으로 중대장 전차에 배치되었다. 그것은 충격이었다. 나는 성적이 좋은 병사가 포수로 선발되고, 저조한 병사가 탄약수 직책을 수행하게 된다고 알고 있었다. 그걸 가지고 내가 항의해 본들 소용이 없을 게 뻔했다. 중대장 메슐람 라테스(Meshullam Ratess) 소령은 내가 보인 영민함 때문에 자신의 탄약수로 뽑은 것 같았다. 중대장은 자기 전차의 승무원들이 다른 전차 승무원들보다 더 우수하기를 원했다. 나는 직책에 대한 자존심을 잃은 채 그 결정을 받아들였으며, 집에 편지를 쓸 때 내가 맡은 탄약수 직책이 불만스럽다고 한 줄 썼다. 내가 원했던 포수 직책은 나의 친구인 오베드 누마(Oved Numa)에게 돌아갔고, 조종수는 처음 보는 요하난 에비오니(Yohanan Evioni)가 맡았다.

중대장은 우리의 군기를 잡기 시작했다. 그는 상의 윗단추를 풀어 헤치고 우리 앞에 딱 버티고 섰다. 일부러 그런 것 같았다. 그의 군복은 빳빳하게 다림질이 되어 있었고 그의 억세고 단단한 몸에 잘 어울렸다.

"너희들은 우리 중대에서 최고의 전차승무원이 되어야 한다. 만일 그렇지 못하면 내가 너희들 엉덩이를 걷어찰 것이다. 알겠는가!"

우리는 두려움을 숨긴 채 미소 띤 얼굴로 고개를 끄떡였다. 우리가 무슨 말을 할 수 있겠는가? 고개를 끄덕일 수밖에 없었다.

우리는 브엘세바(Beersheba) 남쪽의 레비빔(Revivim) 지역에 있는 야외훈련장으로 이동하여 뼈가 으스러지도록 거칠고 험한 전차훈련을 실시하였다. 우리는 온통 삭막한 풍경으로 둘러싸인 네게브(Negev) 사막의 한가운데 있었다. 강렬한 태양열과 건조함이 우리에게 혹독한 시련을 더해 주었다. 민간인들이 모두 잠자고 있는 한밤중에 우리는 천막의 열을 식히기 위해 그 주위에 계속 물을 뿌려 댔다. 우리는 팔이 빠지도록 5갈론 물관을 수십 통 들어 날랐고, 멀리 떨어진 유류고로 이동해서 전차에 연료를 주입하였다. 우리는 두 명이 한 조가 되어 등골이 휘어 가도록 수십 상자의 전차포 탄약을 운반했다. 어렵고 힘든 기동훈련을 실시하고, 전차를 정비하며, 훈련이 주는 압박감을 이겨 냄으로써 우리는 진정한 군인으로 변화해 갔다. 모든 일이 잘되었고 그것이 자랑스러웠다.

어느 날 저녁, 나는 훈련장에서 심한 복통이 생겨 의무대 천막으로 갔다. 그날은 토요일이자 안식일로서 당직 위생병 외에는 주위에 아무도 없었다. 내가 심한 고통으로 괴로워하는 것을 보고 그 위생병은 대대본부의 당직사관에게 의무대에 꾀병환자가 한 명 들어왔다고 전화로 보고했다. 그가 약품상자에서 꺼내 준 알약 2개를 먹고 일단 복통이 진정되기를 기다렸다. 내가 계속해서 고통을 호소하자 마침내 위생병은 브엘세바에 있는 병원으로 후송해야 할지 여부를 물어보려고 당직사관을 의무대로 불렀다. 당직사관 메나헴 라존(Menahem Razon) 대위가 소위 꾀병환자인 나를 쳐다보더니 정신을 차리라고 소리를 쳤다. 그는 아버지 같은 따뜻한 마음을 가진 반면에 참을성은 적었다. 나는 전차 정비 중에 엔진을 고장 내었던 정비병한테 그가 욕설하며 발길질하는 것을 본 적이 있었다. 그는 자기주장을 과도하게 펴기 때문에 주변 사람들이 그를 못마땅하게 생각하고 있었다. 그는 꾸물거리고 게으른 병사들을 잔뜩 혼내 주고는 이내 마음 아파하는 그런 종류의 사람이었다.

라존 대위가 침대에 누워 있는 나를 자세히 살펴보기 시작했다. 나는 지난 5월에 입대했다. 당시 대대에서는 5월에 입대한 신병들을 마우마우스(Maumaus)라고 불렀는데, '마우마우스'는 고등학교를 중퇴한 사람들로서 부대의 단합을 저해하는 문제병사 집단을 의미한다. 5월에 전입한 신병들 가운데 여러 명이 힘든 일과 거친 훈련을 기피하고 있었던 것이다.

나를 좀 더 확인해 보더니 위생병에게 마침내 지시했다. "이 친구를 당장 앰뷸런스에 태워 후송 보내라." 의심의 여지가 없었다. 브엘세바 병원에 후송되자마자 외과 수술을 받았다. 맹장이 곧 터지려고 하였다. 병원에서 2주를 보내고, 병가를 내어 집에 가서 또 2주를 더 보냈다.

나는 약 한 달 동안 부대에 무슨 일이 있었는지 아무것도 모른 채 복귀했다. 내가 병원에 있는 동안 어느 누구 하나 나를 찾거나 조그마한 관심조차 보여 주지 않았다. 당시 나도 그것을 당연하게 여겼다. 그러나 오늘날 나의 상식으로 볼 때, 당시의 이러한 무관심은 거의 믿을 수 없는 일이었다.

내가 사막 훈련장의 숙영 천막에 복귀했을 때 다른 사람들은 모두 훈련을 나가 있었다. "마지막 훈련을 실시하고 있는데 며칠 동안은 돌아오지 않을 거야." 이렇게 말하는 보급계원으로부터 그동안 보관해 두었던 개인 관물을 찾았다. 다른 동료들이 훈련에서 돌아올 때까지 텅 빈 천막에서 혼자 기다리는 것 외에는 달리 할 일이 없었다. 동료들에겐 숙영지로 돌아온 것이 신나고 즐거운 일이었지만, 나는 마음이 편치 않았다. 나는 전우들이 겪은 시련을 경험하지 못했기 때문에, 비록 신병훈련 과정이 모두 끝나더라도 능력이 부족한 전차승무원이 될 게 뻔했다. 나에게 고립감과 불안감이 엄습하였다.

"그를 보급계원으로 보내라." 라테스 중대장은 이것이 합당한 조치라고 말하면서 간단하게 지시했다. 중대장 전차승무원에 대한 관리책임이 있던 소대장 엘리아시브 심시(Eliashiv Shimshi) 소위가 나의 문제로 중대장과 상의했지만 별 소용이 없었다. 중대장의 간명한 판정은 마치 내가 가짜로 입원한 것처럼 보이게 하여 나를 죄책감에 빠져들게 만들었다. 나는 이 괴로운 운명을 받아들이지 않고 싶었지만, 군기가 바짝 든 신병으로서 새로 준 직책인 보급계원을 기꺼이 맡을 수밖에 없었다. 동료들이 보급반 천막에 세탁물을 맡기거나 전투복을 바꾸면서 나를 동정해 주고 때로는 무시하는 농담도 했다. 가장 참을 수 없었던 것은 내가 기갑학교에서 실시하는 '전차장 과정(Tank Commander's Course)'[23] 입소에는 부적격이라는 것이었다. 나만 빼고 다른 동료들은 모두 그 과정에 입소하게 될 것이었다.

사막에서 모든 야외훈련이 끝나고 우리는 다시 하싸 기지로 복귀했다. 병사들은 자신의 장비들을 반납하고 새롭게 받을 전차장 과정을 준비하기 시작했다. 심시 소위가 나를 위해서 라테스 중대장에게 다시 건의했지만 실패했다. 동료들이 출발하는 날 아침, 그들은 관물을 보급창고에 반납했고 나는 보급계원으로서 그들의 관물들을 받아야 했다. 이때까지 나는 괜찮은 제안을 받고 있었다. 즉 8월 전입신병들이 들어올 때 그들의 야외훈련에 같이 참가한 후 전차장 과정에 등록하면 된다는 것이었다.

그때 심시 소위가 얼굴에 의기양양한 미소를 띠고 보급반 안으로 불쑥 들어왔다.

"카할라니, 빨리 짐을 싸서 전차장 입소 예정자들과 합류하도록 해!"

분명히 그는 나를 놀리고 있었다.

"농담이 아니야." 내가 놀라는 것을 무시하면서 말했다. "너는 정말 운이 좋은 놈이구나. 전차장 과정에 여러 명을 보냈는데 거기서 교육 인원이 부족하대. 어쨌든 짐을 싸도록 해."

낭비할 시간이 없었다. 말할 필요 없이 의기양양하게 기갑학교가 있는 줄리스 기지로 출발하는 트럭에 올라탔다. 나는 이제 전차장이 되는 여정에 들어서게 되었다.

---

23 **전차장 과정**: 이스라엘군은 '지원선발 제도'를 적용하여 전차병 신병교육을 모두 받게 한 후 그중에서 우수자를 선발해서 전차장 과정으로 보낸다. 그리고 전차장 과정에서 우수한 자원들을 선발하여 장교후보생학교(OCS)에 보내서 장교로 임관시킨다. 우리나라의 경우 기갑부사관은 임관 후 기계화학교에서 소정의 전차장 과정을 마친 후 전방부대에 가서 포수나 조종수로 일정 기간 근무 후 전차장 직책을 수행한다.

전차장 과정의 일부는 기갑학교에서 이루어졌고, 기동훈련은 주로 브엘세바의 북동쪽에 있는 언덕지대와 남쪽의 사막지역에서 실시되었다. 나는 맹장염 수술에서 회복되고 있다는 사실을 가급적 숨기려고 애를 썼다. 복부의 절개부위가 넓고 길어서 어떤 순간에는 배가 다시 찢어질 것처럼 아프게 느껴졌다. 조그만 일에도 힘이 들었다. 그러나 나는 최선을 다해야 한다는 것을 잘 알고 있었다.

당시 제82전차대대는 영국제 센추리온 전차를 보유하고 있었다. 그러나 이스라엘군이 이 모델을 많이 보유하고 있지 않기 때문에, 우리는 전차장 과정 동안에 셔먼(Sherman) 전차를 이용했다. 제2차 세계대전 끝 무렵에 사용했던 구식전차를 타기 위해서 재교육을 받았다. 당시 우리의 소대장은 데이비드 엘린(David Yellin) 소위였는데, 그는 안타깝게도 10년 후에 벌어진 욤키푸르 전쟁에서 전사하고 말았다.

교육과정이 진행됨에 따라 나는 점점 전차의 일부분이 되어 가고 있음을 느꼈다. 나는 이제 전차를 마음대로 다룰 수 있게 되었다. 나는 이 과정을 1등으로 수료하게 되었는데, 다른 동료들이 병장으로 진급할 때 당시 기갑사령부[24] 사령관이었던 데이비드 '다도' 엘라자르(David 'Dado' Elazar)[25] 소장

---

24   **기갑사령부(Armored Corps Command):** 과거 이스라엘군 참모총장의 직접통제를 받던 4개 기능사령부(훈련사령부, 기갑사령부, 가드나사령부, 나할사령부) 중의 하나였다. 달리 표현하면 기갑병과 사령부라고 할 수 있는데, 다른 나라와 달리 기갑부대를 중요시하고 있는 이스라엘군에서 특이하게 운용했던 제도이다. 주요 수행업무는 전차병 및 기갑간부의 양성과 훈련, 기갑병과 장교 및 부사관 인사운용, 기갑부대 훈련평가, 야전교범 작성 및 전투발전, 기갑 전투전사연구 및 기념비 건립, 기갑 전사상자 관리 등이다. 기갑사령부는 1983년부터 이스라엘군의 교육사령부라고 할 수 있는 지상군사령부(Ground Corps Command)가 창설되면서, 예하 기능부서(기갑부, 보병 및 공수부, 포병부, 공병부)의 하나로 들어갔다.

25   **데이비드 '다도' 엘라자르:** 나중에 이스라엘군 제9대 참모총장(1972~1974)에 올랐다. 참모총장으로서 1973년 욤키푸르 전쟁을 지휘하였으며, 전쟁 후 아그라나트 위원회로부터 전쟁준비에 미흡했다는 책임 추궁을 당하자 즉각 사임하였다.

이 나를 특별히 하사로 진급시켰다.

　나의 삶 중에서 한 개의 장이 끝나고 있었다. 나는 드디어 이스라엘군의 초급 지휘자가 되었는데 이로써 하나의 분계선을 넘은 것이다. 이때부터 나는 지휘자처럼 행동해야 했고 병사들을 다룰 수 있는 행동과 사고방식을 개발해야 했다. 하룻밤 사이에 전입신병으로부터 지휘자로 신분이 바뀐 젊은 남아로서 일종의 긴장감이 몸을 감쌌다. 부하들을 잘 이끌어야 한다는 것은 분명히 걱정되는 일이었다. 그들 앞에 당당하게 서서 처음에 어떤 방식으로 명령을 하달해야 할지?

　수료식 마지막에 관중들 앞을 지나가는 전차 퍼레이드를 하면서, 우리는 사열대 위의 상관과 내빈들에게 경의를 표했다. 엘라자르 기갑사령관 옆에 기갑학교장 아브라함 '브렌' 아단(Avraham 'Bren' Adan)[26] 대령이 앉아 있었다. 나는 군중 속에 있는 가족들에게 나를 빨리 보여주고 싶어서 안달이 났다. 행사가 끝나고 만날 때를 대비해서 흥분을 가라앉혔다. 자부심을 느꼈다.

　"이제 장교 임관교육을 받는 게 어떠냐? 아비."

　아버지는 이것이 끝이 아니고 시작이라는 사실을 일깨워 주었다.

　"예, 일단은 먼저 휴가에 갔다 온 다음에 지원할 겁니다."

　"좋아. 계속 그렇게 해야지. 그게 너 자신을 위하는 길이야."

　아버지는 나의 어깨를 두드려 주었다. 동생들은 신출내기 지휘자와 함께 사진을 찍으려고 줄을 서기에 바빴다.

26　**아브라함 '브렌' 아단**: 나중에 욤키푸르 전쟁 시 기갑사단장(준장)으로서 수에즈 전역에서 전투를 이끌었다. 그는 자신의 전쟁 경험을 기술한 『수에즈의 양안(On the Banks of Suez)』이라는 책을 저술하였다.

장교후보생학교

1963년 봄, 짧은 휴가를 보내고 우리는 페타 티크바(Petah Tikva) 근처에 있는 시르킨 기지(Syrkin Camp)의 제1훈련소에 입소했다. 당시 이스라엘군의 장교후보생학교(Officer Candidate School: OCS)[27]가 그곳에 있었다. 우리는 견장에 사병 표식인 붉은 띠를 떼어 내고, 대신에 장교 표식으로 흰색 띠를 붙였으며 모자에도 흰색 테두리를 붙였다. 변화는 뚜렷했으나 특별히 무어라 설명할 수는 없었다. 우리는 더 이상 전차승무원의 신분이 아니었다. 우리는 사고방식, 습관, 그리고 행동을 모두 바꾸어야 했다. 우리는 여기에서 능수능란한 보병이 되기 위한 교육을 받았다. 우리의 몸은 공세적으로 바뀌어 갔다. 우리는 야지에 있는 돌멩이들과 흙덩어리 같이 삶과 죽음이 별반 다르지 않다는 사고방식에 익숙해지기 어려웠다. 모두 익숙하지 않은 환경 아래에 놓이게 되었다.

　　내가 속한 학생대의 훈육관은 야코브 벤-야코브(Ya'akov Ben-Ya'akov) 소령으로 별명이 '더블 잭(Double Jack)'이었다. 그는 전형적인 불가리아 출신의 이민자였는데 그의 억양과 발음을 볼 때 의심의 여지가 없었다. 내가 느끼기에 훈육관이나 교관들은 우리에게 장교가 되는 방법을 가르쳐 주기보다는,

---

27　**장교후보생학교:** 이스라엘군 장교 선발과 진급 제도는 '경험'을 기준하고 있는 지원선발 제도이다. 따라서 우리나라와 같은 사관학교가 없고 사병들 중에서 우수한 자원을 선발하여 장교후보생학교로 보낸다. 여기서 경험이라는 것은 장교가 될 대상자의 품성과 역량을 부단하게 관찰하여 평가한 결과를 말한다. 카할라니가 기술한 것을 보면 당시 장교후보생학교의 교관과 훈육관들은 과도할 정도로 후보생들을 세밀하게 관찰하고 있었던 것으로 보인다.

우리가 장교 자격이 있는지 없는지를 확인하는 데 더욱 관심이 있는 듯하였다. 우리에게는 긴장감과 '임관 탈락'이라는 절박한 심정만 있을 뿐이었다. 우리 가운데 몇 명은 그 이유가 공정하고 정당했는지 잘 알 수 없었지만, 며칠에 한 번씩 퇴교를 당해서 학교를 떠났다. 임관 탈락에 대한 두려움이 우리의 노력을 방해하면서 행동을 주저하게 만들며 혼란을 주고 있었다.

나는 더블 잭이 처음부터 나를 세밀하게 관찰하면서 괴롭히려 한다는 사실을 알고 있었다. 내가 전차장 교육과정에서 최우수 학생이었다는 사실을 그가 알고는 있을까? 아마도 그에게는 내가 이상하고 야릇한 예멘 출신이라는 사실이 더욱 중요했을 것이다. 그가 왜 계속해서 나를 물고 늘어지는지 그 이유를 알 수 없었다. 그는 나를 쫓고 있음이 분명했다. 그에 대한 두려운 생각이 매일 커져만 갔고, 나에 대한 그의 비열한 지적은 더욱 예리해지고 횟수가 많아졌다. 나에게 연병장의 병사들을 지휘해 보라고 지시하거나 교실에서 배운 내용을 정리해 보라고 요구할 때 그는 위협적이었으며 분노를 표시하였다. 그는 나와 개인적으로 대화를 나눈 적이 없었으며, 나에 대한 감정도 절대로 내보이지 않았다. 그가 다른 교육생들을 전술훈련장에 내보내고 나한테는 숙영지 보초를 서라고 지시했을 때, 나의 인내력은 한계를 넘어섰다. 그다음 날에도 같은 일이 반복되자 더블 잭이 나에게 더 이상 미련이 없음을 알게 되었다. 나는 숙영지 보초 서는 일에만 더욱 익숙해져 갔다.

어느 날 아침, 학생대장 바라시(Barashi) 중령이 나를 호출하였다. 그는 나와 함께 어떤 언덕에 올라간 다음, 앞에 전개되어 있는 지형을 바라보면서 전술적 운용에 대한 질문을 던지기 시작했다.

"저기 두 번째의 언덕에 적 1개 분대가 있다. 자네는 분대장으로서 어떻게 하겠는가?"

나는 마치 협박을 당하고 있는 듯했다. 왜 나를 불렀는지 그에게 물어

볼 수 없었다. 그의 눈빛을 읽어서 나를 장교임관 과정에서 탈락시킨다는 결정이 이미 내려졌는지 알아보고 싶었다. 나는 그의 질문에 대답했는데, 그는 묵묵부답이어서 나의 대답이 정확한 것인지 아닌지 알 수가 없었다. 나는 수많은 생각과 의구심이 들었다.

다음 날 학교장 아비브 바르질라이(Aviv Barzilai) 대령이 면담을 위해서 우리를 호출했다. 나는 그의 집무실 안에서 무슨 일이 벌어질지 전혀 모르는 다른 몇 명의 동료 후보생들과 함께 내 차례를 기다렸다. 서로 한마디의 말이 없었다. 드디어 집무실 안에 들어갔다. 학교장, 학생대장 바라시 중령, 훈육관 더블 잭을 포함해 여덟 명의 장교들이 탁자 주위에 둘러앉아 있는 걸 보고 나는 다소 놀랐다. 나는 어떤 사안이 발생하게 되면 여러 명의 장교들로 구성된 퇴교심사위원회가 열린다는 것을 나중에 알게 되었다. 탁자의 맨 앞에 학교장 바르질라이 대령이 앉았다.

"자네가 카할라니인가?" 그가 큰 소리로 물었다. 나는 그렇다고 대답했다.

"자네에게 몇 가지 질문하겠는데 대답해 주기 바란다." 그는 장교들 가운데 한 명에게 신호를 보냈다.

"자네는 소대를 지휘하여 국경선 일대에서 매복전투를 실시할 예정이다." 의자에 앉아 있던 한 장교가 말했다. "작전을 위한 준비명령을 하달해 보라."

모든 눈이 나에게 모였다. 나는 잃을 것이 없다고 생각했다. 지나치게 긴장할 필요도 없었다.

나는 이제까지 배운 대로 전술원칙을 적용해서 준비명령을 하달했는데, 내가 스스로 생각해 보아도 훌륭한 대답이었다.

"자네는 그 지역에 도착해서 매복진지를 선정해야 한다. 병력배치와 전투방법을 칠판에 그려 보라." 이번에는 다른 장교가 질문을 이었다.

나는 칠판으로 가서 매복진지를 도식하고 분대들 사이의 거리를 표시했다. 나는 그것에 대해서 잘 알고 있었다. 그들은 나에게 비슷한 두 가지 질문을 던졌는데, 나는 빈틈없이 잘 받아넘겼다.

"한 가지 질문이 더 있다." 교육담당 장교가 물었다. "남아프리카공화국에 주가 총 몇 개가 있는지 알고 있나?"

쥐 죽은 듯이 조용했다.

"모르겠습니다"라고 내가 대답했다.

"자네는 신문도 읽지 않나?" 그 장교가 나의 답변을 질타했다.

장교과정에 입교한 이후 매일매일의 학습과 훈련의 압박 때문에, 우리 가운데 그 누구도 다른 일을 할 수 있는 시간적 여유가 전혀 없었다. 내 전우들 중에서 한가하게 신문을 읽고 있었던 사람을 본 적이 없었다. 나는 신문을 볼 수 없었던 나 자신에 대해 변호했다. 나는 여유시간이 있을 때마다 수면을 취했었다. 게다가 우리의 학생대 안에는 어떤 종류의 신문도 들어오지 않았다.

"그러면 지금 예멘 국왕이 누구인지 알고 있나?" 그 장교가 계속해서 압박했다.

그때 나는 한 가지 의문이 들었다. 많고도 많은 질문 중에서 왜 하필 예멘 국왕에 대한 질문인가? 그러나 어찌 되었든 기억을 더듬었다.

"살랄(Salal)인 것 같습니다." 나는 머뭇거리며 대답했다.

"살랄인가? 아닌가? 확실하게 말하라." 압박이 더욱 커졌다.

"살랄인 것 같은데 확실치 않습니다." 그러나 나의 답변은 정답이었다. 그의 눈에서 그것을 읽을 수 있었다. 내게 질문을 던졌던 장교는 아무런 반응도 하지 않았다.

"더 질문할 사람이 있는가?" 학교장이 물었다.

"여기 있습니다." 더블 잭이 끼어들었다. "몇 가지 드릴 말씀이 있습니다. 이 후보생은 교육과정 동안에 군기위반을 한 적이 없으며, 또 앞으로 좋은 전차 지휘관이 될 것으로 생각됩니다. 그러나 우리 학교의 입장에서 보면 그의 학과목 성적이 매우 저조합니다. 그것 때문에 지금 여기에 불려왔습니다. 카할라니 후보생도 제 의견에 동의하리라 믿습니다." 그는 동의를 구하려는 눈초리로 나를 쳐다보았지만 반응해 주지 않았다. 그날 내가 했던 훌륭하고 멋진 대답들은 거기에 모인 퇴교심사위원들을 모두 당혹스럽게 만들었는데, 그들은 이러한 상황에 미처 대비하지 못한 것 같았다.

"밖에서 나가서 기다리게. 곧 결과를 알려 주겠다."

그들이 나의 운명을 계속해서 토의하는 가운데 나는 경례를 하고 밖으로 나왔다. 그 토의는 지루하게 오래 계속되었다. 마침내 더블 잭이 밖으로 나오더니 나보고 인사과에 가 보라고 지시했다. 의심의 여지가 없었다. 나는 퇴교였다.

나는 지급받았던 모든 관물을 보급반에 다시 반납했다. 인사과에서 나에게 재보직에 관련된 서류를 주었는데, 기갑부대로 원복하라는 서류였다. 그리고 그 서류를 얼핏 보곤 내가 퇴학당한 이유를 명확히 알게 되었다. 『학과목 성적이 저조함. 지휘 및 리더십 능력이 부족함. 따라서 이스라엘군 장교로서 부적격함.』 그것은 모욕이었다. 누군가가 내 말을 들어 준다면 학과목 내용에 대해서 내가 얼마나 잘 알고 있는지 모두 설명해 줄 자신이 있었다. 그리고 '지휘 및 리더십 능력 부족'이라는 판정은 나에게 결정타였다. 나의 개인 인사자력부에 그것을 집어넣고 기갑부대로 돌아가서 어떻게 부하들을 지휘하라는 말인가?

나는 견장에 하사 계급장을 다시 달았다. 나는 더 이상 장교 같은 것은 되지 않을 것이라고 혼자 중얼거렸다. 그리고 장교임관 과정에 탈락했다고 나의 가족과 이웃 친구들에게 어떻게 설명해 준단 말인가? 나는 부모님의 이웃들에게 큰 자랑거리였다. 부모님이 다니시는 유대교회당에서 나에 대한 자랑을 수도 없이 늘어놓았다는데! 나는 고향인 네스 시오나에 오후 무렵 도착했지만, 거리를 배회하다가 한밤중이 다 되어서야 집으로 들어갔다.

아버지가 슬픈 소식을 듣고 말씀하셨다.

"모든 것이 끝난 건 아니다. 유감스럽지만 어쩔 도리가 없구나."

나는 가족을 실망시켜 괴로웠지만 오히려 그들은 나에게 따스함을 보여 주었다. 내가 받았던 모욕감이 모두 사그라졌다.

기갑부대에서 온 일곱 명의 다른 후보생들도 그 과정에서 모두 탈락했다. 이 사태는 결국 기갑사령관인 엘라자르 장군을 격분시켰다. 학과목 내용과 퇴교생 숫자를 두고서 기갑사령부와 장교후보생학교 간에 치열한 논쟁이 있은 다음, 기갑사령관은 퇴교학생들을 호출하여 그 이유를 직접 알아보기로 결정했다.

기갑사령관과 면담하는 날이 가까워지자 우리는 모두 흥분하였다. 내 순서가 되자 나는 엘라자르 장군의 번쩍이는 눈빛을 피하면서 집무실 안으로 들어갔다.

"카할라니, 나는 자네가 그곳에서 도대체 무엇을 했는지 알 수가 없네." 그는 착잡한 목소리로 질문을 시작했다. "내가 바로 한 달 전에 자네를 가장 훌륭한 교육생으로 인정해서 특별히 하사로 진급시켰잖아!" 기갑사령관 옆에는 제7기갑여단장 헤르츨 샤피르(Herzl Shafir) 대령, 기갑학교장 아브라함 아단(Avraham Adan) 대령, 기갑사령부 교훈참모 기데온 알츠슐러(Giedeon Altshuler), 그리고 인사참모 피니 라하브(Pinny Lahav)가 앉아 있었다.

"그들은 제가 장교임관에 부적합하다고 말했습니다. 제가 말씀드릴 수 있는 건 이게 전부입니다." 나는 무뚝뚝하게 대답했다.

거기에 모인 상급 장교들은 마치 의사가 벌거벗은 환자를 진찰하듯 나를 여러 각도에서 조사하기 시작했다.

"교육 내용에 대해서 몇 가지 질문하겠다. 이의 없지?" 기갑사령관이 계속 말했다. 고개를 끄떡이자 다른 장교들이 모든 방향으로부터 질문을 쏟아 내기 시작했다. 우선 전차에 대해서 몇 가지 물어본 후, 이어서 장교후보생학교에서 배운 내용에 대해 질문하였다. 나는 다음 장교가 질문할 때 앞선 장교의 질문에 대한 답변을 미처 끝낼 수 없을 정도로 열심히 대답했다. 일종의 열기 속에서 내가 알고 있던 모든 것에 대해서 열심히 대답했다. 그리고는 침묵이 흘렀다.

"그 녀석들이 왜 자네를 쫓아냈는지 도대체 이유를 알 수 없구먼!" 엘라자르 장군이 공허하게 소리쳤다. "저도 모르겠습니다." 나도 볼멘소리로 대답했다. "그중에 제가 답변하지 못한 것 하나는 인정합니다. 남아프리카공화국에 주가 몇 개 있는가? 라는 질문이었습니다."

장교들이 모두 웃었다.

"그건 나도 모르겠다." 누군가 불쑥 말했다.

"카할라니, 내 말 들어라. 포기하지 마라. 모든 게 잘될 거야."

엘라자르 장군이 긍정적인 태도를 보이면서 동정하며 말해 주므로 나는 승리감에 젖어 그의 집무실을 나왔다. 그러나 그들이 나를 위해서 무슨 결정을 해 줄 수 있을까? 장교후보생학교로 다시 돌려보낼 수 있을까? 그건 말이 되지 않는다. 다음 번 과정에 나를 다시 입학시킨다? 그건 내가 거절할 것이다. 어쨌든 나는 내 고향에 온 것 같은 느낌을 받았다. 이곳은 나를 진심으로 걱정해 주고 따스함을 주는 가족과 같은 곳이었다.

기갑장교 훈련과정 입소

어느 날 나는 놀라운 소식을 들었는데, 자세한 내용은 나중에 밝혀졌다. 엘라자르 기갑사령관이 당시 참모총장인 이츠하크 라빈(Yitzhak Rabin) 장군에게 내가 비록 장교후보생학교를 졸업하지 못했지만 기갑장교 훈련과정(Armor Officers' Training: AOT)[28]에는 들어갈 수 있게 해 달라고 건의했던 것이다. 그런데 정작 문제는 라빈 참모총장이 기갑후보생들이 어떻게 해서 장교후보생학교에서 모두 퇴교를 당했는지 조사해 보고하라고 지시한 것이었다. 이 지시는 장교후보생학교의 교장에게 충격을 주었다. 그는 이 지시가 개인적인 모욕인 동시에 이스라엘군의 장교 육성체계를 부정하는 처사라고 받아들였다. 이스라엘군 최고사령부의 교훈참모부장과 인사참모부장을 포함한 다른 사람들도 강하게 반대하고 나섰다. 그러나 라빈 참모총장의 결심은 확고했다. 이 일은 놀랍기도 하고 기쁘기도 했는데, 결국 나는 기갑장교 훈련과정에 입소하게 되었으며 첫날을 동료들과 함께 보냈다. 비록 나에게만 장교후보생학교를 졸업할 때 달게 되는 소위 계급장이 없었지만, 나는 전우들 사이에서 분명히 환영을 받았다.

이번 교육에서 나는 실패에 대한 두려움이 조금도 없었다. 기갑장교 훈련과정은 '내 집 앞마당'처럼 익숙했다. 나는 전차장으로 임명되었고, 전차의 모든 장치를 완전하게 조작할 수 있었다. 마치 전차를 위해 태어난 것 같았다. 나의 승무원들과 전차의 모든 장치는 나의 지시대로 반응하며 움직였다. 힘들었지만 교육과정을 즐기는 가운데, 나는 초급 장교의 지평을 넓혀 가면서 최고의 성적을 거두게 되었다.

네게브(Negev) 사막에서 가장 황량한 시브타(Shivta)라는 지역이 있다. 우리는 밤새도록 전차를 달렸다. 구리스, 기름, 매연, 그리고 흙으로 뒤범벅이 됐다. 야간경계를 서는 동안 스스로 이겨 내고 잠을 깨기 위해 세수도 하고 줄곧 입으로 무엇을 중얼거렸다. 세 명의 동료들은 우리의 전차를 잠근 다음 야간경계 근무시간을 분담했다. 우리는 기상나팔이 울릴 때까지 교대하면서 근무를 섰다.

---

28 **기갑장교 훈련과정:** 우리나라의 '기갑 초등군사반(초군반) 과정'과 유사하다. 장교로 임관한 후 소위 계급장을 달고서 이 과정에 들어가게 된다.

전사의 길

훈련 마지막 주에 우리는 줄리스에 있는 기갑학교로 다시 돌아가서 최종시험과 수료행사를 준비하기 시작했다. 나는 소위 계급이 없기 때문에 견장에 무엇을 달아야 할지 몰랐다. 그것은 중요한 일이었다. 왜냐하면 기갑장교 훈련과정을 수료하는 날 계급장을 달고 행사에 참석해야 하기 때문이었다. 나는 수료행사 당일에 훈육관인 샤츠(Shatz) 대위에게 무엇을 달아야 할지 물었다. 그는 주저 없이 대답했다. "소위 계급장!"

"그건 약간 이상합니다." 내가 대답했다. "사람들이 결코 인정하지 않을 겁니다. 제가 장교후보생학교를 졸업하지 못한 것을 아시잖습니까!"

"상관없어. 다른 사람들이 굳이 말하지 않는 한 소위 계급장을 달아도 돼."

그의 말을 듣고 나는 방에 들어가서 견장에 소위 계급장을 달아 보았다. 그러나 그것은 올바르지 않은 일이었다.

수료행사 두 시간 전, 우리가 행사장을 열심히 청소하고 있을 때 기갑학교 교육대장이 나를 호출하였다. 나는 그 이유를 알고 있었다.

"알고 있습니다. 소위 계급을 인정하지 못한다는 것 말입니다." 나는 집무실에 들어가면서 말했다.

"방금 전화를 받았다. 미안하다. 규정상 장교후보생학교를 졸업하지 못한 사람은 소위 계급장을 달 수 없다고 하네. 자네가 갈피를 못 잡도록 해서 정말 미안하다."

"저를 속이신 건 아닙니다. 저는 샤츠 훈육관에게 이런 일이 벌어질 것이라고 이미 말했습니다. 놀라지 않습니다. 다만 기갑장교 훈련과정을 잘 마쳐서 기쁘고 그 외는 신경 쓰지 않습니다."

"오늘 자네에게 임시장교 자격을 줄 거야. 나중에 언젠가는 소위 계급장을 달 걸세."

"임시장교는 되고 싶지 않습니다. 차라리 하사 계급장을 그대로 달겠습니다. 그게 더 자랑스럽습니다. 제 견장에 임시장교 표식 같은 것은 달고 싶지 않습니다."

"그래도 임시장교가 더 낫지."

"그래도 달지 않겠습니다. 당황스럽습니다. 임시장교 계급장은 겨우
턱걸이해서 졸업한 사람들에게나 주는 것입니다. 그걸 달고 어떻게 전차소
대를 지휘할 수 있겠습니까?" 내가 질문했다.

"이해하네. 자네는 가장 훌륭한 후보생 중 한 명으로 최종시험에서 우
수한 성적을 거두었는데 말이야."

"어쨌든 하사 계급장을 달겠습니다. 관중들 앞에서 저를 난처하게 만
들지 말아 주십시오. 그리고 차라리 저를 이 행사에서 빼 주십시오."

시간이 흘렀다. 수료행사 시작이 얼마 남지 않았다. 교육대장실에서
야르코니(Yarkoni) 중령과 후임자로 내정된 오시리(Oshri) 중령은 내가 수료행
사에 반드시 참석해야 한다면서 임시장교 계급장을 달도록 강요하였다. 내
가 학교의 모든 관계자들을 곤란하게 만들고 욕을 보이고 있다고 했다. 그
러면서 내가 모든 과정을 훌륭하게 잘 마친 것에 대해 자랑스럽게 생각하
고 있다고 말했다. 그래도 일단 임시장교라도 된다면 곧 소위가 될 수 있다
고 하니 하사 계급보다 더 낫기는 하였다. 결국 나는 두 장교의 설득을 끝내
외면할 수 없었다. 무엇보다 내가 수료행사에서 모습을 보이지 않는다면,
나의 가족들이 받을 충격이 무척 클 것이었다.

결국 수료행사에 참석했다. 훈육관이 임시장교 표식을 달아 주었다.
행사가 끝나자마자 그것을 떼어 멀리 던져 버렸다. 나는 아무것도 달지 않
았다. 나는 그저 민간인이었다.

제82전차대대로 돌아가다

내가 기갑장교 훈련과정을 마치고 제82전차대대로 다시 돌아갔을 때, 대대는 네게브 지역에서 실시하는 여단기동훈련에 참가하기 위해 준비하고 있었다. 도착한 후 대대장 칼만 마겐(Kalman Magen)[29] 중령에게 전입신고를 하였다. 그는 나를 수색소대장으로 임명한 후 지프차 한 대를 주고는 그날 바로 여단의 모든 보급차량들을 인솔해서 여단집결지가 있는 언덕지대로 이동할 것을 지시하였다.

여단 군수장교가 나를 반갑게 맞아 주었다. 그는 마침내 여단의 보급차량들을 끌고 갈 수 있는 사람을 만나게 된 것이다. 나는 밖으로 나가 인솔해야 할 차량들을 모두 확인하고 나서는 거의 기절할 뻔 했다. 거기에는 급수차량, 유류차량, 탄약차량, 급식차량, 그리고 예비차량을 포함해 약 80대의 차량들이 있었다. 이 차량들은 앞으로 실시할 여단기동훈련에 모두 참가할 것이다. 겨우 19살밖에 먹지 않은 나는 경험 많은 전문가인 양, 여단군수장교에게 어떤 자신감을 내보였다. 만일 이 거대하고 건조한 네게브 사막에서 길을 잃어버리게 된다면? 이 많은 차량들을 다시 끌고 무사히 돌아올 수 있을 것인가? 어떻게 하면 후미의 마지막 차량까지 이상 없이 따라오게 만들 것인가? 훈련통제관 조(Joe) 소령이 나의 임무수행을 평가하기 위해 따라왔는데, 나는 그에게 어떠한 도움도 바랄 수 없었다. 그는 이러한 임

---

29 **칼만 마겐:** 나중에 욤키푸르 전쟁 시 수에즈 전선에서 기갑사단장(소장)으로서 전쟁을 수행했다.

무를 부여받은 풋내기를 보고 화를 낼 것만 같은 노련한 고참 장교였다. 여러 명의 선탑자와 운전병들이 야간이동을 준비하는 회의에 참석했다.

"여기 있는 수색소대장이 우리를 여단집결지까지 인솔해 갈 겁니다." 여단 군수장교가 확신에 찬 목소리로 나를 소개했다. 그리고 참석자들을 바라보며 이렇게 말했다. "여러분은 걱정할 필요가 하나도 없습니다."

그를 쳐다보니 지도를 이용해 추가적으로 더 설명할 의사가 전혀 없어 보였다. 차량 행군로가 쉽지 않았는데, 문제는 우리가 전에 한 번도 그곳에 가 본 적이 없다는 사실이었다.

어쨌든 야간에 밤을 새워서 이동하였고, 다음 날 새벽 무렵 보급차량들을 인솔해 여단집결지에 무사히 도착하였다. 나는 거기에서 각자에게 임무를 주기 위해 수색소대원들을 모두 집합시켜 놓고 그들의 얼굴을 쳐다보았다. 그들은 예비군들로서 이번 동원훈련에 참가하였는데, 어떤 사람은 나의 아버지만큼이나 나이가 많아 보였다. 그중 한 사람이 나의 머리를 가볍게 툭 쳤는데, 마치 네 위치를 잘 알고 있으라고 말하는 듯하였다. '자네 임무에 대해서 잘 알고 있구먼. 그러나 내 아들 또래밖에 안 된다는 사실을 잊지 말게나.'

그리고 얼마 후 나는 전차소대장으로 부임했다. 젊은 전차승무원들을 처음 만났던 때를 아직도 생생하게 기억한다. 중대장이 나를 소개한 후 내가 소대원들을 쳐다보니, 그들은 약간 당황스러운 모습을 보였다.

"그래, 내가 바로 너희들 소대장이야." 나는 그들의 얼굴에 놀란 표정을 없앨 수 있도록 힘찬 목소리로 말했다. "나의 계급장이 보이지 않아서 그런 줄 안다."

소대원들이 고개를 끄덕였다.

"계급장을 세탁소에 잠시 맡겨 놓았거든. 계급장을 다시 찾아올 때까지는 아마 너희들은 볼 수 없을 거야."

전사의 길

첫 번째 관문을 무사히 통과한 후 곧장 그날 오후의 일정에 대해서 이야기했다. 견장에 장교 계급장을 달지 않고서도 병사들을 지휘하는 데 큰 문제는 없었다. 그러나 정말 심각한 문제는 장교식당에 어떻게 들어가느냐 하는 것이었다.

대대는 승무원훈련, 소대훈련, 중대훈련을 실시하기 위해 네게브 훈련장으로 갔다. 소대장들은 최우수 소대의 명예를 얻기 위해서 서로 경쟁하였다. 단계별로 모든 훈련을 마친 후에 마지막으로 부대시험을 받았다. 소대시험은 주로 대대장 주관하에 실시하였는데, 어떤 특정한 분야는 여단에서 직접 점검했다. 소대시험을 받는 도중에 우리는 헤르츨 샤피르[30] 여단장을 발견했는데 그는 전차승무원들의 행동을 자세하게 관찰하고 있었다. 우리 소대는 '최고 점수'를 받았다. 나는 그 사실이 매우 자랑스러웠다.

중대에서 군기를 다루는 문제는 항상 젊은 지휘자들에게 중요한 과제였다. 어떤 장교는 잘못한 병사를 무조건 상급부대에 보고했고, 또 어떤 장교는 자기의 선에서 해결하려고 노력하였다. 나는 후자 중의 한 명이었다. 나는 소대원 중에서 군기를 위반한 병사를 처리하기 위해 중대장에게 보고하는 것에 대해 마음이 그리 편치 않았다. 그것은 나의 리더십에 관한 문제라고 생각했으며, 나의 제한된 영역 안에서 해결하려고 최대한 노력했다.

전차소대장으로서 나는 소대원과 중대원들에게 부끄럽지 않도록 나 스스로 최고의 조종수, 탄약수, 포수의 직책능력을 골고루 갖추어야 한다는 사실을 잘 알고 있었다. 늘 부하들과 같이 생활하는 초급 지휘자는 자기

---

30   **헤르츨 샤피르:** 당시 제7기갑여단장이었으며, 나중에 남부사령관(소장)을 역임하고 전역하였다.

의 전문적 역량에 대해 부하들이 항상 평가하고 있다는 사실을 깨달았다. 내 부하들에게 '우리 3소대는 항상 선두에 간다'라는 생각을 가질 수 있도록 열심히 노력했다. 나는 소대원들에게 저녁 늦게까지 훈련에 필요한 여러 가지 내용을 설명해 주었다. 일단 병사들이 취침에 들어가면, 젊은 지휘자들은 중대장 천막에 다시 모여 촛불을 켜 놓고 다음 날 훈련할 내용을 가지고 토론하였다. 우리는 부하들보다 더 많이 지쳐 갔다.

야외 기동훈련이 끝난 다음, 우리는 가장 훌륭한 병사들을 선발하여 전차장 과정에 보냈다. 며칠 후 나는 전차를 끌고 다른 기동훈련에 참가하기 위해 다시 네게브 훈련장으로 갔다. 최우수 소대를 쟁취하려는 다툼을 줄이게 되자 우리 소대장들은 친밀하고 영원한 하나의 작은 가족이 되었다. 아담 와일러(Adam Weiler)가 1소대장, 벤 하일 예페트(Ben Hayil Yefet)가 2소대장, 나는 3소대장, 그리고 엘리에저 마르쿠샤머(Eliezer Marcushammer)가 4소대장이었는데, 우리 스스로를 '4형제'라고 불렀다.

매일 밤 우리는 천막 숙영지로부터 멀리 떨어져 있는 훈련장으로 갔다. 전차의 궤도 자국들이 파 놓은 깊은 도랑 하나를 선택해서 소대장 전용의 간이화장실을 정해 놓고, 우리가 볼 일을 보러 갈 때는 '깊은 도랑에 갔다 올게'라는 훈련장 은어를 사용하게 되었다.

1소대장 와일러는 늘 불확실한 항해사를 자처했다. 그는 지형을 알기 위해서 독도법 같은 것을 결코 배우지 않을 거라며, 다른 사람들이 나중에 모두 대대장이 되었을 때 자신은 여전히 소대장으로 남아 있겠다고 농담했다. 나와 같은 예멘 혈통의 2소대장 예페트는 가끔 자기 집에서 맛있는 예멘 음식을 가져왔는데 특이하게도 항상 음식의 신선도를 유지한 채 훈련장으로 가지고 왔다. 장교후보생학교의 동기생인 4소대장 마르쿠샤머는 입대 몇 달 전에 멕시코에서 이스라엘로 이민을 왔었다. 그는 여러 교육과정에서 항상 우수한 성적으로 두각을 나타내는 타고난 머리 좋은 군인이었다. 우리는 중대 무전망에서 그의 강한 스페인어 발음을 가끔씩 흉내 내면서 즐거워하였다.

당시 대대장이었던 칼만 중령이 어느 날 면담을 위해서 나를 호출했다. 그는 내가 이대로 가면 소위 계급장을 달 기회가 거의 없을 거라면서 장교후보생학교에 다시 가야 한다고 말했다. 나는 대대장의 제안을 거절했다. 나는 소대장을 하는 것만으로도 만족하고 있으며, 대대에 그냥 남아 있겠다고 하였다.

얼마 후 이스라엘군 최고사령부의 행정실장 사무엘 '시물릭' 에얄 (Shmuel 'Shmulik' Eyal) 대령이 우리 부대를 방문한다는 소식을 듣게 되었다. 나는 이 방문의 중요성에 대해서 알고 있지 못했다. 내가 단지 알고 있었던 것은 에얄 대령이 이스라엘군 장교단에 관련된 업무 책임을 지고 있다는 사실뿐이었다. 그는 샤피르 여단장과 마겐 대대장의 영접을 받으면서 우리 부대를 방문했다.

최고사령부에서 온 방문객들은 아무런 사전 예고도 없이 나의 전차에 올라와서 내부를 구경하겠다고 하였다. 에얄 대령이 포수석으로 들어가더니 나에게 전차포 사격하는 방법을 질문했다. 그러자 칼만 대대장이 마치 나에게 무엇인가 알려 주는 것처럼 내 등 위에 손가락으로 글씨를 썼는데 나는 그게 무엇인지 이해하지 못했다. 이때 나의 전차승무원이 그의 질문에 대해서 훌륭하게 답변하자, 에얄 대령은 입이 귀에 걸릴 정도로 크게 웃으며 전차 밖으로 나와서 박수를 쳐 주었다.

에얄 대령은 장기복무자 획득과 관련한 회의를 주관하기 위해서 모든 장교들을 식당 안에 불러 모았다. 이런 종류의 회의는 대부분 정형화된 방식으로 진행된다. 장교들이 설명을 듣고 질문하면 메인 탁자에 앉은 상급자들이 대답해 주는 방식이다. 에얄 대령은 이스라엘군 장교단의 발전상에 대해 장시간 소개한 후 우리에게 몇 가지 질문을 하였다. 이때 갑자기 아담 와일러 소위가 손을 들고 벌떡 일어나더니 그에게 발언권을 요구했다.

"행정실장님. 저희들에게 지금 상비군 장기복무지원에 대해서 소개해 주셨지만, 최고사령부에서 아직까지 해결해 주지 못한 기본적인 문제가 하나 있습니다."

모든 사람들이 긴장했다. 어느 누구도 아담 와일러 소위가 어떤 생각을 가지고 무엇을 말하려 하는지 알지 못했다.

"우리가 볼 때 중대에서 가장 훌륭한 소대장이 한 명 있습니다. 아니, 저희 대대에서도 최고라고 생각합니다. 또 여단 안에서도 그런 훌륭한 소대장이 없습니다. 이건 절대로 과장된 말이 아닙니다."

과연 요점이 무엇일까? 나는 그것이 궁금했다.

"제가 이야기하고 있는 소대장은 아비그도르 카할라니입니다. 그의 계급은 임시장교입니다. 오늘날 우리나라의 군대에서 이럴 수가 있습니까?"

나는 얼굴이 새빨개지고 당황스러워서 고개를 숙였다. 에얄 대령이 와일러 소위에게 앉으라고 말했다. "알았네, 알았어." 그가 말했다.

"무엇을 아셨다는 말씀입니까? 제 말을 끊지 말고 들어 주십시오. 누군가는 이 문제를 제기할 때라고 생각합니다. 이 문제를 해결하지 않고 얼마나 오랫동안 끌고 있는지 모두가 알고 있습니다."

나는 머리를 파묻고 싶었지만 어디로 숨어야 할지 몰랐다. 이 문제는 이미 최고사령부에서도 다루고 있었는데, 그도 이에 대한 내용을 알고 있었다. 와일러 소위는 그의 답변을 듣고 마침내 수긍하였다.

회의가 끝나고 나는 언덕 위에 있는 대대장 집무실로 호출되어 갔다. 마겐 대대장은 처음에도 그랬지만 장교후보생학교에 가서 다시 교육받고 임관할 것을 또 요구하였다. 나는 거절했다.

대대장 집무실에는 에얄 대령도 같이 있었다. "카할라니, 자네는 정말 좋은 친구를 두었군." 그가 말했다.

"저는 그 동료에게 그렇게 말해 달라고 부탁하지 않았습니다."

"자, 여기 보게. 나는 오늘 이 자리에서 결정했네. 아마 최고사령부 인사참모부장이 나를 죽이지 않을지 모르겠군. 당장 오늘부터 소위 계급장을 달게."

불쑥 튀어나온 그의 마지막 말에 나는 깜짝 놀랐다. 만일 이 결정이 '문제군인'을 해결하는 차원의 조치라면 나는 차라리 원하지 않는다는 사실을 분명히 했다. 나는 에얄 대령까지 이 문제에 끌어들이고 싶지 않았다. 그는 문제군인에 대한 단순한 해결책이 아니라는 점을 분명히 했다. 그런 다음 나에게 장기복무를 지원할 의향이 있는지 물어보았다.

"그래도 소위 계급을 달기 위해서 장교후보생학교로 돌아가야 한다면 어떻게 됩니까?" 나는 마지막까지 그의 다짐을 받았다.

"지금부터는 절대 그럴 일이 없을 거야." 에얄 대령은 이 문제를 확실하게 매듭지어 주었다. 나는 이 결정에 놀라움을 나타내며 웃으면서 대대장 집무실을 나왔다. 동료 소대장인 와일러, 예페트, 그리고 마르쿠샤머 소위가 내 얼굴을 보더니 문제가 잘 해결되었음을 알아차렸다. 이제 내가 할 일은 소대원들에게 이 멋진 선물을 보여 주고, 돌아오는 안식일에 외출을 나가면 나의 가족들에게 이를 자랑하는 것이었다.

야외훈련이 종료되는 날, 나의 소대는 하싸 기지에 있는 대대 주둔지로 복귀하였다. 내가 전차로부터 군장을 내리자마자 대대장 마겐 중령이 호출하였다.

"좋지 않은 소식이 있구만. 지금 바로 훈련장으로 다시 나가 주어야 하겠다."

"언제 말입니까?"

"오늘 밤이야."

"무슨 일입니까?"

"내일 아침 기갑사령관 엘라자르 장군이 훈련장에 방문할 예정인데, 자네가 사령관님께 전차승무원훈련 시범을 보여 주었으면 하네."

"그러면 제 전차승무원들은 어떻게 합니까?" 나는 시치미를 뚝 떼고 물었다.

"자네 소대원들은 여기에 남아 있을 거야. 그리고 내가 거기 샴마이(Shammai) 중대장에게 미리 지시해 두었어. 그 중대의 전차승무원들이 준비할 거야."

그동안 나는 내 숙소에서 두 다리를 쭉 뻗고 잠 한번 푹 자 보는 것이 소원이었다. 그 대신 지금 날 기다리고 있는 트럭을 타고 네게브 훈련장으로 다시 돌아가야 했다. 날이 밝기 전에 샴마이 중대에 도착했다. 동이 트자 나는 전차승무원들을 모아서 그들에게 시범 준비를 시켰으며, 이날 엘라자르 기갑사령관이 지켜보는 가운데 전차승무원훈련 시범을 성공적으로 마쳤다. 이것이 끝나자 샴마이 중대장은 내가 당분간 자기 중대에 계속 남아 있을 것이라고 말해 주었다. 그는 새로 전입한 신참 소대장들에게 나의 경험이 필요하다고 하였다. 그래서 나는 그 집단에 합류하게 되었는데 아비그도로 리브만(Avigdor Liebman), 하가이 레게브, 샬롬 엔젤(Shalom Angel) 소위가 그들이었다.

샴마이 카플란(Shammai Kaplan) 대위는 제82전차대대에서 잘 알려진 사람이었다. 그는 키가 훤칠하고 잘 정돈된 턱수염을 가진 미남으로서, 마치 신이 그의 나이에 원하는 모든 것을 그에게 허락해 준 것처럼 보이는 사람이었다. 그러나 그가 안고 있는 문제의 하나는 중대의 성과가 늘 저조한 것이었다. 그는 회의에서 이렇게 말한 적이 있었다. "나는 우리 중대에서 진정 책임감을 가지고 일하고 있는 사람은 오직 한 명밖에 없다고 생각한다.

전사의 길

그 사람은 바로 우리 중대의 척도야." 나는 처음에 그 사람이 누구인지 몰랐으나, 나중에 알고 보니 바로 자기 자신을 두고 한 말이었다. 나는 샴마이 카플란 대위가 젊은 장교들과 허심탄회하게 툭 터놓고 지내는 것을 보고 놀랐다. 그러나 그의 소대장들은 자신들의 잘못을 인정하기보다는 다른 사람을 먼저 비난하고 있었다. 어쨌든 카플란 대위는 나를 사로잡았다. 우리가 서로 더 잘 알게 되자 나는 그가 소대장들과 병사들에게 너무 편하게 대해 줌으로써 이것이 중대의 성과와 연결되지 못한다는 사실을 알게 되었다. 하지만 그의 부하들을 그를 존경하고 있었으며 그가 일의 보람을 가질 수 있도록 따라 주고 성공하기를 바랐다. 이런 모습은 지휘관 행동에 관한 모델이었으며 나 자신의 군생활에 오랫동안 영향을 미쳤다.

카플란 대위는 항상 제일 늦게 잠자고 제일 먼저 일어나는 사람이었다. 그의 충혈된 눈은 수면 부족을 나타내고 있었다. 그는 모험을 좋아했으며 장난꾸러기 기질을 가지고 있었다. 그는 스스로 만든 몇 개의 철칙을 분명하게 지켜 나가면서 나머지 다른 것들은 무시했다.

우리는 가끔씩 저녁 식사를 위해 브엘세바 시내로 나갔다. 탑승정원을 초과한 지프차를 거칠게 몰고 가면서 우리는 목청이 터져라 유행가를 불러 댔다. 돌아오는 길은 사뭇 달랐다. 카플란 대위와 중대 주임상사 요시(Yossi)가 식사하는 동안 코냑 몇 잔을 마시고 취해서 좁은 차 안에 옆으로 쓰러지는 날에는 모든 것이 변했다. 우리 젊은 소대장들은 그 고약한 냄새를 피하기 위해서 그들과 떨어지려고 애를 썼다.

북부전선의 위기 상황

어느 날 중앙 네게브 지역의 키부츠 스대 보커(Sde Boqer) 근처의 언덕에서 기동훈련을 하고 있을 때, 나의 전차가 가파른 경사지역에 처박혀 버렸다. 전차를 바로 세우기 위해 구난작업을 하고 있을 때 훈련통제관이 나에게 다가왔다.

"모든 전차들을 여기 그대로 두고 소대원을 인솔해서 도로로 나가게. 대대 버스가 자네들을 기다리고 있을 거야. 자네 소대는 북쪽의 국경선으로 가게 될 거야."

전차가 처박힌 것은 내가 예상한 바가 아니었다. 내가 일부러 전차를 뒤집었단 말인가? 전차가 이상 없도록 미리 점검하지 않았던가? 그러나 이에 대해 더 이상 생각할 시간이 없었다. 우리는 흙먼지가 잔뜩 묻은 개인군장들을 버스에 싣고 북쪽으로 이동했다.

우리는 사파드(Safad)를 몇 km 앞두고 신임 대대장인 비냐민 오시리(Binyamin Oshri) 중령을 만났다. 그는 우리에게 간단하게 임무를 부여했다.

"너희 소대는 곧 신형 전차를 수령할 것이다. 105mm 주포의 센추리온 전차들이야. 어제 전시치장물자 창고에서 출고했다. 단(Dan) 키부츠까지 이 전차들을 이동시켜야 한다. 나할 단(Nahal Dan) 지역 북쪽에 우리의 수원지가 있는데, 몇 대의 시리아군 전차들이 그곳을 위협하고 있다. 자네 소대의 임무는 그들의 위협을 저지하는 것이다."

그 임무를 받은 것에 대해서 자긍심을 가졌지만 동시에 책임감도 무겁게 느꼈다. 전차를 적재한 전차운반트럭[31]들이 북쪽으로 이동할 때, 우리는 일반차량을 타고 그 뒤를 따라가기로 하였다. 전차운반트럭 옆에서 우연히 동료 소대장인 아비그도르 리브만 소위를 만났다. 그는 전차들을 나에게 인계해 주면서 실망감을 내보였다. 그는 이번 임무를 수행하는 소대장이 되고 싶었던 것이다. 리브만 소위와 그의 부하들은 우리 소대를 위해서

---

31   **전차운반트럭:** 일명 PM트럭이라고 하며, 최근에는 중장비 수송트럭(Heavy Equipment Transporter: HET)이라고 부르고 있다. 50톤 이상의 중량을 가진 전차를 이동하는 데 사용하는 이 장비의 목적은 우선 신속하게 이동할 수 있고, 또 궤도차량이 포장도로를 훼손하는 것을 방지할 수 있기 때문이다. 센추리온 전차는 철궤도를 부착하고 있었기 때문에 아스팔트 도로를 훼손시켰다.

이곳에 먼저 와서 전차들을 출고한 뒤 이들을 모두 전차운반트럭에 실었던 것이다. 우리 소대가 타고 왔던 버스가 다시 네게브 훈련장으로 복귀하였는데, 그 버스에 올라타는 리브만 소위와 그의 소대원들을 보니 내 마음이 편치 않았다.

사파드 주변의 산지를 관통하는 구불구불한 도로는 구식 전차운반트럭에게는 무리였다. 우리는 전차를 전차운반트럭에서 다시 내린 다음, 도로를 따라 전차를 직접 몰고 가야 했다. 전차의 철궤도 때문에 아스팔트가 손상을 입었다. 시리아군에게 우리의 이동을 은폐하기 위해서 우리는 서쪽 방향으로부터 사파드 지역으로 들어가서 헤드라이트를 끈 채 야간에만 이동하였다.

어느 날 밤, 단의 남쪽으로 약 20km 떨어진 훌라 계곡(Hula Valley)에 있는 스데 엘리에저(Sde Eliezer) 키부츠에 도착해서 정지하고 있을 때, 나는 세대의 전차 중 한 대를 자세하게 살펴보았다. 약간의 위압감을 느꼈다. 신형 전차의 내부는 흰색으로 칠해져 있었고 적재상자에 물품들이 가지런히 정돈되어 있었다. 모든 것이 공장으로부터 방금 나온 것 같았다. 일부 공구에는 전시치장물자 창고에 보관되어 있을 때 칠해졌던 기름과 구리스가 아직도 묻어 있었다. 전차포 탄약은 포탑 내의 탄약가대에 세워져 있거나 눕혀져 있었고, 비상도구들도 모두 결합되어 있었다. 그러나 전차포 영점은 아직 잡혀 있지 않았다. 우리는 다음 날 주간에 포구조준감사를 실시하고 하루를 키부츠에서 보냈다.

센추리온 전차의 105mm 전차포는 매우 인상적이었다. 당시 우리가 이 전차를 보유하고 있다는 사실은 군사비밀이었다. 전차 내부에 신형 플라스틱 고폭탄들이 적재된 것을 발견했다. 이 전차포탄은 적 전차장갑을 직접 관통하지는 못하지만 포탑 외부에서 폭발하여 전차의 장갑을 산산조각 낼 수 있는 위력을 가지고 있다고 배웠다. 우리는 전차포의 영점을 획득하기 위하여 몇 발을 사격하였다. 초탄이 표적에 명중해서 기분이 좋았다. 당시 우리는 단지 83.4mm(20파운더) 전차포를 운용하고 있었는데, 이것보다 큰 구경의 105mm 전차포로 교체하여 성능을 향상시키는 작업이 갑자기 이루 어진 것이다.[32]

이제 소대의 전차 세 대는 전투준비가 모두 완료되었다. 날이 어두워 지자 우리는 전차를 다시 전차운반트럭에 적재하고 텔 단 지역으로 향했 다. 지나가는 마을마다 우리는 열렬한 환영을 받았다. 전차들이 이 지역으 로 들어온 것은 이스라엘 역사상 처음 있는 일이었다. 독립전쟁 후 시리아 와 맺은 휴전협정에 따라 이 지역에는 오직 9mm 구경 이하의 무기만이 허 용되었다. 따라서 이 지역에서 사용할 수 있는 가장 큰 무기는 우지 소총밖 에 없었다. 사실 UN 감시단이 우리의 전차이동을 발견하여 우리가 휴전협 정을 위반했다고 발표할까 봐 두려워하고 있었다.

갈릴리 호수 북쪽의 길게 뻗은 지역으로 올라가고 있을 때, 전차를 탑 재한 전차운반트럭의 무게로 인해서 교량이 무너질 위험이 예상되었다. 따 라서 우리는 할 수 없이 전차를 다시 내려서 하천을 건너갔다. 불빛 하나 없 는 칠흑 같은 어둠 속에서 하천을 건너가는 것은 쉬운 일이 아니었다. 군인, 헌병, 경찰, 그리고 여러 관계자들이 시종일관 우리의 이동을 호위해 주었 다. 전차장 포탑에서 내려다볼 때 그들은 도로의 모든 차량들을 통제해 주 고 있어서 내가 마치 VIP가 된 것 같았다.

요르단강 상류에 있는 지류의 하나인 하스바니(Hasbani) 하천을 건너갈 때 전차가 둥근 바위에 올라타는 바람에 전차궤도가 헛돌기 시작했다. 전

---

32 **센추리온 전차:** 이스라엘이 영국으로부터 이 전차를 도입할 때는 Centurion Mk 3형으로서 20파운드포(83.4mm포)를 장착하고 있었는데, 이후 소련의 T-54(100mm포) 전차를 대항하기 위해 Centurion Mk 5형이나 6형으로 성능을 개량하면서 105mm포(L7)를 장착하였다.

차가 계속 나아갈 수 없었다. 군인들이 사방에서 나의 조종수에게 이 난관을 헤쳐 나갈 방법을 알려 주느라고 소리를 질러 댔다. 조종수는 갑자기 많은 장교들에 둘러싸이자 그들의 지시를 따르기 위해 전차장 포탑에 있는 자기 상관인 내 명령을 듣지 않기 시작했다. 내가 호통을 치자 그때서야 자기의 상관이 나라는 사실을 깨달았다. 조종수실에 물이 차기 시작했다. 우리는 곧 물에 잠길 처지에 빠졌다. 승무원들은 비상상태에 들어갔다. 나는 조종수에게 천천히 그리고 신중하게 뒤로 후진하도록 명령해서 전차를 바위로부터 빼낸 다음 단번에 하천을 건너는 데 성공했다. 우리는 모두 안도의 숨을 내쉬었다.

이때 나의 장난기가 발동했다. 나는 도로 옆에 세워 둔 자동차들에 거의 닿을 정도로 가까이 전차를 몰아 보라고 지시했다. 다가오는 검은 쇳덩어리 괴물에 대해 민간인 운전자들이 보여 준 공포에 질린 반응은 나의 장난으로 인해서 얻은 보상이었다. 거대한 쇳덩어리 물체가 우르릉 소리를 내며 자기들 차량에 가까이 다가오자, 사람들은 이 괴물이 고장 난 것으로 착각하였다.

도로행군이 끝난 지역에서 우리는 시리아 영토 안에 있는 언덕인 텔 아자지아트(Tel Azaziyat)를 볼 수 있었다. 우리는 약간 걱정스러웠다. 만일 시리아군이 우리의 이동을 관측했다면 어떻게 하지? 우리는 날이 새기 전에 가장 가까운 키부츠로 이동하여 유칼립투스 나무 사이에 전차를 숨겼다. 우리는 과거에 나할(Nahal)[33] 군인들이 주둔했을 때 사용했던 막사에서 들어

33　**나할:** '청년전투 개척단(Fighting Pioneer Youth)'이라는 의미의 히브리어 첫머리를 따서 붙인 이름으로서, 젊은 시온주의자들을 학교에서 키부츠 농장으로 옮겨 놓는 역할을 하였다. 1~2년 동안 군인으로 농장을 지키고 있다가 나중에 농부가 되는 것이다. 이스라엘군 최고사령부 예하 기능사령부의 하나인 나할(Nahal)사령부는 변방지대의 황무지를 개척하면서 동시에 국경지역 방어임무를 담당하고 있는 나할군을 지원하고 있다.

가 휴식을 취했다. 시간과의 경주에서 우리가 이겼다. 사실 새벽녘에 우리와 얼마 떨어져 있지 않은 도로에 UN 감시단 차량이 있었다. 그 차량에 타고 있던 UN 감시단의 관계자가 무슨 일이 있는지 알아보려 했으나 성공하지 못했던 것이다. 대대장 오시리 중령이 그날 아침 우리에게 도착해서 전차들이 어디에 있는지 물었다. "대대장님 바로 옆에 있습니다." 이렇게 대답했다. 병사들이 위장망과 유칼립투스 나뭇가지를 이용해서 이를 감쪽같이 숨겨 놓았던 것이다.

날이 밝자 나는 전에 한 번도 본 적이 없는 경이로운 광경을 보게 되었다. 푸릇푸릇하고 새파란 식물들이 도처에 자라고 있었고, 전차들 사이로 콸콸 소리를 내며 깨끗한 물이 흐르는 수로가 있었다. 그러나 그 소리는 나에게 휴식을 주지는 못했다. 나의 마음은 불과 이틀 전에 떠나온 건조한 네게브 훈련장에 아직 머물고 있었다.

지금은 대대장으로부터 임무를 부여받을 때이다.

"너희 소대의 임무는 단 키부츠 북쪽 텔 누크힐라(Tel Nukhila)에 있는 레바논군의 전차 두 대를 파괴시키는 것이다. 그리고 동시에 시리아 쪽에 있는 전차나 트랙터를 파괴할 준비를 하는 것이다."

오시리 중령은 무뚝뚝한 사람이었다. 나는 아직도 그와 친밀한 관계를 만들지 못했는데, 전임 대대장이었던 칼만 마겐 중령과 비교하지 않을 수 없었다.

"왜 이 임무를 수행하는 겁니까?" 내가 물었다. "특별한 이유가 있는지 알고 싶습니다." 나의 '앞마당'인 남부전선으로부터 멀리 떨어진 이곳 북부전선 지역에 갑자기 이동해 와서 이 임무를 수행해야 하는 이유가 매우 궁금하였다.

"시리아가 텔 단에서 자기 영토 쪽으로 수로 방향을 바꾸려 하고 있어. 만일 그렇게 되면 요르단강의 수량이 상당히 줄어들게 되지. 비록 국경 일

전사의 길

대가 시끄러워지는 한이 있더라도 우리는 수자원을 반드시 보호해야 돼."

대대장은 우리가 사격해야 할 적 지역과 아군 쪽의 모든 도로를 숙지하기 위해 세밀하게 정찰을 실시하도록 재차 강조했다. 아주 색다른 긴장감이 들었다. 우리는 전차포 사격 훈련장에 있는 고정표적을 대신해서 실제 사격으로 대응할 수 있는 적과 처음으로 마주하게 되었다. 당시 시리아는 단강과 바니아스강에 댐을 설치하여 강의 흐름을 바꾼 후, 이를 골란고원으로 통과시켜 시리아의 지방도시들에게 물을 공급해 주기 위해 수로를 파기 시작했다. 그렇게 되면 남쪽에 위치한 이스라엘의 중요 천연저수지인 갈릴리호수로 흘러드는 요르단강이 고갈될 것이다. 몇 달 전 이스라엘은 국립수자원센터(National Water Carrier)를 신설하여 더 많은 갈릴리호수의 물을 이스라엘 중부와 남부 지역으로 흘러가도록 계획하고 있었다. 그 누구라도 이 지역의 물길을 바꾸려고 시도하는 것은 이스라엘이 도저히 용납하지 않으리라는 것은 자명한 일이었고, 이것이 분쟁의 원인이 되었다.[34]

우리는 약 3주 동안 모든 도로와 사격진지를 정찰했다. 우리는 시리아와 레바논 쪽에 있는 주요 지형지물에 대해서 사거리 카드를 작성했다. 우리는 전투에 굶주려 있지는 않았지만 약간의 작전 경험을 얻기를 바랐다. 시간이 흘렀으나 알 수 없는 이유로 우리는 실제의 전투행동으로 옮기는 일은 발생하지 않았다.

잠시 동안 우리는 화려한 자연경관을 즐길 수 있는 기회를 가졌다. 텔

34　이스라엘과 아랍의 중동전쟁은 알고 보면 물전쟁(Water War)이라고 평가하는 전문가들이 많다. 이스라엘은 국가에서 필요한 물의 30% 이상을 요르단강 상류의 단강이나 바니아스강으로부터 흘러나오는 물에 의존하고 있다. 1963년부터 시작된 물 분쟁으로 시리아는 이스라엘의 갈릴리 지역에 대해서 산발적인 공격을 가했다. 이스라엘은 1967년 6일 전쟁 시 시리아로부터 빼앗은 골란고원을 UN 결의안과 국제법을 무시한 채 아직까지도 반환하지 않고 있다. 이곳을 반환하지 않는 이유는 이곳이 전략적 요충지이기도 하지만, 또 다른 중요한 요인은 요르단강 상류의 수원지를 효과적으로 통제할 수 있기 때문이다.

단과 단강 주위의 신록이 우거진 지역을 본 것은 개인적으로 그때가 처음이었다. 나는 그 광경에 매혹되었다. 나는 부끄럽게도 이스라엘에도 이와 같이 자연 그대로의 아름다움을 가진 곳이 있다는 사실을 그때까지 모르고 있었다. 나는 전차들 사이를 흐르고 있는 차가운 시내를 걸어다녔다. 우리가 무성한 나뭇잎 사이를 헤치며 관측소로 올라갈 때, 졸졸 흐르는 물소리는 우리들의 귀를 유혹했다. 우리는 무거운 전차들이 이 화려한 자연경관을 망치고 있다는 사실에 마음이 아팠다.

당시 인근의 키부츠 사람들, 북부사령부의 관계자, 그리고 우리 대대 사람들은 우리의 사기를 올려 주기 위해서 부단하게 노력하고 있었다. 우리는 분명히 매력적인 존재가 되어 있었다. 우리의 애로사항, 요구사항, 편의시설, 받고 싶은 위문품과 관련해서 그렇게 많은 질문을 받아 본 적이 없었다. 오시리 대대장도 부대 업무일지에 우리에게 커피메이커, 취사도구, 그리고 필요한 물품들을 가져다주었다고 기록했다. 오늘날의 시각에서 보면 이런 종류의 위문은 당연하다고 여겨지지만, 1964년 10월 당시 이스라엘 군인들은 이런 물품의 조달은 스스로 해결해야 할 문제라고 생각했었다. 오늘날 군인들은 기본적으로 제공받아야 할 편의라고 생각할지라도 당시에는 과도하게 욕구를 채우는 것과 동일하게 보았는데, 이러한 응석받이 군인들은 바람직하지 않고 강하지도 않기 때문에 전반적으로 전투수행 능력이 떨어진다고 생각하고 있었다.

대대를 방문하고 있던 기갑사령부의 재키 에벤(Jackie Even) 소령이 나를 만나기 원한다고 대대장이 알려 주었다. 에벤 소령은 '해외 비밀임무'를 수행하기 위해 자기와 함께 일할 장교들을 모집하고 있었다. 나는 망설였다. 나는 두 달 후 전역하는 것을 고려해야 했고, 아직 장기복무 지원 여부에 대해서 결정하지 못했기 때문이었다. 대대장은 나를 부중대장으로 보내려고 생

전사의 길

각하고 있었다. 신병교육대의 오리 오르(Ori Orr) 중대장을 보좌하는 부중대장이 되는 것이었다. 나는 그럴 생각을 가지고 있었지만 한편으로는 군대 생활을 계속하고 싶지 않았다. 사실 나는 전역하는 것을 당연하게 여기고 있었는데, 왜냐하면 집에서 벌써 준비해 놓은 나의 새로운 직업이 기다리고 있었기 때문이었다. 아버지가 네스 시오나에 차량정비센터를 하나 열었는데, 내가 전역하면 운영할 것으로 생각해서 이름을 '아비(Avi)'라고까지 이미 지어 놓았다.

마침내 나는 동료인 아비그도르 리브만 소위에게 나의 소대를 인계해 주고 면접을 보러 갔다. 나는 기갑사령부에서 활력과 자신감이 넘치는 금발의 에벤 소령을 만났다.

그는 나에게 몇 가지 개인적인 질문과 장기복무 지원에 대한 질문을 하고 나서 요점을 말했다. "우리의 행선지에 대해서 지금 자네에게 말해 줄 수 없어. 그러나 개인적으로 귀중한 경험이 될 거야. 이 일은 조국 이스라엘을 위해서 아주 중요한 일이야."

"기간이 얼마나 됩니까?"

"약 두 달 가량이네."

"저는 장기복무를 지원하지 않겠습니다. 12월 말 전역해서 집에 가려고 합니다. 벌써 10월입니다. 그런데 이번에 해외에 가는 사람들을 알 수 있습니까?"

에벤 소령은 몇 명의 이름을 나열했다. 나는 그들을 잘 알고 있었다. 그들 중에는 나의 절친한 친구 아담 와일러 소위도 있었다. 그는 왜 동의했을까? 어찌 되었든 나의 대답은 여전히 '아니오'였다.

"이틀 동안 곰곰이 생각해 보게." 그가 말했다. "그런 다음에 나에게 대답해 주길 바라네."

나는 가족들에게 이 문제에 대해 말했지만 쉽게 결정하지 못했다. 아버지는 물론 반대했다. 아버지는 나를 위해서 모든 것을 준비해 놓고 있었기 때문이다. 차량정비센터는 어떻게 해야 하나? 나는 어머니에게 물어보지 않았지만 어머니는 내가 곁에 있어 주기를 바랄 것이 뻔했다. 안타깝게도 이제까지 내가 시도했던 모든 개인적인 모험들은 항상 어머니의 희망과는 사뭇 달랐다. 마침내 나는 장기복무를 지원하고 직업군인의 길을 걸어가기로 결심했으며, 에벤 소령의 제안에 따르기로 하였다.

며칠 후 우리에게 좋은 소식이 전해졌다. 우리의 임무는 서독으로 건너가 신형전차를 배워서 이스라엘로 가지고 오는 것이었다. M48 패튼전차를 미국으로부터 인수받아, 나토(NATO)를 통해 서독으로부터 이스라엘로 이송하는 것이었다. 이스라엘은 그 당시 서독과 외교관계를 맺고 있지 않았기 때문에 이 임무는 '일급 비밀'이었다. 우리는 가족을 제외한 그 누구에게도 그 사실을 말할 수 없었으며, 가족에게도 단지 목적지가 서독이라는 것만 알려 줄 뿐이었다. 이 전차들을 인수하는 계획은 서독이나 유럽의 어느 나라에도 비밀로 되어 있었다.[35]

내가 여행 가방을 싸고 있을 때, 라디오 뉴스 속보를 통해서 단 키부츠 지역의 국경선 일대에서 심각한 교전상황이 벌어졌음을 알게 되었다. 나의 후임자 아비그도르 리브만 소위가 지휘하는 전차소대가 누크힐라에서 레바논 전차 두 대에 대해 사격을 실시했다고 한다. 아쉽게도 그들은 표적을 놓쳤다. 기분이 상했지만 어쩔 도리가 없었다. 나는 그들의 임무가 부러웠다.

서독으로 떠나기 이틀 전 1964년 11월 초순, 나는 제82전차대대에서

35　1960년대 초, 이집트와 시리아는 소련으로부터 T-54와 T-55전차를 도입하였다. 당시 이스라엘은 주로 구형 셔먼전차를 가지고 있었고, 그 외에는 일부 도입하기 시작한 센추리온 전차들뿐이었다. 당시 이스라엘은 기갑부대를 증강하기 위하여 혈안이 되어 있었는데, 이때 M-48전차에서 M-60전차로 교체하고 있었던 미국과 비밀리에 협상을 추진하였으며 우여곡절 끝에 서독군에서 사용하고 있던 M-48A2C전차 200대를 비밀리에 구매하여 인수하게 되었다.

전사의 길

전출신고를 했다. 당시 전출장교에게는 대대의 심벌, 장교의 이름, 그리고 소망의 글귀를 새겨 넣은 열쇠상자를 기념으로 주는 것이 전통이었다. 나는 내 이름이 빠져 있는 열쇠상자를 받았다. 대대장 오시리 중령이 지시해서 이렇게 되었다는 것을 나중에 알게 되었다. 그는 나를 배신자로 여겼고 나에게 아무 말도 해 주지 않았다. 나는 무척 놀랐다. 내가 그토록 애착을 가지고 열심히 근무했던 대대에서 배신자라는 낙인이 찍혔다는 것을 도저히 이해할 수 없었다.

나는 대대를 떠날 때 대대장으로부터 느낀 섭섭한 심정에 대해 북부사령부의 에벤 소령에게 자세히 이야기했다. 그는 이를 듣고 나더니 화를 내었다. 몇 시간 후 새로 부임한 기갑사령관 이스라엘 탈(Israel Tal)[36] 대령이 나를 호출하여 그를 만났다. 당시 별칭이 탈릭(Talik)이었던 탈 대령은 노트를 편 다음 손에 펜을 들고서 나에게 질문하기 시작했다. 나의 답변을 열심히 받아 적고 있는 그의 모습에 놀라면서 성심성의껏 그의 질문에 대답했다.

"내가 이 문제를 처리하도록 하지. 전혀 걱정할 필요 없다. 무슨 일이 있으면 알려 주겠네." 그가 약속했다.

사실 나는 이번 일에 대하여 어떤 조치를 해 줄 것으로 기대하지 않았다. 나는 오시리 중령이 가졌던 감정을 이해하고 있었기 때문에 내가 떠나올 때 그가 가진 불만을 감수하였다. 나는 그를 다치게 하고 싶지는 않았기 때문에 내가 그 일을 기갑사령부에 이야기한 것을 후회했다. 몇 달 후 대

---

36 **이스라엘 '탈릭' 탈:** 이스라엘군뿐만 아니라 세계의 기갑작전 전사에 빛나는 지휘관으로 유명하다. 나중에 1967년 6일 전쟁 시 철갑사단장(탈 사단)으로서 혁혁한 전공을 세웠다. 그리고 1973년 욤키푸르 전쟁 시 참모차장 직책을 수행하다가 나중에 수에즈전선 사령관으로 임명되었는데, 당시 이집트군을 공격하라는 다얀 국방장관과 엘라자르 참모총장의 명령을 거부한 사건은 유명하다. 이 사건으로 인해서 그는 참모총장이 될 기회를 잃었으며, 대신에 이스라엘 고유의 전차인 메르카바 전차개발에 뛰어들게 되었다.

대장은 그의 행동으로 인해서 참모총장으로부터 경고를 받게 되었다.

탈 기갑사령관 예하에 있던 오시리 중령은 얼마 후 북부전선에서 시리아 영토 내의 시리아군과 교전하는 전차부대를 지휘했다. 전차교전이 한참 벌어지고 있을 때, 그는 머리에 파편을 맞아 심한 부상을 입고서 며칠을 혼수상태에 빠졌다. 의식을 회복한 후에도 그는 종종 기억상실증에 시달렸다고 한다.

최초의 M48 패튼 전차대대

서독으로 출발하기 전 회의 자리에서 나는 사무엘 '고로디시' 고넨(Shmuel 'Gorodish' Gonen)[37] 중령과 대대장 예정자 재키 에벤(Jackie Even) 소령의 통제하에 M48 패튼전차를 이스라엘로 가지고 오는 임무를 수행할 모든 장교들과 첫 만남을 가졌다. 그들 중에는 친구 아담 와일러, 샴마이 중대의 소대장 샬롬 엔젤, 제82전차대대의 작전장교 아모스 카츠(Amos Katz), 같은 대대의 중대장 하임 에레즈(Haim Erez), 같은 대대의 전임 소대장 나트케 니르(Nattke Nir)가 포함되어 있었다. 그리고 에후드 엘라드(Ehud El'ad) 소령, 욤 토브 타미르(Yom Tov Tamir), 암논 길리아디(Amnon Gileadi) 등과 함께하였다. 이후에 우리는 군생활을 하면서 좋은 친구 사이로 발전하였다. 몇 명의 부사관들도 같이 참여했는데, 그들은 전차정비에 대한 책임을 졌다.

우리에게 옷가지, 넥타이, 우스꽝스러운 모자를 구입할 돈이 지급되었다. 이러한 용의주도함이 결과적으로 재미있는 광경을 연출하였다. 우리는 심지어 똑같은 모자도 지급받았는데 그 모습이 영락없이 수학여행을 가는 학생들과 같았다. 독일로 가는 파리 기차역에 서 있는 우리를 본 사람이라면 누구나 우리가 군인이라는 사실을 금방 알아챌 수 있었다. 우리는 두어

---

37   **사무엘 '고로디시' 고넨:** 나중에 6일 전쟁 시 제7기갑여단장으로서 라파에서 수에즈 운하까지의 전투를 성공적으로 이끌었다. 그리고 욤키푸르 전쟁 시 남부사령관(소장)으로 보직되어 초기전투를 지휘하다가 작전실패의 책임으로 인해 모세 다얀 국방장관으로부터 작전기간 중 보직해임되었던 인물이다. 그는 가끔 폭압적인 지휘방법을 사용하여 부하들의 원성을 많이 샀다. 그의 비극적인 삶은 그의 사후에 극작가 미텔푼트에 의해 '고로디시'라는 제목으로 발표되어 연극무대에 오르기도 하였다.

명씩 무리를 지어 모두 눈에 띄는 녹색 우의를 걸치고 불룩한 여행용 가방을 들고 있었다.

홍분을 느끼면서 우리는 목적지에 도착했는데, 독일 북부지역의 뮌스터라거(Muensterlager)에 있는 기갑학교였다. 몇 시간 지나서 우리는 서독 군인들의 군복을 지급받아 착용하게 되었고, 그들과 똑같이 보이게 되었다. 우리 중 일부 장교들의 부모는 홀로코스트(Holocaust)[38]의 잔혹한 경험을 가지고 있었다. 내가 알고 있는 홀로코스트에 관한 사실은 책을 통하거나 남들에게서 들은 이야기뿐이었다. 독일 땅에서 대량학살과 모진 시련을 겪었던 부모를 가진 같은 일행 몇 사람을 보니 나는 마음이 편하지 않았다.

우리에게는 개인별로 훌륭한 방과 시설이 주어졌다. 학습은 독일어로 진행되었고 이스라엘 통역관이 히브리어로 통역해 주었다. 우리가 어디서 왔는지 누구에게도 말하지 않았다. 그곳 사람들의 극히 일부는 우리의 존재를 알고 있을 것이고, 나머지 대부분은 모를 것으로 생각했다. 서독 군인들은 우리의 피부가 거무스름했기 때문에 우리를 '검둥이(Niggers)'라고 불렀고, 우리 견장에 붙어 있는 장교계급장을 보고 우리에게 경례를 했다. 우리는 그들에게 영어로 인사를 건넸고, 동시에 히브리어로 작고 정답게 속삭여 주었다.

우리는 밤늦게까지 학습과목에 대한 교재를 모아서 공부했다. 학습 내용이 재미있었지만 가장 인상이 깊었던 것은 전차 그 자체였다. 우리는 M48 패튼전차를 조종하는 방식을 보고 매우 놀랐다. 변속장치는 마치 미제 오토매틱 자동차와 같았고, 브레이크 역시 몹시 만족스러웠다. 우리가 보유하고 있는 구형 센추리온 전차들은 브레이크가 나빠서 전차끼리 충돌하는

---

38 홀로코스트: 제2차 세계대전 기간 동안 히틀러의 나치당에 의해서 유럽에 사는 유대인 900만 명의 2/3에 해당하는 600만 명이 희생당했던 비극적인 사건이다.

전사의 길

경우가 많았다. 내가 탔던 전차는 열 번 이상 그런 경우가 발생했었는데, 그 중의 몇 번은 팔다리를 다칠 뻔했고 목숨을 잃을 뻔도 했었다. 그러나 M48 패튼전차의 포탑 작동은 매우 쉽고 조작이 간단했다. 작은 스위치 하나를 조작해서 포탑을 어느 방향으로든 선회시킬 수 있었고, 표적에 조준하는 것 역시 어린아이 장난감 같이 다루기 쉬웠다.

조종교육 시간에 아담과 나는 미치광이처럼 전차를 빨리 달리는 바람에 포탑 안에 있던 담당교관을 당황하게 만들었다. 큰 흙탕물 웅덩이를 달려 몸이 흠뻑 젖기도 하고, 포탑에 선 채로 나무를 스치듯 달리기도 하고, 어떤 나무는 쓰러트리기도 하면서 달렸는데 우리 모두는 전차의 우수한 성능에 감탄하였다. 우리는 이스라엘군이 얼마나 신속하게 전차포를 사격할 수 있는지 서독 군인들에게 실력을 보여 주었다.

아담 와일러는 마치 독일인처럼 생겼었다. 어느 날 전차를 정비하고 있는데 한 서독 군인이 그에게 다가와서 물었다.

"당신은 왜 저 검둥이들을 돕고 있나요?"

"나도 저들 중 한 사람이니까요." 아담이 웃으면서 대답했다.

그 장교는 당황하면서 나를 가리키며 다시 물었다. "당신 같은 금발의 백인이 어떻게 저런 시커먼 사람과 같은 동료라는 말입니까?"

아담은 주저함 없이 자기는 북부 이스라엘 출신이며, 나는 남부 이스라엘 출신이라서 피부색 차이가 난다고 대답하는 번쩍이는 기지를 발휘하였다.

우리는 이번 교육에 들어가기 전, 휴가 때 독일여성과 사귀는 것을 금지하고 또 자동차를 렌트하면 안 된다는 주의를 받았다. 이는 그 지방 사람들과 유쾌하지 못한 분쟁이 발생하는 것을 예방하기 위함이었다. 우리 소대장들은 자동차 렌트를 금지한다는 주의를 무시하고, 마치 자신들과는 관계없다는 듯이 독일의 지방을 여행하였다. 우리는 피상적이지만 독일이라는 나라를 좀 더 이해하기 위해서 주말을 보냈다. 샬롬 엔젤과 나는 호텔 방을 같이 사용하면서 가장 가까운 친구 사이가 되었다.

우리는 들뜬 마음을 가지고 제7기갑여단 예하에 최초로 M48 패튼전차로 장비된 제79전차대대를 창설하기 위해서 이스라엘로 돌아왔다. 전차 인수 팀으로 함께 갔었던 재키 에벤이 대대장으로, 나트케 니르가 부대대장으로 부임하였다. 이 새로운 부대는 철통같은 비밀을 유지한 채 브엘세바 근처의 나탄(Natan) 기지에서 창설되었다. 에벤 대대장은 신형전차가 복잡하고 조작하기 어려워 능숙한 전차승무원만이 다룰 수 있다고 생각했지만, 사실은 이스라엘군이 보유하고 있는 모든 전차들 가운데 M48 패튼전차가 가장 운용하기 쉬운 전차였다.

　천둥소리(Voice of Thunder)라는 이집트 카이로의 라디오 방송이 우리 부대가 존재한다는 것과 정확한 부대위치를 방송에 내보내기 전까지, 우리 대대의 모든 전차훈련은 비밀로 이루어졌었다. 여전히 우리는 신중함을 유지했다. 카이로 방송의 천둥소리가 정말로 알고 있다는 우리는 과연 어떠한 존재인가?

　나는 대대의 박격포 소대장으로 임명되었고 아담은 대대 수송반을 지휘했다. 우리는 마치 형제와 같이 지냈다. 부대원들이 우리에게 별명을 지어 주었는데, 얼굴색이 검은 나는 '검은 신(Black God)', 금발의 하얀 얼굴색을 가진 아담 와일러는 '하얀 신(White God)'이라고 불렀다. 나는 나중에 요엘 고로디시(Yoel Gorodish) 중대의 부중대장으로 옮겨 갔고, 이후 대대 작전장교 직책을 수행하였다.

서독으로 파견되기 일 년 전, 나는 친족의 어느 결혼식장에서 달리아(Dalia)라는 먼 친척뻘 되는 아가씨를 만났다. 그녀의 가냘픈 모습에 반하게 되었는데, 아이러니하게도 나는 그녀한테 마른 편이 아니라고 말해 준 첫 번째 사람이었다. 나중에 알았지만 그날 저녁 달리아는 나의 웃는 얼굴을 보고 는 나를 자기 남편으로 맞이하리라 결심했다고 한다.

우리의 사랑은 짧은 주말 휴가와 주중의 저녁시간을 통해 꽃을 피웠는 데, 그녀와 단 몇 시간을 같이 보내기 위해 무척이나 먼 길을 왕래하였다. 1966년 중반쯤 우리는 결혼하기로 결정했다. 예식장 비용을 아끼기 위해서 우리는 유대교회당에서 결혼식을 올리기로 생각했었다. 이때 우리의 결혼 계획을 들은 재키 에벤 대대장이 결혼식을 부대 안에서 올리라고 즉각 제 안했다. 이스라엘의 큰 도시와는 멀리 떨어져 있긴 하지만 특별하고도 조 용한 부대의 분위기가 정말 멋지지 않겠는가?

M48 패튼전차 4대가 웅장한 분위기를 연출하면서 주위를 둘러싸고 있 는 가운데, 구난전차의 기중기가 우리가 타고 있는 네모난 철제상자를 공 중으로 번쩍 들어 올렸다. 흔들리는 철제상자 안에서 주례를 보던 랍비 짐 멜(Zimmel)의 얼굴이 사색으로 변했고, 우리 부모님 역시 얼굴이 하얗게 질 려 버렸다. 잊을 수 없는 결혼식장의 진기한 풍경 속에서 나는 달리아의 손 가락에 반지를 끼워 주었고, 동료들은 우리의 결혼을 진심으로 축복해 주 었다. 우리 대대의 작전장교인 욤 토브 타미르가 결혼서약서를 읽어 주었 다. 훗날 그는 결혼서약서를 타이핑해 준 군무원 미라(Mira)와 결혼하였다.

창설한 우리의 제79전차대대가 일단 정상적으로 운용되기 시작하자, 기갑 사령부에서 근무하던 에후드 엘라드 중령이 재키 에벤 대대장의 후임자로 부임해 왔다. 전임 대대장과 후임 대대장이 합의한 내용을 별도로 공표하 지 않았기 때문에 우리는 조금 긴장하였다. 전임 대대장이 떠날 때 대대장 업무가 인수인계되지 않은 바람에 후임 엘라드 중령은 대대 업무와 부대내 규 등을 스스로 파악해야 했다. 나는 작전장교로서 신임 대대장을 위해서 상세한 업무보고를 해 주어야 했다.

전차중대장

몇 달 후 제7기갑여단장 고로디시 대령이 집무실로 나를 호출하였다.

"이제 대대 작전장교 직책은 그만두고 아브논(Avnon) 중대장으로 나갈 준비를 하라"라고 여단장이 말했다. 그는 내가 아직 미숙함에도 불구하고 중대장 직책을 시켜 주는 만큼, 임무와 책임을 다하라고 상기시켜 주었다. 그렇다. 나는 아직 젊은 장교였지만 다른 사람들처럼 조바심을 내면서 전차중대장 직책을 기다려 왔던 것이다.

1966년 당시 1개 전차중대는 탄약고, 장비고, 정비반, 그리고 거대한 구난전차를 포함해 전차 14대로 구성된 사실상 하나의 소왕국이었다.[39] 그리고 또 하나 번쩍거리는 신형 지프차 한 대가 중대장실 옆에 항상 대기하고 있었다.

전임 중대장 하임 에레즈가 재임 중 신형 지프차를 한 대 보급받았었는데, 그는 부대대장으로 올라간 다음에도 그 지프차가 자기의 몫이라고 주장하였다. 그러나 그는 이러한 주장을 계속했을 때 야기될 수 문제를 우려해서 이내 단념하였다. 그래서 제756호 지프차는 또 하나의 내 집이 되었다. 나는 나의 중대가 야전 훈련장에 나가 있을 때, 밤이 되면 지프차 뒷좌석에서 잠깐씩 눈을 붙이곤 하였다.

지휘관용 지프차는 언제나 중요한 이동수단이 된다. 지프차가 없는 지휘관은 상상할 수 없는 일이다. 중대장으로서 자신의 첫 지프차를 가져 본 사람만이 이 말에 공감할 수 있을 것이다.

내가 맡은 아브논 전차중대는 승무원훈련, 소대훈련, 그리고 중대훈련을 모두 성공리에 마쳤다. 중대원들의 대부분을 나중에 전차장 과정에 입

---

39 1개 전차중대는 4개 소대로 편성되었다. 각 소대에 전차 3대씩, 중대지휘반에 중대장 전차 1대와 부중대장 전차 1대로 편성되어 총 14대를 가지고 있었다.

전사의 길

소시켰다.

아브논 중대의 중대장 직책을 마친 후, 나는 내 친구인 욤 토브 타미르로부터 본네(Bone) 전차중대를 다시 인수받았다. 1967년 4월, 이스라엘 공군 전투기들이 북부전선의 국경지역 근처에서 시리아 전투기 7대를 격추했다. 나는 단(Dan)과 훌라타(Hulata) 일대에서 갑자기 뜨거워진 시리아 국경지역 사태에 대비하기 위하여 본네 전차중대를 이끌고 그곳으로 이동하였다.[40] 그때가 마침 유월절이어서 훌라 계곡의 자연보호지역에서 유월절의 첫날 밤 축제(Seder)를 보냈다. 달리아가 축제일 휴가 동안 기지 근처에 내가 설치한 작은 천막을 방문하려고 멀리에서 왔다. 비록 시리아 국경과 매우 가까웠지만 우리는 집에 있는 것처럼 편안함을 느꼈다. 당시 우리는 골란고원 바로 아래에 있는 예수드 하말라(Yesud Hama'ala)와 훌라타의 거주민들을 보호하기 위하여 매일 야간에 경계태세를 유지하고 있었다.

---

40 **이스라엘과 시리아 간 분쟁:** 1963년 물 분쟁이 시작된 후 시리아는 이스라엘의 갈릴리 지역에 대해서 여러 차례 산발적인 공격을 가했다. 1967년 4월 7일 이스라엘 공군기들이 시리아 전투기 7대를 격추시킨 사건을 계기로, 소련은 이집트로 하여금 이스라엘을 즉각 공격하라는 압력을 가했다. 5월 14일 이집트군 참모총장 무하메드 파우지가 시리아의 수도 다마스쿠스를 비밀리에 방문하고 돌아와서, 그다음 날 5월 15일 이집트군 2개 보병사단을 시나이에 전개하게 된다. 이로써 중동의 정세는 6월 5일에 이스라엘의 선제 기습공격으로 시작된 '6일 전쟁'으로 한 걸음 더 다가가게 되었다.

6일 전쟁

독립기념일 다음 날인 1967년 5월 15일, 축제의 열기가 가라앉을 무렵 나는 집에서 전화를 받았는데 즉시 부대로 복귀하라는 지시였다. 이집트군의 몇 개 사단이 시나이 반도로 이동하였는데, 이에 대응하기 위해 이스라엘군이 전군에 비상태세를 발령하였던 것이다. 전쟁이 곧 일어난다는 소문이 온통 퍼져 있었으나, 놀랍게도 이집트 국경선 일대는 오히려 평온한 분위기를 보이고 있었다. 예비군들이 소집되기 시작하면서 나라가 혼란에 빠져들기 시작했다. 국민들 가운데 많은 사람들이 예비군에 편성되어 있었는데, 이들이 동원되어 앞으로 이집트군의 사태 전개에 대비하게 될 것이었다. 이집트는 UN 휴전감시단(Truce Supervision Force)을 가자지구로부터 철수하라고 명령하였으며, 이어 아카바만 남단의 티란(Tiran) 해협도 봉쇄했다. 이에 따라 이스라엘은 질식 상태의 분위기가 되었으며 곧 전쟁이 임박한 듯했다. 레비 에스콜(Levi Eshkol)[41] 수상이 이끄는 우유부단한 정부는 나라의 긴장을 더욱 부채질하고 있었다. 심지어 우리와 같은 '애송이들'조차도 그의 정치적 리더십에 대해서 혼란을 느끼고 있었다.

당시 에스콜 수상이 군부대를 방문하던 중 우리 여단에 왔었는데, 위장망 그늘 아래에서 그와 대화의 시간을 가졌다. 그는 군대의 일에 그다지 친

---

41 레비 에스콜: 이스라엘의 제3대(1963~1969) 수상을 지냈다. 미국의 M48 패튼전차 200대를 비밀리에 도입하는 데 많은 노력을 기울였으며, 그는 하이파 항구에 직접 가서 서독에서 해상으로 도착한 M48 패튼전차들을 환영하였다. 1967년 6일 전쟁에서 압승함에 따라 수상직에 계속 머물렀으며, 1969년 재임 중에 심장마비로 사망하였다.

숙한 것 같지 않아 보였다. 그럼에도 불구하고 그는 군에 대해서 친화적인 태도를 보여 주었다. 그가 이디시어로 몇 가지를 질문하였는데, 나는 거기에 대해 답변할 수 없었다. 그러나 그가 출동명령을 내리기만 하면 '우리는 용수철같이 웅크리고 있다가 전쟁터로 튀어나갈 것'이라고 대답했다. 이 말은 그에게 용기를 주었을 뿐 아니라 그의 정신을 강하게 만들어 주었다고 생각했다. 제7기갑여단장인 고로디시 대령은 마치 결혼식 날 신명이 난 신랑처럼 에스콜 수상과 이츠하크 라빈[42] 참모총장을 훈련장의 이곳저곳으로 분주하게 안내하고 있었다.

우리는 구불로트(Gvulot) 키부츠 근처에 잠시 집결지를 점령한 다음, 가자지구로 방향으로 이동하여 집결지를 옮겼다. 모든 상황이 불확실한 어느 날 아침, 고로디시 여단장이 우리 대대를 방문해서 무뚝뚝한 어투로 훈시를 했다.

"우리는 내일 전쟁을 시작한다."

그의 말투가 너무도 강렬하고 위협적이라 우리 모두를 놀라게 했다.

"탄약이 모두 떨어질 때까지 적에게 사격을 퍼부어라. 아무도 살려 보내서는 안 된다. 전차로 적을 깔아뭉개라. 주저하지 마라! 너희가 살고 싶으면 그들을 싹 쓸어 버려야 돼. 그들은 우리의 적이야. 그들은 훈련장에 그냥 서 있는 표적이 아니다. 그들을 먼저 쏘지 않으면 그들이 너희를 먼저 쏠 것이다! 그들은 우리 이스라엘인들을 증오하는 놈들이야. 우리는 이집트로 쳐들어가서 벌써 한 방 먹였어야 했어! 지금이야말로 역사적인 순간이다. 그들을 단호하게 처단해 버려라!"

---

42   이츠하크 라빈: 이스라엘 현대사에 있어 큰 영향을 미쳤던 군인이자 정치가이다. 참모총장(1964~1967)으로 재임하면서 6일 전쟁을 승리로 이끌었다. 그 후 2차례 수상(1974~1977, 1992~1995)을 지냈다.

매우 자극적인 분위기였다. 고로디시 여단장은 옆에 서 있던 우리 대대의 주임상사 벤지(Benzi)에게 전통적인 전투구호를 선창하도록 지시했다. "전투를 위하여(Ale Krav)!" 벤지 주임상사는 있는 힘을 다해서 소리를 질렀고 우리도 똑같이 응답했다. 그러나 다음 날 전쟁은 일어나지 않았다. 이러한 경우 우리는 다른 구호를 외쳤다. "휴식을 위하여(Ale Shchav)!" 그런 다음 우리는 전차에 기어 올라가 짧은 낮잠을 취했다.

어느 날 우리는 화생방 방호장치를 수령해서 전차에 설치했다. 그것은 매우 바람직한 일이었다. 우리는 이집트군이 예멘에서 이미 독가스를 사용했던 사례를 알고 있었으며, 그들은 우리에게도 그런 무기를 사용할 것으로 예상하였다. 우리는 화생방 방호장치를 설치하고 전차 내에서 호흡하는 방법을 신속하게 익혔다. 화생방 공격은 정당한 일이 아니다. 우리는 그러한 무기에 효과적으로 대응할 수 없다. 우리와 남자답게 싸우고 똑같은 조건에서 겨루어 보자. 멀리서 가스 같은 것을 절대 쏘지 마라!

우리는 전투준비를 하면서 시간을 보냈다. 이번에 예비군으로 동원된 아버지로부터 온 편지에 의하면, 그의 부대는 구불로트 키부츠 근처에 있었는데 내가 있는 곳으로부터 얼마 떨어져 있지 않은 곳이었다. 임신 8개월째인 아내 달리아는 브엘세바에 있는 우리 집을 떠나서 예루살렘에 있는 처가로 갔다. 우리는 곧 끝날 것 같지 않은 상황 속으로 점점 빨려들어 가고 있었다.

제79전차대대는 만반의 전투준비가 되어 있었다. 대대장인 에후드 엘라드 중령이 대대지휘소 천막에서 최종적으로 작전명령을 읽어 주었는데, 표정이 평소보다 더 심각해 보였다.

"내일이 그날이다. 이번은 정말이다."

우리는 샴페인 병의 라벨에다 자기 이름을 모두 사인한 뒤 한 모금씩 돌려 마셨다. 이때 부대대장 하임 에레즈 소령이 중대장들에게 강아지를 한 마리씩 선물로 나누어 주었다. 얼마 전 그의 개가 강아지를 여덟 마리나 낳았던 것이다. C중대장 길리아드 아비람(Gilead Aviram)만 그의 강아지 선물을 거절했다. B중대장인 내가 한 마리를 받고, 몇 년 동안의 민간인 생활을 청산하고 늦게 직업군인의 길을 다시 선택한 전쟁여우인 벤지 카르멜리(Benzi Carmeli) A중대장도 한 마리 받았다. 예비군으로 편성되어 우리대대에 배속된 기보중대를 지휘하고 있는 무사(Mussa)도 한 마리 받았다.

밤이 되기 전에 대대에서 최종 작전명령을 하달해 주었다. "이번에는 전투구호를 외치지 맙시다"라고 내가 제안했는데, 그 이유는 내일 오전까지 차분하게 전투를 준비하고 싶었기 때문이었다. 지난번에 소리쳤던 전투구호가 한번 무위로 끝났기 때문에, 대대 주임상사는 웃으면서 나의 제안에 선뜻 동의해 주었다.

취침하기 전에 나는 다시 한번 작전지도를 들여다보면서 지시사항과 세부내용들을 제대로 숙지하고 있는지 확인했다. 제7기갑여단은 이스라엘 탈 소장이 지휘하는 철갑사단(Steel Division)[43]에 배속되어 있었다. 당시 나에게 사단이라고 하는 제대는 아득히 멀고도 거대한 것으로 보였다. 제7기갑여단의 임무는 다음과 같았다.

여단의 최초단계 작전은 가자지구 중앙에 위치한 칸 유니스(Khan Yunis)를 확보하는 것으로서 제79전차대대(M48 패튼전차)는 칸 유니스로 직접 기동하고, 제82전차대대(센추리온 전차)는 칸 유니스의 남쪽으로 우회하여 기동한다. 다음 단계는 가자지구 남쪽 끝에 위치한 라파(Rafah) 방향으로 기동하여 시가지를

---

43   **철갑사단:** 전시에 편성된 사단인 우그다(Ugda)이다. 이스라엘 탈 사단장 예하에 상비군인 제7기갑여단(사무엘 '고로디시' 고넨 대령), 동원부대인 공수여단(라파엘 '라풀' 에이탄 대령)과 역시 동원부대인 기갑여단(만 아비람 대령)이 배속되었다. 6일 전쟁시 탈 사단의 작전요도는 〈부록1〉을 참조하라.

포위하고 그 지역의 남쪽을 확보하는 것이다. 그리고 라파 남쪽의 교차로 일대에서 이집트군 제7사단 예하의 2개 기계화보병여단이 구축하고 있는 방어진지를 공격한다. 제9기보대대는 이동하다가 이 일대에서 차후에 합류하여 공격한다. 그리고 라파엘 에이탄(Rafael Eitan) 대령의 공수여단이 케렘 샬롬(Kerem Shalom)을 경유하여 남쪽으로부터 라파 지역을 공격한다. 그다음 단계에서 제7기갑여단은 라파 교차로에서부터 남쪽으로 기동하여 세이크 주에드(Sheikh Zueid)를 확보하고, 엘 아리시(El Arish)로부터 북쪽으로 10km 정도 떨어진 '지라디 통로(Jiradi Pass)' 일대까지 진격한다. 만 아비람(Mann Aviram) 대령의 기갑여단은 그 일대에서 사단 예하의 다른 2개 여단과 합류하여 공격한다.

그때 나는 엘 아리시라는 도시가 아득하게 멀리 느껴졌으며, 그 도시에 매복하고 있는 적에 대해서는 크게 염두에 두지 않았다. 왜냐하면 당시 우리 여단은 한 개의 최종목표, 즉 '시나이 반도를 신속히 기동하여 수에즈 운하를 확보하는 것'만 공유하고 있었기 때문이다.

1967년 6월 5일, 월요일

우리는 새벽에 울리는 경보소리를 듣고 모두 기상하였다. 밖은 여전히 어두웠지만 우리는 모든 차량의 가동을 준비하고 개인군장을 그 옆에다 매달았다. 우리는 엔진에 시동을 걸고 시스템을 예열한 후, 무전기를 켜고 무선침묵 상태에서 대기했다. 태양이 마침내 떠올랐다. 07시였다. 여전히 전쟁이 개시될 기미는 보이지 않았다.

나는 잠시 쉬기 위해서 전차에 올라가 야전상의를 벗고 앉았다. 아침시간에는 중대원들에게 간단한 지시만 했다. 나는 이런저런 문제점들을 해결하기 위해서 마지막 순간까지 법석을 떨고, 또한 이것저것을 분주하게 강조하는 '강박형 스타일의 지휘관(Hard-Pressed-Commander Type)' 인상을 주지 않으려고 노력했는데, 그 이유는 부하들로 하여금 불필요하게 신경이 민감해지지 않도록 배려해 주기 위함이었다. 나는 전차에 앉아서 라디오 뉴스를 기다리고 있었다. 이번 상황이 언제라도 바뀔 수 있다고 생각했기 때문이다.

정확하게 08시에 무전기에서 경보가 울렸다. 무전기에 무슨 문제라도 생겼나! 나는 소음이 멎기를 기대하면서 무전기를 두드렸다. 아무 소용이 없었다. 드디어 전쟁이 시작된 것이다.

아군의 푸가(Fuga) 전투기 두 대가 낮게 날아가면서 가자지구 방향으로 향했다. 병사들이 사방에서 소리치기 시작했다. "붉은 천(Red Sheet)! 붉은 천!" 나는 전쟁개시를 알리는 암호를 누가 풀어냈는지 궁금했다. 아무튼 의심의 여지가 없었다. 우리는 이미 돌이킬 수 없는 시점에 와 있었다.

나의 중대는 14대의 전차를 가지고 있었다. 소대장들과 전차승무원들은 모두 스무 살 미만이었다. 부중대장은 베이트 알파 키부츠 출신의 다니엘 자포니(Daniel Zafoni) 중위였다. 소대장들로서 누리(Nuri), 실로모(Shlomo), 아미르(Amir), 그리고 에고지(Egozi) 소위가 있었다. 중대 주임상사 아브라함 데이비드(Avraham David)는 중대장 지프차를 타고 있으며 운전병 하임 샤르(Haim Sha'ar)가 운전했다. 아리에 로젠블럼(Arieh Rosenblum)이 이끄는 중대정비반은 두 대의 장갑차를 가지고 있었다. 전차장은 대부분 하사와 병장들인데 이들은 다비도비치, 아브라함 샬롬, 모세 샤크라지, 이스라엘 미즈라히, 투비아 벤-아리, 에프라임 리바, 야이르 겔러, 레온 로스만시, 아리에 젤리그, 그리고 노암 로템이다. 중대 행정병은 다간(Dagan), 의무병은 그루시카(Grushka)였다.

우리 중대의 90mm 주포를 장착한 M48 패튼전차들은 도로 옆을 따라 조성되어 있는 유칼립투스 숲을 거칠게 헤치면서 천천히 앞으로 나아갔다. 우리는 서쪽 방향을 바라보면서 기동했다. 도로상에 걷고 있던 아군 도보병사들이 흥분한 채로 우리에게 행운을 빌어 주었다. 몇몇 병사들은 박수를 쳤다. 나는 자긍심을 느꼈다. 나는 중대를 전쟁터 속으로 이끌고 가기 위해 가장 선두에 우뚝 서 있었다. 부하들도 나를 보더니 갑자기 나의 모습을 흉내 내었다. 전차장들은 흥분을 감추지 못했다. 무전에 대한 응답은 간략하게 요점만 말할 뿐이었다. 모든 전차는 나의 호출에 응답했다. 전차 한 대도 조그만 문제를 일으키지 않았고, 이 쇳덩어리 괴물들은 서로 잘 협력하고 있었다. "지금 기관총탄을 장전해도 되는가?", "지금 전차포에 탄약을 장전해도 되는가?" 중대 무전망은 이러한 질문들로 인해서 시끄러운 소리를 내고 있었다. 이것은 평소 전차장들에게 시켰어야 할 또 다른 평시훈련 소요임에 틀림없었다.

우리가 가자지구로 기동하고 있을 때 나는 대대와 연락이 두절될 가능성에 대해 걱정했다. 대대 작전명령에 의하면 우리는 2열 이동종대로 국경선에 접근하는 것이었다. 대대의 우측 이동종대인 우리 B중대는 니르 오즈(Nir Oz) 키부츠의 남쪽으로 기동하여 키부츠 농장 안으로 들어갔다. 나의 뒤에는 무사의 동원기보중대가 후속하고 있었다. 나는 키부츠의 양곡창고 꼭대기에 관측소 같은 것을 만들면 어떨까 하는 생각도 해 보았다. 나는 전에 경정찰기를 타고 가자지구 국경선을 따라 공중정찰을 해 본 적이 있었다. 대대의 좌측 이동종대에는 에후드 엘라드 대대장과 부대대장 하임 에레즈, 벤지 카르멜리의 A중대, 그리고 길리아드 아비람의 C중대가 전진하고 있었다.

좌측 이동종대를 이끌고 있던 에후드 대대장이 가자지구 입구 방향으로 전진하는 대신 갑자기 왼쪽 방향으로 선회하고 있었다. 나는 상급 지휘관인 대대장에게 무전으로 경고를 보내야 하는 불편한 일을 감수할 수밖에 없었다. 내 판단이 옳았다.

"에후드, 여기는 카할라니. 입구가 아주 분명하게 보이고 있음. 500m

전방임. 귀소는 오른쪽으로 급선회해야 함. 이상."

그는 곧 알아차리고 부대를 오른쪽 방향으로 선회하였다. 얼마 후 에후드 대대장의 이동종대는 나의 시야에서 사라졌으며, 내 자신은 중대를 지휘하며 국경선을 향해 달려가고 있었다.

그곳에는 하얀 먼지가 날리는 도로만 있었다. 그것뿐이었다. 지뢰밭도 철책도 대전차호도 없었다. 오직 먼지 날리는 도로만이 있었다.

"본네 스테이션(B중대망 가입자의 집단호출), 여기는 본네." 나는 무전 송수화기에 대고서 소리쳤다. "주목하라. 현재 시각은 1967년 6월 5일 08시 48분이다. 우리는 지금 국경선을 넘어가고 있다. 역사를 새로 만들고 있다. 모두에게 행운을 빈다. 이상."

전차장들은 나의 말을 알아들었다는 표시로 수기를 흔들었다. 뒤를 돌아다보고 전차장들이 전차장포탑 밖으로 나와 있지 않음을 확인했다. 자신만만한 전차장들이 상반신을 다치지 않도록 전차장포탑 안으로 들어갈 것을 내가 명령했기 때문이다. 그들은 지금 나의 명령을 이행하고 있다.

내 전차 바로 뒤에 1소대장 누리 콘포르티(Nuri Conforti)가 후속하고 있다. 우리가 가지고 있는 대대 전술예규[44]에 의하면 누리의 전차 1소대가 내 전차 앞에서 전진하도록 되어 있었다. 나는 그에게 그렇게 하라고 말할 수 없었다. 적의 사격 속으로 소대장을 나의 전방에 내보낼 수 없는 것이다.

---

44 전술예규(Tactical SOP): 지휘관이 정례적으로 적용하기를 원하는 전술과 전투기술 방법을 제시하는 하나의 지시이며 명령이다. 전차중대가 이동종대로 이동할 경우 통상 1개 소대가 앞에서 선도하고 그 뒤를 중대장이 후속한다고 교범상에 기술되어 있다. 카할라니의 경우를 보면, 중대장일 때뿐만 아니라 대대장일 때도 자신이 앞장서는 경우가 많았는데, 나름대로 이점과 타당성이 있다. 우리나라 야전 기갑부대의 훈련을 보면 획일적으로 1개 소대가 선도하고 중대장이 그 뒤를 후속하는 경향이 많은데 이는 학습토의가 필요한 부분이라고 생각된다.

나는 공축 기관총과 주포를 장전한 후, 중대의 최선두에 서서 미리 숙지하고 있던 도로를 따라서 전진했다. 도로의 양쪽에는 가시가 잔뜩 돋아난 선인장 나무들과 잡다한 방해물들이 흩어져 있었다.

　선인장 나무들 속을 헤쳐 나가면서 적의 기관총사격을 받았다. 나는 처음에 그 소리를 듣지 못했다. 엔진소리가 우르릉거려 아주 시끄러웠을 뿐 아니라, 또한 승무원 헬멧을 쓰고 있었기 때문이다. 나는 처음에 왜 페인트 조각들이 포탑 주위에서 춤을 추고 있는지 의아해하다가, 적의 기관총사격 때문에 전차의 페인트가 벗겨지고 있다는 것을 곧 알게 되었다. 나는 적이 사격하는 지점이라고 예상되는 건물을 향하여 기관총을 돌렸다. 적의 기관총 사수가 보이지 않았다. 그렇지만 내가 이 상황을 확실히 통제하고 있다는 사실을 보여 주기 위해서 그곳에다 기관총 사격을 가했다. 내 뒤에 있는 전차들도 나를 따라서 사격하기 시작했다. 기관총 사격하는 소리는 마치 전투 간에 감상할 수 있는 하나의 멋진 연주와도 같았다. 드르륵-드르륵-드르륵-드르륵-드르륵….

　갑자기 도로가 좁아졌다. 빽빽한 선인장 나무들로 인해서 도로의 폭이 전차의 차폭보다 좁아져 있었다. 우리는 뒤로 돌아갈 수 없었다. 나는 도로를 좀 더 확장할 때까지 전차를 선인장 나무들 사이에 그대로 두기로 결심했다. 이때 나의 전차가 갑자기 시끄러운 소리를 내면서 선인장 나무 위에 멈추어 섰다. 전차의 전방펜더를 내려다보니 전차궤도가 끊어져 있었다. 내 눈을 의심했다. 이게 도대체 무슨 일인가? 전차는 여전히 적의 사격을 받고 있었다. 나는 전차장포탑 안으로 머리를 집어넣어야 했다. 그 상태로 정비를 한다는 것은 말도 안 되는 일이었다. 나는 다른 전차로 갈아타기로 결심하고 명령을 하달했다. 우선 바로 내 뒤에 있던 전차에게 내 전차를 엄호하도록 지시했다. 그리고 나는 1소대장 누리 콘포르티의 전차를 불러서 옮겨 타고, 그는 자기 소대의 다른 전차로 옮겨 탔다.

　　　　　　　　　　　　　　　　　　　　　전사의 길

나는 중대의 전차들에게 선인장 나무들을 안전하게 빠져나갈 수 있는 출구를 발견할 때까지 조심스럽게 후진하도록 명령했다. 다행히 더 이상의 불운은 없었다. 새로운 통로를 개척함으로써 내가 치르는 첫 번째 전쟁에서 다행히 실패하지 않게 되었다. 나는 내가 어디로 가고 있는지 확실히 알고 있었다. 아바산 알카이르(Abasan Alkair) 마을의 공터를 통과해서 바니 수혜일라(Bani Suheila)를 향해 이동종대를 이끌고 나갔다. 바니 수혜일라를 지나고 나서 최초목표인 가자지구 남쪽 끝에 있는 칸 유니스 방향으로 이동하였다. 나는 공터와 공터 사이를 이동해 가면서 의심스러운 가옥이나 수풀에 대해 사격을 가했다. 그런데 갑자기 전차엔진에서 전에 들어 본 적이 없는 시끄러운 굉음이 났다. 전차의 구동장치가 헛돌고 있었다. 또다시 전차궤도가 끊어졌다. 나는 제정신이 아니었다.

모든 부하들은 젊은 지휘관인 나에게 잔뜩 의지하고 있는데, 임무를 제대로 수행하지 못하는 모습을 그들에게 자꾸 보여 주고 있는 것이다. 이스라엘이 이 전쟁에서 패배할지도 모르는데, 그렇게 되면 나는 역사의 죄인이 될 것이다! 나는 벌써 군법회의에 회부당하는 나의 모습을 보고 있었다. 그러는 동안 중대의 모든 전차들은 교통체증을 유발시키고 있는 서투른 중대장을 동정하면서 내 뒤에서 꼼짝 않고 서 있었다. 다시금 부하들이 내 전차를 엄호하는 가운데, 후미에 있었던 부중대장 자포니의 전차가 여러 대의 전차들을 추월해서 앞으로 나왔다. 나는 자포니의 전차에 올라타면서 고장 난 전차승무원들과 또다시 헤어졌다. "몸조심하라"라고 당부했다. 결국 나는 그들을 적의 소굴에 내다 버린 꼴이 되어 버렸다.

이날, 나는 전차궤도가 끊어진 이유를 알지 못했다. 어쨌든 나는 전차장포탑으로 들어가고 부중대장 자포니는 탄약수석으로 옮겨 갔다. 우리는 목표에 도달할 수 있는 선인장 나무들이 있는 도로로 되돌아왔다. 마을 접근로에 대전차지뢰가 있다는 것은 알았지만 정확히 어디에 매설되어 있는

지 몰랐다. 중대의 전차들 가운데 두 대가 나의 뒤를 후속하지 않고 다른 전차를 후속하다가, 결국 지뢰를 밟아 그곳에 버려지게 되었다.

"본네 스테이션, 여기는 본네." 나는 무선으로 소리쳤다. "나의 뒤만 후속하라. 이상!"

우리는 통나무, 돌멩이, 그리고 컨테이너를 한데 모아 구축해 놓은 혼합장애물에 봉착하였다. 전차포 한 발로 그것을 간단하게 날려 버린 다음 계속 앞으로 전진했다. 가끔씩 확실하지 않은 지역으로부터 총소리가 나기는 했지만, 적의 조직적인 저항은 없었다. 이때 선인장 나무들 사이에서 갑자기 어린아이 두 명이 내 전차 앞으로 뛰어나왔다. 공포에 질린 아이들은 소리치고 도망가면서 뒤에서 다가오는 괴물을 가끔씩 쳐다보았다. 나는 기관총 사격을 멈추었다. 이때 그 아이들의 어머니를 보았는데, 그녀는 손을 흔들며 울부짖으면서 길옆에 서 있었다. 나는 그녀에게 자식들을 해치지 않는다는 것을 알려 주려 했지만 달리 뾰족한 방법이 없었다. 아이들은 계속 달렸고 그 뒤를 내 전차가 천천히 따라갔다. 드디어 아이들이 어머니 품 안으로 뛰어들자, 그녀는 아이들을 힘껏 껴안으면서 나에게 감사의 표시로 고개를 숙였다. 그러한 상황이 끝난 다음 우리는 저항하는 이집트 군인들에 대해서 사격을 재개했다.

나는 지도를 보기보다는 내 직관에 따라서 도로를 전진하였다. 바니수헤일라에서 천천히 신중하게 교차로 지역을 향해 이동했다. 그곳에는 시멘트벽으로 둘러싸인 뒷마당에서 어떤 늙은 아랍여인이 빨래를 널고 있었는데 어처구니가 없었다. 그녀는 마치 전차가 매일 그녀의 집 옆에 주차라도 했었던 것처럼 너무나 태연하게 행동하고 있었던 것이다.

가까운 참호에서 갑자기 이집트군 병사 한 명이 나타나더니 소총을 들고 나에게 다가왔다. 그는 전차 바로 5m 앞에 멈추어 서서, 마치 옛날 학창 시절의 친구를 확인하려는 듯 나를 쳐다보았다. 내가 저리 비키라고 손짓을 했다. 아무 소용이 없었다. 나는 그 바보 같은 녀석을 쏘아 죽일 수가 없었다. 나의 거무스레한 얼굴 색깔을 보고서 사우디아라비아군이나 예멘군이 이집트군을 구원하기 위해 온 것이라고 착각한 것일까? 나는 그의 다리 근처에 우지 소총 몇 발을 발사했다. 그는 우리가 자기의 전우가 아니라는 사실을 마침내 깨닫고는 홱 돌아서 미친 듯이 달려 어느 집으로 들어갔다. 그리고는 위협하듯이 자신의 총을 손가락으로 가리키면서 나를 쳐다보았다. 나는 그러한 동작을 중지시키려고 사격을 가했다.

좁은 도로에 이르자 내 오른쪽으로 전차 포신 하나가 갑자기 나타났다. 나는 긴장하면서 사격할 준비를 했다. 나는 곧 전차장을 확인할 수 있었는데, 바로 C중대장인 길리아드 아비람이었다. 그는 혼자였으며 신경이 매우 예민해져 있었다. 또 바로 뒤에는 벤지 카르멜리 A중대의 1소대장인 베르코(Berko)의 전차가 있었는데, 그는 온 사방에다 사격을 가하고 있었다. 그가 내 옆을 지나갈 때 그의 중대장이 어디에 있는지 물어보았다. 전차에서 베르코가 손짓을 했다. 나는 놀랐다. 그는 또 몸짓을 했다. 그것은 중대장이 잠을 자고 있거나, 아니면 쓰러져 있다는 의미였다. 나중에 그가 심한 부상을 입었다는 것을 알게 되었는데, 적의 저격수 한 명이 그의 오른쪽 눈을 쏘았다는 것이다. 벤지 카르멜리 중대장이 의식을 잃고 포탑 안에 쓰러졌는데, 그의 용감한 소대장이 그를 안전한 곳으로 옮겨 주었다고 한다.

나는 우리 대대의 주력이 어디에 있는지 찾아보면서, 길리아드 아비람 중대장 전차와 베르코 소대장 전차를 우회해서 앞으로 나갔다. 대대장이 이끌고 있었던 대대의 좌측 이동종대의 선두전차 두 대가 바로 옆에 있는데, 그렇다면 대대장은 지금 어디에 있는 것일까? 조금 걱정이 되었다. 나는 무전기에서 그의 목소리를 한동안 듣지 못했는데, 아마도 그는 나를 몇 번씩이나 호출했을 것이다. 대대 작전계획에 의하면 우리는 라파 지역에서 합류하도록 되어 있었다.

우리는 모든 방향으로 기관총 사격을 실시하면서, 칸 유니스의 주요 교차로 지역을 향해 큰 방해를 받지 않고 전진해 나갔다. 나는 그곳에 살고 있는 주민들에게 일종의 위협을 주기 위해서 교차로 지역에다 전차포 두 발을 발사했다. 이렇게 함으로써 칸 유니스에 이스라엘군이 출현했다는 사실에 대해 의심하고 있는 모든 사람들에게 경고를 보내 주었다.

도로가에 참호들이 구축되어 있었다. 우리는 그곳에다 맹렬하게 기관총 사격을 퍼부어 댔다.

"본네 스테이션, 여기는 본네. 전방에 있는 전차들을 엄호하라"라고 명령했다.

사실상 내 전차를 가장 양호하게 방호할 수 있는 유일한 방법은 후방의 아군 전차가 사격으로 나를 엄호해 주는 것이다. 나는 전차장포탑에서 머리를 조금 내밀고 전방을 보면서 이동종대를 이끌었다. 나는 이 도시에서 빨리 벗어나고 싶었는데, 왜냐하면 도시환경에서 전투할 준비가 되어 있지 않았기 때문이다. 우선 도움을 받을 수 있는 기계화보병이 없었다. 그들은 도시지역 전투에서 꼭 필요한 존재인데 그들이 없다면 전차만 남게 된다. 기계화보병만이 적을 감시할 수 있는 수많은 '눈(Eyes)'을 제공해 준다. 오직 그들을 통해서만 건물의 창문과 좁은 도로상의 표적에 대해 각도나 고도의 제한 없이 우리 전차의 모든 화기들을 조준하여 사격할 수 있다.

도시중심부 교차로 지점에 도착한 후 나는 직감적인 판단에 의해 왼쪽으로 우회하여 남쪽 방향으로 향했다. 교차로 지점의 반대쪽에 큰 건물이 하나 있었는데 경찰서 아니면 학교 같았다. 건물 앞마당에는 이집트군 군용차량들이 가득 차 있었다. 이때 건물 내부로부터 적이 쏜 총탄이 나의 전차장포탑을 향해서 날아왔다. 곧바로 나는 건물을 향해서 맹렬한 대응사격을 퍼부었다. 나를 죽이려는 적의 시도가 정말 위협적이었는데 이것이 나를 격분시켰다. 나는 화가 났을 때 더 잘 싸우는 기질이 있다.

전사의 길

우리는 신속하게 남하했다. 나는 조종수에게 특별한 방향지시를 하지 않고 포수에게도 특별한 사격지시를 하지 않았는데, 그들은 상황에 맞게 알아서 척척 행동하고 있었다. 나와 자포니 부중대장은 도로 양옆에 구축해 놓은 적의 참호를 향해 전차의 공축기관총을 발사하고 동시에 우지 소총도 사격하였다. 나는 전차에 있는 모든 수류탄을 참호 속으로 던져 넣었는데, 신병교육대에서 훈련을 받은 이후 그렇게 많은 수류탄을 던져 본 적이 없었다. 참호 속에서 폭발하는 수류탄은 내가 기대한 것보다 소리가 작았고 효과도 적었다. 참호에 있는 적을 수류탄으로 모두 소탕하고 싶었지만, 내 뜻대로 되지 않았다.

그때 용감한 이집트 군인 하나가 참호에서 벌떡 일어나더니 나의 전차로 수류탄을 집어 던졌다. 그것은 부중대장 자포니가 있는 탄약수 해치 바로 옆에 떨어졌다. 우리는 머리를 포탑 안으로 쏙 집어넣고 1초를 영원처럼 길게 느끼면서 기다렸다. 정말 우리의 머리 위에서 수류탄이 터졌다. 하지만 다치지는 않았다. "증속! 증속하라!" 내가 조종수 시아니(Siani)에게 소리치자, 그는 마치 관광버스를 운전하듯 칸 유니스 거리를 신나게 달렸다. 내 뒤에 있는 전차들이 미친 듯이 사격을 실시했다. 내가 어떻게 그들의 행동을 멈추게 할 수 있겠는가? 그들은 두 가지 목적으로 사격을 실시했다. 첫째는 자기 앞에 있는 실제의 위협을 제거하기 위해서이다. 둘째는 쾅 하고 울리는 전차포 소리, 드르륵 드르륵 하는 기관총 소리, 으르렁대는 전차엔진의 소리를 통해서 갖게 되는 일종의 자신감을 얻기 위해서였다. 그것은 바로 전투의 소리(The Sounds of Battle)였다.

조금씩 건물들이 뒤로 멀어져 갔다. 우리는 칸 유니스의 도시지역을 벗어나고 있었다. 일단의 트럭들이 라파로부터 칸 유니스 방향, 즉 도로 반대편에서 우리 쪽을 향해 이동해 오고 있었다. 나는 전차장포탑에 우뚝 서서 그

트럭들을 향해 도로 밖으로 비키도록 깃발로 신호를 보냈다. 나의 신호는 그들에게 복잡한 반응을 일으켜 주었다. 몇몇 아랍인들은 목숨을 구하기 위해 곧바로 도망쳤다. 또 어떤 사람들은 박수를 치거나 행운을 빌어 주는 몸짓을 했는데, 그들은 우리를 유대인들을 쓸어버려 줄 이집트군으로 착각한 것이 분명하였다.

UN군 트럭 한 대가 십여 명의 군인을 태우고 다가왔다. 전차와 트럭이 동시에 교차하기에는 도로가 너무 좁아서 나는 그들에게 도로를 벗어나라고 깃발로 신호를 보냈다. 이때 전차포수 라피 베르테레(Rafi Berterer)가 앞의 트럭에 별로 주의를 기울이지 않은 채 주포를 좌측으로 돌렸다. 갑자기 돌아가는 포신을 보고서 내가 전차장 탈취레바를 잡고 포탑을 다시 오른쪽으로 돌리려는 순간, 심한 충격을 느꼈다. 전차의 포신이 UN군 트럭을 그대로 치고 나갔다. 잠시 동안 정신이 어리벙벙해서 두 발로 버티고 설 수 없었다. 정신을 다시 차리고 난 후 전차포를 전방으로 원위치시키고 이동하기 시작했다. 그 트럭은 차체의 윗부분이 박살나서 도로에서 움직일 수 없었다. 우리는 조심스럽게 그 트럭을 지나쳤다.

전차포의 기능에 손상이 가지 않았을까 하는 걱정 때문에 정지하고 싶었지만, 낭비할 시간이 없었고 대대와 빨리 합류해야만 했다. 나는 에후드 대대장과 무전이 계속 두절되어 있어서 다시 접촉해야겠다고 생각했다. 내가 몇 번이나 무전을 시도했지만 아무런 응답이 없었다. 혹시 내가 라파로 이동하는 도로를 잘못 찾아 들어왔나? 나는 전차를 정지시킨 다음 지도를 펴서 확인해 보았다. 칸 유니스에서 라파로 가는 도로는 두 개였다. 나는 지중해를 바라보는 서쪽 도로를 선택했어야 했었다. 반면 지금 가고 있는 도로는 동쪽으로 치우쳐 있었다. 나는 오른쪽으로 꺾어 모래언덕에 있는 도로를 통해 해안 방향으로 나가기로 결심했다.

나는 위치를 확인하기 위해 다시 정지하였다. 올바른 도로로 가고 있었다. 나는 벤지 카르멜리 A중대의 오베드(Oved) 부중대장을 무전으로 호출해서 나에게 상황을 보고하도록 지시했다. 오베드는 자기 중대장이 후송되었다고 보고했다. 나중에 알게 되었지만, 벤지는 실제로 후송되지 않고 칸유니스에 남아 있던 장갑차 안에 누워 있었다. 나는 오베드에게 자기 중대의 전차들을 지휘해서 나를 후속하도록 명령했다. 오베드 중위는 이제 사실상 자기 중대의 중대장 임무를 수행하고 있었다. 비록 그가 무전에서 자기는 부중대장이라고 겸손하게 말했지만, 벤지 카르멜리 중대장이 다시 돌아오지 않으리라는 것은 모두가 알고 있었다.

나는 우리와 같이 서쪽 고속도로를 향해 모래언덕 도로를 넘어가는 몇 대의 적군 트럭을 발견했다. 나는 포수 라피에게 사격명령을 하달했다. 이상한 소음이 포탑에서 흘러나왔다. 사격통제장치를 점검해 보도록 지시하자 포탑이 손상을 입었다고 탄약수가 보고하였다. 어디가 문제인지 알 수 없었다. 전차승무원들은 고장 난 부분을 고칠 수 없다는 것을 알면서도 임무를 계속 수행하지 않을 수밖에 없었다.

포가 없는 전차는 마치 총이 없는 사냥꾼과 같다. 전차포는 전차의 주무기로서 이것이 없는 전차는 존재할 이유가 없다. 설상가상으로 전차장포탑의 구경 50기관총도 문제를 일으켰다. 이 화기는 다루기가 어려워서 지금껏 별로 관심을 두지 않았었다. 아이러니하게도 전차 1개 중대를 이끌고 있는 거대한 중대장 전차에는 오직 공축기관총 하나만 사용이 가능했다. 그리고 작은 우지 소총 한 정과 아직까지 쏴 본 적이 없는 권총 한 자루가 있었다. 내가 또 다른 전차로 바꾸어 타야 한다고 생각하니 이것이 스트레스가 되었다. 신속히 라파 도시지역을 벗어나 대대와 합류해야 했다. "계속 이동. 그리고 이동 간에 무엇을 해야 할지 확인하라"라고 명령함으로써 전차승무원들이 쓸데없이 걱정하는 일에 종지부를 찍어 주었다. 몇백 미터를 계속 전진하여 우리는 라파에 이르는 두 번째 도로, 즉 원래 가고자 했던 도로에 도착했다. 우리는 좌회전한 후 이동종대 대형으로 전속력을 내면서 라파 시가지를 향해 기동했다.

라파 시가지의 외곽에 있는 집집마다 펄럭이는 백기는 사격을 제발 중지해 달라고 애원하는 듯했다. 나는 용수철처럼 긴장하면서 의심스러운 표적에 대해 기관총사격을 가했다. 나는 다치고 싶지 않았다. 이때 사방으로부터 적의 기관총사격이 시작되었는데 그 모든 것이 나를 향하고 있었다. 그 소음으로 귀가 멀 정도였는데 심지어 전차 내부에서도 크게 들렸다. 나는 전차장포탑 안에서 꼼짝 않고 있다가 적의 사격이 잠잠해진 후 머리를 들었다. 나는 시가지 안으로 더욱 깊숙이 이동하였다. 시가지를 빠져나갈 출구를 찾았다. 도시지역 전투는 나의 취향에 전혀 맞지 않아! 그곳은 마치 도망갈 수 없는 함정과도 같았다. 우리는 포병지원이나 항공지원을 요청할 수 없었고, 심지어 보병의 지원조차 받을 수 없었다. 라파는 인구밀도가 높고 건물들이 불규칙하게 조성되어 있는 도시로서, 일단 그곳에 들어간 부대들은 점점 함정 속에 빠져들어 길을 잃고 있었다. 그곳에 잘못 머물게 된다면 근접전투를 벌이면서 며칠을 보낼 수도 있음을 의미했다. 과연 출구는 어디에 있는가?

이때 철길이 생각났다. 철길이 나를 이 도시로부터 벗어나게 해 줄 것이다! 나는 전쟁 전에 농담 반 진담 반으로 들었던 명령을 상기하면서 철길을 따라 이동했다. '철길을 파괴하지 말라. 전리품으로 가져올 필요가 있다.' 이 순간에 누가 전리품에 신경을 쓰겠는가? 또 철길이 파괴되더라도 누가 관심을 두겠는가? 나에게 제일 중요한 것은 넓은 개활지로 빨리 빠져나가는 것이었다. 전차의 양쪽 궤도가 철길의 양쪽 레일을 올라타고 이동하기 시작하자 덜커덩하는 소리가 크게 들렸다. 도시에서 멀어져 남쪽으로 내려갈수록 적의 사격이 뜸해졌다.

전사의 길

라파 시가지를 벗어나자마자 나는 UN군 기지와 서쪽 언덕에 있는 몇 대의 전차를 발견했다. 쌍안경을 통해서 우리 대대의 M48 패튼전차들과 우리가 전쟁 전에 부착해 놓은 적색 대공포판을 확인했다.

"우리 대대가 저기 있다!" 나는 부중대장 자포니에게 소리치면서 조종수에게 그 언덕으로 이동하도록 명령했다.

대대장이 있는 곳에 다가갈수록 점점 의문이 들었다. 우리가 지금 전투를 제대로 치르고 있는가? 아군 전차 몇 대가 피격을 당해서 거기서 뿜어져 나오는 연기 기둥이 주변의 여기저기에 피어오르고 있었다. 나는 에후드 대대장과 감상적인 재회를 기대하면서 그의 전차로 다가갔지만, 그는 온통 무전에 매달려 있어서 나를 돌아다볼 여유가 없었다. 그의 왼편에는 대대 작전장교 암람 미츠나(Amram Mitzna)[45]가 탄약수 자리에 앉아 여성용 선글라스를 쓰고 있었다. 그 모습에 웃음이 났다. 한창 전쟁 중에 어디서 저러한 여유가 나오는 것일까? 나는 적의 포병 포탄에 맞아 대대장 전차의 외부가 상당 부분 파손되어 있는 것을 보았다. 작전장교 미츠나의 얼굴에 파편으로 인한 상처가 몇 군데 보였다. 대대장 전차의 안테나가 파손된 모습을 보니, 왜 대대장과 무선교신이 불가능했는지 그 이유를 알 수 있었다. 에후드 대대장을 기다리고 있는 동안 고로디시 여단장이 그에게 다가오면서 나에게도 손짓을 했다. 여단장은 자신의 지휘용 장갑차 위에서 내가 공격해야 할 방향을 손가락으로 가리켜 주었다. 나는 여단장이 지시하는 것을 이해하고 난 후, 우리 B중대와 오베드의 A중대를 이끌고 그 방향으로 이동하기 시작했다.

나는 중대를 횡대대형으로 펼치고 오베드의 중대를 나의 우측에 전개

---

45 암람 미츠나: 카할라니의 평생 전우이다. 나중에 골란고원의 제36사단장 직책을 수행하였고, 후임 카할라니에게 사단장 직책을 인계하게 된다.

하도록 지시했다. 우리는 광활한 모래언덕 지역에 어떤 표적이 도사리고 있는지 몰랐지만, 교범에 나오는 전술대형의 구색을 제대로 갖춘 작전을 실시하기 위해 달리기 시작했다.[46] 몇 분 후 교차로 지역에 도착하자 수백 명의 아랍군 병사들이 머리를 내밀고 있는 첫 번째 참호지대가 나타났다. 적 병사들이 우리를 보고 공포에 질려서 도망치기 시작하자 우리는 그들을 추격했다. 천천히 그들의 뒤를 따라가면서 쉴 사이 없이 기관총을 쏘아 대었다.

포탄 한 발이 내 전차 바로 2m 앞에서 터졌다. 저 멀리 왼편에 적의 T-34 전차 한 대가 포탑차폐 진지에 숨어 있다가 포탑을 내밀면서 나의 전차를 향해 사격했던 것이다. 나는 전차장포탑 안으로 몸을 숨겼다. 내 전차의 주포가 고장 나 있었기 때문에 나는 이집트군 전차에게 손쉬운 먹잇감에 지나지 않았다. 조종수가 전차를 앞으로 신속하게 달렸다. 나는 숨을 만한 곳을 찾았지만 지형은 평평하고 노출되어 있었다. 초탄이 발사된 후 수 초 지나 곧 발사될 적 전차의 제2탄을 기다렸다. 아무 일 없다는 듯이 이 상황을 절대 피해 나갈 수는 없었다. 중대의 전차들에게 급히 무전으로 명령했다.

"좌측에 T-34 전차다. 신속히 파괴하라!"

아군 전차 가운데 한 대가 적 전차에 대해 정확하게 사격했고, 얼마 후 그 전차는 화염에 휩싸였다. 나중에 내가 기갑학교에서 포술교관을 할 때 학생들에게 이 교훈을 철저하게 가르쳤다. 즉 "더 빨리(quicker) 더 정확하게 (better) 쏘는 자가 더 오래(longer) 살 수 있다." 모든 전차병들은 이 모토를 가슴속에 새겨 두고 있다.[47]

---

46 나중에 그 모래언덕 위에 이스라엘의 신도시 야미트(Yamit)가 건설되었다.

우리는 이집트군의 두 번째 참호지대에 도달했다. 거기에 구축된 방어진지와 대전차포들이 우리를 위협하고 있었다. 우리 전차들은 주저함이 없이 맹렬한 사격을 가하여 그 참호 속에 있던 적들과 무기들을 무력화시켜 버렸다. 나머지 이집트군 병사들은 완전히 공황상태에 빠져 버렸다. 그들은 남아 있는 참호 속으로 몸을 숨겼다. 우리는 그들을 완전히 소탕해야 했는데, 만약 그렇게 하지 않으면 그들은 진지를 재편성해서 나중에 아군에게 피해를 줄 것이 뻔했기 때문이다. 나는 두 번째 참호의 가장자리에 전차를 정지시키고 기관총 세례를 퍼부었다. 내 전차가 참호 위에 버티고 서 있었는데 그곳은 매우 위험한 지점이었다. 나는 멈추어 서 있기가 두려웠는데, 포가 고장 나는 바람에 포신이 적 방향을 향하고 있는 것이 아니라 엉뚱하게 오른쪽으로 돌아가 있었기 때문이다. 참호 속에 수류탄 몇 발을 던져 넣었지만 큰 효과가 없었다. 그래서 전차를 계속 몰아서 일단의 이집트군 무리를 뒤쫓아 가기 시작했다.

그중 한 명이 내 전차 앞에 쓰러져서 가련하게 나를 쳐다보았다.

"왼쪽으로 피해라"라고 조종수에게 지시했다. 나는 이집트인들을 신뢰하지 않았다. 그를 우회한 후 나는 조심스레 뒤를 돌아보았다. 역시나 그 이집트군 병사는 나를 향해 총을 쏘고 있었다. 나는 전차장포탑에 숨으면서 내 뒤를 따라오고 있는 누군가가 그 배은망덕한 놈을 처리해 주길 바라면서 계속 앞으로 질주했다. 전차장포탑의 구경 50기관총은 계속 고장 난채로 있었고 오로지 포탑의 공축기관총만 작동하고 있었다. 그 이외에 다

---

47   선제사격: 옮긴이가 1977년도에 당시 기갑학교의 기갑초군반 교육을 받을 때 1973년도 욤키푸르 전쟁의 전차전 교훈이 크게 강조되었다. 먼저 쏘는 전차가 4:1의 승산을 갖는다. 즉 1,500m의 사거리에서 먼저 쏘는 전차가 80%의 승률을 갖는다. 당시 기갑 출신의 미 육군 참모총장 에이브럼스 장군도 이에 대해 강조하였다. "초탄명중은 항상 승리한다. 당신이 먼저 쏘라!(First Round Hits Always Win. Let It Be Yours!)"

른 무기가 없었다. 할 수 없는 노릇이었다.

대부분의 전투에서 나는 모든 전차를 중대 무전망에 가입시켜 놓고 필요시 각 단차에게까지 필요한 명령을 하달했다.[48] 나는 한쪽 눈으로 도로 상황과 전방에 있는 적을 바라다보고, 다른 쪽 눈으로는 측방에 있는 모든 중대 전차들의 위치와 진출을 확인하였다. 전투 중 내가 직접 하달한 명령의 대부분은 머뭇거리는 전차들을 다그치거나, 또는 그들이 놓친 표적의 위치를 그들에게 알려 주는 것이었다. 전차장들은 매우 용감하게 싸웠는데, 전투가 치열한 순간에도 그들은 내가 하달한 명령을 알아들었다는 표시로 수기를 흔들어 응답해 주었다. 나의 전차 조종수가 가속페달을 계속 밟는 바람에 가끔씩 중대의 횡대대형보다 수십 미터씩 앞으로 나가곤 했다. 물론 목표를 강습할 때는 전차가 최대한 신속하게 전진하는 것이 당연한데, 그 이유는 적의 사격으로부터 전차의 노출시간을 최대한 줄이기 위함이다. 그러나 중대 또는 대대의 횡대대형에서 전차가 단독으로 앞서 나가는 것은 바람직하지 않은데, 이런 기동은 적이 사격을 선두 전차에 집중시킬수 있는 저명한 표적이 되게 할 뿐이다. 그래서 나는 전투 중에 내 전차의 전진속도를 통제하였다. 부중대장 자포니가 중간중간에 끼어들어 포수에게 표적을 지시하고, 또 근처에 있는 이집트군을 향해 우지 소총을 직접 쏘았다. 참호

---

48 한국군의 경우 통신전자운용지시(CEOI)에 제대별(소대, 중대, 대대, 여단, 사단)로 호출명과 주파수가 주어진다. 통상 중대장의 경우 소대장들이 중대망에 가입되어 있어 이들을 주로 지휘하고, 동시에 대대망을 감청하다가 필요시 대대망으로 들어가 대대장과 교신한다. 카할라니는 중대의 단차 14대를 모두 중대망에 가입시켜 놓고 직접 지휘하였다. 우리가 평시 쌍방훈련을 할 때 실제 전차포탄을 쏘지 않기 때문에 잘 느끼지 못하지만, 실제 전투 시에는 단차들의 기민성이 요구되고 분초에 생사가 달려 있기 때문에 이 방법은 분명히 장점이 있다고 본다. 우리나라 기갑부대에서 학습토의가 필요한 부분이다. 과학화훈련단과 같은 기관에서 전차중대망 운용에 대한 실증적인 실험을 하는 것도 바람직하다고 본다.

전사의 길

에 숨어 있는 이집트군을 향해서 내가 전차에서 권총으로 직접 사격한 적이 있었다. 전투의 소음 속에서 들리는 권총소리는 마치 장난감 소리처럼 작게 들렸다. 더군다나 이집트 병사를 한 명도 맞추지 못했다.

우리가 교차로 지역으로 들어갔을 때 부대대장 하임 에레즈의 전차가 우리와 합류했다. 나중에 그 지역의 낮은 언덕 가운데 한 곳에 정지하고 있을 때, 놀랍게도 나의 중대는 또 추가적인 전차를 받게 되었다. 길리아드 아비람 C중대의 전차 4대였는데 그들은 자기 중대장과 무전이 두절되어 있었다. 나는 그들을 우리 중대망에 가입시켰다.

"이제부터 자네들은 우리 B중대의 제5소대야." 새로운 지휘관을 얻게 되어 기뻐하는 소대장에게 이렇게 말해 주었다.

또 다른 전차 한 대가 몇 분 후 나에게 다가왔다.

"길리아드 C중대가 어디에 있습니까?" 예전에 나의 밑에서 근무한 적이 있었던 전차장 알론(Alon) 하사가 물었다.

"모르겠다. 일단 우리 중대망에 가입해라"라고 명령했다. 알론 하사가 동의했다. 나는 그를 우리 중대의 무전망에 가입시키고 원래 그가 갖고 있던 호출부호를 그대로 사용하게 했다. 그는 새롭게 가입을 완료했다고 수기를 흔들어 보였다.[49]

"잘 들어라. 알론 하사." 계속해서 지시했다. "자네는 내 전차 바로 뒤에서 따라오라. 지금 내 전차의 주포가 고장이야. 내가 자네에게 표적을 지시하면 자네는 그 표적에 대해 사격하는 거야. 말하자면 지금부터 자네 전차는 내 전차의 주포 역할을 하는 것이다."

---

49 중대급에서 실시하는 긴급재편성의 좋은 '예'이다. 전차전투가 어느 정도 진행된 후 손실이 많이 발생하게 되면 소단위 형태로 부대들이 남게 되는데, 이때 전차 집중운용을 위해서 전투 간 긴급재편성을 실시한다.

알론 하사가 알았다고 신호를 주었다. 그 신호를 통해서 나는 자신감을 회복했다. 전방에 있는 적 표적을 획득하게 되면 나는 알론 하사에게 무전을 보냈다. 그러면 그는 전진하여 내 오른쪽에 진지를 점령한 후 지시해 준 표적을 파괴시켰다. 그런 다음 우리는 함께 전진했다.

그럼에도 불구하고 나는 다른 전차로 바꾸어 타야 하는 문제를 해결해야 했다. 나는 괴로운 시련을 또 반복하고 싶지 않았다. 바꾸어 탄 전차의 모든 주파수를 다시 맞추려면 시간이 걸리기 때문이다. 그리고 별로 유쾌하지 않은 일로서 또 다른 생소한 전차승무원들을 만나야 하는 것이다.

두 번째 참호지대를 지난 후 적의 배치 강도가 약해진 것을 발견했다. 우리는 마른 덤불로 위장해 놓은 적의 방공포대를 발견했는데, 방공포에 붙어 있는 볼트 하나 너트 하나까지 모조리 파괴해 버렸다. 이집트군 병사들은 남쪽 방향의 내륙보다는 서쪽의 지중해 해안 쪽으로 도망가야 한다는 사실을 알고서 모래언덕을 향해 달려갔다. 도망치는 많은 병사들은 전투화를 벗어 던지고 그들의 무기조차 내팽개쳐 버렸다. 그들은 맨발로 특별한 방어수단도 없이 수에즈 운하 방면으로 도망쳤다. 그들은 우리 전차가 통과할 수 없는 경사진 모래언덕으로 향했다. 도보병사가 도망치는 것을 추격하는 것이 우리의 기본 임무가 아니므로 굳이 그들을 뒤쫓지 않았다. 나는 수백 명의 이집트군 병사들이 겁에 질려서 모래언덕을 가로질러 도망가는 모습을 지금도 잊을 수가 없다.

당시 이집트군은 이스라엘군이 전쟁포로를 어떻게 대우하고 있는지 잘 알지 못했다. 우리가 최초로 포획한 전쟁포로들을 국제법에 따라 대우한다는 사실이 알려지자, 죽을힘을 다해서 모래언덕을 달려가는 것보다 차라리 포로가 되는 것이 더 낫다는 소문이 나중에 퍼졌다. 공격할 때 잡은 포로를 처리하는 것은 쉽지 않은 일로서, 일반적으로는 포로를 보병부대에

인계하지만 우리는 그렇게 하지 않았다. 포로들을 잡을 경우 전차 한 대를 차출하여 그들을 머리 위에 두 손을 올리게 한 후 감시하였다. 이것은 일종의 거래이다. 나로서는 전투에 참가할 전차 한 대를 잃은 셈이지만, 후속하는 무방비 상태의 아군 보급부대를 공격할지도 모르는 그들을 미리 무력화시키는 것이다. 전투부대가 목표를 하나씩 점령하면서 전진해 나갈 때, 적의 잔당을 소탕하거나 포로로 잡기 위해 후방에 부대를 남기는 데에는 항상 위험이 따른다. 이스라엘 군대는 물론이고 모든 나라의 군대는 전투부대가 전방에서 공격해 가는 동안, 후방에 소탕되지 않은 적이 가끔 진지를 재편성해서 문제를 야기한다는 것을 잘 알고 있다. 우리는 탈취한 목표물을 확보하거나 패잔병 소탕을 위해서 특별한 부대를 편성해야 했다.

우리가 교차로 지역에서 적을 소탕하고 있을 때 우연히 십자형 참호에서 탄약, 식수, 식량, 물자를 잔뜩 싣고 위장하고 있는 트럭들을 발견했다. 이 물자들을 파괴하려다가 오히려 우리가 위험해질 수도 있었다. 나는 즉시 사격중지 명령을 내리고 아무도 트럭 근처에 다가가지 못하도록 지시했다. 나중에 그 전리품들을 회수하여 그들이 원했던 것과는 반대로 우리가 잘 사용할 수 있기 때문이다.

알론 하사의 전차는 나의 측방에서 완벽하게 임무를 수행했다. 나는 그의 민첩성, 용기, 능력에 감탄했다. 내가 지정해 주는 적 전차는 가끔 150m 정도 사거리에도 있었다. 나는 피격된 적 전차가 어떻게 화염에 휩싸이고 하늘로 검은 연기 기둥을 어떻게 뿜어내었는지 아직도 생생히 기억하고 있다. 그때까지 우리는 기관총을 너무 과도하게 사용하여 탄약이 바닥나고 있었다. 그러나 포병사격은 충분하게 지원되고 있었다.

나는 여전히 에후드 대대장과 무전을 통할 수 없었지만, 라파 교차로 지역을 점령한 후 나의 좌측에서 공격을 이끌고 있는 대대장 전차를 육안으로 볼 수 있었다. 따라서 나는 대대에서 최초에 하달받은 작전계획에 따라 계속 공격하기로 결심했다. 당시 나는 전투를 개시하기 전에 받은 작전명령과 지시에 대해서 명확하게 알고 있었다. 전투실시 간에 대대장이 나에게 일일이 지시하지 못한다 할지라도 나는 목표, 임무, 공격 방향, 세부 행동에 대해서 확실히 이해하고 있음으로써 '임무형지휘'를 구현하고 있었다.

전투 내내 눈앞에 펼쳐진 모래사막의 풍경은 나에게 특별한 인상을 주었다. 이집트군은 모래언덕 사이에 어떻게 저런 대규모의 참호지대를 구축할 수 있었을까? 어디에서 인력을 동원해서 쏟아져 내리는 모래들을 계속 유지하고 있는 것일까? 그리고 이집트군의 전투복이 우리 것보다 더 가볍고 위장 효과도 좋다는 것을 발견할 수 있었다.

나는 현재의 맹렬한 공격을 조금 늦추기를 원했다. 몇 시간 동안 치른 전투를 잠시 멈추고 지금까지의 전투가 어땠는지 간단한 교훈을 도출하는 것이 바람직하다고 생각했다. 나는 전차장과 승무원들이 느낀 점을 잠깐 들어 보고 그들의 임무를 확인해 보았다. 분명히 이 일은 가치가 있었다. 다행히 우리에게는 무전기라는 것이 있다. 이 얼마나 훌륭한 도구인가. 이제껏 내가 한 일은 무전으로 명령을 하달하고 또 보고받는 일을 반복한 것이다. 거의 모든 전투를 이런 식으로 수행했다.

전쟁 전 평소 훈련을 실시할 때 모든 전차가 중대망에 가입하여 훈련했던 것과 마찬가지로, 지금도 내가 무전을 통해 명령을 하달하면 모든 중대원들이 감청했다. 모든 단차와 승무원들은 무전기에서 흘러나오는 중대장의 목소리를 들을 수 있었다. 모든 부하들은 내 목소리에 담겨 있는 염려와 흥분을 같이 느꼈다. 중대의 모든 전차들은 나의 위치를 항상 파악하고 있었는데, 내 전차에 적색 대공포판을 부착하고 있었기 때문이다. 적색 대공포판은 아군 항공기가 피아 전차를 식별할 수 있도록 해 주는 동시에, 다른 전차들이 중대장 전차를 쉽게 구분할 수 있게 하였다. 그러나 대공포판이 유용하지만 단점도 있다고 생각하는데, 이를 부착했을 때 적이 중대장 전차를 쉽게 식별함으로써 주요 표적으로 삼을 수 있기 때문이다.

　　이스라엘군의 M48 A2C 패튼전차가 피격을 당했을 때 그 전차가 빠른 속도로 타들어 가는 모습을 보았다. 탄약이 적재되어 있는 포탑 내부로 불길이 급속하게 들어갔다. 따라서 포탑이 피격을 당하면 탄약이 폭발하여 승무원들이 사망하게 된다. 탄약이 연소할 때 전차포탑이 통째로 날아가 버리는 것을 수차례 볼 수 있었다. 우리는 M48 패튼전차를 이스라엘 속어로 "구즈니킴(Guznikim)"이라고 불렀는데, 이는 밤에 길을 비추거나 표식을 위해 사용하는 횃불을 말한다. 우리는 90mm 주포의 M48 패튼전차에 대해서 크게 만족하지 못했기 때문에, 나중에 105mm 주포의 센추리온 전차로 성능을 개량하게 되었다.[50]

이 전쟁은 내가 이집트군 군인들과 싸운 첫 번째 전쟁이었다. 나는 그들의 얼굴이 가무잡잡하다고 알고 있었는데, 실제로 보니 내 얼굴이 그들의 얼굴보다 더 검다는 사실을 알고 놀랐다. 멀리서 보면 그들은 우리와 비슷해 보이지만, 가까이서 보면 우리의 행동과는 사뭇 달랐다. 그들은 우리로부터 일단 기선을 제압당하고 나면, 겁을 먹고 등을 돌려서 도망가기에 바빴다. 지난번 모래언덕을 가로질러 도망간 무리와는 달리 이번에는 무기를 버리지 않았다. 기껏해야 가끔씩 애원하는 눈초리로 뒤를 돌아다보면서 등에 총을 걸머지고 질질 끌면서 도망갔다.

50　이스라엘군이 M48A2C에 만족하지 못했던 이유는 화력 면에서 주포가 90mm였기 때문에 T-54나 T-55(100mm)보다 열세에 있었고, 방호 면에서 피격 시 포탑 유압계통에서 흘러나온 기름이 쉽게 인화되고, 또 가솔린 엔진을 탑재하고 있어서 전차가 빠르게 연소되었기 때문이다. 이스라엘군은 M48A2C 전차를 '지포(Zippo) 라이터'라고도 불렀다. 따라서 이스라엘은 곧바로 개조작업에 들어가 105mm 전차포를 장착하고 디젤엔진으로 교체하기 시작하였다. 우리나라의 경우에도 M48A1 전차(90mm, 가솔린엔진)를 105mm 주포와 디젤엔진으로 개조하였는데 이를 M48A5K라고 부르고 있다.

그것은 내가 원하는 전투방식이 아니었다. 그들은 눈에 심지를 켜고서 나를 뚫어져라 노려보면서 나에게 달려들었어야 했다. 내가 목숨을 걸고 방아쇠를 당기듯이 그들도 방아쇠 당기는 모습을 나에게 보여 주었어야 했다. 나를 위협하지 않는 이상, 나는 그들을 공격하지 않았다. 전쟁터에서는 진짜 위험이 어디에 도사리고 있는지 잘 알 수가 없는데, 이쪽 방향에서 사격이 멈추는 순간 저쪽 방향으로부터 갑자기 총탄이 날아온다.

무전기에서 나오는 소리들을 들어 보니 부하들은 흥분하면서 긴장하고 있었다. 전차장들은 내가 생각했던 것보다 훨씬 더 기민한 행동을 보여 주었다. 그들이 구경50 기관총을 쏘지 않을 때는 전차장포탑에 들어가 전방을 응시하였다. 우리의 생존 기회는 장갑보호를 받고 있을 때 더욱 커진다는 사실을 잘 알고 있으며 전차를 이동하는 대피호로 생각하였다.

공격 간에 피해를 입은 아군 전차들이 멈추어 섰다. 그 전차의 승무원들이 밖으로 나와서 나를 쳐다보고 있었는데, 그 눈빛은 자기들을 제발 잊지 말아 달라고 말하는 듯했다. 공격하는 도중에 전차를 멈추는 것은 아주 위험한 일이다. 나는 뒤를 돌아다보고 그곳에 그대로 있으라고 수신호를 보냈다. '내가 너를 보았다. 잘 알고 있다. 다른 사람을 보내서 너희를 곧 구조하겠다.' 그리고 우리는 계속해서 전진했다.

나이가 어리고 경험이 미숙한 부하들은 항상 자기 지휘관의 목소리를 듣고자 한다. 더욱 중요한 것은 자기 지휘관이 어디에 있는지 알 필요가 있다는 것이다. 가장 중요한 것은 자기 지휘관을 자기 눈으로 직접 보는 것이다. 실제로 나의 전차는 멀리서도 잘 보였다. 중대의 전차들이 나를 둘러싸고 있었으며 이때 공격 방향, 속도, 그리고 표적을 지시하는 것은 바로 나였다. 내가 전진 방향을 절반 정도 왼쪽으로 틀면 자동적으로 왼쪽의 전차들이 감속했고, 반면 오른쪽의 전차들은 속도를 더 높였다.

사막은 선명한 베이지 색깔을 하고 있었다. 가끔씩 피어오르는 연기 기둥을 제외하고는 평시에 대규모 기동훈련을 하기에 괜찮은 장소였다. 기갑부대의 전사로서 우리는 항상 넓고 탁 트여 있는 공간을 좋아하였다. 기갑부대는 지형이 허락하는 한 항시 넓게 전개하도록 강조하고 있는데, 시나이 사막이 바로 그런 곳이었다. 그러나 중대의 전차들은 전투 간에 가까이 모일수록 자신감이 더 생긴다고 생각하고 있는지 자꾸 한곳으로 모이려고 했다. 나는 이를 용납하지 않았다. 내가 무전을 통해서 소산하도록 강조하자 그들은 다시 산개했다. 자신감과는 별개의 문제로서 전차는 인접 전차와 더 이격하여 있을수록 더욱 용이하게 서로를 방호해 줄 수 있다. 또한 전차들 사이에 넓은 공간을 확보하고 있음으로써, 적으로부터 동시 공격을 받을 수 있는 '단일 표적군'이 되지 않는 것이다.

우왕좌왕하던 우리의 진격이 라파 남서쪽 15㎞ 지점인 세이크 주에드(Sheikh Zueid)에서 끝났다. 처음으로 우리는 정지해서 주위를 둘러보며 지금까지 전투 간 우리에게 무슨 일이 있었는지 알아보고자 했다. 나는 전차장 포탑에서 중대의 전차들을 바라다보았다. 그들은 전차 밖으로 뛰어나와서 서로 볼을 맞추거나 얼싸안지 않았다. 대화도 나누지 않고 잠자코 있었다. 그들은 그저 축 늘어져 있었다. 그러나 오직 조종수들만 밖으로 나와 전차 궤도와 동력전달장치를 망치로 두드리면서 점검하느라 바빴다.

전투병들은 통상 전투의 중간에는 그간의 경험을 나누지 않으며, 전투가 끝나고 긴장감이 모두 빠져나갈 때까지 그 이야기를 숨겨 둔다. 그래서 내가 부하들에게 다가가서 몸 상태는 어떤지, 남아 있는 탄약이 얼마나 있는지 물어보자 비로소 그들은 웃거나 괜찮다는 신호를 보내며 긴장을 덜었다. 그러나 곧바로 팽팽한 긴장으로 되돌아갔다. 우리에게는 여전히 많은 임무가 남아 있으며 저 언덕 너머에 다음 전투가 기다리고 있음을 알기 때문이었다. 나는 중대장 전차를 바꾸어 타기로 결심하고 자포니 부중대장에게 가용한 다른 전차가 있는지 알아보도록 지시했다.

마침내 나는 대대와 합류하였다. 고로디시 여단장과 에후드 대대장이 거기에 서 있었다. 때는 이른 오후 시간이었지만 모두 지쳐 있었다. 전에 나의 중대장이었던 샴마이의 전차가 바로 몇 m 앞에 있었다. 그는 방독면을 써야 할 필요가 있을 때만 면도하기 때문에 수염으로 뒤덮인 그를 처음에는 쉽게 알아보지 못했다. 나는 그의 전차에 뛰어 올라가 반갑게 포옹을 했다. 전우가 내 팔 안에 있었다.

어느 전차에서 나오는 라디오 소리가 시끄럽게 들려왔다. 이스라엘의 소리(Voice of Israel) 방송은 전쟁에 관한 뉴스를 왜 자세하게 보도하지 않는가? 아직도 모든 것이 비밀인가?

"남부전선에 있는 우리 군대가 마침내 이집트군의 공격을 격퇴하기 시작했습니다." 아나운서가 말했다.

"뭐, 격퇴라고?" 나는 가볍게 웃었다. 격퇴한다는 말 대신에 왜 이렇게 말하지 않는 것일까? '이스라엘 정부가 군대로 하여금 이집트군을 공격해서 수에즈 운하 너머로 싹 밀어 버리라고 명령했습니다.'

"그리고 지금 요르단군이 예루살렘을 공격하고 있습니다." 아나운서가 또 말했다. "요르단군이 예루살렘 고위 관료들이 살고 있는 거주지를 공격해서 점령하였으며, 도시의 여러 지역에 포병사격을 가하고 있습니다."

깜짝 놀랐다. 요르단군이 아랍군의 제2전선[51]을 형성하리라고는 결코 상상하지 못했었다. 나는 요르단군을 방어하기에 충분한 부대가 예루살렘

---

51 1967년 5월 30일 요르단의 후세인 왕은 이집트의 카이로를 방문하여 나세르와 '상호방위조약'에 서명하였다. 6월 5일, 6일 전쟁이 시작된 첫날 요르단군이 예루살렘을 공격하기 시작하자, 이스라엘군은 기다리고 있었다는 듯이 역습을 개시하여 이틀 후 예루살렘과 요르단강 서부지역인 '웨스트뱅크'를 점령해 버렸다.

에 없다는 사실을 잘 알고 있었다. 아내 달리아는 지금 친정 부모님이 있는 그곳에 가 있었다. 나는 만삭이 된 몸으로 포탄이 쏟아지는 가운데 대피호를 찾아다니고 있을 아내를 상상하였다. 전쟁이 정말로 시작되었구나 하는 생각이 들었다. 정말로 심각했다.

그때 에후드 대대장이 자기 전차에 올라타면서 나에게도 전차에 올라타라고 손짓했다.

"본네 스테이션, 여기는 본네." 부하들에게 무전을 날렸다. "우리는 시나이의 심장부를 향해서 계속 진격한다. 현재 요르단군이 에루살렘을 공격하고 있다고 하는데 그게 무슨 뜻인지 잘 알 것이다. 포탄을 장전하고 나를 후속하라. 이상."

"본네, 여기는 에후드." 대대장이 나를 불렀다. "나를 후속해서 따라오라. 이동하면서 설명해 주겠다." 에후드 대대장이 갑자기 자기의 전차를 유턴시켰다.

나는 중대를 이끌고 대대장 전차를 후속하였다. 이렇게 되고 보니 중대장 전차를 바꾸어 탈 시간이 또 없게 되었다.

"우리는 '레드(Red)'를 지원할 것이다. 지금 레드가 곤경에 처해 있다." 레드는 공수부대원들이 쓰는 적색 베레모를 가리킨다. 대대장이 무전을 계속했다. "거기에 무슨 상황이 벌어지고 있는지 자세히 모른다. 일단 카프르 샨(Kafr Shan)을 향해 이동하라. 신속하게 진지를 점령하고, 공수부대를 적으로 오인해서 공격하지 않도록 조심하라."

나는 대대장 전차를 초월한 다음, 전차 몇 대를 이끌고 이동해 나간 후 전차를 전개시켰다. 케렘 샬롬 남쪽 약 4km까지 돌파했던 라풀 대령의 공수여단이 강한 적의 저항에 부딪혀서 세이크 주에드에서 우리와 연결하는 것이 어려운 상황이 되었다. 나는 다시 카프르 샨을 지나 동쪽으로 3km 떨어진 카렘 아부 샤리프(Karem Abu Sharif)로 향했다. 이스라엘군을 적으로 오인해서 사격하거나, 또 우리 부대가 아군 포병으로부터 오폭을 받지 않게 눈을 크게 떴다. 그곳에서 적과의 교전은 별로 없었다.

얼마 후 원래 위치로 다시 복귀하라는 명령을 받았다. 부중대장 자포니와 함께 지도를 펼쳐 놓고 복귀하는 도로를 열심히 찾고 있던 중, 갑자기 뒤쪽에서 긴 총성이 들렸다. 전차에 총탄이 쏟아지면서 지도 바로 앞에 파편이 튀었다. 우리는 포탑 안으로 급하게 들어갔다. 부중대장 자포니의 전투복에서 피가 흘렀다. 나는 뒤를 돌아다보았다. 이집트군 병사들이 덤불 속에 숨어서 사격을 실시했는데, 수직으로 서 있던 전차장포탑 해치 덕분에 총알을 막을 수 있었다. 나는 뒤로 이동해서 적을 소탕했다. 자포니가 전투복을 벗어 보니 오른쪽 둔부에 총알이 빗맞았다. 탄약수 아르에(Aryeh)가 상처 부위를 소독하고 난 후, 다시 세이크 주에드로 복귀하는 도로를 찾기 시작했다.

우리는 세이크 주에드에 돌아온 다음, 고속도로를 타고 엘 아리시를 향해 남쪽으로 기동했다. 도로에 교통량이 거의 없는 편이어서 나는 주변의 풍경을 즐길 수 있었는데, 태양은 그다지 강렬하지 않았고 바람은 내 얼굴의 땀을 말려 주었다. 나는 모래 먼지로부터 눈을 보호하기 위해서 방풍안경을 썼다. 이동대형의 선두에 여단 전술지휘소 장갑차들이 이동하고 그 뒤에 에후드 대대장이 후속하고 있었다. 세이크 주에드로부터 약 8km 남쪽에 위치한 고속도로와 철로가 교차하는 지점에 이르자, 나는 여단장과 대대장을 초월하여 여단의 선두에서 기동하라는 명령을 받았다. 그때부터 내가 여단의 이동을 선도하였다. 당시 내가 조우하게 될지도 모를 적에 대한 정보를 주는 사람은 아무도 없었다. 또 내 상황판 지도에 적에 관해서 표시된 것이 아무것도 없었다.

"엘 아리시로 이동하라. 신속하게!" 에후드 대대장이 명령했다. 내가 대대장 전차를 지나서 앞으로 나갈 때 우리는 마주보며 서로 싱긋하며 웃어 주었다. 또 고로디시 여단장과 요시 벤 하난(Yossi Ben Hanan)[52] 여단 작전장교가 행운을 빌어 주는 뜻에서 엄지손가락을 치켜세웠다. 나는 적절한 위치에서 여단의 부대들을 이끌었다. 아마도 나의 전차중대가 엘 아리시에 도달하게 되는 최초의 이스라엘군 전차가 될 것이다. 아무튼 모든 것이 순조로웠다.

18시경, 해가 거의 넘어가고 있었다. 중대의 전차들이 내 뒤를 바짝 따라오고 있었다. 나의 바로 뒤에 알론 하사가 있었는데, 그는 지난 몇 시간 동안 한 번도 사격을 실시하지 않아 그동안 별로 바쁘지 않았다. 조종수 시아니는 시종일관 가속페달을 밟았고 전차는 우르릉거리면서 계속해서 앞으로 달려 나갔다.

그때 도로 우측의 덤불 속에 엎드려 있는 병사 세 명을 발견했다. 나는 포수 라피에게 공축기관총 사격을 준비하라고 지시했다. 그 병사들은 숨어 있던 곳에서 뛰쳐나오더니, 나에게 정지할 것을 요구하며 미친 듯이 손을 흔들었다. 놀랍게도 그들은 이스라엘 군인들이었다.

"조심하십시오. 앞에 이집트군 전차들이 있습니다!" 그중 한 명이 나에게 소리쳤다.

"어디에 있는가?" 내가 물었다.

그 병사는 도로의 아래쪽을 손가락으로 가리켰다. 나는 계속하여 전진하다가 도로를 막고 있는 파괴된 장갑차를 발견했다. 나는 그다지 놀라지

---

52 **요시 벤 하난:** 카할라니의 평생 전우이다. 그는 이스라엘군에서 유명한 군인이다. 6일 전쟁 시 수에즈 운하의 물속에서 AK-47 소총을 든 그의 사진이 라이프 잡지의 표지모델로 나왔다. 나중에 욤 키푸르 전쟁 시 신혼여행 중에 복귀해서 궤멸된 제188바라크 기갑여단을 재편성하여 전투에 참가하였다. 그리고 카할라니의 후임으로 제7기갑여단장 직책을 수행하였고, 나중에 국방대학 학장과 기갑사령관 등을 역임하였다.

않았다. 도로를 따라서 파괴되어 있는 이집트군 차량들을 지나쳤는데, 그들은 아군 전투기의 공격을 받은 것이 분명하였다. 그리고 자세히 살펴보니 파괴된 차량 중에는 이스라엘군의 번호판을 단 것도 있었다. 나는 조종수에게 천천히 가도록 지시하고 전차를 왼편 언덕으로 붙였다.

바로 앞에 있는 낮은 언덕 밑에 전차를 정지시킨 다음, 전차에서 내려 언덕에 올라 쌍안경으로 남쪽과 서쪽을 살펴보았다. 고약하게도 태양의 역광이 렌즈를 바로 비추는 바람에 나는 어떤 물체도 식별할 수 없었다. 나는 다시 전차로 돌아와서 포수 라피에게 포수잠망경을 통해 적 전차가 어디에 있는지 찾아보라고 지시했다.[53]

"보이는 것은 참호밖에 없는데요. 전차는 보이지 않습니다." 포수가 대답했다.

화염 속에서

어떤 경고도 없이 갑자기 나의 전차가 크게 진동을 하면서 흔들렸다. 엄청난 폭음소리를 들은 후, 나는 등을 칼로 찔린 것 같은 아픔을 느꼈다. 도대체 무슨 일인가? 나는 완전히 무력화되면서 잠시 정신을 잃었다. 그리고 다시 강한 통증을 느끼면서 전차 안에 주저앉고 말았다. 곧 그 이유를 알았다.

"적 전차에 당했다. 빨리 밖으로 나가라!" 내가 소리쳤다.

포탑 안은 화염에 휩싸이기 시작했다. 나는 손과 발을 이용해서 전차장 해치 밖으로 몸을 빼내려고 안간힘을 썼다. 힘이 모자랐다. 다시 안으로 넘어졌다. 나는 몸을 가누지 못하는 만취한 주정뱅이와 같은 상태가 되었

---

53 카할라니가 적 전차로부터 피격을 당한 지역은 '지라디 통로' 일대로 여겨진다. 이 지역은 엘 아리시 북쪽으로 약 10㎞ 떨어져 있는 모래언덕으로 형성된 애로지역으로서, 이집트군이 시나이 전선 방어작전을 실시할 때 자주 활용했던 지역이다.

다. 나는 내 자신에게 울부짖는 소리를 그만하라고 명령했다. '너는 지휘관이다. 부하들의 눈과 귀가 너에게 쏠려 있다.' 그러나 나는 더 이상 버틸 수가 없었다. 화약의 역겨운 냄새와 시커먼 연기가 포탑 안에 가득 찼고, 전차 승무원들은 마치 용광로 속에 들어 있는 것 같았다. 나는 다시 전차장 해치에 손을 뻗치면서 눈을 감았다. 이번에는 조금 더 다가갔지만 또다시 쓰러졌다. 포탑 안에서 아우성치는 소리가 났지만 나는 그 소리에 집중할 수 없었다. 나는 포탑 바닥에 쓰러졌으며 체력이 완전히 소진되었다.

이것으로 모든 것이 끝이구나 하고 중얼거렸다. 나의 인생이 이제 끝나는 것이다. 이런저런 생각이 마구 들었다. 나는 마치 깊은 물에 빠진 한 가닥 희망도 없는 사람 같았다. 혼자였다. 이제 나는 내가 사랑했던 것과 모두 이별해야 했다. 이런 생각들이 마치 영화처럼 선명하게 눈앞을 스치고 지나갔다. 아버지, 어머니, 아내 달리아, 동생 일라나, 에마누엘, 아르논, 친구들, 고향집, 그리고 이웃들….

그들 모두에게 안녕을 고하려는 순간 내 속에서 살아야겠다는 강렬한 의지가 다시 살아났다. 나는 온 힘을 다해서 모든 근육을 잡아당겼다. 전차장 해치가 머리 위 1m 거리에 있었다. 젖 먹던 힘까지 모두 내어서 전차장 의자 위에 올라섰다. 모든 힘을 끌어모으면서 소리쳤다.

"어머니, 제 몸이 불타고 있어요. 불타고 있어요. 불타고 있단 말이에요…"

나는 헬멧에 붙어 있던 무전기와 연결된 줄을 잡아당겨 끊어 버렸다. 마침내 전차장 해치 위로 몸을 빼내어 전차엔진 상판이 있는 아래쪽으로 몸을 기울였다. 그리고 전차로부터 땅바닥의 모래로 뛰어내렸다. 쓰러졌지만 가까스로 일어난 후 힘을 모아서 달리기 시작했다. 그러자 내가 마치 인간횃불처럼 되는 바람에 화염이 더욱 일어났다. 이를 알아차리고 재빨리 바닥에 엎드려서 온몸을 모래로 덮은 다음, 그 위로 머리만 빠끔하게 내밀었다. 모래는 부드럽고 포근했다. 잠시 동안 그대로 엎드려 있고 싶었다.

그러나 적 포탄들이 여기저기에 떨어지고 있었고, 중대 전차들은 이를 피하려고 우왕좌왕하고 있었다. 우리는 적의 대전차 매복에 걸려들어 함정에 빠져든 것이다.

중대 전차들 가운데 한 대가 모래에 몸을 파묻고 있는 나를 향해서 위협을 가하며 다가왔다. 포탑에 있는 전차장이 누구인지 알 수 없었다. 그 전차가 나를 깔아뭉개기 전에 나는 옆으로 몸을 굴려서 간신히 피했다. 전차들은 적의 매복을 뚫고 나가기 위해서 정신없이 이리저리 옮겨 다니고 있었다. 몇몇 전차장들이 나의 모습을 발견하고는 곤혹스러운 표정으로 바라보았다. 신고 있는 전투화를 제외하고는 거의 알몸이 되었다. 적에게 대응사격을 하는데 바쁜 전차들로부터 멀리 떨어지기 위해서 나는 몸을 일으켰다. 내가 달리기 시작했을 때 에후드 대대장 전차가 내 옆에 멈추어 섰다. 대대장이 전차장포탑 밖으로 얼굴을 내밀었다.

"카할라니, 도대체 무슨 일인가?"

나는 어쩔 수 없다는 듯이 어깨를 움츠려 보였다.

"조심하십시오. 저기에 적 전차들이 있습니다." 내가 대답했다.

그는 자식의 고통을 같이 나누고 싶은 아버지의 걱정스러운 눈길을 나에게 보냈다. 나는 대대장에게 앞으로 빨리 지나가라고 신호를 보냈다. 이곳에 내가 서 있을 자리가 없었다. 내 몸에 붙어 있던 모래 알갱이가 떨어져 나가기 시작했다. 피부 조각들이 손바닥에서 덜렁덜렁거리자 달려가면서 그것을 떼어 버렸다. 나는 부하들을 남겨 둔 채 전쟁터에서 혼자 도망치고 있는 패배자처럼 느껴졌다. 모든 부하들은 이같이 급박한 상황에서 자기의 생존을 찾는 데 바빴기 때문에 아무도 나에게 관심을 보여 줄 수 없었다. 나는 나를 후송시켜 줄 사람을 서둘러 찾아야 했다.

전차 한 대가 뒤에서 오고 있었다. 나는 인접 중대의 전차장 일란 마오즈(Ilan Maoz) 중위를 발견하고 속도를 줄이라고 요청했다. 나를 태워 달라고

　　　　　　　　　　　　　　　　　전사의 길

그에게 손짓을 했다. 전차들이 밀집되어 있는 곳에 적의 포탄들이 쏟아지기 시작했다. 그 전차가 멈추어 섰다. 나는 온 힘을 다해서 전차로 기어 올라간 후 포탑 안에 있는 탄약수 자리로 들어갔다.

"일란, 여기서 빨리 벗어나도록 해 주게." 나는 다급한 목소리로 요구했다.

"알겠습니다. 중대장님, 걱정하지 마십시오." 일란은 나를 안심시켰다. 나에게 자기 자리를 양보해 준 탄약수는 놀라서 한마디 말도 못하고 있었다. 일란이 전차를 돌리려고 하였다. 이때 전차궤도가 이탈될 것 같은 시끄러운 소리가 났다. 전차궤도를 끊어 먹지 말라고 일란에게 주의를 주었다. "조심해. 전차와 함께 꼼짝 못 하게 될 상황을 만들지 말게." 나는 여전히 주위의 모든 상황에 대해서 관심을 기울이고 있었다. 또 그 전차의 무전기 소리를 듣고 있자니 마치 아직도 내가 중대장으로서 지휘 하고 있는 것 같았다.

갑자기 내 전투화에서 불꽃이 일어났다. 탄약수가 아직도 내 몸에 붙어 있던 천 조각 몇 개를 털어 내 주었다. 불씨가 전투화를 뚫고 양말로 조금씩 타들어 가고 있었다. 탄약수가 전투화를 벗겨 주었다. 그러자 나는 완전한 알몸 상태가 되었다. 이제 내 몸에 붙어 있는 것이라고는 오직 차고 있던 손목시계 하나밖에 없었다.

일란 마오즈의 전차가 여단장 지프차 옆에 멈추어 섰다. 내가 전차로부터 내려가는 것을 마오즈 중위와 탄약수가 도와주었다. 고로디시 여단장과 참모장교들은 자신들의 눈을 도저히 믿을 수 없다는 듯이 나를 바라보았다. 그들은 아무것도 걸치지 않은 나의 알몸을 보고서 깜짝 놀랐다.

"이분을 후송시켜라. 지금 당장!" 마오즈 중위가 그곳에 있던 여단장 지프차의 운전병에게 명령했다. "카할라니 중대장님이다. 빨리 움직여!"

운전병이 나를 차에 태우고 고속도로를 따라 북쪽으로 달렸다. 운전병은 전차와 장갑차들로 꽉 막혀 있는 그 사이를 이리저리 빠져나갔다. 나는 지프차의 선탑자 좌석에 알몸으로 앉아서 밖으로 떨어지지 않도록 손잡이를 꽉 붙잡았다. 우리가 도로에 있는 전차들을 지나칠 때 전우들이 웃으면서 손을 흔들었다. 그러나 가까이 다가가자 그들은 웃음을 멈추고 손을 내리면서 놀란 눈으로 나를 쳐다보았다. 그곳의 전차들은 '지라디 통로' 지역으로 이동하기 위해 대기하고 있던 마지막 부대였다. 그 부대는 M48 패튼전차 대대였는데, 나의 친구 샬롬 엔젤 중대장과 그의 부중대장 아마치아 아틀라스(Amatzia Atlas)가 있었다. 그들은 전쟁 몇 달 전에 전역해서 민간인으로 돌아가 있었는데, 이번 전쟁은 그들을 다시 동원하게 만든 것이다. 그의 대대는 105mm 주포로 성능을 개량한 M48 패튼전차로 장비되어 있었고 우리 바 온(Uri Bar On) 중령이 지휘하고 있었다. 전쟁 후 나중에 우리 바 온 중령은 M48 패튼전차로 장비된 최초의 동원기갑여단을 창설하였다.[54]

추위와 고통 속에서 나의 손바닥에서 벗겨진 피부 조각들이 바람에 펄럭거렸다. 운전병이 일단 응급처치를 받기 위해 무사(Mussa)의 기보중대가 대기하고 있는 곳에 지프차를 세웠다. "이분에게 빨리 모르핀 주사 좀 놓아 주십시오." 나는 그가 외치는 소리를 들을 수 있었다.

전차 방호력 증가

전차는 5개의 능력을 가지고 있다. 화력(Firepower), 방호력(Armor), 기동력(Mobility), 타격력(Strike Capability), 그리고 통신(Communications)이 그것이다. 알고 있는 바와 같이 전차의 장갑은 전차의 포탄을 막아 낼 수 없다. 다시 말해서 전차포탄의 관통력 발전은 전차장갑의 방호력 발전보다 항상 한 단계 앞서고 있다. 이집트군이 보유하고 있었던 스탈린(Stalin) 전차[55]가 이를 증명해 주고 있

---

54 **우리 바 온 중령의 전차대대:** M48A2C 전차의 90mm 주포를 105mm(L7) 주포로 개량하고 엔진, 변속기, 통신장비를 바꾼 '성능개량형 M48 패튼전차'(이스라엘군 명칭: 마가크-3)를 보유하고 있었다.

다. 당시 어떤 전차의 포탄도 그 괴물을 쓰러뜨릴 수 없다고 알려져 있었다. 그러나 6일 전쟁에서 스탈린 전차도 다른 전차들처럼 전차포탄에 관통당한다는 사실이 밝혀졌다. 오늘날 우리는 전차의 방호력 체계에 새로운 전기를 맞이하였다. 주요한 발전은 어떠한 관통의 시도에도 견디어 낼 수 있는 다중복합장갑(Multi-Layer Steel)의 개발이다. 이스라엘은 이러한 관점에서 세계에서 가장 발전한 나라임에 틀림없다. 이스라엘의 메르카바(Merkava) 전차는 승무원 방호기술에서 비약적인 발전을 보여 주었다. 메르카바 전차개발을 위한 국방장관 특별보좌관인 이스라엘 탈 소장은 전차승무원을 방호할 수 있는 장갑이나 장갑합금 개발에 최선을 다해 왔다. 방호력의 증강은 세계의 모든 전차개발자들이 추구하고 있는 신성한 목표라고 할 수 있다. 이를 개발하기 위해서 수많은 전차기술자들을 동원하여 엄청난 국방예산을 소모시켜 왔다. 이러한 노력으로 전차승무원의 생존성이 크게 향상된 것으로 증명되자, 그동안 투입되었던 비용이 결코 비싼 것이 아니었음이 밝혀졌다. 내가 만일 6일 전쟁에서 우리가 나중에 개발한 메르카바 전차를 타고 전투했더라면, 도중에 화상을 입어 병원 신세를 지지 않고서도 수에즈 운하까지 도달해 전쟁을 끝냈을 것이라고 확신하고 있다.

새로운 방호력 체계를 위해 전차의 내부를 새롭게 설계해야 했다. 전차의 중량이 늘어남에 따라 더욱 강력한 엔진을 요구하게 되었다. 전차의 발전에 따라 전차의 외형도 상당히 변화했다.

---

55 스탈린 전차: 제2차 세계대전 시 소련이 개발했던 전차로서 독일 전차에 대항하기 위해 중(重)장갑을 채택하였다. 포탑의 정면장갑은 120mm이고 60°의 경사를 가지고 있어, 독일군의 타이거 전차와 팬더 전차의 주포로부터 방호가 가능했다. 소련은 1950년대에 일부 IS-2형을 성능 개량하였으며 그 후 1960~1970년대에 이집트 등에 수출했다. 6일 전쟁 전 이스라엘군은 스탈린 전차에 대해 상당한 두려움을 갖고 있었던 것으로 보인다.

메르카바 전차는 특수 저장공간에 탄약을 저장하기 때문에 전차가 불에 탄다고 해도 즉각적으로 폭발하여 승무원들이 다치지 않는다. 포탑의 내부는 파편을 최소화시킬 수 있는 불연소 물질로 코팅되어 있다. 주포의 정렬체계와 고도체계는 기계식이 아닌 전자식이기 때문에 포탑 안에서 연소하기 쉬운 윤활유의 사용을 배제하고 있다. 메르카바 전차의 포탑 외부장갑은 적 전차의 포탄이 정면과 측면에 명중되더라도 관통하지 못하고 빗나가도록 깊은 각도를 형성하고 있다. 또 전차 앞부분에 탑재된 엔진은 적 전차포탄의 탄착 부위와 포탑 승무원실 사이에 또 하나의 방호층을 형성하는 역할을 하고 있다. 그리고 전차에 후문이 달려 있다. 후문을 통해서 장비와 탄약을 적재하고, 또 이를 통해서 병사들이 탑승하며, 유사시 탈출하는 데도 용이하다. 마지막으로 전차승무원들에게 불연소 승무원복과 불연소 장갑을 지급하여 이를 항상 착용토록 한다.[56]

군이 전차승무원을 보호하기 위해서 모든 물질적 노력과 정신적 노력을 쏟아 붓고 있다는 사실을 모든 국민들이 아는 것이 중요하다. 이스라엘군 전차병들의 생존성을 향상시키기 위하여 아무리 많은 비용이 들어가도 우리는 이를 아까워하지 않는다. 우리는 다른 종류의 전투차량에도 방호력을 증가시켜 주기 위해 이 분야에서 개발한 선진기술을 적용하고 있다. 방호력을 증가시켜 줌으로써 보병, 포병, 공병, 그리고 모든 병과의 전투원들이 앞장서서 자신감을 가지

---

56 메르카바 전차: 메르카바는 히브리어로 전차(Chariot)라는 뜻인데 이스라엘이 자체개발한 전차로 유명하며, 세계의 전차발달사에 한 획을 그었다. Mk 1형(105mm 강선포)이 1979년에 야전배치되었으며 1982년 레바논 전쟁에 처음으로 실전 투입되었다. Mk 2형은 레바논 전쟁의 교훈을 살려서 일부를 보완하였다. 1990년에 Mk 3형(120mm 활강포)을 야전배치하였고, 현재는 2004년에 배치한 신형 Mk 4형을 구형 메르카바 전차들과 함께 운용하고 있다. 피격당한 전차의 화재로 심각한 화상을 입었던 카할라니의 입장에서 보면, 특히 방호력이 뛰어난 메르카바 전차의 개발에 대해 그 누구보다도 기뻐했을 것이다.

고 전투에 뛰어들게 만들 것이다.[57]

후송되다

"모르핀, 모르핀, 의무병! 의무병!"

　무사 기보중대의 병사들이 의무병을 찾으러 뛰어다녔다. 이윽고 의무
병 한 명이 나에게 달려와서 모르핀 주사를 놓아 주었다. 고통이 곧 진정되
었다. 그리고 또 이동하기 위하여 내가 편안하도록 들것에 눕힌 후 담요로
덮어 주고 지프차 뒤쪽에 실었다. 운전병은 교통이 복잡한 도로를 기민하
게 운전했다. 들것이 차체에 가끔씩 부딪치는 바람에 내가 도로로 튕겨나
가 다른 차량의 바퀴에 치일 것만 같았다. 담요 자락이 바람에 펄럭이며 나
를 계속 때리는 바람에 나는 담요와 들것을 꽉 붙잡았다. 힘이 소진되었다.
어느 순간에 더 이상 견딜 수가 없어서 운전병에게 제발 속도를 높여 달라
고 애원하다가도, 조금 후에는 도저히 참기 힘들어 제발 속도를 줄여 달라
고 부탁했다. 나는 천국과 지옥 사이를 오가면서 하나님에게 은총을 빌고
다른 사람들의 도움에 의지했다.

　우리는 드디어 상급부대에서 운용하는 전사상자 수집소[58]에 도착했다.
나는 지프차에서 즉시 내려졌다. 그것은 구원이었으며 나를 진찰하는 군의
관의 따뜻한 손길을 느낄 수 있었다.

　"그에게 모르핀을 주지 마세요." 누군가가 소리쳤다. "이미 모르핀을

57　이스라엘군이 갖고 있는 인명중시 사상은 대단하다. 현재 운용 중인 모든 종류의 전투차량을 보
면 과도하다는 생각이 들 정도로 방호력을 증강시켜 놓고 있다. 카할라니가 언급한 대로, 전투원들이
좋은 방패를 들고서 자신감 있게 전투에 뛰어들 수 있도록 만들어 주는 것이 매우 중요하다.

58　**전사상자 수집소(Casualty Collection Point):** 전투 지역에서 후송된 전사자나 부상자를 분류하
고, 치료하며, 후송시키는 일을 한다. 상황으로 보아 이곳은 사단 지원 지역에 설치한 사단 전사상자
수집소로 보인다.

맞았어요."

군의관은 의사로서 기본적인 질문에 전혀 관심이 없는 듯했다. 무슨 일이 있었는가? 어디에서 다쳤는가? 지금 기분이 어떤가? 다친 지 얼마나 됐는가? 당신 말고 누가 또 다친 사람이 있는가? 이런 것들에 대해서 아무것도 물어보지 않았다.

일반적으로 사람들은 구호소에 도착하게 되면 의료진이 응급처치를 하면서 따뜻한 관심을 보여 주기를 기대한다. 그러나 군의관들은 시간낭비를 하지 않고 바로 본론에 들어간다는 것을 알게 되었다. 그들에게는 다친 부위를 재빠르고 정확하게 찾아내어 체계적으로 치료하는 것이 우선이기 때문이다. 내 생각에 군의관들이 판단하는 중상자란 신체기능이 완전히 망가지고, 또 논리적 사고와 표현이 전혀 불가능한 환자인 것 같았다. 만일 그렇다면 나에게 보여 주는 이런 무관심은 당연하다. 어떤 경우에든 전투 간에 발생한 부상자에 대한 신속한 응급처치가 필요하다. 그러나 부상자들은 어느 정도 안정을 취하게 되면 자신의 상태에 대하여 설명을 들을 필요가 있다. 왜냐하면 그들은 자기의 운명에 대해 불안해하고 있고, 곧 죽거나 평생 장애를 입을 가능성에 대해 무척 궁금해하기 때문이다.

내가 누운 들것 외에 다른 두 명의 환자도 어떤 나무 밑에 놓여졌고 나뭇가지 위에는 모르핀 병들이 걸려 있었다. 나는 아무 말을 하지 않았지만 나의 눈은 모든 것을 보고 있었다. 나는 군의관들이 부상자들을 치료하는 속도에 매우 놀랐다. 그들은 마치 기름이 잘 칠해진 기계처럼 부상자들을 치료했다. 그들은 내가 누군지 알고 있을까? 그러한 사실이 중요한 것일까? 아마 그럴지도 모른다. 만일 내가 죽게 된다면 나의 마지막 순간에 대해 내가 사랑하는 사람들에게 꼭 전해 주었으면 했다. 나는 죽음에 대해 깊게 생각하지는 않았지만, 그럴 가능성에 대해서는 항상 마음의 준비를 하고 있었다. 나의 생각이 이리저리 흔들렸다. 몸이 천천히 굳어 가는 것을 느꼈다. 탈수 현상이 시작된 것이다.

근처에 있던 군의관 두 명이 전문적인 문제를 토의하고 있었다.

"지금 전선에서 치열한 전투가 계속되고 있어요. 많은 사상자들이 후송되고 있다는 통보를 받았습니다." 그중 한 명이 말했다.

"우리가 가진 모르핀이 충분하지 않아요. 이들을 라파 교차로에 있는 야전병원[59]으로 후송시키는 데 시간이 오래 걸리지 않습니다." 다른 군의관이 말했다.

"여기 있는 세 사람 말입니다." 그들은 들것에 누워 있는 우리 쪽을 바라보면서 말했다. "오른쪽 사람은 X이고, 왼쪽 사람도 아마 X일 것입니다. 그리고 중간의 환자는 복부와 손에 부상을 입었지만 괜찮습니다." 나는 긴장하면서 귀를 기울였다.

"그러면 누구를 먼저 구급차에 태워 보낼까요?"

"글쎄요. 조금만 더 기다려 봅시다."

도대체 X란 무슨 뜻일까? 내 왼편에 있는 사람은 머리 위에 담요를 뒤집어쓴 채 누워 있었다. 나는 그가 누구인지 알고 있었는데, 제82전차대대 부대대장인 글로버스(Globus)였다. 그리고 내 오른쪽 사람은 별명이 에치오니(Etzioni)인 여단 수색중대 주임상사 하임 라비(Haim Lavie)였다. X가 죽음을 의미한다는 것을 곧 알게 됐다. 그리고 나도 곧 X가 될 사람 가운데 한 명이었다. 나는 시신들 사이에 누워 있는 것이 여간 불편하지 않았다. 나도 죽을 가능성이 많은 심한 화상을 입은 처지였음에도 불구하고, 마치 X가 무서운 전염병인 것처럼 들리는 바람에 그들로부터 멀리 떨어지고 싶었다.

다른 의무병이 다가왔다. 그는 놀라면서 단번에 나를 알아보았다. 그

---

59 **야전병원(Field Hospital):** 라파에 위치한 의료시설로서 남부 사령부에서 설치한 군단급 야전병원으로 보인다.

는 우리 중대의 의무병인 그루시카였다.

"무슨 일이십니까? 중대장님!"

"자네가 좀 살펴주게."

"걱정하지 마십시오. 제가 꼭 옆에 있겠습니다." 그는 총탄을 맞은 손에 붕대를 감고 있었다.

어둠이 내려앉자 군의관과 대부분의 군인들이 전선을 향해서 떠났다. 이제 뒤에 남겨진 것은 몇 명의 의무병과 우리를 후송하는 구급차를 운전할 동원예비군 운전병들뿐이었다.

갑자기 근처에서 총성이 났다.

"이집트군이 공격하고 있다. 저 너머다!"

모든 사람들이 황급히 뛰었다. '저 친구들이 잘 대응해야 할 텐데'라고 혼잣말을 했다. 나는 그들이 목숨을 잃을까 걱정이 되었다.

"들판에 소산하라. 그리고 엎드려서 사격하라고!" 나는 용기를 내어서 옆에 지나가는 동원예비군 병사에게 소리를 쳤다.

"입 좀 닥쳐!" 은폐할 곳을 찾고 있던 그 병사가 소리쳤다. 그 순간 나는 내 처지와 상황을 깨달았다. 나는 다른 사람에게 어떤 도움도 줄 수 없는 중상을 입은 환자이며, 더군다나 어떠한 명령을 내릴 수 있는 지휘관은 더더욱 아니었다. 이집트군들이 있는 방향에서 처음에 산발적으로 몇 발의 총성이 난 후 이어서 신경질적인 사격소리가 또 들렸다. 이집트 군인들은 상황을 파악하고서 그 장소로부터 도망을 쳤다. 아군 병사들은 조금씩 안정을 되찾고 우리를 라파의 야전병원으로 후송시키기 위해 다시 돌아왔다.

라파 교차로 지역으로 가는 도중에 의무병 그루시카가 내 옆에 쪼그리고 앉아서 내가 눈을 감으려고 하면 다시 눈을 뜨게 만들었다.

"잠들지 마십시오. 깨어 있어야 합니다." 이렇게 말하면서 나를 꼬집었다. 나는 목이 마르지 않았지만 계속해서 물을 마시게 했다. 이동한 지 얼마 되지 않아 우리는 멈추었는데, 라파 방향에서 오던 차량 한 대가 우리 옆에 정지했기 때문이다.

"도로 상태가 어떻습니까?" 우리 운전병이 물었다.

"이 도로로 계속 가라고 하고 싶지 않군요. 중간에 이집트군들이 있습니다. 그들이 우리에게 총을 쏘았어요." 그쪽 운전병이 대답했다.

"어떻게 그곳을 통과했습니까?"

"잘 모르겠습니다. 하여튼 가속페달을 있는 대로 밟고 빠져나왔지요."

모든 것이 명백했다. 이번에 나는 어떠한 충고도 하고 싶지 않았다. 그 차량은 곧 시나이 전선 쪽을 향해 출발하였다. 우리 운전병은 도로를 살펴보면서 운전석에 앉아 잠시 의무병 그루시카와 상의하더니 차량에 시동을 걸었다.

"꽉 잡으세요." 운전병이 우리에게 소리쳤다. "자, 출발합니다!"

우리는 적의 공격을 받을 것을 예상하며 구급차를 총알같이 빠른 속도로 도로를 달렸다. 다행히 아무 일 없이 그곳을 안전하게 벗어났다. 나는 다시 눈을 감았다.

"일어나십시오. 중대장님. 거의 다 왔습니다." 그루시카가 말했다.

"잠시 자고 싶다. 지난밤 충분히 자지 못했어." 내가 말했다.

"도착했을 때 중대장님이 깨어 있었으면 합니다." 그루시카는 포기하지 않았다. 그는 나를 꼭 살리려는 목적을 가지고 끝까지 보살펴 주고 있었다.

전선에서 발생한 대부분의 사상자들은 라파 교차로 지역에 전개한 야전병원으로 후송되었다. 그 지역의 소음, 분주함, 그리고 밝은 불빛을 보았을 때 이집트군 패잔병들이 그곳을 공격하리라곤 아무도 예측하지 못했다. 교차로 근처에서 우리 여단 소속의 전차중대장 욤 토브를 만났는데, 그의 전차중대는 기보대대에 배속되어서 지라디 통로 방향으로 이동하고 있는 도중이었다. 그가 다짐했다. "자네를 부상시킨 놈들에게 내가 응분의 대가를 반드시 치러 주도록 하겠네."

헬리콥터의 시끄러운 소리에 둘러싸인 야전병원을 공수부대원들이 경계하고 있었는데, 내가 알고 있는 사람은 아무도 없었다. 군의관 한 명이 나에게 와서 팔뚝에 꽂힌 모르핀 주사기를 빼더니 다시 주사 놓을 곳을 찾았다. 손바닥을 포함해서 모든 신체 부위가 화상을 입었기 때문에 이는 간단한 문제가 아니었다. 그는 내가 전투화를 신고 있었기 때문에 발바닥에는 화상을 입지 않았다는 것을 발견했다. 그가 모르핀을 넣기 위해 발바닥 혈관을 찔렀을 때 날카로운 고통을 느꼈다. 나는 군의관이 피부에 직접 주사를 놓지 않고 작은 튜브를 통해 혈관으로 모르핀을 투여하는 사실을 나중에 알았다. 내가 아파서 큰 신음소리를 낼 때마다 군의관은 놀란 눈으로 나를 쳐다보았다. '당신은 중상을 입었잖소. 조용하게 누워서 나의 정성스러운 치료나 잘 받으시오. 당신은 반쯤 죽은 사람이요. 그 정도 따끔거리는 것에 웬 불평이 그리 많소?' 그는 내가 무척 뻔뻔스럽다고 생각하는 모양이었다.

"다 끝났습니다." 군의관이 나를 안심시키며 말했다. 처음에 왼쪽 발바닥에 주사를 시도하다가 실패해서 다시 오른쪽 발바닥에 시도하긴 했지만, 모든 것이 잘 처리되어 모르핀이 이상 없이 잘 들어갔다.

군의관이 나를 조금 어두운 방으로 옮겨 준 후, 민간 대형병원으로 후송시켜 줄 헬기를 기다리게 하였다. 부상자 사이를 돌아다니는 의무병이 내 이름을 부르더니 탈수상태를 점검하고 음료수 하나를 건네주었다. 맛이 이상했지만 그런 대로 괜찮았다. 그것은 라파 교차로 지역에 있던 UN군 기지에서 획득한 코카콜라였다. 당시 이스라엘에서는 코카콜라라는 음료수를 살 수 없었는데, 그 이유는 코카콜라 회사가 아랍권의 불매운동을 우려해서 이스라엘을 국가로 인정하지 않고 있었기 때문이었다.

전사의 길

잠시 후 내 방에 다른 들것이 들어왔는데, 거기에는 커다란 덩치의 한 흑인이 누워 있었다. 그는 이스라엘의 어린아이들도 알아들을 수 있는 아랍 욕을 내뱉고 신음소리를 내면서 침대 위를 굴러다녔다. 나는 그 이웃이 누구이며 왜 그러는지 알 수 있었다. 바로 등에 총탄이 박힌 부상당한 이집트군 장교였다.

나는 생명의 위협을 느껴서 죽은 듯 잠자고 있는 척했다. 그가 나를 공격하거나 모르핀 튜브를 뽑아 버릴지도 몰랐다. 의료진 중에 누가 한번 와 주기를 바랐지만 아무도 오지 않았다. 그래서 창밖의 하늘을 쳐다보면서 떠도는 별을 세기 시작했다. 별을 세는 것이 피곤해지자 하나님께 나를 구원해 달라고 기도하기 시작했다. 내가 어렸을 때 하나님께 약속했었던 율법을 이제부터는 더욱 잘 지키겠노라 기도했다. "하나님, 당신이 만일 저를 내려다보고 계신다면 저의 작은 소원 하나를 들어 주세요. 제발 이 병원으로부터 빨리 나갈 수 있도록 해 주세요!"

바로 그때, 내 기도를 들으셨는지 코카콜라를 주었던 의무병이 들어오더니 몸 상태가 어떤지 물어보았다. 나는 그에게 귓속말로 제발 다른 방으로 옮겨 달라고 부탁했다. 큰소리로 말할 수 없었다. 몸이 약해져서 팔다리조차 움직일 수 없었고 목소리도 잘 나오지 않았다.

"밝은 방이 있는지 장담할 수는 없는데 어디 한번 알아보죠."

얼마 뒤 그는 환하게 웃으며 돌아왔다. 나는 주위의 자동차와 트럭들의 헤드라이트가 방 안을 환하게 밝혀 주는 장소로 옮겨졌다. 그리고 조금 뒤 다른 부상자들과 함께 대형 헬기에 태워졌다. 구토를 유발하는 얼마간의 비행 끝에 헬기는 브엘세바에 있는 중앙 네게브병원[60] 잔디밭에 착륙했다.

전투 의무(Combat Medicine)

이스라엘군의 의무병과에 속하는 많은 군인들은 국가 의료계의 전 분야와 연계하고 있다. 대부분의 군의관, 간호장교, 그리고 보조 의료원들은 국가종합병원에서 수련을 받는다. 그중 일부는 군 의료기관에서 수련한다. 교육과정은 일반병사를 위한 응급처치(First Aid) 과정으로부터 군의관 교육에 이르기까지 다양하다.

의무병은 전투제대인 중대, 소대, 반에 편성되어 있다. 그들은 전투부대의 구성원으로서 전투 의무병(Combat Medics)의 역할을 수행한다. 각 전투대대에는 의무소대를 지휘하는 군의관 한 명이 보직되어 있고, 전시에 의무소대는 대대 구호소[61]를 운용한다.

대대 의무소대는 상급 의무부대로부터 지원을 받는다. 상급 의무부대는 의무대대일 수도 있으나, 일반적으로는 의무여단을 말한다. 의무여단은 각 전투여단에 의무중대를 배속시킨다. 이러한 체계를 통해서 전투대대에 대한 효과적인 의무지원이 이루어진다. 의무여단(군단급의 야전병원을 말함)을 넘어서는 치료가 요구되는 부상자들은 이스라엘 내에 있는 여러 민간 종합병원으로 보내진다.

대대 의무소대의 군의관과 의무병의 역할은 대단히 중요하다. 만일 전투원들이 부상당했을 때 주위에 그들을 도와줄 사람이 아무도 없거나 그들이 잠시라도 그러한 순간을 느끼게 된다면, 그들의 전투능력은 크게 감소될 것이다. 현대의 첨단의료기술이 아무리 발전해 있다 하더라도, 전투원들의 바로 옆에 군의관과 의무병이 함께 있다는 사실 자체가 그들로 하여금 전투에 더욱 몰입할 수 있도록 만들어 준다. 그리고 부상당한 전우를 돌보는 데 동료 전투원들

60　**중앙 네게브 병원:** 군단급 야전병원으로부터 후송된 환자들은 이스라엘의 민간 대형 종합병원으로 이송된다. 참고로 우리나라의 경우, 전시에 군단급 야전병원에서 수도통합병원이나 시설 동원된 민간 대형병원으로 후송된다.

61　**대대 구호소(Aid Station):** 대대에서 발생한 환자와 부상자를 분류하고, 치료하며, 후송하거나 복귀시키는 일을 한다.

의 시간과 노력을 불필요하게 낭비하지 않도록 해 준다. 또한 전투원들 각자에게 자신이 부상을 당했을 때에 대한 걱정을 덜어 주게 된다.

전투 시 생존에 대한 의지는 전투원들이 가지는 주요 동기 중의 하나이다. '이스라엘군의 군인들은 자기가 결코 전쟁터에 내버려지지 않는다는 것을 확신한다.'[62] 만일 부상을 당하더라도 최대한 신속하게 치료받을 수 있다는 것을 잘 알고 있다. 전투의무의 핵심인 초기단계의 신속한 응급처치는 전장에서 많은 생명을 구한다.

그리고 의무지원체계는 응급처치에서 끝나지 않는다. 응급처치 후에는 부상자를 안전한 장소로 신속하게 옮겨서 최대한 돌보아 주고 있다가 후방의 병원으로 이송시켜야 한다. 실제로 이것은 매우 복잡한 체계로서 완벽한 후송임무를 수행하기 위해서는 협동, 정확성, 그리고 최선의 조치들이 요구된다. 나는 대대장, 여단장, 그리고 사단장으로서 지휘관을 역임했고 전쟁을 치렀던 사람으로서 이에 대해서 잘 알고 있다. 나는 부대에 가지고 있던 최고 상태의 차량과 인력을 대대 의무소대에 할당해 주었다. 나의 이러한 투자에 대해서 그들은 수차례에 걸쳐서 만족스러운 보답을 해 주었다.

응급처치 교육은 이스라엘 군인들의 모든 기본훈련 과정에 포함되어 있다. '전우를 돌보아 줄 줄 모르는 군인은, 다른 전우들도 자기를 돌보아 주지 않는다는 사실을 반드시 명심하라!' 군인들에게 응급처치 요령을 확실하게 가르치는 것은 그들에게 무기사용 요령을 가르치는 것만큼이나 중요하다. 가장 이상적인 방법은 전사상자들을 의무지원체계에서 주로 처리하도록 하고, 전투원들은 자신의 전투임무에만 전념하는 것이다. 만일 전사상자를 운반하는 데 전차나

---

62 이스라엘군이 가지고 있는 확고한 군대전통이다. 'The Israeli soldier can be sure he will never abandoned on the battlefield.'

장갑차를 사용하게 되면 전선에 구멍이 생기게 되고, 이 공백이 그 전투의 운명을 좌우해 버릴 수도 있다. 마찬가지로 전사상자들을 구출하는 데 동료 병사들이 매달리게 된다면, 자신의 생명을 위험하게 만들 뿐 아니라 결국 전투력 손실로 이어져 부대의 지속적인 작전수행을 망치게 된다.

어떤 제대이든 자기 휘하의 의무부대에 특별한 관심을 가지지 않는 지휘관이 있다면, 전사상자들이 절실한 도움을 필요로 하고 있을 때 그들에게 아무런 도움을 줄 수 없다는 사실에 놀라지 말아야 할 것이다. 부상자가 전쟁터에서는 아직 목숨이 붙어 있었지만 후송체계의 부실로 인해 병원에 살아서 도착하지 못했다는 보고를 받는다면, 그 지휘관이 느끼는 고뇌는 이루 다 말할 수 없을 것이다. 반면 전쟁터에서 죽음의 문턱까지 가 있었던 군인이 사랑하는 가족의 품 안에서 회복되어 가면서 병원 잔디밭에 나와 햇볕을 쬐고 있을 때, 그를 다시 만나게 되는 지휘관은 얼마나 행복하겠는가!

병원에서

01시경, 우리가 탄 헬기가 브엘세바에 있는 중앙 네게브병원 잔디밭에 착륙했다. 헬기의 문이 열리자마자 여러 명의 사람들이 달려와서 도와주었다. 10대의 자원봉사 청소년들이 부상자 들것을 응급실로 옮기는 일에 진력을 다하고 있었다. 마치 학교 야외수업에서 게임을 하는 것같이 몇 명이서 내가 누워 있는 들것을 메고는 경주하듯이 마구 달렸다. 나는 땅에 떨어지지 않으려고 들것 손잡이를 필사적으로 부여잡았다.

나는 1962년도에 맹장수술을 받기 위해 이 병원에 잠시 입원한 적이 있었다. 지금은 전쟁 중이라 병원 입구와 연결된 넓은 중앙로비가 온통 전시 응급실로 바뀌어 있었다. 입구에서 방문자들을 반갑게 맞이하고 있던 벤-구리온(Ben-Gurion) 동상은 수십 개의 부상자 침상을 내려다보고 있고, 그 가운데를 흰 가운을 입은 의사와 간호사들이 종종걸음을 치고 있었다. 그들은 신속한 행동으로 부상자들을 헌신적으로 치료하며 돌보고 있었다.

나는 흰 시트가 깔린 침대에 눕혀졌다. 이제 안심이 되었다.

몇 분 뒤 의사가 와서 진찰을 했다. 그는 화상 부위를 살펴보고 그것의 심각성에 대해서 판단을 했다. 옆에 있는 간호사가 그의 진단을 받아 적었다. 나도 그 내용을 들을 수 있었는데, 몸의 60% 이상이 3도 화상을 입었다고 한다.

"기분이 어때요?" 의사가 내 이마에 손을 얹으면서 물었다.

"괜찮습니다." 내가 속삭이듯 대답했다.

"많이 아파요?"

"대단치 않습니다. 괜찮아요. 다른 환자를 먼저 살펴 주세요."

이 말은 내가 병원에 무사히 도착한 것만으로도 이제 만족하고 있다는 의미였다. 부상자들의 수용공간이 부족해서 산부인과 병동이 화상환자를 위한 성형외과 병동으로 용도가 바뀌었는데 나는 그곳에 있었다.

나는 모르핀 튜브와 도뇨관[63]을 몸에 부착하고, 페니실린 분말을 온몸에 뿌린 채 다른 화상환자들과 함께 누워 있었다. 나는 우리 대대가 어떻게 되었는지, 또 지라디 통로 지역을 무사히 점령하였는지 궁금했다. 그리고 나의 전차승무원들은 어떻게 되었을까? 나는 부상으로 인해서 더 이상 임무를 수행할 수 없다. 오직 나만이 부상을 입었을 뿐이고 부중대장 자포니와 나머지 중대원들은 시나이 전선에서 계속 전투하고 있을 것이라고 믿었다. 인접 A중대의 부중대장 오베드 중위가 자기 중대장 벤지 카르멜리가 부상당했을 때 중대 지휘권을 승계받은 것같이, 아마 자포니 중위도 나의 중대를 책임지고 있을 것이다. 나는 진심으로 그가 무사하기를 바랐고 중대에 더 이상의 사상자가 발생하지 않고 시나이 중심부로 들어갔으면 했다.

우리 대대인 제79전차대대의 전투 소식을 나중에 듣게 되었다. 지라디 통로 지역에 대한 공격을 선두에서 이끌고 있던 에후드 대대장이 전사하고 말았으며, 그 전차에 같이 탔던 대대작전장교 암람 미즈나도 부상을 당했다고 한다. 그래서 부대대장 하임 에레즈가 대대장 지휘권을 승계하여 전투를 이끌고 나갔으며, 엘 아리시를 향해 남쪽으로 이어지는 고속도로를 타고 기동했다고 한다. 우리 대대를 선도했던 전차중대는 우리 바 온 전차대대에서 우리 대대로 배속전환이 된 샬롬 엔젤 중대장이 이끄는 중대였는데, 전차 9대가 피격당하고 목표를 점령하지 못해 고전하였다고 한다. 이

63　**도뇨관(Catheter):** 소변줄을 말하며 방광의 질환이나 수술로 인해서 스스로 소변을 보지 못할 때, 도뇨관을 삽입하여 소변을 뽑아낸다.

　　　　　　　　　　　　　　　　　　　　　　전사의 길

때 고로디시 여단장이 다른 부대를 추가적으로 투입시켰는데, 아미르 야페(Amir Yaffe)의 전차중대가 선도하고 제9기보대대가 후속하는 공격을 실시해서 그날 야간에 그 일대의 적을 모두 소탕했다고 한다.

에후드 대대장의 부인 하바(Hava)가 딱하게 느껴졌다. 우리는 브엘세바에서 이웃에 살고 있었으며 나의 가족은 그의 집에서 늘 환대를 받았다. 어떤 때는 대대장 가족과 함께 휴가를 떠났다가 같이 돌아오기도 했었다.

또 같이 근무했던 샴마이 카플란 소령의 전사 소식도 들었다. 샴마이의 전차는 수에즈 운하로부터 30㎞ 떨어진 지점에서 이집트군 전차에 의해 피격을 당했다고 한다.

내 병실에 자주 방문했던 동료 환자는 같은 대대의 A전차중대장으로서 전투 중 머리에 총탄을 맞았던 벤지 카르멜리 소령이었다. 그는 오른쪽 눈을 실명하고 머리를 다쳐서 커다란 붕대를 감았다. 어느 날 나의 병실을 찾아와 대화하는 가운데, 전쟁 전에 부대대장 하임 에레즈로부터 강아지 선물을 받았던 사람들이 모두 전투에서 죽거나 부상당한 사실을 우연히 알게 되었다. 이게 무슨 운명의 장난인가!

벤지는 내 목을 붙잡고 울었다.

"얼마 남지 않았어. 우리가 곧 회복해서 시나이 전선으로 달려가 아랍 놈들을 모두 쓸어 버리자고."

그리고 자꾸 나에게 자기를 용서해 달라고 빌었다. 도대체 무슨 이유인지 알 수 없었다. 나중에 그의 아내 프리다(Frieda)가 내게 전해 주기를, 내 전차에다가 사격했던 사람은 바로 벤지 자신이었다고 자꾸 말한다는 것이었다. 내가 그것이 아니라고 몇 번이나 설명해 주어도 소용이 없었다. 또 어떤 사람은 내 전차가 피해를 입은 것이 이집트군의 포병사격 때문이라고 말했는데, 그것도 사실이 아니었다.

회복한 후 벤지 카르멜리는 군대에 다시 복귀하기를 원했다. 2년 후 그는 기갑학교에 전차장반 교육대장으로 임명되었다.

나와 친형제처럼 지내고 있는 전우 아담 와일러는 이번 전쟁에 참가하기 위해 영국에서 하던 공부를 그만두었다. 그는 문자 그대로 사람들을 밀쳐 내면서 이스라엘행 비행기에 다짜고짜 올라타고 날아와서 텔아비브 인근 로드(Lod) 공항에 내리자마자 곧장 시나이 전선으로 달려갔다.

엘리에저 마르쿠샤머는 신병훈련을 같이 받고 소대장을 같이 했으며 전역할 때까지 나와 가까운 친구였는데, 이번에 동원되어 전쟁터로 나가 아내 누리트(Nurit)와 어린 딸을 남기고 시나이 사막에서 쓰러져 버리고 말았다.

우리 바 온 전차대대에서 중대장 직책을 수행하던 친구 암논 길리아디도 전투를 이끌다가 전사했다. 수년 동안 암논 길리아디와 샬롬 엔젤은 나와 방을 같이 썼던 친한 동기생들이었다. 암논이 전사한 후 그의 형 기데온(Gideon)이 군에 재입대하여 동생이 밟던 길을 따르기 위해 기갑부대에 배치를 원했다. 나중에 기데온 길리아디도 욤키푸르 전쟁 중에 전차에서 전사하고 말았는데, 사후에 그는 이스라엘군 최고 무공훈장을 받았다.

절친한 친구 샬롬 엔젤은 그가 살던 라마트 하코베시(Ramat Hakovesh) 키부츠에서의 민간인 생활을 청산하고 직업군인의 길을 다시 걷기 시작했다. 나중에 욤키푸르 전쟁이 끝나 갈 무렵에 나는 그의 전사 소식을 듣게 되었다. 그는 전장으로 오던 도중에 전사했다. 청천벽력과도 같은 소식이었다.

병원에 입원한 지 이틀이 지나 나는 간호사에게 집에 안부를 전해 달라는 엽서를 부탁했다. 여동생 일라나가 얼마 전 남부사령부 예하 의무부대에서 전역했는데, 이 병원의 군사 우편번호를 확인하고 이번에 소집된 동원부대에서 휴가를 내어 병원으로 급히 달려왔다. 동생은 나를 보자 무척 기뻐했는데 나도 동생을 보니 기운이 부쩍 났다.

전사의 길

아버지가 다음 날 찾아오셨다.

"많이 다쳤구나. 그렇지?"

나는 무척 죄송스러웠다.

"좀 어떠냐?" 아버지가 목메인 소리로 물었다.

"괜찮습니다. 그런데 어머니도 알고 계세요?"

"아니다. 나는 지금 집에서 오는 길이 아니란다."

나는 굳세고 강하신 아버지가 처음으로 눈물을 흘리시는 것을 보았다. 눈물이 뺨을 타고 흘러내리자 뒤돌아서 병실을 나가셨다.

몇 년 후 아버지가 말씀하시길, 당시 병실에 들어오기 전에 성형외과 과장 어윈 카플란(Irwin Kaplan) 박사를 먼저 만났다고 했다. 카플란 박사는 6일 전쟁 시 많은 생명을 구했던 실력 있는 외과의사로서 남아프리카 출신인데도 이스라엘 원어민처럼 유창하게 히브리말을 했다. 그는 최고의 외과의사일뿐 아니라 훌륭한 영혼의 소유자였다. 그는 어떤 환자라도 무시하지 않고 존중했으며 그들에게 안정감과 자신감을 불어넣어 주며 밤낮으로 병실을 돌아다녔다. 그는 우리에게 거짓말을 하거나 우리를 바보로 만들지 않았다. 항상 다음 단계의 치료와 다음 검사항목을 자세하게 설명해 주었다. 수술하기 전에 어떻게 수술할 것인지, 어디의 피부를 떼어서 어디에 어떤 식으로 이식할 것인지 과학적으로 자세하게 설명해 주었다. 우리는 누구나 예외 없이 그를 좋아하였다.

"별로 희망이 없습니다." 그때 카플란 박사가 아버지에게 이렇게 말했던 것이다. "아들이 회복한다면 정말로 기적일 것입니다."

이런 말을 먼저 들었던 아버지가 병실에 들어왔었고, 나는 그 사실을 모르고 있었다.

며칠 후 아내 달리아가 예루살렘에서 왔다. 아내는 내가 손에 조그만 화상만 입었을 뿐이라고 들었다고 한다. 나를 보았을 때 그녀가 느꼈을 충격이란…. 아내는 울음을 터트렸다. 나도 눈물을 흘리고 말았다. 우리의 첫 아기를 임신하고 있었던 달리아의 가냘픈 몸이 더욱 힘이 없어 보였다. 그녀는 어떻게 해서든 나를 도와주려 했지만 그것은 불가능한 일이었다.

그 다음 병원에 온 사람은 어머니와 남동생들이었다. 어머니는 몹시 심란한 표정으로 내 침대 옆에 조용히 앉으시더니 담요로 덮여 있지 않은 내 몸 구석구석을 힘없이 살펴보셨다. 어머니는 혹시라도 당신 때문에 내가 더 다치게 되지 않을까 조심하고 계셨다.

무척 다양하고 복잡한 치료를 받는 것이 나의 병원 일과였다. 카플란 박사의 지시로 작은 소금 주머니들이 있는 따뜻한 욕조의 물에 매일 몸을 담갔다. 이런 치료를 위해서 남녀 간호사 8명이 필요했다. 한쪽에 4명씩 있다가 나를 종이처럼 가볍게 들어 물에 담갔다. 한번 들어가서 20분이 지나면 2단계의 치료가 시작된다. 이 치료의 목적은 화상 부위에 달라붙은 얇은 천 조각들을 떼어 내는 것이다. 이것은 정말 지옥 같았다. 나는 사람들을 모두 방에서 나가게 한 후 수건을 입에 꽉 물고 한 손으로 세게 떼어 내었다. 가끔씩은 천 조각이 잘 떨어지지 않았다. 강철같이 굳센 전차부대 지휘관이 이따위 조그만 천 조각들과 싸우고나 있다니? 그리고 3단계에서는 화상 부위에 크림을 바르고 다시 한번 욕조에 들어간다. 모든 것이 다시 불에 타는 것 같았다. 온몸이 화끈거렸다. 간호사들이 나의 고통을 감소시켜 주기 위해서 선풍기를 틀어 주었다. 얼마 후부터는 욕조에 들어가기 전에 진통제를 먹기 시작하였다.

병실에 가끔 새로운 룸메이트가 들어오고, 또 이전에 있었던 환자들이 다른 곳으로 갔다. 그들이 어디로 갔는지 궁금했는데, 나중에 들어 보니 그들은 모두 사망했다고 한다.

입원한 지 얼마 되지 않은 어느 날, 내 침대 옆에 처음 보는 사람이 들어왔다. 그는 얼굴에 심한 화상을 입었고 머리에 붕대를 감고 있어 누군지 알 수 없었다.

"안녕하십니까?" 그가 불쑥 내게 말을 걸었다.

"예… 안녕하세요." 나는 약간 주저하면서 대답했다.

"몸은 어떠십니까?"

"괜찮아요… 혹시 누구시죠." 약간 당황해서 물었다.

"라피입니다."

"라피, 누구라고요?" 나는 다시 물었다.

"라피 베르테레, 중대장님 전차의 포수 말입니다!"

숨이 탁 막혔다. 내가 전에 알고 있었던 라피가 아니라 흉측한 모습을 하고 있는 중환자였다.

"아, 라피…, 그래 어떻게 지냈나? 미안하다. 내가 몸이 불편해서 자네를 미처 알아보지 못했네." 더 이상 할 말이 없었다. 충격이었다.

내 전차가 피격당할 때 다른 전차승무원들은 어떻게 되었는지 물어보았는데, 그는 애매하게 대답하고는 곧 피해 버렸다. 그렇지만 부중대장 자포니가 지금 중대장으로서 부하들을 잘 이끌고 있겠지 하고 믿고 있는 것이 차라리 마음 편했다. 가끔 나의 중대나 대대에서 문병 온 군인들에게 더 자세하게 물어보았다.

"부중대장 자포니가 어떻게 되었나?" 이렇게 물었다. "왜 나에게 병문안 오지 않는 거지?"

그들의 대답은 항상 같았다. "자포니는 지금 시나이 전선에서 비상대기 중입니다", "그는 자기 집에도 휴가 한번 못 갔답니다." 그리고 결정적인 대답은 이랬다. "휴가 나오면 병원에 한번 찾아온답니다."

부상당한 라피를 보면서 나는 불안한 생각이 들기 시작했다. 문병객이

나 같은 병실 환자들이 날 위로했지만 나 혼자 있을 때는 불안한 생각이 나를 엄습했다. 내 중대의 운명에 대해서 여전히 의문이 남아 있었다.

마치 어제 같은 일 같지만 한 달이 훌쩍 지나자, 매일 목욕한 후 화상 부위를 소독하고, 말리고, 닦아 내는 복잡한 작업에서 벗어났다. 그날은 별로 고통이 없었다. 나는 샤워하러 들어가기 전에 옵탈진(Optalgin)이라는 쓴 진통제 알약을 먹었는데 놀랍게도 약효가 아주 빨랐다.

내가 부중대장일 때 나의 중대장이었던 요엘 고로디시가 문병 와서 샤워실 밖에서 나를 기다리고 있었다. 처음에는 그동안 어떻게 지냈냐는 형식적인 질문을 주고받았다. 그리고……

"아비, 좋지 않은 소식이 있네."

침묵이 흘렀다. 나는 굳은 표정으로 그를 쳐다보았다. 그는 탈출구를 찾고 있었다.

"자포니가 전사했다네."

나의 얼굴이 갑자기 붉어졌다.

"언제 말입니까?" 하고 놀라서 물었다. 만일 그가 전사했다면 아마도 전쟁 막바지 무렵 시나이 전선 어느 깊숙한 곳에서 전사했으리라 생각했다.

"자포니는 자네가 전차에서 화상을 입던 그날 바로 전사했어."

눈물이 홍수처럼 쏟아지면서 숨이 턱 막혔다. 내가 안정을 되찾고 나니 요엘은 자포니도 그때 나와 같이 심한 화상을 입었다고 말했다. 당시 주변 사람들은 그가 곧바로 전차에서 뛰어내렸기 때문에 당연히 살아날 것으로 생각했고, 오히려 내가 죽게 될 줄 알았다고 했다. 안타깝게도 그는 몇 시간 후에 숨을 거두고 말았다고 한다.

그리고 나머지 전차승무원들의 생사를 물었다. 탄약수였던 레온 로스만시(Leon Rothmansch)도 전차에서 빠져나오지 못했다고 한다. 조종수 시아니만이 무사하게 탈출했다는 것이다.

나는 영혼이 쪼개지는 것 같았다. 그날 이후로 나는 그와 더욱 가까워졌다. 그 당시 요엘도 전투에서 부상을 당해 병원에서 지속적인 통원 치료를 받았는데, 종종 자기 부대를 비우고 병가를 내어야 했다. 안쓰러운 마음에서 나는 그가 병원에 오는 날이면 그의 일을 도와주기도 했다.

성형외과 병동으로 용도가 바뀐 산부인과 병동에서 얼마간의 시간을 보냈는데 새로 들어오는 많은 환자들로 인해서 그곳의 공간도 부족해졌다. '스테이크 소대(Steak Platoon)'라고 불리고 있던 우리 화상 환자들은 크고 새로운 성형외과 전용의 병원 건물로 옮겨졌다.

어느 날 밤은 고통이 무척 심했다. 당직 의사가 나를 진찰했지만 그 원인을 알 수 없어 다른 동료 의사를 불러서 상의하였다. 의사 두 명이 내 눈을 들여다보며 뱃속에서 들려오는 소리에 귀를 기울였다.

그들은 숨기려 했지만 그들의 눈에서 불안감을 읽을 수 있었다. 그들은 내게서 좀 떨어져 있었지만 입놀림이나 손짓으로 보아 무슨 대화를 하고 있는지 알 수 있었다.

"간염인데요. 틀림없어요."

"저 환자가 언제 이 병에 걸렸나요?"

"잘 모르겠어요. 저는 불과 한 시간 전에 여기 왔어요."

"저 환자가 이 병을 오래 앓고 있었는데 이게 잘못될 수도 있습니다."

나는 억지로 침묵을 지켰다. 부상자라고 해서 생각할 수 있는 능력까지 다친 것은 아니다. 환자가 머리를 다쳐 정신이 없어진 경우가 아닌 한, 그는 주위 사람들이 무심코 내뱉는 말이나 사소한 행동까지 모두 알아차린다. 우리는 간호사들에게 우리가 부상자이지 병자가 아니라는 사실을 끊임없이 일깨워 주면서, 이에 상응한 처우를 해 줄 것을 요구하였다.

나는 상당 기간 40도의 고열에 시달렸다. 가끔 환각을 일으켜 환상을 생생하게 볼 때도 있었다. 달리아가 병문안을 왔다 간 후 어느 날 밤, 어떤 사람이 나의 병실에 들어와 아내가 산부인과 병동에 들어가서 방금 아들을 출산했다고 말해 주었다. 이 말을 들은 나는 이탈리아 출신으로 히브리말이 서툴고 화를 잘 내는 당직 간호사 아다(Ada)를 부르기 위해서 벨을 눌렀다. 그녀는 지금 새벽 2시라고 말하면서 이 시간에 아무도 산부인과 병동에 들어가지 않는다고 대답해 주었다.

"그럴 리가 없어요. 그 사람이 방금 나에게 말해 주고 나갔다고요! 산부인과 병동에다 확인 좀 해 주시겠어요?"

"아비, 열이 대단히 높군요. 이해해요. 그리고 여기에 아무도 왔다 간 적이 없어요." 평소보다 더욱 강한 이탈리아 악센트를 내면서 대답했다.

"혹시 그 사람을 보지 못했을 수도 있지 않습니까? 여기에 분명히 누군가가 왔었다고요. 제발 산부인과 병동에 연락 좀 해 주세요."

"안 돼요. 그 사람들이 날 보고 비웃을 거예요."

"그렇다면 내가 직접 전화하겠소!"

나는 남의 도움이 없이는 한 발자국도 침대 밖으로 걸어 나갈 수 없었다. 나는 화가 나서 덮고 있던 담요를 휙 집어 던졌다. 내 침대의 철제 구조물에 담요가 천막처럼 걸쳐졌다.

"당신은 정말 미쳤어요!" 그녀는 당황하면서 이스라엘 여인들이 흔히 쓰는 말투로 소리를 질렀다. 그리고는 곧 항복했다. "알겠습니다. 알았어요. 전화해 볼게요." 그녀는 병실 밖으로 나가더니 잠시 후 숨을 헐떡거리면서 다시 돌아왔다. 당연히 산부인과 병동의 어느 곳에도 아내가 있을 리 만무하였다.

나는 전쟁 도중에 전우들과 헤어져 그들과 함께 전쟁을 끝내지 못했다는 미안한 마음을 늘 가지고 있었는데, 가끔은 전차중대장으로서 전투를 이끌고 있는 환상도 일으켰다. 부상을 당했다는 잠재의식 때문에 나는 부하들의 도움을 받아 전차에 올라탔다. 부하들이 나를 스폰지로 감싸서 의자에 끈으로 붙들어 매어 주었는데, 나는 거기에서 사격 스위치를 누르고 무전도 하였다. 열이 다시 내리자 병실의 동료들은 내가 마치 전쟁터에서 전투를 지휘하는 사람 같았다고 말했다. 마치 중대 부하들에게 명령하고 지시하는 것처럼….

만삭이 된 아내와 함께 여동생 일라나가 나의 병수발을 도맡았다. 통상 간호사들이 하는 일이었지만 그들은 밤낮으로 나를 돌보아 주었다. 그들은 화장실에 데려다 주고, 먹기 싫지만 억지로 음식을 먹여 주며, 내 상처를 돌보아 주었다. 계란과 커피는 정말로 먹기 싫었다. 눈에 띄는 미인이던 여동생은 방문객들의 시선을 끌어 모았는데, 때로는 그들이 나를 보러 온 것인지 아니면 동생을 보러 온 것인지 분간하기 어려울 때도 있었다.

　대부분의 문병객들은 시나이 전선에서 집으로 휴가 가는 도중에 잠깐 들른 군인들이었다. 피곤했지만 내가 잠잘 수 있도록 제발 나가 달라고 부탁하지 않았고, 그들이 떠나갈 때까지 좋은 친구가 되어 주려고 노력했다. 가장 잊을 수 없는 방문은 친한 친구이자 전우인 아담 와일러와의 재회였다. 우리는 오랫동안 서로의 얼굴을 쳐다보며 이야기꽃을 피웠다. 아담은 시나이 전선에서 막 오는 바람에 군복에 흙먼지가 잔뜩 끼었고 그의 턱수염이 수북했다. 내가 그에게 집에 빨리 가 보라고 병실 밖으로 억지로 떠밀어 낼 때까지 그는 도무지 갈 생각을 하지 않았다.

　다양한 문병객들이 찾아왔다. 어떤 사람은 병실 앞에 서서 카할라니 대위를 찾는다면서 나를 알아보지 못한 채, 병실 내 다른 환자들을 두루 살펴보고 실망한 다음 사과한 후 다른 병실로 갔다. 또 어떤 사람은 우리를 보자 속이 메스꺼운 듯 곧장 테라스로 나가서 시원한 공기를 맡았다. 전쟁이 일어나기 몇 달 전에 나의 부중대장을 지냈던 츠비카 스턴(Tzvika Stern)도 방문했다. 내가 침대에서 몸을 일으켜 스프를 마시고 대화를 나누려 할 때, 갑자기 그의 눈이 휘둥그레지고 놀라더니 나에게 쓰러졌다. 다행히 스프는 엎질러지지 않았다. 그는 나중에 예루살렘의 스코푸스(Scopus)산에 있는 하다사(Hadassah) 병원의 선임 내과의사 겸 원장이 되었다.

어떤 방문객들은 이 기회를 이용해 서로 격렬한 시국 논쟁을 벌였는데, 그때 나는 단순한 참관자로 그들의 이야기를 들어 주기만 하였다. 또 어떤 사람은 나를 보고 당황해서 한마디 말도 못하는 바람에 오히려 내가 그를 격려해 주었다. 가끔은 환자와 방문객의 역할이 바뀔 때도 있었는데, 그는 자신이 전투에서 입었던 경미한 부상을 기적적으로 회복한 경험을 장황하게 늘어놓았다. 이를 모두 들어 준 다음 나는 이렇게 되물었다. "그래서 요즘은 상처 부위가 괜찮아요?"

자기의 인생가방에 이런저런 경험담을 잔뜩 집어넣으려고 이 병실 저 병실의 부상자들을 기웃거리며 돌아다니는 호기심 많은 영혼의 소유자도 있었다. 가장 즐거웠던 일은 부상자들을 위문하기 위해 예쁜 꽃을 들고 찾아온 어린아이들을 보는 것이었다. 그 아이들은 순진하고 진지하였으며 감동을 주었다. 그들은 우리를 무관심하게 내버려 두지 않았다.

방문객 중 어떤 사람은 나름대로 화상 입은 환자들의 끔찍한 종말에 대해서 알고 있었다. 그들은 이렇게 말했다. "우리는 당신의 상태에 대해서 잘 알고 있어요. 그러나 당신은 워낙 강하신 분이기 때문에 꼭 이겨 내고 회복하실 겁니다." 이 상황에서 그런 말은 어쩌면 어리석은 충고일지도 모른다. 이와는 반대로 나는 나의 건강에 대해 진심 어린 관심을 표명하는 방문객을 좋아했다. 어떤 사람은 장난 삼아 팔꿈치로 환자 옆구리를 쿡쿡 찔러 통증을 유발하기도 했다.

나의 이야기를 잘 경청해 주는 사람이 왔을 때는 진통제 옵탈진 10알을 먹는 것보다 더 좋았다. 내가 부상당한 순간을 그에게 자세하게 설명함으로써 나의 스트레스가 줄어들었을 뿐 아니라, 아무런 경고 없이 수면 위로 올라와 터져 버릴지도 모를 억눌린 침전물이 계속 쌓이는 것을 막아 주었다. 나는 고열로 환각에 시달린 적은 있지만, 잠을 자면서 사고 당시의 악몽을 꾼 적은 없었다. 나는 그때 무슨 일이 일어났었는지 잘 알고 있었고, 또 이 모든 것을 감수할 준비가 되어 있었다.

나는 인생의 초반부에 엄청난 시련을 당했다고 생각했다. 따라서 인내가 최선의 방법임을 나 자신에게 계속 타일렀다. 참을 수 없는 지경에 도달했을 때도 결코 굴복하지 않았다. 그것은 일반적으로 모든 사람들이 겪을 수 있는 일이 아니었으며, 나에게 특별히 왔었던 독특한 경험이었다. 그것은 나의 삶에 대한 일종의 시험이었다. 그렇게 큰 시련을 겪고도 어떻게 아직도 잘 버티어 내고 있을까 생각하니 신기하기도 했다.

나 스스로 어기지 않겠다는 하나의 규칙을 세웠다. 즉 내 주위 사람들에게 불필요한 고통을 넘겨주지 않고, 나 스스로 이 모든 난관을 헤쳐 나가겠다는 것이었다. 나는 남몰래 조용하게 고통을 참아 내기로 결심했다. 나는 사소한 문제로 간호사를 굳이 부르지 않았다. 이곳의 모든 간호사들도 과로에 시달리고 있기 때문에 그들을 더 이상 괴롭히지 않으려고 애를 썼다. 그러나 가끔은 극심한 고통과 절망감으로 인해 눈물을 흘리지 않을 수 없었다. 나는 담요 밑에 머리를 처박고 눈물을 흘렸다. 눈물이 마르고 마음이 후련해진 다음 담요를 옆으로 치웠다.

밤 동안은 무엇보다 참을 수 없는 고통의 시간이었다. 때로는 잠이 오지 않아 어둠 속에 멍하니 앉아 있었다. 책을 읽거나 다른 사람과 대화를 할 수도 없었다. 몇 시간 동안 계속해서 꼼짝하지 않고 멍하게 천장을 쳐다보면 별의별 생각이 다 들었다. 밤은 나에게 무엇에 대해서 생각을 해 볼 수 있는 무제한의 시간을 주었다. 나는 병원이라는 환경에서 고유하게 들려오는 야간의 소리에 귀를 기울였다. 간호사와 환자들이 나누는 단편적인 대화들, 나처럼 잠들 수 없는 사람들이 물을 달라고 요청하는 소리, 그리고 복도 안에 가끔씩 울려 퍼지는 고통의 신음소리들….

환자들은 가끔씩 휠체어를 타고 병동을 돌아다니며 서로를 방문했다. 이러한 상호 방문을 통해서 환자들 사이에 유대감이 강화되었는데, 때로는 특별하고 끔찍한 우스꽝스러운 상황이 연출되기도 했다. 그것은 전쟁의 부상자들만이 이해할 수 있는 잔혹한 종류의 유머였다. 그들은 자기의 몸을 희생시켜서 자신을 광대로 만들곤 했다.

"나는 이제 손가락한테 행진하라는 명령을 내릴 수 없어." 손가락을 잃어버린 사람이 히죽거리며 웃었다.

"내 다리가 어디에 있냐고?" 다리절단 수술을 받은 환자의 농담이다. "전쟁터에서 그놈을 갖고 오는 것을 깜빡했지 뭐야. 괜찮아, 이제부터 달리기 선수 같은 것은 안 할 거야!"

하루는 야코브(Yaakov)라고 불리는 다리절단 환자가 의족을 착용한 후 파자마 바지 밑으로 의족을 끈으로 단단히 묶은 다음, 밖에서 보이지 않도록 손으로 끈을 꼭 잡았다. 그리고는 침대에 올라가 누워서 견습간호사가 들어오기를 기다렸다.

"의족 벗는 것을 좀 도와줄래요." 우리가 모두 쳐다보고 있을 때 그가 말했다. "한 번에 다리 하나씩 당겨 주세요. 괜찮아요."

견습간호사가 그를 도와주기 시작했다. 그녀가 의족을 빼려고 잡아당길 때 그는 고약한 신음소리를 내고, 또 안도의 숨을 내쉬기도 했다. 완벽한 연극이었다.

"더 세게 잡아당겨요!" 그가 다그쳤다. 간호사가 이 말을 따르자마자 야코브는 잡고 있던 끈을 갑자기 놓았다. 그러자 그녀는 의족을 껴안고 뒤로 벌러덩 나자빠졌다. 완벽하게 속인 것이다. 그녀는 놀라서 신경질을 내며 웃다가 또 울다가 하면서 방을 뛰쳐나갔다. 그녀의 외침 소리가 복도 안에 울려 퍼졌다. 우리는 모두 깔깔대고 웃느라고 정신이 없었다.

어느 날 저녁에 우리는 영화를 보고 있었다. 다리절단 수술을 받은 어떤 환자가 목발을 휘저으면서 소리를 질러 댔다. "내 발에 올라탄 이 파리 녀석을 꼭 죽여 버리고 말거야!" 목발을 휘둘렀다. 쿵하고 세게 내려치자 마침 옆에 앉아 있었던 어떤 노부인의 얼굴이 사색으로 변해 버렸다.

가장 힘들었던 것은 얼굴 부위 화상의 치료였다. 이런 화상을 당한 사람을 똑바로 쳐다보는 것조차 힘들다. 사실은 거의 불가능하다. 우리만이 추함의 아름다움(The Beauty of The Ugliness)을 볼 수 있었는데, "보기가 훨씬 더 좋아졌어요!"라고 환자에게 듣기 좋은 말로 최근의 얼굴수술 결과를 평가해 주었다. 의사나 간호사들도 당연히 같은 말로 용기를 북돋아 주었지만 말이다.

남아프리카에서 온 물리치료사 자네트(Jeanette)는 기회가 있을 때마다 환자들의 사기를 올려 주고 우리의 재활능력을 향상시켜 주려고 노력했다. 넉살 좋게도 그녀는 어떤 환자에게 그의 손으로 자신의 젖가슴을 느껴 볼 수 있는 아량을 베풀어 주기도 하였다. 그녀를 포함해 병원의 사람들은 걷기나 역기 들기 시합을 열고 상품을 걸어 놓아서 우리는 서로 경쟁심을 가지고 열심을 내었다.

우리는 예술 공예품을 만드는 기회도 가질 수 있었다. 우리가 전역했을 때 필요한 직업훈련을 시켜 주는 동시에 치료도 겸한 것이었다. 나는 귀걸이, 목걸이, 구리 장식품 등을 만들 수 있는 공예 전문가가 되었다. 병문안을 오는 사람들은 자기 아내에게 선물할 귀걸이나 자기 집의 장식에 필요한 구리 공예품을 나에게서 주문했다. 나는 조그만 전시회까지 열었는데, 그 일을 자랑스럽게 여겼다. 전역 후에 필요한 직업 재훈련을 받고 있는 셈이었지만, 나는 고민 끝에 전역을 일단 보류하기로 결정했다.

고난의 시간이었다. 나는 12회의 성형수술을 받았다. 손상당하지 않은 피부를 떼어 내어 3도 화상을 입은 자리로 이식하는 수술을 받았다. 의료진의 표현에 의하면 '과일 껍질 벗기는 도구(Vegetable Peeler)'를 이용해 양손의 건강한 피부를 얇은 우표 모양의 조각으로 잘라 내어 화상 부위에 조금씩 붙였다. 이것이 붙을 때 피부가 약간 팽팽해져 새살을 만들게 되고 이어서 상처 부위를 둘러싸게 된다. 피부를 이식한 자리에 붕대를 풀기까지 약 일주일이 소요되었다. 이 기간은 긴장과 걱정의 연속이었다. '우표'처럼 붙인 피부들이 잘 아물 것인지, 혹 거부반응이 일어나는 것이 아닌지? 신기하게도 수술 부위는 아프지 않았는데, 정작 아픈 곳은 피부를 떼어 낸 자리였다. 극심한 통증이 계속되었는데 상처가 아물고 한참 후에야 그 통증이 사라졌다.

가장 참기 어려운 것은 등 쪽의 수술이었다. 등 부위에 수술을 받은 다음, 나는 배를 바닥에 깔고 한동안 계속 엎드려 있어야 했는데, 정말 고통스럽고 거북한 자세였다. 여러 주일 동안 나는 배와 등이 뒤집힌 상태로 생활해야 했다. 이런 모습까지 하면서 자신의 생명을 구할 수밖에 없다는 생각에 소름이 끼쳤다.

그때 나는 몸에서 고약한 냄새를 맡았다.

"몸이 썩어 가고 있어요!" 의사에게 소리쳤다.

실제로 생선 썩는 냄새가 풍겼다. 도저히 참을 수 없을 지경이었다. 방 안에 뿌린 방향제조차도 코를 찌르는 악취를 완화시켜 주지 못했다.

침대에서 수술실로 오가는 여행이 나의 일상사가 되었다. 수술이 거듭될수록 나는 점점 더 평온을 되찾아 갔다. 한편 주위 환경에 대해 무관심하게 만들어 주는 마취제를 좋아하게 되었다. 나는 마약을 복용해 본 적이 없었지만, 듣기로는 수술 마취제가 마약중독과 같은 경험을 준다고 했다. 수

전사의 길

술한 다음 마취에서 깨어나면 피부를 떼어 낸 자리와 이식한 자리를 서둘러 만져 보고는 정말로 수술을 했구나 하고 생각했다. 의사인 카플란은 수술할 때마다 내 몸을 정성스럽게 깨끗이 닦아 주었다.

가장 큰 문제는 수술 부위가 아물어 갈 때 피부가 오그라드는 것이었다. 그것 때문에 손과 발의 관절운동이 둔해져서 물리치료를 통해서도 극복할 수 없는 경우가 가끔 발생한다. 우리 가운데 많은 환자들이 그 과정에서 손발의 정상적 기능을 잃어버리고 말았다. 나는 특히 손가락 두 개와 왼쪽 발이 불편했는데, 관절이 너무 오므라들어 곧게 펼 수 없었다. 나는 팽팽해진 피부를 제거하고 교체할 때까지 오리걸음으로 걸어야 했다. 새살이 돋아날 때마다 가렵고 물집이 생겼다. 나는 원숭이처럼 두 팔을 뻗어서 등의 양쪽을 긁어 대었다. 도저히 참을 수가 없었다.

나는 두 발로 다시 서게 된 첫 순간을 결코 잊을 수 없다. 거대한 양의 혈액이 아래로부터 위로 솟구쳐 올라오는 것을 느꼈다. 현기증을 참아 내려고 애를 썼음에도 불구하고 눈앞이 캄캄해지더니 침대 위에 푹 쓰러지고 말았다.

세상을 살다 보면 다치거나 아플 수가 있다. 그래서 어쩔 수 없이 병원 신세를 지게 되는데, 입원하고 있는 동안 자기만의 악몽을 한두 개씩 가지게 된다. 나의 경우는 소변을 보기 위해 차고 있었던 도뇨관의 악몽이었는데, 세상 모든 것 중에서 그것이 가장 싫고 두려웠다. 나는 도뇨관을 벗어 버리기 위해 며칠 동안 카플란 박사를 졸라 대었다. 그래서 도뇨관으로부터 마침내 해방되었는데, 불과 몇 시간 후 다시 달아 달라고 애원할 수밖에 없었다. 왜냐하면 도뇨관 없이는 소변을 볼 수 없었기 때문이다. 도뇨관을 떼고 나서 의료진은 나의 원활한 소변에 도움을 주기 위해 수도꼭지를 틀어 물소리를 들려주었지만 아무런 효과가 없었다. 또 친구들과 푸른 들판에 나란히 서서 소변을 보았던 옛 추억을 떠올렸지만 이것도 소용이 없었다. 심지어 내가 아는 '물뿌리개(Sprinkler)'라는 우스꽝스러운 노래도 불렀지만 전혀 도움이 되지 않았다. 너무나 간단하고 자연스러운 현상인 소변조차 마음대로 볼 수 없는 이 지경에 이르렀단 말인가? 결국 간호사가 도뇨관을 다시 가져왔고 이에 따른 고통도 또다시 찾아왔다. 오랜 시간이 흐른 다음에야 도뇨관을 제거하였다. 이번에는 나의 기도 때문인지, 아니면 그 소름끼치는 물건을 다시 꿰어 차는 것에 대한 두려움 때문에 그랬는지 큰 문제 없이 잘 지나갔다. 이로써 삶에서 아름답고 자연스러운 배설의 상쾌한 순간을 다시 맞이하게 되었다.

또 다른 악몽은 환자용 침대변기 사용에 관한 것이었다. 부상자나 환자들은 마음의 준비를 하고 이 문제에도 잘 대처할 필요가 있다. 처음에 나 스스로 침대에서 소변을 보는 경험을 부정하려고 애썼는데, 내가 무쇠같이 완고한 고집을 가지고 있었기 때문이었다. 우리는 자연의 순리에 따라야 하는데 아무리 단단한 무쇠라고 할지라도 압력을 많이 받게 되면 결국 터지게 되어 있다.

나의 첫아들 드로르가 브엘세바 병원에서 태어났다. 브엘세바의 군인복지회에서 주관하는 할례의식이 안식일 날 병원 안에서 열렸다. 기갑사령관 이스라엘 탈 소장이 행사를 축하해 주기 위해 나의 병실로 찾아왔다. 이날 처음으로 휠체어를 타게 되었는데 무척이나 기쁘고 상기되었다. 나는 마치 왕처럼 환대를 받았다. 손님들은 아들의 탄생보다는 나의 재활에 대해서 더욱 많은 관심을 표명해 주었다. 나는 기쁨을 감출 수 없었다. 아들을 처음으로 내 품에 꼭 안고서 아버지로서의 책임과 가족에 대한 책임을 마음속 깊이 느꼈다.

병원에 입원하고 있는 동안 나의 몸무게가 무척 줄어들었고 머리카락

전사의 길

도 많이 빠졌다. 이제 아들의 성장과 함께 나도 체중을 늘리면서 강해지고 있었다. 아들과 나는 23살이라는 나이 차가 났지만 비슷한 행동발달 과정을 거치고 있었다. 사람들은 우리 부자를 바라보고 모두 놀라워했는데, 아들 드로르가 일어서 걷게 되자 나도 따라서 남의 도움 없이 일어나 걷고 음식을 먹으며 목욕을 했기 때문이었다.

한편 그때 나는 인생의 적지 않은 위기감을 느끼게 되었다. 세상은 나없이도 잘 돌아가고 있었고, 나는 그저 세상의 방관자에 지나지 않았다. 차츰 건강을 회복하게 되자, 나는 서서히 주위와 전우들에게 관심을 돌리기 시작했다. 모든 것이 제자리에 있거나 각자의 자리를 찾으려 애쓰고 있었으나 나 혼자 세상에 뒤처져 가고 있었다. 삶은 예전처럼 흘러가고 있었으나 나는 그저 애처롭게 이를 지켜볼 수밖에 없었고, 나의 영향력을 미칠 곳이 아무 데도 없었다. 세상은 내가 없어도 큰 문제가 없었다. 세상 사람들이 모두 나를 잊어버린 것 같았다. 오늘날 같으면 나이도 더 많이 먹고 산전수전 많은 경험을 쌓았기 때문에 이런 것을 모두 이해하고 수용할 수 있다. 그러나 당시에는 그렇게 할 수 없었다. 나는 다시 일하고 싶었다. 다음에 잡힌 수술 날짜나 기다리면서 아침 늦게 일어나 저녁 늦게까지 잠옷이나 입고 병원 안에서 어슬렁거리고 싶지 않았다. 자신감이 점점 약해져 갔다. 나는 어떤 일을 맡아 힘을 다해서 기여할 수 있다는 것을 증명하고 싶었다. 그래서 나는 온몸에 붕대를 감은 채로 기갑학교에 되돌아가서 조금씩 일을 시작했다. 그때 1968년 독립기념일 군사 퍼레이드에 참가하는 기갑차량 부대를 훈련시키는 일에 참여하였다.[64]

기갑학교에서 짧은 기간을 보낸 후 보강 치료를 받기 위해 병원의 성형외과로 되돌아왔다. 왼쪽 무릎 뒤가 심하게 오그라들어서 다리를 펼 수 없었는데, 다른 치료나 물리요법도 별다른 소용이 없었다. 수술대에 누워 있는 동안 카플란 박사가 다른 일로 밖에 나가고 그의 조수가 대신하여 수술을 집

도하였다. 그건 별 상관이 없었는데 아주 간단한 수술이었기 때문이다. 그녀의 치료는 무릎 뒤쪽의 피부를 살짝 벗겨 내는 것이었다.

회복실로 돌아온 후 나는 침대에 상당한 양의 피가 흘러 있는 것을 발견했다. 간호사가 시트를 교체해 주었지만 몇 시간 후에 다시 피가 흘러 나의 등을 적셨다. 저녁 시간이 되자 카플란 박사의 조수는 이미 퇴근해 버렸고, 병원에서는 아무도 그녀의 행방을 찾을 수 없었다. 더욱이 그날의 당직 의사도 감히 내 깁스를 열어서 출혈의 원인을 밝히려 들지 않았다. 나의 출혈은 점점 더 심해졌다. 손가락의 감각이 천천히 없어지자 바로 응급수혈을 실시했지만, 이것조차도 소용이 없었다. 주위의 사람들은 무엇을 해야 할지 모른 채 부산하게 떠들고만 있었다. 한밤중이 되어서야 그 외과의사가 나타났다. 그녀가 깁스를 절단하자 나의 심장 박동에 맞추어 피가 규칙적으로 쏟아져 나오고 있었다. 그녀가 절단된 동맥을 신속하게 틀어막고 치료를 마치자 옆에 있던 사람들은 마침내 흥분을 가라앉혔다.

이제까지 받았던 수술인 피부 이식과 그 외의 모든 것이 한꺼번에 물거품이 되었다. 나는 엎드려서 뒤를 돌아보고 깜짝 놀라서 내 눈을 도저히 믿을 수 없었다. 더 이상은 감당할 수 없다는 생각이 갑자기 들었다. 무기력해지고 괴로워서 온몸이 부서지는 듯했다. 한동안 퇴원해서 바깥세상으로 나가 상쾌한 공기를 실컷 맡았기 때문에 병상으로 되돌아와서 고약한 약품 냄새를 다시 맡는다는 것은 정말로 참기 힘든 일이었다. 이번에 발생한 의

---

64 이스라엘에 있어서 1968년도 독립기념일(5월 14일)은 대단히 의미 있는 날이었다. 바로 1년 전 6일 전쟁에서 승리함으로서 시나이반도, 골란고원, 예루살렘을 획득하였기 때문이다. 그동안 독립기념일 군사 퍼레이드는 주로 하이파에서 열려 왔었는데, 이해에는 특별히 전승 기념의 성격을 가지고 요르단으로부터 뺏은 예루살렘 시가지에서 처음으로 열렸다. 전쟁에 참가했던 전투부대들의 위용을 국민들에게 과시한 것은 물론, 이집트와 시리아군으로부터 노획한 장비들도 이 퍼레이드에 참가시켜서 의미를 더했다.

전사의 길

료사고가 너무나 실망스러워 나는 모든 것을 포기하고 싶었다.

다음 날 아침 카플란 박사가 병원에 출근하자마자 나를 급하게 찾아왔다. 그는 충격을 숨기려 했지만 그의 눈빛과 말투에서 이미 나는 절망감을 읽었다. 나는 아무 말도 하지 않았다. 나의 수술에 대한 실수가 그날 병원의 최고 화제가 되었다. 나는 그동안 병원 풍경의 일부가 되어 있었고, 나 스스로 어느 정도 성형수술에 대한 전문가가 되어 있었던 것이다. 나는 그러한 실수가 얼마나 중대한 것인지 잘 알고 있었다. 하지만 병원에서는 그런 일이 언제나 일어날 수 있는 일이며, 또 환자가 눈감고 무시해 버리는 것이 마음 편하다는 것도 잘 알고 있었다. 나는 그녀의 실수에 대해서 한마디의 토도 달지 않았는데, 그녀 자신도 자기의 잘못을 충분히 인지하고 있는 듯했다. 그러나 나의 감정은 매우 혼란스러웠다. 마지막 수술이 끝난 후 병원에서 2주 정도만 더 고생하면 된다고 예상했는데, 이제는 여기에 갇혀서 수 개월을 더 보내야 할 가련한 운명에 빠지게 되었다.

돌이켜 보면 전쟁 중에 입었던 나의 부상은 분명히 내 인생에 있어 긍정적인 영향을 미쳤다고 생각한다. 젊은 시절에 겪은 고통의 시련과 경험은 나의 삶에서 그 어느 것보다 나를 더 강인하게 만들어 주었다. 나는 그 상처들을 사랑하게 되었다. 고통과 괴로움을 동반하면서 하나하나 이것들을 극복해 나갔다. 이 상처들을 부끄러워하지 않았다. 나는 이 상처와 함께 살아가는 삶의 방법을 배웠기 때문이다.

상이군인

사람들에게 있어 장애라고 하는 것은 마음속에 들어 있는 것이 아님에도 불구하고, 실은 장애가 그곳으로부터 시작되고 있다. 사실 모든 상이군인들은 부상을 회복하기 위한 첫째 조건인 자기연민(Self-Pity)을 극복할 수 있다면, 정상적인 생활로 다시 돌아가는 게 어렵지 않다고 본다. 도움의 요청이나 호의를 얻는 수단으로 자신의 핸디캡을 활용하지 않고 동시에 자신의 고통을 어느 정도 감수할 수 있는 상이군인이라면, 보다 행복한 삶을 살아갈 수 있다고 생각한다. 사회라는 것은 냉혹한 측면이 있는데 보통 사람들은 자기들의 일상생활에 파묻혀 있어 상이군인들의 복지에 그다지 관심을 두지 않기 때문이다. 그러나 상이군인들 가족의 입장은 이와는 다른데, 다친 그 자식을 있는 그대로 받아주어야 한다. 애정과 사랑을 주고 몸을 씻겨 주는 것과 같은 온정을 베풀어야 하는 것은 가족 구성원들이 가지게 되는 끝없는 책임인 것이다.

상이군인들은 자생력을 기르고 혼자 일어설 수 있는 정신력을 가져야 한다. 이런 일은 다른 사람들이 대신해 줄 수 없다. 이스라엘의 상이군인들을 위해 국방부는 최대한으로 지원하고 치료를 제공하고 있다. 군인 부상자를 치료하는 것과 민간인 부상자를 치료하는 것은 분명히 다르다. 대부분의 상이군인들은 군대에서 전역한 후 계속적인 수술과 치료를 위해 여러 번에 걸쳐 병원을 다시 찾게 된다. 모든 단계에서 그들에게 최고 수준의 의사들을 만나게 해 주고, 그들의 체력 회복과 부상당한 팔다리를 고쳐 주기 위한 모든 재활수단을 동원해야 한다. 국가는 상이군인들을 우리가 일반적으로 납득할 만한 수준의 건강상태로 회복시켜 주어야 한다. 조국을 위해서 싸우다 생긴 상처와 더불어 사는 그들의 삶이 얼마나 멋진 것인가. 비록 그들의 상처가 모두 낫지 않는다 하더라도….

병원에서 퇴원하는 것이 가장 행복한 일임에도 불구하고, 상이군인들 중에는 반드시 그런 것만은 아니라고 생각하는 사람들도 있다. 그 사람들은 일상의 삶으로 되돌아가는 것에 대해서 가끔씩 두려움에 사로잡힌다. 나는 외부 세상에 대한 두려움 때문에 다양한 구실을 대면서 병원에 계속 남아 있으려는 사람들을 본 적도 있다.

이러한 상이군인들은 예를 들어, 장애인 스포츠에 도전해 본다거나 또는

전사의 길

배움의 강좌에 등록하여 일상의 삶을 다시 시작하는 것도 괜찮다. 확신하건대 그들은 정신적으로 매우 건강한 사람들이다. 따라서 그들은 현재의 처지를 비관해 애통해 하거나 희망을 버리지 않는다. 상이군인들은 단지 자신의 미래에 대해 깊이 고민하고 있으며, 이 세상을 거침없이 헤쳐 나가기를 원하는 사람들일 뿐이다.[65]

---

65 카할라니 장군은 1992년 군에서 전역한 후 국회의원, 장관 등 정치인의 길을 걸었다. 그 후 2007년부터 현재까지 '이스라엘 상이군인후원회' 회장으로 일하면서 상이군인들의 복지와 재활에 힘 쓰고 있다. 그는 전차에서 화상을 입었던 상이군인으로서 그가 평소에 느끼고 있었던 사명을 몸으로 직접 실천하고 있다.

회복하다

기갑사령부는 내가 병원에서 퇴원한 후 1년 정도의 충분한 회복기간을 가질 수 있도록 배려해 줄 것 같았다. 기갑사령부 인사 담당 장교인 모세 나티브(Moshe Nativ)는 나에게 대학 입학자격을 얻을 수 있는 군 부설 고등학교에서 공부하기를 제안했다. 나는 이에 기꺼이 동의했다.

내가 일 년 후 고등학교 졸업장을 받고 돌아왔을 때 나티브는 이렇게 제안했다. "자네는 아직 야전부대에서 근무할 수는 없어. 기갑사령관님은 자네가 기갑학교에서 포술학 교관을 하도록 원하고 계시다네."

반대할 리가 없었다. 나는 또 다른 수술을 받고 난 직후였다. 나는 상처에 대해서 서서히 익숙해지기 시작했고, 상처 또한 나에게 서서히 익숙해지고 있었다. 우리는 하나가 되어 가고 있었다.

기갑학교는 하나의 거대한 기업처럼 고등군사반, 초등군사반, 기갑수색 요원반, 전차장반, 기계화보병 분대장반, 그리고 모든 주특기의 전차병을 교육시키는 곳이다. 기갑학교장 모트케 치포리(Mottke Tzippori) 대령은 타고난 교육자였는데, 훌륭한 교장인 동시에 선생이었다.

나는 새로 받은 직책을 중요하고 도전할 만한 임무라고 생각했다. 나는 수천 명의 기갑장병들을 전차승무원으로 만드는 과정을 책임지고 있었다. 기갑학교의 교육과정을 마친 이들은 기동훈련이나 작전임무를 위해서 남쪽 시나이 전선이나 북쪽 골란고원 전선에 있는 야전부대로 떠났다. 당시에 소모전쟁(War of Attrition)[66]이 진행 중이었는데 많은 군인들이 무척 긴장하고 있었다. 전선으로부터 전사자나 부상자가 발생했다는 비통한 소식이

전사의 길

전해지지 않는 날이 거의 없었다. 나는 18세의 젊은이들에게 자신감을 심어 주기 위해 나의 모든 역량을 쏟아부어야 했고, 그들의 목적지가 바로 전선이기 때문에 탈락하는 훈련병 숫자를 최소화해야만 했다.

나는 포술학 교관 직책을 수행하면서 겸직으로 군사재판 임무를 담당하였다. 나는 학교에서 하급 군사재판을 주관할 수 있도록 승인된 유일한 장교로서, 군기위반으로부터 장비분실에 이르기까지 다양한 사건들이 내 손으로 넘어왔다.

어느 날 젊은 군인 하나가 나에게 재판을 받으러 왔다. 그의 이름은 에마누엘 카할라니로서 바로 내 동생이었다. 그는 수업시간에 교관의 허락을 먼저 받지 않고 질문에 멋대로 답변했던 것이다. 나는 이미 비슷한 사건으로 에마누엘의 친구를 재판한 후 그를 구제해 준 적이 있었다. 이런 종류의 사건은 의심할 여지 없이 소대 수준에서나 처리해야 하는 아주 사소한 문제였다. 이런 이유로 병사를 재판한다는 것은 옳지 못하며 부당한 일이었다. 그럼에도 불구하고 동생 에마누엘 카할라니가 재판을 받기 위해 형님 아비그도르 카할라니 앞에 선 것이다. 나는 그에게 한 달 봉급의 1/3 수준인 5파운드의 벌금형을 내렸다. 그리고 수업시간에 손을 들고 교관님의 허락을 정식으로 받지 않고는 절대 답변하지 않도록 톡톡하게 주의를 주었다.

1969~1970년 당시 우리는 이집트와 다시 전쟁을 벌이고 있었다. 이 전

---

66 **소모전쟁:** 교전 중에 인력과 물자가 지속적으로 소모되며 쉽게 승부가 나지 않는 전쟁을 가리킨다. 6일 전쟁 후 이집트는 일단 정전에 합의했지만, 영토를 빼앗긴 수모를 희석시키고 국내의 불만을 무마시키기 위해서 이스라엘과 다시 분쟁에 나섰다. 1968년부터 이집트군이 산발적인 포격전을 개시함으로써 쌍방 간에 포격 보복전이 계속되었다. 이 포격전으로 인해서 수에즈 운하는 사실상 통행불가 상태가 되었는데, 1970년 6월 이스라엘군이 수에즈 운하를 도하해서 이집트군 사격진지를 공격하여 점령한 후 이곳을 물러나면서 양국은 정전에 합의하였다.

쟁에서 산발적인 포 사격의 교환과 습격 전투가 반복되었는데, 이스라엘에서는 이를 소모전쟁이라고 부르고 있었다. 나는 이 전쟁에는 참전하지 않았다. 이때 에마누엘은 소모전쟁에 대한 이야깃거리를 잔뜩 들고서 휴가 차 집에 들렀는데, 나는 당시 9시 출근과 5시 퇴근을 딱딱 맞추어 하고 있던 '비전투 군인(Jobnik)'[67]으로서, 일종의 죄의식 때문에 최대한 말을 삼가고 있었다. 나는 동생이 무척 걱정되었다. 나의 육감에 의하면 에마누엘은 항상 다치기 쉬운 사람이었다. 그는 달릴 수 있을 때는 절대로 걸어가는 법이 없었다. 나는 몇 번이고 동생에게 주의를 주었으며, 그의 상급자 역시 동생을 좀 더 차분한 사람으로 만들어 보고자 노력했었다. 그가 미숙한 용기를 가졌는지, 아니면 성급한 성격의 소유자인지 어떻게 구별할 수 있을까? 신기한 유머 감각과 행복한 영혼의 소유자인 에마누엘은 자기가 좋아하는 군위문단 코미디언의 흉내를 낼 때도 그의 눈에는 슬픔이 가득했다.

나는 낙하산 타는 것을 좋아했다. 심지어 전투에서 부상을 당하고 난 후에도 그 꿈을 버리지 않았다. 드디어 공수훈련을 받기 위해 테스트를 받을 참이었는데 나의 의무기록이 걸림돌이 되었다. 이스라엘군에서 장교는 개인 희망에 따라 공수훈련을 받는 것이 자유스러운 편이며 최종 결정을 본인에게 위임하고 있었다. 내가 공수훈련을 받는 데 문제가 없다는 것을 내 스스로 증명할 필요가 있었다. 당시 나의 의무기록은 전역시키기에 적합한 31점 수준까지 낮아져 있었다. 그래서 나는 기록상의 수치를 97점으로 고쳤다. 거의 완벽한 건강 수준의 기록이었다. 그런 다음 공수훈련에 참가하였

67　**잡니크(Jobnik):** 이스라엘 군대에서 사용하고 있는 재미있는 은어로서 비서업무, 행정업무, 재고조사, 또는 사회의 일반 직업과 같은 일을 수행하는 '비전투 군인'들을 일컫는다. 일반적으로 비전투 군인(Jobnik)이 전투 군인(Fighter)보다 게으르다는 조롱의 의미가 포함되어 있다.

다. 나는 대위 계급을 갖고 있었기 때문에 내게 개인 교관이 붙었는데, 내 친구인 공수부대원 벤다(Benda)가 모든 것을 직접 준비해 주었다. 나는 첫 번째 관문을 아무런 문제 없이 통과했다. 그런데 뼈가 부스러질 것 같은 고된 훈련을 며칠 받고 난 후 공수교육대 지휘관이 나를 호출했다.

"카할라니, 자네는 공수훈련을 받을 만한 몸 상태가 아닌 것 같다. 자네 상관이던 고로디시 대령이 나에게 조언해 주었네. 그는 나보고 미쳤다고 하더군!"

나는 소신을 굽히지 않았다. 군의관 두 명이 와서 나를 진단했다. 그들이 내린 판정은 아주 명확했다. '절대 불가함.'

나는 화가 치밀었다. "저를 절대로 탈락시킬 수 없습니다. 제 주치의가 말하길 어떤 것을 해도 괜찮다고 말했으니까요."

물론 틀린 말은 아니었다. 카플란 박사가 몇 번 그렇게 말한 적은 있었다.

"맘대로 하게. 자네가 할 수 있다면 말이야. 결국 자기 자신이 제일 좋은 의사니까."

그래서 나는 내 스스로 공수훈련을 계속해도 좋다는 진단을 내렸다. 그리고 오랜 설득 끝에 마침내 그들의 허락을 받아 내었다. 공수훈련에서 일반 훈련생들은 기본 5회를 강하했지만, 나는 행복하게도 하늘에서 땅으로 향하는 황홀한 낙하를 12회나 했다.

소모전쟁 기간 중 친구인 샬롬 엔젤이 도저히 믿을 수 없는 소식을 가지고 기갑학교로 나를 찾아왔다. 나의 절친한 친구 아담 와일러가 전사했다는 소식이었다.

마치 큰 쇠망치로 머리를 얻어맞은 듯했다. 모든 감각이 둔해졌다. 나의 좋은 친구 아담, 내 형제와 같은 아담이 수에즈 운하 전선에서 죽은 것이다.

샬롬과 나는 아담의 관을 예루살렘에 있는 헤르지(Herzl)산으로 옮겨서 군대식으로 장례를 치렀다. 목표를 향해서 부하들을 이끌고 폭풍처럼 공격하는 방법을 알고 있었던 기갑부대 지휘관이자 리더를 한 명 잃게 되었다. 또 나의 전우이자 절친한 친구 한 명을 잃었다.

초급 지휘관의 리더십

전쟁의 승패는 이를 수행하는 사람들에게 전적으로 달려 있다. 바로 전투원들과 그들의 지휘관이다.

모든 지휘관들 중에서 중대급 이하의 초급 지휘관[68]들의 역할은 대단히 중요하다. 그들은 매일 부하들과 접촉을 통해서 리더십의 기본인 신뢰감을 구축하고 자신감을 불어넣음으로써 부하들이 명령을 받았을 때 자발적으로 행동할 수 있도록 만들어 놓아야 한다.

물론 지휘관들 중에는 뛰어난 위인들처럼 집단을 이끄는 자질을 개인적으로 타고난 리더도 있다. 그러나 만일 그러한 자질을 타고나지 않았다고 하면, 자기의 집단에 효과적으로 동기를 부여할 수 있는 역량을 키워 나가야 한다. 다른 나라의 군대와 마찬가지로 이스라엘군에서도 선천적인 자질을 타고난 사람들만 선택해서 지휘관으로 임명할 수는 없다. 리더의 자질을 타고나지 못했다고 해서 형이상학적인 리더십 만병통치약을 구하려고 따로 노력할 필요는 없다. 오로지 주어진 계급, 지식, 그리고 쌓은 경험을 바탕으로 해서 부하에게 동기를 부여하여 이끌고 나가면 된다. 군대는 계층적인 구조에 따라 모든 군인들의 직위와 역할을 명확하게 정의하고 있다. 군대체계에서는 상급자가 가지고 있는 더 큰 권한을 그의 하급자들이 받아들임으로써 그 힘이 발휘된다. 계급장 자체는 군복에 붙어 있는 하나의 장식에 불과하지만, 그것은 그 제대의 지휘권을 합법적으로 행사할 수 있는 사람만이 달 수 있는 것이다. 제대별로

---

68 여기서 초급 지휘관이라 함은 중대급 이하의 지휘관(Commander)인 중대장, 그리고 지휘자(Leader)인 소대장, 분대장, 전차장, 반장 등을 총칭하고 있다.

부여된 지휘권은 거기에 부합된 권한과 책임을 수반하며, 명령의 강도와 중요성을 발생시키는 원천이 된다.

중대장이나 소대장은 젊거나 경험이 부족하다는 이유만으로 부하들로부터 무시당할 수 있다. 부사관이나 병사들이 병영생활을 오래했을 경우, 초급 지휘관들은 그들의 군기를 유지시키고 그들에게 임무수행을 강제하는 것이 어려워질 수 있다. 그들이 소대장보다 나이가 많을 경우 계급장을 보아도 위압감을 느끼지 않는다. 초급 지휘자가 병사들과 하루 24시간 밀착생활을 했을 때 업무가 더 수월해진다고 말할 수는 없지만, 그들과 개인적인 유대감을 더 많이 쌓을 수 있다. 분대장과 전차장이 자신의 직무를 힘들어하는 경우가 있는데, 그 이유는 부하보다 나이가 더 어리기 때문이다. 그럴 경우에 젊은 지휘자들은 단지 자기에게 부여된 권한만을 휘둘러서 자기의 의지를 관철하려고 든다. 초급 지휘관들이 임무완수를 위해서 자기의 계급만 가지고 영향력을 충분하게 발휘할 수 없다면, 자신의 역량(타고난 재능과 군대생활 중 습득한 능력)을 다시 한 번 점검해 보아야 한다. 매일 매시간 병사들에게 동기를 부여해야 할 책무가 있는 젊은 지휘관이라면, 지휘(Command)와 리더십(Leadership)에 대한 교육을 철저히 받아야 할 뿐 아니라 이를 부단히 개발해야 한다는 사실은 너무도 당연하다.

모든 제대의 지휘관들은 자기의 지휘방침을 보다 쉽게 달성하기 위해서 하나의 특정한 이미지(Image)를 갖고 있어야 한다. 그러나 가식적인 이미지는 실패하기 마련이다. 심지어 병사들과 직접적인 접촉이 별로 없는 상급 지휘관의 경우에도 그의 위선적인 이미지는 오래 유지되지 않는다. 젊은 지휘관일수록 하루 24시간 내내 자신의 진실한 이미지를 보여 주어야 한다. 자기 자신의 모습을 있는 그대로 보여 주는 것이 오히려 더 쉽다. 다음 날 아침에 기상해서 어제는 내가 어떤 이미지를 보여 주었지? 하고 새삼 기억할 필요가 없다는 것이 얼마나 즐거운 일인가!

그러나 있는 그대로의 자기 모습을 보인다는 것이 젊은 지휘관들에 그리 쉬운 일은 아니다. 이를 위해서는 무엇보다도 자기 분야의 최고 전문가가 되어야 한다. 전문성은 리더의 권위를 뒷받침하여 주는데, 그것은 오직 열정적인 업무의 처리, 군사지식의 철저한 학습, 상관으로부터 받은 조언의 활용, 그리고 경험으로부터 얻은 교훈을 통해서만이 얻어질 수 있다. 부하들이 일단 리더의 전문성을 높게 평가하게 되면, 그들은 리더의 지배권을 인정하게 되고 그가 하달하는 명령을 주저 없이 받아들이게 된다.

위기의 상황이 되면 부하들은 자연스럽게 리더의 출현을 갈망하게 되며, 그로부터 동기부여를 받을 수 있는 특정한 이미지를 찾게 된다. 젊은 지휘관들은 구보, 사격술, 적전술, 무기사용법 등에서 자기 부하들과 비교하였을 때 훨씬 더 월등한 능력을 보여 주어야 한다. 부하들은 자기보다 체력에서 훨씬 더 뛰어나고, 군대와 관련된 문제를 능숙하게 해결할 줄 아는 역량 있는 지휘관을 존경의 눈초리로 바라보면서 따르게 마련이다. 타고난 리더의 자질을 갖지 못한 지휘관이라 할지라도 '직무의 전문성'을 개발함으로써 이를 극복하고 성과를 달성할 수 있다.

지휘관과 부하들 사이에 존재하는 상호 영향력(Mutual Influence)을 간과해서는 안 된다. 전투 시 이러한 상호작용은 대개 '용기의 시험(Test of Courage)'이라는 일종의 현상을 통해서 명백하게 나타난다. 두려움을 얼마나 잘 극복하느냐 하는 것은 개인적인 문제이긴 하지만, 이스라엘군의 모든 젊은 지휘관들은 유명한 전투구호인 "나를 따르라(Follow Me)"라는 명령을 부하들에게 내리면서 자신이 '용기의 시험'을 받는 그 순간에 열정과 냉철함을 보여 주어야 한다. 부하들은 리더의 등에 항상 시선을 고정시키고 있으며, 비록 다른 지휘관들은 할 수 없어도 자기의 지휘관만은 능히 해낼 수 있기를 바라는 마음을 가지고 있다. 젊은 지휘관들은 자기 자신이 부하들과 별반 다르지 않다고 생각할지 모르지만, 주어진 자신의 계급과 직위를 기반으로 해서 자신감과 자기 확신을 견지하고 부하들을 이끌어 나가야 한다.

이것만으로 충분하지 않다. 젊은 지휘관은 부하들이 자기의 행동을 주목하게 만들고 자기 말을 분명히 이해할 수 있도록 만들어 주어야 한다. 전투 중에 무전기를 통해서 흘러나오는 지휘관의 목소리는 평소 훈련할 때 항상 들었던 목소리와 큰 차이가 없어야 한다. 이때 말의 내용은 별로 중요하지 않다. 부하들로 하여금 어떤 목표에 대해 강력하게 공격하도록 만들거나, 또는 어떤 것을 강하게 금지(No)할 때 사용하는 것은 바로 지휘관의 특유한 말투(Tone of Voice)이다. 용감한 지휘관이란 부하들로 하여금 두려움을 극복할 수 있도록 유도하는 상관을 말한다. 두려움을 극복한 부하들의 눈은 지휘관의 얼굴을 주시하고, 그들의 귀는 지휘관의 명령을 경청하며 어느 순간이라도 기꺼이 앞으로 뛰어나갈 준비가 되어 있다. 지휘관이 이러한 역량들을 갖춤으로써 부하들은 그들의 리더가 결단성 있고 책임감이 있다고 믿으며, 또 무엇보다 전투 시 앞장서서 이끌고 나갈 수 있는 사람이라고 조금씩 느끼게 되는 것이다.

부하들의 말을 경청하라. 그리고 부하들이 '지휘관께서 말씀하시기를…'이라고 말하면서 어떤 임무를 수행해야 할 이유를 충분히 알고 있다면, 이미 그 '지휘관의 존재'는 부하들의 마음과 정신 속에 깊숙이 새겨져 있는 것이다. 이러한 부하들은 자신들이 지휘관뿐만 아니라 훌륭한 리더와 함께 있다는 자부심으로 가득 차 있다.

친애하는 형제 카할라니에게,

네가 무척 바쁜 것을 잘 알기 때문에 너의 답장이 없더라도 내가 별로 섭섭하지 않다고 쓸까? 소식을 듣고 싶구나. 달리아는 잘 지내고 있는지? 너는 어떻게 지내냐? 일라나와 네 가족의 안부가 궁금하다. 이 친구야, 우리는 형제가 맞지? 그렇지 않냐? 안그렇다면 넌 이미 '본네' 아니면 '골란' 아니면 다른 사람이겠지? 너는 각광받고 있는 소대장이니까 너에게 말 거는 것조차 불가능하냐? 나는 벌써 너와 같은 대대에서 소대장이 된 것 같다. 편지 좀 써라, 어떻게 지내는지. 네가 하는 일을 즐거워하고 있을 거라 믿는다. 훌륭히 잘 해내고 있겠지. 이것 봐, 너는 타고난 지휘관이자 리더야. 그건 네가 솔직하기 때문이지. 네가 미치면 정말로 온 세상을 다 뒤집고 돌아다니겠지. 네가 수색중대 같은 곳에 있다는 것이 작은 변화라면 변화겠지. 장교들하고 일하는 것이 어떤지, 그리고 정식으로 병사들을 지휘하는 것이 어떤 것인지 얘기 좀 해 주길 바란다. 장교들은 열심히 하는지? 부사관들을 어떻게 다루냐? 베니 인바(Benny Inbar), 베냐(Vanya), 베니 에후다(Benny Yehuda), 그리고 이프라(Yifrah) 같은 사람들 말이야.

난 히치하이킹을 하면서 노르웨이 여행을 다녀왔다. 수중에 총 240세켈밖에 없어서 3주 동안 120세켈만 썼지. 빵, 치즈, 당근만 먹었거든. 노르웨이로 가는 도중 감기에 걸리고 영하 14도의 밤을 눈 속에 갇혀서 보내기도 했지. 하지만 스키를 타기도 하고 시골에 사는 어떤 가족들과 산에서 며칠씩 보내기도 했어. 이제껏 그렇게 즐거웠던 적이 없었던 것 같다. 여행에서 돌아왔을 때 1학년 학기에서 중요한 과목의 시험을 모두 통과했다는 소식을 들었다.

난 네가 일주일 내내 열심히 일하고 낮잠 잘 시간도 없이 바쁠 것이라 생각한다. 그리고 지금 네가 어디에 살고 있는지조차 나는 잘 모르잖아. 답장 좀 해라. 이 친구야.

아담으로부터

〈주: 이 편지는 아담 와일러가 해외에서 공부할 때 카할라니에게 보낸 것임〉

전사한 내 동생 에마누엘: 나는 그에게 기갑으로 전과하도록 권유했다.

제77전차대대(Oz 77)의 전승기념비: 눈물의 계곡을 내려다보고 있다.

이스라엘에 정착한 카할라니 할아버지의 가족: 그는 예멘 출신 유대인이 운영하는 포도과수원에서 일하기 위해 근처에 집을 구했다.

1968년의 카할라니 아버지의 가족: 왼쪽으로부터 남동생 아르논과 에마누엘, 어머니 사라, 아비그도르, 아버지 모세, 여동생 일라나.

입영하는 날: 군화, 식판, 올리브색 군복을 지급받다.

제82전차대대에서 사열하는 메나헴 라테스 중대장: 나는 그의 전차승무원이 된 것이 자랑스러웠으나 한편으로는 두려웠다. 그는 욤키푸르 전쟁 시 눈물의 계곡 전투에서 전사하였다.

1963년 기갑학교 전차장반 수료식: 왼쪽으로부터 학교장 아브라함 '브렌' 아단 대령, 교육대장 투비아 라비브 소령, 카할라니에게 수료기장을 달아 주고 있는 기갑사령관 데이비드 엘라자르 소장

같은 중대에서 '4형제'를 맹세한 소대장 4명: 왼쪽으로부터 카할라니, 전사한 엘리에저 마르쿠샤머, 벤 하일 예페트, 전사한 아담 와일러

샴마이 카플란 소령: 모범적인 지휘관
이자 진정한 리더였다. 그는 6일 전쟁
시 수에즈 운하로부터 약 30㎞ 떨어진
곳에서 공격을 이끌다가 전사하였다.

제79전차대대의 전우들: 좌로부터 암
논 길리아드 중위는 전사하였고, 샬롬
엔젤 중위는 욤키푸르 전쟁에 참가하
러 오는 도중에 운명을 달리했다.

6일 전쟁 2개월 전인 1967년 4월 제79전차대대의 가족들: 좌측으로부터 작전장교 암람 미츠나와 아내 엘리자, 부대대장 하임 에레즈, 대대장 에후드 엘라드와 아내 하바, 카할라니와 아내 달리아.

6일 전쟁 시 제79전차대대: M48 패튼전차(90mm 주포)가 가자지구를 공격하고 있다.

'기갑 맨(Mr. Armor)'으로 불리는 이스라엘 '탈릭' 탈 소장: 메르카바 전차개발의 주역으로서 유명하다. 그는 따뜻한 마음을 소유한 강철 같은 군인이었다. 전우들의 말을 항상 경청하고 전사들을 위한 일이라면 어떤 일도 마다하지 않았다.

6일 전쟁 직전의 지휘관들: 제7기갑여단장 사무엘 '고로디시' 고넨 대령(왼쪽)이 제79전차대대장 에후드 엘라드 중령과 대화를 하고 있다.

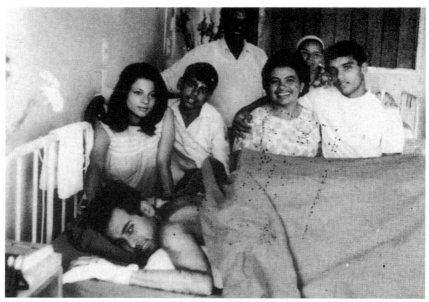

6일 전쟁에서 화상을 입고 병원에 입원: 어쩔 수 없이 엎드려 있어야 했는데 이때 가족들의 헌신적인 도움과 사랑을 받았다.

6일 전쟁 후 병원을 방문한 철갑사단(Steel Division) 지휘관들: 우로부터 사단장 이스라엘 탈 소장, 제7기갑여단장 사무엘 고로디시 대령, 제79전차대대장 하임 에레즈 중령.

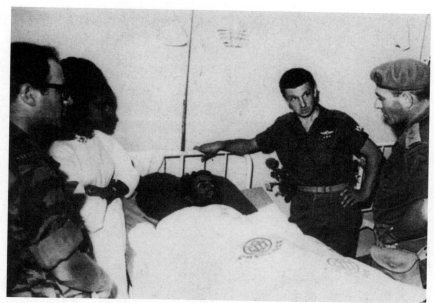

병원을 방문한 남부사령관 가비시 소장: 군의관으로부터 카할라니의 상태에 대해서 설명을 듣고 있다.

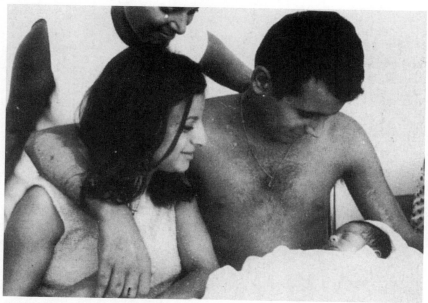

브엘세바 종합병원에서: 첫아들 드로르가 할례의식을 받은 후 곤히 잠들어 있다.

욤키푸르 전쟁 시 지휘관들: 좌로부터 북부사령관 이츠하크 '하카' 호피 소장, 사단장 라파엘 '라풀' 에이탄 준장, 골란고원 방어를 위한 최초단계 전투에서 전사한 바라크 여단장 이츠하크 벤 쇼함 대령

눈물의 계곡: 우리는 시리아군 전차들이 교량전차에 의해 가설된 교량 위로 대전차호를 통과하고 있을 때 전차포로 사격했다. 이 방법은 성공적이었다.

대대장 전차의 승무원들: 우로부터 기데온, 아비그도르 카할라니, 킬론, 유발, 기디. 우리는 전투기간 내내 완벽한 팀워크를 만들어 내었다.

욤키푸르 전쟁 시 H중대장 에미 팔란트: 그는 부하들로부터 절대적인 신뢰를 받았으며 항상 선두에서 공격을 이끌었다. 그는 진정한 리더였다.

제77전차대대 부대대장 에이탄 '케이난' 코울리.

전차 위에서 대대장들의 전투협조: 카할라니(우측)와 요스 엘다르 기보대대장.

제7기갑여단 전술지휘소: 우로부터 통신장교 샬롬, 정보장교 일란, 여단장 야노시 대령, 화력지원 장교 아리예 미츠라히

나는 마침내 웃을 수 있었다: 우리는 골란고원에서 시리아군의 맹렬한 공격을 끝내 막아 내었다.

전투의 중간에 동료대대장과 함께: 요시 벤 하난 중령(좌측)과 카할라니.

욤키푸르 전쟁 시 예하중대장 에프라임 라오르(우측): 그는 나의 휘하에서 여러 번 근무했었다. 전쟁 기간 중 그의 머리는 장발이 되어 갔다.

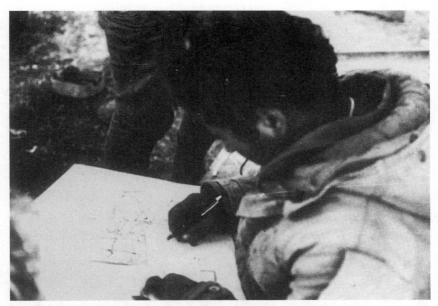

욤키푸르 전쟁 시 반격작전 준비: 시리아의 지형에 익숙해지도록 지도를 연구하다.

욤키푸르 전쟁 시 상관이었던 여단장
야노시 대령.

기갑사령관 무사 펠레드 소장: 욤키푸르 전쟁이 끝난 다음 그는 체엘림 훈련장을 복구시키라는 임무를 나에게 주었는데 거절하기가 어려웠다.

제77전차대대

대대장 직책을 향하여

기갑학교에서 2년 근무하는 동안 나는 건강을 완전히 회복했다. 나는 야전
부대에서 대대장 직책을 부여받을 수 있는 자격을 빨리 갖추고 싶었다. 이
러한 과정을 빠르게 진행해 보려는 나의 희망에도 불구하고 원하는 것을
쉽게 얻을 수 없었다. 그 대신 지휘참모대학(Command and Staff College)에 입교
하게 되었다.

지휘참모대학은 군의 상급 교육기관이다. 여기서 장교들은 대대장급
이상의 지휘관 직책과 참모업무를 수행하는 데 필요한 교육을 받게 된다.
이곳에 입교하는 학생으로는 주로 대위, 소령, 중령들이며 이들은 1년 동안
일반 학문을 포함한 군사교육과정을 이수하게 된다. 이러한 교육 프로그램
을 갖고 있기 때문에 특히 고등학교를 졸업하지 못한 많은 장교들에게 지
휘참모대학은 매력 있는 교육기관이다. 지휘참모대학은 원하는 학생들에
게 일반 대학에 진학할 수 있는 기회를 준다. 따라서 이곳의 교육은 반드시
중령 진급이나 대대장 보직을 전제로 하여 실시되는 것이 아니라는 점이
특이하다. 학습환경의 요구에 따라 기준을 달리 적용한다.

학생들은 약 3개월 동안 한 명의 대령 교관 지도 아래 1개 조에 12명 정
도가 편성된다. 교관들은 학생들의 학업 성공에 대한 열쇠를 쥐고 있다. 학
과 내용이 아무리 재미있고 유용하다 하더라도, 학생들은 '구전 율법(Oral
Law)'을 반드시 배워야 하는데, 그것은 바로 한 세대에서 다음 세대로 이어
지는 이스라엘군 특유의 지휘기법과 군대유산들이다.

아무리 계급이 높은 장교라고 할지라도 학교라는 환경에 들어오면 피교육생 신분으로 행동하기 마련이다. 일부 학생들은 과도한 성취 욕구 때문에 가끔 떳떳치 못한 행동을 하게 되는데, 주어진 학습문제를 자신이 직접 해결하려는 노력을 하기보다 전년도 시험문제의 정답을 구하는 데 더 많은 시간을 소비한다. 어떤 학생들은 장기적 안목을 가지고 교관들과 원만한 인간관계를 형성하는 것을 최우선 과제로 삼는다. 또 어떤 학생들은 더 열심히 공부할 걸 후회하면서도 자신의 자가용을 관리하는 데 더 많은 시간을 보낸다. 그리고 전쟁터에서 죽을 고비를 넘기면서 용감무쌍하게 싸웠던 역전의 용사들이 학습리포트 제출기한을 맞추지 못해서 쩔쩔매고 있는 모습을 보고 나는 무척 놀랐다.

대학에서 받은 최종 성적은 과정이수 후에 받게 되는 장교들의 차후 보직과는 직접적인 관계는 없다. 근무평정과 보직심의를 하는 시기가 되면 학교 성적보다는 그동안 그 장교가 쌓아 온 경험과 배경을 더 많이 고려한다.

나는 당시 대학의 학장과 교관들이 사용하는 성적평가 방식에 대해서 동의할 수 없었다. 시간이 지날수록 많은 학생들은 실제보다도 더 후하게 평가되고 있었다. 대학은 학생들을 객관적으로 평가할 수 있는 다양한 교육수단을 애써 회피하고, 개인적인 인상과 감정 같은 주관적 관찰평가에 너무 많은 비중을 두고 평가하는 것 같았다.

내 28번째 생일을 위해 아내는 나에게 특별한 선물인 딸 바르디트를 안겨 주었다. 이 소식은 대학 학장인 모세 '무사' 펠레드(Moshe 'Mussa' Peled)[69]준장의 여비서가 흥분해서 나에게 알려 주었다. 그녀는 내가 '대가족'의 아버지가 되었다는 사실을 알려 주기 위해 수업 중인 교실로 불쑥 들어왔다.

지휘참모대학 과정의 마지막 날, 나는 최종평가와 면담을 위해서 모세 펠

전사의 길

레드 학장에게 불려 갔다.

학장은 온 방안을 악취로 가득 채우고 있는 굵은 시가 담배를 물고서 의자에 몸을 기대고 앉아 있었다. 나에 대한 학습평가 자료가 책상위에 놓여 있었다.

"카할라니, 자네는 멋있는 친구야. 앞으로 자네 부하가 될 사람들은 자네를 무척 좋아할 것 같아. 중령이라… 자네 중령 진급은 할 거야!"

"감사합니다." 이렇게 대답했다. 그의 말은 장교로서 중령 계급까지가 내 잠재능력의 한계라고 생각한다는 의미였다. 속이 편치 않아 방을 나가고 싶었다.

학장은 담배연기를 훅 내뿜더니 다시 물었다. "이제 어디로 갈 텐가?"

"집으로 갈 겁니다."

"아니, 내 말은 자네의 다음 보직이 어디냐는 말일세."

"제7기갑여단 예하에 있는 제77전차대대의 부대대장입니다." 무뚝뚝하게 대답한 후 마음속에서 일어나는 분노를 참으면서 방을 나왔다. 그는 나에 대해 잘 알고 있지 못했고, 나 역시 쓸데없이 지식을 과시하려는 스타일의 사람이 아니었다. 그런데 그가 어떻게 나의 능력을 제대로 평가할 수 있다는 말인가? 아무리 진심이라 해도 그렇지 자기의 속마음을 저런 식으로 드러낼 수 있을까? 도대체 그게 무슨 도움이 된다는 말인가? 그는 요령 같은 것도 없나?

---

69 **모세 '무사' 펠레드**: 이스라엘군 기갑부대 지휘관을 두루 역임하였으며, 전역 후 정치인(국회의원)으로 활동하였다. 욤키푸르 전쟁 시 제14동원기갑사단을 이끌고 시리아군으로부터 피탈된 남부 골란지역을 회복하는 데 결정적인 기여를 하였다. 이스라엘 탈 장군과 모세 펠레드 장군이 적용했던 이스라엘군의 기갑전술 교리는 당시 미 교육사령관이었던 돈 스태리 대장의 공지작전(Airland Battle) 교리 정립에 많은 영향을 미쳤다고 한다. 미 기갑학교의 패튼박물관에 현대전장의 위대한 기갑부대 지휘관 5명(패튼, 에이브럼스, 롬멜, 이스라엘 탈, 모세 펠레드)을 선정하고 있는데 그중 한 명에 들어 있다.

나는 침착할 수 없었다. 나를 고통스럽게 만든 그의 퉁명스러운 말을 생각하니 화가 머리끝까지 치밀어 올랐다. 밖에 나오니 동료 학생들이 잔디밭에서 자신의 면담 차례를 기다리고 있었는데, 나는 체면상 그들에게 미소를 지어 보였다.

지휘참모대학에서 전술교육의 실습조를 편성할 때 나의 직책은 동원기갑여단의 전차대대장이었다. 전술교육 간에 나는 대대를 전투편성하여 기동연습을 실시했다. 그러나 실제 보직을 제77전차대대의 부대대장으로 받게 되니 한 걸음 후퇴한 것 같은 느낌이 들었다. 얼마 전에 아브라함 아단 기갑사령관이 나에게 대대장 보직 예정자라고 확실히 약속해 준 바가 있었다. 나는 그것으로 용기를 얻었으며 나의 꿈은 이스라엘군 최초로 창설된 제82전차대대를 지휘하는 것이었다. 당시 그 대대의 대대장은 제79전차대대 출신인 동료 암람 미츠나 중령이었다. 나는 입대하면서부터 제82전차대대에서 신병교육을 받았고 나중에 그곳에서 소대장으로 근무했었다. 이 대대는 우리가 '전투유산(Battle Heritage)'이라고 부르는 용맹스럽고 인상적인 전투전사를 가지고 있는 전통에 빛나는 부대였다.[70]

내가 원했던 것은 바로 한 세대에서 다음 세대로 이어지는 영광스러운 전투유산의 전통을 가지고 있는 멋진 부대에서 부하들을 훈련시키는 것이었다. 이와 대조적으로 제77전차대대는 창설된 지 겨우 3년밖에 안 되는 신

---

70 제82전차대대는 가장 긴 역사와 전통을 가진 부대이다. 1948년 5월 26일 이스라엘군이 창설될 때 제8기갑여단의 예하 대대로 창설되어 독립전쟁에 참가하였다. 그리고 2차 중동전인 시나이 전쟁에서 제7기갑여단 예하 부대로 아부 아게일라와 비르 가프가파를 경유해 수에즈 운하까지 진격하였고, 3차 중동전인 6일 전쟁에서는 라파, 엘 아리시, 비르 가프가파를 경유해 수에즈 운하까지 공격했다. 또 4차 중동전인 욤키푸르 전쟁 시 골란고원에서 싸웠고, 1982년 레바논 전쟁에서는 베카 계곡 전투에 참가하였다.

설부대로서, 아직 전투임무나 어떤 종류의 임무에 단 한 번도 투입된 적이 없었다.

제7기갑여단 본부와 예하 2개 대대(제82전차대대, 제75기보대대)는 브엘세바 근처에 주둔하고 있었다. 그러나 제77전차대대는 그들과 멀리 떨어진 시나이 반도의 북단에 있었으며 지휘관 집무실, 의무실, 식당을 제외하고는 모두 천막 막사로 이루어져 있었다. 상당한 수준의 편의성을 갖춘 이 시설들은 언제라도 이동이 가능한 구조로 되어 있었다.

대대장 데이비드 이스라엘리(David Israeli) 중령이 나를 따뜻하게 맞아 주면서 자기 관사 옆에 내 숙소를 마련해 주었다. 그는 부대대장이 하는 일에 대해서 무척 민감하게 생각하고 있었기 때문에, 나는 그가 침범당하길 원하지 않는 자기의 영역이 어떤 것인지 분명히 알게 될 때까지는 조심했다.

내가 대대장의 고유영역에 대해서 절대 손대지 않는다는 것을 그가 알아주기까지는 몇 달이 걸렸다. 나는 내 자신의 이미지와 권위를 떨어뜨리지 않으면서도, 대대장이 대대의 모든 것을 지휘하고 있다는 사실을 확신시켜 주기 위해서 부단히 노력했다. 마침내 우리 사이에 친밀한 관계가 형성됨으로써 우리는 생산적인 팀을 이루게 되었다. 이렇게 되자 그는 휴가차 집에 갈 때마다 나에게 "그동안 부대를 잘 맡아 주시오"라고 자연스럽게 말했다. 그가 업무를 수행할 때 늘어놓는 그의 자질구레한 지시사항들은 마치 휴가기간 만큼이나 길고도 장황했다.

이스라엘리 대대장은 과도할 정도로 중앙집권적인 스타일로 부대를 지휘했다. 그의 타고난 천성이었다. 그는 심지어 부하들이 집에서 자녀들의 숙제를 도와주는 것조차 바람직하지 않은 일이라고 지적하면서, 필요하다면 전화로 간단히 설명해 주라고 지시할 때도 있었다. 그러나 상관과 전우들에 대한 그의 헌신은 끝이 없었다. 그는 또 지적인 사람이었는데, 때로는 감정을 정리해서 시를 쓰기도 했다.

부지휘관

부지휘관은 부중대장으로부터 최고사령부의 참모차장에 이르기까지 이스라엘군에서 가장 인기 없는 직책 중의 하나이다. 이 직책에 대한 명확한 정의는 없다. 일반적으로 부지휘관은 지휘관이 부재할 때 지휘관을 대리한다고 되어 있지만, 평상시 지휘관이 잠시 휴가 갈 때를 제외하고는 부재하는 경우가 거의 없으므로 서로 부딪치지 않기 위해서 각자의 활동영역을 명확하게 분리해야 한다.

부지휘관은 지휘관이 시간이 가용하지 않거나, 또는 기피하는 일을 대신하여 해야 하는 경우가 많다. 대부분의 지휘관들은 조직상의 복잡한 문제나 행정사항을 무시하는 경향이 있다. 따라서 부지휘관은 지휘관이 떠넘긴 잡다한 업무를 처리하게 되는데 운전병, 보급병, 취사병 등에 관련된 문제에 깊숙이 파묻혀 있는 자신을 발견하게 된다. 주도권과 권한을 위임받지 않은 부지휘관은 어떤 특정 문제를 해결하는 데 있어, 자기 역할에 대한 한계점을 쉽게 인식하게 된다. 그러한 부지휘관은 업무수행에 대한 권위가 평소에 성숙되어 있지 않기 때문에, 정작 지휘관이 부지휘관의 도움을 절실하게 필요로 할 때 부지휘관은 자신의 의도를 충족시키지 못하게 된다.

이렇게 되면 절망감과 곤란함이 부지휘관 생활의 일부가 되어 버린다. 부지휘관이 하고 있는 일이 아무리 소모적이고 시간을 끌고 있는 일이라 할지라도, 지휘관은 그가 달성한 조그만 성과에 대해서도 신뢰를 보여 주어야 한다. 일반적으로 부지휘관은 자신의 성격과 개성을 희생하는 한이 있더라도 지휘관에게 충성심을 보이려는 자세를 가지고 있다. 부지휘관은 신뢰받는 업무를 수행하기 위해서 최초 단계부터 잘 따져 보고 중간 단계에서도 업무를 평가해 보아야 한다.

비록 최종적인 결심권한과 책임이 지휘관에게 있다 하더라도, 부지휘관은 그로부터 위임받은 업무에 대해 신뢰성 있게 마무리해야 한다. 부지휘관은 부대의 모든 업무에 관여해서 부하들을 이해시켜야 하는데, 그 자신의 경험과 전문성이 지휘관보다 크게 열등하지 않기 때문이다.

지휘관과 부지휘관이 바람직한 관계를 구축하는 것은 상호 간의 노력 여하에 달려 있다. 부지휘관이 자기 '보스(Boss)'와 어떠한 의논도 하지 않고 또 어떠한 의사결정에도 참여하지 않는다면, 그는 단순하게 메시지 전달자 역할만 수행하는 연락장교 같은 처지로 전락되고 만다. 부지휘관은 지휘관의 지휘권을 존중하고 두 사람의 조화를 돈독하게 만들기 위해서, 지휘관이 가진 동기와 그가 한 결심과 행동에 대해 함께 보조를 맞추어 주어야 한다.

　전시에 부지휘관은 지휘관과 함께 반드시 최전선에 있는 부대에 위치해야 한다. 부지휘관은 지휘관을 대신하여 가끔 부하들에게 명령을 내리기도 하고, 지휘관과 상의하여 현장에서 부대들을 서로 협조시키는 일을 수행해야 한다. 또 다른 경우 지휘관 유고 시에 지휘권을 승계받아야 한다. 부지휘관은 어떠한 경우에도 전투의 과정에 바로 뛰어들 준비가 된 사람, 즉 기다리고 있었다는 듯이 무엇이든 할 수 있는 사람(Johnny-on-the Spot)이 되어야 한다. 부지휘관은 전선에 위치하여 사상자의 후송, 피해 장비의 야전정비, 그리고 연료, 탄약, 식량 보급 등 자신의 역량을 발휘하면서 수행해야 하는 필수적인 야전업무에서 결코 벗어날 수 없다.

　지휘관과 부지휘관은 업무의 중복을 배제하고 더 많은 협력을 달성하기 위해 각자의 역할을 반드시 분담해야 한다. 이러한 것은 화기애애한 분위기 속에서 비공식적으로 이루어질 수 있다. 지휘관은 자신의 부지휘관에게 권한을 위임해 주는 것을 두려워해서는 안 된다. 그렇지 않으면 부지휘관은 쓸모없는 부속물로 전락하게 되고, 지휘관이 쌓아 가고자 하는 자신의 경력에 방해만 될 뿐이다. 아무리 중앙집권적 스타일의 지휘관이라 할지라도 부지휘관에게 자유로운 업무영역을 보장해 주고 이를 전적으로 지원해 주며 권한과 책임을 위임해 준다면, 부지휘관은 이를 바탕으로 해서 자신의 역량을 십분 발휘해 보여 줄 것임에 틀림없다.

1973년이 시작되면서 마침내 나는 대대를 지휘하게 되었다. 전임 대대장 데이비드 이스라엘리 중령이 골란고원에 주둔하고 있는 바라크 기갑여단의 부여단장으로 전출해 갔다. 나는 이제 부대의 용맹성으로 'OZ 77[71]'이라고도 불리고 있는 제77전차대대의 대대장이 되었다. 나는 부대대장실에서 쓰던 비품들을 모두 정리한 후, 당번병에게 도로 건너편에 있는 대대장 집무실로 옮기게 하였다.

　　부대대장으로 오랫동안 근무했었기 때문에 이 부대는 마치 나의 집같이 편하게 느껴졌으며, 통상 장교들이 새로운 직책에 부임했을 때 요구되는 별도의 부대파악 기간이 나에겐 필요치 않았다. 나는 지휘관의 일상적인 업무에 즉각 착수할 수 있었다. 그러나 책임감의 무게가 갑자기 나를 엄습해 왔다. 지휘관들이 단 몇 분 동안에 새로운 부대를 인수받게 될 경우, 직책의 부담감을 얼마나 크게 느끼게 될 것인가 생각해 보니 놀라웠다.

　　중대장들 가운데 한 명인 에이탄 코울리(Eitan Kaouli)가 부대대장으로 승진했다. 우리는 마치 형제처럼 곧바로 효율적으로 함께 일할 수 있게 되었다. 그러나 이제 에이탄은 얼마 전까지 같은 동료였던 중대장들에게 그 무엇을 지시해야 하는 곤란한 일을 겪어야 했다. 나는 그의 리더십을 높이 평가하고 있었기 때문에 크게 염려하지 않았다. 비록 그가 해야 하는 일이 중대장들과 충돌할 경우가 있겠지만, 가급적 그들과 원만한 인간관계를 유지하도록 당부하였다.

71　**OZ:** 히브리어로 '용맹'이라는 의미를 가지고 있다.

우연히도 제77전차대대는 이집트가 설치한 77이정표[72] 바로 옆에 주둔하고 있었다. 나의 대대는 이스라엘군의 전차대대들 가운데 주둔지 규모가 가장 컸다. 다른 대대들보다 훨씬 더 넓은 공간을 확보하고 있어 4개 중대가 동시에 승무원훈련을 할 수 있었다. 또한 시나이 사막과 인접한 지역이어서 야지 기동훈련에 적합하였는데, 내가 아는 한 실전적인 훈련을 실시하기에 가장 좋은 여건을 가지고 있었다.

그러나 내가 지휘할 때 겪은 어려운 점 하나는, 상급 사령부 결정에 의한 것이긴 하지만, 우리 대대가 천막 시설물의 환경하에서 주둔하고 있는 것이었다. 제7기갑여단에 전입을 원하는 장교들에게 시나이에 있는 우리 전차대대와 브엘세바에 있는 제82전차대대 중 어느 하나를 선택하라고 하면, 그들은 모두 제82전차대대를 선택했다. 2개 대대를 서로 비교하는 것은 피할 수 없는 일로서, 우리 대대는 고립되어 가끔씩 무시되는 부대가 아닌가 하는 생각이 들었다. 여단장 야노시 대령은 이러한 분위기를 완화시켜 주기 위해서 많은 노력을 기울였다. 여단장은 가끔씩 자기 참모들에게 제77전차대대에서 추진하고 있는 업무들을 칭찬해 주면서 거기서 교훈을 얻으라고 치켜세워 주곤 하였다.

우리 대대가 멀리 떨어져 있음에도 불구하고 부대에 많은 방문객들이 찾아왔다. 그들 중 어떤 사람들은 이곳까지 왔었다는 사실을 증명해 주는 부대 방문록에 서명하기 위해 이곳에 들렀다. 우리는 그런 종류의 행동을 혐오하였다.

야노시 여단장은 우리 대대를 정기적으로 방문했다. 그는 나에게 부담감을 갖지 말고 근무하라고 늘 충고했지만, 그의 행동이나 반응을 쉽게 추

---

[72] **77이정표:** 수에즈 운하로부터 77㎞ 떨어져 있는 지점이다.

측하거나 예상할 수 없는 그러한 스타일의 상급자였다. 시간이 지나면서 여단의 다른 대대장들이 교체되었다. 제75기보대대장에 요스 엘다르 중령, 제82전차대대 대대장에 하임 바라크(Haim Barak) 중령이 새로 부임하였다. 어느새 나는 여단의 고참 대대장이 되었는데, 항상 동료 대대장들과 우호적이고 원만한 관계를 유지하도록 노력하였다.

군부대가 문명의 세계와 거리적으로 멀리 떨어져 있는 것은 나름대로 장점이 있었다. 부대원들은 항상 훈련과 전투준비에 여념이 없었는데, 이것은 우리가 그곳에 있는 이유이기도 하였다. 우리는 거대한 도시가 뻗치고 있는 여러 가지 유혹과 멀리 떨어져 있었다. 나는 중대들이 훈련하고 있을 때 훈련장을 둘러보며, 훈련 표준을 설정해 주고 이를 보완한 다음 이것이 잘 준수되고 있는지 확인했다. 그리고 통상 관행적으로 잘못 실시하고 있던 훈련방식들을 과감하게 수정하였다. 또한 훈련장에 표적을 새로 설치하고 새로운 사격제원을 산출했다. 나는 훈련장 안에 나 있는 작은 길이나 조그만 통로 사이를 돌아다니기 좋아했다. 나의 지휘 스타일은 전임자인 데이비드 이스라엘리 중령과는 전혀 달랐다. 말로 지시해서 조직 변화와 발전을 추구하기보다는, 현장에서 직접 지도함으로써 변화를 시도하였다. 나는 실용주의 철학을 가진 지휘관이었다. 당시에 나는 '지은 모든 죄'를 용서받을 만큼이나 넓은 사막의 훈련장과 충분한 훈련시간을 가지고 있었던 대대장이었다.

대대장

이스라엘군의 대대라고 하는 것은 구성원들에게 요구되는 과제를 충족시켜 주기 위한 업무를 수행하고, 또 평시와 전시에 그들의 생명을 보호하기 위한 업무를 수행하도록 편성된 조직을 말한다. 대대는 몇 개의 중대로 구성되어 있으며, 중대는 중대장이 지휘한다.

대대장 직책은 통상 20대 후반의 연령에서 수행하는데 대대의 모든 일에 대한 최종적인 책임을 가진다. 대대는 다양한 특성을 가진 10대 후반에서 50대 초반 연령의 수백 명의 부하들로 구성되어 다양한 임무를 수행하고 있기 때문에, 대대장은 모든 면에서 전문가가 되어야 한다. 대대장이 부대 식당을 순시할 경우 청결과 질서에 대해서 강조할 뿐 아니라 음식의 질까지 평가할 수 있어야 한다. 탄약고에 가면 어떤 탄약들이 어떻게 정리되어 있고 그것이 탄약 규정대로 잘 보관되고 있는지 확인할 수 있어야 한다. 또한 부대의 모든 구석구석이 내규와 절차에 따라 잘 운영되고 있는지 점검해야 한다.

대대장은 대대에서 왕이다. 대대장이 몸이 간지러우면 모든 부하들이 전부 몸을 긁어야 한다. 대대장은 교육훈련계획을 결정하고 중대장들에게 훈련중점을 강조한다. 그리고 대대장은 상급부대로부터 대대에 문서나 구두로 하달되는 모든 명령과 지시에 대해 해석하고 적용한다. 또한 상급 제대와 여단에 대해서 대대를 대표하고 있으며, 상급 지휘관과 자기 부하들 사이에서 '연결고리(Liaison)' 역할을 한다.

대대장은 비록 자신이 관사나 집무실 안에 있더라도 그의 코는 밖에 있는 일반 차량, 전차, 그리고 장갑차들이 내뿜는 배기가스의 냄새를 맡을 수 있어야 한다. 대대장은 직관력을 가지고 대대원들의 심리상태가 어떤 상태에 있는지 간파해야 하고, 대대에서 일어나는 모든 일에 대해서 항상 주의를 기울이고 관심을 가져야 한다. 대대장은 상급 지휘관이 하달하는 명령과 지시를 액면 그대로 전달만 해 주고 이를 이용해 자신의 방패로 삼아서는 안 된다. 상급자의 지시를 나의 지시로 소화해서 하달해야 하며, 이때 그 지시를 부하들의 정신자세와 결부시켜 주었을 때 최상의 결과를 가져올 수 있다. 부하들을 항시 정확하게 파악하고 있는 대대장만이 상급자의 지시를 자기 것으로 만들어 하달할 수 있다.

자신의 명령과 지시를 하달하는 것도 마찬가지이다. 대대장은 모든 부하들을 직접 대면하기가 힘들다. 따라서 대대장의 지시가 아래로 내려가면서 중대장과 소대장을 거치는 동안 원래의 의도와 방향이 왜곡되기 쉽다. 중대장이 대대장 지시사항을 껄끄럽게 생각하고 있거나, 그 지시의 논리와 중요성을 제대로 설명해 주지 못하거나, 또는 무슨 말인지 이해하지 못하고 있으면 "이건 대대장님 지시사항이야. 무조건 해!"라고 말해 버린다. 그렇다. 명령은 이행되지만 원래 대대장이 의도한 방향으로 가지 않을 것이다. 극단적인 경우 지휘관이 의도한 것과 정반대의 결과를 가져올 수도 있다.

따라서 대대장은 가능하다면 최선을 다해서 대대원들과 직접 접촉(Direct Contact)을 유지해야 한다.[73] 대대장은 그들과 만나서 대화하고, 설명하며, 설득할 줄 알아야 한다. 대대장은 부하들과 직접 대면하기를 꺼려 하거나, 또는 시간이 촉박하다는 이유를 대면서 자기 말만 내뱉고 부하들로부터 황급히 빠져나가서는 안 된다. 대대장은 공식적인 자리에서 대화할 경우, 부하들에게 반드시 질문할 수 있는 기회를 줌으로써 그들의 의견이나 입장을 경청해야 한다. 또한 비공식적인 자리에서는 부하를 대화에 반드시 참여시켜서 그들의 의견을 듣도록 해야 한다.

대대장은 모든 분야에서 최고의 전문가가 되어야 한다. 대대장은 부대가 보유한 장비의 기술적인 문제에 대해서 잘 모르고 있다는 느낌을 정비 담당관에게 주어서 안 된다. 그리고 본부중대장이 행정을 잘못 처리하고 있을 때 이를 용납해서는 안 된다. 만일 부대에 파견된 포병 연락장교가 미숙하다면, 자신이

---

73 **직접 접촉:** 카할라니는 직접적 리더십(Direct Leadership)의 개념에 대해서 명확하게 설명해 주고 있다. 직접적 수준의 리더들은 분대장, 소대장, 중대장, 대대장이다. 이들은 거의 대부분의 시간을 부하들의 가시권 안에서 활동하면서 부하들을 직접적으로 대면하며, 평상시나 전투 시에 직접지휘(Direct Command)를 실시한다. 참고로 우리나라 육군의 리더십 교리에서는 '행동리더십'으로 기술하고 있다.

전사의 길

포병전술 분야에 해박함을 보여 주고 아울러 포병지원계획도 자신이 직접 작성할 수 있다는 것을 확신시켜 주어야 한다. 부하들이 대대장의 전문적인 역량을 의심하게 만들어서는 안 된다. 부하들의 예리한 눈은 사소한 것도 놓치는 법이 없다. 전문적 역량이 부족한 지휘관은 어느 시점까지만 부하들을 바보로 만들어 놓을 수 있다. 진실은 곧 드러난다. 이때 부하들은 하극상을 일으키는 것이 아니라 침묵으로 대응한다. 왜냐하면 지휘관이 가진 역량을 따지고 듦으로써 그를 공개적으로 모욕하고 싶지 않기 때문이다.

과거에는 전쟁수행 방식과 편성 특성 때문에 훈련장이나 전쟁터에서 대대장 얼굴을 직접 보지 못할 때가 많았다. 이스라엘 독립전쟁 시 예루살렘 근방의 생 시몽(San Simeon), 라다 힐(Radar Hill), 그리고 나비 사무엘(Nabi Samuel) 지역 전투에서 대대장들은 수 km 밖에 떨어져서 부대를 지휘했었다. 그러나 오늘날은 어떠한 대대장도 전투현장이 아닌 다른 곳에 위치해 있을 수 없다. 따라서 지휘관은 목표를 공격할 때 앞장서서 그의 용감성을 발휘해야 하고, 솔선수범을 보이며, 무공을 세우는 데 역할모델이 되어야 한다. 전투 간 지휘관의 위치는 작전의 성공과 실패를 좌우하는 데 결정적인 영향을 미친다. 부하들이 볼 수 있는 적절한 위치에서 대대장이 지휘하는 것은, 보이지 않는 곳에서 부하들에게 동기유발을 촉구하는 수천 마디 말을 하는 것보다 더 유용하다. 대대장은 부하들에게 자신의 모습을 지속적으로 보여 줌으로써, 그들로 하여금 주저 없이 지휘관의 리더십을 받아들일 수 있도록 해 주어야 한다. 부하들은 자신이 공격을 감행하고 있을 때 지휘관이 가까이서 자신의 공격 행동을 직접 지켜봐 주기를 기대하고 있으며, 또한 존경하고 있는 자기 지휘관의 이름을 더럽히지 않기 위해서 용감하게 싸우게 된다.

바로 여기서 대대장은 딜레마에 빠지게 된다. 전투 간 대대장은 오로지 무전을 통해서만 부하들과 접촉할 수 있다. 그렇기 때문에 자신의 명령을 무전으로 직접 들을 수 있는 사람은 예하 중대장들과 소수의 참모에 국한된다. 따라서 기타 부하들은 대대장의 명령을 직접 들어야 할 필요성이 있을 때에도 들을 수 없다. 다시 말하면 전투를 직접 수행하고 총을 쏘고 있는 말단 부하들에게 미치는 대대장의 직접적인 영향력이 상실된다는 것이다. 때로는 말단 부하들에게도 대대장의 권위가 실려 있고 용기와 자신감을 줄 수 있는 영향력 발휘가 필요하다. 다시 말하면, 말단 부하들은 정신적인 투지의 고양을 위해서 지휘관의 말과 지시를 직접 들어야 한다. 따라서 대대장은 가능한 모든 수단을 동원하여 부하들이 자기를 직접 볼 수 있고 자기의 말을 들을 수 있도록 해 주어야 한다. 이렇게 하는 방법 중 하나는 이스라엘군 기갑부대에서 대대장이 중대통신망으로 들어가 중대장의 부하들과 직접 교신하는 것이다. 또 다른 예를 들면 지프차 운전병이 대대장으로부터 무전을 통해 직접 명령을 받고 행동하는 경우이다.

전투가 한창일 때 부하들은 자기 지휘관의 상(Image)을 자신의 가슴속에 가지고 있다. 본질적으로 부하들은 자기 지휘관을 위해서 싸우게 되므로, 지휘관은 부하가 자기의 명령대로 임무를 수행하기 위해 노력하고 있다는 사실을 반드시 알고 있어야 한다. 빗발치는 총탄을 무릅쓰고 돌격하는 바로 그 순간, 명령을 내린 지휘관은 그 부하가 어디서 어떻게 싸우고 있는지를 확실히 알고 있어야 한다. 그것만큼이나 중요한 것은 없다. 지휘관이 내린 판단과 결심이 옳다는 것에 대해 확신을 주기 위해서, 지휘관과 부하들 사이에는 방해받지 않는 긴밀한 의사소통이 매우 중요하다.

이러한 모든 것에도 불구하고 대대장도 군인인 동시에 하나의 인간이기 때문에, 적의 사격을 받을 때는 모든 군인들이 느끼고 있는 감정에 시달리게 된다. 그중에서 가장 큰 것은 두려움, 즉 공포(Fear)이다.

전투 중에 당신이 두려움에 사로잡히게 될 때 주위의 사람들도 똑같이 두

전사의 길

려움을 느끼고 있다는 사실을 알고 있다면, 그 두려움은 완화될 수 있다. 즉 공포를 느끼는 것이 당신 혼자만이 아니라고 생각할 때 공포는 사라질 수 있다. 그리고 어떤 중요한 임무를 달성하거나 또 상급지휘관이나 전우를 위해서라면, 내가 부상당할 수도 있다는 마음의 각오를 단단히 가지고 있을 때 두려움은 사라지게 된다.

지휘관일 경우에 두려움을 극복하기가 부하들보다 오히려 더 쉽다. 왜냐하면 그는 무대 위에 서 있는 배우이며, 또 자신의 연기가 많은 관객들의 시선을 끌고 있음을 잘 알고 있기 때문이다. 따라서 그는 두려운 감정을 억제해야 하고 관객들이 기대하는 바대로 행동해야 한다. 부하들이 자기 지휘관에게 바라고 있는 기대는 분명하다. 즉 끊임없는 활력의 발산, 주도권의 발휘, 명령하달 전에 보여 주는 기민한 판단력과 결단성, 군사지식, 그리고 영민함이다. 무엇보다 지휘관이 발휘하는 탁월한 리더십은 부하들에게 자신감과 용기를 북돋아 줌으로써 부여된 목표를 성취하게 만든다.

대대를 지휘한다는 것은 의심의 여지 없이 어떤 장교에게 마치 진위형 시험을 치르게 하는 것과 같다. 모든 시험을 통과했던 존경하는 지휘관을 한 사람 들라고 한다면, 나는 작고한 칼만 마겐 장군을 들 수 있다. 그가 중령 때 지휘했던 제82전차대대에서 나는 그의 부하로 있으면서 커다란 자부심을 가지고 있었다. 당시 나는 그를 위해서라면 부여된 어떠한 목표에 대해서도 죽음을 무릅쓰고 돌격하고자 하는 마음을 가지고 있었다.

욤키푸르 전쟁

제7기갑여단은 작전계획상 예하 대대를 포함하여 이집트 전선에 우선을 두고 투입되는 부대였다. 유사시 시나이 전선에서 방어작전을 수행하고, 필요시 수에즈 운하를 도하하여 이집트 영토 내로 반격하는 임무를 맡고 있었다.

1973년 늦은 여름, 야노시 여단장은 골란고원의 휴전선[74]을 따라 시리아군과 대치하고 있는 아군 부대를 증원하기 위해 우리 여단이 출동명령을 받을 수 있음을 예측하고 있었다. 따라서 우리는 시리아군의 공격에 대비하여 골란고원의 작전지역을 숙지하고 작전계획을 수립하기 위해 현지 지형정찰을 나갔다.[75] 그 당시 북쪽 헤르몬(Hermon)산으로부터 남쪽 야르무크(Yarmuk)강에 이르는 지역의 골란고원 전선의 방어는 1개 지역여단(Line Brigade)과 제188 바라크 기갑여단(Barak Armor Brigade)이 분담하고 있었다. 바라크 여단은 이츠하크 벤 쇼함(Yitzhak Ben Shoham) 대령이 2개 전차대대를 지휘하고 있었다. 부여단장은 얼마 전 제77전차대대에서 대대장을 마

---

74   골란고원의 휴전선: 1967년 6일 전쟁 시 이스라엘이 시리아로부터 빼앗은 골란고원에 국경을 이루는 휴전선이 UN에 의해 설치되었다. 'Purple Line'이라고 하며, 길이는 남북 방향으로 약 60㎞에 이른다.

75   욤키푸르 전쟁 전 이스라엘군 최고사령부는 시리아가 전투부대 및 대공미사일(SAM)포대의 전진배치, 교량전차를 도입했다는 등의 정보를 입수하여 곧 전면전을 일으킨다는 것을 예상하였다. 당시 참모차장과 작전참모부장을 겸직하고 있던 탈 장군은 제7기갑여단을 골란고원에 미리 이동시킬 것을 강력하게 주장하였다. 이에 따라서 제77전차대대를 먼저 이동시켰는데, 자세한 상황은 『골란고원들의 영웅들』을 참고하기 바란다.

치고 이 부대로 전입한 데이비드 이스라엘리 중령이었다. 지역여단은 골라니(Golani) 보병여단의 1개 대대와 나할(Nahal) 공수부대의 1개 대대를 배속받아, 휴전선을 따라 구축된 요새진지에 소대 단위 또는 중대 단위로 방어를 배치하고 있었다. 그리고 1개 동원사단[76]이 유사시 골란고원 방어를 위해 투입되도록 계획되어 있었는데, 사단장은 라파엘 에이탄 준장으로서 그는 군에서 전역을 준비하기 위해 당시 국내연수를 하고 있었다. 동원사단의 사령부는 갈릴리 호수 북단의 저지대에 위치하고 있었다.

바라크 기갑여단 예하의 2개 전차대대 중 하나인 야이르 나프시(Yair Nafshi) 중령의 전차대대는 휴전선을 따라 배치된 보병의 요새진지들을 지원하기 위해 근방에 전차소대 단위로 점령하고 있었다. 또 다른 전차대대는 오데드 에레즈(Oded Erez) 중령 지휘하에 후방에 주둔하면서 당시에 기동훈련을 실시하고 있었다. 후방에는 몇 개의 포병포대가 사격진지에 배치되어 있었고, 골란고원의 전 부대를 지원하는 소규모의 공병부대가 있었다.

나사렛(Nazareth)에 본부를 둔 북부사령부(Northern Command)가 이 모든 부대들은 지휘통제 하고 있었다. 지역여단은 휴전선의 철책 방어를 위해 배속받은 보병부대들을 요새진지에 배치하고, 이를 지원하기 위하여 전차들을 요새진지 사이에 배치하였다. 바라크 기갑여단은 북부사령부의 예비부대로서 사령부의 직접 통제를 받고 있었다. 전시에 동원되는 여단들을 지휘하게 될 동원사단 본부는 당시 동원령이 아직 발령되지 않았기 때문에 완전히 구성되지 않고 있었다.

---

[76]   이 동원사단은 제36사단이다. 이 사단은 욤키푸르 전쟁이 끝난 후 군 구조 개편에 따라 동원사단에서 상비군 기갑사단으로 전환되었다. 현재까지 골란고원에 주둔하고 있으며 시리아 전선을 담당하고 있다.

로시 하샤나 5734

이스라엘의 신년절인 로시 하샤나(Rosh Hashana) 5734(1973년)는 목요일과 금요일에 걸쳐 있는 이틀 간의 명절인데, 신년절과 토요일의 안식일이 연결되어 있어서 이스라엘 사람들은 일요일을 포함해 총 4일 간의 명절 연휴를 보낼 수 있었다. 따라서 많은 사람들이 고향으로 향하고 있었고, 시나이 반도 남쪽 끝에 위치한 샤름 아 세이크(Sharm a-Sheikh)로부터 골란고원 언저리에 있는 갈릴리(Galilee) 호수에 이르기까지 해안가에는 수많은 인파들로 북적거렸다. 나도 즐거운 마음으로 휴가를 보내기 위해서 네스 시오나에 있는 나의 집으로 갔다. 나는 2년 전에 새로 구입한 집수리를 마치려고 했는데, 겨울비가 오기 전에 지붕 기와를 새로 교체하고 싶었다.

내가 지붕에 올라가자마자 야노시 여단장으로부터 전화가 왔다. 즉시 골란고원 지역으로 이동해서 그곳 부대에서 요구하는 작전에 참가하라는 내용이었다. 그 이야기를 들은 아내 달리아는 놀라고 실망하면서 어떤 불평보다는 슬픈 침묵으로 일관했다. 아내는 다시 한 번 내가 없는 신년 명절을 보내야 했다.

새로운 임무를 받은 것이 뿌듯하여 시간을 조금도 지체할 수 없었다. 시나이의 대대 주둔지에 있던 대대원들은 버스를 타고 북쪽 골란고원으로 이동하였다. 원래 우리 대대가 갖고 있던 M48 패튼전차들은 주둔지에 그대로 두었다. 부대대장 에이탄과 중대장들에게 전화를 걸어서 골란고원으로 이동하도록 지시했다. 나는 골란고원으로 가는 도중 차안에서 잠을 잘 수밖에 없었는데, 전날 저녁 내 동생 에마누엘(Emmanual)과 신부 루시(Ruthie)의 결혼축하 파티가 새벽까지 이어져 너무나 피곤했기 때문이었다.

골란고원에 도착하자마자 나는 바라크 여단장인 벤 쇼함 대령에게 출두했다. 우리는 전시치장물자 창고에 보관 중이던 전차들을 새로 수령하였다. 벤 쇼함 여단장은 나의 대대가 수행해야 할 임무에 대해 간략하게 설명해 주었다.

"자네 대대는 여단이 방어작전을 실시할 때 '역습부대'로 운용될 거야."

신년절 첫날 저녁, 우리는 바라크 기갑여단의 전시치장물자 창고로부터 센추리온 전차 22대를 수령한 후 탄약을 적재하는 것까지 모두 끝마쳤다. 모든 이스라엘 사람들이 기도하면서 사과를 꿀에다 찍어 먹고 있을 때, 우리 대대원들은 전차에 탄약을 잔뜩 실은 채로 우리들만의 축제를 위해서 삥 둘러앉았다. 중대 주임상사가 샌드위치를 돌렸다.

우리는 새벽까지 출동준비를 완료하였지만 북부사령부는 주둔지에 그대로 대기하고 있을 것을 지시했다. 우리는 시리아와 국경을 이루는 휴전선 일대를 정찰하면서 시간을 보냈다. 모든 것이 조용하고 목가적으로 보였다. 골란고원에 나들이 나온 많은 관광객들의 얼굴에 어떠한 긴장감도 찾아 볼 수 없었다.

나는 휴전선을 따라 배치되어 있는 아군부대 지역을 광범위하게 정찰했다. 당시 나는 골란고원의 지형에 대해서 충분하게 숙지하지 못하고 있었다. 우리는 효과적인 방어작전 수행을 위해 모든 포장도로, 비포장 도로, 연결통로, 사격진지, 경사면 같은 지형들을 세부적으로 파악할 수 있는 시간이 충분하지 않았다. 지형을 최대한 활용할 수 있는 양호한 전투진지들을 선정해야 하는데 가용한 시간이 부족하였다. 나와 부하들은 시리아군과 한 번도 전투를 해 본 적이 없었지만, 그들의 특성에 대해서는 많은 교육을 받았다. 그들은 매우 용감한 전사들이며, 6일 전쟁 때 우리에게 빼앗겼던 골란고원을 다시 수복하기 위한 결의가 대단히 높다고 들었다.

우리는 한 순간도 허비하지 않고 작전지역을 반복해서 정찰하였다. 또 새로 수령한 전차에서 발견한 문제점들을 하나하나 고쳐 나가면서 앞으로의 전투에 대한 자신감을 키워 나갔다. 105mm 주포의 센추리온은 훌륭한 전차였는데 사격통제장치가 매우 효과적이었으며, 우리가 시나이 대대에

서 원래 장비하고 있던 M48 패튼전차보다 적 전차포에 대한 방호력이 더 뛰어났다.[77]

우리 대대는 골란고원 지역으로 제일 먼저 이동하였기 때문에 9월 26일부터 10월 5일 금요일까지는 제7기갑여단을 대표하고 있었다. 금요일 저녁까지 여단의 전체 부대가 남부 브엘세바로부터 북부 골란고원으로 이동하여 우리에게 합류하였다. 요스 엘다르 중령이 지휘하는 제75기보대대, 하임 바라크 중령이 지휘하는 제82전차대대, 그리고 추가적으로 메슐람 라테스(Meshullanm Ratess) 중령이 지휘하는 제71전차대대가 합류하였다.

당시 나는 사소한 문제 2가지를 가지고 있었다. 하나는 내가 새로 타야하는 대대장 전차이고, 다른 하나는 처음 만나게 되는 전차승무원들이었다. 새로 수령하여 내가 타는 전차에 대해 하나에서 열까지 철저하게 검사했다. 사격통제장치, 자동화체계, 그리고 각종 보조장치를 점검했다. 장비의 나사가 풀려 있거나 영점이 제대로 잡혀 있지 않은 주포 때문에, 대대장이 전사하게 되는 그러한 전투는 치르지 싫지 않았다. 전차엔진과 변속장치는 전차 무게를 견딜 만큼 양호한 상태였다. 적어도 전투장비면에서 나는 매우 양호한 전차를 가지고 있는 셈이었다.

내가 타는 대대장 전차의 승무원들 중에 아는 병사가 하나도 없었다. 내가 요구하고 있는 것을 그들에게 알려 주고 빠른 시간 내 서로 이해하고자 노력했다. 이러한 것이 그들에게 압박감을 주었다. 나는 긴장을 누그러뜨리

---

77 시나이 전선에서 M48 패튼전차를 운용하고 있던 카할라니 대대가 9월 26일 골란고원으로 이동해서 신형 센추리온을 수령한 후 전투준비를 하였으며, 10월 6일(속죄일)부터 전투에 임하게 된다. 약 10일 정도의 짧은 기간 동안에 전혀 다른 종류의 전차를 익혀서 전장에 투입하여 놀라운 성과를 달성했다는 것은 무척 놀라운 일이다. 당시 센추리온 전차는 M48 패튼전차보다 기동성은 떨어졌지만, 화력과 방호력이 우수했기 때문에 골란고원에서 주로 운용되었다.

기 위해 평소의 습관처럼 농담 몇 마디를 던졌다. 새로운 '보스'를 만나 다소 흥분해 있던 젊은 병사들은 내 말의 의도를 제대로 받아들이지 못했다.

"어떤 놈들한테도 창창한 이 나이에 나를 죽이도록 허락하지 않겠다!" 라고 말했다. "따라서 너희들은 나를 잘 보호해야 하고, 내 목을 노리는 놈들을 싹 쓸어버려야 해!"

어색한 미소가 병사들의 얼굴을 스치고 지나갔다.

조종수 유발 벤-너(Yuval Ben-Ner)는 순간 당황하며 어쩔 줄 몰라 했다. 상상해 보라, 대대장님이 직접 타시는 전차의 조종수가 된다는 것을…. 베이트 하시타 키부츠에서 온 데이비드 킬론(David Kilyon)은 대대장 전차의 포수로서 자신의 역할에 만족감을 보이면서 조금 다른 태도를 보였다. 그는 우람한 체격에 걸맞은 자신감을 보이고 있었다. 레임 키부츠에서 온 스칸디나비아인 같은 금발의 탄약수 기데온 시메시(Gideon Shemesh)는 이런 상황을 군대에서 흔히 있는 일로 생각하는 듯했다. 단지 기디 펠레드 중위만이 웃고 있었다. 그가 소대장을 할 때 그의 능력을 관찰해 본 다음 대대작전장교로 발탁했었다. 나는 기디를 좋아했으며 그와 함께 만족스럽게 일했다.

욤키푸르 전쟁 전에 이루어진 군 정보판단에 의하면 골란고원 전선에서는 전면전보다 국지전이 일어날 가능성이 더 많았다. 국지전이란 '소모전쟁'같은 것이나, 또는 '시리아군이 골란고원 지역 일부를 탈취'하는 것을 말한다. 즉 시리아군이 텔 파리스(Tel Faris) 지역, 또는 쿠네이트라(Kuneitra) 시가지와 그 주변 고지군, 또는 헤르몬산을 공격하여 탈취하는 것을 예상하고 있었다.

당시 골란고원에 구축해 놓은 인공장애물은 그리 많지 않았다. 대부분의 방어지역 전방에는 대전차호가 구축되어 있지 않았고, 단지 몇 군데 지역만이 지뢰지대로 방호되어 있었다. 일부 구축된 대전차호 근방에 요새진지들이 있었고, 이곳에 전차들이 들어갈 수 있는 진입로가 구축되었다. 요새진지의 위치는 각각의 요새진지가 적의 돌파를 어느 정도 저지할 수 있느냐를 고려하여 결정되었다. 11개의 요새진지들은 휴전선 철조망에 연하여 바짝 붙어 있었는데, 각 진지에는 12~16명 정도의 보병들이 배치되어 있었다. 이 진지들은 방어전투를 통합적으로 수행하도록 구축되어 있었고, 병사들은 참호를 통해 진지벙커로 드나들었다. 휴전선은 철책선 형태로 구축되어 있었다. 아군 쪽으로 철책선과 평행한 도로를 닦아놓고 그 중간에 모래를 깔아 놓음으로써, 어떠한 적의 침투라도 용이하게 식별할 수 있도록 만들어 놓았다. 모든 병력들을 휴전선에 근접해서 배치하였는데 그 목적은 어떠한 형태의 적의 도발에 대해서도 병력에는 병력으로 대응하고, 또 사격에는 사격으로 대응한다는 원칙하에 수단과 방법을 최대한 사용하기 위해서였다.

욤키푸르 날 직전에 시리아 수도 다마스쿠스와 이집트 수도 카이로에 머물고 있었던 소련인 가족들을 모두 본국으로 철수시켰는데, 이것이야말로 시리아와 이집트가 가지고 있던 전쟁의도를 분명히 나타낸 것이었다. 그러나 이스라엘군 최고사령부는 '전쟁의 문턱에 정말로 들어섰는가?'에 대한 정보판단을 두고 큰 혼란 속에 빠졌다. 만일 전쟁이 임박했다면 우리는 당장 무엇을 해야 하는가? 당시 우리와 같은 야전부대 군인들은 군 최고수뇌부가 상황을 오판했으리라고는 것을 꿈에도 상상하지 하지 못했었고, 그들의 우유부단함도 잘 인식하지 못했었다. 욤키푸르 전쟁이 일어나기 전까지 나는 최고사령부에서 내린 어떠한 결정에 대해서도 의심을 품어본 적이 없었다. 나는 항상 신뢰를 가지고 상급부대 명령에 복종하였으며 나의 임무를 완수하기 위해 최선을 다했다. 나는 나의 부대를 최고의 전투부대로 만들어, 어떠한 전쟁의 시련에도 이겨낼 수 있는 전투준비태세를 갖추고자 하였다.

당시 참모총장 데이비드 엘라자르(David Elazar) 중장의 자서전을 정리한 하녹 바-토브(Hanoch Bar-Tov)는 '전쟁 징후를 어떻게 판단할 것인가'에 대해 국방부와 최고사령부 간에 있었던 논쟁에 대해서 이렇게 기술하였다. 그들 대부분은 전쟁이 임박했음을 믿지 않고 있었다. 그 논쟁은 욤키푸르 날 오전에 열린 정부 각료회의에서 엘라자르 참모총장과 모세 다얀 국방장관 사이의 의견 차이가 그 극치에 달했다. 엘라자르 참모총장은 예비군을 동원하는 데 있어 전면적인 총동원을 요구했고, 다얀 국방장관은 단지 수만 명 수준의 부분동원만을 원했다. 결국 이 논쟁은 골다 메이어(Golda Meir) 수상이 끝내야 했다. 그녀가 최종적으로 결심해야 했다.[78]

이때 이집트군과 시리아군은 전쟁개시 시각(Zero Hour)만을 기다리고 있었다. 당시 이집트군 참모총장 샤즐리(Shazli) 장군은 '운하를 건너(Crossing the Canal)'라는 자신의 책에서 그들은 전쟁개시 시기를 기만하기 위하여 용의주도하게 철저히 준비했던 기간으로 기술했다. 그들은 자신들의 진정한 의도를 숨겨가면서 우리가 완전히 오판하도록 유도했던 것이다.

반면 당시의 이스라엘 정부는 국정의 목표를 국가가 평온한 상태로 유지하는 것에 최우선을 두었다. 이것이 파멸의 원인이었다. 바로 몇 주 후에 총선이 치러지기 때문에 정부는 예비군 총동원령 발령으로 유권자들을 당

---

78 욤키푸르 전쟁 후 '전쟁진상조사위원회(아그라나트 위원회)'가 구성되어 전쟁 초기의 대응 실패에 대해 조사였다. 이스라엘 비밀정보기관 모사드(MOSSAD)가 아랍의 동향을 사전에 파악해 골다 메이어 수상에게 전쟁 임박을 보고했지만 이는 무시되었고, 오히려 이집트와 시리아 모두 기습공격 할 준비가 되어 있지 않다는 국방정보본부(AMAN)의 보고가 주목을 받음으로써 결국 군 수뇌부와 정치 지도자가 오판을 하게 되었다. 10월 6일 오전 8시, 전쟁발발 6시간 전에 열린 비상내각회의에서 여러 가지 논란(전쟁발발 여부, 선제타격 여부, 총동원 대 부분동원 등) 끝에 예비군 총동원령은 이집트와 시리아가 총공격을 개시했던 그날 오후 2시보다 불과 5시간 전인 오전 9시 경에야 발령되었다. 당시 아그라나트 위원회의 조사결과가 공개되자 엘라자르 참모총장이 인책 사임했고, 또 일부 국회의원들이 들고 일어나는 바람에 다얀 국방장관과 골다 메이어 수상까지 사임하게 되었다. 또 욤키푸르 전쟁 40년 후 아그라나트 위원회 보고서 중 비밀내용이 해제되었는데, 6일 전쟁의 영웅이었던 다얀 장군은 당시 국방장관으로서 아랍의 기습공격에 대해 제대로 대응하지 못한데 대해 책임을 회피한 증언들이 알려지자 '쓸모없는 겁쟁이'로 낙인찍히게 되었다.

황하게 만들거나, 또는 현 내각의 정치적 지지를 훼손할 만한 조치들을 취하는 것에 대해 두려워하고 있었다. 만일 총동원령이 조금만 더 일찍 발령되었더라면, 전쟁이 터졌던 첫날 상황은 완전히 달라졌을 것이다.[79]

이스라엘군의 상비군은 제한된 단기간 동안에만 국경선에서 방어임무 수행이 가능하다. 며칠 이상이 요구되는 장기간 전쟁을 수행하기 위해서는 민간인 예비군을 동원하여 상비군과 통합시켜야 하는 것이 필수적이다. 예비군을 동원한 후 무기와 장비를 갖추고 전투준비를 해서 전선에 투입하는 데는 일정한 기간이 소요된다. 이러한 '일정 기간의 소요'가 결정적인 요소인데, 우리가 상대하고 있는 적은 이에 대해서 너무나 잘 알고 있었다. 적의 의도하고 있는 기만의 초점은 우리의 총동원령이 최대한 지연되어 발령되도록 만드는 것인데, 이것은 장차의 전쟁에서도 마찬가지로 그들의 주요 목표가 될 것이다. 적이 오직 우리의 상비군만 상대해서 전쟁을 시작하는 것 자체가 이미 그들에게 승리를 가져다 줄 유리한 고지를 선점하게 만드는 것이다.

이것은 우리에게 많은 교훈을 주었다. 욤키푸르 전쟁은 예비군 동원 시기에 대한 우리의 사고방식에 큰 변화를 가져다주었다. 만일 다시 이런 상황이 오게 된다면 우리는 공개적 방법과 비공개적 방법 등 모든 수단을 강구하여 예비군을 사전에 동원할 것이며, 이들을 전투요원으로 전환시키는 데 최소한의 시간만 사용할 것이다.

---

[79] 이스라엘군의 예비군은 총동원령이 발령되고 48시간이 지나야 상비군 수준의 전투력을 갖출 수 있다. 욤키푸르 전쟁 시 불과 전쟁 발발 5시간 전에 발령됨으로서 대혼란이 일어났으며, 위급했던 골란고원 전선의 경우 우선 전투력을 갖춘 소대나 중대단위로 전투지역에 축차적으로 투입하는 현상이 벌어지게 되었다.

전사의 길

1973년 10월 6일 토요일, 욤키푸르 날

골란고원의 지역여단 본부가 위치하고 있는 나파크(Nafach) 기지에 북부사령부의 전방지휘소가 설치되었는데, 10시경 예하 지휘관들에게 작전명령을 하달하였다. 이어서 북부사령관 이츠하크 호피(Yitzhak Hofi) 소장이 간략하게 상황을 설명하였다. 나는 작전상황 브리핑 회의에 참석한 후 상황실 밖에서 여단장 야노시 대령을 기다렸다. 이때까지 나는 여전히 제188 바라크 기갑여단 통제하에 있었기 때문에 우리 여단으로 다시 복귀하기를 원했다. 여단장에게 복귀를 승인해 주도록 건의하였는데, 이는 내 전차의 무전망 주파수를 우리 여단으로 다시 바꾼다는 의미였다. 야노시 여단장은 곧바로 벤 쇼함 여단장과 상의한 후 나의 원복을 승인해 주었다. 그리고 나에게 최신 정보를 알려 주었는데, 그것은 금일 18시경에 전쟁이 시작될 것이라고 북부사령관이 말했다는 것이다.[80]

이제 모든 것이 확실해졌다. 그 어떤 것도 이 사태를 지연시키거나 취소할 수 없었다.

야노시 여단장의 명령에 따라 우리는 정오까지 최종적인 전투준비를 마쳤다. 전차승무원들은 전차 위장망을 친 상태에서 출동을 대기했다. 나는 유대교회당에 가서 병사들에게 기도를 중지시킨 다음, 비록 단식일이긴 하지만 일단 무엇이든지 빨리 먹고 자기 전차로 신속하게 돌아갈 것을 명령하였다. 욤키푸르 날의 단식이 부하들의 전투능력을 저하시킬 것이 뻔했

---

80 이스라엘 비밀정보기관 모사드(MOSSAD)는 이집트와 시리아가 10월 6일(욤키푸르: 속죄일) 18시에 전쟁을 개시하도록 합의했다는 정보를 알아냈다. 그러나 18시라는 전쟁개시 시각이 시리아의 반대로 나중에 14시로 앞당겨졌었다. 왜냐하면 18시라는 시각이 시리아군에게는 넘어가는 태양 빛을 받아 가면서 공격해야 하므로 불리한 반면, 반대 방향에 있는 이집트군은 태양을 등지고 공격하므로 유리했다. 따라서 그들은 절충점을 찾아서 14시로 앞당겼는데, 최종 변경된 정보까지는 이스라엘 정보기관에서 알아내지 못했던 것이다.

다. 나 역시 마찬가지였다.

12시 5분 전, 나는 여단 지휘소에서 예정된 최종 작전브리핑을 듣기 위해 나파크 기지에 도착해 지프차에서 내려서 걸어가고 있었다. 갑자기 기지 내에 포탄 몇 발이 떨어졌다. 그리고 전투기들이 귀를 찢는 굉음을 내면서 저공비행으로 날아갔다.[81]

나는 땅에다 얼굴을 박은 다음 두 손을 머리에 얹고 바짝 엎드렸다. 나는 잠시 동안 이스라엘 공군의 전투기 조종사들이 혹시 항로를 잘못 이탈한 것이 아닌가 하고 의심했다. 기지 내가 온통 소란해졌고 나는 하늘을 살펴보았다. 그들은 시리아 공군의 미그(MiG) 전투기들이었다. 나는 모욕감을 느꼈다. 우리는 모두 대혼란에 빠졌다. 나는 곧바로 지프차 운전석에 올라탄 후 운전대를 잡고 우리 대대 집결지가 있는 곳으로 질주하였다. 운전병은 나 대신 선탑자석에 앉았고 참모들은 뒷자리에 탔다.

"폴리스맨 제로(대대망 가입자의 집단호출), 여기는 대대장." 나는 뒤에서 참모가 넘겨준 무전기 송수화기를 잡고 명령을 하달하였다.

"엔진 시동! 출동 준비를 하라. 이상 교신 끝."

나는 최대한 속도를 올리기 위해 있는 대로 가속페달을 밟았다. 차를 질주하면서도 적 전투기가 또다시 나타날지 하늘을 살펴보았다.

전차들은 이미 위장망을 모두 제거하였다. 웅웅거리는 전차엔진 소리가 사방에서 들려 왔다. 나의 전차가 있는 곳에 지프차를 급히 세운 다음, 전차장포탑 안으로 껑충 뛰어 들었다. 전차승무원들은 모든 준비를 마치고 나를 기다리고 있었다. 안심이 되었다. 나는 전차장용 구경50 기관총 옆에 탄피들이 흩어져 있는 것을 발견하였다. 누군가 적 전투기를 향해서 사격

---

81 지상군 기동부대가 14시에 공격을 개시하기 전, 12시부터 포병과 항공기에 의한 공격준비사격이 이루어진 것으로 보인다.

한 흔적이었다. 누가 썼는지 굳이 추측할 필요가 없었다. 포수 킬론(Kilyon)이 고개를 끄떡이는 걸 보니 그가 쓴 것이 분명하였다.

나의 호출부호는 여단 통신망에서 '넘버 투(No. Two)'였고, 대대 통신망에서는 '넘버 텐(No. Ten)'이었다. 이때 북부사령부는 골란 남부지역의 작전책임을 제188 바라크 여단에게 부여한 다음, 우리 여단의 제82전차대대를 그들에게 배속전환시켜 주고 그쪽 지역으로 이동하도록 지시하였다. 따라서 바라크 기갑여단은 오데드 에레즈(Oded Erez)의 전차대대와 새로 배속받은 하임 바라크의 제82전차대대를 포함하여 2개 대대를 운용하게 되었다. 제7기갑여단은 골란 북부지역의 작전책임을 부여받았다. 야노시 여단장은 우리 대대에서 차출한 1개 전차중대로 증강된 요스 엘다르의 제75기보대대를 부스터 능선(Booster Ridge)과 작은 헤르몬산으로 불리는 헤르모니트(Hermonit) 능선 사이에 있는 지역에 방어배치하기로 하였다. 이곳은 적과 가장 근접한 골란고원의 동쪽 끝에 있는 지역이다. 라테스(Ratess)의 제71전차대대는 드루즈족 마을인 부카타(Bukata) 근처와 헤르모니트 능선의 북쪽 지역에 배치토록 하였다. 나의 전차대대는 쿠네이트라 시가지를 북쪽에서 내려다볼 수 있는 '부스터 능선'에 방어배치될 것이다. 그리고 야이르 나프시의 전차대대에서 차출된 전차들은 휴전선을 따라 구축된 고정진지상에 이미 분산 배치되어 있었고, 야이르 자신은 부스터 능선 동쪽에 있는 한 요새진지에 위치하고 있었다. 제7기갑여단은 이와 같은 작전계획을 가지고 방어에 유리한 이점을 최대한 이용하여 전투하게 될 것이다.

"어디에서 전투해야 하나?" 동쪽을 바라보면서 나에게 스스로 물었다. 적 포병부대가 쏜 포탄들이 온 사방에 떨어지고 있었는데 특히 교차로 부근에 집중되고 있었다. 아직까지 내 눈으로 직접 적을 보지는 못했다. 우리는 동쪽으로 몇백 m 정도 이동하여 대대의 전차들을 전개시켰다. 나의 전차중대들은 마치 훈련하듯이 신속하게 진지를 점령하였다. 각 중대의 호출부호는 다음과 같았다. 야이르 스웨트 중위의 중대는 베스파(Vespa), 메나헴 알버트 대위의 중대는 제차르(Zechar), 에미 팔란트 중위의 중대는 후므스(Humous), 메이어 자미르 대위의 중대는 타이거(Tiger)였다. 대대본부 지역에 암논 라비(Amnon Lavi) 중위가 지휘하는 전차소대 규모의 감소된 중대를 두었는데, 호출부호는 매트레스(Matress)였다. 부대대장 에이탄도 자신의 전차를 타고 내 전차 옆에 위치하고 있었다. 내 전차에 함께 탄 작전장교 기디 중위가 작전지도를 내 앞에 펼쳐 보였다.

이때 야노시 여단장이 무전을 통해 강한 어조로 명령했다. 요스 엘다르의 기보대대로 1개 전차중대를 즉시 배속전환시키라는 명령을 내리므로 에미 팔란트의 전차중대를 그곳으로 이동시켰다. 몇 분 후 메이어 자미르의 전차중대를 여단통제로 전환시키라는 명령이 내려왔다. 이 중대는 쿠네이트라 남쪽 수 km에 위치한 텔 하제이카(Tel Hazeika) 돌출부를 방어하기 위해서 여단에서 직접 통제하여 운용할 것이다.

우리는 근접대형을 유지한 상태로 경작지를 통해 쿠네이트라 시가지와 그 외곽지역을 향해 전진하였다. 그리고 '부스터 능선'으로 올라가서 대대 전투진지를 점령했는데, 나는 처음으로 저 멀리 시리아 영토 안에서 시리아군 전차들이 먼지 기둥을 뭉게뭉게 일으키며 다가오는 것을 볼 수 있었다.[82]

---

82   **부스터 능선**: 골란고원의 화산활동으로 인해서 생긴 능선이며, 전방관측과 사격이 용이하여 군사적으로 유리한 지형이다. 카할라니는 전쟁 초기에 4일 밤낮 동안 '부스터 능선'을 중심으로 해서 전차부대에 의한 고수 방어(Static Defense)와 동시에 적극 방어(Active Defense)를 펼쳤다. 이 전투는 이스라엘을 살렸다. 〈부록 2〉의 골란고원 전선 요도(시리아군의 최초공격과 이스라엘군의 저지 및 반격작전)를 참조하라. 그리고 추가적으로 관심 있는 독자들은 『골란고원의 영웅들』(세창출판사, 2000)에 실린 전투상황도와 전투현장 사진을 참고하기 바란다.

적 포병의 포탄들이 아군 진지에 집중적으로 떨어지기 시작하였다. 적 포병 사격의 정확도에 놀라서 우리는 후방의 안전한 대피진지를 찾아 신속하게 부스터 능선 후방으로 다시 내려갔다. 시리아 전투기들이 먹잇감을 찾는 새처럼 우리의 머리 위를 맴돌다가 가끔씩 급강하해서 폭탄을 투하하였다. 멀리까지 큰 폭음소리가 울렸고 검은 연기 기둥이 하늘로 치솟아 올랐다. 나는 시리아 지역을 굳이 쌍안경으로 볼 필요가 없었는데, 그동안 지형을 많이 연구해서 거의 숙지하고 있었기 때문이다. 그러나 정작 내가 더 잘 알고 있어야 할 것은 아군 부대들의 배치였다! 내 우측에 누가 있고, 내 좌측에 누가 있으며, 누가 전방에 배치되어 있는지 확실히 알고 있어야 했다.

시리아군이 쿠네이트라 시내로 들어오는 것을 저지하기 위해 메나헴 알버트의 전차중대를 그곳으로 이동시켰다. 그리고 나는 야이르 전차중대와 암논 전차중대를 이끌고 부스터 능선으로 다시 올라갔다. 대대 화력지원장교인 아브라함 스니르(Avraham Snir) 중위가 시리아 영토 안에 있는 적 표적에 대해서 사격할 것을 건의하였다. 나는 그가 원하는 표적이 정확하게 어떤 것인지 알 수 없었지만, 일단 승인해 주었다.

적 포탄 한 발이 내 근방에 떨어지면서 파편들이 전차에 튀었다. 전차 장포탑 안으로 몸을 피했다. 나는 적의 포병사격에 대응한다는 것은 항상 속수무책이라는 생각이 들었다. 전차는 적의 포병사격을 막아 낼 수 없을 뿐 아니라, 적 포병 자체에 대해서도 공격할 수 있는 수단을 전혀 갖고 있지 않았다.

그날 오후 늦게 우리는 적 전차부대들이 아군의 방어지대로 접근하는 것을 발견하였다. 야간이 되자 아군 전차의 취약점이 드러나기 시작했다. 우리는 야시장비가 없었기 때문에 어둠 속에서 적 전차를 명중시킬 수 없었다. 이에 반해서 시리아군은 적외선 포수잠망경을 통해서 아군 지역을 볼 수 있었기 때문에, 우리 전차를 확인하고 조준하여 사격함으로써 우리에게 치명적인 피해를 안겨 주었다. 우리가 가지고 있었던 야시장비는 켜는 것조차 두려운 전차 탐조등뿐이었다. 우리는 전장지역을 잠시 밝힐 수 있는 포병의 조명탄 사격을 지원받았는데, 이것조차 짧은 기간에 모두 소진됨으로써 조명지원은 곧 끊겨 버렸다. 이것은 공정하지 못한 전투였다. 우리보고 어떻게 대응하라는 말인가? 부하들은 논리적이고 만족스러운 대응방법을 기대하면서 나를 쳐다보았지만 어떠한 해답도 줄 수 없었다. 우리가 가진 가장 효과적인 수단은 전차장용 적외선 쌍안경인데, 이것으로 적 전차가 발사하는 적외선 라이트를 확인하고 그들의 대략적인 진행방향을 알 수 있었다. 우리는 그 진행방향을 짐작하여 전차포 사격을 가하였다.

우리는 첫날 밤 많은 피해를 입었다. 전투는 혹독하고 절망적이었다. 여러 대의 시리아 전차들이 아군의 통로를 지나친 다음에 대형을 갖추기 위해 잠시 멈추어 서곤 하였다. 밤의 장막 속에서 시리아군은 휴전선의 철조망을 부수고 지뢰지대를 통과하였다. 지뢰지대의 아군 쪽에 대전차호가 구축되어 있었지만, 그들은 그곳을 흙으로 메꾸고 통로를 개척함으로써 아군 방어지대의 중앙 지역에 도달하였다. 마침내 우리는 매우 가까운 거리에서 적 전차들을 식별하고 사격할 수 있었다. 우리는 적 전차가 사격할 때 생기는 화염의 불빛을 이용하여, 바로 그 옆에 위치한 적 전차를 조준하는 방법을 자주 사용하였다.

토요일 저녁, 나는 요스 엘다르의 기보대대를 증원하라는 명령을 받고 야이르 스웨트의 전차중대를 이끌고 부스터 능선으로부터 내려와서 그쪽 지역으로 이동하였는데, 이때 요스 기보대대장이 부상을 당해 후송되었다는 소식을 듣게 되었다. 나는 요스 기보대대가 담당한 헤르모니트 능선을 효과적으로 방어하기 위하여, 이미 여기에 배속되어 있던 에미 팔란트의 전차중대를 다시 내 통제하에 복귀시켰다. 한편 쿠네이트라 근처에서 전투

전사의 길

중이던 메나헴 알버트 중대장이 그날 저녁 늦게 중상을 입고 그의 부중대장 역시 부상을 당했다. 나는 이 중대를 통제하기 위해서 부대대장 에이탄의 전차를 급히 그쪽으로 보냈다.

나는 우리가 내일 아침까지 버티어 낼 수 있다면 우리에게 승산이 있음을 알고 있었다. 우리는 전차엔진을 모두 끄고 시리아군 전차들이 이동하는 소리에 귀를 기울였다. 그날 밤 우리는 한 순간도 잠을 잘 수 없었다.

시리아군 전차들은 다음 날 아침 공격을 재개하기 위해 대전차호를 통과한 후 집결하여 날이 밝기를 기다리고 있었다. 팽팽한 긴장 속에서 우리도 아침의 첫 햇살을 기다렸다.

1973년 10월 7일, 일요일

날이 밝기 시작하자, 나는 약 1.5㎞ 동쪽 지점에 80대에서 90대가량의 적 전차들이 밀집해 있는 것을 발견하였다. 그 전차들은 곧 먼지를 일으키면서 아군 지역으로 다가오기 시작하였다. 처음에는 태양이 아직 떠오르지 않아 표적을 찾기가 매우 어려웠다. 비로소 태양이 떠오르자 우리는 수많은 적 전차들을 화염 속에 몰아넣었다. 적의 공격은 놀라울 정도로 단호하고 용감하였는데, 그들은 동료 전차들이 수없이 파괴당하는 상황을 목격하면서도 전투대형을 전혀 흩트리지 않았다.

우리는 야간보다 주간에 더욱 효과적으로 전차전을 실시할 수 있었다. 우리는 전투지역에 나 있는 모든 통로를 숙지하고 있었기 때문에 이를 최대한 활용하였다. 우리는 시리아군에 비해서 한 가지의 이점을 가지고 있었다. 즉 우리는 상대적으로 높은 곳에 위치한 유리한 방어진지를 점령하고 있는 데 반해, 시리아군은 저지대에서 계속 이동해야 한다는 사실이었다. 그렇지만 시리아군은 적어도 8:1 정도의 수적인 우세를 가지고 있었다.[83] 우리는 그들의 단호함과 무모함에 대해 격분하기라도 한 듯 맹렬한 사격을 퍼부었다. 우리는 정확한 전차포 사격을 실시함으로써 많은 적 전차들을 파괴하였다. 이때 많은 전차장들이 전사하거나 부상을 당했는데, 일단 전차장이 쓰러지게 되면 그 전차를 전투지역에서 이탈시켜서 후방으로 빼내었다. 시간이 지나면 지날수록 아군 전차 대수가 점점 줄어들었고, 탄약들도 소진되어 갔다.

나의 전차승무원들은 눈부신 활약을 펼쳐 주었다. 우리는 미친 사람들처럼 사격을 하였다. 나는 시종일관 내 전차에 대한 지휘와 대대 전체를 위한 지휘 사이에서 균형(Balance)을 맞추려고 노력하였다. 처음에는 좀 복잡하였으나 마침내 언제 내 전차의 상황에 전념해야 하는지, 그리고 언제 예하 중대 지휘에 초점을 맞추어야 하는지 알게 되었다.

시리아군의 포병사격이 무서울 정도로 정확하게 아군의 머리 위에 떨어졌다. 여러 전차들이 이 포격으로 피해를 입었다. 적 포탄들이 집중적으로 낙하하게 되면, 그 진지를 더 이상 고수할 수 없다고 판단한 전차장들은 안전한 후방의 '대피진지'를 찾아 이동해야 했다.

시리아군의 포병사격이 정확했던 이유는 북쪽 30㎞ 지점의 해발 1,980m의 헤르몬산에 설치한 관측소(OP)를 이용해서 그들의 포병 관측장교들이 아군에 대한 사격을 정밀하게 유도하고 있었기 때문이었다. 전쟁 전 우리가 '이스라엘의 눈(The Eyes of Israel)'이라고 부르면서 시리아 영토를 관측하고 있었던 헤르몬산 관측 및 레이더 기지가 전쟁 첫날 적의 수중에 넘어가 버리고 말았던 것이다.

마침내 많은 시리아군 전차들이 아군 전차들 주위에 몰려들고 있었다.

---

83 아그라나트 위원회(전쟁진상조사위원회)에서 탈 장군의 증언에 의하면 전쟁 초기 단계에 시리아군은 2,100대의 전차를 가지고 있었으며, 이에 반해 이스라엘군은 175대의 전차를 가지고 있었다고 한다. 골란고원 전체적으로 보면 시리아군 전차들은 12:1의 수적 우세를 가지고 있었다.

전사의 길

우리는 지옥의 한가운데 놓였다. 야이르 스웨트 중대장이 전사하고 말았다. 전차장인 아비노암 스메시, 아미르 바샤리, 이스라엘 바르질라이, 아미챠이 도론, 보아즈 프리드만, 엘리 에드리가 전사했다. 전차승무원인 헤르츨 하이도 전사했다. 다른 여러 명의 전차장들도 부상당했는데, 그들의 전차와 함께 뒤로 후송되었다.

대대 의무소대의 의무후송반은 쉴 틈 없이 용감하게 임무를 수행했다. 나는 의무후송반에 두 대의 장갑차를 운용하였는데, 대대정비반에서 나온 정비팀으로 하여금 의무후송반이 부상병을 후송할 때 그들을 지원토록 하였다. 이렇게 함으로써 부하들은 '그 어떤 사상자도 결코 전장에 버려지지 않는다'라는 이스라엘군의 위대한 전통에 대해 깊은 신뢰감을 가지게 되었다.

군의관 알렉스 에셸(Alex Eshel)이 이끄는 대대 의무소대는 2개 반으로 구성되어 있었다. 군의관과 의무병들로 편성된 1개 반(치료반)은 대대의 후방 수 km 지점에서 후송된 부상자들을 인수하여 응급처치를 시행하였다. 나머지 1개 반(의무후송반)은 적의 사격을 뚫고 피격된 전차에 접근해서 부상당한 전차승무원들을 구조해 내었다. 대대정비반 요원들은 피격된 전차가 도착할 때까지 후방에서 대기하고 있었다. 일단 전차가 도착하면 사상자들을 신속하게 후송시키고, 전차가 최대한 빨리 정상적으로 가동되도록 온 힘을 다해서 정비하였다. 밤낮으로 정비하여 전투에 다시 투입한 수많은 전차들이 없었더라면, 우리는 시리아군의 맹공격을 결코 막아 내지 못했을 것이다. 부대대장 에이탄은 피격된 전차들을 빠른 시간 내 정비할 수 있도록 대대 정비반장 제브(Ze'ev)와 정비병들을 독려하고 격려하였다.

전투가 진행 중일 때 나는 정비병과 의무병들이 전투 시에 수행해야 할 과업에 대해서 평시에 충분히 훈련시키지 못했음을 발견하였다. 전투의 와중에서 하나의 생명이라도 더 구해 내기 위해서, 대대 의무소대에게 어렵고 복잡한 훈련과제를 더욱 많이 부여했어야 했다. 평소에 그런 훈련을 시키지 못했음에도 불구하고 이들은 지금 헌신적으로 자신의 임무를 완수해내고 있었다. 나는 이들이 자랑스러웠으며, 이들이 달성한 업적을 자랑하지 않을 수 없다.

시리아 공군의 미그 전투기들이 그들의 지상부대 공격을 지원하고 있었다. 나는 미그기들이 우리를 보다 잘 관측하기 위해 낮게 내려오다가 옆으로 선회하여 올라가면서 천둥소리를 내었던 장면을 결코 잊을 수 없다. 심지어 조종사의 눈 색깔까지 기억이 난다.

　미그기의 기관총사격으로 내 전차에 총알 한 발이 맞았다. 적기가 우리를 잘 맞추지 못했지만 우리는 무력감을 떨쳐 버릴 수가 없었다. 왜 아군 전투기들은 우리를 보호해 주지 않는가? 왜 우리를 시리아 공군 조종사들의 먹잇감이 되도록 내버려 두고 있는가? 우리가 열심히 대공사격을 한다고 애를 썼지만 전혀 효과가 없었다. 적기는 공격각도를 잡고 하강하면서 기관총사격을 퍼붓고는 아군 진지 머리 위에다 폭탄을 투하하였다. 우리는 6일 전쟁과 소모전쟁에 참전했던 용사로서, 그동안 이스라엘 공군이 우리에게 보여 주었던 명성에 대해서 너무나 잘 알고 있었다. 우리는 이스라엘 공군이 제공권을 장악하고 있는 가운데 지상군 작전을 펼쳐야 한다고 항상 강조하였으며, 또 1967년 6일 전쟁 당시 이스라엘 공군의 눈부신 전과를 보여 주는 '6월의 3시간(Three Hours in June)'이란 영화를 본 적도 있었다. 따라서 우리는 지금 국경선을 넘어 날아와서 활개 치고 있는 시리아 전투기들을 본다는 것은 꿈에도 상상해 본 적이 없었다.[84]

　나에겐 공군과 통신할 수 있는 수단이 없었다. 공군에 접촉하여 전투기를 곧장 전장 상공에 요청하는 방법도 몰랐다. 내가 할 수 있는 것은 오직 상급부대인 여단에다가 무전으로 소리쳐서 방공지원을 급하게 요청하는 것뿐이었다. 우리는 대공화기를 사용해서 적기를 격추시킬 수 있다고 학교에서 배워 잘 알고 있었다. 당시 시리아 공군의 전투기들이 느린 속도로 비행하고 있었기 때문에, 우리의 대공화기들이 그들을 놓칠 리가 없었다. 그럼에도 불구하고 나는 공중에다 헛되이 고함만 쳤을 뿐이었다.

전차는 적 항공기에 대해서 속수무책이다. 피아가 전차전을 치르는 지상전투에서 공군력의 효과적인 지원은 결정적이다. 일단 적의 공군이 우리에 대해서 공격을 시작하게 되면, 아군 기갑부대에 우선적으로 공중우산을 제공해 주는 것이 이스라엘 공군의 중요한 임무이다. 만일 그런 지원을 제대로 받지 못하게 된다면, 전투원들은 전투의 한계를 느끼기 시작하게 되며 전쟁 전체를 위험하게 만들 수 있다. 아군 전투기가 가지고 있는 능력은 둘째 치더라도 이들의 출현 자체만으로도 모든 전투원들의 사기를 올려 주고 심리적 안정감을 유지시켜 준다.

10월 7일 일요일이 되자, 시리아군은 그동안 맹렬하고 야심 찬 공격작전을 펼친 결과 골란고원 남부지역을 돌파하는 눈부신 성과를 달성하였다. 벤 쇼함 대령이 지휘하는 바라크 기갑여단의 병력과 전차들은 심대한 피해를 입고 후퇴를 강요당했다. 당시 시리아군은 골란고원의 절반을 확보하게 되는 큰 전과를 올리고 있었다. 이날 정오에 시리아군이 나파크 기지 일대까지 진격하게 되자, 라풀 사단장은 그곳에서 운용하고 있던 사단 전방지휘소를 후방으로 이동시킬 수밖에 없었다.

---

84 카할라니가 기대하고 있었던 이스라엘 공군은 욤키푸르 전쟁 초기 수에즈 전선에 우선을 두었기 때문에, 골란고원 전선에 대한 공중지원은 제한적이었다. 또 6일 전쟁 때와는 전혀 다르게 이스라엘 공군기들은 아랍군이 소련으로부터 집중적으로 도입한 지대공미사일(SAM–6)과 자주대공포(ZSU–23–4) 사격으로 인해 많은 피해(전쟁 초기 3일 간 40대를 격추당함)를 입었다. 10월 9일에 이르러 수에즈 전선이 다소 진정되고 골란고원 전선이 더욱 위험해지자, 이스라엘군 최고사령부는 공군작전의 우선순위를 이곳으로 전환하였다.

후퇴하던 도중에 바라크 기갑여단의 세 명의 선임장교인 여단장 이츠하크 벤 쇼함 대령, 부여단장 데이비드 이스라엘리 중령, 여단작전과장 베니 카친 소령이 모두 전사했다. 따라서 바라크 여단의 지휘부 전체가 소멸되고 말았다.

오데드 에레즈의 전차대대가 궤멸되어서 골란고원의 중부지역으로 후퇴하였다. 하임 바라크의 제82전차대대 역시 막대한 피해를 입었는데, 부대대장 데니 페사(Denny Pessah)가 전사하고 대대장 자신도 부상을 입어 병원으로 후송되었다. 남아 있는 중대 전차들을 분산시켜 타 부대로 배속을 전환시켜 주는 것 외에는 달리 방도가 없었다.

동원부대들이 속속 도착하기 시작하자, 북부사령부는 단 라너(Dan Lanner) 장군의 제21동원기갑사단에게 골란고원 남부지역에 대한 작전책임을 부여했으며 이 사단은 일요일 내내 치열한 전투를 치렀다. 그리고 북부사령부는 토요일 밤 라풀 장군의 제36사단에게 골란고원 북부지역에 대한 작전책임을 부여하였다. 전투력이 약화된 채로 도착한 골라니 여단이 북쪽으로 이동하여 라풀 사단에 배속되었다. 동원 사단들이 전투태세를 갖추기 시작한 일요일 아침이 되어서야, 북부사령부의 작전지휘체계가 명실상부하게 겨우 자리를 잡게 되었다. 그때까지 북부사령부는 여단급 이하의 부대들을 직접 통제하고 있었다. 물론 그것이 그렇게 효과적이지는 않았지만 말이다.

이스라엘군 최고사령부는 그동안 군 예비로 보유하고 있었던 모세 펠레드 장군의 제14동원기갑사단을 북부사령부로 배속시켰는데, 이 부대는 월요일이 되어서야 골란고원 지역에 도착하였다. 펠레드의 기갑사단은 2개 축선에서 역습을 실시하였는데, 아인 제브(Ein Gev) 근처에서 골란고원으로 올라가는 1개 축선과 가믈라(Gamla) 고개에서 골란고원으로 올라가는 1개 축선을 이용하였다. 4일 간의 피비린내 나는 전투 끝에 동원된 2개의 동원

기갑사단은 남부 골란고원으로부터 시리아군을 완전히 몰아내는 데 성공하였다.

시리아군 특공부대가 공중기동작전을 실시하여 헤르몬산 정상의 이스라엘군 관측 및 레이더 기지를 전쟁 첫날 토요일 오후에 공격해서 점령하였다. 헤르몬산 정상의 피탈은 이스라엘의 국가적 재앙이 되어 버렸는데, 고가의 민감한 전자장비들이 시리아군 수중에 고스란히 넘어감으로써 아군 정보체계에 심대한 타격을 주었다. 많은 아군 병사들이 포로가 되었으며, 지금까지 난공불락이라 여겨졌던 헤르몬산은 이제 어떠한 희생을 치르더라도 반드시 되찾아야 할 군사적 목표가 되었다.

제7기갑여단은 이틀째 전투를 실시했다. 라테스의 제71전차대대는 헤르모니트 능선의 북쪽에서 싸웠다. 나의 제77전차대대는 헤르모니트 능선 남쪽지역과 쿠네이트라 외곽에서 전투를 치렀다. 부상당한 요스 엘다르 대대장이 되돌아올 때까지 그의 기보대대는 나의 대대에 통합되었다. 야이르 나프시의 전차대대는 휴전선을 따라 소단위로 산개하여 계속 싸웠고, 야이르 대대장 자신은 쿠네이트라의 북동쪽에서 전투를 지휘하였다.

1973년 10월 8일, 월요일

내가 휴전선을 돌파해 온 적 전차들과 교전하느라고 정신이 없는 가운데, 야노시 여단장이 현재의 전투진지 아래 계곡 일대에 있는 적을 공격하고 그곳을 확보하라는 명령을 나에게 하달하였다.

나는 계곡을 향해서 대대의 전차들을 이끌고 내려갔다. 그때의 긴장감을 도저히 말로 형용할 수 없다. 많은 시리아군 전차들이 파괴되어 버려져 있었는데, 어떤 전차에는 아직 승무원이 머물고 있으면서 우리에게 전차포를 조준하고 있었다. 우리는 파괴된 적 전차와 아직 전투가 가능한 적 전차를 쉽게 구별해 낼 수 없었다. 계곡 아래로 내려가 전투하는 동안 시리아군은 그들의 모든 화력을 동원하여 우리에게 대응하였다. 전투기, 놀랄 정도로 정확한 포병사격, 그리고 처음 대적하는 새거미사일이 무자비하게 우리를 공격하였다.

계곡의 적에 대해서 유린공격을 실시한 후, 나는 방어에 유리한 원래의 전투진지로 돌아갈 것을 여단장에게 건의하였다. 그 전투진지들은 비록 조금 후방에 있기는 하였지만, 상대적으로 높은 곳에 위치하고 있어 방어에 유리한 이점을 가지고 있었다. 다시 돌아가던 중 전차장 젤리그 하버만(Zelig Haberman) 중사가 전사하였는데, 그의 시신을 파손된 전차와 함께 그곳에 남겨 두고 나머지 부상당한 승무원들은 탈출하였다. 이런 일은 용납할 수 없었다. 나는 나중에 이 지역을 다시 공격하여 젤리그의 시신을 후송하도록 명령하였다. 우리 대대에 전투실종자가 생기는 일은 참을 수 없는 일이었다.

그날 밤 나는 쿠네이트라 시가지의 외곽을 방어하라는 또 다른 임무를 부여받았다. 정확히 말하면 그곳의 시리아군을 시가지 밖으로 몰아내어 그들이 우리의 측방을 포위하지 못하게 만드는 임무였다. 나는 쿠네이트라 북쪽에 있는 가옥들 근처에 진지를 점령하고 에미 팔란트의 전차중대와 함께 그날 밤을 보냈다.

엄청난 두려움과 함께 입안이 바짝 마르는 긴장에도 불구하고, 우리는 눈을 거의 뜰 수 없는 지경의 졸음에 시달렸다. '포탑 내에서 절대 졸지 마라!' 이날 밤은 졸음과의 전쟁이 우리의 주된 전쟁이 되었다. 우리의 정신과 육체에 대해서 수면 부족이 미치는 영향은 두려움이 우리에게 미치는 영향보다 훨씬 강하다. 극도로 지친 몸은 더 이상 작동하지 않는다. 과도하게 지치게 되면 두려움마저 느끼지 못한다. 우리 몸 안에 있는 모든 신경조직과 장기들은 잠시라도 휴식을 달라고 아우성을 치고 있었다.

전사의 길

1973년 10월 9일, 화요일

전쟁 첫날 부상으로 후송되었던 기보대대장 요스 엘다르 중령이 월요일 늦은 밤에 병원을 몰래 빠져나온 후 전장으로 달려와서 헤르모니트 능선의 방어책임을 다시 인수하였다. 그는 악전고투의 밤을 보냈다. 나는 힘든 전투를 이끌어 가면서 불굴의 투지로 가득 찬 그의 음성을 무전을 통해 들을 수 있었다. 화요일 날이 밝자, 야노시 여단장은 나에게 전차 8대를 이끌고 쿠네이트라에서 메롬 골란(Merom Golan) 키부츠 근방으로 이동해서 '여단예비임무'를 수행하고 그곳에 대기할 것을 지시하였다. 그곳에서 압도적인 시리아군을 상대로 힘겨운 전투를 치르고 있는 요스 기보대대의 상황을 잘 알수 있었다. 나는 그를 당장 지원하고 싶었다. 그러나 나는 예비부대로서 대기만 할 뿐이었다. 왜냐하면 당시 야노시 여단장은 방어의 중점을 어디에두어야 할지 망설이면서 우리 대대의 투입을 결심하지 못했기 때문이었다.

잠시 후 시리아군 특공부대를 실은 헬기 8대가 우리의 머리 위를 낮게 지나갔다. 우리는 그중 한 대를 격추시켰는데, 나머지 헬기들은 우리의 후방에 착륙하였다. 적 특공부대는 헤르모니트 지역으로부터 메롬 골란을 경유하여 고넨(Gonen) 키부츠에 이르는 아군의 주 보급로를 차단하려고 기도하는 것이 틀림없었다. 얼마 후 적 특공부대가 모두 격멸되었지만 아무도나에게 이 사실을 알려 주지 않아, 나는 사상자들을 후송하고 연료와 탄약을 보급받을 수 있는 우리의 유일한 통로가 막혔다는 불안감을 가지고 계속 전투할 수밖에 없었다.

오랫동안 고심한 후 야노시 여단장은 마침내 요스 대대 증원을 위해서우리 대대의 투입을 결심하였다. 내가 투입되기 전 요스의 기보대대는 이미 부대대장 에이탄 전차와 암논 중대의 전차를 배속받고 있는 상태였다. 또한 여단은 엘리 게바의 중대와 메이어 자미르의 중대를 직접 통제하면서기보대대를 증원하고 있었다. 나의 전차가 선두에 서서 에미 팔란트의 중대를 이끌고 최대 속도로 요스 기보대대 지역으로 이동할 수 있었는데, 나는 새로운 전투지역에 들어가기 전에 그 지형을 미리 숙지하고 있었기 때문이다.

그곳은 피아의 전차들이 혈투를 벌이고 있는 낮은 언덕이었다. 언덕에는 이스라엘군 전차들이 사격 중인 것뿐 아니라 파괴된 것도 있었으며, 그 맞은편에도 마찬가지로 시리아군 전차들이 사격하는 것과 파괴된 것들이 함께 섞여 있었다. 시커멓게 그을리고 부상을 입은 채 겁먹은 시리아군과 이스라엘군 병사들이 숨을 곳을 찾아서 여기저기 달리고 있었다. 당시 언덕 위에서 시리아 쪽의 상황을 바라볼 수 있었던 이스라엘군 지휘관은 나 이외에 아무도 없었다. 이 광경은 마치 명감독이 만든 유명한 전쟁영화의 한 장면 같았다.

언덕의 서쪽에 골짜기가 있었다. 이 골짜기가 내가 점령할 목표였는데, 지난 일요일에 시리아 전차들이 이 골짜기를 통해서 우리의 측방으로 우회한 후, 후방으로부터 아군 전차들을 공격하였기 때문이다. 나는 연기가 자욱한 전장을 우회하면서 북쪽으로 이동하였다.

이때 마치 후퇴하는 듯이 서쪽으로 이동 중인 이스라엘군 전차들을 보았다. 그중 일부는 탄약이 바닥나서 재보급을 받으러 가고 있었다. 다른 전차들은 사상자들을 후송하면서 멀리 떨어진 곳에 있는 군의관을 찾고 있었다. 그 지역의 책임 지휘관인 요스 엘다르 대대장과 접촉하기보다는 먼저 시리아군 공격을 저지할 수 있는 전투진지부터 찾기로 하였다.

조그만 돌담을 지나자마자 아주 무시무시한 광경이 내 눈에 들어왔다.

"정지!" 조종수 유발에게 소리쳤다.

전차승무원들의 몸이 흔들리면서 좁은 장소에 나의 전차가 울컥하며 멈추었다. 바로 몇 m 전방에 시리아군 전차들이 있었다. 두 대는 정지해 있고 한 대는 아군을 찾아 움직이고 있었다.

나는 전차장포탑 위에 머리만 조금 내어놓고 탈취레버를 잡은 다음, 오른편에 가장 가까운 곳에 있는 적 전차를 향해 포신을 먼저 돌렸다.

"사격하라. 빨리!" 적 전차가 명중될 때 날아올 파편에 맞지 않도록 머리를 안으로 집어넣으며 소리쳤다.

"사거리는 얼마입니까?" 킬론이 순진하게 물었다.

나는 미칠 것만 같았다. 표적이 너무나도 가까이 있어서 사거리 걱정은 물론 조준할 필요도 없는데 말이다! 아마 포수의 조준경에는 온통 시퍼렇게만 보였을 것이다. 킬론은 자기의 시야를 온통 가로막고 있는 물체가 시리아군 전차라는 것을 꿈에도 상상하지 못했던 것이다.

"무조건 쏴!" 하고 소리쳤다.

포탄이 발사되자 전차가 뒤로 울컥거렸다. 탄약수 기데온이 재장전하는 동안 해치를 통해서 밖을 살짝 내다보았다. 시리아군 전차는 기대했던 만큼 불타고 있지는 않았는데 그 전차의 전차장이 밖으로 뛰쳐나왔다. 그리고 전차장 탈취레버로 오른쪽에 조금 더 떨어져 있는 두 번째의 적 전차에다 포신을 돌려 주었다.

"보이나?"

"예!" 킬론이 흥분해서 대답했다.

"그럼, 쏴!"

포탄은 표적에 명중했고 적 전차의 포탑에 구멍이 났다.

그리고 세 번째 표적인 T-62 전차를 조준하였다. 시커먼 포신의 115mm의 큰 구경을 가진 그 전차가 정지해서 우리를 조준하고 있었다. 그 뒤에 우리를 탐색하면서 재빨리 움직이고 있는 네 번째의 전차도 시야에 들어왔다.

"쏴, 쏘란 말이다!" 내가 소리쳤다.

"탄피 고착!" 포수 킬론이 소리쳤다. 탄피가 폐쇄기에 박혀 빠지질 않았다. 탄약수 기데온이 탄피를 힘껏 잡아당길 때 나와 기디 중위도 그를 도와주었다.

T-62 전차는 계속해서 우리를 위협했다. 죽음의 그림자가 나의 머리를 스쳤다. 나는 전차장포탑의 가장자리를 꽉 잡고는 여차하면 밖으로 뛰어나갈 준비를 하였다. 이번에는 지난 6일 전쟁 때처럼 불타는 전차에 갇히고 싶지 않았다!

폭음이 크게 나면서 전차가 크게 흔들렸다. 그 소리는 내 전차에서 나오는 소리였다. 킬론이 탄을 재장전하여 발사한 것이었다. T-62 전차가 명중되어 화염에 휩싸였다. 그리고 내가 포를 오른쪽으로 선회시켜 주자, 킬론은 네 번째의 적 전차를 사격했다. 옆에 있던 아군 전차도 한 발 사격하자 그 전차는 완전히 파괴되어 버리고 말았다.

나는 한동안 정신없었던 근거리 전차전을 끝내고, 냉정을 되찾기 위해 잠시 동안 심호흡을 하였다. 이제 다음 임무는 언덕 서쪽에 있는 골짜기를 향해 이동하는 것이었다. 시리아군이 우리의 측방을 포위하기 위해 그 골짜기를 이용하고 있음이 확실했다.

야노시 여단장이 상황 파악을 위해서 나에게 무전을 하였다. 나는 골짜기 입구의 언덕에 있는 진지를 잠시 점령한 후, 그동안의 전투경과에 대해 여단장에게 긍정적인 결과를 가지고 보고하였다. 얼마 후 시리아군의 전차 몇 대가 돌파를 시도하면서 다가오자, 나의 포수 킬론은 그들을 손쉽게 명중시켜 주저앉혀 버렸다.

이곳에서 나는 시리아 영토가 있는 방향과 적에게 탈취당한 반대쪽에 있는 언덕을 관측할 수 있었다. 그곳에는 지난 일요일 우리 대대가 유린공격을 실시할 때 휩쓸어 버린 적 전차들이 여기저기에 널려 있었다. 이때 언덕으로부터 약 1.5㎞ 떨어진 계곡을 통과하고 있는 수십 대의 적 전차들을 발견하였는데, 그 뒤를 휴전선 근처에 대기하고 있던 또 다른 수십 대의 전차들이 후속하고 있었다.

야노시 여단장은 이 지역의 방어책임을 요스 기보대대장으로부터 나에게 모두 전환시켜 주었다. 요스의 기보대대는 더 이상 방어할 수 있는 전투력이 남아 있지 않아서 임무를 중지해야 했고, 대대장은 자신의 장갑차를 타고 후방으로 철수하였다. 만일 우리 대대가 그 골짜기가 있는 언덕을 점령하지 않았더라면, 우리는 방어전투에서 결정적으로 패배했을 것이다. 나는 에미 중대장에게 내가 있는 근처의 전투진지로 이동하도록 명령하고 이동방법에 대한 지침을 주었지만, 그의 중대는 아직 도착하지 않았다. 암논 중대장이 전차 몇 대를 이끌고 와서 나의 지휘하에 다시 복귀했고, 부대대장 에이탄의 전차 역시 돌아왔다. 이 지역에는 몇 대의 전차들이 더 있었지만, 이들은 나의 대대 무전망 주파수에 들어 있지 않았다. 나는 여단 통신장교 샬롬(Shalom)에게 이 전차들이 우리 대대의 무전망에 빨리 들어가도록 지시해 줄 것을 요청하였다.

야노시 여단장은 상황을 판단한 다음, 헤르모니트 능선의 북쪽지역에서 방어하고 있던 제71전차대대의 라테스 중령을 무전으로 호출했다. 단편명령을 수령한 후 라테스 중령이 나를 증원하기 위해서 전차 8대를 이끌고 왔다. 그가 후방에 있는 진지에 도착하자 나는 그와 책임지역을 분담하기로 하였다. 그는 과거 한때 나의 중대장이었으며, 나는 그의 전차에서 탄약수 직책을 수행한 적이 있었다. 그래서 나는 지휘관에게 부탁을 드리는 병사처럼 그에게 골짜기 지역을 봉쇄해 달라고 정중하게 요청하였다. 라테스는 "좋아요"라고 하면서 흔쾌히 승낙하고는 앞으로 이동하였다. 얼마 후 그의 전차가 피격을 당하는 바람에 안타깝게도 그는 전사하고 말았다.

라테스 대대장과 함께 증원되었던 몇 대의 전차들이 피격을 당하고 나머지는 철수를 시작하였다. 철수하는 전차들 가운데 지금 골짜기 입구를 막고 있는 나의 전투진지를 인수해 줄 전차 한 대가 필요했다. 아미르 나오르(Amir Naor)라는 젊은 장교가 자기 전차의 탄약이 거의 떨어졌음에도 불구하고 이 위험한 임무에 자원하였다. 이때 에미 팔란트의 중대가 마침내 나에게 합류함으로써, 나는 이 지역에서 가장 중요한 지점인 오른쪽에 있는 '부스터 능선'을 다시 탈환하고자 결심하였다.

　그 지역에 있던 모든 전차들이 마침내 나의 대대 무전망(집단호출: 폴리스맨)에 가입하게 되었다. 이제 나는 모든 전차장들과 개별적으로 교신할 수 있게 되었다. 그럼에도 불구하고 그들을 부스터 능선으로 용감히 돌진하게 할 동기를 쉽게 부여할 수 없었다. 당시 나는 곧이어 전개될 사태에 대해서 매우 두려워했는데, 내가 골짜기 입구의 진지에 있을 때 부스터 능선을 향해 이동하고 있던 수십 대의 적 전차를 발견했기 때문이었다. 당장 우리 눈에 보이지는 않았지만 그들은 매우 위협적인 존재였다. 내가 무전망에서 소리를 쳤지만 대부분의 전차들은 꿈쩍도 하지 않았다. 나는 알아듣기 쉽게 저 부스터 능선 너머에 있는 적 전차들의 위협에 대해 설명하면서 그들을 설득하였다. 마침내 나는 능선을 향해서 돌진하기 시작했는데, 오직 에미 팔란트의 전차중대만 뒤따라왔다.

　바로 그때 시리아군의 선두 전차들이 우리에게 맞서기 위해 부스터 능선의 저편에서 전열을 갖추기 시작했다. 적 전차들이 일제히 사격을 시작하였다. 이에 아군 전차들은 깜짝 놀라서 후퇴하려고 하였다.

　감히 생각할 수 없는 일이었다. 나는 부하들이 부스터 능선으로 올라가도록 몰아붙이기 위해서 강압적인 언어를 찾아야 했다.

　"폴리스맨 제로, 여기는 대대장!" 모든 전차의 승무원들은 대대장이 무전을 통해서 자신들을 직접 상대하고 있음을 알아차렸다. "저 시리아군 전차병들의 용기를 보라! 적은 진지를 먼저 점령하기 위해서 우리를 두 눈으로 똑바로 쳐다보고 있다. 그런데 우리는 도대체 뭔가? 우리는 어떻게 된

건가? 누가 더 강한가? 우리인가 아니면 저 아랍 놈들인가? 공격을 개시하라. 나와 함께 대형을 맞추어라. 내가 수기를 흔들겠다. 돌격 앞으로!"[85]

나는 침착하게 말하면서 마지막 몇 마디는 더욱 큰 목소리로 강조했다. 그러자 마침내 눈에 보이지 않던 용수철이 풀어지는 것처럼 전차들이 전진하기 시작했다.

"멈추지 마라! 정지해서는 안 된다!" 나는 뒤쪽에 처진 채 머뭇거리는 전차들에게 소리를 쳤다. 나의 오른쪽과 왼쪽에서 전진하면서 전차포를 쏘고 있는 우리의 쇳덩어리 괴물들을 바라보니 자긍심이 파도처럼 밀려들었다. 마침내 우리가 부스터 능선의 정상까지 먼저 올라가게 되자, 적 전차들은 이제 우리를 발견할 수도 없고 위협을 줄 수도 없게 되었다. 능선의 정상부에 올라서자 우리는 저 아래의 계곡 바닥에서 움직이고 있는 수십 대의 적 전차들을 발견할 수 있었다. 이미 피격을 당해서 움직이지 않는 전차들도 여기저기 흩어져 있었다.

우리 전차들은 앞다투어 표적을 찾기 시작했다. "움직이는 전차에 대해서만 사격하라!" 나는 살아서 움직이는 전차를 쏘는 것 외에는 탄약을 낭비하지 않도록 명령했다. 우리는 이제 우리의 목숨을 확고하게 구하기 위해서 미친 듯이 사격했다. 전차의 포수들은 열정적인 지휘자에 맞추어 연주하는 오케스트라 단원들처럼 포탄을 리듬감 있게 발사하였다. 어떠한 시리아군도 이 능선으로부터 우리를 몰아내지는 못하리라. 지금 우리가 해야

---

85 카할라니 대대장이 부스터 능선을 재탈환할 때 보여 준 리더십은 영향력 발휘 기술의 최고 단계인 '영감적 고취(Inspirational Appeal)'의 전형적인 예이다. 영감적 고취는 부하들의 격렬한 감정을 촉발시키고 그들의 가치, 희망, 이상에 연결 지음으로써 열정과 몰입을 불러일으킨다. 카할라니의 '부스터 능선 재탈환'은 이스라엘을 구했다. 만일 부스터 능선이 무너졌더라면 골란고원은 시리아군의 수중에 다시 넘어갔을 것이다. 이순신 장군이 명량해전에 앞서 부하장수들에게 주었던 영감적 고취(生卽必死 死卽必生: 살고자 하면 죽을 것이요, 죽고자 하면 살 것이다)는 유명하다. 이순신 장군도 이 해전에서 조선을 구했다.

할 일은 신속하고 정확하게 전차포를 계속 사격하는 것뿐이었다. 시리아군이 계곡 아래에 있으므로 우리는 절대적인 지형의 이점을 가지고 있었다. 우리는 신이 나서 아군 포병까지 유도해 가며 그들에게 포탄세례를 퍼부었다. 부하들이 원하는 것은 바로 자신들의 목숨을 확고히 보존하는 것이기 때문에, 삶의 의지를 강하게 입증하듯 손가락은 연신 사격 스위치를 누르고 있었다.

우리는 숨이 가쁠 정도로 바쁜 사격을 계속했다. 나의 우측에 있던 아군 전차 몇 대가 피격을 당했는데, 그 전차의 부상자들은 걸어서 후방으로 대피하거나 또는 전우들에 의해 후송되었다. 잠시 그들의 모습을 바라다본 후, 나는 전진하는 적들에게 다시 초점을 맞추었다. 숙명적인 적과 대결해서 싸울 때는, 무엇보다 먼저 자기 자신과 자기의 전차를 적으로부터 방호해야 한다. 그래서 내 주위에서 피격당한 아군 전차승무원에 대해서 염려를 두기보다 파괴시켜야 할 시리아군 전차들을 먼저 찾았다.

바라크 기갑여단에서 살아남은 11대의 전차들을 끌어모아 새로 재편성한 대대를 이끌고 요시 벤 하난 중령이 도착했다.[86] 그의 부대가 우리를 증원하기 위해서 우리의 오른쪽에서 부스터 능선으로 조금씩 올라오고 있었다. 그의 부대대장인 사무엘 아스카로프(Shmuel Askaroff)는 전투에서 수차례 부상을 당해 후송되었는데 당시 살아날 가망성이 매우 적었다. 하지만 그는 살아남았다. 한편 부스터 능선 진지에서 계속 전투를 실시하던 자미르의 중대가 탄약 부족으로 후방으로 내려가야 했다. 벤 하난의 새로운 증원부대가 도착해서 그들은 우리의 전투진지 일부를 인수하였다.

우리는 며칠간 주야에 걸친 시리아군 전차들의 맹렬하고 야심 찬 공격을

---

86 요시 벤 하난: 전쟁이 터지기 한 달 전 결혼하여 해외에서 신혼여행 도중에 있었으나, 전쟁 소식을 듣자마자 귀국하여 전선으로 달려와 궤멸된 바라크 기갑여단에 남아 있던 부대들을 재편성하였다.

마침내 막아 내었다. 우리는 파괴된 적 전차와 장갑차들 사이에서 도망치고 있는 수많은 시리아군 군인들을 볼 수 있었다. 우리에게 아직도 위협을 줄 수 있는 적 전차에 대해 포수들은 잠망경으로 조준하면서 계속 관측하였다. 부하들은 엄청난 피의 대가를 치르고 얻어 낸 이번의 승리가 얼마나 위대하고 또 얼마나 값진 것인지 알지도 못한 채, 시커먼 얼굴에 어색한 미소를 띠며 불안감을 안고서 서로를 쳐다보고 있었다. 내 주위에 있었던 전차들은 탄약이 몇 발밖에 남아 있지 않았다. 몇 대의 전차들만 살아남았다.[87] 이제 승자는 자신의 진지 위에서 우뚝 서 있게 되었고, 패자는 피를 흘리면서 계곡에 누워 있게 되었다. 이곳은 바로 눈물의 계곡(The Vale of Tears)[88]이었다.

우리를 축하해 주기 위해서 상급 지휘관들이 여단 무전망에서 차례를 기다리고 있었다. 먼저 라풀 사단장이 우리를 최대한 격려해 주었고, 이어서 야노시 여단장이 칭찬의 말을 쏟아 내었다.

"자네가 시리아군을 막아 내었다!"

야노시 여단장은 우리가 방금 빠져나온 지옥을 한마디로 평가해 주었다.

"자네는 이스라엘을 구한 영웅이야!" 그가 감격스럽게 말하자 나는 얼굴이 달아올랐다.

"이제부터는 부스터 능선에 그대로 계속 머물러 있으라. 위험한 행동은 더 이상 하지 말게!" 야노시 여단장의 따뜻함에 나는 당황스러웠고, 또

---

87 제7기갑여단은 최초 100여 대의 전차를 보유하고 있었으나, 4일 간의 전투 후 전차 7대만 살아남았다. 시리아군은 260대의 파괴된 전차와 수백 대의 장갑차들을 눈물의 계곡 일대에 남겨 두고 후퇴하였다.

88 **눈물의 계곡**: 유대교 찬송가의 레카 도디(Lekha Dodi)에 있는 가사에 나온다. "당신은 너무나 오랫동안 눈물의 계곡에서 살았노니"에서 인용한 '다윗왕의 눈물의 계곡'을 비유하였다.

나의 안전을 걱정해 주는 말에 감동을 받았다.

우리는 이제 잠시 동안 숨을 돌릴 수 있었다. 나는 여단망의 무전을 들으면서 전차 안에 앉아 있었다. 이때 우리 카 샤니(Uri Kar-Shani) 중위가 지휘하는 여단 수색중대가 드루즈인들이 사는 부카타(Buk'ata) 마을 근처에 나타난 적 특공부대를 소탕하기 위해 이동하였다. 무전을 통해 들어 보니 전투의 윤곽을 대략 이해할 수 있었다. 시리아군 특공부대가 바위 뒤에 매복하여 수색중대 장갑차들을 기다리고 있었다. 지원을 요청하는 전투원들의 고통에 찬 절규의 소리가 들렸다. 나의 몸이 부들부들 떨렸다. 그곳에서 우리(Uri) 중대장과 많은 부하들이 전사했고 또 많은 부상자들이 발생했다. 이후 수색중대는 한동안 여단의 전투편성 목록에서 없어지고 말았다.

나는 여단장의 승인을 받은 후 전차들에게 탄약, 연료, 식량을 재보급하기 위해서 후방 여단 치중대 지역에 있는 보급지점으로 전차를 교대로 내려보냈다. 나도 그들과 함께 내려갔다. 여단 지휘소도 그곳에 함께 있었는데 근방에 내 전차를 세운 다음, 조용한 장소를 찾아가서 돌멩이라도 베고서 잠시 몸을 눕히고 싶었다. 이때 휴식을 하는 대신에 갑작스레 감동적인 가족 상봉을 하게 되었다.

"형님!"

"아르논!"

병기 주특기를 가진 막냇동생 아르논은 우리 대대의 전차정비병으로 근무하고 있었다. 우리는 아무 말 없이 서로를 바라보며 얼싸안고 감격의 눈물을 흘렸다. 그의 정비반 동료들이 나를 축하해 주기 위해서 몰려들었다. 그들의 얼굴은 온통 수염으로 뒤덮여 있었고, 수면 부족으로 인해서 눈들이 빨갛게 충혈되어 있었다. 그들의 밤낮 없는 헌신적인 전차정비에 내가 얼마나 의지하고 있었는지 추측하는 것은 그리 어렵지 않았다.

내가 심리적으로 혼란스러운 가운데, 여단 정보장교 메나헴이 나에게 말을 건넸다.

"대대장님, 내일 10월 10일 수요일, 시리아로 공격해 들어갈 것 같습니다!" 그가 말했다.

나는 아연실색하였다.

"자기들 좋을 대로 해 보라지"라고 불쑥 뱉어 버렸다.

나는 당시에 지옥 같은 전투가 막 끝난 터라 우리 대대가 어떤 상태에 있는지 전혀 알지 못했다. 사상자가 얼마나 났는지, 온전한 전차가 몇 대나 남아 있는지 파악조차 할 수 없었다. 부하들에게는 절대적인 휴식이 필요하였고, 또 대대를 재편성 하지 않고서는 어떠한 전투임무도 불가능하다는 것이 분명하였다. 하지만 나는 지금까지도 그 당시 내가 무심코 내뱉은 말실수에 대해 후회스럽게 생각하고 있다. 나는 군인이다. 따라서 나는 개인적인 감정과 생각을 경솔하게 드러내지 않고, 내가 명령받은 대로 행동해야 했다.

개인적으로 심리적인 동요가 잠시 있었지만, 나는 '시리아로 공격해 들어가서 전쟁을 종식'시키는 당시 정부 지도자들의 전략적 결정이 옳았다는 것을 이해하고 있다. 두말할 필요도 없이 전쟁은 우리가 정치적인 외교협상에서 우위를 가질 수 있는 시점에서 끝내야 한다. 강한 군대를 가지고 전쟁에서 승리를 쟁취한 나라의 정부만이 상대국과의 협상에서 유리한 고지를 선점할 수 있다. 전쟁을 종식하는 결정은 군인들의 몫이 아니다. 전쟁은 정치적인 대화에서 자국이 최대한 유리한 고지에 설 수 있는 여건이 조성된 다음에 끝내져야 한다.

정부 지도자의 역할은 전쟁의 목적과 목표를 결정하는 것이며, 군대의 역할은 이것을 달성하는 수단으로서 기여하는 것이다. 따라서 군인들은 전쟁의 목적과 목표를 명확하게 이해하고 있어야 한다. 그렇지 않으면 그들은 이를 달성할 수 있는 수단과 방법을 선택하기가 어렵다. 정부의 '전쟁을 계획하는 사람'들은 전쟁의 목적과 목표를 달성하기 위해서 이제까지 자신이 쌓아 왔던 모든 경험과 지혜를 활용해야 한다. 전쟁의 목적과 목표가 중간에 변질되지 않는다는 것을 전제하고 있을 때, 군인들은 보다 완벽한 군사작전계획을 수립할 수 있다. 즉 군인들은 자신이 가지고 있는 영민함과 정교함을 최대한 발휘해서 군사작전계획을 현명하게 수립하고 이를 강화할 수 있다. 전쟁의 목표를 달성하기 전에 중도에서 멈추어 버리는 군사작전은 평범한 결과만 초래할 뿐 아니라, 가끔은 위험한 상황에 빠지도록 만들 수 있다.

당시 정부 지도자들이 가지고 있던 구상은, 현재의 휴전선을 돌파한 후 골란고원으로부터 약 50㎞ 정도 공격해 들어가는 반격작전을 실시하여 시리아 수도 다마스쿠스 근방까지 진출해서 그들에게 위협을 가하는 것이었다. 이러한 구상은 논리적으로 보였다. 어느 누구도 이러한 전쟁 목표를 설정한 사람들의 지혜를 의심하지 않았다. 그들의 판단은 옳았다. 단호한 얼굴 표정에 희끗희끗한 수염과 머리카락을 가진 정부 지도자들이 전쟁에 대한 넓고 심오한 이해를 바탕으로 자신들의 전략적 역량을 발휘하고 있는 모습을 나는 상상해 보았다. 그들은 지금 안전한 지하벙커에 앉아서 큰 지도 위에 색색의 공격방향 화살표를 그리고 있을 것이다. 그렇지만 나는 총 몇 번 쏴 본 경험밖에 없는 그들이, 부디 자신들의 결점을 극복해서 그들의 명령에 절대적으로 복종해야 하는 전선의 우리 군인들을 좀 더 이해하여 주기를 진심으로 바랐다.

최초 전투에서 악전고투를 치른 다음 잠시 휴식을 취하고 있는 군인들이 다음 전투를 치르기 위해서는, 더욱 강한 정신력과 용기가 필요하다는 것을 알아야 한다.

용기(Courage)와 두려움(Fear)

나는 어릴 때부터 그렇게 용감하지 않았다. 이것이 항상 나를 괴롭혔다. 동생들은 나보다 배짱이 더 많은 편이었다. 동생 에마누엘과 일라나는 공포를 이겨 내는 게임에서 나한테 한 번도 져 본 적이 없었다. 그래서 나는 가족 가운데 보다 더 용감한 사람이 되기 위해서 노력하였다. 어린 시절의 나의 우상은 두려움을 모르는 영화배우들이었다. 그리고 또 다른 존경의 대상은 메이어 하-시온(Meir Har-Zion)이라는 1950년대 전설적인 101부대의 특공대원이었다. 그는 아랍인들이 국경선 일대에 있는 이스라엘 정착촌을 공격해 올 때마다 즉각적으로 보복을 가함으로써 이웃 주민들의 안전을 도모했던 용기 있는 사람이었다.

나는 '진정한 남자(Real Man)'란 두려움의 의미를 모르는 사람이라고 항상 말해 왔었다. 그러나 진정한 남자란 두려움을 극복하는 방법을 알고 있는 사람이라는 것을 나중에야 이해하게 되었다.

나는 유년 시절에 두려움을 극복하는 능력을 기르기 위해 노력했었다. 첫번째 시도는 밤을 꼬빡 새우고 걸어가는 도보여행이었다. 다음번 시도로서 자전거를 한 대 사서 이를 난폭하게 다루며 위험천만한 묘기를 즐겼는데, 나중에는 동네 자전거 곡예팀까지 만들었다. 그 후 아버지가 5.5마력의 크고 무거운 오토바이를 한 대 구입했는데, 당시 나는 14살의 나이로 오토바이를 타면 발이 땅에 닿지도 않았지만 이것을 몰래 타고 시내를 돌아다녔다. 나는 무겁고 거친 이 짐승을 끝내 복종시켜서 위험하고 좁은 지역에서도 잘 다루게 되었는데, 그때 얻었던 만족감과 자부심은 이루 다 말할 수 없다. 좀 더 큰 다음에 나는 지식을 통해서 두려움을 극복하는 방법을 배웠다. 군대 입대일이 다가오자 나는 책에서 읽었던 그러한 군인이 되겠다고 맹세하였다. 나는 이스라엘군에서 치르는 어떤 시험에도 합격할 자신이 있었다.

당신이 두려움을 먼저 억제하지 않으면, 결국은 두려움이 당신을 지배하게 될 것이다. 세상에 두려움이 없는 사람은 없다. 그렇지만 두려움을 극복할 줄 아는 사람은 있다. 어떤 사람이라도 두려움을 극복할 수 있다. 우리는 의도적으로 공포상황을 묘사한 모의 훈련과 실습을 통해서 자신의 두려움을 극복시킬 수 있다.

우리가 두려움에 사로잡히게 되면 우리의 몸은 우리의 의지대로 따라 주지 않는다. 우리 몸에 갑자기 식은땀이 나면서 맥박이 걷잡을 수 없이 빨리 뛴다. 두 다리는 말 그대로 '안짱다리(Knock-knee)'가 되고 마는데, 정말로 두 무릎이 부들부들하며 떨린다. 목소리가 떨리고 그 음색도 변한다.

이러한 상황에서 우리의 몸이 제대로 작동하기 위해서는 '두려움 극복이 하나의 습관'이 될 수 있도록 훈련하고 또 훈련해야 한다. 반복적인 단련을 통해서 몸이 자동적으로 반응함으로써 우리를 무기력하게 만드는 두려움을 극복하게 된다.

그런 다음에 우리는 자신을 '무대 위(On Stage)'에 올려다 놓고, 공포의 극복이라는 문제를 다룰 수 있게 된다. 이런 상황에서는 비록 겁이 난다 할지라도, 나를 바라다보고 있는 관객들을 실망시키지 않으려고 노력하게 된다. 관객들의 기대와 그들의 시선, 그리고 두려움 극복을 위해 연습했던 훈련들은 당신으로 하여금 두려움에도 불구하고 앞으로 나아가 임무를 수행하게 만든다. 나는 지휘관이 부하들보다 더 쉽게 자신의 용기를 발휘한다는 것을 수차례의 전쟁 경험을 통해서 발견하였다. 자신을 뚫어져라 지켜보고 있는 부하들의 시선 앞에서 지휘관은 결코 겁쟁이가 될 수 없다. 리더가 되면 오히려 자기 스스로도 놀랄 만한 용기의 극치를 보여 줄 수 있다.

또한 부하들 역시 자기 상관과 동료들의 기대에 부응해야 한다는 압박에 시달린다. 그들은 전투에서 살아남으려는 생존욕구 때문에 전투의 열기로부터 도망치고 싶기도 하고, 숨고 싶기도 하며, 후퇴하고도 싶은 유혹에 계속하여 시달린다. 이때 부하들은 자신이 용기를 발휘해야 한다는 내적 요구(Inner Need)

를 경험하게 되는데, 그 내적 요구는 바로 자기가 진정으로 존경하고 있는 상관의 명령에 반드시 복종해야 한다는 것이다! 따라서 부하들은 자기 앞에 닥친 두려움에도 불구하고, 자기 자신과 동료들에게 자신감을 불러일으킬 수 있는 전투구호를 외치면서 전투의 소용돌이 속으로 자신의 몸을 내던지게 된다. 이런 방법으로 부하들은 자기 자신의 공포와 집단의 공포를 극복하게 된다.

함께 있다는 것(Togetherness)도 우리 각자의 용기를 배가시킬 수 있다. 리더가 부하들이 두려움을 극복하고 용기를 발휘할 수 있게 만드는 동기부여 방법을 알고, 또 용기만이 자신의 생존과 전투승리의 유일한 방법이라는 것을 스스로 알게 된다면, 우리는 용기라고 하는 독특한 자질을 습득할 수 있는 방법을 배우게 될 것이다.

반격작전

전시에 지휘관이 가장 힘들 때는, 전투가 끝난 후 자기 부대에서 발생한 사상자에 대한 보고를 받을 때이다. 이러한 보고는 한참 전투를 하고 있을 때는 오히려 다루기가 더 쉽다. 왜냐하면 전투의 혼란이 이 문제에 대해서 더 깊이 생각하고 있을 틈을 주지 않고, 자기의 관심을 곧바로 전투상황으로 다시 돌아가게 만들기 때문이다. 눈물의 계곡에서 전투가 끝난 후 어느 조용한 오후 시간에 암논 중대장이 자기 전차의 탄약수인 엘리아브 산들러(Eliav Sandler)가 전사했다고 보고했다. 바라크 기갑여단의 악전고투 끝에 벤 쇼함 여단장과 이스라엘리 부여단장이 전사하고 말았다는 소식을 접했을 때 비통한 마음을 금치 못하였다. 그리고 우리 대대의 파괴된 전차의 현황과 병원에 후송된 사상자들의 일부 명단을 보고받았다.

우리는 화요일 오후 시간과 수요일 온종일 부대를 재편성하면서 시간을 보냈다. 시리아 영토로 반격해서 점령지역(Enclave)을 확보하는 작전계획에 대하여 '수세적인 전쟁' 수행을 옹호하는 사람들은 이에 반대하였다. 그렇지만 우리는 시리아의 지형을 잘 알고 있고 이제까지의 전쟁결과를 보면 우리가 틀림없는 승자라는 것을 알기 때문에, 시리아군과 다시 전투를 하더라도 크게 염려할 것이 없었다. 시리아군이 우리를 도저히 이길 수 없음을 모든 사람이 알고 있는 것이다.

시리아 영토 안으로 공격해 들어가는 것은 마치 미지 세계로 떠나는 여행과도 같았다. 우리는 적이 정확하게 어디에 배치되어 있고 얼마나 강한지 몰랐지만, 한 가지 분명한 사실이 있었다. 그것은 작전하게 될 지형이 매우 착잡하기 때문에, 시리아군은 소수의 병력만 가지고도 방어할 수 있다는 것이다. 이것은 분명히 중요한 고려요소로서 우리는 전투승리를 위해서 모든 것을 자세하게 파악해야 했다. '공세적인 전쟁'에서는 주도권(Initiative)이 우리에게 있다. 공격 장소, 공격 강도, 공격 시간은 우리가 모두 결정할 수 있는 요소들이다.

철저한 전투준비는 전장에서 승리를 가져다주는 열쇠가 된다. 나는 전투준비를 하면서 어떤 지역에서 작전하게 될지 잘 몰랐다. 따라서 다양한 우발상황에 대비할 수 있도록 여러 가지의 우발 작전계획을 준비했다.

"가능한 많은 전차를 끌어 모아서 우리 대대에 가지고 오라." 부대대장 에이탄과 중대장들에게 지시했다.

"수단과 방법을 가리지 말고 좋은 전차와 좋은 승무원들을 구해서 오라. 특히 좋은 전차장들을 데리고 와야 한다. 여단 치중대 지역에 가서 자네들의 리더십을 십분 발휘해 보라. 나는 덩치가 큰 전차대대를 원한다."

그것은 바로 나의 부하들이 해야 될 일이었다. 상급 정비부대와 대대 정비반 요원들은 손상된 전차들을 불철주야로 정비하였는데, 우리는 이것을 더욱 많이 확보하기 위해서 부단히 노력했다. 우리는 반격작전을 위해서 대대에 총 28대의 전차를 보유하게 되었다.

10월 11일 목요일 아침, 여단 지휘소에서 작전명령을 하달한 후 야노시 여단장은 작전을 개시할 때 사용할 암호명으로 어떤 것이 좋은지 우리에게 물어보았다. 모든 사람들이 나를 쳐다보았다.

"표범이 좋겠습니다." 여단 작전과장 하가이(Hagai) 소령이 말했다.

이에 대해서 내가 언급을 피하려 할 때, 사람들이 이구동성으로 말했다.

"흑표범[89]이 좋겠습니다, 흑표범!"

여단장은 주저하지 않고 그 암호명을 승인해 주었다.

며칠 전 나의 대대가 한창 전투하고 있을 때, 여단 무전망을 통해서 시리아군 전차들이 우리를 우회하고 있다는 경고를 받았다. 그리고 당시에 아군 증원부대가 도착하기 전까지 최대한 적을 저지하라는 명령을 받고 있었던 상황이었다.

"시리아군이 감히 나를 우회하거나 돌파하지 못할 것임. 그들은 한 마리의 표범과 상대하고 있다! 이상." 내가 무전에서 농담으로 그렇게 말한 적이 있었다.

"어떤 표범을 말하는가? 흑표범인가!" 그때 하가이 소령이 이렇게 물어보았던 것이다.

나는 웃고 말았다. 우리는 지금까지 공격개시를 알리는 암호명을 이렇게 손쉽게 결정해 본 적이 없었다.

여단에서 하달한 작전명령에 우리 대대가 시리아 내로 공격하는 선두부대로 되어 있어서 기분이 좋았다. 휴전선을 최초에 돌파하는 어려운 임무가

---

89 **흑표범(Black Panther):** 일반 표범이 조심스럽고 은밀한 데 비해 흑표범은 움직임이 매우 크고 적극적이며 포악한 성격을 가지고 있다. 특히 뒷발로 버티고 앉아서 주위를 바라보는 모습은 다른 고양잇과 동물에게는 볼 수 없는 아주 특이한 모습이다. 참고로 한국형 전차 K-2의 별칭이 '흑표'이다.

혹시 다른 대대에게 부여될까 봐 내심 걱정하고 있던 참이었다. 여단의 공격작전은 2개 기동축선으로 계획되었다. 좌측 공격축선은 나의 제77전차대대가 선도하고, 나를 후속하는 부대는 해외에서 귀국한 동원자원들로 최근에 편성된 아모스 카츠(Amos Katz) 중령의 전차대대였다. 우측 공격축선은 요시 벤 하난의 전차대대가 맡았고, 이를 후속하는 부대는 지난 전투에서 흩어졌던 병력을 모아서 새로 재편성한 요스 엘다르의 기보대대였다. 그리고 여단의 예비부대로 엘리 게바(Eli Geva)[90]의 전차중대와 메이어 자미르의 전차중대가 편성되었다.

예하 지휘관들은 지도를 펼쳐 놓고 새로운 정보를 얻은 다음, 자기 부대로 신속하게 복귀할 준비를 하였다. 공격개시 2시간 전인 오전 9시 무렵, 나는 아직까지 부하들에게 최종 작전명령을 하달하지 못하고 있었다. 나는 긴장되고 걱정도 되었다.

"카할라니 중령, 잠시 좀 보자." 야노시 여단장이 나를 갑자기 불렀다. 그는 조용한 곳으로 같이 걸어가면서, 그동안 키워 왔던 깊은 우정의 표시로 나의 어깨 위에다 손을 얹었다.

"잘 듣게." 그는 말문을 열었다. "얼마 전에 엘라자르 참모총장님을 만났어…. 알고 있으면 좋겠네…. 자네가 전투한 것에 대해서 자세히 말씀드렸지. 자네가 시리아군을 어떻게 막아 내었는지 말이야…." 그의 목소리가 격한 감정으로 가득 차게 되자, 순간 나는 당황스러웠다.

"참모총장님께 자네가 이스라엘을 구한 영웅이라고 말씀드렸어."

그는 눈물이 맺히고 목이 메이는 것을 애써 참고 있었다.

"나는 자네가 그것을 알아주었으면 하네." 그는 분위기가 너무 감성적

---

90 **엘리 게바**: 나중에 이스라엘군의 최연소(32세) 기갑여단장이 된다. 그리고 1982년 레바논 전쟁에 참가한다.

으로 흘러갔음을 알아채고는 재빨리 말을 맺었다. "모든 것이 다 잘될 거야, 또 보자고…."

그와 악수를 나눈 후 나는 얼굴이 확 달아오른 채 나의 전차로 발길을 돌렸다. 여단장은 잠시 동안 그 자리에 서서 나를 바라보았다. 그런 다음에 자기의 길을 갔다.

나는 여단장이 이 말을 전하기 위해 굳이 이 시간을 선택한 것에 대해서 이상스러운 죄책감이 들고 당황스러웠다. 나는 시리아로 들어가는 반격작전에 대해서 아직 긴장하고 걱정하고 있었는데, 그 때문에 여단장이 이 시간을 선택했을까? 한 가지 분명한 것은 나의 이러한 감정을 부하들에게는 숨겨야 한다는 사실이다! 우리는 마치 다시 만날 기약이 불투명한 사람들처럼 서로 헤어졌다.

부대대장 에이탄이 대대원들을 모두 소집하였다. 나는 우리가 수행하게 될 작전에 대해 간략하게 설명해 주기 위해 모든 대대원들 앞에 섰다. 이번 반격작전을 위해서 대대를 전반적으로 재편성하였기 때문에 대대원들의 상당수가 처음 보게 되는 얼굴들이었다. 이제 우리는 서로 잘 알고 있어야 했다. 나는 최초의 돌파작전을 이끌고 나갈 3명의 중대장에 에미 팔란트, 암몬 라비, 그리고 에프라임 라오르로 결정하였다. 전날 밤까지 에프라임 라오르 중위는 요스 대대에서 엘리 게바 중대의 부중대장을 하고 있었다. 라오르 중위를 나의 대대로 데려오기 위해서 요스 엘다르 대대장을 한참 동안이나 설득해야 했었다.

"흑표범, 흑표범!" 여단 무선망에서 이동개시 명령이 떨어졌다. 나의 제77전차대대가 이동을 시작했다. 엘 롬(El Rom) 키부츠를 경유하여 부카타를 향해 가면서 나의 전차가 대대의 이동종대를 선도하였다. 그리고 헤르몬산 남쪽에 있는 드루즈족 마을인 마사다를 지난 후, 시리아 영토 내에 있는 최초 공격목표인 텔 아흐마르(Tel Ahmar) 방향으로 향했다. 휴전선을 넘어가기 전까지는 내가 대대를 선도하는 가운데, 에미 중대와 나머지 대대 전차들이 후속하였다. 휴전선 철책에 이르자 에미 중대가 나를 초월한 다음 텔 아흐마르를 향해 공격을 선도해 나갔다. 그날의 작전목표는 다마스쿠스에서 36km 떨어진 마즈랏 베이트 잔(Mazra'at Beit-Jann) 일대까지 공격하는 것이었다.

이번에는 아군 전투기들이 전차부대가 공격하는 전방지역에 적시적인 항공폭격을 지원해 주었다. 전쟁 초에 이스라엘 공군에 대해 가졌던 불만이 이제 모두 사라졌다.[91] 아군 포병부대 역시 전진하는 아군 전차들의 전방에 있는 시리아군 진지와 도로들을 포격해 줌으로써 마치 성경에 나오는 불기둥처럼 우리를 이끌었다.

휴전선 일대의 지뢰지대에 봉착할 때까지는 우리의 작전계획대로 잘 진행되었다. 그러나 우리가 노츠리(Nochri: 히브리어로 이방인이라는 뜻)라고 부르는 지뢰제거롤러전차가 아직 도착하지 않았다. 또 도자전차가 이동하는 도중에 고장이 났다. 우리는 할 수 없이 그들의 지원 없이 지뢰지대를 조심조심 통과했는데, 도중에 전차 5대가 대전차지뢰를 밟고 말았다. 시간은 우리의 편이 아니었다. 나는 공격이 돈좌되지 않을까 걱정이 되었다.

통로를 개척하던 에미 팔란트 중대장이 흥분하며 무전에서 소리쳤다.

"통로를 찾았음. 이상!"

정말 에미가 통로를 뚫었다. 그 통로는 시리아 농부들이 휴전선 인근의 경작지를 건너다니는 데 사용하던 길이었다. 에미의 중대가 안전하게 통과한 후 나머지 제대가 그 뒤를 후속했다. 우리는 더 이상 지뢰를 밟지 않

---

91 이스라엘군 최고사령부는 10월 9일부터 13일까지 골란고원에 공군작전의 우선권을 두고 지상군의 시리아에 대한 반격작전을 최대한으로 지원하였다. 이스라엘 공군기들은 시리아 내륙 깊숙이 날아가서 시리아 공군기지, 유류시설을 폭격하였고 다마스쿠스의 국방부, 방송국, 발전소 등을 공습하였다. 그리고 지대공미사일 포대(SAM)들을 대부분 파괴하면서, 지상군 부대의 공격을 적극적으로 지원할 수 있었다.

고 사상자도 내지 않은 가운데 시리아 내로 공격해 들어갔다.

에미의 중대가 텔 아흐마르를 점령하였다. 많은 시리아 군인들이 투항하므로 그들을 전쟁포로로 잡았다. 일차적으로 에미의 중대가 임무를 완수하자, 나는 라오르의 중대로 하여금 이후 대대의 공격을 선도하게 하였다. 라오르의 중대는 도로를 뚫고 나가 동쪽으로 진격하였다. 우리 제77전차대대 뒤에는 아모스 카츠 중령의 전차대대가 후속하였다. 우측 기동축선에는 야노시 여단장, 그리고 벤 하난의 전차대대와 요스의 기보대대가 이동하였다. 이러한 2개 축선상의 기동은 내가 6일 전쟁 시 경험했던 것과 비슷했다. 나의 대대 경우도 내가 직접 2개 중대로 구성된 1개 제대를 이끌고, 부대대장이 나머지 중대로 구성된 다른 1개 제대를 이끌었다.[92]

에프라임 라오르 중위는 무면허로 지프차를 몰다가 전복사고를 내는 바람에 교도소에서 복역하다가 출소하였는데, 그는 욤키푸르날에 우리 대대에 자진 복귀하여 전투에 참가하였다. 이제 라오르의 전차중대는 사격을 실시하면서 도로를 전속력으로 달리고 있다.

라오르의 중대원들은 이번에 새로 편성된 승무원들로서, 공격 간 적에게 포위를 당한 적이 있었는데 나는 라오르가 부상당하지 않을까 걱정이 되었다. 아랍연합군에 결성된 모로코군 전차연대가 지역을 방어하고 있다가 우리와 우연하게 조우하였는데, 그들은 우리의 모습을 보자마자 급하게 도망쳐 버렸다.[93] 헤르몬산이 저 멀리에서 어렴풋이 보이고 있었다. 이제

---

92 전술교리에는 통상 주공 축선과 조공 축선으로 나누어 기동하면서 공격한다고 되어 있다. 그러나 카할라니가 말하는 2개 기동축선은 굳이 주공 축선과 조공 축선으로 나누지 않더라도, 공격기동 간 융통성을 가질 수 있는 다수 기동로를 이용한 기동개념이라고 할 수 있다.

93 **아랍연합군:** 이집트와 시리아가 주축이 된 아랍연합군에 요르단, 이라크, 사우디아라비아, 리비아, 튀니지, 알제리, 모로코, 쿠바 등이 참가하였으며 그들은 원정군을 보내 주었다. 모로코는 시리아에 1개 전차연대를 파견하였다.

아군이 헤르몬산을 다시 회복하게 되면, 성서의 예언과는 달리 헤르몬산 방향으로부터 어떤 위협도 오지 않을 것이다.[94] 나는 시리아의 실제 지형에 와 있다는 것이 무척 흥미로웠는데 지금까지는 쌍안경, 군사지도, 또는 항공사진을 통해서만 이 지역을 알고 있었기 때문이다. 라오르의 전차중대는 후속하는 대대 전차들의 맹렬한 지원사격에 힘입어 계속 앞으로 돌진해 나아갔다. 그의 중대는 저녁 때까지 계속 대대의 공격을 이끌면서 마침내 시리아의 마을 마즈랏 베이트 잔이 내려다보이는 언덕에 도착하였다.

마을을 점령하기에는 너무 늦은 오후 시간이라, 나는 다음 날 진입하기로 결심하였다. 우리는 마을 서쪽 지역에 진지를 점령해서 탄약과 연료를 재보급하기로 하였다. 다행히 다음 날 새벽에 탄약과 연료를 실은 보급차량들이 무사히 도착하였다.

마즈랏 베이트 잔 마을은 언덕 기슭에 자리 잡고 있었다. 우리가 점령한 진지에서 마을 전체를 감제할 수 있었다. 야간을 이용해서 시리아군들이 마을 안으로 들어오기 시작했는데, 이것은 이 마을이 쉽게 함락되지 않을 것임을 보여 주는 불길한 신호였다.

아모스 카츠의 전차대대와 우리 대대는 공격작전의 세부 방법에 대해서 서로 협조하였다. 우리 전차대대가 엄호를 제공해 주는 가운데, 아모스의 전차대대가 서쪽에서 동쪽으로 연결된 도로를 따라 마을을 공격해 점령하기로 계획하였다.

10월 12일 금요일 이른 새벽, 우리 대대의 전차들이 마을 안에서 이동

---

94 이스라엘의 눈이라고 부르는 헤르몬산의 관측 및 레이다 기지는 전쟁 첫날인 10월 6일 시리아군 특공대에게 피탈되었다가, 10월 22일 이스라엘군 공수대대의 공중기동작전과 골라니 보병대대의 도보공격에 의해서 다시 탈환되었다.

하고 있는 적 전차와 장갑차들을 파괴하기 시작하였다. 아군 전차의 사격을 받아 화염 기둥을 내뿜고 있는 적 전투차량들을 바라보니 만족스러웠으나, 대부분의 많은 적들이 수목 사이에 숨어 있었기 때문에 우리는 병력을 투입해서 직접 소탕해야 했다. 아모스 카츠 대대장은 이 사실을 잘 알고 있었다. 그는 시나이 전선에서 6일 전쟁과 소모전쟁을 통해서 풍부한 전투경험을 쌓은 베테랑이었다. 이번 전쟁이 발발했을 때 그는 미국을 방문하고 있었는데, 즉시 귀국해서 이 전쟁이 자신에게 요구하고 있는 임무를 곧바로 찾아낸 것이다.

시리아 공군의 전투기들이 아군 상공에 날아와서 우리를 공격하였다. 우리는 열심히 대공사격을 실시했지만 아무런 효과가 없었다. 아군 후방으로부터 전투기 한 대가 우리 머리 위에 폭탄을 투하하기 위해 접근하였다. 작전장교 기디가 적기를 먼저 보았다.

"적기다! 전차 안으로 들어가십시오!"라고 소리쳤다.

나는 급하게 전차 안으로 뛰어 들어갔다. 기디 중위가 내 생명을 구해 준 것이다.

내 전차의 몇 m 후방 되는 지점에 폭탄이 떨어졌다.

적 전투기가 떨어뜨린 폭탄으로 인해서 전차가 크게 흔들린 후, 차내에는 검고 자욱한 먼지와 연기가 가득 찼다. 승무원들은 구역질을 하면서 숨을 쉬지 못했다. 조종수 유발이 전차를 진지 후방으로 급히 이동시켰고, 우리는 숨을 쉬기 위해서 전차 밖으로 뛰어내렸다.

이때 전차장 오퍼 벤 네리야(Ofer Ben-Neriya)와 화력지원장교 아브라함 스니르가 전차 안으로 미처 대피하지 못했다. 그들은 당시 전차 밖에 나가 있다가 적 전투기의 폭격으로 인해 아깝게 전사했다. 나중에 아모스 나훔(Amos Nahum) 소위가 적 포병 포탄에 의해서 부상을 당했는데 병원으로 후송하는 도중에 사망하고 말았다.

약정된 신호에 따라 아모스의 전차대대가 마을에 대해 공격을 개시하였다. 우리 대대는 언덕 위의 엄호진지에 있으면서 그들이 벌이고 있는 인상적인 전투장면을 바라볼 수 있었다. 적 전투기의 공격과 포병 포탄들이 비 오듯이 쏟아지는 가운데, 아모스의 전차대대가 도로를 따라서 마을로 돌진해 들어갔다. 시리아군 전차들이 아모스 대대의 전차들을 저지하려 했지만, 우리 대대의 전차들이 원거리 사격을 실시해서 그들을 모조리 격파해 버렸다.

아모스 대대장은 마을 한가운데서 전투지휘를 하였고 그의 부하들은 근방에서 시리아군과 전투하였다. 이때 아군 전차 몇 대와 일부 병사들을 잃었다. 그 지역은 화산지대로서 돌멩이들이 산재하여 있고 군데군데에 수목들이 빽빽이 들어차 있어서, 마을 안에서 병력을 지휘한다는 것이 무척이나 어려웠다. 조금 후 나는 아모스 대대장을 직접 만나 전투상황을 좀 더 자세히 파악하고자 나의 전차를 몰아서 마을 안으로 들어갔다.

아모스 대대장은 머리에 부상을 입어 붕대를 감고 있었다. 나는 대대장 옆에 서 있던 옛날의 전우들을 만났다. 메나헴 드로르(Menahem Dror) 대위는 6일 전쟁에서 심한 부상을 입어 상이군인으로 분류되었지만, 이 전쟁에 자원하여 들어와서 전차중대를 이끌고 있었다. 또 이 대대의 작전장교 아모스 루리아(Amos Luria) 중위도 소모전쟁에서 한쪽 손을 잃어 역시 상이군인으로 분류되었는데, 이번 전쟁에 자원하여 임무를 수행하고 있었다. 이들은 모두 나와 같이 최초의 M48 패튼전차 대대에서 같이 근무했었던 전우들이다.

야노시 여단장이 이끄는 우측 기동축선의 제대는 주바타 엘 하샤브(Jubata el-Hashab)와 투룬제(Turunje) 마을을 확보하였다. 요스 엘다르 기보대대는 호르파(Horfa)로 계속 전진해서 이 마을을 탈취하였고, 벤 하난 전차대대는 텔 샴스(Tel Shams) 지역을 점령하기 위해 오른쪽으로 우회하여 공격하였다. 그러나 이 공격은 실패하고 벤 하난 중령 자신은 부상을 입고 말았다.

전사의 길

요나탄 '요니' 네타냐후(Yonatan 'Yoni' Netanyahu)[95] 소령이 이끄는 특수공수부대가 숱한 고생 끝에, 벤 하난 중령과 그의 부하들을 구출해 내었다. 동원 공수대대가 그날 밤 텔 샴스 지역을 점령하였다.

단 라너 장군의 제21동원기갑사단은 쿠네이트라-다마스쿠스 도로 축선상에 위치한 중요한 지역인 텔 샴스를 확보하기 위해서 제7기갑여단 남쪽에 있는 칸 에린바(Khan Erinba)를 향해 이동하였다. 이 사단은 힘든 전투를 통해서 마침내 승리를 이끌어 내었지만 엄청난 피의 대가를 치러야 하였다. 라너의 사단은 남쪽으로 계속 전진하여 통제지역을 확대한 후 다음 날 나세즈(Nasej)와 텔 마리(Tel Mari)를 점령함으로써 시리아군과 접촉하고 있던 경계선을 더욱 안정화시킬 수 있었다. 이때부터 우리는 이 지역을 '점령지역(Enclave: 타국 영토 내에 있는 자국 영토)'이라고 부르기 시작했다. 사실 이스라엘군은 단 이틀 동안의 반격작전 전투를 통해서 북쪽으로는 헤르몬산과 마즈랏 베이트 잔까지, 동쪽으로는 텔 샴스와 텔 마리 그리고 카프르 샴 지역까지, 그리고 남쪽으로는 쿠네이트라의 외곽지역에 이르는 광대한 지역의 시리아 영토를 점령하게 되었다.

금요일 저녁 무렵, 나의 제77전차대대는 마즈랏 베이트 잔 지역으로부터 다른 곳에 위치하고 있는 '점령지역'으로 이동하였으며 전쟁이 끝날 때까지 그곳에 계속 머물렀다.

---

95 **요나탄 '요니' 네타냐후:** 이스라엘군에서 전설적인 인물이다. 나중에 우간다의 엔테베 공항 인질구출 작전에 지휘관으로 투입되었다가 전사하고 만다. 그는 이 작전에서 유일한 전사자가 되었는데, 지휘관으로서 제일 선두에서 전투를 이끌다가 전사한 것이다. 엔테베 작전은 나중에 그의 이름을 따서 '요나탄 작전'이라고 바꾸어 부르게 되었다. 현재 이스라엘 수상인 벤자민 네타냐후는 그의 동생이다.

1973년 10월 13일~24일, 전쟁의 끝 무렵

시리아 내의 점령지역에 주둔하고 있을 동안 시리아군의 포병사격이 가끔씩 있었는데, 그곳에서 우리의 일상은 평화로운 시간과 긴장의 순간이 서로 혼재되어 있었다. 우리는 미 국무장관 헨리 키신저(Henry Kissinger)가 정전을 위해서 막후 협상을 벌이고 있다는 소식을 들었다. 대대원들은 이 기간을 부대의 재편성과 휴식 시간으로 이용하면서 '점령지역을 확보하는 임무'를 훌륭히 수행해 내고 있었다. 기쁘게도 우리는 어떤 희생자도 없이 이 임무를 수행하였다.

나는 전쟁 후 처음으로 부하들과 진지한 대화를 나눌 기회가 생겨 중대별로 그들을 찾아갔다. 부하들은 그동안 짊어지고 있었던 무거운 짐을 홀홀 털어내고 긴장을 늦추고 있었다. 그들을 자세히 살펴보았다. 그들은 한 사람의 평범한 청년으로부터 이제 한 사람의 남자로 훌쩍 성장해 버렸다. 그들의 얼굴은 18일 동안 한 번도 깎지 못한 수염으로 인해 덥수룩하였고, 전차들도 세차하지 않으면 안 될 정도로 시커멓게 그을리고 온통 먼지로 뒤덮여 있었다. 눈에 보이지 않는 접착제인 어떤 유대감이 부하들로 하여금 서로 떨어져 있지 못하도록 단단히 묶어 놓고 있었다. 그들은 약간의 동작과 한마디의 짧은 말로도 자신들의 생각을 충분히 전달해 가면서 서로의 어깨에 기대고 있었다. 그들은 전쟁이라는 혹독한 시련이 만들어 준 독특한 상호의존성을 보여 주고 있었다. 내가 보고 있는 것은 바로 '전우애'라는 것이었다.

우정(Friendship)과 전우애(Comradeship)

군인들의 전우애는 개인 간의 진정한 우정으로부터 시작된다. 군대에서 복무하는 동안 개인 간의 우정은 수없이 시작되고 끝이 난다. 우정은 군에 입대하면서 시작된다. 신병교육대에 입소한 풋내기 신병들은 새로운 환경에 적응하기 위해서 서로 간에 어떤 도움과 어떤 설명들이 필요하다. 따라서 자신의 고민과 고통을 함께 나누고 또 자기가 모르는 정보를 얻을 수 있는 친구를 찾게 되고, 이윽고 마음에 맞는 친구를 얻게 된다. 그러나 군대 생활은 빠르게 돌아가며 기복도 심하다. 두 사람이 오랫동안 같이 생활할 수 있는 기회는 적다. 그들은 각기 다른 교육과정, 병과, 중대, 소대를 배정받게 된다. 이러한 환경 때문에 오래되고 진실 된 우정을 다지는 데는 어려움이 있다. 나는 갑작스러운 전출로 인해 사람들과 헤어져야 할 때, 그들과 진정한 우정을 나누어 본 적이 거의 없었다. 그리고는 원점으로 되돌아가 또 다른 친구를 찾았다. 이런 식의 불규칙한 일상들이 나의 감성을 손상시켰고 이런 일에 대해서 무관심하게 되었다. 그리고는 단지 우정이 저절로 만들어지기를 바라곤 했었다.

우리 대부분은 친한 친구들이 그리 많지 않으며 대략 손가락으로 꼽을 정도다. 우리는 알고 있는 사람들로 둘러싸여 있지만, 그중에 정말 친한 친구는 몇 명 되지 않는다. 오랫동안 이어지는 우정은 두 사람이 '함께하고자(Togetherness)' 하는 열망으로부터 우러나온다. 결국 돈독한 우정은 상대방의 특성에 내가 맞추어 주고 그것을 인정해 주느냐에 따라 달려 있다. 친구로 받아들인다는 것은 마치 '일괄구매(Package Deal)'와 비슷하다. 친구가 가지고 있는 어떤 특성은 바로 당신이 다른 사람에게서 찾고자 하는 것, 즉 당신이 가지고 싶어 하는 특성일 수 있다. 또 친구의 어떤 특성은 솔직히 불쾌한 것일 수도 있다. 이런 불쾌한 특성과도 당신은 화해할 수 있어야 한다. 당신은 친구의 그런 특성을 바꾸라고 말할 수는 없다. 고통의 순간, 도움의 손길이 필요할 때, 자신의 이야기를 상대방이 경청해 주어야 할 때, 기댈 수 있는 어깨를 내밀어 주어야 할 때와 같은 '시험의 순간'에 진정한 인간관계가 만들어진다. 이때 만들어지는 것이 진정한 우정(Genuine Friendship)이라 할 수 있다.

서두에서 말했지만 군인들의 전우애는 진정한 우정으로부터 나온다. 전쟁터에서 고된 시련을 같이 나눔으로써 동료 간에 유대감이 생겨나지만, 이것만으로 충분하지는 않다. 전우애란 평소의 우정관계에 기반을 두고서 빗발치는 포화 속에서 더 강해지고 더 굳어지는 관계가 첨가되는 것이다.

나는 개인 희생(Personal Sacrifice)이라는 측면에서 군인들의 전우애를 살펴보고자 한다. 어떤 군인들은 동료를 위해 개인을 희생하면서 위험한 일을 무릅쓴다. 이스라엘군의 중대원, 소대원, 분대원, 그리고 전차승무원들은 평시에는 물론 전시에도 아주 가까운 장소에 있다. 이러한 소집단의 존재는 매우 높은 상호의존성을 가지는데 이러한 상호의존성, 즉 유대감이 전쟁터에서 극적인 형태로 나타나서 군인들은 자신이 신뢰하는 전우들에게 목숨을 맡기고 전투에 전념하게 된다.

같이 피를 흘린 경험은 결코 사라지지 않으며 기억 속에서 잘 지워지지도 않는다. 이것은 우리의 마음속에 깊게 박혀서 결국은 표면의 행동으로 드러나게 된다. 전우애(Comradeship)란 진정한 우정(Genuine Friendship)과 개인 희생(Personal Sacrifice)의 경험들이 결합되어 더욱 단단해진다.

이스라엘 군인들은 가끔 이런 말을 사용한다. 자신의 동료가 가진 특성 때문에 기분이 상한 사람이 "저 녀석은 도대체 전우애의 의미도 몰라!"라고 말한다. 사실 적의 포화 속에서 다져진 동료애는 오랜 우정이나 보통 친숙한 인간관계와는 비교가 되지 않는다. 마음속에 있는 따뜻한 감정은 영원히 지속되는데, 예상하지 못한 어려운 순간이 되면 서로 간의 헌신적인 우정에 다시 불을 붙인다. 나는 끈끈한 전우애를 유지함으로써 성공의 기회를 얻은 고급 장교들과 지휘관들을 많이 보아 왔다. 진정한 동료들은 항상 서로 돕고 의지한다.

한편 나는 이스라엘군의 상급부대에서 전우애를 남용하는 경우를 본 적이 있다. 자신의 성공하려는 욕망과 자신을 보호하려는 욕망이 가끔씩 부정적이고 잘못된 행동을 유발하게 된다. 레바논전쟁 당시 갈릴리 평화작전을 실시할 때, 내가 상급부대의 지시를 무시하고 보포트요새(Beaufort Castle)를 야간에

전사의 길

무리하게 점령하라는 명령을 임의로 내렸다고 부당하게 책임을 추궁당한 적이 있었다. 그때 나는 내 눈앞에서 전우애의 의미를 잃어버렸다. 나와 같이 함께 싸웠던 전우가 자기들이 내린 명령을 내가 어기고 반대로 행동했다고 엉뚱하게 주장한 것이다!

　　나는 적의 포화 속에서 부하들과 같이 현장에서 공격을 이끌고 있었던 지휘관으로서, 당시 내가 판단하고 결심한 것은 시간과 장소를 포함해 모든 조건을 고려한 것이었다. 당시 어느 누구도 나의 결심에 대한 동기와 논리에 대해서 자세히 물어보지 않았다. 나는 채광이 좋고 환기가 잘되는 지휘소 벙커 안에 앉아서 자신들의 임무에 실패했던 상급부대 사람들의 엉뚱한 행동 때문에 큰 대가를 치러야 했다. 물론 모든 사람은 실수할 수 있다. 그러나 전우애란 자신의 행동을 통하여 자신의 동료를 기꺼이 보호해 주는 것을 요구하고 있는 것이다. 불행히도 나의 상급부대는 이를 유념하고 있지 않았다. 나중에 이스라엘군 최고사령부의 조사에 의해서 1982년 6월 보포트요새 공격 간 일어났던 진상이 분명하게 밝혀지자, 내가 그동안 간직하고 있었던 전우애에 대한 소중한 가치가 산산이 부서지는 것 같았다.

앞서 언급한 바와 같이 전우애는 중대원, 소대원, 분대원, 전차승무원들 사이에서 분명하게 드러난다. 상급 지휘관은 이들이 가진 전우애를 소멸시키지 않도록 노력해야 하고, 동시에 이것을 고양시키기 위해 최선을 다해야 한다. 모든 이스라엘 군인들은 자신이 결코 전장에 내버려지지 않을 것이며, 전우들이 생명을 걸고 자신을 보호해 주며, 또 이를 상호 간에 보답할 의무가 있다는 사실을 반드시 명심해야 한다. 군인들의 십계명 중 첫째는 '전우애로 서로 의지하라'이다.

시리아군은 처음에 그들의 전투부대 공격을 통해서 우리를 점령지역으로부터 축출하려고 애를 썼지만, 시간이 지날수록 장거리 포병사격에만 더욱 의존하고 있었다. 우리는 시리아와 같은 편에 서서 싸우고 있는 '아랍연합군(사우디아라비아, 모로코, 이라크, 요르단 등)'을 차츰 경험하게 되었다. 한편 우리는 '전장의 금기(Taboo)'에 대해서도 익숙해져 갔다. 절대로 옷 갈아입지 않기, 편지 쓰지 않기, 군복에 상징물 달기, 성경책 휴대하기, 절대로 면도하지 않기 등이었다. 이러한 미신적인 것들은 자신들의 무사 안녕을 기원하고 있었다. 이제 우리의 마음은 고향으로 향하고 있었다. 그곳에 두고 온 것들을 그리워하기 시작했다.

전쟁 마지막 날이 되어서야 우리 대대는 점령지역을 벗어나 재편성을 위해 어떤 장소에 집결하였다. 10월 24일 밤 시리아가 정전에 합의했다는 소식을 들었다. 우리는 모두 놀라 그 사실이 잘 믿겨지지 않았다. 정전이 기정사실화된 다음 날 아침까지도 우리는 여전히 전투태세를 유지하면서 마지막 순간까지 불안해하고 있었다. 새로 재편성을 마친 오데드 에레즈의 전차대대가 점령지역으로 들어와서 우리 대대와 경계임무를 교대해 주었다.

야간이 되자 우리 대대는 그곳의 점령지역을 빠져나오기 위해 출발하였다. 나는 무척 조바심이 났는데, 왜냐하면 야노시 여단장이 나에게 개인적으로 빨리 만나 보자고 원했기 때문이다. 무엇 때문에 그러는지 매우 궁금했다. 이때 설상가상으로 라오르의 중대가 이동하면서 전차들이 바윗덩어리 사이에 빠져 버렸다. 그들이 빠져나오는 것을 돕기 위해서 나는 전차를 몰고 골짜기로 들어가야 했다. 우리의 귀중한 시간이 낭비되는 바람에 나는 그들에게 화를 내고 말았다.

마침내 야노시 여단장이 있는 곳에 도착했다. 나는 여단장 지프차를 함께 타고서 대대 전차들이 뒤따라오고 있는 가운데 나파크 기지로 향했다. 그는 시선을 도로에 머물러 둔 채 한동안 어색한 침묵을 지키고 있었다. 마침내 그가 말했다.

전사의 길

"카할라니, 사실 자네 가족한테 좋지 않은 소식이 있어. 그것을 말해 주려고 불렀네. 자네 동생이 전사했다네."

나는 몸이 굳어졌다. 머리부터 발끝까지 몸이 떨렸다. 아무런 생각이 나지 않았다.

"어느 동생 말입니까?" 충격 속에 이렇게 물었다. 나는 시리아에 대한 반격작전을 실시하기 전에 막냇동생 아르논을 잠깐 만나 본 후 아직까지 그의 소식을 듣지 못했다. 그리고 바로 밑 동생 에마누엘은 시나이 전선에서 전쟁에 참가하고 있었다. 그동안 그에 대해서도 한마디 소식을 듣지 못했다.

"에마누엘 일세." 여단장이 나를 쳐다보며 말했다.

나는 흘러내리는 눈물을 참을 수 없었다. 자신의 슬픈 눈빛을 감추며 익살스럽게 웃고 있던 에마누엘의 얼굴이 내 눈앞을 스쳐 지나갔다. 불과 얼마 전 결혼식 파티에서 밝게 웃으면서 우리들의 마음을 사로잡았던 그였다.

"언제 그랬습니까?"

"며칠 전이야. 내가 자네에게는 비밀로 했지. 내가 자네를 점령지역으로부터 도저히 빼낼 수가 없었어. 지금 자네 부모님이 무척 기다리고 계시네. 곧장 집으로 가 보게!"

그제야 나는 지난 며칠 동안 집에서 오는 편지가 없었고, 또 내가 집에 전화를 걸 차례가 되면 교환대에서 고장 났다고 하면서 연결해 주지 않았던 이유를 알게 되었다.

야노시 여단장은 또 다른 나쁜 소식도 전해 주었다. 아내 달리아의 동생 일란은 시나이 전선에서 전투하던 기갑여단의 통신장교였는데, 수에즈 운하를 도하할 때 전사했다는 것이다. 일란 역시 신혼 초였으며 그의 아내는 임신 5개월이었다.

고통으로 참을 수 없었다. 물론 나는 집에 가야 했다. 그러나 나의 대대를 빠른 시간 내 어떻게 최상의 상태로 복원시킬 것인가? 더군다나 부대대장 에이탄마저 며칠 전 부상을 입어 후송 갔는데 누가 대대를 지휘한다는 말인가?

"걱정하지 말게." 여단장이 위로하며 말했다. "자네 부하들이 잘 알아서 할 거야. 나는 그들을 믿고 있다네."

나는 경험과 능력을 가지고 있는 에미 팔란트 중대장에게 대대를 인계하였다. 에미는 대대를 나파크 기지까지 무사히 이동시켰다. 늦은 밤 나는 네스 시오나에 있는 나의 집으로 출발하였다.

상훈 추천

전쟁이 끝난 후 두 달 동안 나파크 기지에서 부대 전투력을 복원하느라 동분서주하고 있을 때, 지휘관들로 하여금 부하들의 전투공로를 서면으로 평가해서 제출하라는 지시를 받았다. 여단본부에서 하달된 양식에 따라 상훈을 줄 만한 사람들을 추천해야 했다. 나는 전쟁이 끝나고 나서 얼마 되지 않았는데 벌써 전공심사가 이루어는 것에 대해 조금은 놀랐다. 사실 나에게는 이런 일이 어색하였다.

6일 전쟁이 끝난 후 내가 부상으로 병원에 입원하고 있을 때, 많은 사람들이 전후에 진급되고 또 훈장과 표창을 받는 것을 보고 감명을 받았었다. 나는 이런 사람들을 추천하는 기준이나 방법에 대해서 거의 아는 바가 없었다. 나는 당시 용감하게 싸웠던 전사상자나 또 필사적인 용기로 부상자를 구출했던 사람들만이 상훈을 받는다고 알고 있었다.

우선 떠오른 생각은 상훈추천서를 일단 중대장들에게 넘겨주고 이들이 결정토록 위임하는 것이었다. 그러나 곧 마음을 바꾸었다. 이런 식으로 했다간 원래 의도와는 달리 골치 아픈 분란만 일으키고 일을 그르칠 것 같았다. 그래서 집무실에서 혼자 앉아서 부하들의 추천할 만한 특별한 무공을 머릿속으로 구성해 보려고 했다. 이것도 소용이 없었다. 모든 부하들이 영웅이었다. 모두 말이다. 그렇다면 어떻게 해야 하나?

나는 중대장들과 참모들을 모아서 같이 의논하기로 하였다. 나와 함께 전쟁을 치렀던 라오르, 암논, 에미가 토의에 적극적으로 참여하였다.

"저는 상급부대가 우리한테 뭘 원하고 있는지 도대체 이해할 수 없습니다." 에미가 흥분하면서 말했다. "저는 저런 서류를 작성할 수 없다고 생각합니다! 제가 보기에 모든 부대원들이 영웅이었습니다. 어느 누구도 자기의 전투진지에서 물러서지 않았습니다. 이들이 아닌 다른 사람들을 어떻게 추천할 수 있겠습니까?"

암논은 에미보다 침착하였다. 암논은 어떤 전차장이 특별한 훈장을 받을 만하다고 생각한다면서 나와 따로 상의하기를 원하였다.

라오르는 이렇게 말했다. "저는 최초 단계에서 방어전투를 할 때는 중대장이 아니었습니다. 그래서 전차장들과 상의하기 전에는 어느 누구도 추천할 수 없습니다."

"자, 내 말을 들어봐." 내가 이 논쟁에 끼어들었다. "우리 대대는 최고의 전사들을 가지고 있어. 자네들의 염려는 이해하지만 한 번 더 생각해 보자. 우리가 상훈대상자를 추천하지 못해서 이 기회를 그냥 포기할 수는 없지 않은가!"

내 말에 에미가 분개했다. "만일 제가 한 사람만 추천한다고 하면 다른 사람들을 무슨 면목으로 볼 수 있겠습니까? 저는 우리 대대에 대해서 잘 알고 있습니다. 우리가 시리아군을 막아 냈다는 것은 의심의 여지가 없습니다. 우리 각자는 임무를 완수했습니다. 그렇지 않은 사람이 있다면 말씀해 보십시오!"

반은 자기가 질문하고 반은 자기가 답변하면서 에미는 나를 똑바로 쳐다보았다. 나는 훈시와 같은 답변을 길게 하지 않을 수 없었다.

"이런 일은 매우 힘들고 복잡하며 민감하다는 것은 다 아는 사실이야. 이번에 이스라엘군의 모든 지휘관들이 자기 부하들을 추천할 것이고, 상급 부대에서는 이를 심의할 상훈심사위원회를 열겠지. 그런데 우리 대대만 결정하지 못해서 아무도 추천하지 않는다고 치자. 우리는 나중에 부하들의 얼굴을 보아야 해. 이스라엘군 최고의 전사들을 말이야. 그리고 어쩌다 이렇게 되었는지 그 과정을 설명해 주어야 하겠지."

"자기 부하들 가운데 한 명만 추천해 훈장을 주어야 하는 지휘관은 사선 위에 서게 되는 처지가 될 거야. 지휘관은 곤란하고 또 추천받은 사람도 난처하며, 다른 부하들은 지휘관이 차별 대우한다고 느끼게 되지. 부하들이 '왜 저 사람은 훈장을 받고 나는 받지 못하는가?' 하고 묻는데, 이건 어쩔 수 없는 일이야. 이러한 부하들의 반응보다 더 걱정되는 것은 앞으로 발휘해야 하는 우리의 리더십이야. 아무도 추천해 주지 않은 행위에 불만을 품은 부하들을 이끌고 어떻게 우리가 전쟁을 치를 것인가?"

"이 일을 잘 끝내고 우리가 안정을 되찾기 위해서 이것을 명심하도록 하자. 이러한 상훈은 학과성적이 뛰어난 최우수 학생에게 주는 금메달 같은 성격은 결코 아니야. 상훈은 용감한 전사들과 뛰어난 전투행동에 대해서 모든 군인들의 관심을 촉구하기 위해 주는 상징으로 이해해야 돼. 훈장을 주는 것은 영웅적인 무공을 우리가 함께 기억하고, 다음 세대에 전해 줄 전투유산에 한 가지를 더 보태는 일이라고 할 수 있겠지."

"몇 년 후에는 새로운 세대가 이 나라를 지키게 되겠지. 그들은 우리보다 결코 못하지 않을 거야. 우리 대대의 전사들이 싸웠던 이야기가 그들에게 시시할 수도 있고 또 반대로 중요할 수도 있어. 우리가 세운 공훈이 하나의 바탕이 되어서 다음 세대 군인들이 행동해야 할 패턴으로 기여하게 될 거야. 오늘 우리가 추천하는 상훈의 수준까지 결정할 필요는 없어. 상훈심사위원회가 그 문제를 결정할 거야. 그들은 전군의 대상자들을 두고 검토하겠지. 하지만 우리는 부하들에게 어떤 것을 근거로 해서 이번 훈장 추천을 결정하게 되었는지 말해 주어야 하고, 그 결정이 의미하고 있는 바를 설명해 주어야 돼. 우리의 다음 세대를 위해서 말이야."

몇 달 후 상급부대 상훈심사위원회에서 자세한 추천 배경을 들어 보기 위해서 우리 대대의 중대장들을 모두 호출하였다. 이들은 열정을 가지고 자신들의 의견을 적극적으로 피력하였다. 나는 가슴이 벅찼고 이들이 모두 자랑스러웠다.

제77전차대대에서 12명의 전사들이 훈장과 표창을 수여받았다. 모두의 공적을 여기서 다 언급하지 못해 미안할 따름이다. 부사관 두 명에 대해서만 대표적으로 언급한다.

전차장 아미르 바샤리(Amir Bashari) 하사는 곧 전역할 예정이었는데 눈물의 계곡이 내려다보이는 곳에 전투진지를 점령하였다. 그는 이 돌 투성이의 능선에서 수많은 시리아군 전차들을 파괴하였다. 능선에 혼자 있을 때도, 인접 전차들이 파괴되었을 때도, 시리아군 전차들의 표적이 되었을 때도 그는 후퇴하지 않았다. 그는 끝까지 싸웠고 자신이 피격당해 전사할 때까지 적에게 계속해서 손실을 입혔다.

전차장 요아브 블르만(Yoav Bluman) 하사는 아미르 바샤리 하사의 절친한 친구이며 그의 입대동기이다. 그는 전차가 피해를 입자 이를 끌고 후방의 여단 치중대 지역으로 갔다. 그는 파손된 전차를 부대정비반에 넘겨주고, 정비를 마친 다른 전차를 끌고서 다시 전투진지로 올라갔다. 그 전차도 또 피격을 당했지만 블르만 하사는 포기하지 않았다. 그는 전장에서 멀리 떨어져 있는 하이파(Haifa) 근처의 쿠르다니(Kurdani) 기지까지 가서 새 전차를 한 대 몰고 다시 골란고원으로 돌아왔다. 이때 같은 중대의 장교 두 명이 그의 전차에 함께 타기를 원했다. 블르만 하사가 자신이 전차장 임무를 수행하기를 강하게 주장하므로, 장교들은 어쩔 수 없이 포수와 탄약수 역할을 맡게 되었다. 우리 대대가 시리아 영토 내로 반격작전을 실시하는 도중 이 전차가 피격당하는 바람에 블르만 하사는 전사하고 장교 두 명도 부상을 당했다.

나중에 아미르 바샤리 하사와 요아브 블르만 하사에게 무공훈장(Medal of Gallantry)이 추서되었다.

훈장과 표창

1970년 이스라엘 국회는 군인과 부대가 발휘한 용기(Valor), 용감(Gallantry), 뛰어난 공적(Distinguished Service)을 기리기 위하여 이스라엘군 훈장 수여에 관한 법률을 제정하였다.

전쟁참전을 표시하는 기장과 함께 제복 상의에 부착하는 훈장은 두 부분으로 구성되어 있다. 즉 이스라엘 전투유산의 상징을 나타내는 세 가지 다른 색깔의 천과 금속 부분으로 이루어져 있다.

노란색의 최고무공훈장(Medal of Valor)은 전투에서 자기 생명의 위험을 무릅쓰고 최고의 영웅적 행동을 발휘한 군인에게 참모총장이 추천하고 국방장관이 수여한다. 노란색은 홀로코스트(유태인 대량학살) 동안 유대인들을 식별하기 위해 가슴에 붙였던 노란색의 천 조각을 의미하고 있다.

붉은색의 무공훈장(Medal of Gallantry)은 전투에서 자기 생명의 위험을 무릅쓰고 용감하게 임무를 완수한 군인에 대해서 참모총장이 수여하는 훈장이다.

파란색의 공로훈장(Distinguished Service Medal)은 전투에서 뛰어난 용기를 발휘한 군인에 대해 참모총장이 수여한다.

훈장과 더불어 4등급의 표창이 있으며 표창장에는 올리브 잎과 검이 X자로 교차하는 상징이 그려져 있다. 표창을 수여할 때 참전 약장을 동시에 수여한다. 표창에는 참모총장 표창, 사령관 표창, 사단장 표창, 그리고 여단장 표창이 있다.

각 부대가 상훈심사위원회에 대상자 추천서를 제출하면 이 위원회는 대상자의 공적을 심사하고, 의견을 제시하며, 대상자가 받을 상훈의 등급을 건의한다. 훈장과 표창은 부대 전체에 수여될 수도 있지만 그 내용에 대해서는 명확하게 공표하지 않는다.

독립전쟁(1948년)부터 지금(1989년)[96]까지 훈장과 표창 현황은 다음과 같다.

최고무공훈장 41명, 무공훈장 218명, 공로훈장 601명,

참모총장 표창 176명, 사령관 표창 191명, 사단장 표창 63명, 여단장 표창 71명

이 기록을 보면 모든 종류의 훈·표창 수훈자 총 436명 중 기갑병과가 284명으로 가장 많이 받았다. 그다음으로 훈·표창 총 263명 중 보병이 195명이 받았다.

최고무공훈장을 받은 41명 중에서 13명이 기갑이고 10명이 보병이다. 무공훈장은 기갑에서 70명이 받고 보병은 60명이 받았다.

공군은 57명이 각종 훈장을 받고 123명이 표창을 수상하였으며, 해군은 각종 훈장 43명, 그리고 표창을 58명이 수여받았다.

최초의 훈·표창은 이스라엘이 건국되기 2개월 전인 1948년 3월에 수여되었다. 독립전쟁 유공으로 12명에게 최고무공훈장이 수여되었다. 이후에 최고무공훈장은 시나이전투 유공으로 5명, 6일 전쟁에서 7명, 욤키푸르 전쟁에서 8명이 수여받았다. 그리고 6일 전쟁과 욤키푸르 전쟁 사이의 전투에서 몇 명이 수여받았다. 최고무공훈장 41개 중 21개는 전사자에게 서훈되었다.

이러한 자료에서 두드러진 사실은 대부분의 훈·표창 수훈자가 지휘관들이었다

---

96 저자인 카할라니 장군이 본 저서를 집필한 1989년도를 기준으로 한 자료이다.

는 것이다. 이는 놀랄 만한 일이 아니다. 이스라엘군에는 그의 전사들에게 '나를 보고 내가 하는 대로 따라 하라(Watch Me and What I Do)'라고 외쳤던 전설적인 지휘관 기데온 벤 요아시(Gideon Ben Yoash)가 남겨 준 군대전통이 있다. 그 이후 '나를 따르라(Follow me)!'라고 외치면서 돌격하는 부대를 이끈 사람들은 바로 지휘관들이었다.

훈·표창은 뛰어난 전투행동을 한 군인들에게 수여되는데, 본질적으로 전투지휘의 기능을 갖고 있지 않은 병사들은 상대적으로 수여받을 수 있는 기회가 적다. 대부분의 병사들은 소대라는 작은 조직 속에서 명시되어 있는 단순과제만 수행하기 때문이다. 비록 초급 지휘관이라 할지라도 불확실한 전투상황 속에서 계속해서 판단하고 결심해야 한다. 목표를 달성하기 위해서 그들은 전장리더십 역량을 발휘하고, 상황의 주도권을 잡아야 하며, 상황에 맞도록 전술을 수정할 수 있어야 한다. 또한 창의적인 방법으로 전술을 구사해야 한다.

위에서 언급한 대로 모든 부하들의 시선은 자기 지휘관에 쏠려 있다. 따라서 지휘관은 부하들보다 더욱 큰 용기를 발휘해야 하고, 공격하는 부대를 선두에서 이끌어야 하며, 솔선수범해야 한다. 전쟁의 사상자 명단을 살펴본 사람이라면, 그 누구라도 이스라엘군 장교단이 지금까지 치렀던 희생의 대가가 얼마나 큰 것이었는지 곧 알 수 있을 것이다.[97]

욤키푸르 전쟁이 끝난 다음 제77전차대대에서 받은 훈·표창 현황을 보면 최고무공훈장 1명,[98] 무공훈장 3명, 공로훈장 7명, 사령관 표창 1명이다. 이들 훈장 중 5개는 전사자들에게 서훈되었다.

우리는 한 가지를 명심해야 한다. 가슴에 훈장을 달고 있는 사람들은 그가 '얻

---

97 이스라엘 장교들은 대대장까지도 전투에 앞장서기 때문에 그 사상율이 유달리 높다. 1973년 욤키푸르 전쟁에서 전사자의 24%가 장교들이었다.

98 카할라니가 받은 최고무공훈장이다.

은 명성이 더없이 무거운 짐'이라는 것을 알아야 한다. 이들에 대한 존경과 칭송이 크면 클수록, 그들에게 넘겨지는 책임은 이보다 더 커진다. 그들이 보여준 용기는 이스라엘군의 영원한 군대유산으로 남을 것이며, 후세의 젊은이들이 그들을 본보기의 대상으로 삼게 될 것이다. 훈·표창의 수훈자들은 자신들의 삶의 기준을 더욱 높이려는 노력을 멈추어서는 안 된다.

기갑부대의 복구

나는 골란고원의 제77전차대대 대대장 직책을 마치고 기갑학교의 부교장으로 부임했다. 욤키푸르 전쟁이 바로 끝났을 때 기갑학교장은 실로모 아르벨리(Shlomo Arbeli) 중령이었는데 나중에 야코브 페퍼(Ya'akov Pfeffer) 대령으로 교체되었다. 전쟁 시 피해가 심각했던 우리 대대의 전반적인 전투력 복원을 위해서 불철주야로 노력하고 있을 때 나의 전출은 뜻밖이었다. 새로부임한 기갑학교는 이스라엘의 중부지역에 위치하고 있는데, 이곳에서는 야전부대와 전혀 다른 임무를 수행하고 있었다. 욤키푸르 전쟁에서 기갑병과가 다른 병과에 비해서 큰 타격을 입었는데, 특히 지휘관 계급에서 많은 인명피해를 보았다. 아시켈론(Ashkelon) 부근의 줄리스(Julis) 기지에 위치한 기갑학교는 가능한 빠른 시간 내에 새로운 인원들을 교육시켜서 병과의 부족 인력을 보충시켜야 했다. 따라서 이스라엘군 최고사령부는 주로 보병을 대상으로 해서 기갑으로 전과시켜 새로운 인력자원을 확보하도록 결정하고, 이들을 기갑학교에 보내 재교육을 시키기로 하였다.

전과한 군인들이 기갑부대에서 정상적인 임무를 수행하기 위해서는 수 개월에 걸친 전문적인 교육이 필요하였다. 또한 특히 보병에서 전과하는 자원들은 사고방식의 큰 변화가 요구되었다. 짧은 기간 내에 이 과업을 완수하기 위해서 많은 노력이 필요했다. 그래서 나는 기갑사령관 아브라함 아단(Avraham Adan)[99] 소장에게 신병교육 과정과 보수교육 과정의 기간 단축을 건의하여 승인을 받아 내었다. 나는 교육 내용을 세밀히 검토하여 중요한 것과 그렇지 않은 것을 구별함으로써 교육과정을 절반 정도로 줄일 수 있었다.

당시 "엉터리로 교육시키고 있네!"라고 비난하는 사람도 있었다. 그렇지만 골란고원에서 치른 나의 전투경험에 의하면 전차장, 포수, 탄약수, 조종수로 구성된 전차승무원 중에서 만일 누구 하나라도 결원이 생기면 전차한 대가 기능을 발휘하지 못했다. 전차승무원의 결원은 결과적으로 전차한 대를 무용지물로 만든다. 이 문제를 조속히 해결하는 것은 학교나 야전부대에 있는 사람들의 주요한 책임인 것이다.

요르단 계곡에 주둔하고 있던 하루브(Haruv) 정찰부대원들도 기갑으로 전과되기 위한 재교육 대상에 들어가 있었다. 그러나 그들은 기갑으로 전과되는 것을 강력하게 반대하고 나서는 바람에, 기갑 출신인 도빅 타마리(Dovik Tamari)[100] 준장과 함께 그들을 설득하기 위해 갔다.

그들은 우리를 아연실색하게 만들었다. 이번 전쟁에서 기갑부대에 사상자가 많이 발생했다는 것이 멋진 '붉은 베레모'를 쓰고 있는 정찰부대원들이 기갑으로 전과를 반대한 주된 이유였다. 그들은 말을 장황하게 늘어놓으면서 조금도 부끄러워하지 않았다. 이번 전쟁에서 조국의 부름을 받았을 때 이들은 저 멀리 안전한 곳에 피해 있었고, 우리의 전사들만 열심히 싸웠구나 하는 생각이 갑자기 들었다. 우수한 젊은이들이 모두 모여 있다는 정찰부대원들은 이번 전쟁에서 나의 전차승무원들만 못한 것 같았다. 무엇

---

99 **아브라함 '브렌' 아단:** 아단 소장은 욤키푸르 전쟁 시 수에즈 전역에서 제162기갑사단을 지휘하였다. 그의 사단은 이집트군의 최초 공격을 잘 막아 내었을 뿐 아니라, 최종 단계에서 수에즈 운하를 역도하하여 이집트의 제3군을 포위하는 데 결정적으로 기여하였다. 앞에서도 언급했듯이 그는 「수에즈의 양안(On Both Banks of the Suez)」이라는 책을 저술하였다.

100 **도빅 타마리:** 욤키푸르 전쟁 시 수에즈 전역에서 아단 소장이 지휘했던 제162기갑사단의 부사단장을 지냈으며, 나중의 그 사단의 사단장으로 부임하였다. 나중에 최고사령부 정보참모부장을 지냈다.

이 정의로운 것인가? 정찰부대라는 곳에 스스로 자원입대한 이스라엘 최고 젊은이들이 어떻게 나의 병사들보다 못하단 말인가? 물론 전차승무원들 중에도 자기에게 부여된 임무를 가지고 투덜대는 사람이 있었다. 그렇지만 대부분의 장병들은 꾹 참고 잘 견디어 내었다. 물론 정찰부대원들도 그 이상 인내하면서 잘 싸웠으리라 생각한다. 어쨌든 이번에 그 누구도 정찰부대 군인들의 특성을 잘 따져 보지 않고 그들을 전과시킨 것이다!

우여곡절 끝에 기갑학교에 입교한 하루브 정찰부대원들은 학교를 온통 난장판으로 만들어 버렸다. 그들은 자기절제를 잃어버린 채 훈련장 천막 안에 연막탄을 집어 던지기도 하고, 마치 서부영화 속의 무법자처럼 식당 안을 어슬렁거리며 돌아다녔다. 두말할 필요도 없이 나는 그들의 군기를 똑바로 잡는 데 최선의 노력을 경주했다. 많은 징계를 내리고 벌금을 매겼으며 심지어 몇 명은 영창에 집어넣었다. 그들은 기갑학교에서 더 이상의 방종한 행동이 어렵게 되자, 이제는 어떠한 전투임무라도 면제받기 위해 자기의 신체등급을 낮추어 보려고 의무대에 뻔질나게 들락거렸다.

또 이들은 자신들의 대표단을 뽑아 데이비드 엘라자르 참모총장(우연히도 기갑 출신이었음)에게 보내어 면담하면서 '최고사령부의 결정이 잘못되었다'라고 주장함으로써, 이 문제를 더 복잡하게 만들었다. 이에 대해 참모총장은 주저 없이 단호하게 답변했다.

"한 명의 테러분자가 요르단 계곡에 침투하더라도 그렇게 많은 사람들이 위험에 빠지지는 않는다. 그러나 우리에게 전차 1개 중대라도 부족하게 되면 온 나라가 위험 속에 빠져들게 될 것이다!"

당시 다른 군인들도 기갑학교에 보직이 되었는데 그들은 전쟁 동안 이집트군에게 포로로 잡혀 갔었던 사람들이었다. 그중에는 전차장들도 있었고 또 전차승무원들도 있었다. 그들은 몇 개월 후에 송환되어 자유의 몸으로서

전사의 길

잠시 회복기간을 가진 후 기갑학교에 전입신고를 하였다. 나는 그들의 적성과 능력을 고려해서 임무를 부여하기 위해 개별적인 면담을 실시하였다.

나는 이들의 귀환을 환영하는 빈번한 축하행사에 참석하는 것이 짜증이 났다. 물론 이것이 감동적인 재회라는 것은 이해한다. 전쟁포로의 처지가 된 후 그들이 보여 주었던 용기를 보면 이는 어쩌면 당연한 일일지도 모른다. 그러나 전쟁포로가 된 것이 마치 무슨 영광스러운 일을 해낸 것같이 지나치게 환대하는 처사는 나의 사고방식과 배치되었다. 나는 이런 일이 염려스러웠다.

전쟁포로였던 군인들 중 절반이 기갑학교로 와서 다양한 부서에 교관으로 임명되었다. 그러나 어떤 사람들은 이러한 임무수행을 회피하였다. 기갑학교의 직무가 그리 탐탁지 않았던 것이다.

"저는 이제까지 할 만큼 했습니다. 여기서 근무하고 싶지 않습니다." 그들 중 한 명이 장황스럽게 말했다.

"자네가 포술교관을 좀 맡아 주면 좋겠는데." 나는 인내심을 가지고 요청했다.

"저는 이곳 근무를 원하지 않습니다. 아침 8시에 출근해서 그럭저럭 지내다가 오후 5시에 퇴근하는 텔아비브 지역의 최고사령부 행정부서에 가서 근무할 겁니다."

나는 화가 부글부글 끓어올랐다. 나는 이 녀석에게 무엇이 올바른 일인지 알려 주기 위해 한 대 올려붙이고 싶었다. 얼굴이라도 한 대 맞고 나면 정신이 번쩍 들어 현실을 직시할 텐데. 대신 그와 거친 설전을 벌였다. 이것도 별반 효과가 없자 나는 이 녀석을 영창에다 집어넣었다. 곧 여기저기로부터 전화가 쇄도하였다.

"다시 생각해 보게나, 카할라니 중령."

그리고 곧 아우성칠 언론의 헤드라인이 내 머릿속에 그려졌다. '기갑

학교 카할라니 중령, 이집트 감옥에서 돌아온 전쟁포로를 이스라엘 감옥에 처넣다!'

그렇지만 나는 끝내 양보하지 않았다.

나는 항상 전쟁포로 문제에 대해 많은 생각을 해 왔다. 개인적으로 그런 경험이 없었기 때문에 포로에서 풀려나 집으로 돌아온 군인들에 대해 어떤 의견을 내놓거나 판단할 때는 마음이 그리 편하지 않았다. 그러나 그들과 많은 대화를 나누면서 그들의 세계를 들여다볼 수 있었는데, 다시 이스라엘 땅에 발을 디디자마자 그들은 세상에서 가장 행복한 사람이 되었던 것을 이해할 수 있었다.

전쟁포로 생활을 했던 사람들은 자신의 인생이 달라져 버리지는 않을까 고민하면서 여생을 보내게 된다. 자신이 포로가 되었다는 수치스러운 사실을 억제하기가 힘든 것이다. 심지어 차라리 전투 중에 그냥 죽어 버렸다면 더 낫지 않았을까 하고 자주 생각한다고 한다. 전에 이스라엘군 최고 사령부 심리처장을 지낸 루벤 갈(Reuven Gal) 박사와 대화를 나눈 결과, 전쟁포로들의 감정 중에서 특히 죄책감이라는 것이 절대로 없어지지 않는 것을 이해하게 되었다. 오직 적절한 치료를 통해서만이 그들 마음속에 있는 사슬로부터 풀어내어 자유롭게 해 주고, 또 빠른 시간 내 자립할 수 있게 만들어 준다. 한편 갈 박사는 그들 자신의 이익을 위해서 귀환한 전쟁포로들을 군사 청문회에 회부하여 그들의 말을 충분하게 들어 볼 필요도 있다는 생각을 가지고 있었다.

전쟁포로였던 자신들을 따뜻하게 돌보아 주는 사회로 다시 돌아왔다는 것을 확신시켜 주는 것이 가장 중요한 것이라는 데는 의심의 여지가 없다. 이러한 확신이 없이 그들이 일상생활로 다시 돌아갈 수는 없을 것이다. 삶에서 가장 힘든 고통의 시기를 겪고 난 사람들에게 이렇게 해 주는 것이 우리들의 의무인 것이다.

기갑학교는 교육목표와 학습 내용을 다시 정립하면서 천천히 제자리를 찾아갔다. 전차부대에서 치열한 전차전을 직접 치렀던 교관들은 아직도 전쟁의 충격 속에서 헤어 나오지 못하고 있었다. 그러나 이들은 전투경험을 가지고 있는 교관으로서 피교육생들을 직접 가르치는 것이 상당히 의미가 있다. 한편 기갑학교는 신형전차를 인수하여 배치하는 새로운 임무를 부여받았다. 우리는 신형전차에 인원을 배치하고 장비를 무장시켜서 시나이 전선이나 골란고원 전선으로 내보냈다. 우리 교관들은 학교에서 교육받은 후 전선에 가서 자리를 잡은 야전부대원들과 멀리 떨어져 있는 하나의 파트너였다. 우리는 항상 최전선에 있는 야전부대의 냄새를 느끼고 있었다.

욤키푸르 전쟁이 끝난 다음 이스라엘군은 전사자의 유족, 부상자, 그리고 전쟁포로에서 귀환한 사람들을 돌보아야 할 필요성을 더욱 느꼈다. 나는 형제 중에 누군가가 전사를 한 군인들이 새로운 보직을 받을 때마다 고통 속에 있는 남겨져 있는 그 가족들의 모습을 마음속에 떠올렸다. 길리아디 형제의 경우 6일 전쟁에서 동생 암논이 전사하고, 욤키푸르 전쟁에서 그의 형 기데온이 전사했다. 그리고 나의 친한 친구 아담 와일러는 시나이 소모전쟁에서 전사하고, 그의 동생 기데온은 욤키푸르 전쟁에서 전사했다. 또 아내 달리아의 경우 오빠 시몬은 독립전쟁에서 전사하고, 남동생 일란은 욤키푸르 전쟁에서 전사했다. 또 부상 경험이 있는 군인들의 보직을 들을 때마다 친구 벤지 카르멜리가 생각나는데, 그는 1956년 시나이 전쟁에서 처음 부상당하고, 6일 전쟁에서 또 부상을 입었으며, 욤키푸르 전쟁에서 기갑수색 대대장을 하면서 결국 전사하고 말았다.

자식을 한번 떠나보낸 경험을 가진 가족들에게 이러한 고통을 절대로 반복하게 만들어서는 안 된다. 그의 가족들이 허락하지 않는 한, 살아남은 다른 아들을 결코 최전선의 부대에 배치해서는 안 된다. 그러한 처지에 있는 가족들이 남아 있는 아들을 최전선에 보내지 않으려는 것은 충분히 이해할 수 있는 일이다. 그럼에도 불구하고 가족들의 지지와 성원을 받으면서 전사한 형제의 발자취를 뒤따르기 위해 전투부대 근무를 스스로 자원한 군인들을 보게 될 때마다, 나는 진심으로 그들에게 깊은 존경을 보냈다.

어느 날 아침, 어떤 부인이 학교에 근무하고 있는 남편이 보내온 편지를 들고 이성을 잃은 채 비틀거리며 내 사무실로 들어왔다.

'나를 용서해 줘. 나는 자살할 거야. 더 이상 군인이 되고 싶지 않아. 하지만 죽기 전에 총알로 아비그도르 카할라니의 머리를 날려 버리고 싶어. 그의 아내와 자식들이 보고 있는 데서 쏠 거야.' 그녀의 남편이 쓴 편지에는 이렇게 쓰여 있었다.

나는 무척 당황했다. 그를 잘 알고 있었다. 그는 상습적인 무단결근자로서 하루는 학교에서 보내고 다음 18일 동안은 어디에서 무엇을 하는지 알 수 없는 곳에서 시간을 보낸 후, 잠시 나타났다가 또 사라지곤 하였다. 그의 상급자는 그를 군 교도소로 보내기 전에 군사재판을 위해서 나에게 보냈었다. 그러나 그는 학교에서 몰래 빠져나가 그동안 아내조차도 그의 행방을 알 수 없었다. 그의 아내는 그가 17살 나이에 자기 가족과 말다툼하는 도중, 아버지를 흉기로 찌른 적도 있었다고 걱정스럽게 말해 주었다.

자기 부하에게 폭행을 당한 다른 장교의 사례도 있고 해서, 나는 일단 나의 가족을 대피시킨 후 혹시 모를 그의 저격에 대비해 안전요원을 매복시켜 놓았다. 나도 권총을 차고 다니면서 경계심을 늦추지 않았다. 며칠 후 그는 마약에 흠뻑 취한 상태에서 체포된 후 결국 바깥세상과는 완전히 격리되어 버리는 처지가 되었다.

나는 기갑학교에 근무하는 동안 틈틈이 시간을 내어 고향 네스 시오나에

전사의 길

나의 집을 새로 짓기 시작하였다. 시간과 비용이 부족해 건축공사를 몇 주 동안 끌면서 힘들게 진행하였다. 공사용 모래 더미를 비켜 다니면서 바닥 타일을 직접 붙여 보기도 하였다. 때로는 유리창이 없는 창문을 통해 들어온 길 잃은 고양이들을 내쫓기도 하였다. 어느 날 밤 가슴에 이상한 무게감을 느껴서 잠을 깨 보니, 어떤 고양이 한 마리가 오랫동안 먹이를 찾아다니다 내 가슴 위에 안겨서 편안하게 잠이 들어 있었다.

드디어 나의 집이 완공되자 우리 가족은 이 공사에 기여했던 설계자, 시공자, 목수, 배관공들과 함께 집이 무너지지 않고 오래오래 튼튼하기를 기도드렸다.

욤키푸르 전쟁이 끝나고 한동안 온 나라에 음울한 기운이 퍼져 나갔다. 나라는 전쟁의 발발 원인과 결과에 대해서 잘잘못을 따지느라고 온통 시끄러웠다. 신문의 머리기사들은 전쟁에 대한 정치적 결정과 군사적 결정이 모두 '대실책(Blunder)'이었다고 계속 외쳐 대고 있었다. 국민들의 여론은 '전쟁은 실패'라고 결론지었다. 전쟁의 원인을 찾고 정치적인 대응을 분석하려고 했던 여러 가지 노력들은 국민들이 내렸던 결론을 오히려 더욱 강화시켜 주고 말았다. 그러나 시간이 흐르자 전쟁 자체가 서서히 잊혀져 가고 있었다. 군인들도 마찬가지였다.

나는 개인적으로 우리가 이번 전쟁에서 위대한 승리를 쟁취했음을 잘 알고 있었고, 또 그렇게 믿고 있었다. 나는 이 승리를 기록으로 남겨 두어야 한다는 강한 충동에 사로잡혔다.

기록을 남긴다면? 누구에게 남기나? 누가 읽어 줄 것인가? 내 전우들과 부하들의 반응은 어떨까? 나의 상관들은 뭐라고 말할까? 어떤 문체로 써야 하나? 누가 출판해 줄 것인가? 그리고 도대체 어떻게 구성하여 쓸 것인가? 하지만 나에게는 고교시절 작문 과목을 가까스로 통과했던 기억밖에 나지

기갑부대의 복구

않았다.

　나는 어쨌든 노력해 보기로 결심했다. 일단 이 일을 시작하자 펜을 잡은 나의 손은 억제할 수 없을 속도로 종이 위를 달려 나갔다. 몇 달 후 나의 지휘 아래서 영웅적으로 싸웠던 Oz 77전차대대의 이름을 따서『Oz 77』이라고 부르는 나의 첫 번째 책을 출간하였다. Oz는 히브리어로 '용맹(Valor)'을 의미한다. 그리고 이 책은 나중에 영문판으로『용기의 고원(The Heights of Courage)』[101]이라고 번역되어 출판되었다.

야전 기동훈련장 복구

1974년 말, 기갑사령관 모세 펠레드 소장이 나를 불러서 멀리 떨어진 네게브 사막의 체엘림(Tze'elim) 지역에 버려져 있는 훈련장 시설을 인수해서 복구하라는 지시를 내렸다. 대부분의 기갑부대들이 훈련했던 이 시설은 전쟁이 발발하자, 모든 관리요원들이 시나이 전선에 전차승무원으로 차출되는 바람에 활용이 중단되어 있었다. 실은 이때 나는 골란고원으로 다시 돌아가 차후 대령 진급에 도움이 되는 직책을 하고 싶은 생각이 있었기 때문에 펠레드 장군에게 이 점을 분명하게 언급했다. 여기서의 임무가 나의 확고한 장래 포부를 방해하지 않을 것이라는 그의 약속을 받아 낸 후 나는 이를 승낙하였다. 노련한 운전병이 모는 이스라엘제 카멜(Carmel) 승용차를 타고 행정병과 함께 체엘림 훈련장으로 향했다.

　거기에서 내가 발견한 것은 폭풍이 쓸고 간 뒤의 유령과 같은 마을이었다. 창고와 교실을 점검하고 훈련장을 둘러본 다음, 나는 절망감으로 인

---

[101]『Oz 77』의 영문판인『용기의 고원』의 내용은 국내에 소개되어 있다. 골란고원 전역에 대해서 다양한 자료(전투 수기, 사진, 지도 등)를 가지고 설명한 편역서인『골란고원의 영웅들』(세창출판사, 2000)에서 이를 소개하고 있다.

해서 머리가 아팠다. 군사지도가 잘못된 것일까? 아니면 이집트군이 이곳에 쳐들어와서 약탈한 것일까? 나는 어떤 아군 부대가 시나이 전선으로 가는 도중 긴급조치를 위해 이곳을 잠시 사용한 것으로 알고 있었다. 교실들은 엉망으로 파손되어 있었다. 수년간에 걸쳐서 작성했던 학습교재들이 모래언덕 위에서 펄럭거리고 있었다. 교보재들은 모두 사라져 버렸고, 사무실 기구들은 흩어졌으며, 전화기와 전등은 벽에서 떨어져 나가 있었다. 전차와 차량에 사용할 예비 부속품들이 마치 고물상에 쌓여 있는 고물 더미처럼 보였다. 수년간의 노력으로 겨우 싹이 돋아나고 있는 잔디밭에 전차 몇 대가 잔디를 깔아 뭉개면서 그늘에 주차해 있었다. 울타리는 무너져 있었고 손상되지 않은 창고는 하나도 없었다. 진부하게 들릴지 모르지만 모든 것을 새로 시작하기에는 '임무수행 불가(Mission Impossible)'로 보였다.

사용 가능한 전화기와 전기, 그리고 적당한 사무실을 찾는 동안 훈련장 내의 한쪽 구석에 숙소를 마련했다. 나는 기갑학교에 전화를 걸어서 타자기를 요청하였다. 타자기가 도착하자마자 나는 행정병에게 기갑사령부에 보내는 요구사항 목록을 타이핑하도록 지시했다. 즉석에서 만든 임시 자물쇠로 사무실 문을 잠글 수 있었다. 이제 이 사무실에서 한 명의 지휘관과 한 명의 행정병, 그리고 한 명의 운전병이 새로 근무를 시작하게 되었다. 이로써 이스라엘군에 새로운 부대가 생기게 되었는데 바로 '동원부대 훈련단 (Reserve Formation Training Facility)'이었다. 체엘림의 동원부대 훈련단에 장교들이 서서히 충원되기 시작하였으며 이어서 병사들도 들어왔다. 나는 훈련단장으로서 이들과 개별적으로 면담할 수 있는 특권을 누렸다. 모든 전입요원들에게 그들의 능력에 맞는 임무를 부여하였다.

훈련장에 있는 실거리 사격장들은 수년간 귀중한 기갑부대의 자산이 되었다. 많은 전차부대와 기보대대가 이 사격장에서 모든 방향으로 자유롭게 사격할 수 있는 대규모 훈련을 진행할 수 있었다. 이러한 훈련장이 재건

되었다는 소식이 알려지자, 여단급 부대들은 기동훈련 일정을 먼저 예약하려고 난리를 쳤다. 그래서 이 동원부대 훈련단의 '창설의 아버지'인 우리는 교실환경을 조속히 준비하고, 실시한 훈련결과를 면밀히 분석해서 훈련과정을 재구성하였다.

그 당시 나는 모세 펠레드 기갑사령관으로부터 직접 통제를 받으면서 근무하고 있었다. 당시 나는 펠레드 장군에 대해서 잘 모르고 있었던 새로운 사실을 발견하게 되었다. 그는 동원부대 훈련단을 마치 할머니가 친손자를 헌신적으로 돌보아 주는 것같이 하면서, 내가 알지 못했던 민감함과 공정함을 보여 주었다. 내가 지휘참모대학을 졸업할 때 학장이던 그와 최종 면담을 하면서 한동안 그에게 가졌던 불편한 감정이 지금은 호감과 감사의 마음으로 바뀌었다.

나는 거대하고 길들여지지 않은 왕국인 네게브의 광대한 공간을 사랑하였다. 비록 여기서 수행하는 나의 직책이 차후 진급에는 도움이 되었지만 그래도 나는 여전히 중령이었다. 그 당시의 진급방침을 보면 여단장 직책을 받은 장교는 누구나 대령으로 진급하게 되어 있었다. 그러나 내가 보직을 받았을 때 진급방침이 수정되었는데, 대령으로 진급하기 위해서는 적어도 3년 간 중령으로 근무하거나 또는 1년 동안 여단장 직책을 거쳐야만 하였다. 나는 사단장이나 여단장이라 할지라도 중령 계급을 막 부려 먹을 수 있는 부하로서 함부로 다루기 쉽지 않다는 것을 알고 있었다. 즉 중령 계급은 성경에 나오는 '나무 패고 물 긷는 사람'[102]이 아니라는 것이다. 기갑사령부와 장시간의 논쟁 끝에 내가 비록 중령 계급으로 동원부대 훈련단장 직책

---

102 **나무 패고 물 긷는 사람(Hewers of wood and Drawers of water):** 성경 신명기 29장 11절에 나오는 표현이다. 낮은 계급의 사람들로서 천한 일을 하는 사람들을 의미한다.

을 수행하고는 있었지만, 자원과 시간을 최대한 활용해서 훈련 입소부대의 전반적인 훈련을 통제하겠다고 주장하였다.

모든 일이 순조롭게 진행되어 나는 모타 구르(Motta Gur) 참모총장에게 보병부대, 공병부대, 포병부대를 현재 실시 중인 기갑부대와 같이 훈련시킬 필요가 있다고 보고하였다. 결론적으로 체엘림 훈련단에서 광범위한 훈련의 확장을 건의하였다.

"이들을 모두 수용하기에는 훈련장 공간이 부족해." 참모총장이 언급했다.

나는 집무실에 있는 지도에 훈련장 주위로 가상의 선을 그어 보았다.

"공간은 문제없습니다. 문제가 있다면 하고자 하는 의지와 비전에 대한 문제밖에 없습니다." 내가 대답하며 강조했다.

구르 참모총장은 나의 의견을 들어 보더니 교육훈련참모부에 이 문제를 좀 더 세밀하게 검토하도록 지시하였다. 이번에는 공수 및 보병처장인 단 숌론(Dan Shomron) 준장이 완강하게 반대하고 나섰다.

"안 돼. 절대로! 절대 반대야!" 그가 잘라 말했다.

최고사령부에서 논쟁이 벌어진 우여곡절 끝에 체엘림 훈련장은 이제부터 '야전부대 기동훈련장(Field Formation Maneuvers Base)'으로 명칭이 바뀌었다. 보병부대들이 장비를 가지고 훈련장으로 들어왔다. 공병부대는 이곳에서 훈련할 수 있는 것에 대해서 매우 기뻐했으며, 체엘림에서 멀리 떨어져 있지 않은 포병부대들도 훈련장으로 들어왔다. 나는 북적거리는 훈련장을 바라보면서 자긍심을 느끼지 않을 수 없었다. 모든 교실에는 동원훈련에 소집된 예비군들이 자신의 주특기를 배우느라고 분주하였고, 전차와 장갑차들은 황량한 훈련장에 활력을 불어넣으면서 여기저기를 마구 달리고 있었다.

훈련장을 효과적으로 통제하고 운용하는 데는 이성적인 노력과 무거운 책임감이 수반되었다. 욤키푸르 전쟁 전에 체엘림에서 훈련을 실시했던 많은 부대들이 다시 들어오기를 원했다. 나는 훈련을 효과적으로 지원하기 위해서 '교육지원 대대'를 직접 새로 조직하였는데, 이 부대는 전장에서 다양한 전투경험을 쌓은 부대원들로 구성된 전차부대였다. 나는 이 부대의 운용에 대해서 특별히 관심을 갖고 최대한 노력을 투자하기 위해, 일상적인 행정업무 대부분을 부단장인 벤 쇼샌(Ben Shoshan)에게 위임하였다. 내가 조직한 이 전차부대는 개인적으로 매우 중요하게 생각하고 있었는데, 만일 전쟁이 다시 발발한다면 나는 이 부대를 이끌고 전쟁터로 나갈 참이었다.

당시 우리는 전형적인 전술을 구현하는 기동훈련에 모든 노력을 쏟아붓고 있었는데, 이러한 일이 때로는 소동을 일으키거나 잊지 못할 추억을 만들어 내었다.

훈련장 교관들과 훈련부대 지휘관은 주야로 쉬지 않고 질주하는 전차들을 따라다녔는데, 내 경우에는 지프차를 타고 전차 옆에서 미친 듯이 같이 달리는 경우가 많았다. 어느 날 밤 공격부대와 함께 라이트를 끄고 전진하고 있을 때, 나의 지프차가 달리는 전차 두 대 사이에 잘못 들어간 사실을 알게 되었다. 두 전차는 앞으로 질주하면서 그 사이에 끼어 있는 나의 지프차를 알아차리지 못하고 서로 모이려 하고 있었다. 내 눈앞에 죽음이 보였다. 나는 이 두 대의 쇳덩어리 괴물과 위험천만한 만남을 기적적으로 피하고, 또 인접 전차들이 쏘는 살인적인 기관총사격을 피하기 위해 지프차를 총알같이 앞으로 내몰았다. 다행히 상처 하나 입지 않았다. 신이 나 같은 바보를 구원해 주신 것이다.

어느 금요일 오후, 나는 차후 있을 기동훈련 준비로 지형정찰을 하기 위해 혼자 지프차를 직접 몰고 야지로 나갔다가 차를 그만 도랑에 빠트리고 말았다. 이때는 체엘림 훈련장에 온 지 얼마 안 된 시기였으므로 차에는 기본 공구 하나 제대로 갖추고 있지 않았다. 나는 무전기, 개인화기, 지도, 철모 중 그 어느 것 하나 갖고 있지 않았다. 내가 오직 갖고 있는 것이라곤 모든 사람들이 안식일 준비를 위해 집으로 외출 간 금요일 오후, 훈련장 본부에서 10㎞ 떨어진 사막 한가운데 전복되어 있는 지프차 한 대뿐이었다. 어느 누구도 내가 거기 있는 줄 몰랐다. 나는 선택의 여지 없이 훈련장 본부까지 걸어서 돌아가기로 결심했다.

"자업자득이구만"하고 중얼거렸다. 내가 가지고 있는 강렬한 모험심은 저돌적인 호기심만큼이나 강했는데, 나는 이제껏 두 가지 모두를 성취해 본 적이 없었다. 그러나 이번 기회에 두 가지를 동시에 성취할 수 있지 않을까?

어느 날 아무 사전 예고도 없이, 나는 텔아비브의 이스라엘군 최고사령부 인근에 있는 대형 의료기관인 세바(Sheba) 병원 정형외과로 가 보라는 지시를 받았다. 그 이유는 척추통증으로 입원한 모타 구르 참모총장이 나와 면담을 원했기 때문이었다. 구르 참모총장은 어깨 아래로 시트를 뒤집어쓰고 반은 엎드리고 반은 앉아 있으면서 침대에서 꼼짝하지 않고 있었다.

"자네는 제7기갑여단장으로 나가게 될 거야." 마치 해묵은 토론을 정리하듯이 그가 웃으면서 말했다.

분명히 그가 농담을 하고 있는 것 같았다. 동료인 암람 미츠나 대령과 나는 골란고원에 있는 제7기갑여단과 제188기갑여단(바라크여단)의 여단장 자리를 놓고 경쟁해 오고 있었다. 얼마 전 암람이 자기가 이미 제7기갑여단장으로 보직이 결정되었다고 말해 주었기 때문에, 나는 슬펐지만 이 패배를 받아들이고 있었다. 그러나 이제 그 어떤 것에도 불구하고 나의 꿈이 드디어 실현된 것이다. 어느 누구도 미리 귀띔해 주지 않았고 어떤 소문도 돌지 않았다. 이 얼마나 즐겁고 놀랄 일인가!

얼마 후 나트케 니르 대령이 체엘림의 야전부대 기동훈련장 단장 후임자로 부임하였다. 니르 대령은 준장 진급예정자로서 이 부대를 지휘하게 되었다. 그는 내가 만든 창설 초기의 훈련장을 기반으로 자신의 강력한 추진력을 발휘해 모든 야전부대에게 필수적인 중앙 기동훈련장으로 발전시켜 나갔다.

장교 보직

이스라엘군은 장교들의 보직을 부여하는 데 대하여 항상 관심을 기울이고 있다. 야전부대에 근무하는 장교들은 1개 보직에 1년 또는 2년 동안 머무는 반면, 후방의 장교들은 조금 더 그 자리에 머물게 된다. 장교들의 현기증 나도록 빈번한 보직이동과 장기부사관들의 거의 움직임 없는 보직의 관점에서 본다면, 장교들의 보직이동은 필연적으로 논의해 보아야 할 주제이다.

하나의 보직 자리가 가용하게 되면, 이 자리를 원하고 있었던 장교들은 불가피하게 긴장의 나날을 보내게 된다. 새로운 보직은 가끔 한 가족 모두가 이사를 하게 되는 기회를 만든다. 익숙하지 않은 조직에서 새롭게 직무를 시작하는 것은 항상 불확실과 의구심을 불러일으킨다. 그리고 이러한 보직이동이 진급에 걸려 있고 상위 직책으로의 진출을 포함하고 있을 때, 대상자들의 관심과 압박감은 더욱 높아지게 된다.

이러한 문제를 잘 모르는 사람들은 지휘관 혼자서 예하 지휘관들의 보직을 좌지우지한다고 생각할지 모른다. 그렇지는 않다. 제대 내의 모든 보직변경은 상급부대의 승인을 필요로 한다. 대대장은 여단장과 상의 없이 중대장을 교체할 수 없다. 여단장 또한 사단장 승인 없이 신임 대대장을 임명할 수 없다. 마찬가지로 사단장도 상급부대의 승인을 기초로 예하 여단장을 임명한다. 소장 계급의 지역사령관은 참모총장이 승인하고 국방장관이 명령에 서명하지 않는 한 예하 부대에 대령을 보직시킬 수 없다.

위의 모든 것은 이론상으로 그렇다. 실제로는 권한이 막강한 장교들이 정부기관에서 정당성을 획득하는 방식을 흉내 내어 자기의 추종자들에게 그들이 원하는 보직을 주는 경우가 가끔 있다. 이러한 결정은 사람들의 의구심을 불러일으킨다. 장교들은 자신의 과거 업적과 현재 업무를 증명하는 인사자료에 근거하여 군 계급의 사다리를 올라가도록 되어 있다. 그러나 종종 보직부여가 오래된 우정, 전우애, 또는 임명권자와 피임명권자가 공유하고 있는 배경에 기반하여 이루어진다. 임명권자들이 장교들에 관한 인사자료를 현명하고 정확하게 사용하지 않는 경우도 있다. 종종 구두 의견이 인사자료보다 더 중요한 것으로 여겨질 때도 있다.

지휘관은 예하 장교들을 6개월마다 평정한다. 평정자료는 기록보관 목적으로 이스라엘군 최고사령부 인사참모부의 행정처에 보내진다. 평정자료에 의견을 쓰는 평정권자나 피평정권자는 모두 서면상에 나타난 기록을 껄끄러워하므로 이러한 근무평정이 항상 사실 그대로를 반영하고 있지는 않다. 마음이 약하고 온정에 치우친 지휘관일 경우, 하급자에 대한 실제 평가를 피하고 자신의 의견을 두리뭉실하게 근무평정표에 기록한다. 이것은 바람직하지 않다. 최하 등급의 평정을 받게 되면 은행대출과 같은 특혜가 제한되며, 만일 그 장교가 계속적으로 군에 복무하고 싶다면 재평정을 받아야 한다. 이러한 특성이 있기 때문에 극소수의 장교들만 탈락하게 된다.

이스라엘군 부대들은 상급부대의 각종 검열과 회계감사를 계속 받는다. 인사, 부관, 군수, 의무, 시설관리와 같은 부서들은 상급부대로부터 점검, 조사, 평가를 받는다. 어떤 장교의 장래가 심의에 부쳐질 경우 그의 업적과 경력이 평가기준이 되어야 한다. 그러나 서면 자료들이 실제를 모두 반영할 수 없으므로 군의 조직체계는 이 문제를 해결할 수 있는 부차적인 도구를 사용해야 한다. 예를 들어 그 장교가 지휘하면서 달성했던 부대의 제반 성과를 확인해야 한다. 즉 회계감사 결과, 부대의 훈련 성과, 리더십을 통한 동기부여 능력, 장기복무 신청률, 전역 신청률, 훈련 횟수, 그리고 교통사고 발생건수 등이다.

장교의 보직을 결정하는 사람들은 항상 이런 점만 고려해서는 안 된다. 어떤 장교는 작전능력 향상 차원에서 혼신을 다해 성과를 내고, 또 어떤 장교는 병력관리 차원의 문제해결을 위해 최선을 다함으로써 환상적인 결과를 이끌어 내기도 한다. 그럼에도 불구하고 진급이나 보직을 결정하는 순간이 되면, 대상자와 의사결정자 사이에 개인적인 관계가 모든 것을 능가할 때도 있다.

대령과 그 이상의 고급 장교들에 대한 보직 결정은 특정 월요일 오후에 실시되는데, 이스라엘군 최고사령부의 대부분 참모부장들이 참석한 가운데 참모총장실 행정부에서 주관하는 회의를 통해 심의한다. 대상자 명단이 회의참석자들에게 미리 분배되므로, 대부분 경우 정보가 미리 새어 나가 명단에 오른 장교들에 대한 모든 것이 미리 알려진다. 공석을 두고 후보자들의 긴장이 높아져 간다.

나는 그런 회의에 많이 참석하였다. 나는 장군들이 후보자들을 놓고 자유롭고 솔직하게 논의하는 것을 꺼려 한다는 사실을 지적하지 않을 수 없다. 이들은 염려스러운 마음을 가지고 감히 누구도 후보자들의 보직을 먼저 말하려 하지 않는다. 이들의 토의는 단순히 의견을 제시하고 이를 형성하는 수준의 회의이다. 그러나 이러한 심의가 한 가지 두려운 결과를 낳는데, 이는 바로 비밀회의 직후에 생기는 정보의 누설이다. 대체로 후보자들은 전혀 노력하지 않고서도 자신에게 무슨 말이 오갔는지 쉽게 알아낸다. 어떤 사람들은 이 장군과 저 장군이 자신에 대해서 불리하게 언급한 것에 대해 불평까지 한다. 이러한 난처한 분위기 속에서 고급 장교의 보직 심의라는 과정은 명백하게 정치적 환경을 가지게 되는데, 이러한 환경 속에서 최고 의사결정자는 보장된 장교들의 보직을 취소하거나 바꿀 수 있는 능력을 가지게 된다.

이런 것을 마음속에 품은 많은 장교들은 보직 심의 전에 스스로를 '시장

(Market)'에 좋은 상품으로 내다 팔아야 할 필요성을 느끼고, 가능한 폭넓은 개인적 지지를 얻고자 장군들 사무실 문밖에서 줄을 서야 한다고 생각한다.

이것은 자연스러운 현상일 수도 있다. 보직의 결정에 있어 장군들은 중요한 역할을 하고 참모총장의 영향력은 매우 크다. 어떤 장군은 다른 사람들이 자신의 영역으로 침범해 들어오지 않도록 경계한다. 때로는 능력이 뛰어난 남의 사람보다, 능력은 조금 떨어지더라도 나의 사람을 더 선호한다. 그런데 최악의 경우는 후보자가 보직 심의 위원들의 그 누구 밑에서도 한번 근무해 보지 않고 그 결과를 기다리는 것이다. 그런 불리한 상황에 처한 사람은 오직 기도하는 수밖에….

참모총장이 누가 어디로 가는지 최종 결정하면 국방장관이 이를 승인해 주기도 전에, 선발된 장교들에게 미리 통보가 간다. 후보자들은 긴장한 채 당선 전화를 기다린다. 이때 참모총장 부속실이 가장 중요한 인물이 된다. 이들이 소식을 사방에 전파하기 때문이다.

이것은 한번 생각해 볼 문제이다. 이처럼 민감한 사항이 어떻게 부속실에 의해 전달된다는 말인가? 그렇다면 '비선발자'들은 어떻게 되는 것인가? 그들에게도 소식이 전해지는 것인가? 왜 부속실 장교들은 대안을 마련해서 격려하는 말로 비선발자들에게 공식적으로 정중히 알려 주지 않는가?

한편 자신의 새로운 직책을 받고 상급 지휘관 앞에서 신고하는 사람들은 행운아들이다. 일반적으로 새로 진급하거나 보직이동을 하는 고급 장교들은 참모총장에게 신고하고 대규모 의전행사를 통해서 임명장이나 계급장을 수여받는다.

이스라엘군의 소장 진급(지역사령관)은 참모총장이 선발하고 임명하는데, 국방장관은 이를 승인한다. 국방장관은 통상 참모총장의 의견에 따르고 있으므로 참모총장이 전적인 권한을 행사하게 된다.

기갑부대의 복구

정부의 최고 관료인 수상조차도 선거 개표 결과가 나온 후 누가 자기의 국방장관이 될지 알지 못한다. 이때 다양한 종류의 압력이 가해지는데, 통상 국방장관 자리의 결정은 수상의 의중과 시스템의 요구 사이에 오가는 어떤 합의를 통해서 이루어지게 된다. 이와는 대조적으로 참모총장은 무제한적인 의사결정 권한을 누리며 손쉽게 국방장관으로 하여금 자신이 선발한 결과를 그대로 승인해 주도록 설득한다. 지난 몇 년간 참모총장에 의한 장군들의 인사이동이 대단히 많았다. 단지 국방장관의 승인은 참모총장의 요구를 수렴한다는 의미만 가질 뿐이다. 여기서 내가 언급한 사항들은 어떤 절차를 비판하고자 하는 것이 아니라, 참모총장이 가지고 있는 막강한 권한의 문제점에 대해서 언급하고자 하는 것이다.

우리 모두는 군 수뇌부에 개선방안을 제안해야 한다. 고급 장교 보직에 관한 국방장관의 책임에는 정부 차원에서 진정하게 결정해 준다는 측면이 들어 있어야 하며, 단순하게 국방장관의 직인만 찍어 주는 것이 되어서는 안 된다. 분명한 감독체계가 존재하지 않는 한 최고 의사결정자는 외부의 불공정한 압력을 견디어 내기 힘들 것이다. 따라서 참모총장이 직접 추천하지 않은 장교들로 구성된 강력하고 객관적인 진급이나 보직 심의기구가 필요한데, 이 기구는 참모총장의 전면적인 권한을 제어하면서 올바르게 심사할 수 있어야 한다. 소장 계급(지역사령관)으로 진급시킬 경우 또 다른 가능성 있는 방법으로, 정부기관 국장급이나 고위공직자를 승진시킬 때와 마찬가지로 정부기관에서 심의하여 승인하는 것이다.

다른 사람들의 미래를 결정하는 사람들은 민감하고 빈틈이 없어야 한다. 진급이나 보직 심의 위원들은 항상 대상자의 입장에 서서 솔직한 자기 의견을 내놓아야 한다. 장교들이 장군들에게 로비하는 일에 매달리는 것은 무의미한 일이다. 그것은 자신의 존엄성에 관한 문제이며, 마음에 해악을 끼치는 동요만 일

전사의 길

어날 뿐이다. 우리는 무엇보다 일단 상급 지휘관들에게 기록된 의견이나 평가 자료를 통해 그 대상자를 직시해야 하고, 우리가 기록한 사실을 존중해야 하며, 심사의 본질을 위협하는 그 어떤 외부의 압력에 대해서 맞서야 한다.

부하 군인들의 생명을 보호하는 직책은 가장 우수한 지휘관들에게 맡겨져야 하며, 지휘 책임을 확실하게 감당할 수 있는 최고의 역량을 가진 장교들에게 돌아가야 한다. 그리고 야전부대 지휘관은 적의 포화 속에서 전투경험이 있는 사람들로 임명하는 것이 중요하다. 이러한 군인들은 강철과도 같아서 이들의 경험과 자질을 통해 부대를 '전투임무 위주의 부대'로 발전시킬 수 있다. 부하들이 장기복무를 지원하고 직업군인의 길을 걷도록 설득하는 데도 이러한 군인들이 바로 '적격(Right Stuff)'이다. 그들이 군에 머물 것인지 아니면 전역할지 결정하는 것에 지휘관이 미치는 영향력만큼이나 큰 것은 없다. 최고의 지휘관이란 부하들에게 진정 이익이 되는 모든 것을 끌어당길 수 있는 지휘관을 말한다.

1975년 중반, 예루살렘 컨벤션 센터에서 열린 욤키푸르 전쟁 유공자에 대한 훈·표창 수여식에서 가장 뛰어난 이스라엘군 군인들이 훈장과 표창을 수여받았다. 전쟁에 참전했던 제77전차대대원들도 몇 명 참석하였다. 수훈자들은 적의 포화 속에서 용감하게 싸웠던 젊은 군인들이었고, 또 다른 사람들은 노련한 고참 군인들로서 자신들이 참가했던 무수한 전투에서 보여준 그 동안의 역할에 대한 감사의 표시를 받았다.

이때 유공훈장을 받은 사람 가운데 전사한 내 동생 에마누엘도 있었다. 동생의 이름이 호명되자 부모님은 단상에 올라가 감동의 눈물을 흘리셨다. 나는 이 모습이 자랑스러웠지만 동생이 살아서 이 훈장을 받지 못한 것에 무척이나 마음이 괴로웠다. 에마누엘이 우리 가족의 진정한 영웅이라는 걸 잘 알고 있다. 이제 내가 할 수 있는 것은 동생을 본받는 것뿐이었다.

기갑부대의 복구

일반 훈·표창 수여식이 끝난 후, 최고무공훈장(Medal of Valor) 수훈자들은 나중에 대통령 관저로 갔다. 그곳의 정원에서 에프라임 카치르(Ephraim Katzir) 이스라엘 대통령이 나에게 최고무공훈장을 수여하였다.

최고무공훈장은 11명이 수여받았다. 8명이 그날 직접 수여받고, 3명은 사후 추서되었는데 그 부모들이 훈장을 대신 받았다.

꽃다발 화환으로 장식된 연단에는 정부 고위 관료들로 가득 찼다. 이스라엘군 최고사령부 참모들, 내각 각료들, 대중 유명인사, 그리고 언론인들이 행사가 시작되기를 기다리고 있었다. 우리는 연단 맞은편 앞줄에 앉아 있었다.

연단에는 참모총장으로서 욤키푸르 전쟁을 이끌었던 데이비드 엘라자르 장군도 있었다. 그는 전쟁 후 한동안 고난의 시간을 보냈다. 대법관 시몬 아그라나트(Shimon Agranat)가 주관했던 전쟁진상조사위원회(일명 '아그라나트 위원회')가 '욤키푸르 전쟁 초기의 실패에 대한 책임'이 엘라자르 장군에게 있다고 판정함으로써 그는 참모총장직에서 물러났다. 그 후에 나는 그를 만나지 못했지만, 그가 받은 고통을 충분히 이해하고 있었다. 나는 그에게 다가가서 악수하고 싶었지만, 많은 사람들이 그 앞에 몰려 있어서 그만두었다. 내가 그에게 느끼고 있는 감정은 존경심과 경외심 모두였다. 그는 나의 군생활에 결정적인 역할을 해 준 은인이었다. 다른 사람들의 반대에도 불구하고 엘라자르 장군의 대담한 결정으로 인해서 나는 기갑장교가 될 수 있었으며, 오늘날 대통령 관저에까지 오게 된 것이다.

연단에는 에프라임 카치르 대통령, 이츠하크 라빈 총리, 시몬 페레스 국방장관, 모타 구르 참모총장 등 국가지도급 인사들이 앉아 있었다.

시상식은 무척 인상적이었다. 나는 이 자리가 제77전차대대의 전사들을 대표하는 자리라는 것을 잘 알고 있었다. 이 훈장은 오늘 수여받은 나만이 진정한 영웅이라는 것을 의미하지 않는다. 이것은 적의 포화 속에서 불안과 공포를 극복하며 자기의 임무를 성공적으로 완수해 내었던 우리 대대의 모든 전사들에게 주어지는 것이다. 수많은 전사들 가운데 내가 운명적으로 그들을 대표하게 된 것이다.

그렇다. 국가의 최고무공훈장을 받은 수훈자로서 돌아다니는 것은 즐거운 일이다. 동시에 이것은 무거운 짐이기도 하다. 최고무공훈장의 노란색 리본은 멀리서도 금방 눈에 띄므로, 이것을 달고 다니는 사람은 어디에 가든지 주목을 받게 된다. 주위의 사람들을 실망시킬지도 모른다는 사실이 나를 항상 괴롭혔다.

그 자리에서 나는 동생 에마누엘, 아내의 남동생 일란, 그리고 전쟁에서 전사한 절친한 친구들을 위해서 묵념을 올렸다.

이스라엘에는 많은 영웅들이 있었다. 그중 어떤 사람들은 대중 앞에서 각광을 받았고 또 어떤 사람들은 그렇지 못했다. 나는 조국의 진정한 영웅들 가운데 많은 사람들이 훈장을 받지 못했다는 사실을 잘 알고 있다. 그들은 자신들이 용감하게 싸웠던 이야기를 조용히 안고서 자신의 무덤으로 혼자 가져가 버렸기 때문이다.

이스라엘 TV, 골란고원을 가다

골란고원으로 가는 길에 나는 잠시 집에 들렀다. 골란고원에는 긴장감이 고조되고 있었고 오리 오르(Ori Orr) 대령으로부터 제7기갑여단의 지휘권 인수가 연기되었다. 나는 이에 대해서 큰 의미를 두지 않았다. 이때 군대 내에서 나온 것이 뻔한 소문에 의하면, 내가 결국에는 여단장에 취임하지 못할 것이라는 것이다. 다른 동료들처럼 나도 지휘봉이 내 손에 막상 잡히는 순간까지는 새로운 임명이 마무리된 것이 아니라고 생각했다. 마지막 순간에 상황이 역전되는 것이 다반사였다.

그러나 두 달간이나 여단장 취임이 연기된다고? 나는 오랫동안 갈망

해 왔던 보직을 최종 확인해 줄 전화를 초조하게 기다렸다. 이번에는 수포로 돌아가지 않을 것으로 확신하고 있었다. 나는 마침내 최정에 기갑여단을 지휘하게 될 것이다. 나는 예정에 없던 휴가를 이용하여 아내 달리아와 함께 미국으로 여행을 떠났다. 이번 여행은 오랫동안 연기되었던 우리의 신혼여행 성격으로서, 이 경험은 처음이었고 잊지 못할 재미있고 유익했던 여행이었다.

내가 여단장 취임을 대기하고 있는 동안, 어떤 사람들이 집으로 찾아와서 모종의 음모를 꾸몄다. 〈이것이 당신의 삶이다(This is Your Life)〉라는 프로그램 방송제작자인 이스라엘 TV의 아모스 에틴저(Amos Ettinger)가 나의 과거를 추적해서 나를 주인공으로 삼으려고 하였다. 내가 동의한다는 말을 채 꺼내기도 전에 상대편이 먼저 끊어 버리는 전화는 그렇다고 치고, 나는 무엇인가 심상치 않음을 느꼈다. 내가 모르는 사이에 아모스는 아내 달리아로부터 얻어 낸 정보들 가운데서 흥미로운 부분만 발췌하여 친척들과 나의 친구들을 조사하고 다녔다.

결국 나는 군 입대를 앞둔 청소년들에게 동기부여를 해 주기 위하여 〈소년과 소녀들(Lad and Lass)〉이라는 제목의 TV 프로그램에 출연하게 되었다. 당시 나는 과도한 노출을 꺼려 TV 출연에 주저하고 있었다. 왜냐하면 나는 첫 번째 책인 『OZ 77(용기의 고원)』이 곧 출판을 앞두고 있었기 때문에 아무튼 세상 사람들의 주목을 받을 수밖에 없었다. 나는 전우들을 밀쳐 내고 나 혼자 무대를 독차지하고 싶지 않았다. 욤키푸르 전쟁에서 보여 준 전우들은 나보다 훨씬 더 용감하였다. 나는 그들보다 단지 운이 더 좋아서 지금까지 살아 있을 뿐이었다.

그러나 내가 가진 우유부단함 때문에 어쩔 수 없었다. 마침 모세 펠레드 기갑사령관이 승인해 주어서 TV 스튜디오에 나가게 되었다. 거기서 놀라운 일이 나를 기다리고 있었다. 학교 동창들, 유치원 때부터의 은사님들,

전사의 길

군 동료들, 그리고 물론 나의 가족도 포함하여 나란히 앉아서 웃고 있었다. "드디어 이분을 모셨습니다!" 그들이 마이크를 켜고 내 쪽으로 조명을 비추었을 때 나의 당혹감은 이루 다 말할 수 없었다. 그들이 나에게 바라는 것은 전투진지에서 싸웠을 때처럼 전차장과 같은 연기를 하라는 것이었다….

이 프로그램[103]은 내가 제7기갑여단장으로 취임하고 난 며칠 뒤 전국에 방영되었다. 나는 그날 저녁 시간에 수많은 이스라엘 시청자들의 게스트가 되었다. 시청률도 높았고 반응도 대단했지만, 어떤 사람들은 나에게 몇 마디의 분명한 과제를 던져 주었다. 바로 전쟁 동안의 나의 행적을 끌어내리라는 것이었다. 그렇게 하지 않는다면 주위 사람들의 원성을 크게 사게 될 것이라는 것이었다.

그 후 나는 예전에 알지 못했던 어려움으로 힘든 시간을 보내게 되었다. 나는 기존의 친구들이 아직도 내 친구로 남아 있는지 확인해야 하였다. 친구들은 전과 같은 애정이나 전우애로 나를 바라보지 않았다. 나는 작은 칼에 찔린 것 같았고 그것이 무엇인지 곧 알게 되었다. 나를 둘러싼 야비하고 악랄한 험담들이 흘러나왔다. 나는 헐뜯기 좋아하는 사람들의 표적이 되어 버렸다.

이것은 피할 수 없는 일로서 나에게는 논리적이고 상식적인 이야기로 들렸다. 31살의 나이로 아직 젊고 민감한 나는 이 모든 것을 받아들이고, 고통을 삼키며, 대꾸하지 않은 채, 참아 가면서 혼자 감당해야 했다. 사람들은 내가 스스로 듣고 싶지 않는 불쾌한 소식들을 자꾸만 가지고 나왔다. "그는 벌써부터 이해하기 힘들어", "대대장조차 그에게는 버거워", "야지에서 전차 몇 대는 움직일 수 있어도 그 이상 지휘하는 것은 무리야", "지휘력도 없고

---

103 당시 카할라니의 TV 방영 프로그램을 현재 유튜브에서 볼 수 있다. 그러나 히브리어를 알아들을 수 있어야 이해가 가능하다.

리더십도 없어", "제7기갑여단을 망치고 있어", "사람들의 이목이 그를 너무 흥분시켰어", "제7기갑여단에서는 카할라니 책을 옆구리에 끼고 경례를 해야 된대" 따위의 말들은 모두 군인들이 만들어 낸 것이었다. 나는 군인들이 만든 말과 일반 국민들이 보내는 호의적인 말을 서로 비교하게 되었다.

나는 나의 상급 지휘관들은 그 누가 뭐라고 해도 이 곤경에 맞서 줄 것으로 기대하고 있었다. 그러나 독약은 그들에게도 떨어졌고 그들과의 신뢰에도 금이 가기 시작하였다. 결국 나는 오직 한 가지, 부대를 성공적으로 이끌어 이에 대응할 수밖에 없다는 것을 알게 되었다. 어느 누구도 날조된 이야기를 가지고 내가 이룬 훌륭한 성과를 깎아내릴 수는 없을 것이다. 나를 비웃는 사람들에게 내가 지휘하는 여단은 어떠한 임무도 수행할 수 있으며 어떠한 시험도 통과할 수 있다는 것을 인정하게 만들겠다고 단단히 결심했다. 나는 괴로움을 참고 마음을 가라앉힌 후 직무에 매진하기로 하였다.

전사의 길

제7기갑여단

1975년 12월 초, 나는 제7기갑여단장으로 부임하기 위해 골란고원으로 갔다. 이취임식 시간이 다가오자 여단 본부의 공기는 흥분과 축제로 가득 찼다. 나는 기분이 들떠 있었다. 아비그도르 '야노시' 벤갈 사단장이 그런 기분을 이해해 주면서 나를 잠시 밖으로 데리고 나갔다.

"카할라니, 여단에서 할 일이 많아. 자네도 잘 알고 있지만 모든 부하들의 마음을 얻어서 그들이 자기 할 일을 제대로 할 수 있도록 여건을 만들어 주면 돼. 그건 그렇고 이걸 좀 말해 주고 싶어…. 자네한테 어떤 문제가 일어나지 않기를 진심으로 바라고 싶네. 요즈음 언론과 많은 사람들이 자네한테 하지 말아야 할 것들을 자행해 왔어."

나는 내 마음속에 있는 말을 그에게 하고 싶었지만 꾹 참았다.

"자네한테 한 가지 바라는 게 있어. 모든 사람들이 알고 있는 예전의 카할라니로 남아 있어 주게나."

그는 진심으로 말했다. 당황스러웠다. 나는 몸을 굽혀서 조그만 돌멩이 한 개를 집은 다음 손가락으로 굴리기 시작했다.

"그렇게 말씀해 주셔서 감사합니다. 그 말씀이 사람들이 가지고 있는 일반적인 의견이기를 바랍니다." 그리고 돌멩이를 공중에 던진 다음 휙 낚아채 흔들어 보였다.

"이 돌이 보이십니까? 제가 손가락으로 아무리 굴렸어도 모양이 변하지 않았습니다. 저를 믿어 주십시오. 저는 변하지 않았고 앞으로도 변하지 않을 것입니다."

나는 야노시 사단장의 충고에 감사를 표하였다. 등 뒤에서 소문이나 듣고 있는 것보다 직접 듣는 것이 훨씬 더 나았다.

이취임 행사에서 전임자 오리 오르[104] 대령이 여단기를 나에게 이양하였다. 나는 간단한 몇 마디 말로 나의 지휘원칙을 강조하였다. 그리고 참석자들에게 이 순간부터 맡게 되는 책임의 무게를 내가 충분히 인식하고 있다는 점을 분명하게 표명하였다. 전임자 오르 대령은 부대원들에게 존경을 많이 받고 있었다. 나는 그와 인간관계를 맺고 그의 후임자가 되는 것에 두려움이 없었지만, 나의 부임이 다른 면에서 혹시 걸림돌이 될 수도 있다는 점도 알고 있었다.

그날 오후 모타 구르 참모총장으로부터 임명장을 수여받은 후, 제7기갑여단은 이제 나의 부대가 되었다. 상급 지휘관인 야노시 사단장도 바로 그날 지휘권을 부사단장인 아미르 드로리(Amir Drori)[105] 장군에게 넘기고 나서 사단장직을 떠났다.

그 당시 제7기갑여단은 휴전선 철책을 포함하여 골란고원의 1개 작전책임 지역을 담당하고 있었다. 여단장 업무의 인수인계 기간이 이틀 정도로 짧아서 나는 세밀한 부분까지 인수받기 위해 밤낮으로 고생해야 했다. 그것은 내가 해야 할 일이었다.

나의 지휘방법은 전임자와는 다른 것이었다. 전임자 오리 오르 여단장은 예하 대대에 좀 더 자율권을 주는 '분권형 지휘'를 선호하였다. 그러나

---

104 **오리 오르:** 나중에 골란고원의 제36사단장, 중부사령관, 북부사령관(소장)을 역임한 후 전역해 정치인으로 활동하였다. 그가 의회(크네셋)의 외교국방위원장으로 있을 때 아그라나트 위원회 보고서 중 비밀로 분류된 내용을 일반에 공개하도록 결의하는 데 주도적 역할을 하였다.

105 **아미르 드로리:** 보병장교이다. 1973년 욤키푸르 전쟁 시 골라니 여단을 지휘하였다. 그리고 1976년에 제36사단장으로 부임하면서 제7기갑여단장 카할라니의 상관이 된다. 나중에 1981년 북부사령관으로 부임하면서 다시 한번 제36사단장인 카할라니의 상관이 되었으며, 그들은 1982년 레바논 전쟁을 상하지휘관으로 같이 수행하게 된다.

전사의 길

나는 좀 더 직접적인 방법인 '집권형 지휘'를 선택하였다. 따라서 나는 두 가지 지휘 방향을 설정하였는데, 첫째는 나의 업무 분야를 최대한 자세하게 파악하는 것이고, 둘째는 나의 요구가 예하 부대에 다소 압박이 되는 한이 있더라도 그들에게 변화의 본질을 즉각 알려 주는 것이었다.

그리고 하나의 규칙을 세웠다. 나의 전임자를 조금이라도 비난하지 않는 것이다. 나는 내가 최선이라고 믿는 것을 반드시 이행하고자 했고, 나의 주요 관심을 앞으로의 부대발전에 두었다. 어떤 지휘관들은 부임하고 얼마 지나고 나면, 발견한 전임자의 문제점들을 들추어내면서 자기의 업적을 은근히 끄집어낸다. "부대가 이제야 정상으로 돌아왔어", "마침내 우리가 이 혼란에서 벗어난 것 같아", "몇 년 만에 처음으로 병사들이 웃고 있는 모습을 볼 수 있겠네." 이런 식의 말투는 내 적성에 맞지 않았다. 물론 어떠한 지휘관이라도 자신을 뽐내려고 한다. 그러나 이런 종류의 언사는 좋지 않은 인상을 남긴다. 그런 지휘관들은 자신의 가치를 떨어뜨릴 뿐이다.

나는 여단의 깊숙한 속으로 파고들었다. 나는 대대별로 그 지휘관 및 참모들과 함께 앉아서 그들의 작전계획을 검토하고, 실시할 모든 훈련계획에 대해 토의하였다. 우리는 아직도 욤키푸르 전쟁이 남긴 상처를 가지고 있었다. 우리가 예상하고 있는 장차의 전쟁도 이전에 일어났던 전쟁과 유사하게 전개될 것이다. 따라서 우리는 시리아군의 공격을 '원거리 적지 종심'에서 차단하여 저지하거나, 또는 골란고원 전방지역의 지뢰지대 안에서 저지 격멸하는 '적극적 지역방어 작전'을 실시할 수 있도록 준비하였다.

그런 다음 나는 군기 문제에 대해 착수하였다. 내가 오랫동안 심사숙고하고 검토해서 내린 명령과 지시가 말단 부대에서 잘 이행되지 않고 있었다. 부하들은 나의 명령을 제대로 이해하지 못하고, 또 의미 없이 받아들였다. 여단장은 부하들과 직접 접촉하는 기회가 적기 때문에, 나의 지휘의

도가 아래로 내려갈수록 흐려진다는 것을 잘 알고 있었다. 이를 위해서 나는 가급적 부하들을 직접 마주보고 앉아 나의 의도를 이해시켜야 했다. 중간 요소가 끼어들지 않는 '면대면 직접 접촉'이 항상 가장 믿을 만한 소통 방법이다. 이를 위해서 나는 여단이라는 큰 조직을 가지고 있었음에도 불구하고 행정업무 시간을 줄이고, 대신 예하 부대를 자주 방문하였다. 나는 결코 나의 명령이 불이행되거나, 또는 부하 자신들의 편의에 따라 실행되어서는 안 된다고 생각하였다.

1976년부터 1977년 사이, 이스라엘군 최고사령부는 욤키푸르 전쟁의 후속 조치에 따라 우리 사단을 동원사단에서 상비사단으로 전환하고 골란고원 방어를 전담하는 작전책임을 부여하였는데, 사단은 평시 1개 기계화보병여단과 2개 기갑여단을 지휘하게 되었다. 우리 사단의 임무는 방어작전의 제1선인 휴전선 일대에서 시리아군을 저지 격멸하는 것이다. 여단 예하의 전차대대들은 휴전선으로부터 수㎞ 후방에 주둔하고 있었다. 약정된 신호에 따라 이들은 전방으로 신속하게 이동한 후, 휴전선을 따라 구축된 전투진지를 점령하여 우리는 소위 '통상 방어(Routine Defense)'라고 부르는 작전을 수행하였다. 여기에서 책임지역을 방어하는 것이다. 넓은 지역을 방어해야 하는 특성 때문에 어떤 전투진지에는 몇 대의 전차만이 배치되어 있었다. 유사시 이곳의 전차승무원들은 끝까지 진지를 사수해야 할 책임을 갖고 있었다.[106]

---

106 **골란고원 작전지역:** 전장종심이 20㎞밖에 안 되기 때문에 지역을 양보하면서 작전할 수 있는 전장 환경이 아니다. 따라서 욤키푸르 전쟁 시 기갑부대가 최초부터 적극적인 지역방어(고수방어)를 실시해야만 하였다. 그 이후 상비사단으로 바뀐 현재의 기갑사단도 역시 지역방어 개념의 작전계획을 가지고 훈련하면서 대비하고 있다. 우리나라 문산축선의 경우, 휴전선으로부터 서울까지 불과 40㎞밖에 되지 않은 짧은 종심을 가지고 있다. 우리에게 시사하는 바가 크다.

전사의 길

평시에는 보병, 포병, 기갑, 공병 부대들로 구성된 상비사단이 제1선 전방지역을 방어한다. 시리아군이 전면공격을 실시할 경우, 상비사단 부대들은 예비군이 동원될 때까지 전방 휴전선 일대에서 적을 저지한다. 이어서 강력하게 편성된 동원사단들이 소집되어 장애물로 구축된 제2선 방어진지를 점령함으로써 더욱 강력한 저지작전을 수행할 수 있다.[107] 이 지역에 투입되는 동원사단의 예비군들은 골란고원의 적과 지형에 익숙할 뿐 아니라 우리 상비사단과도 매우 친숙하게 되었다. 오늘날까지 우리는 이러한 '적극적 방어작전 개념'을 가지고 한 번도 적으로부터 시험받지 않았다. 우리는 고도의 강한 전투력을 연마하기 위해서 한순간도 훈련을 게을리하지 않고 있다.

그 당시 골란고원에는 민간인들의 적극적이고 활발한 거주활동으로 북적거렸다. 욤키푸르 전쟁 이후에 건설되기 시작한 새로운 키부츠들은 이 지역에서 영구히 정착하기 위해서 이스라엘 정부에게 토지사용 승인을 요구하였다. 우리는 경작지와 목장 사이에 있는 군 사격장들을 그들에게 인도하라는 압력에 시달렸다. 또 다른 작전지역은 건축부지로 용도가 변경되었다. 이스라엘의 신도시 카츠린(Katzrin)의 기반이 조성되었다. 정부의 토지사용 계획 입안자들은 우리 사격장을 마치 자기들의 것인 양 생각하고 있었다.

골란고원 전선에서의 근무환경은 시나이 전선의 그것과는 전혀 달랐다. 이곳 군인들은 부여된 책임을 부담스러워하였으며, 항상 높은 수준의 전투준비태세를 요구받고 있었다. 긴장의 끈을 놓을 수 없었는데, 이것이 항상 머리를 짓누르고 있었다. 그래서 우리에게 필요한 것은 남서쪽 방향

---

107 제1선 방어지역은 한국군의 FEBA 'A' 'B', 제2선 방어지역은 FEBA 'C' 'D'의 개념과 유사하다고 볼 수 있다.

을 한 번씩 쳐다보는 것이었다. 남서쪽에 있는 갈릴리 호수 풍경과 계곡 아래에 살고 있는 키부츠 사람들의 모습을 보면, 우리가 무엇 때문에 그리고 누구를 위해서 이곳을 지키고 있는지 상기하게 되었다. 매일 아침 아이들이 학교에 등교하는 모습은 우리가 이곳을 지켜야 한다는 사명감을 더욱 굳게 만들어 주었다.

민간 거주민들은 골란고원을 방어하는 데에 있어 자기들 역할의 중요성이 이스라엘군 못지않다고 생각하고 있었다. 운명적인 파트너십 관계가 우리 사이에 존재하고 있었다. 골란고원의 지휘관들에게 폭넓은 재량권이 부여되어 있었음에도 불구하고, 가끔은 부대훈련과 민간인 토지사용 사이에 마찰이 생겼다. 우리가 훈련지역 일부를 수개월 동안 사용하지 않으면 그 지역은 갑자기 밀밭으로 변해 버리기도 하였다. 이럴 경우 밀밭을 헤쳐 나가는 노력보다, 현무암 돌멩이 사이를 뚫어 새로운 훈련도로를 냄으로써 문제를 해결하는 것이 더 쉬울 때도 있었다.

제7기갑여단 예하의 3개 전차대대는 수 km 간격으로 서로 떨어져 주둔하고 있었다. 그중 하나인 제82전차대대는 욤키푸르 전쟁 기간 중 나의 지휘 아래 있었던 메이어 자미르(Meir Zamir) 중령이 지휘하고 있었다. 그는 어떠한 외부의 간섭도 지양하면서 자기 부대를 치밀하게 관리하고 있었다. 그는 어떤 대가를 치르더라도 여단의 간섭을 배제하려고 하였다. 따라서 나는 그가 수행하는 업무방식보다는 달성하는 업무성과에 대해 더 관심을 두었다.

제77전차대대 대대장인 우리 야론(Uri Yaron) 중령은 지휘참모대학 시절 나의 급우였다. 우리는 그 이후 서로 알고 지내는 사이로 지냈다. 신참 대대장인 그는 여단의 분위기에 익숙해지는 데 시간이 걸렸다. 그는 열성적으로 욤키푸르 전쟁 유가족들을 돌보면서 대대의 명예심을 고양시키는 데 많은 노력을 기울였다. 그는 경험을 쌓아 가면서 점점 더 성숙해지고 있었다.

전사의 길

마지막으로 로마흐(Romah: 히브리어로 창을 뜻함)라는 별칭을 가지고 있는 제75전차대대[108]는 아브너 제이리(Avner Zeiri) 중령이 지휘하고 있었다. 그는 직설적으로 말하는 스타일이지만, 일의 노하우를 잘 알고 있는 헌신적인 장교였다. 따라서 나는 그의 대대에 필요한 지침만 주었다. 그는 기술자였다. 그는 내 지프차의 고장 난 부위를 정확하게 찾아낼 뿐 아니라, 진흙탕에 빠져 움직이지 못하게 될 수 있는 대대전차들의 숫자가 X+1이 아니라 X인 이유를 명확하게 설명해 주는 사람이었다. 훈련이 없을 때 그는 말을 타고 골란고원 들판을 질주하는 모습을 가끔 보여 주었다. 그래서 나는 그에게 말을 타고 나갈 때는 무전기를 싣고 안테나를 달아서 내가 연락하면 즉각 응답하라고 농담하였다.

나의 상관인 아미르 드로리 사단장은 하루 24시간 내내 일하는 스타일이었다. 나는 그보다 더 높은 직업윤리를 가진 군인을 전에 만나 본 적이 없었다. 그는 할 일 없이 한가한 모습을 한 번도 내게 보여 준 적이 없었다. 그는 항상 진지한 태도로 쉬지 않고 일했으며 일을 신속히 처리했다. 우리는 인간적으로 그리 친밀하지 않았지만 우호적인 관계는 잘 유지하였다. 내가 느끼기에 나의 말을 경청해 주기를 바랄 때에도, 그는 항상 나와 일정한 거리를 유지하려고 하였다.

드로리 사단장이 재임하는 동안 제188 바라크 기갑여단과 나의 제7기갑여단은 훈련 할 때마다 치열하게 경쟁하였는데, 두 여단 사이에는 바람직하지 않은 긴장이 항상 일어났다. 경쟁 그 자체는 도움이 되었다. 그러나 불행하게도 우리는 훈련 간 상호비교 평가를 받아야 했는데, 그 결과를 두고 매번 논란에 휩싸였다. 훈련규칙과 평가관의 공정성이 계속해서 의심을

---

108 **제75전차대대:** 1973년 욤키푸르 전쟁 시에는 제75기보대대였으나, 1977년도 사단이 기갑사단으로 개편될 때 전차대대로 편제가 바뀐 것으로 보인다.

받았는데, 이로 인해서 뒷맛이 항상 개운하지 않았다.

우리는 수많은 훈련을 실시하였다. 나는 훈련 여건이 가능한 부대들은 거의 모든 훈련에 자원해서 참가시켰다. 예하 부대 지휘관과 그 부하들은 훈련을 통해서 경험 그 이상의 많은 것들을 얻었다. 우리에게 상급부대로부터 주어진 연료와 탄약 할당량보다도 더 많이 기동하고 더 많이 사격하였다.

나는 여단장으로서 뛰어난 전문성을 가진 부하장교들에 둘러싸이는 특권을 누릴 수 있었다. 여단 작전과장 첸 이츠하키(Chen Yitzhaki) 소령은 나중에 진급하여 제이리 중령의 제75전차대대를 인수받았다. 여단 군수과장인 잭슨(Jackson)은 체엘림 훈련장에서 나와 같이 온 장교였다. 아셔(Asher)를 뒤이은 아미르(Amir)는 여단 정보과장이었다. 야코브(Ya'akov)는 카르미 네스(Carmi Ness)로 교체되기 전까지 여단 인사과장을 했다. 요사(Yosha)는 군수장교를 맡고 있었다. 부여단장에는 시나이 전선에서 전사한 남동생 에마누엘의 대대장이었던 아미 모라그(Ami Morag) 중령이 임명되었다. 그다음의 부여단장은 나의 친한 친구인 요시 멜라메드 중령으로 바뀌었고, 그 후 대대장을 마친 제이리 중령이 그 역할을 인수받았다.

아내 달리아와 나는 조금의 망설임도 없이 북쪽으로 이사하기로 결정하였다. 우리는 갈릴리 호수의 남쪽 끝자락에 위치한 오래되고 유명한 데가니아 베트(Degania Bet) 키부츠로 이사하는 것을 신청했는데 얼마 후에 허락을 받았다. 그곳의 주민이던 아내의 여동생 요나(Yona)와 그녀의 남편 아리에 요람(Arye Yoram)이 우리의 도착을 환영해 주었다. 키부츠 사람들의 사고방식을 기준으로 했을 때 우리는 다소 사치스러운 집을 제공받았는데, 우리 네 가족이 모두 살고도 여유 공간이 있었다. 드로르는 초등학교 4학년이고, 바르디트는 유치원에 다녔다. 아내는 기타를 가르치면서 나머지 시간에 딸

전사의 길

을 유치원에 데려다 주고 주방 일을 꾸려 나갔다. 나만이 유일하게 잡다한 집안일을 해야 하는 근무편성에서 면제되는 특권을 누리고 있었다.

키부츠 사람들의 따뜻한 환영으로 우리는 곧 그들과 동화할 수 있었다. 그러나 내가 골란고원으로 이사했다고 해서 집에서 보낼 수 있는 시간이 늘어나거나 또 휴가 횟수가 늘어나지는 않았다. 퇴근하는 데는 차로 불과 한 시간밖에 걸리지 않았지만, 끝없는 부대업무와 수많은 비상대기가 나의 발목을 붙잡고 있었다. 아내도 골란고원 부대 근처에 이사 와 있다는 것이 하나의 착시라는 것을 금방 깨닫게 되었다. 나 역시 부대에서 우리 집이 있는 곳을 바라볼 수 있었지만, 내가 맡은 직책의 책임감은 실제로 있는 곳보다 더욱 멀리 있는 곳으로 보이게 하였다.

네 명의 장교들이 일으킨 사건

어느 날 밤, 잠자리에 막 들려고 할 때 제82전차대대장인 자미르 중령으로부터 전화를 받았다.

"밤늦게 전화드려서 죄송합니다." 그가 말문을 열었다.

"여단장에게 보고하는 데 밤늦은 게 무슨 걱정이야." 나는 그를 진정시키며 계속하라고 말했다.

"저희 대대에 내일 중위로 진급하는 장교가 네 명 있는데, 그들이 여단장님에게 진급하는 것을 원하지 않습니다." 대대장이 사무적인 어투로 말했다.

이것은 사악한 의도를 가진 놈들이 날조한 넉살 좋은 요청이었다. 대대장이 말한 장교들은 대대 작전장교, 부중대장, 그리고 소대장 두 명이었다. 나는 그들을 잘 알고 있었다. 그들 가운데 두 명은 군 장성과 정부지도층 인사를 아버지로 두고 있었다. 이들은 소위 '고위층의 아들(Sons of So-and-So)'이었던 것이다. 이 상황이 나를 위협하지는 못하겠지만, 이 소동으로 야기될 수 있는 대중들의 파문이 더 걱정되었다.

자미르 중령은 그 녀석들이 벌이는 '이상야릇한 4중주'의 동기에 대해서 설명해 주었다. 그들은 내가 자기 대대의 일상적 업무에 너무 간섭하고 있다는 것이 불만이라는 것이다. 이제 모든 것을 알게 되었다. 이것은 대대 작전장교에 대해서 내가 내린 조치를 두고 반발하는 것이었다. 여단 작전과장이 나에게 보고하기를, 그 대대의 작전장교가 여단회의에 가끔 불참하고, 자기 대대장을 내세워서 자꾸 변명을 늘어놓는다는 것이다. 몇 번의 경고에도 시정되지 않자, 나는 그를 징계위원회에 회부하도록 지시했었다.

나는 대대장이 이 소동을 자체 내에서 해결할 수 있는 문제라고 생각했었다. 그러나 이제 공이 나의 코트로 넘어왔기 때문에 나는 이 문제를 내 방식대로 처리해야 했다.

"내일 아침 그들을 나에게 신고시키도록 해." 나는 결론 내렸다.

"진급 시키실 겁니까?" 대대장이 물었다.

"아니야. 그들과 좀 더 대화해 보고. 그런 다음에 보도록 하지."

나는 내일의 대화를 기대하였다. 이 사태를 알고 있는 사람들은 나와의 면담 결과에 대해서 지대한 관심을 갖고 있음이 분명했다. 이 소문이 얼마나 멀리 퍼졌는지 또 누가 알고 있는지 모르지만, 면담 결과는 마치 전염병처럼 퍼져 나가서 나의 충실한 부하들에게도 내 리더십의 무능함을 보여줄 게 뻔했다. 이것은 나의 인내심을 시험하는 또 하나의 시련이 되었다.

여러 가지 생각이 머릿속을 맴돌았다. 마침내 나는 그들이 나로부터 계급장을 받든지, 아니면 여단 밖으로 쫓겨나든지 둘 중의 하나를 선택하도록 만들겠다고 결심했다.

다음 날 아침, 나로부터 진급을 거부한 네 명의 반란군들이 자미르 대대장을 따라 내 집무실로 들어와 탁자 양옆으로 자리에 앉았다. 이들은 자신들의 남성다움을 증명하는 수탉들처럼 거만하게 앉아서 마치 게임을 즐기듯 자신감을 보이고 있었다. 나는 평소 습관과 다르게 웃어 주지 않았다. 그 대신 이들이 집무실에 들어오는 순간부터 진지하게 묻기 시작했다.

나는 모두를 각설하고 단도직입적으로 물었다.

"자네들이 나한테서 중위 계급장을 받길 거부한다고 대대장이 말하더군. 나의 여단 운영방식에 대해서 자네들이 어떤 불만이 있을 거라고 생각한다."

네 명 모두 신경질적으로 의자에서 몸을 틀었다. 어느 누구도 내 눈을 똑바로 쳐다보지 않았다.

"자네들과 대화를 통해서 이해하지 못하는 몇 가지를 분명히 하려고 한다. 여단에서 계급을 수여할 수 있는 사람은 오직 나 하나이기 때문에 이 문제를 가지고 자네들과 논의하지는 않겠다. 만일 자네들이 불만이 있어서 대화를 원한다면 내 방은 항상 열려 있다. 여단의 어떤 사람에게도 내 방은 열려 있었고 앞으로도 열려 있을 것이다."

이제 상대편이 말할 차례였다. 그들은 나를 보고 있었지만 이들의 반응은 단순하면서도 복잡하였다. 대대가 외부로부터 과도한 간섭을 받고 있다고 누군가 더듬거리면서 말했다. 이때 자미르 중령이 개입하여 여단장 입장을 해명해 주면서 그들의 주장을 버리도록 노력하고 있었다.

대답하기 전에 나는 이 반항아들의 눈을 하나씩 쳐다보았다.

"자네들에게 개별적으로 대답하지 않겠다. 왜냐하면 자네들은 같은 메시지를 갖고 있기 때문이지. 자세히 말은 안 했지만 나를 비난하는 이유는 대대 작전장교를 변덕스럽게 괴롭혔다는 거겠지. 내가 부대에서 반복되고 있는 군기위반에 대해서 간단히 눈감고 넘어갈 것 같은가? 대대장을 방패 삼아 뒤에 숨어서 여단 작전과장의 지시를 무시하는 장교를 말이야. 이런 일은 계속될 수 없다. 나는 대대의 운용에 간섭하지 않지만, 만약 그렇다고 하더라도 그건 나와 대대장 사이의 일이야. 나는 자네들이 전차만 갖고 있다고 해서 내 할 일 끝이라고 생각하는 소대장들이라 보지 않는다. 전차가 제대로 작동하지 않으면 전차에 올라가 승무원들에게 제대로 작동시킬 것을 요구해야 하지 않는가."

누구도 한 마디 말이 없었다. 대대장이 네 명의 장교와 나를 번갈아 쳐다보았다. 내 말이 먹혀들어 가고 있었다.

"자네들이 항의하기로 결정한 방식이 참으로 독창적이고 특이하구만. 나는 자네들에게 중위 계급장을 제발 달아 달라고 설득하지 않겠다. 자네들이 여기서 내가 주는 계급장을 받아들이지 않는다는 것은, 여단 안에 그 어느 곳에 서 있을 수 없다는 것을 의미한다. 분명히 말하지만 너희들은 여단 어디에도 있을 수 없어."

"여단장님, 저희들에게 생각할 시간 좀 주시겠습니까?" 그중 한 명이 말했다.

"나는 협상할 시간이 없다. 10시 정각에 집무실에서 진급신고식을 치른다. 누구든지 나타나면 진급할 것이고, 나타나지 않는 사람은 진급을 원하지 않는 것으로 알아듣겠다. 그 사람은 몇 시간 후면 더 이상 제7기갑여단 소속이 아니라는 사실을 알 테지. 돌아가라."

나는 더 이상 이 문제를 토론하고 싶지 않다는 손짓을 보냈다. 자미르 대대장은 네 명의 장교들에게 밖에 나가 기다리라고 말하고는 자리에 다시 앉았다.

"여단장님, 정말로 저들을 쫓아낼 생각이십니까?"

"그렇다. 만일 저 녀석들이 나타나지 않는다면 신고식이 끝난 뒤 한 시간 내로 조치할 거야."

대대장은 놀란 표정을 지었다. "저들하고 좀 더 이야기해 보겠습니다." 그는 나를 진정시키려고 하였다.

"자미르 중령, 그들에게 어떤 말도 더 해 줄 필요가 없어. 스스로 머리를 짜도록 내버려 둬. 그들은 자신들의 미래를 스스로 결정할거야."

정확히 10시, 나의 집무실에 네 명의 장교가 다른 진급예정자들과 함께 들어왔다. 간단한 신고식을 마친 후 이들은 잠시 사무실에 머물러 있기를 요청하였다.

그중 한 명이 주저하며 말하기 시작했다.

"여단장님, 저희들은 여기 그대로 서서 말씀드리고 싶습니다. 문제를 일으키고 마음을 편치 못하게 해드린 점 사과드립니다."

그들 중 한 명이 다소 자신감을 갖고 얘기하였다.

"여단장님께서 저희들을 이해하지 못하고 계신 걸로 생각했습니다. 또 저희들역시 여단장님에 대해서 지금까지 잘 몰랐다고 생각합니다. 일이 이렇게 되어서 죄송합니다. 저희를 이해하여 주시면 감사하겠습니다."

네 명의 장교들은 내 답변을 기다리며 나를 쳐다보았다.

"알겠다"라고 대답하고 나는 그들과 악수를 나눈 후 돌려보냈다.

그 사건 이후에 나는 이 장교들을 더 잘 알게 되었으며, 시간이 지나자 이 해프닝이 남겼던 씁쓸한 뒷맛이 서서히 잊혀져 갔다. 그중 한 명이었던 도론 레비(Doron Levy)가 여단 본부에서 근무하기를 원하여 그를 작전장교로 임명해 주었다. 그 후 도론은 나와 절친한 사람들 중의 한 명이 되었다.

나는 이 사건이 남겨 준 교훈을 절대 잊지 않았다. 당시 내가 하달한 명령과 지시에 대해서 부하들이 제대로 이해하고 있지 못한다는 사실을 알게 되었다. 지금 생각해 보아도 그때 여단의 부하들은 진정한 나에 대해서 이해하지 못했음이 분명하였다. 당시 나는 여단의 모든 업무에 관여함으로써 사람들에게 까다로운 사람이라는 인상을 심어 주었다. 그래서 그 사건 이후 지금까지 나는 항상 주변 사람들에 대한 감각을 잃어버리지 않기 위해 노력해 왔으며, 그들에게 세심하게 신경을 쓰고자 하였다. 비록 어려운 문제라 할지라도 덮어 두지 않았지만, 이를 해결할 때는 장교나 병사들의 감정과 기분을 상하지 않도록 노력하였다. 이 특별한 사건은 내가 여단장으로 부임한 지 얼마 되지 않아서 일어났는데, 그때는 여단의 구석구석을 잘 알지 못했고 부하들과 충분한 소통을 하지 못하고 있었다.

나는 또 다른 리더십 문제에 직면하게 되었다. 다시 말해서 부대원 개개인과 관계를 구축할 수 없고, 또 그들에게 직접적인 영향력을 미치지 못하는 거대한 조직을 다루는 지휘관의 리더십에 관한 문제이다. 나는 대대장을 건너뛰어서 중대장과 소대장들에게 나의 의도를 직접 전달해 주려고 노력하는 편이었다. 나의 지휘방침과 내 경험을 초급 지휘관들에게 직접 전해 주고 싶었지만, 나의 집무실과 그들 사이의 거리는 수십 리나 되었다.

여단장은 대대장과 달리 부대원들을 매일매일 간단하게 만날 수 없는 노릇이었다. 내가 대대장 위치에 있을 때도 그랬지만, 대대라는 울타리는 속성상 대대장이 가지고 있는 소왕국이다. 이와 대조적으로 여단장의 명령과 지시는 여단 참모, 그리고 대대장과 대대 참모를 경유하여 여러 중간 단계를 거쳐서 말단 부대까지 내려간다. 그렇기 때문에 여단장이 내리는 명령의 효과는 마치 아이들의 '전화놀이'를 연상케 한다. 지금까지 나는 부하들을 직접 만나서 눈을 서로 마주보며 소통하는 방법을 주로 써 왔는데, 그렇게 한 이유는 나의 '명령과 지시에 담긴 정신'을 그들이 직접적으로 이해한다면 나를 훨씬 더 잘 따를 것이라 믿었기 때문이다. 사실 말단 병사들 눈에서 보면 여단장은 확실히 하늘에서 내려온 사람같이 보일 것이다. 나는 여단장 훈시랍시고 내가 하고 싶은 말만 쏟아 내고는, 중대장과 소대장들을 그 자리에 남겨 둔 채 황망히 걸어 나올 때도 있었다. 여단 수준의 지휘와 리더십은 내가 전에 알고 있었던 것과는 다른 것이었다. 여단장은 부하들을 직접 쳐다보아 주거나, 또 어깨를 가볍게 두드려 주는 것만으로 동기를 부여할 수 있다는 기대감은 버려야 한다. 여단이라는 제대 수준에 맞는 지휘 기법과 리더십 역량을 습득하고 이를 효과적으로 적용해야 함을 깨달았다.

지휘와 리더십

지휘(Command)와 리더십(Leadership)에 대한 적용은 군대조직의 제대 수준별로 다르다. 이스라엘군의 전통적인 전투구호인 '나를 따르라(Follow Me)!'는 주로 중대와 소대급 수준에서 널리 강조된다. 중대장과 소대장은 부대원들을 직접 이끌고 부대의 선두에서 진격한다. 여단장과 대대장은 중간의 위치에서 리더십을 발휘하고 부대를 지휘한다. 사단 수준에서는 사단장이 넓은 지역에 전개된 대규모 부대를 지휘하는 책임을 맡는다. 지휘관이 어느 곳에 위치하고 있든지 간에 부대를 지휘통제하고 부하들에게 동기를 부여할 수 있다면, 그의 물리적 위치는 그다지 중요하지 않다.

지휘관과 리더가 진정한 시험을 받게 되는 곳은 '전시의 전쟁터'라는 데는 의심의 여지가 없다. 또 평시에 지휘관이 부대를 완벽하게 관리하는 것이 바로 시험에 통과하는 것이라 할 수 있다. 지휘관은 이러한 시험을 무사히 통과하기 위해서는 리더십을 효과적으로 발휘해야 한다. 몽고메리 장군은 리더십이란 '신뢰를 구축하여 구성원을 효과적으로 통제하려는 의지'라고 정의하였다. 우리 각자는 리더십에 대해 자신만의 고유한 정의를 내릴 수 있겠지만, 가장 중요한 사실은 '리더십 최종시험'에 통과해야 한다는 것이다.

리더십이란 자신이 원하는 목표를 달성하기 위해 집단이나 구성원들에게 동기부여할 수 있는 능력을 말한다. 이를 위한 방법은 지휘관마다 다를 수 있는데, 이러한 사람들에게 동기부여가 가능했던 공식이 저러한 사람들에게는 통하지 않기도 한다. 다시 말하면 두 명의 지휘관이 각자 다른 리더십 공식을 적용하더라도, 두 사람 모두 훌륭한 성과를 거둘 수 있다는 것이다.

장교들의 리더십 최종시험 합격 여부는 부하들이 자기의 지휘를 받으며 기꺼이 전쟁터로 뛰어드느냐, 혹은 그렇지 않느냐에 달려 있다. 부하들은 자기들이 신뢰할 수 있고, 목표를 달성하는 방법을 알고 있으며, 전투원들이 무사한 가운데 목표를 달성할 수 있게 만드는 역량을 가진 그러한 지휘관과 리더를 따르게 된다.

리더십을 갖추기 열망하는 사람들은 다음의 '리더십 본질과 원칙'을 알아야 한다.

- 부하들을 진정한 지휘관과 리더를 찾고 있다.
- 부하들은 자기 지휘관을 위해서 자기의 모든 것을 바치려고 한다.
- 전사들은 자기 지휘관을 신뢰하고 그의 존재감을 보고자 원한다.
- 부하들과 개인적으로 직접 접촉이 없는 리더십은 존재할 수 없다.
- 상황을 통제하려는 욕구가 없으면 부하들을 이끌 수 없다.
- 달성하고자 하는 목표가 없이는 부하들을 이끌 수 없다.
- 부대 전체와 각 개인에게 열정을 불어넣을 능력이 없이는 부하들을 이 끌 수 없다.
- 승리나 성과를 달성할 수 있는 전문적 역량이 없이는 부하들을 이끌 수 없다.
- 리더는 무관심한 태도를 보여서는 안 된다.
- 리더는 부하들의 군인정신 고취에 무감각해서는 안 된다.
- 리더들은 그들의 자질이나 이끄는 역량이 모두 똑같을 필요는 없다.

또한 지휘관이 되려는 사람은 리더십 자질을 구비하고 역량을 발휘해야 한다. 이것을 구비하지 않고 부하들에게 동기부여한다는 것은 사실상 불가능하다. 지휘관은 다음의 '리더십 자질과 역량'을 반드시 실천해야 한다.

- 목표를 달성하려는 자신의 능력을 신뢰하고 자신감을 가져라.
- 부하들에게 신뢰심을 구축하라.
- 부하들의 심리를 이해하라.
- 다른 사람들이 당신을 어떻게 지각하고 있는지에 대해 인식하라.

-다재다능한 전문가가 되라.

-용기를 발휘하고 확고부동한 자세를 가져라.

-중요한 것과 중요하지 않은 것을 구별하라.

-학습하고 그것을 최신화하라.

-부하들을 개별적으로 이해하라.

-주도권을 장악하라.

-의사결정(결심)하는 방법을 이해하라.

-상식을 구비하고 이를 사용하라.

-언행을 일치하라.

-유머와 기지를 보여라.

리더는 부하들이 기대하고 있는 바대로 행동하면 할수록 성공의 기회가 더 많아진다. 말단 부대의 병사들조차도 누구를 위해서 싸우고 있다는 것을 분명하게 알아야 하는데, 바로 자신에게 명령을 내린 지휘관을 위해서 싸워야 한다는 것을 알아야 한다. 자기 지휘관에 대한 부하들의 태도는 지휘관이 어떤 상황에서 어떠한 행동을 선택했느냐에 달려 있다. 지휘관은 다른 사람들의 특성을 억지로 흉내 내는 것보다는, 오히려 자신이 갖고 있는 고유한 특성을 더욱 개발하고 강화해야 한다. 지휘관은 부하들에게 설명하고 그들을 설득할 수 있는 요령을 알아야 하며, 만일 이러한 전술이 먹히지 않는다면 압박을 가하는 '영향력 발휘 방법'도 사용할 줄 알아야 한다.

아주 어려운 상황이나 역경에 봉착하게 됨으로써 부하들에게 계속적으로 동기부여할 수 없다고 해서, 지휘관은 결코 무관심한 태도나 행동을 한순간이라도 보여 주어서는 안 된다. 지휘관 자신에게 일단 무관심이 자리 잡게 되면, 오래지 않아서 그의 지휘력과 리더십이 모두 상실되어 버리고 만다. 그리고 지휘관의 언행불일치는 부하들의 마음속에 의구심과 혼란을 일으키게 되며 불신의 씨앗을 뿌리게 된다.

이러한 리더십 자질을 구비하고 역량을 발휘하는 것이 자기에게 너무 과도하고 무리한 요구라고 생각하는 지휘관이 있다면, 그는 곧바로 다른 보직을 신청하여 지휘관 직책을 그만두는 것이 바람직하다. 그렇게 하는 것이 빠르면 빠를수록, 국가의 안보에는 더욱더 도움이 될 것이다.

여단장의 일상

이곳에 부임 후 몇 달이 지나자, 여단은 나의 몸과 정신의 일부가 되었고 나도 서서히 골란고원의 일부가 되어 갔다. 이 지역을 점차 알아 가면서 새로운 훈련지역과 사격장을 확보하기 위해 자주 정찰을 다녔는데, 아울러 주변의 경치도 함께 즐기게 되었다.

나의 활동 가운데 한 가지는 새로운 전차 기동로를 만드는 것이었다. 어느 날 나는 여단 참모들을 장갑차 한 대에 태우고 1960년대에 시리아군이 우리를 기만하기 위해 사용했었던 통로를 정찰하러 나갔다. 이때 장갑차가 가파른 경사면에서 뒹굴어 차체의 앞부분이 산산조각 나 버렸다. 우리는 지옥의 문턱까지 갔지만 기적적으로 부상당한 사람은 하나도 없었다.

불도저가 도로작업을 할 때까지 도저히 기다릴 수 없어서 주행이 어렵기는 했지만 전차들이 이 도로를 먼저 사용하기 시작하였다. 그 후 이 도로는 전차와 장갑차가 쌍방향으로 통행이 가능한 복잡한 훈련도로 중 하나로 발전되었다.

나는 나라의 국기만큼이나 하나의 상징(symbol)을 중요하게 여겼다. 내가 초급장교 시절 여단에 처음 전입 왔을 때 부대가를 암송했었는데, 그 이후로는 가사를 잊어버렸다. 어쨌든 세월이 흐르고 주둔지가 달라져서 기존에 있던 여단가의 내용이 적절하지 않았다. 욤키푸르 전쟁에서 싸웠던 내용을 추가하고, 대대들의 이름도 새로 넣고, 골란고원 지역을 포함하여 가사를 다시 썼다. 나는 모든 병사와 지휘관들에게 여단가를 암송하도록 지시하고, 상의 주머니에 가사집을 한 부씩 넣고 다니도록 하였다. 내가 부하들에게 가사를 다시 쓰라고 지시했을 때, 그들의 얼굴에서 볼 수 있었던 자랑스러운 표정을 아직도 기억하고 있다.

여단의 전투전사에 대한 연구는 부하들에게 특별한 정서를 함양시켜 주었고, 또 야외훈련 동안 대대들 간에 서로 경쟁하는 것은 더 높은 목표를 성취할 수 있는 동기를 부여해 주었다. 우리의 자부심을 더욱 고양시켜 준 것은, 이스라엘이 개발한 모든 신형전차들을 우리 제7기갑여단에 처음 배치한다는 사실이다. 또 최고사령부 군수참모부장 아리에 레비(Arye Levy) 소장이 우리에게 특별한 선물을 하나 주었는데 그것은 바로 커다란 신축 건물이었다. 우리는 이 건물을 곧바로 '역사관(Battle Heritage)'으로 지정했으며, 얼마 되지 않아 여단의 전투전사와 전사상자들에 관한 전시물로 가득 차게 되었다. 여단의 온 많은 방문객들은 호기심을 가지고 이를 관람한 후, 우리에게 존경심과 경외심을 보여 주었다.

모타 구르 참모총장이 메나헴 에이난(Menahem Einan) 대령을 나의 후임자로 임명하였다. 여단장 보직을 절실히 기다려 왔던 에이난 대령이 구르 참모총장을 독촉하여 곧바로 취임하기를 원한 반면, 나는 2년의 보직 기간을 다 채우기 전까지는 여단을 떠나갈 의사가 전혀 없음을 분명히 하였다. 북부사령관 라풀 장군도 나의 의견에 동의해 주었으나, 참모총장은 나의 입장을 충분히 이해한다면서도 별도의 확답을 주지 않았다. 많은 장교들이 정규여단의 지휘권을 가져 보기 위해서 참모총장에게 부담을 주고 있었다. 결국 나의 의견이 받아들여져 나는 2년 동안 계속해서 여단을 지휘하게 되었다.

나의 재임 기간 중 예하 지휘관과 참모들이 여러 명 교체되었다. 욤키푸르 전쟁 기간 중 내가 지휘했던 대대에서 같이 싸웠던 에프라임 라오르(Ephraim Laor)가 자미르의 제82전차대대를 인수받았다. 일란 마노르(Ilan Manor)는 모세 펠레드 후임으로 제77전차대대의 지휘권을 인수받았다. 그리고 여단 작전과장을 마친 첸 이츠하키가 제75전차대대 대대장으로 부임했다. 제7기갑여단이 가지고 있는 웅대함은 병아리 지휘관들을 어릴 때부터 키워 주는 능력에 기반하고 있는데, 거의 대부분 여단 지휘관들은 초급 장교 때부터 이곳에서 계속 성장해 온 군인들이었다.[109]

1977년 초, 나는 다리를 절뚝거리며 걷기 시작하였는데 오른쪽의 무릎을 더 이상 잡아당길 수 없었다. 수술이 유일한 해결방법이었다. 호로쇼브스키(Horoshovsky) 박사에게 수술을 받은 후 나는 다리에 깁스를 했다.

회복 기간 동안 병문안을 왔던 사람들 중에 전임 사단장 야노시 장군도 있었다. 한동안 그와 소식의 왕래가 없었는데, 이날 그는 전에 있었던 일에 대해 잠깐 말해 주었다.

내가 여단장으로 부임한 후 야노시 장군이 북부사령관 라풀 장군을 방문할 기회가 있었는데, 그때 나에게 경고를 좀 주는 것이 어떠냐고 사령관에게 조언했다는 것이다. 야노시 장군이 들은 소문에 의하면, 내가 거칠고 거만하게 여단을 지휘한다는 것이었다.

"나는 자네를 포함해서 그들이 카할라니에게 원하는 것이 도대체 뭔지 모르겠네." 라풀 사령관이 이렇게 대답했다는 것이다. "제7기갑여단은 최고의 부대야. 훈련에서부터 작전활동에 이르기까지 모두 잘하고 있어. 이건 여단장이 진정한 지휘관이라는 의미야. 제발 그를 좀 가만히 놔두게."

---

109 **Home Grown Commander**: 초급 장교 시절부터 그 부대에서 경력을 쌓아 온 장교들을 나중에 그 부대의 지휘관으로 발탁하는 전통이다. 단점도 있겠지만 장점도 많다. 부대의 특성과 작전지역에 익숙해져 있다는 장점도 있지만, 그 부대의 상급 지휘관들이 '내일의 리더를 오늘 키운다'라는 사명감을 가지고 부하 장교들을 육성한다는 장점이 더욱 크다고 할 수 있다.

전사의 길

라풀 사령관이 나에 대해 그렇게 말해 준 데 대해서 매우 기뻤다. 더군다나 사령관이 추가적으로 조사하도록 지시해서 악의에 찬 험담의 근원지가 어디인지 파악할 수도 있었으나, 그렇게 하지 않았다는 사실이 더욱 중요했다.

고급 지휘관은 혼자일 뿐이다. 그는 대부분의 결정을 다른 사람들과 상의하지 않고 혼자 심사숙고한 후에 내릴 경우가 많다. 예전에 가깝게 터놓고 이야기했던 친구들이 점차 줄어들게 되며, 이들과의 물리적 거리가 더욱 멀어진다. 고급 지휘관으로 올라갈수록 자신과 허심탄회하게 대화를 같이 나눌 사람이 없어진다. 만일 고급 지휘관이 그의 부하들과 모든 것을 터놓고 허물없는 대화를 시도한다면, 그동안 공들여 쌓아올렸던 탑이 하루 아침에 무너져 버릴 수도 있다.

제7기갑여단 여단장으로 보낸 2년 기간의 대부분을 부여단장 요시 멜라메드 중령과 같이 근무하는 행운을 가졌다. 우리는 오랜 우정을 나누고 있는 사이였지만, 당시 부대 운영에 관해서는 지휘관과 부지휘관의 관계를 명확하게 설정한 균형감각을 유지하고 있었다.

자기 참모들에 대한 지휘관의 태도는 그의 특성에 따라 다양하다. 지휘관의 행정을 보좌하는 팔다리가 참모들이기 때문에, 지휘관은 참모들에게 행정 분야의 의사결정에 필요한 권한과 행동의 자유를 주어야 한다. 지휘관은 가끔 자신의 참모와 예하 지휘관 간에 의견이 상충되고 있을 때, 누구 편을 들어 주어야 할지에 대한 딜레마에 빠진다. 지휘관은 예하 지휘관보다 참모의 편을 들어 주고 그들로 하여금 참모 지시 중 일부만 시행하도록 조정해 줄 수 있다. 그러나 만일 지휘관이 자기 참모를 희생시키고 예하 지휘관의 비위를 맞추는 후자를 선택할 경우, 지휘관은 금방 행정서류 더미에 파묻히게 된다. 이 순간부터 모든 행정문서와 잡다한 업무계획이 지휘관

책상 위에 올라오기 시작하며, 자기 손을 직접 거치지 않으면 안 되는 상황이 벌어지게 된다.

분명히 참모가 실수할 수 있다. 그러나 대부분의 실수는 교정이 가능하다. 만일 참모가 지휘관의 지휘철학을 잘 이해하고 이를 구현하는 정신자세를 가지고 행동하며, 설정된 목표의 성과를 달성하려고 최선을 다한다면 보다 쉽게 업무를 수행할 수 있다.

참모는 지휘관의 개인 조력자 역할보다는 부대 전체를 살펴보고 필요한 자기 분야의 업무를 전문성 있게 수행해야 한다. 참모가 자기의 특성을 분명하게 살려서 근무한다면, 지휘관은 물론 예하 부대들도 그 참모의 진가를 더욱 인정하게 될 것이다.

내가 생각하고 있는 바람직한 참모의 유형은 잡다한 일을 지휘관에게 올려 보내지 않음으로써, 지휘관이 직접 해결하게 되는 행정업무 숫자를 최소화시켜 주는 자율적인 참모이다. 지휘관의 의도를 명찰하는 데는 어려움을 느끼고 있지만 충성심만은 꼭 보여 주겠다는 부담감에 안달하고 있는 참모가 있다면, 나는 그에게 다른 직책을 찾아보라고 권하고 싶다.

골란고원에서 근무하는 동안 제7기갑여단의 주된 관심사는 훈련이었다. 우리는 끊임없이 훈련을 계획하고 이를 보다 잘 시행하기 위한 다양한 방법을 모색하였다. 예하 지휘관들은 확보한 교탄과 연료의 양에 따라 좋은 훈련평가를 받는데 영향을 미치게 되자, 그들은 이를 확보하기 위한 수고를 아끼지 않았다. 나는 부하들을 충분하게 훈련시키지 않은 상태로 방치해 두는 것을 결코 용서할 수 없었다.

훈련예산이 삭감되었다. 중앙에서 모든 자원을 통제하는 시스템으로 전환되자 훈련예산이 삭감되고, 자원의 효율적 사용을 위한 가차 없는 조치들이 이루어졌다. 우선 부대훈련을 실시할 때 병과부대들을 통합하기 시

전사의 길

작했다. 드로리 사단장은 전차부대의 훈련에 보병부대, 포병부대, 공병부대들을 통합시켰다.

그리고 개별적으로 추가적인 교탄을 확보하기 위해 돌아다닐 수 없게 되었다. 따라서 예하 부대들은 요새진지와 탄약고에서 경계태세에 사용할 비상탄약까지 끌어다 쓰는 상황이 되어 버렸다. 내가 훈련장을 방문했을 때 교탄과 연료 부족이 가장 큰 문제라고 대대장들이 보고하였다. 이러한 문제들이 있었음에도 불구하고 성능개량해서 배치된 센추리온 전차들이 믿음직스럽게 운용되고 있었다.

내가 부임한 첫 주에 새로운 '통신전자 운용지시'를 받았다. 나는 드로르(Dror)라는 새로운 호출명을 부여받았다. 드로르는 히브리어로 제비라는 뜻과 자유 영혼(Free Spirit)이라는 두 가지의 뜻을 가지고 있다. 또한 드로르는 내 첫째 아들의 이름이기도 하였다. 보안상의 이유로 다른 호출명들은 몇 주마다 바뀌었는데, 나는 이것을 무척 좋아해서 바꾸지 않도록 요청하였다.

내가 계속 실시했던 훈련 중에 '전투진지까지 달리기(Race to the Ramps)'라는 것이 있었다. 나는 사전에 경고 없이 불시에 예하 대대 근방에 가서 사이렌을 울리거나, 공중에다 권총을 몇 발씩 쏘아 비상발령 신호를 보냈다. 그러면 대대원들은 후다닥 일어나 수 분 내에 출동하여 휴전선에 연해 있는 전투진지까지 달려가게 된다. 이 멋진 훈련에 개인적인 열정을 보여 주기 위해서 스톱워치로 소요시간을 잰 다음, 나중에 그 부대에 통보해 주었다. 그런데 나는 특정한 관찰지점으로 가고 있는 내 모습을 병사들이 유심히 지켜보고 있었다는 사실을 나중에서야 알게 되었다. 그들은 내 뒤를 몰래 쫓아와 위치를 파악하고는, 그들의 동료에게 나의 비상발령을 미리 알려 주었던 것이다.

모든 훈련은 또 다른 궁극적 목표를 하나 가지고 있었는데, 그것은 우리 군인들이 골란고원 주민들에게 항상 그들을 지켜 주고 있다는 것을 확신시켜 주는 것이었다. 만일 시리아군이 다시 공격해 온다면, 더 신속하게 행동하고 더 많은 전투준비를 한 자에게 승리가 돌아간다는 사실을 우리는 잘 알고 있었다. 소수의 병력을 가지고도 지형, 지뢰지대, 전차진지들을 효과적으로 활용한다면 대규모의 적 공격을 막아 낼 수 있다. 아군 무기들이 성능 면이나 수적인 면에서 시리아군보다 더 나은 것은 아니었다. 우리가 시리아군과 대등한 조건이 되기 위해서는 시간이 더 흘러가야 했다. 부하들은 자신의 임무를 완수하기 위해서 두 눈을 부릅떴다. 동요와 긴장의 순간이 갑자기 닥쳐서 야기될 수 있는 극도의 혼란을 예방하기 위해서, 우리는 현행작전을 수행하면서 실전적인 훈련을 부단하게 반복해야 한다는 사실을 명심하고 있었다.

2년간의 임기가 끝났다. 이제 여단장 직책을 내려놓고 떠나가야 할 시간이 되었다. 나는 앞으로 세 번째의 근무를 골란고원으로 다시 돌아와서 하고 싶었지만, 제7기갑여단을 위해서 지금 떠나가야 한다는 사실을 잘 알고 있었다. 그다지 유쾌하지 못했다.

　1977년 10월 28일 금요일 아침, 나에게 시간은 너무도 빨리 찾아왔다. 여단장 자리를 놓고 경쟁을 벌인 끝에 승리를 거둔 나의 친구인 요시 벤 하난 대령에게 이취임행사 식전에서 여단기를 인계해 주었다. 사단장으로 부임한 지 얼마 안 되는 오리 오르 장군이 우리의 이임과 취임을 함께 축하해 주었다. 노련한 나의 운전병 가비 샬롬(Gabi Shalom)은 차에다 벌써 내 짐을 모두 실어다 놓았다. 우리는 해안지대에 있는 나의 집으로 같이 출발하였다.

　나와 아내 달리아는 데가니아 베트 키부츠에서 작별을 고하고 벌써 고향 네스 시오나로 이삿짐을 옮겼다. 아이들은 이곳을 쉽게 떠나려 하지 않았고 아내 달리아 역시 계속 머물러 살기를 원했다. 키부츠에서의 생활은 우리 모두에게 잊혀지지 않은 추억거리가 되었다. 달리아는 다시 임신 중이었고 새로 태어나는 아이는 네스 시오나에서 출산할 계획이었다. 내가 여단을 떠난 지 3일 후, 세 번째 아이인 사내아이 도탄(Dotan)을 얻었다.

출산은 달리아에게 고통이었다. 그녀는 힘들어하며 가사일도 줄여야 하였다. 아이가 병원에서 퇴원한 후에도 그녀는 고통에 시달렸다. 그녀를 진찰한 의사들은 그 원인이 일종의 감염인데, 곧 낫게 될 것이라고 말했다. 그러나 어떤 여의사만은 이에 동의하지 않았다. 그녀는 집으로 몇 번 왕진을 온 다음, 아내를 다시 병원에 입원시켜서 검사를 받게 하였다. 몇 시간 후 아내는 수술대 위에 올랐다. 출산으로 인해서 자궁이 파열되어 있었던 것이다. 생명이 너무나 위험하였다.

나는 수술실에서 무슨 일이 일어나는지도 모른 채 복도에 왕래하는 사람들을 쳐다보면서 앉아 있었다. 의료진의 엄청난 수고와 열두 번의 수혈 끝에 출혈을 막는 데 성공하였다. 온 가족은 며칠 동안 꼬박 근심과 고통 속에 빠져들었다. 우리는 모두 긴장 속에서 회복되기를 간절히 기도하면서 그녀의 침대 옆을 지키고 있었다.

나는 신생아인 도탄을 병원으로 다시 데려왔다. 당시 아이에게 무엇을 해 주어야 할지 아무것도 몰랐는데, 나는 그동안 아버지 노릇을 해야 할 시간에 부대에만 있어서 갓난애를 돌본 경험이 전혀 없었기 때문이었다. 병원에는 분명히 기저귀를 갈아 주고 음식 먹이는 방법을 아는 사람이 있으리라! 그러나 나는 곧바로 거절당했다. 병원에서는 이미 퇴원한 신생아를 다시 받으려 하지 않았다. 나는 정중하게 최고의 예의를 갖추면서 포기하지 않고 병원에 다시 오게 된 사연을 자초지종 이야기했다. 완강하던 간호사들도 마침내 한 발짝 물러나 도탄을 소아병동에 받아 주었다. 몇 주 지나서 아내는 회복해서 집으로 돌아왔고, 이제 대가족이 된 우리 집은 그때의 일화를 서서히 잊어 갔다.

미국 군사유학

나는 미국에서 선진 군사교육을 받아 보기를 오랫동안 꿈꾸어 왔었다. 다음 진급 시기까지는 몇 년을 더 기다려야 했으므로, 나는 해외 군사유학을 신청하고 그러한 기회를 가져 볼 수 있도록 상관들을 설득해 왔었다.

그것이 아직 완전히 결정되지 않아서 일단 나는 동원사단의 부사단장으로 가게 되었다. 그 보직은 내가 잘 모르고 있었던 형태의 부대를 처음으로 경험하게 되는 기회였다. 내가 앞으로 사단장이 되고자 한다면, 이것은 경험을 쌓는 좋은 기회이기도 하였다. 나는 사단이라는 제대는 복잡하고 거대한 조직이며, 사단장이라는 직책은 그 책임으로 인해서 어깨가 무척 무거울 것이라고 생각하고 있었다.

내가 부사단장 직책을 수행하고 있을 때 기갑사령관 모세 펠레드 장군이 나에게 좋은 소식을 전해 주었다. 미국 캔자스주에 위치하고 있는 미 육군 지휘참모대학 과정에 내가 1978년 5월경 군사유학을 가도록 선발되었다는 것이다. 기쁨 속에서 부산하게 유학을 준비하고 있었는데, 출발하기 2개월 전 펠레드 사령관으로부터 다시 전화를 받았다. 참모총장이 나의 군사유학을 취소시켰다는 것이다. 다른 이유로 인해서 더 젊은 다른 장교를 선발하였다는 것이다.

전화를 끊고 나서 아내에게 말했다. "내가 걱정했던 그대로야." 나는 화가 났다. "우리보고는 그냥 있으래. 압력을 쑤셔 넣은 사람을 또 챙겼군. '비행기가 뜨기 전까지 간다고 믿어서는 절대 안 됩니다'라고 누군가 말한 게 옳았어!"

나는 이 결정에 대해서 상의하기 위해 참모총장 면담을 신청하였다. 며칠 후 구르 참모총장과 만났다. 나는 최대한 예의를 지키려 하였지만 소용이 없었다. 참모총장 비서실장인 내 친구 하가이 레게브가 면담 전 참모총장에게 이미 나의 전후사정을 보고하였기 때문에, 내가 할 수 있는 일은 나의 감정을 솔직하게 표현하는 것뿐이었다. 나는 무언가 속은 것 같다고 말했다. 참모총장이 결정을 바꾼 이유를 납득하기 어렵다고 말했다. 비서실에다 불만을 잔뜩 쏟아 낸 후 집에 와서 달리아와 아이들에게 말했다. "여행 가방을 모두 풀어라. 이제 미국 가는 꿈은 접자!"

그러나 놀라운 일은 여기서 끝나지 않았다. 며칠 후 또 전화가 왔다. 미국 정부가 이스라엘군 학생을 추가로 받아 준다는 내용이었다. 그래서 우리는 마침내 미국에 가게 되었다.

그러나 여전히 장애물이 하나 남아 있었는데, 그것은 바로 미국 대사관에서 보는 영어시험이었다. 후보자들은 모두 이 시험에 통과해야 했다. 나는 밤낮으로 영어책을 들여다보면서 될 수 있는 한 시험 보는 날짜를 최대한 연기시켰다. 아무튼 이번 군사유학 목표 중의 하나는 이 기회에 영어라는 장벽을 단호하게 극복하는 것이었다. 그 당시 내가 영어시험을 어떻게 통과했는지 지금도 잘 모르겠다. 그때 만일 시험에 떨어졌더라도 나를 멈추기는 너무 늦었는데, 이틀 후면 비행기가 출발하기 때문이었다!

출발하기 전 나는 당시 북부사령관이었던 야노시 장군을 잠시 만났다.

"어찌 되었든 이번 기회에 미국이라는 나라의 구석구석을 잘 살펴보고 오게"라고 말했다. "잠시 느긋하게 쉬는 것도 좋지. 그리고 뒷일은 걱정하지 말게. 돌아오면 자네는 사단장이 되겠지!"

야노시 사령관의 말은 마치 자신이 그러한 조치를 해 주겠다는 듯이 들렸다. 게다가 그는 약속을 잘 지키는 사람이었다.

신나는 해외유학

잘 알지 못하는 외국, 낯선 미국으로의 여행은 우리 모두를 매료시켰다. 게다가 우리를 더욱 황홀하게 만든 것은 가족과 함께 일 년을 보낼 수 있다는 것이었다. 내가 매일 집으로 퇴근할 수 있다니! 상상만 해도 너무 즐거운 일이었다.

우리는 뉴욕에 도착하였다. 막내아들 도탄은 작은 유모차 안에서 평온하게 잠을 자면서 주변 상황에 대해서 전혀 개의치 않았다. 도탄이 정말 그곳에 있었다는 사실을 실감하려면 굳이 사진앨범을 펼쳐 보아야 한다. 아들 드로르와 딸 바르디트는 긴장한 채 흥분해 있었다. 주변의 모든 것들이 커다랗게 보였고 사방에는 온통 영어를 쓰는 사람들뿐이었다. 아이들은 그곳 학교에서 영어를 배워야 했다.

입국수속을 받고 나오자마자, 어디서 친숙하고 유쾌한 예멘 계통의 이스라엘 음악소리가 들려왔다. 우리가 도착 터미널로 가고 있는 도중 열광적으로 노래를 부르면서 화환을 잔뜩 들고 서 있는 수십 명의 이스라엘 환영단을 발견하고는 깜짝 놀랐다. 우리가 이스라엘에 있는 예멘계 중심도시인 로시 하인(Rosh Ha'ayin)에라도 온 것인가? 그건 아니었다. 이 사람들은 뉴욕에 살고 있는 예멘 출신의 이스라엘 사람들이었다. 이스라엘 사회문화진흥회 회장인 오바디아 벤 샬롬(Ovadia Ben Shalom)이 우리가 온다는 사실을 이 사람들에게 알려 준 것이다.

우리가 정신 차릴 여유도 없이 그들은 우리 짐을 자신들의 차에 싣고서 그들의 화려한 예멘 축제장으로 데리고 갔다. 전통적이고 친숙한 음식들이 이스라엘에서보다 뉴욕에서 더 맛있고 풍부해 보였다. 군기가 바짝 든 군인으로서 나는, 그들이 준비한 프로그램에 따라 그들이 시키는 대로 할 수밖에 없었다. 비행기를 함께 타고 왔던 제79전차대대 출신인 아모스 카츠 대령, 아미람 레빈(Amiram Levin) 중령과 그의 가족들은 자신의 눈을 도저히 믿을 수 없는 것처럼 보였다. 우리에게 베풀어진 온정과 환대는 꿈에서나 볼 수 있는 것들이었다.

　우리는 또 2주간의 영어 학습을 위해서 워싱턴으로 갔다. 영어 학습을 마친 다음, 우리는 워싱턴으로부터 캔자스 시 근처의 포트 레븐워스(Ft. Leavenworth)까지 먼 길을 차를 몰고 갔다. 미 육군 지휘참모대학(포트 레븐워스라고도 함)에 도착하자 우리의 후견인(Foster Parent)으로 지정된 미국인 장교가 영접을 나와서 우리를 따뜻하게 맞아 주었다. 그뿐만 아니라 이 지역에 살고 있는 유대인 교민들도 우리를 환영해 주고 도움을 주었다. 정말로 순조로운 미국 도착이었다.

미 육군 지휘참모대학의 차원과 규모는 이스라엘군 지휘참모대학의 그것과는 비교가 되지 않았다. 미 육군 지휘참모대학은 전 세계 50개 나라에서 유학을 온 100여 명의 외국군 학생들을 포함해서 총 1,000여 명의 학생들이 있었다. 나는 전투경험을 많이 가지고 있었던 군인이었기 때문에, 군사과목에 대한 관심보다는 다양한 안보 이슈에 대해 더 많은 관심을 가졌으며, 처음으로 미군이 당면하고 있는 다양한 문제들을 자세하게 알 수 있었다. 나는 미군 장교들이 매우 헌신적이고 충분하게 동기부여 된 장교들이라는 사실을 발견하였다. 그들은 진심 어린 존경심으로 성조기에 대해 경례하면서 열정적으로 미국 국가를 불렀는데, 자신의 조국을 진정으로 사랑하고 자랑스러워하는 것 같았다. 당시 이스라엘군 장교들은 소수의 인원들만 석사학위를 갖고 있었는데, 미군장교들은 대부분 이러한 학위를 가지고 있었다. 당시 미 육군 지휘참모대학에 입교한 세 명의 이스라엘군 장교들은 학사학위조차도 갖고 있지 못했던 것이다.

　나는 동맹국에서 온 학생들과 친구가 되었다. 그들은 교과서에서는 배울 수 없는 사실과 자기 조국에 대한 것들을 많이 가르쳐 주었는데, 그때 맺어진 좋은 관계가 오늘날까지 지속되고 있다. 유일하게 우리와 가까이하지 않았던 사람들은 바로 '이웃 아랍국가 장교들'이었다. 그해에 '이스라엘과 이집트 간 평화조약'이 서명되었음에도 불구하고, 우리와 그들은 서로 애써 무시하면서 접촉하지 않았다.[110]

미 육군 지휘참모대학에서의 학습은 이스라엘군의 것과는 사뭇 달랐다. 미군이 주둔하고 있는 전 세계 각지에서 온 외국군 학생장교들은 각자의 높은 가치관과 문화의식을 발휘하면서 세련된 행동을 보여 주었다. 그러나 군대가 존재하는 근본적 목적에 비추어 볼 때, 놀랍게도 그들은 지나칠 정도로 전쟁 경험이 없었고 순진하게 보였다. 실제의 전쟁은 군사교육의 기초가 되는 전술교범에 기술되어 있는 것과는 많이 다르다. 이곳의 수업을 보면 작전을 지휘하는 사단장이나 군단장 직무와 같은 실질적 군사업무에 대한 토의시간은 부족한 반면, 국방부나 합참의 국방정책이나 국가적 논쟁거리에 대해 과도하게 초점을 맞추고 있었다.

　　각 학급은 약 60명으로 구성되어 있었고, 거의 대부분 교육은 교관이 학생들에게 일방적으로 전달하는 방식이었다. 학생들 개인에게 고유번호가 주어지고 학과시험의 성적이 번호별로 기재되어 게시판에 붙여졌다. 집단적인 학습은 거의 없었다. 공동토론도 드물었다. 설사 이러한 토론들이 가끔 있어도 학생 수가 워낙 많기 때문에 한 사람씩 의견을 발표한다는 것은 거의 불가능하였다.

110　이스라엘과 이집트 간 평화조약: 1973년 욤키푸르 전쟁이 끝난 후 미국 카터 대통령 중재하에 1978년 9월 17일 이스라엘 베긴 수상과 이집트 사다트 대통령은 아랍국가들과 이스라엘 간의 평화정착을 위해서 캠프 데이비드 협정을 체결하였다. 그리고 캠프 데이비드 협정을 충실히 반영한 '이스라엘과 이집트 간 평화조약'이 다음 해인 1979년 3월 26일 조인되어 양국 간의 교전상태가 공식적으로 종식되었고, 이스라엘은 시나이 반도에 주둔하고 있던 이스라엘군을 단계적으로 철수하는 데 동의하였다. 이 평화조약은 양국 간의 국교 정상화를 규정하였다.

내가 벌였던 전쟁은 영어와의 전쟁이었다. 처음에는 상당 부분을 알아듣지 못한 채 강의를 들었다. 미국 남부의 강한 악센트를 가진 교관이 강의할 때는 더욱 심했다. 날마다 영어 단어들을 머릿속에 집어넣으면서 어학 학습실에서 많은 시간을 보냈다. 이러한 노력은 성과가 있었다. 일 년이 다 될 무렵에 나는 영어와의 전쟁에서 승리하였다고 생각했다. 6개월 정도 지났을 때 친구인 실로모 코헨(Shlomo Cohen) 중령이 다른 과정의 학업을 위해 미국에 도착하였다. 코헨 중령은 자포자기 상태로 나에게 전화를 걸어 조언을 구하였다. 그는 영어와의 전쟁에서 겁을 잔뜩 집어먹고 있었다! 나는 영어가 준 시련에서 살아남았기 때문에 그를 안심시켰다. "길거리 꼬맹이들도 영어를 다 하는데, 우리도 할 수 있어!"

드로르와 바르디트도 처음에 영어 때문에 무척 고생했다. 그러나 신기하게도 아이들은 시간이 지나자 곧 영어에 익숙해졌고, 물 만난 고기처럼 친구들과 어울리면서 미국이라는 나라에 잘 적응하고 있었다. 오직 갓난아기인 도탄만이 전혀 문제없이 잘 지내고 있었는데, 대부분 시간을 자기 엄마와 같이 보냈기 때문이다. 아내 달리아는 마트에서 세일하는 물건을 사거나 도탄을 돌보면서 시간을 보냈다. 물론 우리는 집에만 틀어박혀 있지 않았다. 유학 기간 동안에 가까운 곳이나 먼 곳으로 자주 구경을 나갔고, 미국의 동서남북으로 여행을 다녔다.

일 년 기간이 거의 끝나 갈 무렵 나의 부모님이 캔자스에 오셨다. 두근거리는 마음으로 공항에서 부모님을 맞이했다. 이스라엘의 작은 도시 네스 시오나에서 미국의 심장부로 온다는 것을 상상해 보라! 물론 공항 검역관들이 아보카도 열매, 레몬, 그리고 예멘 음식들을 모두 압수했지만 부모님이 같이 가지고 온 고향의 냄새까지 압수할 수는 없었다. 어머니는 며칠 동안 적응하지 못하고 새로운 환경의 거대함과 풍요함에 어안이 벙벙해하셨다. 그러나 아버지는 어땠는가? 미국에 도착한 바로 다음 날부터 혼자서 시

미국 군사유학

내를 돌아다니셨다. 아버지는 영어를 한 마디도 할 줄 몰랐는데, 오랫동안 써먹지 않았던 이디시 말에 미국식 악센트를 붙여서 아무 거리낌 없이 사용했다. 부모님은 몇 개월 동안 우리와 함께 즐겁게 보냈다. 지휘참모대학의 일 년을 마무리하는 마지막 3주간의 여행도 아주 즐거웠다.

이미 언급한 바와 같이 외국군 학생장교들 중에는 시리아, 이라크, 남예멘 등 3개 국가를 제외한 여러 아랍국가에서 온 장교들이 많았다. 익숙한 아랍 말이 여기저기서 들렸다. 그래서 여기가 미국 한가운데 있는 군사시설이 아니고 어느 이스라엘 종합대학에 오지 않았나 하고 착각할 때도 있었다. 우리 세 사람인 나, 아모스 대령, 아미람 중령이 함께 서 있는 옆으로 그들이 지나갈 때, 우리가 먼저 인사를 보내면 그들은 고개를 숙이거나 옆으로 돌려 버렸다. 아직도 그들의 눈에서 우리에 대한 증오심을 읽을 수 있었다. 또 아랍국가 장교들은 내가 예멘 혈통이라는 것도 나중에 알게 되었다. 그래서 내가 그들에게 가까이 갈 경우, 그들은 작은 목소리로 말하거나 하고 있던 말을 뚝 그쳤다. 거무스름하게 생긴 이스라엘군 장교가 자기들의 대화 내용을 눈치채지 못하도록….

　미 육군 지휘참모대학의 전통 중에는 외국군 장교들이 자기 나라를 전체 학생과 교관들에게 소개하는 시간이 있었다. 이를 준비하면서 국제신사인 군인 청중들에게 이스라엘의 아름다움과 독특함을 보여 줄 수 있는 홍보자료를 가까이서 쉽게 구할 수가 없었다. 그래서 우리는 본국에 사진, 슬라이드, 필름을 요청하기 위해 전화를 하고 편지도 썼다. 이스라엘에 대한 소개를 그런대로 성공적으로 마쳤지만, 이를 준비하면서 세계 구석구석에 이스라엘을 적극적으로 홍보하려는 우리의 노력이 부족함을 알게 되었다.

　우리가 이스라엘 소개를 준비하고 있는 동안, 갑자기 사우디아라비아 장교들은 자신들이 마지막 순서로 발표하겠다고 우기고 나섰다. 원래 이스라엘이 마지막 순서였는데 결국은 그들의 소개가 마지막 순서로 바뀌었다. 우리의 항의도 아무 소용이 없었다. 미군 교관들은 우리가 조용하게 양보해 주기를 내심 바라고 있었다.

사우디아라비아 장교들은 노골적인 방법으로 홍보하면서 자기나라 소개준비를 하였다. 황금색 사진틀이 강당 벽에 걸리고, 강당 밖에서는 사우디의 국기가 산들바람 속에 나부끼고 있었다. 인쇄된 홍보자료에는 강연에 참석하는 모든 청중들에게 주최 측이 사우디 금화동전을 선물로 준다는 문구도 있었다. 이런 것이 효과가 있어서 그날 강당에는 사람들로 가득 찼다. 그때 청중들이 이해하게 된 것은 현재 사우디아라비아의 적이 누구인가였다. 즉 제국주의, 공산주의, 그리고 시오니즘이 바로 그들의 3대 적이라는 것이다. 또 발표자는 도표를 제시하면서 사우디아라비아가 현재 당면하고 있는 가장 큰 문제는, 돈이 너무 많은 것이라고 하면서 엉뚱한 선전을 해 댔다. 강연이 끝나자 우리는 모두 입을 굳게 다물고 아무 말도 하지 않았다.

몇 주 후 어떤 지방신문 기사에 얼마 전 체결된 '이스라엘과 이집트 간 평화조약에 대한 사우디아라비아의 관점'이라는 주제로 강연한다는 내용이 실렸다. 이러한 활동의 주동자는 지휘참모대학에 다니고 있는 사우디 국방장관의 아들인 어떤 사우디 왕자였다. 이 젊은 친구는 학교 영내를 무슨 공작새처럼 활보하고 다녔다. 미 해병대원들이 그를 하루 24시간 내내 경호해 주었다. 이 왕자는 가끔씩 자가용 비행기를 타고 프랑스 파리에 가서 주말을 보낸 후 돌아오기도 하였다.

이런 일들이 내 속을 뒤집어 놓았다. 이러한 일을 가만히 놔두지 않기 위해서 나는 동료 아모스 대령과 아미람 중령의 도움을 받아 대대적인 반격작전을 실시하기로 하였다. 주미 이스라엘 대사관의 무관에게 연락해서 나의 생각을 그에게 말했는데, 그는 나를 격려해 주면서 일이 잘 되기를 빌어 주었다. 우리가 지휘참모대학의 학장에게 면담을 요청하자, 그는 주말에 쉬지도 않고 우리를 급히 불러들였다.

우리는 이번 일에 관련된 지휘참모대학의 학칙을 먼저 면밀하게 검토했었다. 학칙에 의하면 대학 강연의 외부 홍보는 명백하게 금지되어 있었으며, 대학 내의 게시판에도 단순한 내용만 허용할 뿐이었다. 또한 신문, 깃발, 사진과 같은 매체의 활용도 금지되어 있었다. 이러한 사실을 명백하게 밝힌 후, 나는 학장에게 사우디 왕자의 인터뷰를 실은 지방신문을 내밀었다. 그는 화를 몹시 내었다. 대학 측은 이 기사의 중요성을 애써 낮추어 보면서 가능하면 무시하려 들었다.

"만일 사우디 장교들이 평화조약에 대한 관점을 자기들 멋대로 설명하고 또 시오니즘을 자신들의 적으로 간주한다면, 우리는 짐을 꾸려서 바로 여기를 떠나겠습니다." 깜짝 놀라는 학장을 나는 두 눈으로 똑바로 쳐다보면서 격렬하게 말했다.

"장군님, 저는 학장으로서 보여 주신 행동에 대해서 도저히 이해할 수 없습니다." 아미람 중령이 옆에서 거들고 나섰다.

그의 인내가 다 되었다.

"조용히 하시오!" 학장이 아미람 중령에게 소리를 냅다 질렀다.

우리는 방을 나가기 위해서 일어섰다. 우리는 우리들의 의사를 분명하게 그에게 전달하였고 이제 공은 학장의 손으로 넘어갔다. 그의 손에 이 뜨거운 문제가 쥐어졌다.

이틀 후 사우디 장교들의 강연이 열렸다. 시오니즘을 자신들의 적으로 표현하는 슬라이드는 사라졌고, 또 이스라엘과 이집트 간의 평화조약에 대해서 한마디의 언급도 없었다. 1시간 예정의 강연은 채 20분도 안 되어 끝났고 놀란 청중들은 조용하게 퇴장했다. 우리는 이 국지전에서 전에 경험해 보지 못했던 완벽한 승리를 거두게 되었다.

전사의 길

일 년 간의 군사유학을 마치고 이스라엘로 돌아갈 때가 되자, 우리는 향수병이 무엇인지 알게 되었다. 이번 여행은 시작과 끝이 좋았던 귀중한 경험이었다. 항상 집과 멀리 떨어져서 전방에서만 근무했던 직업군인에게 있어 이번 여행은 일 년짜리의 큰 선물이었다. 어떤 최고 상품의 패키지여행이 있다고 할지라도, 세계 강대국이라고 하는 이 나라의 위대함을 이런 식으로 소개해 주지는 못했을 것이다.

나의 개인적인 경험 역시 엄청나게 풍성해졌다. 군대업무와 관련된 학습 측면에서는 크게 얻은 것이 없었다. 그러나 한 가지 귀중한 교훈을 얻었다. 이스라엘은 반드시 '자주국방을 철저히 구현'해야 한다는 것이었다. 단 한 순간이라도 미국의 원정군이 달려와서 우리를 구해 줄 것으로 바라서는 안 된다고 생각했다. 미군이 우리에게 도착하는 데 시간이 많이 걸릴 뿐 아니라, 또 그들이 낯선 나라의 지형에 와서 적응하는 것도 쉽지 않기 때문이다. 또 미군들이 자기 나라가 아닌 남의 나라를 지켜 준다는 것은 그들에게 분명한 동기부여가 되지 않는 일이다.

미국에 사는 유대인들과의 친밀한 만남이 나를 '알리야(Aliya)'[111] 문제의 전문가로 만들어 주었는데, 이에 대해서 자세하게 알게 되자 나의 환상은 산산조각이 나 버렸다. 단지 몇몇의 열성 신자들만이 이스라엘에 이민 와서 살고자 할 것이다. 정말 애석한 일이다.

아내는 '내 인생에서 가장 멋진 일 년'이라는 말로 자신의 미국 경험을 요약해 주었다. 나는 우리 인생에 있어서 가장 멋진 일 년을 이스라엘이 아닌 외국에서 보냈다는 것이 의아스럽기만 하였다.

---

111 **알리야**: 시온주의의 활동으로서 세계 곳곳에 흩어져 살고 있는 유대인들이 이스라엘 땅으로 이주하여 모여 살아야 한다는 운동이다.

사단장 – 강력한 펀치[112]

미국에서 귀국하자마자 나는 직무에 바로 복귀하였는데 골란고원에 있는
동원사단의 부사단장으로 갔다. 참모총장으로 새로 부임한 라풀 장군은 나
를 부사단장 보직에서 그 사단의 사단장 보직으로 빠른 시일 내 바꾸어 주
겠다고 약속했다. 당시 동원사단장이던 아브라함 바람(Avraham Bar'am) 장군
은 곧 퇴역할 예정이었는데, 그는 퇴역하는 군인의 복잡하고 이해할 수 없
는 감정을 나에게 털어놓았다. 이제 미국 군사유학 시절은 서서히 잊혀져
갔다. 나의 배터리는 알맞게 재충전되었고 엔진은 전속력으로 회전하고 있
었다.

1980년 1월, 나는 골란고원 전선에 투입되는 동원사단의 지휘관으로
취임하였다. 나는 어떠한 임무라도 수행할 준비를 하면서 지속적으로 전투
태세를 유지하였다. 비록 35세의 젊은 나이로 준장이 되었지만, 부여되는
어떠한 임무라도 수행해 낼 수 있다는 자신감을 가지고 있었다. 이스라엘
군의 사단장이라는 직책은 단순히 전투서열에 기재되어 있는 이상으로 군
사작전 수행에서 중요한 위치를 차지하고 있으며, 이를 위해 강력한 지상
전투력을 보유하고 있다. 사단장 직책은 군의 최고위 직책으로 나가기 위
한 하나의 도약대라고 할 수 있다. 사단장 보직을 받는다는 것은 새로운 게

---

112   카할라니는 사단장 직책을 철권(Mailed Fist), 즉 '강력한 펀치'라고 표현하고 있다. 이는 강력한
전투력을 가지고 독립작전을 수행할 수 있는 사단이라고 하는 전술부대를 이끄는 막강한 지휘관이라
는 의미를 담고 있다. 한편 우리나라에서는 사단장 직책을 '지휘관의 꽃'이라고 부르고 있다.

임의 시작을 의미한다.

사단은 육군의 기본구조이다. 이스라엘군 1개 사단의 정확한 병력 수는 개별 사단의 편성표에 달려 있지만 통상 수천 명의 군인들로 구성되어 있다. 사단에는 전선에서 모든 형태의 독립작전을 수행할 수 있는 자원들이 할당되어 있다. 사단사령부는 상급부대에서 하달된 명령에 의거하여, 부여된 임무를 완수해야 할 책임을 가지고 있다.

1개 기갑사단은 몇 개의 기갑여단과 기계화보병여단으로 구성되어 있다. 사단사령부의 지휘를 받는 1개 군수지원단(Supply Group)은 전투부대에 소요되는 탄약, 연료, 식수, 식량을 보급하는 보급대대, 의무지원을 담당하는 의무대대, 그리고 장비수리와 복구를 담당하는 정비대대를 통제한다. 이와 같은 사단 군수지원단 예하의 군수부대들은 모든 예하 전투부대를 직접 지원한다.

또한 사단사령부는 포병여단을 지휘하며, 이들은 필요에 따라 기동여단과 전투대대를 위해서 포병사격을 지원한다.

필연적으로 사단사령부는 전투협조체계를 효과적으로 발전시켜야 하는데, 사단장의 책임이 무겁고 힘들다고 하는 것은 바로 이러한 '전투수행 기능을 효과적으로 통합하여 운용'함으로써 강력한 전투력을 발휘해야 하기 때문이다.

나는 많은 전투경험을 가지고 있었기 때문에, 가끔씩 부하 지휘관들에게 이것저것을 제안하거나 지시하면서 예하 부대의 문제에 직접 관여하려는 경향이 있었다. 그러나 사단장으로 부임한 후 이를 절제하려고 많이 노력하였다. 나는 예하 지휘관들이 스스로 경험하고 스스로 교훈을 배우는 것이 바람직하다고 생각했다. 개인적인 의견을 많이 제시하고 강조하고 싶었지만, '행정적 조언'을 해 주는 선에서 만족하였다.

동원사단에 맡겨진 과제들은 어렵고 복잡하였다. 이스라엘 국가안보의 궁극적 달성 여부는 '동원 예비군의 질적 수준'에 달려 있다고 해도 과언이 아니다. 상비군은 단지 짧은 기간 동안에만 적을 저지할 수 있으며, 동원된 예비군 부대들의 절대적인 도움 없이는 결코 적을 패배시킬 수 없다. 그럼에도 불구하고 동원사단장은 일 년에 오직 한 번 동원훈련 시에나 부하들을 만날 수 있었다. 또 다른 경우는 휴전선 방어를 위해 사단이 비상을 발령하여 그들을 작전동원하였을 때 그들을 만나게 된다. 나와 같은 동원부대 상급 지휘관들이 끊임없이 고민했던 문제는 일 년에 단 며칠 동안의 동원훈련 기간에 예비군들을 어떻게 효과적으로 잘 훈련시키느냐 하는 것이었다. 또 다른 문제는 예비군의 전투력 유지를 위해서 탄약과 연료와 같은 자원을 얼마나 많이 할당해 주느냐 하는 것이었다. 매년 국방예산 심의과정에서 '적절한 예비군 훈련수준을 설정'하는 것이 항상 논쟁거리가 되었다. 내가 지휘했던 동원사단은 오로지 훈련에 매진하였는데 나는 이 대대에서 저 대대로, 이 여단에서 저 여단으로 부지런히 돌아다니면서 훈련을 지도하였다.

이러한 가운데 나는 다른 직책에도 관심을 두고 있었다. 즉 바살트(Basalt) 사단[113]으로 알려진, 골란고원에 주둔하는 이스라엘군 최고의 상비군 정규사단을 지휘하는 것이었다. 그러나 그 사단의 사단장으로 나가기 위한 싸움을 위해 후보자 명단에 내 이름을 올리기도 전에 게임이 벌써 끝나 버렸다. 사단의 지휘권은 최고사령부 일반참모부에서 보병 및 공수처장 보직을 방금 끝낸 마탄 빌나이(Matan Vilna'i)[114] 준장에게 돌아갔다. 모든 대상자들 중에서 왜 하필 기갑부대 경력과 골란고원에 대해 전혀 관련이 없는 마탄

---

113 **바살트 사단**: 바살트는 현무암이라는 뜻이다. 골란고원은 과거에 화산활동으로 인해 용암이 흘러 형성된 라바 지역으로서, 화산 언덕(Tel)들이 산재하여 있고 현무암과 같은 암석들이 많다. 이 사단은 현재 제36사단인데 별칭으로 바살트 사단이라고 부르고 있다.

빌나이로 결정되었을까? 나는 야노시 북부사령관과 상의하였다. 그는 아무 것도 약속해 줄 수 없는 위치에 있었기 때문에 별반 도움이 되지 않았다. 그럼에도 불구하고 나는 포기하지 않았다. 라풀 참모총장이 전에 나에게 바살트 사단의 지휘권을 주기로 약속한 바가 있었는데, 현재 사단장인 암람 미츠나[115] 장군에게 먼저 주더니 또 이번에는 마탄 빌나이 장군에게 주기로 한 것이다. 확실히 마탄 빌나이 장군의 여건은 나보다 나았다. 그는 최고사령부 일반참모부의 일원이었으며 개인적으로 많은 장군들을 알고 있었다. 현재의 미츠나 사단장은 이번 게임은 조작된 것이라고 하면서 나를 위로해 주었다. 주위의 사람들이 나에게 용기를 주었지만 나는 이제 가망이 없다는 생각이 들었다. 베이트 알파(Beit Alfa) 키부츠 출신인 나의 비서실장 루시 골드만(Ruthie Goldman)이 말하는 것을 들어 보면, 자기 키부츠 사람들이 이번의 사단장 후보들을 놓고 모두 비교해 보았는데 내가 될 가망성이 가장 적었다는 것이다.

이런 비관적인 전망에도 불구하고 나의 심정을 전하기 위해서 라풀 참모총장을 만났다. 그는 내 이야기를 모두 듣고 나더니 웃으면서 말했다.

"잘될 거야."

나는 혼란스러운 채 그의 집무실을 나왔다. 그게 무슨 뜻일까?

1981년 신년절 다음 날, 나는 밤늦게 사무실에 앉아서 우편물을 뜯어 보고 있었다. 나는 집에 들어가지 않았다. 매주 이틀 밤을 사단장실에서 보내는

---

114 **마탄 빌나이:** 보병으로서 1976년 우간다의 엔테베 공항에서 팔레스타인 테러범들에게 잡힌 이스라엘 인질을 구출한 '요나탄 작전'의 특공대 부지휘관 임무를 수행했다. 나중에 카할라니의 후임으로 제36사단장을 지냈고, 소장 예편 후 정치인(국회의원, 장관, 중국대사)으로 활동했다.

115 **암람 미츠나:** 기갑으로서 카할라니의 평생 전우이며 그에게 사단장 직책을 인계하였다. 나중에 중부사령관(소장)을 역임했으며 예편 후 정치인(국회의원, 하이파 시장) 활동을 했다.

것이 내 습관이었다. 갑자기 전화벨이 울렸다.

"최고사령부 인사참모부장께서 찾으십니다." 비서실장 루시가 알려 주었다.

나는 놀랍고 당황스러웠다. 도대체 누가 이렇게 밤늦도록 일하고 있다는 말인가? 우리 사단에 무슨 일이라도 생겼나? 병사들 문제인가?

전화를 건 사람은 다름 아닌 모세 나티브(Moshe Nativ) 준장이었다.

"밤늦게 무슨 일입니까? 방탄조끼라고 입어야 할 긴급상황이 발생했습니까?" 하고 물었다.

"아닙니다. 무슨 말씀이세요. 별일 없으시고⋯. 사단은 잘 돌아가고 있습니까?" 나티브가 원기 왕성한 목소리로 말했다.

"저는 괜찮습니다. 우리 사단도 마찬가지구요."

"아비그도르, 오늘 라풀 참모총장하고 얘기를 하였습니다. 당신이 바살트 정규사단을 맡는 것으로 결정을 보았습니다."

"다시 한번 말씀해 주시겠어요?"

"들으신 바대로입니다. 일이 다 잘되었습니다. 앞으로 며칠 후면 지휘할 수 있을 겁니다."

흥분을 진정시키기 위해 약간의 시간이 필요하였다.

"그러면 현재 암람 미츠나 장군은 어떻게 됩니까?"

"그는 지휘참모대학 학장으로 갈 예정입니다. 얼마 동안은 다른 사람, 특히 아미르 드로리 사령관에게는 말씀하시지 않는 게 좋을 것 같습니다."

그는 몇 개월 전에 야노시 장군 후임으로 북부사령관으로 부임했었다.

"드로리 사령관은 아직 우리의 결정에 대해서 모르고 있습니다. 나중에 알려 줄 겁니다."

나는 당황스러웠다. 어떻게 나의 직속 상관인 북부사령관이 모를 수 있단 말인가?

"내 후임 동원사단장은 누가 오나요?" 나는 화제를 돌려서 이렇게 물었다.

"데이비드 카츠(David Katz) 장군입니다." 놀라운 소리였다. 카츠 장군은 후보명단에도 없었던 인물로서 어떻게 다른 사람들을 제쳤는지 궁금하였다. 그는 두 가지의 이점이 있었다. 하나는 현재 라풀 참모총장이 호감을 갖고 있으며, 또 하나는 전임 참모총장 모타 구르의 행정실장을 역임했다는 경력이었다.

"당신은 드로리 사령관과는 아무런 문제가 없습니다. 비록 그가 카츠 장군의 임명에 대해서 불만을 가지고 있겠지만, 그 문제가 당신을 성가시게 만들지는 않을 것입니다." 나티브는 확신에 찬 어조로 말했다. 이제 의심의 여지가 없었다. 이번 결정은 확실하고 곧 시행될 것이었다.

우선 집에다 전화를 걸었다. 밤늦은 시각이었지만 달리아는 잠이 완전히 깨고 말았다. 아내는 놀라면서도 희소식을 같이 기뻐해 주었다. 마지막으로 자기의 중대한 관심사에 대해서 나에게 물었다.

"그러면 집에는 얼마나 자주 오게 되나요?"

나는 2년 동안 동원사단을 지휘하였다. 과거 다른 부대에서 그랬던 것처럼 그곳에서도 부하들과 개인적인 친분을 많이 쌓았다. 다시 헤어진다는 것은 힘든 일이었다. 이틀 후 드로리 북부사령관이 공식적으로 나에게 새로운 보직 소식을 알려 주었다. 그날 오후 나는 참모총장에게 사단장 보직신고를 했다. 동원사단에서 부사단장을 하고 있었던 유드케 펠레드(Yudke Peled) 대령이 나와 함께 바살트 사단으로 가서 부사단장 직책을 다시 맡아 주기로 하였다. 현재 미츠나 사단장의 부사단장인 베르코(Berko)는 정책연수를 위해 떠났다. 나는 유드케와 같이 부하들에게 작별인사를 하고 동원사단을 떠났다.

바살트 사단

금요일에 나는 공식적으로 바살트 사단의 지휘관 보직을 임명받고 난 후 이틀 동안의 대기명령을 받았다. 현재의 암람 미츠나 사단장은 자신이 시작했던 어떤 일을 마무리 짓고 있었다. 9월 중순, 로시 하샤나(신년절)와 욤 키푸르(속죄일) 사이는 신성주간으로서 열흘 정도의 긴 휴무기간이 있었다. 그때 갑자기 온 세계가 시끄러워졌는데 이집트의 안와르 사다트(Anwar Sadat) 대통령이 부하들에게 암살을 당하는 사건이 벌어졌다.[116] 이스라엘군은 곧 전면적인 비상태세에 돌입하였고, 나는 집에 그대로 머물러 있어야 했다. 나는 지휘할 부대가 없는 명목상의 사단장 처지가 되어 버렸다. 데이비드 카츠 장군은 이미 동원사단장에 부임하였고, 암람 미츠나 장군은 내가 지휘해야 할 사단을 계속 이끌면서 업무를 마무리 짓고 있었다.

나는 내가 전혀 의도하지 않았던 직무태만으로 인해 기분이 좋지 않았다. 미츠나 장군이 완전히 이임할 때까지 나는 동원사단에 그대로 남아 있어야 했다. 전군이 모두 비상태세에 들어가 있는데 나는 집에서 그냥 쉬고 있는 것이다. 만일 지금 전쟁이 일어난다면 나는 임명장 하나만 달랑 가지고 집에 그냥 눌러앉아 있어야 할 참이다! 드로리 북부사령관은 사태가 진정될 때까지 사단 지휘권의 이양을 연기하도록 결정하였다. 나는 3일 내내 집에서 대기하면서 시간을 보냈다. 마침내 사단장 이취임식을 실시하라는 통보가 날아왔다.

그날은 욤키푸르 바로 전날이었다. 이취임식 몇 분 전 참모총장 행정

---

116 **사다트 대통령:** 제4차 중동전쟁으로 아랍 민족주의 진영의 영웅으로 대접받기도 했지만, 이후 이스라엘과의 화평정책으로 평가가 엇갈리게 되었으며, 특히 아랍권 내에서 배신자 취급을 받았다. 1981년 10월 6일 제4차 중동전쟁 개전일에 승전기념 군사퍼레이드를 관람하던 도중, 이슬람 과격파인 지하드 소속의 이집트군 육군중위 할리드 이슬람불리와 다른 세 명의 암살범들이 쏜 총탄과 수류탄에 맞아 쓰러지고 말았다.

전사의 길

실로부터 모든 행사를 중지하라는 명령이 또다시 내려왔다. 명령은 명령이었다. 나와 미츠나 장군은 계속 앉아서 대기할 수밖에 없었다. 그날 행사를 위해서 남아 있었던 사단사령부의 군인들마저 오전에 모두 욤키푸르 휴가를 떠났다. 몇 시간 후 온 나라가 속죄일 준비에 들어갔다. 마침내 행사를 실시하라는 최종 승인이 떨어졌는데, 막상 행사에 함께할 사람들이 아무도 없게 되었다. 우리는 할 수 없이 장교 몇 사람만 모여서 샴페인으로 건배한 후 사단장 인수인계를 마쳤다. 그 후 곧바로 드로리 북부사령관을 만나 인사를 한 다음, 휴일을 보내기 위해 집으로 갔다. 사단장의 막중한 책임이 나에게 떨어졌지만, 나는 아직 부하들을 아무도 만나지 못했다.

한편 나와 사단장 경쟁을 벌였던 마탄 빌나이 장군이 남자답게 패배를 인정하였다. 우연히 만났을 때 그는 나의 성공을 빌어 주었다. 최고사령부에서는 빌나이 장군이 정책연수를 마치고 기갑분야 교육을 받고 난 후 내 후임으로 보내 줄 것을 약속하였다. 기갑부대를 지휘하기 위해서는 특별한 재교육이 요구되었다. 공수부대 출신인 빌나이 장군은 약 일 년 정도의 기갑분야 재교육을 받았다. 보병부대에서 기갑부대를 지휘하는 직책으로의 전환은 전차승무원으로부터 전차대대장에 이르기까지 모든 단계를 다시 배워야 함을 전제로 한다.

내가 부임한 사단을 파악하는 데는 큰 어려움이 없었다. 무엇보다도 나는 부하들, 지역 주민들, 상대하고 있는 적, 그리고 골란고원의 지형을 내 손바닥 안을 들여다보듯 볼 수 있었기 때문이었다.

내가 새로 부임한 바살트 사단은 상비군 정규부대인 제36사단이다. 이 부대는 욤키푸르 전쟁 당시 라풀 사단장이 지휘했던 동원사단이었는데, 나중에 평시와 전시에 골란고원 방어작전을 전담하기 위해 상비사단으로 탈바꿈했다. 사단은 지역 내 이스라엘 정착촌들과 드루즈(Druse)족[117] 마을을 보호하는 책임도 함께 가지고 있다. 이곳 지역주민들은 골란고원을 방어하는 전력의 한 부분으로 간주되고 있었다. 사단장과 참모들은 지역주민들과 밀접한 관계를 유지해야 했는데, 그 이유는 군부대에서 훈련장 부지와 농업용 부지를 함께 관리하고 있었기 때문이다. 목축과 농업용 부지에 대한 할당은 매우 민감한 문제로서 지역주민들의 불평과 갈등의 원인을 제공하고 있었다.

사람들은 골란고원을 광대한 지역으로 착각할 수도 있는데 이것은 겉모습만 보고 실제를 잘못 알고 있는 것이다. 골란고원은 헤르몬산으로부터 야르무크강까지 길이가 겨우 100㎞이고 폭은 기껏해야 20㎞이다. 지역의 대부분은 골짜기나 소하천으로 형성되어 있어 민간인들의 거주나 부대훈련을 위한 충분한 공간을 제공하지 못하고 있다. 또 휴전선에 근접하여 있는 땅들은 사용하기 어렵다. 그래서 이 지역의 토지할당 책임자는 군 요구와 민간 요구 사이에서 절묘한 균형점을 찾을 줄 아는 분별력을 가지고 있어야 한다. 골란고원 지역은 농업과 목축에 유리한데, 지역주민들도 이 점을 잘 알고 있다.

군부대가 훈련할 때 민간인 여행자들이 위험하지 않도록 가끔씩 도로를 차단하는 경우가 발생한다. 전차포 사격을 실시할 때 위험반경이 약 20㎞이기 때문에 주요도로를 폐쇄하지 않는 한 골란고원에서는 훈련이 불가능하다. 다른 뾰족한 방법이 없기 때문에 이 훈련을 할 때마다 성가신 일들이 발생한다. 아이들은 학교에 등교하지 못하고 빵, 우유와 식료품 배달이 몇 시간 동안 지연된다. 일상생활이 잠시 중단되어 버린다.

117 **드루즈족:** 이슬람교 시아파에서 갈라져 나온 드루즈교를 신앙하는 아랍인들을 말한다. 전체 인구는 약 130만 명으로서 인구의 절반인 약 65만 명이 시리아에 살고, 레바논에 약 22만 명, 이스라엘에 약 14만 명, 요르단에 3만 명이 살고 있다. 중동지역 외에도 베네수엘라에 12만 명, 미국에 4만 명, 캐나다와 호주에 각각 2만 명이 거주하고 있다.

골란고원에서 사단장으로 재직하는 동안 지역주민들의 고충을 해소하기 위해서 대민업무 장교인 코비(Kobi)를 적극적으로 활용하였다. 그는 미제 4륜구동 지프차에 무전기를 싣고 골란고원의 도로를 누비고 다녔는데, 내가 보기에 그는 거의 잠을 자지 않는 듯 보였다. 그만큼 군과 지역주민 사이의 대립은 빈번하고 거칠었다.

우리는 국립수자원공사 메코로트(Mekorot)[118]와도 문제가 있었다. 과거 몇 년 동안 국립수자원공사는 골란고원에 내리는 빗물을 모으기 위해서 노력하였다. 이를 위해서 그들은 군 사격장의 여기저기에다가 곰보자국마냥 구멍을 뚫어서 소형 집수시설들을 설치하였다. 군의 의도하지 않은 기여로 인해서 민간인들이 이득을 본 것도 있었다. 카츠린 신도시의 동쪽에 있는 군사격장이 갑자기 도시개발지역으로 용도가 변경되었는데, 이곳은 우리가 최초에 전차훈련장으로 개발해서 사용해 왔던 부지였다. 우리는 심지어 가축들과도 싸워야 했는데, 이들은 훈련장 철조망을 타고 넘어와서 세워 놓은 훈련표적들 사이에서 풀을 뜯어 먹는 일이 다반사였다.

나는 요령 있게 외줄 타는 법을 배워야 했다. 공평한 해결책을 계속 모색하지 않고서는 지역주민들과 관련된 과제를 쉽게 해결할 수 없음을 깨달았다.

내 앞에는 여러 사단장들이 거쳐 갔다. 사무엘 고로디시가 사단을 창설한 이후 라풀, 야노시, 아미르 도르리, 오리 오르, 우리 사기에(Uri Sagie), 그리고 암람 미츠나 장군이 그 뒤를 이었다. 이스라엘군 내에서 북부지역 출신의

---

118 **국립수자원공사 메코로트:** 메코로트는 히브리어로 '자원'을 의미한다. 메코로트는 물 부족국가인 이스라엘에 식수의 90%를 공급하고 있으며, 전 국토에 연결되어 있는 수로 네트워크를 관리운용하고 있다.

지휘관들을 '북부 마피아(Northen Mafia)'라고 부른다. 만일 그렇다면 현재의 라파엘 '라풀' 에이탄 참모총장은 우리의 '대부(Godfather)'가 되는 셈이었다. 앞에서 언급한 장교들 가운데 몇 사람들은 라풀 장군의 휘하에서 전투를 치렀다. 이들은 모두 서로 친구 사이처럼 가까이 지냈다. 다른 지역의 출신들이 골란고원의 사단과 여단에서 지휘권을 가져 보려고 노력했지만 대부분 실패하였다.

  사단 내의 장교들 중 여러 명은 나의 오래된 친구로서 잘 알고 있는 사람들이었다. 이스라엘제 최신형 메르카바 전차로 장비한 제7기갑여단의 여단장은 욤키푸르 전쟁 당시 나의 부대대장을 지냈던 에이탄 코울리 대령이었다. 센추리온 전차로 장비한 제188 바라크 기갑여단은 내 친구이자 내가 제7기갑여단장을 할 때 부여단장을 지냈던 요시 멜라메드 대령이 지휘했다. 이스라엘군 최고사령부 훈련처장으로 영전한 에후드 그로스(Ehud Gross) 대령은 동원 기갑여단장을 마치고 떠났다. 또 다른 여단들은 엘리사 샬렘(Elisha Shalem) 대령과 하가이 레비(Haggai Levy) 대령이 지휘했고, 포병여단은 과거에 함께 근무한 적이 있었던 이치크 가지트(Itzik Gazit) 대령의 지휘 아래 있었다. 동원부대인 군수지원단은 샬리(Sal'i)가 맡았다. 시온 시브(Zion Ziv)가 또 다른 여단을 지휘하고 있었으며, 요미(Yomi)는 휴전선을 담당하는 여단을 책임지고 있었다. 부사단장 유드케는 나와 같이 사단에 전입하였고, 란 바그(Ran Bagg)가 사단 참모장으로 근무하였다.

사단장으로 부임한 지 얼마 안 되어 메나헴 베긴(Menachem Begin) 수상의 발의로 정부는 골란고원 전 지역에 이스라엘의 법률과 사법권을 적용하기로 결정하였다. 의회(Knesset)는 이를 재빠르게 비준하여 주었다. 따라서 골란고원에 거주하는 모든 유대인들과 드루즈족 사람들을 이스라엘의 다른 지역과 동일하게 이스라엘 법률을 적용받게 되었다.[119]

유대인 키부츠에 사는 정착민들은 환호성을 질렀다. 바로 그 순간부터 이들의 미래가 더욱 안전하게 보장받게 된 것이다. 곧이어 골란고원에 지방 행정기관과 지방법원을 서둘러 설치하고 있는 정부의 모습을 보았을 때, 앞으로 이 지역에서 절대로 철수하지 않겠다는 의지를 보는 것 같았다. 나는 이를 축하하는 지역주민들의 행사에 참석하였다. 이스라엘의 법률을 적용하는 데 대한 중요성은 어느 누구보다도 잘 이해하고 있었으나, 나는 군인으로서 공식적인 의견 개진은 가급적 자제하였다.

이와 반대로, 드루즈족 주민들 입장에서는 골란고원이 사실상 이스라엘에 합병되었다는 것을 의미하는 것으로서 그들은 큰 충격을 받게 되었다. 이제까지 시행되고 있었던 군정은 사실상 종식되었으며, 드루즈족은 더 이상 점령상태하에 놓이지 않게 되었음을 의미하였다. 그러나 이스라엘 국민으로서 가지게 되는 드루즈족들의 새로운 법적 지위는, 시리아의 독재자 하페즈 아사드(Hafez Assad)의 눈에 쏙 들면서 '모국 시리아(Mother Syria)'에 대해 충성을 다하고자 했던 그들에게는 엄청나게 큰 충격을 주었다. 따라서 드루즈족 거주민들은 자신들의 주장을 실현시킬 수 있는 결정적인 순간만을 기다리고 있었다.

나의 사단은 드루즈족 마을의 일에 대해서 관여하지 않았다. 당시 우리는 '갈릴리 평화작전(Operation Peace for Galilee)'[120] 준비에 더욱 몰두하고 있었

119 1967년 6월 전쟁 시 이스라엘군이 골란고원을 점령한 후부터 군정을 실시하였다. 1981년 이스라엘은 이스라엘의 법률, 사법권, 행정권을 적용하게 되는 '골란고원 법'을 통과시켰는데, 사실상 골란고원을 이스라엘로 합병시켰다. 그러나 이러한 이스라엘의 행동은 국제적으로 인정받지 못했고, 골란고원을 이스라엘이 점령한 영토로 규정한 유엔안전보장이사회 결의 제242호가 계속해서 적용되고 있다. 2019년 3월 25일 미국 트럼프 대통령은 이스라엘 수상 네타냐후와 백악관 회담에서 '골란고원은 이스라엘 영토'라는 포고문에 서명하였다. 그러나 구테흐스 유엔 사무총장은 '골란고원에 대한 이스라엘의 주권 인정은 부당'하다고 밝혔고, 시리아 정부도 이에 반대하였다. 골란고원은 현재까지도 계속해서 불씨를 안고 있다.

다. 우리의 마음이 레바논에서 실시할 전쟁준비에 가있고, 우리의 눈이 골란고원의 방어태세에 쏠려 있을 때, 드디어 드루즈족 거주민들이 행동을 개시하였다. 상황이 걷잡을 수 없을 정도로 악화됨에 따라서 마침내 군대를 투입해야 했다. 나는 지역사령관으로서 드루즈족 사태에 개입하게 되었다.

드루즈족과의 갈등

1967년 6일 전쟁 당시, 이스라엘군이 골란고원을 공격하여 점령했을 때 이 지역에 살던 대부분의 사람들은 시리아로 도망갔다. 이 지역의 가장 큰 도시였던 쿠네이트라는 완전히 텅 빈 채로 버려졌다. 오직 드루즈족들이 살고 있었던 4개의 마을만 남게 되었다. 이들의 인구는 모두 합쳐서 만 명이 조금 넘는다. 4개의 마을 가운데 가장 북쪽에 있으며 규모가 제일 큰 마즈달 샴스(Majdal Shams)가 전체 드루즈족을 이끌어 가는 제일 중요한 마을이다. 드루즈족의 종교 성지이며 그들의 순례 중심지인 나비 야포우리(Nabi Ya'fouri)가 이 마을의 근처에 있다. 나머지 3개의 마을은 마즈달 샴스 남동쪽 약 8km 지점에 위치한 마사다(Masada), 헤르모니트 능선 북쪽에 불규칙하게 자리 잡고 있는 부카타(Bukata), 그리고 헤르몬산 서쪽 경사면에 위치한 가장 작고 외진 곳에 있는 에인 킨야(Ein Kinya)이다.

이스라엘의 법률이 골란고원에 적용된 후 몇 주 지나서 드루즈족들이 저항하기 시작했다. 이들의 첫 번째 행동은 부분파업이었다. 이제까지 훌라 계곡과 골란고원 지역에서 일하고 있었던 드루즈족이 집밖으로 나오지 않았다. 자발적으로 파업하는 경우 우리는 군이 간섭하지 않았다. 그러나

---

120 **갈릴리 평화작전:** 이스라엘은 1982년의 레바논 전쟁을 '갈릴리 평화작전'이라고 부른다. 1982년 6월 이스라엘군이 남부 레바논에서 활동하면서 북부 이스라엘 지역에 위협을 주고 있었던 PLO(팔레스타인 해방기구) 테러조직을 완전히 소탕하기 위해 실시했던 작전이다.

전사의 길

나중에 파업 주동자들이 일을 계속하려는 다른 사람들을 습격하기 시작하였다. 습격을 당한 드루즈족 사람들 중에는 이스라엘이 발급한 신분증을 소지하고서 조용하게 열심히 일하고 있었던 사람들이 많이 포함되어 있었다. 일하는 쪽으로 선택한 사람들에 대한 드루즈족의 처벌은 종교적 추방이었다. 종교 추방을 당한 사람들의 가족은 지역 묘지에 묻히는 것을 거부당했다. 일종의 내전 상황에서 피해를 받는 쪽의 드루즈족 사람들이 이스라엘 정부의 대표자격으로서 군대에게 폭력사태를 진압해 달라고 요청하였다.

드루즈족 사람들은 이 지역의 장래에 대해서 안절부절못하며 걱정하고 있었다. 그들이 갖고 있었던 두려움은 이스라엘이 6일 전쟁 때 점령했던 시나이 반도를 곧 이집트에게 반환할 것이라는 소식 때문에 더욱 커져 갔다.[121] 그들은 우리가 골란고원을 시리아에 다시 반환할지도 모른다는 것에 대해서 두려움을 가지고 있었다. 따라서 그들이 시리아로 다시 돌아가게 되었을 때 예상되는 공포심은, 현재 살고 있는 이스라엘에 대한 충성심보다도 훨씬 더 컸다. 드루즈족은 '모국 시리아'를 고려하지 않은 어떠한 행동도 하려 하지 않았다. 그러나 나는 시리아가 골란고원을 통치하고 있을 때 드루즈족이 다른 마을을 여행하기 위해서는 당국의 통행허가증을 받아야 했고, 또 그들이 시리아의 하층계급 국민으로서 취급받아 왔다는 사실을 유념하고 있었다.

1982년 3월 초 어느 날 밤, 나는 북부사령부로 다급하게 호출되어 갔다. 사

---

121 **시나이 반도의 반환:** 이스라엘과 이집트 간 평화조약(1979. 3. 26.)에 따라 1982년 4월 25일을 기해서 이스라엘은 1967년 6일 전쟁 시 점령했던 전략요충지인 시나이 반도를 15년 만에 이집트에 완전히 반환하였다. 이스라엘은 이곳의 정착촌 주민들을 먼저 철수시킨 후 이어서 군대도 완전히 철수했다.

령부 회의실에는 참모들이 이미 모여 있었고, 거기에는 경찰과 정부기관의 대표들도 참석하고 있었다.

사령관은 벽에 붙은 골란고원 지도를 뒤에다 두고 참석자들에게 말했다.

"정부명령에 따라 우리는 내일 아침부터 골란고원 지역에 '통행금지'를 발령할 겁니다." 그는 설명을 이어 나갔다. "좀 더 정확하게 말하면 드루즈족 마을에 한해서 발령합니다. 이번 조치의 목적은 드루즈족 마을들을 서로 고립시켜 그들의 파업 종식에 압박을 가하고자 하는 데 있습니다. 또한 사람들을 선동하고 일상생활을 어지럽히는 자들을 통제하고 그 세력을 약화시키기 위해서 마을에 군대를 배치할 것입니다."

사령관은 지도 위에 드루즈족 마을 주위를 따라서 하나의 선을 그렸다. 그리고 나를 쳐다보면서 설명을 계속 진행하였다.

"물론 지역책임을 맡고 있는 사단이 이번 작전을 수행합니다."

이어서 회의에 참석한 군 관계자, 법률 공무원, 지방정부 담당관들이 격렬한 토의를 벌이기 시작했다. 그들은 한 가지 목적을 가지고 토의를 진행하였는데, 그것은 이번 사태가 커져서 대법원의 판결까지 올라가는 사태로 발전되지 않도록 여기에서 종결하자는 것이었다. 그들은 통행금지 조치에 대한 조언과 제안을 나누면서 자신들의 경험과 지식을 총동원하였다.

나는 당시에 전반적인 상황을 잘 모르고 있었다. 지금까지 이 문제의 심각성에 대해 잘 알지 못했고, 또 군대 투입에 대한 그들의 우려도 이해할 수 없었다. 그렇지만 나는 군인으로서 부여된 임무 수행에 즉시 착수하였다. 북부사령부로부터 처음 전화를 받았을 때 나는 이미 사단작전참모에게 필요한 지침을 주었으며, 도로봉쇄와 병력배치에 대한 계획을 함께 세우도록 지시하였다.

다음 날 아침 일찍, 북부 골란고원 지역에 있는 모든 도로에 병력을 배치하였다. 그리고 분대 규모의 병력을 모든 드루즈족 마을 입구에 배치하

전사의 길

여 주민들의 출입을 통제하였다. 그리고 사단사령부에서는 문제해결을 위한 여러 가지 방안을 검토하기 시작했다. 나는 마사다 마을에 야전지휘소를 설치하고 이곳에서 모든 것을 직접 지휘통제하였다. 한편 드로리 사령관은 드루즈족 성직자들과 지역유지들을 북부사령부로 불렀다. 성직자들은 긴 검정색 옷에 머리에는 반짝이는 흰색 모자를 쓰고 회의에 참석하였다. 그들은 회의실 한쪽에 조용히 앉아서 고개를 비스듬히 기울인 채 우리를 바라보고 있었는데, 그들의 당당한 태도가 매우 인상적이었다. 사령관이 회의실로 들어오자 그들은 정중하게 일어서서 예의를 표시하였다.

사령관은 지역 내에서 적용할 새로운 정부정책에 대해서 설명했다. 그는 히브리어로 설명하였는데 아랍어를 조금 알고 있었던 어떤 정부 관리가 통역을 했다. 그러나 의사소통 문제가 곧 나타났다. 차라리 사령관이 이디시 말을 썼더라면 오히려 더 나을 뻔했다. 그들은 아랍어만 알고 있을 뿐 서투른 통역은 아무런 효과가 없었다.

날카로운 긴장감이 흘렀다. 나는 사령관이 이런 경직된 분위기를 알아서 부드럽게 해 주기를 기다렸지만 그런 상황은 오지 않았다. 사령관이 그들에게 질문할 수 있는 기회를 주었으나 어색한 침묵만이 흘렀다. 성직자들은 고분고분한 태도로 순종적인 표현을 사용하였다. 그러나 그들의 의중에는 현 상황을 받아들이려는 기색이 조금도 없는 것 같았다. 나는 공식적이고 딱딱한 분위기를 좀 바꾸고, 또 상호간에 다리를 놓을 만한 활기찬 대화를 조성해 보려고 시도했지만 아무런 소용이 없었다.

드루즈족 성직자들은 각자의 마을로 돌아갔고 우리는 상황을 좀 더 지켜보기로 했다. 우리는 그들이 일상생활로 다시 돌아올 수 있도록 그들과 원만한 타협을 희망하고 있었다. 그러나 드루즈족 성직자들이 보인 행동 뒤에는 우리가 모르는 것이 숨어 있었다. 그들은 대중들에게 잡혀 있는 인질 같은 처지였는데, 실제로는 어떤 젊은 지도자가 마을 공동체의 모든 행동을 뒤에서 은밀하게 조종하고 있었던 것이다.

원래는 경찰이 하는 임무였지만 지금부터는 우리 군대가 조치하게 되었는데, 이스라엘 시민권을 가진 드루즈족 주민에 한해서 마을 간 여행이나 골란고원 외부로 이동할 때 이를 허가해 주라는 지시가 상급부대로부터 하달되었다. 이때 신문기자들과 언론특파원들이 북부 골란고원으로 대거 몰려와서 도로를 차단하고 있던 우리 병사들을 밀쳐 내고 봉쇄지역 안으로 들어가기 위해 소동을 피웠다. 물론 군인들은 이들의 요구를 거절하였는데, 결과적으로 우리는 악의에 찬 언론보도의 대상이 되어 버렸다. 언론매체들은 골란고원에 거주하고 있는 드루즈족의 굶주림, 적절한 의료지원의 부족, 거주민 학대 등 사실과는 전혀 다른 내용을 다양하게 왜곡해서 보도하였다. 우리는 곧 수세에 몰렸다. 드로리 사령관과 내가 오직 할 수 있었던 일은 상주 변호사와 상담하면서 법률상 문제를 명확하게 규명해 내려고 애를 쓸 뿐이었다.

북부사령관은 언론매체를 혐오하고 있었는데 그는 이들을 의도적으로 회피하였다. 그는 언론인들이란 단지 허상만을 만들어 내는 우상숭배자 쯤으로 여기고 있었다. 그러나 언론인들이 우리의 고민거리 속으로 뛰어드는 것을 끝내 막아 낼 수는 없었다. 마침내 나의 건의에 따라 사령관이 기자회견을 열었다. 기자회견에서 사령관은 도로봉쇄를 조치한 이유에 대해서 설득력 있게 설명해 주었지만, 이미 그의 명예는 땅에 실추되어 버린 상태였다.

국회의원들 역시 이 문제를 직접 확인하려고 뛰어들었다. 그들 가운데 우리를 가장 분노케 만든 사람들은 마이어 윌너(Meir Wilner)가 이끄는 공산당 소속의 의원들이었다. 그들은 이 지역의 드루즈족을 선동하면서 그들에게 정부에 저항할 수 있는 행동방법을 자세히 가르쳐 주었다. 나는 좌절감을 느꼈다. 어떻게 같은 이스라엘 사람이 나라를 파괴시키는 일에 도움을

전사의 길

준다는 말인가? 우리가 그렇게도 타락했는가?

드로리 북부사령관은 오직 이 사태의 해결에만 마음에 두고 있는 듯, 대부분의 시간을 우리 사단사령부에 와서 함께 보냈다. 간혹 우리는 거리의 분위기를 살펴보고 지역 젊은이들과 자연스러운 대화를 나누기 위해서 마을로 나갔다. 젊은이들은 예의 바르게 행동하였지만 우리와의 설전에서는 결코 물러서려고 하지 않았다. 드루즈족 젊은이들은 우리에게 꽤 이성적인 질문을 던졌는데, 그들은 확고부동하고 적절한 세계관을 가지고 있었다.

이들 가운데 붙임성이 있어 보이는 젊은이 하나가 나에게 다가왔다.

"저는 당신에 대해서 잘 알고 있습니다. 이곳 학교에서 아이들을 가르치고 있습니다." 그는 나에게 정중하게 말했다.

"전에 우리가 어디서 만난 적이 있었던가요?" 내가 호기심에 물었다.

"한 번도 만난 적은 없습니다." 그는 웃으면서 이렇게 말했다. "하지만 저는 항상 당신을 만나고 싶었습니다. 당신이 쓴 책[122]을 두 번이나 읽었으니까요."

"히브리어로 말입니까?" 나는 매우 놀랐다.

"물론입니다. 아직 아랍어로 번역되지는 않았습니다."

얼마 후 이스라엘 적십자 단체가 드루즈족 마을에 직접 들어가서 그들의 여러 가지 생활실태를 점검한 후, 모든 것이 정상적이라는 사실을 확인하여 주었다. 이것으로 인해서 우리는 어느 정도 압박감을 덜어 내었다. 에인 킨야 마을에서 군인들과 주민들 사이에 정면충돌이 벌어진 후, 나는 마을 광장에 직접 가서 사태의 원인에 대해 그들과 대화를 시도하였다. 내가 주

---

122 카할라니의 첫 번째 저서인 『OZ 77(용기의 고원)』을 말한다.

위에 있던 드루즈족 사람들에게 먼저 농담을 건네자 그들도 나에게 농담을 걸어 왔다. 나의 눈앞에서 얼음이 녹아내리고 긴장이 곧 사라졌다. 그리고 나는 마을촌장인 무크타르(Mukhtar)의 집에 초대를 받은 후, 마치 귀한 왕처럼 융숭한 대접을 받게 되었다. 마을의 성직자들이 줄 지어 들어와서 주위에 둘러앉았다. 촌장이 눈짓을 한번 주자 탁자 위에 음식이 풍성하게 차려지고 그들은 나에게 음식과 음료를 권했다. 거기서 우리는 하나의 공동 언어를 발견하게 되었다. 비록 이 마을에 발령되어 있던 통행금지 조치를 완화시켜 주지 않았지만 그날 분위기는 자유스럽고 유쾌해졌다. 이때부터 나는 모든 사태를 해결하는 데 있어 행동에 들어가기 전에 서로 미리 협조할 수 있다는 것을 깨닫게 되었다.

얼마 후 마즈달 샴스 마을 주민과 군인들 사이에 폭력사태가 발생해서 부하 몇 명이 부상을 당했는데, 나는 이에 대한 조치로 그곳에 통행금지령을 다시 내려 버렸다. 나는 통행금지령 조치만이 폭동을 진압하고 또 일어날지 모르는 유혈사태를 근본적으로 막을 수 있는 방법이라고 생각했다. 어떻게 보면 나에게는 법률상 통행금지령을 내릴 권한이 없는지도 모른다. 그렇지만 나는 현장에서 혼자 결정했다. 만일 그것이 실패했었더라면 진상조사위원회에 회부될 성질의 것이었다. 물론 일이 잘못되지는 않았지만 말이다.

어느 날 아침, 내가 마사다 마을에 있는 야전지휘소로 가는 길에 여성과 아이들을 포함해 3,000명 가량의 부카타 마을의 군중들이 도로를 따라 북쪽으로 향하고 있는 것을 보았다. 놀란 병사 세 사람이 이들의 행진을 막기 위해 도로에 철조망 바리게이트를 쳤다. 군중들은 미친 듯이 악을 쓰고 있었는데 실제로 그들의 가슴이 찢어지고 있는 듯 보였다. 도로상의 철조망 쪽으로 다가가서 보니, 그곳에는 마을 대표자들이 쳐놓은 장애물을 거두

전사의 길

어 주도록 요청하고 있었다. 나는 이 소동이 무엇 때문에 발생했는지 곧 알게 되었다. 드루즈족의 고향인 동시에 성지인 시리아의 자벨 드루즈(Jabel Duruz)에 살고 있었던 종교지도자 술탄 엘 아트라시(Sultan el Atrash)가 이날 아침에 사망한 것이다. 그의 사망 소식이 골란고원의 마을에 전해지자 모든 드루즈족은 엄청나게 슬퍼하면서, 그들은 한 덩어리로 뭉쳐서 애도하기 위해 마즈달 샴스 마을과 야포푸리(Ya'fouri) 성지에 있는 자기 동족들을 만나러 가던 중이었다.

행렬의 젊은이들을 이끌고 있던 부카타 마을 원로들이 나와 대화하기를 원하였다. 그들은 자신들을 북쪽으로 가게 해 달라고 간청하였다. 그러나 이것은 내가 결정할 수 있는 사안이 아닐뿐더러 상관인 북부사령관조차도 마음대로 조치해 줄 수 없는 일이었다. 마을 간의 이동을 금지시킨 것은 이스라엘 정부의 명령이었다. 나는 이 상황에서 신속하게 결정을 내려야 했다. 그러나 내가 내리는 어떠한 결정에 대해서도 드루즈족이 반발할 것이고, 또 나의 직속상관 역시 승인하지 않을 것이 분명했다. 나는 부카타 주민들이 북쪽으로 계속해서 이동하게 내버려 두는 것이 옳지 않다고 판단했는데, 이들이 마즈달 샴스로 가는 도중에 분명히 마사다 마을을 지나게 될 것이고 또 그들과 합류할 것이기 때문이었다. 4개 마을의 모든 드루즈족이 합류하게 되면 우리가 절대 통제할 수 없는 분명히 큰 사태로 발전하게 될 것이다. 이들은 상당기간 동안 통행금지 조치로 인해서 각자의 마을에 자신들이 감금되어 왔기 때문에, 서로의 만남은 의심의 여지없이 대충돌을 야기할 것이 뻔했다. 그렇게 되면 이들의 외침과 광란은 하늘을 찌르게 될 것이고, 전차 1개 중대를 동원해서도 그들을 막아 내지 못할 것이다.

나는 부카타 마을의 원로들을 불러 모았다.

"당신들이 마사다 마을로 갈 수 있도록 허락해 주겠소." 나는 단호하게 말했다. "그러나 이 결정은 내가 받은 정부의 명령과는 정반대되는 것이요.

나 혼자 결정했다는 것을 알아주기 바랍니다."

"하지만 우리는 마즈달 샴스까지 가고 싶습니다." 드루즈족 지도자들이 나를 밀어붙였다.

나는 거절했다. "마사다까지 가게 해 주는 것도 너무 과분한 겁니다"라고 대답했다. 그들은 나에게 반박할 수 없었다. "나는 당신들이 마사다 마을에 도착한 후 즉시 다시 돌아오겠다는 것을 약속해 주기 전에는 이 철조망을 치우지 않을 것입니다." 결국 그들은 나의 요구를 받아 주고 이를 약속해 주었다.

그리고 나는 도로봉쇄를 위해 옆에 주차해 있던 전차 위로 올라갔다. 사람들이 조용해졌다. 메가폰을 잡고 그들에게 말했다.

"여러분이 드루즈족 명예를 걸고 자신들이 한 약속을 반드시 지켜 주시리라 믿기 때문에 이 철조망을 거두겠습니다. 내가 여러분을 존중하고 있듯이 여러분도 자신들이 한 약속을 반드시 존중해 주기 바랍니다. 마사다에 도착한 후 즉시 돌아오리라 믿습니다."

사람들의 눈빛이 반짝거렸다. 그들은 승리감에 취해서 다시 작은 그룹으로 나눈 다음 행렬을 만들었다. 나는 도로 위에 있는 바리게이트를 치우도록 지시한 후, 마사다 마을에 가서 이들을 또다시 통제하기 위해 차를 몰았다.

마사다 마을의 도로에는 또 다른 수천 명의 드루즈족 군중들이 자기 동족들의 도착을 기다리고 있었다. 나는 마사다 마을에 모여 있는 군중들의 모습을 바라보면서, 조금 전 부카타 마을 군중들에게 내가 임의로 결정해 주었던 것을 여기에서 또 반복하지 않으리라 다짐했다. 정말 이등병으로 강등될 수 있는 상황이 나에게 다가오고 있었다…. 두 마을의 군중들이 이제 곧 만날 것이다. 나는 사태를 관망하기 위해서 어떤 건물의 옥상으로 올라갔다.

전사의 길

일단의 부하군인들이 두 마을의 군중들이 서로 만나는 것을 갈라놓으려고 갑자기 그 속으로 뛰어들었다. 이것은 아마도 어떤 초급 지휘관이 지시한 것임이 틀림없었다. 나는 옥상 위에서 이것을 보고는 부하들에게 사나운 군중들로부터 짓밟혀 죽기 전에 거기서 빨리 물러나라고 소리쳤다. 군인들이 신속하게 물러났다. 신문기자들이 취재를 위해서 도처에 진을 치고 있었고 TV 카메라가 연신 돌아가고 있었다. 신문 머리기사가 내 눈앞에 선하게 보였다. 최고사령부에 업무차로 가 있었던 드로리 사령관이 북부사령부로 돌아와서 무전으로 나를 급하게 찾았다. 나는 이 상황을 즉각 해결해야 했으므로 그와 바로 교신할 수 없었다.

그때 군중들이 "마즈달! 마즈달!" 하면서 함성을 지르기 시작했다. 또다시 군중들이 광기에 사로잡혔다. 나는 좀 더 기다린 후 그들과 대화를 위해서 옥상에서 내려왔다.

"자, 이제 여러분 모두 마을로 돌아가시기 바랍니다. 나는 여러분들의 심정을 잘 이해하고 있습니다. 그렇지만 여러분이 원하는 것을 더 이상 허락해 줄 생각은 추호도 없습니다. 한 시간 전에 드루즈족 원로들께서 명예를 걸고 부카타로 다시 돌아가겠다고 나에게 하신 약속을 반드시 기억해 주십시오. 나와 부하들에게 드루즈족을 거짓말 허풍쟁이로 만들게 하지 말아 주십시오."

사람들이 조용해졌다. 잠시 후 사람들은 마을로 다시 돌아가기 위해서 서로 밀치고 있었다. 이로 인해서 나는 다행히 이등병으로 강등되지 않게 되었다.

며칠이 지난 다음, 에인 킨야 마을이 다시 관심의 대상이 되었다. 골라니 여단의 부중대장 한 명과 병사 두 명이 폭력사태로 인해서 부상을 당했는데, 이에 격분한 동료 병사들이 강압적인 방법을 동원해서 군중들을 강제로 해산시켜 버렸다. 나는 에인 킨야에 통행금지령을 내렸다. 무엇이 나의 병사들로 하여금 이처럼 거칠게 행동하게 만들었을까? 나는 요즘의 병사들이 너무 나약하다고 자주 말해 왔었는데, 지금 내 눈앞에 있는 병사들은 너무나 강인해져 있었다. 따뜻한 가정에서 보호받고 자라면서 단 한 번 남에게 손찌검해 본 적이 없는 착한 소년들도 자신이 위험해지거나 임무수행에 실패할 가능성이 있을 때는, 자신의 권리를 행사하기 위해서 불끈 일어설 줄 알게 되었다.

군정에서 민간 사법권으로 이양됨으로써 이를 적용받는 사람들의 문제를 효과적으로 해결해 주기 위해서는 일관성 있고 명확한 정부정책이 요구되었다. 그러나 골란고원에 행정기관을 설치한 이스라엘 공무원들은 전혀 공동의 협력관계를 보여 주지 않았다. 국립보험원은 종전 방법대로 보험금을 계속 지불하고 있었고, 은행은 모든 고객들에게 돈을 대출하고 있었으며, 또 우체국도 예전처럼 운영되었고, 전기회사는 단 한 번도 단전을 실시하지 않고, 교통국은 계속해서 운전면허증을 발급하고 있었다. 모든 것들이 고객 신분에 전혀 관계없이 마구잡이로 이루어지고 있었다. 사법권 민간이양의 지지자들도 이와 같은 어리석은 행정조치에 대해서 놀랐다. 이들은 문제해결을 위해서 나름대로의 방식을 제시했지만, 이스라엘 사람들 사이에서조차 의견통일이 안 되는 것을 알고는 이내 포기해 버렸다.

　나는 전반적인 공적 업무를 총괄할 수 있는 행정기관의 부재를 참을 수 없었다. 나는 협력방안을 모색하기 위해서 모든 기관의 대표자들을 불러 모았다. 당황스러운 풍경이 연출되었다. 모든 사람들은 나의 의견이 옳다고 동의해 주었지만, 소심한 공무원들은 어떠한 혁신이나 주도적 업무수행에서는 모두 꽁무니를 빼면서 몸을 사렸다.

　그럼에도 불구하고 우리는 새로운 행정에 확신을 불어넣으며 안전하고 통일된 정부정책을 강화시킬 방도를 모색하였다. 그 첫 번째의 조치로

전사의 길

서 모든 드루즈족 사람들에게 '이스라엘 주민등록증'을 발급해 주는 것으로 결정하였다.

주민등록증 발급 작전

정부기관인 행정부의 도움을 받는 특별한 노력을 통해서 모든 드루즈족 거주민들의 명단을 확보해, 공인 신분증인 주민등록증을 인쇄한 후 그들에게 발급해 주기로 하였다. 나와 사단 작전참모인 요시 라베(Yossi Raveh) 중령은 이번 계획을 비밀리에 치밀하게 준비하였다. 이것은 1982년 3월 31일에 시행되고 4월 1일부터 유효함으로써 새로운 전기가 마련될 것이었다.[123]

수십 명의 경찰, 행정부 관계자들, 그리고 수백 명의 군인들이 동시에 주민등록증 발급 작전인 호탐 작전(Operation Hotam)에 참가토록 계획하였다. 예하 여단장들은 각 마을에 수십 개의 분대를 편성해서 그들로 하여금 집집마다 방문토록 하여 주민등록증을 직접 나누어 주도록 하였다. 이런 방법을 쓰게 된 이유는 드루즈족 중에 신분증 받기를 원하는 사람들이 많이 있었지만, 그들이 사단사령부로 직접 찾아와서 그것을 받아 가기는 어려울 것으로 판단했기 때문이었다.

15시, 임무를 받은 군인들은 배부요령에 대해서 설명을 들은 후 마을의 모든 집들을 찍은 항공사진과 주민등록증을 같이 들고서 출발하였다. 이제 우리가 할 일은 주민등록증을 나누어 주는 것이고, 이를 받은 후 드루즈족 사람들이 어떻게 행동하게 될지는 그들 스스로 결정할 일이었다.

이번 작전을 더 용이하게 실시할 수 있도록 모든 마을에 다시 통행금지령을 내렸다. 마즈달 샴스 마을에 나간 예하 지휘관으로부터 들어온 보고

---

123 주민등록증 발급을 호탐작전(Operation Hotam)이라고 명명하고, 마치 군사작전을 실시하듯이 계획하고 수행하였다. 'Hotam'은 히브리어로 '공인인증서'라는 뜻이다.

에 의하면, 주민들이 자기 집에 들어오는 것을 완강하게 거부하고 있다는 것이다. 우리가 마을 광장에 가 보니 그곳에서는 군인들과 주민들이 서로 떨어진 채로 금방 불꽃이 튈 것처럼 험악한 상태로 대치하고 있었다. 나는 확성기를 통해서 마을 사람들에게 즉시 자기 집으로 돌아갈 것을 당부하였다. 이에 대한 반응은 전반적인 거부였다. 드로리 북부사령관은 헬기에 탄 채 나에게 필요한 사항을 지시하면서 우리의 머리 위를 맴돌고 있었다. 사령관이 무전을 통해서 직접 지시를 내렸기 때문에 현장의 모든 부하들이 그의 말을 들을 수 있었다. 드루즈족도 마찬가지였다. 나는 이러한 지시가 이미 때가 늦었다고 생각했다.

드로리 사령관은 이때 놀랍게도 몹시 화를 내면서 급한 성격을 내보였다. 나는 이제까지 그를 무쇠같이 단단한 신경을 가진 내성적인 사람으로만 알고 있었다. 그동안 그는 내 앞에서 항상 지나칠 정도로 감정을 절제하였고, 또 아무리 어려운 상황에서도 불쾌할 정도의 냉철함을 보여 주었던 것이다. 그러나 이번에는 무척 거칠었다. 사령관은 마을 사람들을 당장에 각자 집으로 강제로 밀어넣으라고 명령하였다. 공중에 떠 있는 그로서는 광장에서 벌어지고 있는 상황을 나보다 더 섬뜩하고 위험한 사태로 보고 있음에 틀림없었다. 나는 사령관에게 질서를 성공적으로 회복하겠다고 약속했다. 나에게 필요한 것은 시간이었다. 무력의 사용은 유혈사태만 불러일으키리라는 것을 잘 알고 있었다. 나는 모든 부하들에게 무기를 사용하지 않도록 명령했다. 마침내 나의 인내력이 이를 증명해 보였다.

이때 갑자기 약 300명의 젊은이들이 1.5m 길이의 막대기를 휘두르며 "유대인들을 죽여라!" 하는 무시무시한 괴성을 지르며 골목으로부터 나타나서 마을광장 안을 휩쓸었다. 이것은 분명히 미리 계획된 행동이었다. 이들의 행동이 지향하고 있었던 표적은 바로 광장 한가운데 서 있던 나였다.

이때 구니 하르니크(Guni Harnick)[124] 소령이 지휘하는 골라니 여단의 정찰중대 요원들이 돌진하는 군중들로부터 자신들의 몸으로 막아 줌으로써 나를 보호해 주었다. 나는 권총을 꽉 잡고 방아쇠에 손가락을 걸고 여차하면 당길 준비를 하였다. 내가 계속해서 군중들과 대화를 시도하자 나의 목소리가 확성기를 통해서 광장 안에 울려 퍼졌다. 그들은 목소리의 주인공이 바로 나이며, 또 내가 통행금지령을 철회할 의사가 전혀 없음을 알게 되었다.

나의 목소리를 들은 사람들은 내가 인내하고 있다는 것을 느끼게 되었으며, 내가 진심으로 발포하는 것을 자제하고 있다는 사실을 알게 되었다. 나는 몇 분을 영원처럼 길게 느꼈지만, 얼마 후 사람들이 하나둘씩 자기 집으로 돌아가기 시작했다. 나는 누구 하나 부상당하지 않고 피한방울 흘리지 않게 된 것이 무척이나 기뻤다. 당시 쌍방의 사람들은 총기 직사거리에 근접해서 흥분한 상태로 대치하고 있었고, 또 우리가 가지고 있었던 우지소총은 모두 자동식이었다! 그렇다, 우리가 골란고원의 주권을 반드시 행사해야 했지만 이를 다른 방식으로 처리할 수 있었다!

그날 오후 우리는 주민등록증을 나누어 주기 시작하였다. 다음 날 아침까지 각 가정을 방문해서 일일이 나누어 주었다. 일부 주민들은 부대로 직접 와서 주민등록증을 받고 조용히 돌아갔다. 일부는 길거리에 버렸고 또 일부 사람들은 문 여는 것조차 거부하였다. 병사들은 그들이 버린 주민등록증을 다시 줍는 것이 자신들의 임무라고 여겼는데, 그러한 행동은 나를 언짢게 만들었다. 나는 드루즈족이 보였던 행동이 하나의 쇼였다는 사실을 곧 알게 되었는데, 해가 넘어가자 그들은 자신들이 버렸던 주민등록증을 다시 거두어 갔다. 또 일부는 자신들이 우리에게 협력하지 않았다는 사실을 이웃들에게 보여 주고, 또 저항하고 있다는 표시를 보여 주기 위해

---

124 **구니 하르니크**: 카할라니가 매우 아꼈던 부하이다. 그는 나중에 전역휴가를 나갔다가 레바논 전쟁(갈릴리 평화작전)에 자진복귀하여 정찰중대를 이끌고 보포트 요새를 공격하던 도중에 전사하고 만다.

사단장—강력한 펀치

서 신분증만 쏙 빼내고 겉봉투는 밖에 내다 버렸다.

그러나 이것이 사태의 끝은 아니었다. 다음 날 심각한 충돌이 마즈달 샴스 마을에서 일어났다. 이 충돌에서 수 명의 군인들이 대피하다가 부상을 당했고, 이때 그의 동료들이 자기방어를 위해서 발포함으로써 주민 여러 명이 다리에 부상을 입었다. 나는 부상당한 주민들과 대화하고 그들을 진정시키기 위해서 현장으로 급히 달려갔다. 여기에는 신문 헤드라인을 쓰려는 많은 신문기자들이 또 진을 치고 있었다.

긴장은 고조되었다. 한낮이 되자 주민등록증이 모두 분배되었다. 따라서 나는 북부사령관에게 건의해서 도로상의 모든 바리케이트를 제거하고 주민들이 자유롭게 다닐 수 있도록 통행금지령 해제를 결정하였다.

"주민들과 잘 대화를 해서 이번 통행금지령 해제 결정을 하게 된 목적을 분명하게 알려 주게." 그가 이렇게 지시했다. 사령관은 지역주민들이 나를 받아들이고 있다는 사실을 느끼게 되었고, 또 사태에 대한 나의 일처리 감각을 이해하여 줌으로써 이번 결정이 최선의 방안이라는 것을 동의해 주었다.

먼저 에인 킨야 마을로 갔다. 그곳 마을광장에 모여 있던 드루즈족은 전과는 전혀 다른 모습을 보여 주었다. 며칠 전에 나에게 보여 주었던 호감이 이제는 증오로 바뀌어 있었다. 대화를 나누면서 그들의 불만과 흥분을 충분히 느낄 수 있었다. 그들의 고함소리가 공기를 갈랐다.

"마즈달 샴스에서 얼마나 많은 사람들을 죽였습니까?"

그때 나는 그들의 분노가 무엇 때문인지 알게 되었다. 나는 이번에 통행금지령을 해제하는 목적에 대해서 자세하게 설명해 주었다. 나의 설득에 효과가 있었다. 사람들의 분노가 조금씩 가라앉기 시작했다.

다음으로 부카타 마을로 가자, 드로리 사령관이 도로에서 나를 기다리고 있었다. 주민들이 광장에 모여 있었다. 마즈달 샴스 마을에서 지독한 경

전사의 길

험을 겪었기 때문에 나는 이곳의 상황도 이해할 수 있었다. 이곳의 상황은 위험한 상태로 발전되어 있었는데, 누군가가 사람들을 한곳에 모으라고 부하 지휘관에게 잘못 조언한 결과였다. 베니 타란(Benny Taran) 여단장을 이곳의 지휘관으로 임명하였는데, 그는 아무런 조치도 취하지 못하고 있었다. 마을 사람들이 기다리고 있었던 사람은 바로 나였고, 내가 재빨리 행동을 취하는 것만이 더 효과적일 것이었다.

사령관이 웃으며 나를 맞이했다. "자네가 무크타르(Mukhtar) 촌장이구만. 마을 사람들이 자네를 무척 좋아해. 저들에게 이 상황을 설명해 줄 사람은 자네밖에 없네."

"저도 확신할 수 없습니다." 나는 광장에 모여 있는 소란스러운 군중을 바라보면서 사령관에게 조용하게 대답했다.

나는 마을광장 안으로 들어섰다. 수천 명의 사람들이 광장을 가득 메우고 있었고 주위의 건물 옥상에도 올라가 있었다. 나는 긴장한 채 만반의 준비를 하고 흥분한 군중 사이를 뚫고 들어갔다. 누군가 내 등을 칼로 긋거나 몽둥이로 내 머리를 치게 될지도 모른다는 생각이 들었다. 말 그대로 부카다 마을 사람들은 서로의 어깨가 부딪칠 정도로 많이 모여 있었다. 나는 광장이 내려다보이는 어느 집 발코니로 올라가기로 했다. 마치 전쟁을 시작하는 첫 순간처럼 나의 입술이 말라 갔다. 나는 겉으로 자신감을 내보였지만, 속으로는 긴장감으로 인해서 가슴이 두근거렸다.

집 안에서 나를 기다리고 있던 마을 원로들이 일어나더니 나와 악수를 나누었다. 이 중 몇 명은 며칠 전 그들이 마사다로 가려고 할 때 도로봉쇄 지점에서 내가 철조망을 제거해 준 일을 기억하면서 껴안아 주기도 하였다. 그러나 발코니에 올라선 나를 보자, 광장에 있던 군중들은 분노하면서 소리를 질러 대었다. 나는 이들을 진정시키기 위해서 내가 가지고 있던 모든 방법을 동원해서 설득하기 시작했다. 얼마 동안 지루한 시간이 지난 다음에야 그들의 고함소리가 잦아들면서 흥분이 식고 군중들이 드디어 내 말을 듣기 시작하였다.

나는 군중들에게 먼저 정중하게 인사를 건넨 다음, 이번에 실시한 주민 등록증 발급의 취지와 목적을 알아듣도록 분명하게 설명해 주고 또 앞으로 건설적인 상호협력 방안에 대해서도 제안하였다.

"저는 오래도록 골란고원에서 근무하고 있을 것입니다"라고 말했다. "그리고 우리는 서로 협력해서 함께 잘 살아 갈 수 있을 것으로 확신합니다!"

마지막 말에 나는 그들로부터 많은 박수갈채를 받았다. 군중들은 내가 지나갈 수 있도록 길을 비켜 주었다. "모든 일이 잘되길!", "신의 가호를 빕니다!"라고 외치면서 나의 뒤를 따라왔다. 드로리 사령관이 웃으면서 나를 맞아 주었다. "드루즈족 사람들이 이제부터 투표권을 가지게 되었으니 자네를 국회의사당으로 보내겠구먼!"

사단장의 일상과 경계태세

갈릴리 평화작전이 임박해지고 있었다. 우리 사단은 이 작전에 참가하는 여러 부대 가운데 하나로서 출동준비태세에 돌입하였다. 그동안 제188 바라크 기갑여단장 요시 멜라메드 대령의 후임으로 메이어 다간(Meir Dagan)[125] 대령이 부임하였다. 그리고 제7기갑여단은 다른 사단에 배속이 전환될 예정이었는데, 이 여단은 레바논을 동서로 갈라놓으며 남북 방향으로 발달한 단층인 베카(Bek'a) 계곡으로 공격해 들어갈 준비를 하였다. 마침내 동원여단들에게 먼저 출동준비태세가 내려졌는데, 레바논 작전이 개시되기 전에

---

125 **메이어 다간:** 6일 전쟁과 욤키푸르 전쟁에 참가하였다. 그리고 1982년 레바논 전쟁 간 카할라니 사단장 예하에서 바라크 기갑여단장으로 전투하였으며, 베이루트에 입성했던 지휘관 중의 한 명이다. 나중에 소장으로 예편 후 이스라엘 비밀정보기관인 모사드 국장으로 8년 동안 재직하였다.

이 동원부대들은 우리가 담당하고 있던 골란고원 휴전선상의 방어거점들을 우리 대신에 점령하게 된다.

골라니 정규 보병여단이 우리 사단에 배속되었다. 이 여단은 나의 지휘하에서 대규모의 여단급 훈련을 마무리하였다. 레바논 전쟁 간 골라니 여단이 수행할 임무가 북부사령부로부터 부여되었는데 이 중에는 보포트 요새에 있는 테러분자들에 대한 공격과 아르눈(Amun) 고지 점령의 임무가 있었으며, 이를 수행하기 위해 특수임무부대(TF)를 구성하여 피나는 훈련을 실시하였다.

나는 골라니 여단의 야간침투 훈련에 동참하였는데 이들의 훈련모습을 보고 매우 만족했다. 부대원들은 온갖 품목들을 가득 채운 무거운 군장을 메고서 행군을 실시하였다. 이들은 긴장감을 유지한 채 현무암 돌멩이들이 도처에 널려 있는 골란고원의 수십 km를 정숙하게 행군하였다. 이들은 어떠한 임무라도 성공적으로 완수할 수 있는 부대이었으며 응집력 또한 대단히 강했다. 가장 인상 깊었던 것은 이들의 단결심이었다. 나는 이제까지 골라니 여단이 가지고 있는 자부심을 다른 부대에서는 쉽게 볼 수가 없었다.[126]

당시 나는 내 가까이에서 근무했던 사람들의 팀워크를 볼 수 있었고 이들의 중요성에 대해서도 알게 되었다. 헌신적인 비서실장 루시 골드만과 전속부관 다니 아하론(Dani Aharon)이 이끄는 부속실은 어려운 여건에서도 잘 운용되었다. 운전병 가비 샬롬도 그 일원의 한 사람이었다. 이들은 서

---

[126] **골라니 여단**: 이 여단은 우리나라 군인들에게도 잘 알려진 부대이다. 1948년 독립전쟁 중에 창설된 이후 이스라엘이 치렀던 거의 모든 전쟁에 참가하였다. 특히 6일 전쟁 시 골란고원을 점령할 때 그들이 발휘했던 눈부신 투혼은 너무나도 유명하다. 이 여단의 여단장 출신들은 거의 대부분 장군이 되었으며, 참모총장을 3명씩(모르데카이 구르, 가비 아시케나지, 가디 에이젠코트)이나 배출하였다. 골라니 여단은 3개 기계화보병대대, 1개 정찰대대, 1개 통신중대로 편성되어 있다.

로 뭉쳐서 일을 쉽게 처리하였는데, 마치 하나의 가족처럼 서로 관심을 가지고 이해하여 주었다. 이들처럼 능률적이고 충성심 높은 부하들을 데리고 있는 지휘관이라면 그 누구라도 자부심을 가지지 않을 수 없지 않겠는가.

나는 사단장으로서 직속 예하 지휘관뿐 아니라 심지어 말단 초급 지휘관에게까지 나의 지휘철학과 방침을 문서상으로 전파하는 동시에 정신적으로도 강조했다. 야간에 휴전선 철책을 따라 순찰 차량을 운행하는 운전병은 졸지 않고 자신의 임무를 수행토록 했고, 또 휴전선 방어진지의 관측병은 경계심을 풀지 않고 임무를 철저히 수행하도록 강조했다. 밤늦게 전차를 수리하느라고 고생하는 정비병들에게 그들의 임무가 정말로 가치 있다는 것을 고무시켜 주었다. 나는 골란고원에서 근무하는 사단 구성원들에게 우리의 임무가 국가안보와 함께 주민들의 일상생활 보장에도 기여하고 있음을 분명하게 확신시켜 주었다.

모든 대대장들은 자신의 부대를 자기 마음대로 좌지우지할 수 있다고 생각하지만, 그들에게 자신의 상관들이 항상 지켜보고 있다는 것을 환기시켜 주었다. 막중한 임무를 수행하고 있는 헤르몬산 정상에 근무하는 경비분대와 야르무크강을 수색하는 정찰분대는 자신들이 구두로 받은 명령과 임무명령서에 명시되어 있는 대로 명확하게 행동하도록 철저하게 강조했다. 사단의 전시치장물자 창고는 다른 어떤 창고보다도 높은 경계태세를 유지토록 했다. 모든 훈련계획은 종합적으로 작성하고 교탄, 연료, 사격장 등 지원요소를 반드시 포함하도록 했다.

위에서 언급한 모든 업무는 지휘관의 행정적 실무를 보좌하는 사단참모들에게 책임이 위임되어 있다. 모든 부하들에게 영향력을 미칠 수 있는 사단장의 능력은 사단참모들의 일상적인 업무수행 능력에 달려 있다고 해도 과언이 아니다. 나는 이러한 업무들이 원활하게 수행될 수 있도록 노력하였는데, 그 일환의 하나로 매주마다 1개 대대씩 순회하면서 방문하는 하나의 '전통'을 세웠다. 나의 방문은 사단 참모들과 대대 참모들이 동참하는 지휘관 회의로부터 시작하였다. 그리고 저녁에는 함께 식사하면서 그 대대가 당면한 문제들을 기탄없이 털어놓을 수 있는 기회를 만들어 주었다. 사단 참모들에게는 이러한 기회가 별로 달갑지 않았는데, 자신들이 모르고 있었던 문제가 갑자기 튀어나와 그들을 당황스럽게 만들곤 했다. 우리는 기보대대, 전차대대, 포병대대를 돌아가면서, 또 정규부대와 동원부대를 돌아가면서 방문하였다. 나와 참모들은 예하 부대의 모든 훈련에 참석하였고 또 쌍방훈련 평가를 주관하였다. 나는 이러한 '정기 순회방문(Circuit Visit)'을 통해서 나의 관심사항을 대대 장병들에게 직접 전파하는 기회로 활용할 수 있었고, 또한 중간 단계를 거치지 않고 대대가 가지고 있었던 문제점과 분위기를 직접 파악할 수 있었다.

규모가 큰 조직에서 부대원들이 임무를 완수하는 부대풍토를 조성하기 위해서는 먼저 '군기엄수와 명령복종'을 철저히 강조해야 한다. 이 두 가지야말로 모든 부대원들이 부여된 임무를 완벽하게 수행하는 데 요구되는 전제조건이 되는 것이다. 만일 부하들이 저지른 군기위반이 작전활동을 저해하였거나, 또 그렇게 될 가능성이 예상될 경우 나는 이 문제를 결코 덮어 두지 않았다.

군기(Discipline)

이스라엘 민족은 시나이산에서 율법을 받았을 때 "여호와께서 명령하신 대로 우리가 다 행하리이다"[127]라고 응답했다. 이스라엘 민족은 목적과 이유를 납득

---

127 출처는 성경 출애굽기 19장 8절이다. 이스라엘 민족이 이집트를 탈출하여 떠난 지 3개월이 되었을 때, 모세가 시나이산에서 하나님이 자신에게 직접 명령하신 말씀을 듣고 백성들의 장로에게 전해 주자 그 백성들이 일제히 응답하면서 했던 말이다.

한 후에는 절대적인 믿음을 가지고 지도자를 따랐다.

모든 사회생활에서 규율에 복종하는 것과 행동하는 것은 항상 밀접하게 연관되어 있다. 이스라엘군을 포함해서 정상적인 사회에서는 사람들은 먼저 정해진 규율이 무엇인지 유념한 후 행동해야 하는데, 그러한 규율을 지키지 않는 사람은 그 어떤 조직에서라도 목표나 성과를 달성하기 어렵다.

큰 규모의 사회조직과 마찬가지로 이스라엘군도 매일 만나지 않거나, 또는 전혀 만남이 없는 사람들에 의해서 그 조직의 일정과 활동이 결정되는 시스템으로 되어 있다. 어떤 조직과 그곳에서 일하는 사람들은 효과적으로 상호의 존해야 하는데, 이를 위해서 조직과 사람 사이에 필요한 규율이 요구된다. 규율은 군대에서 군기를 말하는데 이것은 군대조직이 잘 돌아갈 수 있게 만들어 주는 윤활유 역할을 하며, 군인들에게 자신의 임무를 올바르게 수행하도록 이끌어 주는 하나의 기준이 된다. 실제 모든 나라의 군대에서는 젊은이가 신병훈련소에서 군복을 입는 순간부터 그들에게 명령과 지시에 대한 복종심을 고취시켜 주기 위해서 노력하고 있다.

이스라엘군은 1948년 이스라엘 독립전쟁 중에 창설되었다. 이스라엘군은 자연스럽게 식민시대 잔재인 영국 군대의 방식을 모방하여 따라갔다. 그러나 오늘날 이스라엘군의 모습은 영국군이 가졌던 경직성보다는 오히려 이스라엘 독립 전에 활동했던 반 지하조직인 팔마(Palmah) 부대의 정신으로부터 더 큰 영향을 받고 있다. 샌들 신발을 신고 반바지 차림의 복장을 하고, 상하 간에 계급과 직위의 구별이 없었던 '동지 정신(Camaraderie)'이 오늘날 이스라엘 군인들의 사고방식과 습관에 많이 배어 있다. 이렇게 격식을 차리지 않는 자유스러운 분위기가 오늘날 군인들이 명령을 이행하며 규율을 준수하는 데 가끔씩 방해가 되어 왔다.

나는 일개 병사의 태만으로 인해서 많은 사상자를 낼 수 있는 가능성 때

전사의 길

문에 늘 곤란을 겪어 왔다. 만일 우리의 상호의존성을 단단히 붙여 주고 있는 군기라는 접착제가 녹아 버린다면, 또 만일 우리 가운데 어느 한 명이 규칙을 무시하고 멋대로 행동하게 된다면, 우리는 무고한 많은 동료 희생자들을 땅에 묻어야 할 것이다. 나는 군기를 위반한 사람들이 주었던 상처를 가지고 있다. 단순히 안전규칙을 위반함으로써 전우를 죽게 만든 군인들을 보아 왔다. 나와 같이 싸웠던 전차장들이 쌍안경도 없이 전투의 열기 속으로 들어가야만 했는데, 이는 보급부대 담당관의 불성실로 인해서 그것들이 불출되지 않고 창고 안에 그대로 처박혀 있었기 때문이었다. 나는 전쟁터에서 현장정비를 담당하는 정비병과 기술병들이 필요한 작업도구와 수리부속을 후방 창고에 그대로 두고 옴으로써, 전차와 전투차량들이 몇 시간 또는 심지어 며칠 동안 기동하지 못하게 된 것을 본 적이 있다. 어떤 태만한 운전병 때문에 중요한 작전의 기동이 지연되었던 사례도 보았다. 또 어떤 경우에는 한 지휘관이 공격개시시간을 제대로 맞추지 않음으로써 작전 전체가 지연되어 버린 전투에 참가해 본 적도 있었다.

　나는 결코 군기를 맹목적으로 강조하도록 주장하는 것은 아니다. 지휘관은 비록 사소한 군기위반 문제라고 생각할지라도 신중하게 다루어야 한다고 생각한다. 때로는 지휘관은 특정한 군기문제 처리에 대해서는 다른 참모들에게 위임하지 않고 직접 다루어야 할 필요도 있다. 지휘관은 질서(Order)에 대해 두 가지를 확실히 해 두어야 한다. 즉 질서는 준수할 수 있는 것이어야 하고, 그렇다면 그것은 반드시 준수되어야 한다는 것이다. 지휘관들은 군기를 준수하는 군인들은 긍정적으로 강화해 주고, 군기를 무시하는 군인들에게 대해서는 강력한 부정적 강화 조치를 취해야 한다. 그렇게 하지 않는다면 군기엄수에 대한 혼란이 일어나서 군기위반이 부대에 만연하게 되고 일상적인 현상으로 자리 잡게 될 것이다.

　"부하들에게 면도를 시켜라. 그러면 탈영하지 않을 것이다", "부하들을 군인다운 모습으로 키워라. 그렇게 되면 상관을 위해서 벽이라도 뚫고 들어 갈 것이다." 이렇게 군인들의 외양, 즉 겉모습을 강조하는 것도 군대기강을 유지하는 방법 중의 하나이다. 군기가 없는 부대는 제때 전장에 도착하지 못할 것이며, 비록 제때 도착하더라도 제대로 싸우지 못할 것이다.

국민 모두가 '병역의 의무'를 가지고 있는 이스라엘군에서 군기의 중요성은 매우 크다. 시민의 군대로서 이스라엘군은 국가적인 중대사에 대처하는 중요한 역할(Major Role)을 담당하고 있다. 만일 군기가 없는 한 명의 병사, 한 명의 지휘관, 한 개의 부대라도 존재하고 있다면, 국가의 운명이 절대적으로 달려 있으나 인기가 없는 전쟁을 치러야 하는 우리들의 임무완수가 더욱 어려워질 수 있다는 것을 명심해야 한다.

전사의 길

대통령궁에서 에프라임 카치르 이스라엘 대통령으로부터 이스라엘군 최고무공훈장(Medal of Valor)을 수여받다.

제7기갑여단장 시절의 부하들: 좌로부터 제82전차대대장 자미르와 부대대장 요시, 제75전차대대장 아브너, 여단장 카할라니, 제77전차대대장 우리.

흥분의 순간: 1977년 제7기갑여단은 대규모 여단 기동훈련을 실시했다.

골란고원의 현무암 돌덩어리 가운데 앉아서: 아내 달리아는 훈련 간 전차들이 표적을 잘 맞추고 있는지 확인하려 방문했다고 농담을 던졌다.

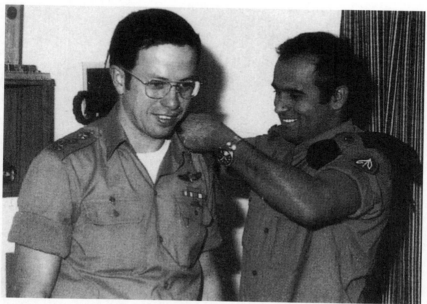

제7기갑여단의 전통인 'Home-grown Commander'(여단에서 경력을 쌓아 온 장교가 나중에 여단 장이 된다)에 따라 후임 여단장이 된 요시 벤 하난 대령에게 여단 마크를 달아 주고 있다.

미 육군 지휘참모대학 군사유학 시절 외국군 장교들과 함께: 좌로부터 일본, 이란, 스위스, 방글라데시, 캐나다, 이스라엘의 카할라니.

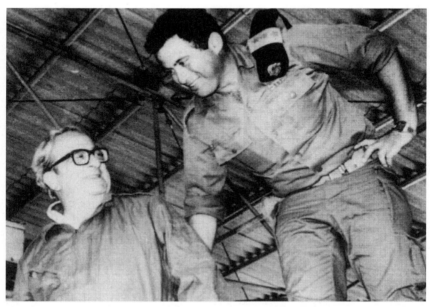

1981년 이츠하크 나본 이스라엘 대통령의 사단 방문: 이스라엘이 개발한 신형 메르카바 전차를 둘러보고 있다. 제7기갑여단장 에이탄 코울리 대령은 대통령에게 좋은 인상을 심어 주었다.

1982년 갈릴리 평화작전 며칠 전 국회의원들의 사단 방문: 외교위원회와 국방위원회 의원들에게 전쟁의 불가피성을 설명하였다.

남부 레바논에 있는 보포트 요새: 1982년 6월 6일 골라니 여단의 특수임무부대에 의해 함락되었다.

구니 하르니크 소령: 그는 전역 전 휴가를 갔다가 전쟁 소식을 듣고 자진해서 복귀하였다. 중대장 시절의 부하들을 이끌고 보포트 요새 공격을 지휘하다가 전사하고 말았다.

골라니 여단 부여단장 가비 아시케나지 중령: 그는 아르눈 고지와 나바티예 공격을 이끌었다. 그의 부대가 보포트 요새, 통신중계소 진지, 기타 거점을 점령함으로써 아군 부대들이 카르달레 교량을 통과하는 데 안전을 확보해 주었다.

사단 지휘부의 야전 대화: 좌로부터 특별보좌관 요시 멜라메드 대령, 부사단장 유드케 대령, 사단장 카할라니, 후임 사단장 마탄 빌나이.

갈릴리 평화작전 시 카할라니 사단장 (좌측)과 요시 멜라메드 대령: 우리는 오랫동안 진실한 친구였으며 전우였다.

아미람 레빈 중령: 전차대대장으로서
항상 선두에서 부하를 이끌었다.

갈릴리 평화작전 시 베이루트 외곽에서 전쟁지도를 하는 고급 지휘관들: 좌로부터 참모총장 라파
엘 '라풀' 에이탄 중장(좌측), 북부사령관 아미르 드로리 소장.

갈릴리 평화작전 도중에 맞이한 생일: 아내와 자녀들로부터 생일 선물을 받다.

베이루트 외곽에서 며칠 만에 면도한 후 기념사진을 찍다: 좌로부터 일란, 다니, 요시, 아비, 메이어, 모티, 카할라니 사단장, 앉아 있는 사람은 하난.

갈릴리 평화작전이 종료된 후 미 국방장관 캐스퍼 와인버거의 사단 방문: 분쟁이 생겼을 때 문제해결의 주체는 우리이며, 이에 대응할 수 있는 이스라엘군의 위력을 몸소 느끼도록 만들어 주었다.

지휘참모대학 학장으로 재직할 당시 수료식 장면: 좌로부터 교훈참모부장 이츠하크 모르데카이 소장, 참모총장 모세 레비 중장, 국방장관 이츠하크 라빈. 오른쪽의 카할라니 학장이 어떤 수료장교에게 행운을 빌어 주고 있다.

지상군사령부 부사령관으로 재직할 당시 전차장반 수료식에 참석: 수료 인원 가운데 한 명인 아들 드로르(좌측)를 축하해 주고 있다. 기갑사령관 요시 벤 하난이 옆에서 지켜보고 있다.

이츠하크 라빈 수상과 함께.

1986년 가족과 단란한 한때: 좌로부터 도탄, 아내 달리아, 드로르, 아빠 카할라니, 바르디트.

골란고원과 군대를 떠나며: 아버지는 전역하고, 아들 드로르는 제7기갑여단에서 계속 근무하였다.

1998년 공공안전 장관 재직시절: 텔아비브의 새로운 경찰서 개원을 축하하다. 좌로부터 경찰청장 예후다 빌크, 텔아비브 시장 로니 밀로.

죽음의 계곡을 내려다보는 곳에서: 전쟁의 현장에서 젊은 세대에게 우리의 전투유산을 물려주려고 노력하다.

갈릴리 평화작전 – 레바논 전쟁

1970년 9월, 후세인(Hussein) 요르단 국왕에 의해서 요르단으로부터 쫓겨난 테러집단인 검은 9월단(Black September)[128]은 이스라엘의 국내외 지역으로부터 이스라엘을 목표로 공격하기 위해 그들이 은거할 수 있는 근거지를 물색하기 시작했다. 그들은 마침내 국민들이 극도로 분열되어 있고 유혈폭동으로 혼란스럽던 나라인 레바논에 근거지를 마련하였다. PLO(팔레스타인 해방기구)[129]의 테러분자들은 이스라엘 국경 근처의 레바논 땅에 근거지를 확보하고 마치 자신들의 영토인 것처럼 다루게 되자, 1960년대 후반에 쓰던 파타랜드(Fatahland) 방식, 즉 이스라엘로 침투해서 벌이는 게릴라 활동과는 다른 '일개 국가 내에 다른 국가가 존재'하는 개념으로 군사적 기반을 구축하고 남부 레바논과 그 북쪽지역에서 자신들의 세력과 역량을 키워 나갔다.

---

128 검은 9월단: 1972년 뮌헨 올림픽에서 이스라엘 선수단을 상대로 테러를 일으켰던 이슬람 계열의 저항 단체이다. '검은 9월'이란 이름은 아랍계 게릴라가 요르단 정부군의 토벌작전으로 큰 타격을 받은 1970년 9월을 의미하며, 아랍 테러리스트 4명이 같은 해 11월 당시 요르단 총리를 카이로의 호텔에서 보복 암살하면서 자기 조직을 스스로 '검은 9월단'이라 부른 데서 유래한다. 이 테러사건은 그후 테러의 악순환, 곧 보복의 악순환을 낳았고 그 여파는 오늘날에도 중동에 남아 분쟁을 부르고 있다. 이스라엘 선수단 테러 당시 세계 각국은 제대로 된 대테러 전문부대가 없어서 많은 희생자를 냈다는 반성을 하게 되었으며, 이 사건 이후 대테러전문 특수부대를 양성하여 유지하기 시작했다.

129 PLO(팔레스타인 해방기구): 원래 팔레스타인 땅(현재 이스라엘)에서 살던 팔레스타인 사람들은 1948년 이스라엘 건국과 1, 2차 중동전쟁으로 인해서 주변 아랍국으로 축출되었다. 1964년 카이로 아랍연맹 정상회의에 모인 아랍정상들은 게릴라전을 동반한 무장투쟁으로 '팔레스타인 해방'을 이룰 것을 결의하였고, 이를 위한 조직으로 팔레스타인 해방기구를 설립하였다. 야세르 아라파트가 이 기구의 의장으로 활동하였다.

전사의 길

몇 년 동안의 레바논 내전이 끝난 후 1970년대 후반, 평소 레바논을 대국 시리아(Giant Syria)의 일부 국가로 여기고 있었던 시리아가 '법과 질서의 수호'라는 명분을 가지고 히말라야 삼목이 그려진 국기를 가진 나라인 레바논에 침공하였다. 그러나 이스라엘의 입장에서 보았을 때 시리아의 레바논 침공은 매우 엄중한 사태로서 이를 도저히 묵과할 수 없었다. 심지어 시리아는 테러분자들에게 대공방어망을 구축해 주기 위해 지대공미사일 포대까지 제공해 주었다. 따라서 이스라엘군이 레바논에서 어떠한 형태의 작전을 실시하게 되더라도, 이는 곧바로 시리아군과 직접 충돌을 가져오리라는 것이 기정사실화되었다.

　　테러분자들은 포병사격, 매복, 지뢰설치, 인질납치 등 이스라엘을 공격할 수 있는 것이라면 그 어떤 것도 포기하지 않았다. 1978년 2월부터 3월 사이, 이스라엘군은 첫 번째의 대규모 응징작전인 리타니 작전(Litani Operation)을 감행하여 일시적으로 남부 레바논으로부터 북쪽의 리타니강에 이르는 지역을 점령하였다. 이 작전이 끝난 후 UN은 이스라엘에 대한 그들의 테러 활동을 막기 위해 남부 레바논에 유엔 레바논평화유지군(UNIFIL)[130]을 창설하여 이곳에 배치시켰다. 그러나 이들의 임무는 실패하였는데, 오히려 그들의 존재가 테러분자들을 보호해 주는 꼴이 되어 버렸다.

　　1981년 6월, 이스라엘군은 테러분자들과 2주 이상 교전을 실시했으며, 이때 이스라엘 공군기들이 출격하여 그들의 군사시설에 대해 막대한 피해를 입혔다. 얼마 후 미국의 중동특사인 필립 하비브(Philip Habib)의 중재를 통

130　**유엔 레바논평화유지군(UNIFIL: United Nations Interim Force in Lebanon):** 1976년에 일어난 레바논 내전으로 기독교 민병대, 이슬람 민병대, 레바논군, 시리아군 등이 이스라엘군과 교전을 벌이자, 이를 예방하기 위해 1978년 3월 UN은 안보리 결의안 제425호 및 제426호를 채택하여 유엔 레바논평화유지군을 창설하였다. 이후 우리나라는 2007년 7월 유엔 평화유지군 부대인 동명부대(300명 규모)를 레바논에 파병한 이래 현재까지 티레(Tyre) 지역에서 성공적으로 임무를 수행하고 있다.

해서 휴전협정이 조인되었다. 이후 이스라엘은 휴전협정을 준수하려고 노력하였지만, 테러분자들은 해외거주 유대인들과 이스라엘 사람들을 표적으로 하여 테러행위를 계속하여 자행했다. 그리고 테러분자들은 이스라엘의 공격을 우려하여 소련으로부터 상당한 양의 무기를 제공받아 그들의 전투능력을 크게 향상시켰다. 1982년 3월 30일, 레바논의 수도 베이루트에서 열린 땅의 날(Land Day)131 기념행사에서 야세르 아라파트(Yasser Arafat) PLO 의장은 이스라엘 국방장관 아리엘 샤론(Ariel Sharon)에게 남부 레바논의 리타니강을 내려다보고 있는 유서 깊은 보포트 성채에서 한번 싸워 보자고 도전장을 던졌다. 아라파트가 큰소리를 쳤다. "나는 당신을 그곳에서 기다리고 있겠다. 거기서 보자!"

4월 3일, 이스라엘 외교관 야코브 바 시만토브(Ya'akov Bar Simantov)가 파리에서 암살을 당했다. 이 사건으로 인해서 이스라엘군은 레바논으로 공격하기 위해 출동준비태세를 발령했지만 미국의 개입으로 작전을 연기하였다.

6월 3일 목요일 저녁, 영국주재 이스라엘 대사인 실로모 아르고브(Shlomo Argov)가 머리에 총탄을 맞는 중상을 입었다. 이것이 인내의 마지막이었다. 바로 다음 날 이스라엘 정부는 공군에 명령하여 베이루트의 테러리스트 근거지 두 군데를 포함하여 남부 레바논에 위치한 PLO의 군사시설에 공습을 실시하였다. 그러자 테러집단은 이에 대한 보복으로 갈릴리 지역의 이스라엘인 거주지에 대해 포병사격을 퍼부었다. 휴전협정을 다시 회복하려고 했던 미국의 노력은 결국 실패로 돌아갔다.

6월 5일 토요일 밤, 정부는 이스라엘군에게 '이스라엘 북부정착촌을 타

---

131 **땅의 날:** 1976년 3월 11일 이스라엘 정부는 북부 갈릴리 지역의 아랍인 토지 약 2,000헥타르에 대해 수용계획을 발표했다. 이에 대해 3월 30일 아랍인들이 집단으로 저항하자 이스라엘은 경찰과 군을 동원해 진압하였는데, 이때 6명이 숨지고 100여 명이 부상당했다. 유혈사태 이후 팔레스타인 사람들은 이날을 '땅의 날'로 지정하고, 현재까지도 매년 이날을 기념하고 있다.

격할 수 있는 레바논 테러집단 본부와 근거지를 그들의 포병사거리 밖으로 축출하라'는 명령을 하달하였다. 작전명은 '갈릴리 평화작전(Operation Peace for Galilee)'이었다.

내가 전임 사단장 암람 미츠나 장군으로부터 사단을 인수받을 때, '남부 레바논 점령 작전계획'도 같이 인수받았는데 그 작전의 암호명을 오라님 (Oranim)이라고 불렀다. 작전의 임무에 따라 작전계획들은 빅(Big) 오라님, 롤 링(Rolling) 오라님 등으로 불렀다.[132] 사단장으로 부임한 이후 남부 레바논 점 령 작전계획을 수도 없이 토의했을 뿐 아니라 출동준비태세 훈련도 여러 번 실시했었다. 우리의 관점에서 보면 모든 전투준비태세가 완료되어 있었다.

이스라엘군 중부사령부와 남부사령부의 예하 부대 중 레바논 공격작 전에 참가하는 부대들이 작전의 교두보가 되는 골란고원 지역으로 올라와 서 집결하였다. 테러집단의 공격에 대응할 때 우리가 부산스러웠던 것처럼 이 부대들의 도착도 우리를 소란스럽게 만들었다. 이러한 소란스러움은 온 국민들이 분노하는 가운데 이스라엘 정부가 내렸던 전쟁개시 결정을 군대 가 행동으로 보여 주는 과정에서 나타나는 어쩔 수 없는 일이다. 이번 작전 에 참가한 사단장들은 처음에 드로리 북부사령관과 토의하면서, 또 나중에 라풀 참모총장 및 샤론 국방장관과 토의하면서 작전을 개시하기 전에 좀 더 많은 준비기간을 달라고 건의하였다. 그 이유는 우리가 레바논으로 진격해 들어갔을 때, 오히려 골란고원이 시리아로부터 공격당할 수 있다는 가능성

---

132 **레바논 전쟁 작전계획(오라님):** 오라님은 히브리어로 소나무(Pine)라는 뜻이다. 이스라엘군은 당시 레바논 침공을 위해 세 가지의 작전계획을 준비하고 있었다. 첫째 과거 리타니 작전과 같이 자 하라니강까지 진출하는 작전, 둘째 레바논 영토 내로 40㎞까지 밀고 들어가 아왈리강까지 진출하는 작전, 셋째 베이루트와 베카계곡까지 진출하여 작전반경을 최대한 확장한 작전이다. 이스라엘은 결국 세 번째의 작전계획을 실시하였다. 빅 오라님이나 롤링 오라님은 이들을 지칭하는 것으로 보인다.

이 제기되었기 때문이다. 그렇게 될 경우 국가안보가 혼란에 빠져들게 되는 지름길로서 이는 레바논 작전 성공을 어둡게 만들 우려가 있었다. 또 그때 우리의 관심사 중의 하나는 북부전선에서 얼마나 많은 비상이 발령되는가와, 남쪽에서 올라오는 사단들이 얼마나 빨리 이동할 수 있는가였다.

여러 가지 측면을 고려했을 때 작전부대들 가운데 나의 사단이 이번에 참가할 수 있는 우선순위가 매우 낮았다. 왜냐하면 우리 사단의 임무가 평시 경계작전은 물론이고, 시리아가 전쟁을 개시할 경우 골란고원 방어를 책임지고 있었기 때문이다. 그리고 골란고원 전선에서 우리 사단이 시리아군과 대치하고 있으면, 다른 부대들이 레바논으로 공격해 들어갈 때 그곳에서 시리아군과의 충돌이 감소될 수 있다는 측면도 있었다. 그렇지만 상급부대에서는 골란고원 전선은 동원부대들을 소집해서도 충분히 방어할 수 있을 것으로 판단하였다.

작전에 참가하는 동료 사단장들이 가끔 나에게 우리 사단임무가 골란고원을 방어하는 것인데 굳이 레바논 작전에 참가해야 하는지 질문을 했다. "이건 전투력의 낭비야"라고 그들은 말했다. "골란고원을 방어하는 데 당신 사단과 같이 적절한 부대는 없어요!"

그들의 말이 옳기는 했지만 나는 그것을 듣고 싶지 않았다.

"우리 사단은 레바논으로 진격하는 데 가장 유리한 부대요. 왜냐하면 우리가 북부지역에 위치하고 있어 이곳으로부터 곧장 전장에 진입할 수 있고, 또 막강한 전투력이 있기 때문이요. 그리고 나는 레바논에 가서 해야 할 임무가 많이 있어요. 나는 골란고원에 가만히 앉아서 당신들이 전투하는 것을 구경이나 하고 싶지는 않소!"

나의 진심이었다. 사람들은 내가 후방에 남겨져 있지 않으리라는 것을 잘 알고 있었다. 북부사령부의 작전계획이 최종적으로 완성되었지만, 상황에 따라서 수정될 여지를 남겨 두고 있었다. 왜냐하면 모든 사람들이 인식하고 있는 바와 같이, 레바논 작전지역은 상대적으로 협소한 데다 너무 많은 작전부대들이 밀집되어 있었기 때문이다.

사단은 다음과 같이 전투편성을 하였다. 메이어 다간 대령의 제188 바라크기갑여단, 어윈 라비(Irwin Lavi) 대령의 골라니 보병여단, 사울 모파즈(Shaul Mofaz)[133] 대령의 지역여단(보병), 골라니 부여단장 가비 아시케나지(Gabi Ashkenazi)[134] 중령의 특수임무부대(TF),[135] 이치크 가지트 대령의 포병여단, 살리 대령의 군수지원단, 에이탄 리도르(Eitan Lidor) 중령의 공병대대.

사단 참모들의 편성은 다음과 같다. 부사단장 유드케 펠레드, 작전참모 요시 라베, 군수참모 잭슨(Jackson), 정보참모 메이어(Meir), 인사참모 사피라(Shapira), 군수장교 즈비카(Tzvika), 통신장교 일란 호레시(Ilan Horesh), 병기장교 라웨르(Rawer), 공병장교 미즈라히(Mizrahi), 의무장교 아비(Avi), 공군연락장교 누테크(Nutek), 화력지원협조관 포병여단장 이치크 가지트.

한편, 우리 사단의 예하 2개 기갑여단 중 하나인 제7기갑여단은 동부 베카축선의 에마누엘 사켈(Emmanuel Sakel) 준장의 제252사단으로 배속이 전환되었다. 우리가 담당하는 중앙축선의 작전지역에 2개 기갑여단을 투입하기에는 지형이 너무 협소하였기 때문이다. 나는 자식 하나와 강제로 이별해야 하는 아버지처럼 마음이 내키지 않았지만 그렇게밖에 하지 않을 수 없었다.

---

133 **사울 모파즈:** 골란고원의 제769 지역여단 지휘관으로 레바논 전쟁에 참가하였다. 후일 참모총장(1998~2002)을 역임하였다.

134 **가비 아시케나지:** 레바논 전쟁 시 보포트 요새 점령에 크게 기여하였다. 나중에 골라니 여단장 직책을 수행하였고, 후일 참모총장(2007~2011)에까지 오르게 된다.

135 보포트 요새를 공격하기 위해서 전투편성 한 특수임무부대(TF)이다. 골라니 여단 예하의 1개 보병대대, 1개 정찰중대, 1개 공병중대, 배속된 1개 전차중대로 편성하였다.

북부사령부는 기본 작전계획인 오라님에 기초를 두고 세부 작전계획을 수립하였다. 사령부는 '작전개시 48시간 이내 신속하게 레바논 내의 테러분자들을 격멸하고 그들의 근거지를 확보한 후, 다음 단계 작전을 위해서 새로운 상황을 조성'하기로 하였다. 따라서 신속한 작전일정에 맞추기 위해 북부사령부는 서부 해안축선과 중앙축선에 최대한 다수의 통로를 사용하는 기동계획을 수립하였다. 또한 동부 베카계곡 축선에서 시리아군과의 교전도 준비하였다.[136]

6월 6일, 북부사령부는 다음과 같이 최종 작전명령을 하달하였다.

A. 북부사령부는 이스라엘 정착촌에 대한 적의 포병사격을 차단하기 위하여 테러분자 및 그들의 근거지를 격멸하고, 공격개시 24시간 이내에 아왈리강-달피(Dalfi)-카프르 제이트(Kafr Zeit)-수목이 울창한 능선을 연결하는 선까지 진출하여 남부 레바논 지역을 확보한다.

B. 북부사령부는 오라님 작전(베이루트 및 베카 계곡 점령)을 종결하기 위해 전투력을 보존하면서 전투태세를 유지한다.

작전을 준비하는 동안에 우리 사단이 최초에 계획하고 있었던 주공 축선은 '카르달레(Khardale)' 교량에서 리타니강을 도하하는 것으로서 한 군데만 사용하도록 되어 있었다. 그런데 갈릴리 평화작전이 개시되기 며칠 전, '아키예(Akiye)' 교량 지역을 통제하고 있는 유엔 레바논평화유지군(UNIFIL) 프랑스군 대대와 관계없이 우리가 이 교량을 추가적으로 사용할 수 있는 승인을 얻어 내었다.[137] 따라서 북부사령부에서 승인해 준 사단의 최종 작전계획은

---

136 북부사령부의 주요 전투편성은 〈부록 5〉를, 이스라엘군의 지휘체계는 〈부록 6〉을 참조하라.
137 **카르달레 교량 및 아키예 교량:** 〈부록 4〉의 레바논 전쟁 세부작전요도를 참조하라.

다음과 같다.

사단은 2개 기동축선을 사용하여 레바논 영토로 진입하여 카르달레 교량 축선과 아키예 교량 축선을 따라 공격을 실시한다. 그리고 나바티예(Nabatiye) 고지대를 점령한 후 다수의 기동로를 따라 북쪽방향으로 전진하여 자하라니(Zaharani)강을 도하한 다음 시돈(Sidon) 방향으로 진격한다. 이후 사단은 의명 시돈 점령작전을 실시하거나, 또는 의명 이를 우회하여 해안도로를 따라 다무르(Damour)를 향해 진격한다. 그곳에서 의명 베이루트 점령작전에 참가한다.[138]

한편, 서부 해안축선 부대인 이치크 모르데카이(Itzik Mordechai) 준장의 제91사단[139]은 해안도로를 따라 기동하다가 시돈 근처에서 우리 사단과 연결작전을 실시하기로 되어 있었다. 나와 모르데카이 사단장은 해안도로 상에 있는 자하라니강에 누가 먼저 도착할 것인가를 두고 암묵적인 경쟁을 벌였다. 내가 반드시 이기고 말리라 다짐하였다. 내가 가지고 있었던 사단의 작전개념은 '시돈을 신속하게 우회한 다음, 정치적 요인들이 군사작전을 중지시키기 전에 가능한 한 신속하게 북쪽 베이루트 방향으로 진격'하는 것이었다. 현재 북부사령부의 작전계획상 우리 사단 임무에 시돈 점령을 명시하지 않고 의명으로 되어 있지만, 나는 우발상황에도 대비해야 함을 알고 있었다. 당시 북부사령부는 시돈 점령작전의 임무를 모르데카이의 제91사단에게 맡기고, 우리 사단을 신속하게 북쪽으로 기동시켜 베이루트를 압박하는 임무를 부여하는 것에 더 많은 무게를 두고 있었다.

---

138 레바논 전쟁 작전요도는 〈부록 3〉을, 세부 작전요도는 〈부록 4〉를 참조하라.
139 **제91사단:** 서부 해안축선을 따라 기동을 선도했던 사단이다. 이 사단은 최초 티레 일대의 PLO 게릴라 2,000명을 소탕하는 임무를 가지고 있었다.

보포트 요새를 공격하는 데는 2개의 작전구상이 가능하였다. 그러나 북부사령부는 최초 계획에 따라 골라니 여단의 특수임무부대(TF)를 '카르달레' 교량 방향으로부터 공격시켜서 요새를 점령하는 방안을 더욱 선호하였다. 나는 이 방안에 대해서 작전토의를 할 때마다 처음부터 일관되게 완강히 반대해 왔었다. 그리고 드로리 사령관이 2개 방안 중 하나만 승인하였을 때, 나는 이 결정이 주는 의미에 대해서 북부사령부 작전참모인 데이비드 아그몬(David Agmon) 대령과 심하게 논쟁을 벌였다. 나는 아래에서 위를 올려다보며 도보공격을 하면서 테러분자들의 요새를 탈취하려는 방안에 대해서 그 타당성을 찾지 못했다. 또 하나의 가능한 방안은 얼마 전 사용이 승인된 '아키에' 교량을 경유하여 골라니 특수임무부대가 장갑차를 타고 이동한 후 평평한 지형으로부터 보포트 요새를 공격하는 것이었다. 나는 왜 드로리 사령관이 작전구상을 할 때 2개 방안을 충분히 고려하지 않았는지, 왜 한 번 결심하면 절대 수정하지 않는지 당시에 그 이유를 알 수 없었고 지금도 그것을 이해할 수 없다. 그러나 명령은 명령이기 때문에 나는 골라니 여단의 특수임무부대를 도보공격을 통해서 아르눈 고지와 보포트 요새를 점령하도록 훈련시킬 수밖에 없었다.[140]

토요일 안식일 날, 도비크(Dovik) 중령이 지휘하는 제77전차대대가 갈릴리 지역의 북쪽 끝자락에 있는 마르즈 아요운(Marj Ayoun: 옛날 이스라엘 기독

---

140 **상하지휘관의 전술관 차이:** 보병 출신의 드로리 북부사령관과 기갑 출신의 카할라니 사단장은 레바논 전쟁을 수행하면서 여러 차례 전술관의 차이를 보여주었다. 예를 들어 보포트 요새 공격 방법, 시돈 시가지 작전에 기갑사단 투입 여부, 기동위주 작전개념의 적용 등이다. 상이한 병과 출신의 상급 및 하급 지휘관은 전술관의 차이를 보이기 쉽다. 예를 들어 보병출신 기계화보병사단장과 예하 기갑여단장, 포병출신 보병사단장과 예하 보병연대장 등 등. 리더십에서는 '상관에게 영향력 미치기(Managing Boss)'라는 이슈로 이 문제를 다루고 있다. 만일 상급 지휘관이 쉽게 동의할 수 없는 어떤 결정을 내린다면, 하급 지휘관은 상관의 결심이나 의견을 평가하는 듯한 발언이 아니라 구체적인 지침을 요구하는 방식으로 접근해야 한다. 왜냐하면 하급자가 상급자에게 대어드는 태도로 접근할 경우, 상급자는 방어적 자세를 취하게 되고 부하의 건의에 대해 귀를 닫아 버릴 수 있기 때문이다.

교 마을) 근처에서 보포트 요새 주변의 표적에 대고 전차포 모의사격훈련을 실시하였다. 나는 안식일임에도 불구하고 이 훈련을 시켰는데, 이때 군종 랍비의 사전승인을 받지 않았다고 해서 상급부대로부터 주의를 받았다. 나는 부대의 전투준비 상태와 부하들의 사기 수준을 알아보기 위해서 그 지역을 방문했다. 나는 그들에게 지금이 정말 중요한 때라고 강조했다. 왜냐하면 과거 이와 유사한 상황에서 마지막 순간에 결국 작전이 취소되어 부대 주둔지로 복귀한 적이 많았었는데, 또 그런 상황이 아닌가 하고 그들이 의심하고 있었기 때문이었다.

나는 리타니강 도하작전에 대해서 매우 걱정하였다. 우리는 자신감을 가지고 혼란 없이 강을 도하할 수 있도록 전차, 보병, 공병을 포함한 특별부대를 편성하였다. 문제는 힘든 준비과정이었다. 나는 완벽한 협조체계가 이루어진 협동부대를 구성하였다. 그런 다음 우리는 요르단 강 상류의 어느 지역으로 이동해서 리타니강 도하상황을 가정한 실전적인 도하훈련을 실시하였다. 부대의 전투장비들이 순서대로 정확하게 도하하였는데 전차, 장갑차, 공병, 교량전차, 그리고 나머지 장비들 순서였다. 무엇보다 나의 최고 관심사항은 부하들의 안전이었다. 마지막 순간까지 부하들을 훈련시켰다. 내가 항상 믿고 있는 작전성공의 비밀은 부대를 적절하게 전투편성한 후 정밀한 모의훈련을 통해서 구성요소들을 통합시키는 훈련을 철저하게 시키는 것이었다.

토요일 안식일 휴가를 떠났던 병사들도 금요일 안으로 부대에 조기 복귀하도록 조치하였다. 모든 이스라엘 사람들이 안식일 날 모여서 성경책을 읽고 있듯이, 우리는 모든 제대 지휘관과 참모들이 함께 모여서 하달된 작전명령을 읽고 토의하였다. 토요일 오전에 북부사령부는 각 사단장들에게 추가 명령을 하달하였다.

예비군 동원령이 토요일 오후에 발령되었다. 우리는 메나헴 베긴 수상의 관저에서 열렸던 내각회의 결과를 기다리고 있었다. 내각의 공식성명서가 언론에 공표되었는데, 베긴 수상이 다음 화요일에 미국 전권대사인 필립 하비브를 접견한다는 내용이었다. 그러나 우리에게 더 중요한 것은 이와 동시에 발표된 내각의 또 다른 결정이었다. 즉 '갈릴리 평화작전의 시행은 계속 유효'하다는 것이었다. 드로리 북부사령관과 사령부참모들은 하달한 작전계획을 다시 확인하기 위해서 우리 사단사령부와 계속하여 접촉하였다. 나는 수많은 토의를 통해서 작전 세부계획들을 수립했다. 아직 몇 가지 문제점들이 남아 있기는 했지만, 평소 나의 습관대로 이를 가지고 더 이상 북부사령부를 괴롭히지 않았다. 어찌되었든 내일 아침 북부사령관은 이스라엘이 치르게 되는 또 하나의 전쟁을 지휘하게 될 것이다.

나는 2주 이상 집에 들어가지 못했다. 이번 안식일에는 꼭 들어간다고 약속했지만 결국 달리아와 아이들에게 전화만 통해야 했다. 이스라엘군은 무선전화를 사용하고 있기 때문에 군사기밀에 관한 사항은 그 어떤 것도 말해서는 안 된다. 군사기밀을 누설하는 요주의 인물은 전화도청을 실시하고 있는 야전 보안부대로부터 경고를 받게 된다. 가끔은 대화가 강제로 중단되고 그 부대는 며칠 동안 전화사용이 금지되기도 한다. 이런 것에 유의해서 아내와 나는 예정된 휴가 취소를 알려 주고자 할 때 사용하는 특별한 암호를 하나 만들었다. 욤키푸르 전쟁이 일어나기 전 지붕을 수리하다 말고 북부전선으로 달려가야 했었다. 그 이후 '지붕(Roof)'이 휴가를 뜻하는 우리의 암호가 되었다.

"오늘 지붕에 문제가 생겼어"라고 아내에게 말했다.

"좋아요. 그러면 내일은요? 온 가족이 모여 있고 당신도 올 거라고 약속했잖아요!"

"내일도 지붕에 문제가 있을 것 같아."

"내일도 안 된단 말씀이세요?" 아내는 그 이유가 궁금했다.

　　　　　　　　　　　　　　　　　　　　　　　전사의 길

"달리아, 이해해 주세요. 지붕이 모두 날아가 버렸어. 이제는 지붕이 하나도 없어요…."

달리아가 조용해졌다. 나는 아내가 내일 전쟁이 터진다는 사실을 추측이나 했는지 그것이 궁금했다.

나는 사단교육장교 야길 레비(Yagil Levy) 대위에게 오라님 작전에 대해서 간략히 설명해 준 다음 전장에 출동했을 때 '사단 주 지휘소 방호'에 대한 지침을 주었다. 나는 야간 내내 예하지휘관들에게 전화를 걸어서 전투준비를 모두 완료했는지, 그리고 부대원들이 모두 충원되어 있는지 확인하였다. 우리는 다음 날 12시 정각에 레바논 국경을 통과할 것이다. 나는 책상에 앉아서 내일 전쟁을 시작하기 전에 오늘 해야 일을 모두 마쳤는지 다시 한 번 확인하였다. 나는 얼마 전에 동원된 다른 부대에 골란고원 방어책임을 인계하였다. 나는 동원부대 지휘관이 내 집무실을 쾌적하게 사용할 수 있도록 깨끗하게 정리해 주었다.

그날 저녁 늦게 구니 하르니크 소령으로부터 한 통의 전화를 받았다. 그는 2주전 골라니 여단의 예하 정찰중대에서 중대장 직책을 끝내고 전역 전에 주는 마지막 휴가를 떠나갔었다. 하르니크 소령은 이번 전쟁에 참가하기를 원하고 있었다. 나는 몹시 놀랐다. 다른 사람을 놔두고 굳이 나에게 전화했을까? 자기가 있었던 여단에 직접 가서 자리 하나쯤은 만들 수 있을 텐데. 어쨌든 그는 정찰중대를 다시 지휘하고 싶어 했다. 그는 정찰중대장으로서 이제까지 우리가 준비해 왔던 보포트 요새공격을 위한 모든 훈련과정에 참가했으며 세부적인 전투방법도 잘 알고 있다고 말했다.

"그건 좀 곤란하네"라고 대답했다. "일단 지휘관 인수인계가 끝나게 되면, 비록 방문턱을 넘어가기 전에 전쟁이 터지더라도 다시 중대장이 될 수는 없지!"

실망하더니 그는 또 이렇게 요구하였다.

"골라니 여단장에게 저를 좀 받아 주라고 말씀해 주실 수 있는지요?"

일리가 있는 말이었다. 골라니 여단은 지금 레바논 국경에서 멀지 않은 곳에 있었다. 잠시 후 골라니 여단장 어윈(Irwin) 대령에게 전화를 걸어서 그를 여단본부에 포함시켜줄 것을 부탁한 다음, "그를 위해서 별도의 부대는 만들지 말게!"라고 지시했다.

"그런데 하르니크 소령이 지휘계통을 무시했잖습니까? 그를 제 여단에 받아들일 수 없습니다." 여단장의 펄쩍 뛰는 반응에 나는 좀 놀랐다.

나는 어윈 대령이 보이는 민감한 태도를 이해하면서도 그를 너무 나무라지는 말라고 당부하였다.

"그가 지휘계통을 무시한 건 아닐세. 자네와 도저히 통화할 수 없어서 나에게 직접 부탁했던 거야. 어쨌든 자네 여단에서 받아들이도록 해!"

마침내 우리는 하르니크 소령을 보포트 요새를 공격하는 가비 아시케나지 부여단장의 특수임무부대에 합류시키기로 결정해 주자, 그는 국경선 진입지점에서 대기하고 있던 그 부대에 합류하기 위해 북쪽으로 달려갔다. 나는 왜 하르니크 소령이 나에게 직접 부탁했는지 잘 알고 있었다. 사단이 골란고원의 드루즈족들에게 주민등록증을 분배하던 작전을 수행하고 있을 때, 그는 나로부터 직접 명령을 받고 있었다. 그 이후 나는 그에게 많은 호감을 가지게 되었다. 나는 그의 임무수행 방식과 그가 보이는 젊은 활력을 좋아하였다. 나는 정찰중대를 이끌고 있는 그의 리더십을 볼 수 있는 기회가 있었는데, 부대를 단합시켜서 하나의 대가족으로 만드는 탁월한 역량을 가지고 있었다. 이스라엘군에서 최고로 훈련된 그의 부하들은 하르니크 소령을 위해서라면 무엇이든지 할 것처럼 보였다.

나는 이제 잠을 좀 자두어 에너지 충전을 해야겠다고 생각했다. 내가 언제

전사의 길

또 충분하게 수면을 취할 수 있겠는가? 나는 전투를 지휘할 동안 맑은 정신 상태에서 판단하고 결심해야 한다. 그러나 이제 잠잘 수 있는 시간은 겨우 2시간밖에 남아 있지 않았다. 수많은 생각들이 잠을 방해하고 있는 가운데 나는 침대로 들어갔다.

무엇보다 리타니강 도하작전에 실패하지 않을까 걱정이 되었다. 하나의 작은 실수조차도 사단의 전체 부대를 꼼짝달싹 못하게 만들 수 있다. 저무시무시한 장애물인 리타니강이 멋지게 흐르고 있다. 도하작전은 아주 복잡하다. 오류가 생길 가능성이 수도 없이 많다. 궤도차량이나 교량전차 조종수에 의해 일어나는 단 한 번의 실수는 나머지 부대들을 리타니강 남쪽에 꼼짝달싹 못하게 만들어 놓아 사단의 임무 전체를 망치게 할 수도 있다. 나는 리타니강을 이미 도하해서 강 건너편에 넘어가 있으면 좋으련만 하는 생각이 들었다.

1982년 6월 6일, 일요일

05시 30분, 이번 작전에 참가하는 모든 사단장들이 북부사령부 상황실에 최종브리핑을 듣기 위해서 소집되었다. 전쟁에 돌입하기 전 최종 수정된 명령을 하달하는 자리이다. 샤론 국방장관과 라풀 참모총장 옆에 드로리 북부사령관과 그의 참모들이 배석했다. 그리고 이번 전쟁이 가지고 있는 중요성으로 인해서 군사역사가, 이스라엘군 대변인, 최고사령부 일반참모 부장들, 병과사령관, 그리고 북부사령부 자문역할을 하는 퇴역장성들이 자리를 함께하고 있었다.

드로리 북부사령관과 참모들은 국방장관과 참모총장의 승인을 받기 위해서 최종작전계획을 그들 앞에 제출하였다. 그리고 사령부 작전참모는 우선 작전지역 내 최종적인 적 배치상황을 요약한 후 북부사령부 작전계획과 각 사단의 임무에 대해서 브리핑하였다. 그리고 포병, 공병, 항공, 정비, 통신 등 분야에 대한 세부지원계획을 최신화해서 보고하였다. 북부사령부 참모들의 얼굴을 둘러보니 이번 작전으로 인해서 모두들 흥분해 있었고, 몇 시간 후 이들의 어깨에 떨어질 막중한 임무와 책임감으로 인해 긴장감이 더해졌다. 이어 사령부 정보참모가 나와서 현재 테러분자들이 최고의 경계상태에 들어가 있다고 브리핑하면서 긴장감을 더욱 고조시켰고, 시리아군 역시 이스라엘군 공격에 대비하여 비상태세에 돌입하였다는 점을 강조하였다.

샤론 국방장관은 우리와 마찬가지로 리타니강 도하작전에 대해서 염려하고 있었는데, 최고사령부의 이샤이(Yishai) 공병감은 이 문제에 대해 특별히 언급하지 않았다.

레바논 작전의 서부 해안축선을 담당하고 있는 제91사단장 이치크 모르데카이 준장이 소르(Sor) 지역 점령과 자하리니강에 이르는 해안고속도로 점령을 위한 자신의 작전계획을 설명하였다.

"이점은 확실히 해두면 좋겠군. 자네 사단은 시돈(Sidon)에서 멈추면 안 돼. 할 수 있는 한 최대한 계속해서 북진하게!" 샤론 국방장관은 이점을 분명히 하였다.

이제 나의 브리핑 차례였다. 다른 사람들처럼 궤도걸이에 작전상황판을 건 다음, 먼저 사단이 골란고원으로부터 어떻게 이동해 내려올 것이며, 아울러 골란고원 방어책임을 인수받은 동원부대의 전투력을 어떻게 평가하고 있는지에 대해 설명하였다. 그리고 사단의 작전개념과 예하 여단들의 임무를 설명하였다. 내가 카르달레 교량 축선을 개척하는 부분에 이르자, 샤론 국방장관은 나의 설명을 제지하면서 이렇게 물었다.

"부대들은 언제 도하할 수 있는가?"

"명령을 하달하면 바로 도하합니다"라고 답변했다. "대략 오늘 15시에서 16시 사이에 도하할 것으로 예상합니다."

이때 드로리 사령관이 대화에 참여하였다. "메나헴 에이난(Menachem Einan)의 제162사단은 작전계획에 따라 카르달레 교량을 통과해서 카할라니 사단을 초월하여 진격하도록 되어 있습니다."

"우리 사단이 교량을 도하해서 건너편에 있는 고지대를 점령하게 되면, 에이난 사단이 나머지 부대들을 통합해서 우리를 초월하게 되는데 이때 그들의 전방진출을 최대한 지원하겠습니다." 내가 덧붙여 설명하였다.

나는 계속해서 다음 날 아침까지 나바티예[141] 시가지 일대에 있는 적을 어떻게 격멸시킬 것인가에 대해서 설명하였다. 샤론 국방장관이 또 나의 설명을 제지하였다.

"자네 사단의 시간계획은 너무 낙관적이야." 그가 강한 어조로 말했다. "내일 자하라니강을 도하하겠다고 하는데 그것은 매우 어렵다고 보고 있네. 이처럼 좁고 구불구불한 도로를 계속 전진한다는 것이 정말 어렵다고. 무척 어렵단 말이야… 과거에 실시했던 리타니 작전을 경험한 사람들도 이 자리에 앉아 있을 거야. 이렇게 착잡한 지형에서는 특별한 전투행동을 하지 않고 단순히 이동만하게 되더라도 시간이 무척 오래 걸린단 말이야…"

나의 사단이 나바티예 시가지를 전투 없이 우회할 수도 있음을 설명하려 했지만, 샤론 국방장관은 "다른 뾰족한 방법이 없네. 내가 말하고 싶은 것은… 작전을 너무 낙관적으로 보지 말라는 것일세. 그리고 자네는 시리아군과 어디에서 처음 조우할 것으로 예상하고 있는가?" 하고 물었다.

"시리아군이 있는 지역으로 우리가 굳이 들어가지 않는다면 조우하지 않겠습니다만…".

---

141 **나바티예:** 레바논 남부에 위치한 도시로서 나바티예 주의 주도이며 교통 및 문화의 중심지이다. 인구는 약 10만 명(2005년 기준)이다. 이 지역에 PLO 예하 카스텔 여단에 소속된 1,000여 명의 테러 분자들이 은거하고 있었던 것으로 추정되었다.

"시리아군과는 교전하지 않는 것이 상책이야." 샤론 국방장관이 드로리 사령관 쪽으로 시선을 돌리며 결론을 내렸다. "오늘 공격개시시간을 12시에서 오전 11시로 한 시간 앞으로 당길 수 있겠나?"

우리는 그 질문에 모두 동의하였다. 이어서 샤론 국방장관은 북부사령부 상황실에서 베긴 수상에게 직접 전화를 걸어 전쟁개시의 최종승인을 받아 내었다. 이제 갈릴리 평화작전을 오전 11시에 개시하게 된 것이다.

북부사령부 상황실의 분위기가 갑자기 확 바뀌었다. 작전개시가 한 시간 앞으로 당겨진 것이다! 이때 제252사단[142]의 에마누엘 사켈(Emmanuel Sakel) 준장이 자신의 작전계획을 설명하였고, 그리고 제162사단[143]의 메나헴 에이난 준장이 설명을 이었다. 에이난 사단은 우리 사단이 개척한 카르달레 교량 축선이나 아키예 교량 축선을 이용하여 우리를 초월하여 지나가게 된다. 그리고 아랍 살림(Arab Salim)을 향하여 전진하고, 다하르 엘 바이다르(Dahar el-Baidar) 지역까지 진출하여 베이루트-다마스쿠스(Beirut-Damascus) 고속도로를 통제할 수 있는 지역을 점령하게 될 것이다.

라풀 참모총장이 일어나서 회의의 마무리 발언을 하였다.

"여러분이 잘 알다시피, 이번 작전의 목적은 이스라엘 북부지역의 정착촌들을 보호하기 위해서 테러분자들을 그들의 포병사거리 밖으로 쫓아내는 데 있습니다. 이제부터 가장 중요한 것은 시간과의 싸움입니다. 벌써부터 UN, 안전보장이사회, 그리고 국제정치 세력들이 정전을 밀어 붙이려고 하고 있어요. 이건 테러분자들이 그들에게 직접 요청한 것입니다만…. 그

---

142 **제252사단:** 남부사령부 예하의 동원기갑사단이다. 이 사단은 동부축선에서 베카계곡 전투에 투입된 주요 부대이다.

143 **제162사단:** 중부사령부 예하의 정규기갑사단이다. 이 사단은 중앙축선에서 카할라니의 제36사단을 후속하다가 초월하여 베이루트-다마스쿠스 고속도로까지 기동하였다. 사단의 주력은 메르카바로 장비된 기갑여단과 M60전차로 장비된 기갑여단이었다.

래서 지금 중요한 것은 우리의 작전계획을 얼마나 멋지게 수립하였나, 또 우리의 전투차량들이 도로가에 얼마나 멋들어지게 늘어서 있는가 하는 문제가 아닙니다. 가장 중요한 것은 우리가 오늘 11시에 공격을 개시한다는 사실입니다. 결국 이번 작전성공의 여부는 레바논 영토 내에 테러분자들이 얼마나 많이 살아남아 있느냐, 아니면 얼마나 소탕되었느냐에 달려 있습니다. 만일 테러분자들이 우리의 공격을 잘 막아내고, 또 북부지역의 정착촌들이 여전히 그들의 포병사거리 내에 들어가 있다면 이번 작전을 차라리 시작 안 한 것만 못하지요."

참모총장은 또 유엔 레바논평화유지군(UNIFIL)과의 교전 가능성에 대해 주의를 주었다. "그들은 유럽의 UN부대들(프랑스, 네덜란드, 노르웨이)인데 우리 군의 공격을 저지할 가능성이 많다는 것을 잊지 말기 바랍니다. 이들에게 휘말려 들게 되면 솔직한 대화를 통해서 사태를 해결해야 합니다"라고 강조하였다.

라풀 참모총장은 이제 주제를 바꾸었다. "레바논 작전지역 내에 있는 시민들과 시설물 보호에 대해서 이미 언급한 바가 있어요. 단순하게 민간인 부상을 피하는 것만 의미하지는 않지요. 우리가 공격하는 도중에 만나는 공공건물, 개인주택, 또는 각종 시설물들을 포함하는 것입니다. 시민들이 이러한 시설물을 사용해야 하는 것입니다. 결국은 우리도 이것을 장기간 이용해야 하는 것입니다."

그러나 한 가지 예외가 있었는데, 그것은 나바티에 시가지 전투였다. 우리는 이 지역을 완전히 소탕하기로 하였다. 라풀 참모총장도 이를 중요하게 생각하고 있었는데 그는 이 구역에서 저 구역으로, 또 이 집에서 저 집으로 이동하면서 테러분자들을 완전하게 소탕하는 방법을 자세하게 설명해 주었다.

"이제 시리아군과의 문제입니다"라고 계속해서 말했다. "이 문제 역시 앞에서 강조한 바 있습니다. 작전계획상 우리는 적어도 최초 24시간 이내에는 시리아군과 교전하지 않는 것을 가정하고 있습니다. 이것은 결정적인 것입니다. 시리아군과 교전이 시작되면 그들은 이스라엘군이 자신들을 먼저 기습적으로 공격했다고 온 세계에 대고 떠벌릴 겁니다. 그것은 바로 국제정치 문제와 직결되는 결과를 낳지요."

마지막으로 동원부대 지휘관들에게 몇 가지 기술적인 문제를 언급하였다. "전시치장창고에 있는 물자와 장비들을 제발 조심해서 다루어 주세요. 세 가지를 강조합니다. 조심해서 다룰 것! 사용가능 상태를 유지할 것! 항상 정돈할 것!" 그리고 몇 마디 덧붙였다. "이번 동원된 예비군들은 지급된 전투장비들을 마치 다른 사람들이 소유한 자가용이라고 생각하고 소중하게 다루어 주었으면 좋겠어요. 그럼 모두들 행운을 빕니다."

이때 샤론 국방장관이 일어서더니 작전상황판 앞으로 걸어나갔다. 그리고 옆에 있는 지시봉을 들고서 잠시 시선을 아래로 내리더니 진지하고 무겁게 말문을 열었다.

"여러분들이 모두 지쳐 있고 시간이 부족하다는 것을 잘 알고 있습니다." 샤론 국방장관은 평소처럼 요점을 짚어 가면서 활기차게 말을 이어 나갔다.

"여러분, 내 말을 귀담아 잘 듣기 바랍니다. 필요한 작전지침들은 이미 예하 부대에 모두 전파하였으리라 생각하고요…. 우리는 단순히 평화조약에 서명할 상대국으로 레바논 정부를 세워 주기 위해서 이번 전쟁을 시작한 것이 아닙니다. 또 레바논에 있는 시리아군이 비록 우리에게 불편하고 위험한 존재라고 할지라도, 단지 그들을 레바논에서 몰아내기 위해서 전쟁을 계획하지도 않았습니다. 절대로 그렇지 않습니다. 내가 여러분들과 여기에 함께 있다면 그것은 바로 진실의 순간인 것입니다…. 어느 누구도 이 전쟁을 원하지 않았어요…. 우리는 가능하다면 이 전쟁을 피해 보려고 많

전사의 길

은 노력을 해 왔지요. 이점을 명심해 주기 바랍니다. 여러분은 국민들을 바라보고 올바르게 설명해 줄 수 있어야 합니다. 이 지역에서 야기되었던 일련의 상황 악화가 결국 우리로 하여금 전쟁 외에 다른 것을 선택할 수 없게 만들었다는 사실을 말입니다. 유대인들이 이스라엘과 다른 나라에서 계속해서 공격당해서 죽어 가고 있는데, 우리가 '평화의 상태'로만 계속 앉아 있을 수는 없는 노릇이지요."

샤론 국방장관은 병사들을 만나서 잠깐이라도 대화하고 격려해 줄 시간이 없다는 점을 양해해 주기를 바랐다. 그는 예루살렘으로 곧바로 돌아가야 했는데, 그곳에는 야당 인사들이 수상 관저에서 최신 상황을 듣기 위해서 기다리고 있었기 때문이다.

"이번 작전의 목적은 우리를 위협하고 있는 테러분자들의 근거지를 파괴하는 것입니다…. 나는 우리가 시돈을 넘어갈 것으로는 생각하지 않아요. 여기서 시돈까지는 40km입니다. 거기서 우리는 총성을 멈출 것입니다…. 그렇지만 모든 부대들은 북쪽 베이루트 방향으로 계속해서 기동할 준비를 해야 합니다…. 이번 작전의 일차적 목적은 이스라엘 정착촌을 적군의 포병사거리로부터 꺼내는 것이지요. 그러나 정부가 정치적 관점에서 차후 작전을 계속 수행해야 될 시점이 된다면, 또 다른 내각회의가 소집되어 이것을 결정할 것입니다."

샤론 국방장관은 우리가 이스라엘 정착촌으로부터 테러분자들을 그들의 포병사거리 밖으로 밀어낼 만큼의 충분한 시간을 확보하지 못할 가능성 때문에 고민하고 있었다. 우리는 국제관계의 틀 속에서 정치적 요인에 의해 작전을 저지당할 수 있으며, 또 이로 인해서 모든 것을 망칠 수도 있었다. 샤론 국방장관은 이번 레바논 전쟁의 복잡성에 대해서 언급하였는데 시리아군, 유엔 레바논평화유지군(UNIFIL), 미국, 소련, 레바논 국민 등 여러 관계에서 다각적인 측면의 고려사항들이 요구되었기 때문이다.

"나는 시리아군에 대해서 언급하고자 합니다. 만일 우리가 베카계곡에서 시리아군을 정면으로 공격하게 되더라도 최대한 늦게 작전을 시작해야 합니다! 저들은 우리를 비난하면서 갈릴리 정착촌 지역이 하루 24시간 내내 자기들의 포탄 세례를 받게 될 것이라고 떠들어 댈게 뻔해요. 아마 그럴 겁니다. 따라서 우리의 의도는 시리아군과 교전을 시작하기 전에 가능한 최대한 인내심을 가지고 참고 기다리는 것입니다. 우리는 시리아군과 전면전을 펼치려는 의도는 갖고 있지 않은데, 그러나 이것이 전적으로 우리에게만 달려 있는 것도 아니에요…. 자, 내 말의 핵심은 바로 이것입니다. 레바논에서 전쟁 외에는 달리 우리에게 선택의 여지가 없다는 겁니다. 테러분자들은 어떠한 경우에도 레바논에서 철수하지 않을 것이므로, 우리는 전쟁 진행에 대한 내각의 추가적인 결정을 기다려야 합니다. 어떠한 상황에서도 테러분자들을 레바논 땅에 남겨 두지 않아야 합니다!"

나는 샤론 국방장관이 이 말을 해 주기를 기다려 왔었다. 지금껏 나는 시리아군과 교전 없이 어떻게 이 전쟁을 수행해 나갈 수 있을지 이해하고 있지 못했던 것이다. 우리의 작전상황관에는 여러 색깔의 공격축선 화살표들이 레바논에 배치되어 있는 시리아군 부대들을 관통하면서 그려져 있었다.

이제 샤론 국방장관은 마치 자신이 우리를 직접 지휘하고 있는 듯 빠른 말투로 지휘관들에게 설명하기 시작했다.

"이와 같은 군사적 행동을 한 다음에는 항상 정치적인 평가가 뒤따르고 있었다는 점을 유념하길 바랍니다. 나는 지난 30년 간 우리가 수행했던 모든 군사작전을 뒤돌아보고자 합니다. 우리가 군사작전을 감행하고 난 다음에는 여지없이 군이 허약해져 버렸는데, 그 이유는 유대인들이 아우성치며 우리 군을 압박하며 처벌하자고 떠들어 댔기 때문이지요."[144]

우리는 모두 싱긋 웃었다. 샤론 국방장관도 우리를 보고 싱긋 웃더니 다시금 몇 가지 사항을 강조하기 시작하였다.

전사의 길

"유엔 레바논평화유지군(UNIFIL)이 통제하는 구역 안에서 테러분자들이 피난처를 찾지 못하도록 해야 합니다…. 따라서 신속한 기동이 대단히 중요해요…. 우리의 사상자를 내지 않도록 최대한 노력하세요…. 우리가 지나간 후 하다드(Haddad) 부대 군인들[145]이 불법적인 학살을 자행하지 않도록 해야 합니다. 그렇지만 하다드 부대의 활동 영역을 넓혀 주기 바랍니다…. 그리고 과도한 포병사격을 하지 마세요. 왜냐하면 사격할 표적들이 그리 많지 않아요. 많이 쏴 버리면 탄약보급대를 다시 운용해야 합니다."

마지막으로 강조했다. "여러분, 머리를 쓰세요. 엉킨 실타래를 푸는 것은 이제 여러분들의 손에 달려 있습니다. 우리는 이곳 북부사령부 상황실에 앉아서 여러분들을 지켜보고 있을 것이며, 여기서 정부와 모든 것을 협조해 나갈 것입니다! 우리는 오랫동안 조용하게 참아 왔어요…. 레바논에 근거지를 두고 전 세계로 나간 테러분자들이 벌였던 행위로 인해서 1,000여 명의 사람들이 죽었고 4,500명의 사람들이 부상을 당했습니다." 국방장관은 마무리를 지으며 드로리 북부사령관 쪽으로 시선을 돌렸다. "정확한 사상자 현황자료를 원한다면 알려 주도록 하겠소!"

이 말을 남기고 샤론 국방장관은 상황실을 나갔다.

나는 동료 사단장들과 헤어지면서 악수와 함께 그들의 건투를 빌어 주

---

144 하나의 예로 욤키푸르 전쟁이 끝나고, 전쟁의 책임을 묻는 여론이 조성되어 정부는 2개월 후 대법원장 아그라나트를 위원장으로 하는 전쟁진상조사위원회를 구성하였다. 위원회는 전쟁발발 초기의 대응을 면밀히 검토하고 핵심 쟁점사항을 조사해서 공개하였는데, 이로 인해서 군인 6명(엘라자르 참모총장 해임, 국방정보국장 제이라 해임, 남부사령관 고넨 해임 등)이 문책을 당했다. 이어서 정부책임에 대한 비난도 빗발쳐서 결국은 골다 메이어 수상과 다얀 국방장관도 사임했다. 샤론 국방장관은 이를 염두에 두고 언급한 것으로 보인다.

145 남부 레바논군 사령관인 사드 하다드(Sa'ed Haddad) 소령이 지휘하는 부대를 말한다. 이스라엘군은 1978년 리타니 작전을 실시하고 철수하면서, 이 지역의 안전을 위해 하다드 소령에게 남부 레바논 지역을 관할하는 책임을 인계하여 주었었다. 이 부대는 이스라엘군에 협력하여 갈릴리 평화작전에 참가하였다.

었다. 사단 주 지휘소로 돌아오는 길에 나는 예하 부대의 출동준비상태를 살펴보기 위해 골라니 여단의 집결지에 들렀다. 병사들은 전차와 장갑차에 장비들을 결속하고 있었고, 중대장과 소대장들은 마지막으로 작전계획을 설명해 주느라 여념이 없었다. 나는 그들 모두가 자랑스러웠다. 나는 여단장과 대대장들을 격려해 주었다. 그리고 거기서 구니 하르니크 소령을 만났다. 그는 가비 아시케나지 부여단장 장갑차에 자신의 군장을 동여매고 있었다. 그는 결국 그렇게 하여 자기 자리를 찾은 것이다.

"골라니 여단의 부대기를 갖고 가는 걸 잊지 말게!" 나는 가비 부여단장을 보면서 웃었다. "사단장은 골라니 여단의 깃발이 보포트 요새 위에 멋지게 휘날릴 것을 확신하고 있다. 그렇지만 너무 흥분해서 이스라엘 국기도 같이 올려야 한다는 사실을 절대 잊지 말도록 하라…." 내가 전에 골라니 여단의 장병들에게 진지하게 훈시했던 말을 가비 중령이 상기하면서 웃어 주었다.

지프차를 타고 돌아오면서 나는 이러저러한 생각이 들었다. 잠시 후나의 명령에 따라 가공할 만한 전투력을 가진 부대들이 서서히 움직이기 시작할 것이다. 만일 이번 작전이 실패하게 된다면, 지휘관은 부하들보다 몇 배나 더 무겁고 엄중한 책임을 져야 할 것이다. 도로 옆에서 전차와 장갑차를 타고 있는 수천 명의 부하들은 자신의 지휘관인 나를 믿고서 나의 명령에 따라 행동하게 될 것이다.

나는 그들의 얼굴을 쳐다보았다. 전쟁을 막상 개시할 시간이 다가왔는데도 대부분 무관심한 것처럼 보였다. 저런 겉모습 속에는 분명 어떤 두려움이 숨어 있을 것이다. 나는 스스로에게 물었다. 누가 이 전쟁이 끝나고 무사히 집으로 돌아올 특권을 누리고, 누가 그렇게 하지 못할 것인가? 누가 다친 데 하나 없이 돌아오고, 누가 평생 짊어지고 갈 신체적 부상과 정신적 상처를 안고 돌아올 것인가?

전사의 길

젊은 군인들의 모습을 보자, 나는 그들보다 경험이 더 많고 나이도 더 많이 들었다는 생각이 들었다. 그렇다고 해도 이 순간 그들의 마음속에 들어 있는 생각을 내가 어찌 다 알 수 있을까? 그들을 바라보며 손을 흔들어 주고 있을 때 안절부절못하는 나의 심정을 그들은 알고나 있을까?

나는 마치 전쟁영화 한 장면 속에 있는 것처럼 느껴졌다. 명령을 기다리고 있는 기갑차량들의 긴 대열을 보고 우뚝 서 있는 기동부대 지휘관, 얼마 후 나의 명령 한 마디에 기갑부대가 스프링같이 앞으로 튀어나갈 것이다. 잠시 후 불어닥칠 폭풍우 전야에서나 볼 수 있는 일시적인 평온이었다. 곧 이스라엘 전투기들이 하늘을 가르고 날아갈 것이다. 포병부대가 저 멀리 보이지 않는 곳에서 천둥소리를 낼 것이다. 그리고 전차와 장갑차의 긴 대열이 하늘로 먼지 기둥을 올릴 것이다. 하지만 이 순간에는 모든 것이 고요하였다. 나는 부하 전사들로부터 힘을 얻었다. 나는 그들을 바라보면서 그들을 신뢰하였다. 왜냐하면 나는 이 순간을 위해서 그들에게 전투준비를 철저하게 시켜 왔고, 또 내가 할 수 있는 모든 노력을 다해 왔기 때문이다.

야전에 전개한 사단 주 지휘소[146]의 천막 안에는 모든 것이 준비되어 있었다. 내가 주 지휘소에 들어서자 사단 통신장교 일란(Ilan)이 확신에 찬 미소를 지으며 경례를 했다.

"일란, 모든 부대와 교신이 가능한가?" 나는 모든 부대를 지휘하고 통제하는 데 기반이 되는 통신이 견고한지 확인했다.

그는 두 팔을 벌리며 말했다. "사단장님, 저의 통신부대를 의심하는 것은 아니시지요?"

---

146 **주 지휘소(MCP: Main Command Post):** 지휘관이 전술작전을 지휘통제하는 주된 시설이다.

"일란, 이 친구야. 나는 모든 부대가 내 호출에 응신할 때만 통신을 신뢰하네. 모두 응답하고 있는가?"

"현재는 무선침묵 대기상태입니다. 그렇지만 응답 안 할 이유도 없습니다. 모든 통신장비를 이상 없이 점검했고 모든 지휘관들에게 예비 무전기를 지급하였습니다."

"그렇다면 이제 남은 건 기도하는 것뿐이군…. 일란, 내 지휘용 장갑차에 무전이 제대로 되고 있는지 다시 한번 확인해 봐. 이 큰 천막에서 자네와 오랫동안 대화하고 있을 시간이 없네"라고 하면서 웃어 준 다음 옆에 위치하고 있는 나의 지휘용 장갑차를 둘러보았다.

지휘용 장갑차 2대를 연결해서 만든 전술지휘소[147] 천막 안에서 사단작전참모 요시 라베 중령이 자신의 임무에 열중하고 있었다. 여러 가지 색깔로 칠해진 공격축선 화살표들이 그려진 상황판 지도가 중앙 탁자 위에 펼쳐져 있었다. 사단 예하 부대들과 다중채널 통신을 가능하게 해 주는 무전기 송수화기와 스피커들이 지휘용 장갑차 내부 벽면에 설치되어 있었다. 그리고 전술지휘소 천막 중앙에 있는 탁자 주위에 접이식 의자들이 비치되어 있는데, 여기에서 우리는 원하는 사람들과 통화할 수 있는 무선전화기가 설치되어 있다. 내가 요구한 대로 투명 비닐커버를 제거한 레바논 남부지역 지도가 탁자 위에 놓여 있었는데, 이 지도는 내가 개인 전용으로 사용하기 위해 준비한 것이다. 나는 이 지도를 이용해서 예하 부대들과 항상 대

---

147 전술지휘소(TACCP: Tactical Command Post): 전방지휘단(ACG: Advance Command Group)이라고도 한다. 기갑부대 작전은 기동을 중시하기 때문에 주 지휘소로부터 전술지휘소를 신속히 분리하여 전방지역의 특정한 지점으로 즉각 이동할 수 있어야 한다. 따라서 이를 이동전술지휘소(Mobile TACCP)라고도 한다. 당시 이스라엘군은 전술지휘소를 구성하는 지휘용 장갑차로서 미국으로부터 도입한 M577(M113 장갑차를 기본 차체로 하는 계열 장갑차)을 운용하였다. 참고적으로 한국군은 K200을 기본 차체로 하는 K277 지휘용 장갑차를 운용하고 있으며, 최근에는 보병부대도 K808 계열의 차륜형 지휘소 장갑차를 운용하기 시작했다.

전사의 길

화가 가능하였고 그들의 위치를 확인할 수 있었다.

　작전참모 라베 중령은 자존심 있는 주부처럼 나에게 지휘용 장갑차 내부를 안내했다. 내가 대부분 알고 있지만 근무요원들을 하나하나 소개시켜 주었고, 상세지도에서부터 예하 부대 감청을 위한 무전기까지 준비한 모든 품목을 보여 주었다.

　지휘용 장갑차는 그 내부에서 작업하기 매우 용이한 장소이다. 몇 시간 지나면 나의 지휘용 장갑차에 몇 대의 장갑차를 추가해 '이동 전술지휘소'를 구성하여 참모 몇 명과 함께 예하 부대에 합류하기 위해 북쪽으로 기동하게 될 것이다. 내가 탄 지휘용 장갑차의 승무원들은 조종수 오하욘(Ohayon), 작전부사관 코비(Kobi), 무전병 라피(Rafi)와 아미람(Amiram), 통신장교 일란(Ilan), 그리고 작전장교 츠비카(Tzvika)였다.

11시, 나는 국경선을 통과하라는 명령을 전 부대에 하달했다. 부대가 움직이기 시작했다. 아직 마무리되지 않은 것들은 이동하는 도중에 마무리될 것이다. 공군 전투기들이 폭탄을 잔뜩 매달고 굉음을 내면서 우리의 머리 위를 날아갔다. 아군 포병부대가 원거리에 있는 표적을 타격하는 폭음소리가 멀리서 들려왔다. 이때 나는 갑자기 대대장들과 직접 무전을 통해서 개별적으로 그들의 건투를 빌어 주고 싶었다. 나는 예전처럼 코드코드[148] 드로르(Kodkod Dror)라는 호출명을 가지고 각 대대별로 그들의 무전망에 들어갔다. 나는 사단 통신망에서 아나파(Anafa)라는 별도의 호출명을 가지고 있었지만, 내가 제7기갑여단장을 할 때 사용했던 드로르(Dror)라는 호출명을 개인적으로 특별히 의미심장하고 중요한 것으로 여겼기 때문에 이것의 사

148　코드코드(Kodkod): 코드코드는 히브리어로 '지휘관'을 의미한다.

갈릴리 평화작전－레바논 전쟁

용을 고집하였다.

차례차례 건투를 빌어 주고 격려하는 말들이 사단 주 지휘소의 무전망에서 울려 퍼졌다. 골라니 여단의 바루치 스피겔(Baruch Spiegel) 기보대대장은 나를 절대 실망시키지 않겠다고 약속하였다. 그의 부대는 어떤 임무도 완수해 낼 것이다. 골라니 여단으로 배속이 전환된 바라크 여단의 전차대대장인 아미람 레빈 중령이 "이번 작전에는 연료를 충분하게 할당해 주셨습니까?"라고 농담 섞인 질문을 던졌다. 전에 그의 전차대대가 연료할당량을 초과하는 바람에 내가 그 부대의 훈련 일부를 취소시킨 적이 있었기 때문이다.

사단 주 지휘소를 둘러보니 모든 명령들이 기록되고 최신화되고 있었으며, 무전에 귀를 기울이고 있는 요원들은 각 부대의 이동을 추적하여 위치와 상황을 기록하고 있었다. 호기심에 가득 찬 나의 눈길을 느낀 듯 북부사령부에서 파견 나온 연락장교가 나에게 다가오더니, 자기는 상황을 정기적으로 최신화시키고 있으며 북부사령부 상황실과도 연락유지를 잘하고 있다고 보고했다. "디르 발락(Dir balak: 조심하라는 뜻임)"이라고 내가 웃으며 아랍어로 말했다. "자네가 원하는 것은 모두 파악해도 좋지만, 여기서 스파이 노릇을 하면 절대 안 돼요!"

나는 사단 주 지휘소 천막에서 걸어 나와서 서쪽과 북쪽으로 이동하고 있는 부대들을 바라보았다. 검은 연기구름들이 리타니강 건너편에서 피어오르고 있었는데, 나는 포병부대들이 표적을 정확하게 타격해 주기를 바랐다. 기갑부대들이 이동하는 모습을 볼 수 있었다. 따뜻한 여름 날씨로 인해서 하늘은 맑고 시계도 좋았다. 내가 보고 있는 광경은 아주 인상적이었으며 또한 강렬하였다. 어떠한 적도 우리에게 감히 맞서서 대항하지 못할 것이다.

다시 주 지휘소 천막으로 돌아와서 전술 다중채널의 무전망을 통하여 흘러나오는 왁자지껄한 소리에 흠뻑 빠져들었다. 무전망에서 지휘관들의 날카로운 목소리가 이어지고, 전화벨 소리는 쉴 틈 없이 울어 대었다.

골라니 보병여단이 예정보다 늦게 출발했고, 바라크 기갑여단의 선두부대가 그 뒤를 따랐다. 사단 작전계획에 의하면 이들 2개 주력 여단은 거의 동일한 시간에 다른 기동로를 따라 리타니강에 도착해 각기 다른 장소에서 도하하도록 되어 있었다. 강의 수심이 얕아서 견인트랙터의 도움 없이 궤도차량 자체로 도하할 수 있었지만, 실제는 이보다 더 빨리 이동할 수 있게 되었다. 왜냐하면 아키에 교량이 손상되지 않은 채로 유엔 레바논평화유지군(UNIFIL) 프랑스 부대에 의해서 보호되고 있었는데, 그들은 우리를 특별히 제지하지 않고 쉽게 길을 터 주었다. 이것은 전혀 뜻밖의 일이었다.

일단 전위부대가 도하를 실시하자, 나는 전술지휘소를 도하지점으로 이동시키기로 하였다. 전술지휘소라고 하는 것은 사단장이 직접 운용하며 여기에는 정보참모, 공군연락장교, 그리고 화력지원협조관이 포함된다. 사단 전술지휘소는 대략 5대 정도의 장갑차로 구성하여 이동하는 지휘소이다. 전술지휘소는 전장지역에서 특정한 지점으로 즉각 이동할 수 있는 고도의 기동성을 가진 소단위 부대이다. 자체의 통신장비를 이용하여 모든 예하 지휘관을 지휘통제하며, 후방에 있는 사단 주 지휘소와도 교신이 가능하다.

나는 도로를 따라서 조금씩 움직이면서 여러 부대들을 통과하여 앞으로 나아갔다. 사이렌을 가지고 있었더라면 이들을 도로 옆으로 잠시 비켜나게 할 수 있었을 텐데 그렇게 하지 못했다. 내 뒤를 바짝 쫓아오는 두 번째 장갑차에 정보처 보좌관 두두(Dudu)가 타고 있었고, 그의 옆에 내 후임 사단장으로 내정된 마탄 빌나이 준장이 같이 타고 있었다. 세 번째 장갑차에는 몸집이 크고 헌신적이며 열정적인 동원 예비군 누테크(Nutek) 공군 대령이 타고 있었다. 네 번째 장갑차에는 통신장교가 따르고 있었다. 제일 후위의 다섯 번째 장갑차에는 화력지원협조관인 포병여단장 이치크 가지트 대령이 타고 있었다. 전술지휘소 제대는 어떤 방향으로도 사격할 수 있는 자체 화력을 가지고 있으며, 또한 자체 방호능력을 가지고 있는 소단위 부대이다. 전쟁 전에 나는 전술지휘소 제대를 다른 전투부대들과 동일하게 훈련시킬 것을 특히 강조했었다. 그래서 전술지휘소 제대를 여러 번 훈련장에 끌고 나가 모의전투 훈련을 실시했고, 모든 방향의 적 위협에 대응하는 사격훈련도 실시했었다.[149] 내가 전술지휘소를 전방으로 이동한다고 했을 때 가지트 포병여단장과 누테크 공군대령은 나와 합류할 수도 있고 그렇지 않을 수도 있었다. 그들은 사단 주 지휘소에 남아서 자기들의 임무를 수행할 수도 있었지만, 그것을 거부하고 굳이 나를 따라 같이 온 이유를 잘 알고 있었다.

몇 년 전 리타니 작전이 끝날 무렵에 나는 이 지역을 두루 정찰한 다음 지도와 항공사진을 면밀하게 분석해 놓았기 때문에, 이번 작전을 좀 더 용이하게 준비할 수 있었다. 리타니강을 내려다보니 물결치는 하천을 가르면서 용솟음치는 힘으로 도하하고 있는 기갑부대의 웅장한 모습이 내 눈에 들어왔다. 어느 부대가 정확하게 반대편 둑으로 기어 올라갔고, 또 어느 부대가 지금 도하하고 있는지 알 수 있었다. 한편 도하지점 대기지역에는 많은 전투차량들이 모여 있었고 교통체증이 극심하였다. 나는 여단장들에게

---

149 카할라니의 '전투임무 위주' 사고방식에 찬사를 보낼 수 있는 부분이다. 옮긴이의 군생활 경험에 비추어 보면 평시 훈련 시 전술지휘소를 적의 위협을 무시하고 운용하거나, 또 상급부대 방문에 대비하여 보고에 치중하다 보니 전술적으로 미흡하게 운용하는 경우가 많았다. 이동전술지휘소를 하나의 전투제대로 간주하고 철저하게 훈련시킨 카할라니의 군사적 혜안을 우리는 유념할 필요가 있다. 또한 대대급 이상의 지휘소가 워게임 지휘소연습(CPX)에 치중하고 실기동훈련(FTX)에 비중을 적게 둔다면 실제 전장에서 문제가 될 수 있음을 지적하고 있다.

전사의 길

이것의 문제점을 무전을 통해 경고해 주면서, 적의 포병사격이나 시리아군 전투기들로부터 표적이 되지 않도록 즉각 소산하라고 지시하였다.

조금 이르기는 하였지만 나는 모파즈의 보병여단에게 카르달레 교량과 보포트 요새에 인접한 아르눈 고지에 대해 작전행동을 개시하도록 지시했다. 그리고 마르즈 아요운(Marj Ayoun) 근방 언덕에 위치하고 있던 아군 전차들과 포병부대들에게 요새 주변의 표적에 대해 강력한 포격을 실시토록 지시하였다. 이것을 일종의 양공(Feint)작전으로 실시하였는데 이는 나바티예 고지대와 아르눈 고지에 있는 적을 그곳에다 고착시키고, 그들이 아키예 교량 방향으로 관심을 돌리지 못하게 함으로써 그 방향에서 기동하는 아군 부대가 방해받지 않도록 하는 것이다. 이러한 기만사격은 효과가 있었다. 따라서 테러분자들은 카르달레 교량 축선에서 강을 도하하는 아군 부대에 대비하기 위해 그 자리에만 계속 머물러 있었다. 모파즈 여단장은 최초에 카르달레 교량의 우측으로 우회하여 리타니강을 직접 도하하려고 계획했었다. 그러나 이 교량이 파괴되지 않고 온전한 상태로 있는 것을 발견하고는 곧바로 이를 확보하였다.

그날 늦은 오후, 나는 아키예 교량을 통과해서 리타니강을 건너가고 있는 부대들이 예상보다 늦어지고 있다는 사실을 알게 되었다. 한편 골라니 특수임무부대의 가비 아시케나지 중령이 나를 재촉하기 시작하였다. 가비는 바라크 기갑여단의 후미가 도하를 완료하기 전이라도 가급적 빨리 전방으로 이동하기를 원하고 있었다. 그렇지 않으면 '아르눈 고지와 보포트 요새 목표 점령'을 위한 그의 시간계획에 차질을 빚을 수 있기 때문이었다. 나는 도하지역에서 위험스러울 정도로 느린 속도와 엄청난 교통체증을 겪고 있는 상황을 보면서, 가비 부대를 조기에 이동시킬 방법에 대해 판단해 보았다. 나는 가비 부대를 바라크 기갑여단의 종대 대열에 합류시키는 것을 고려해 보았지만, 현재 도로가 너무 혼잡해서 만약 부대를 중간에 끼워 넣어 뒤죽박죽이 된다면 작전자체가 혼란스럽게 될 우려가 있었다. 심사숙고한 후에 나는 최초 계획대로 밀고 나가기로 결심하였다. 바라크 기갑여단이 도하를 완료할 때까지 가비 부대를 현재 위치에서 계속 대기하도록 지시했다.

15시경, 드로리 북부사령관이 나에게 무전을 했다.

"드로르, 잠시 후 우리가 자네를 방문할 예정이다."

예상치 못한 일이었다. "현재 사단작전참모가 주 지휘소에 위치하고 있음"이라고 응신하면서 덧붙였다. "본인은 현재 전방으로 이동 중에 있음. 이상."

"잘 알았어요. 나중에 봅시다. 이상 교신 끝."

도대체 '우리'는 누구이며, 사령관 헬기는 어디에 착륙한다는 말인가?

몇 분 후 무전망에서 다시 나를 호출하였다. 이번 목소리는 전과 조금 달랐다.

"신원을 밝혀 주기 바람" 하고 내가 요청했다.

"재송하라. 잘 들리지 않는다." 누군지 알 수 없는 수화자가 응답하였다.

그러나 나는 목소리의 주인공이 누군지 곧바로 알 수 있었다. 그 목소리는 바로 욤키푸르 전쟁 당시 나의 여단장에게 명령을 내렸던 무전기 속의 사단장 목소리였다. 라풀 참모총장이었다.

나는 참모총장에게 우리의 위치와 현 상황에 대해서 간단히 보고하였다.

"상당히 괜찮군." 참모총장이 말했다. "우리는 자네와 같이 여기 있으면서 상황을 주시할 것이다. 자네는 명령을 받으면 북서 방향으로 기동할 준비를 해야 돼." 물론 이 말의 뜻은 자하라니강 하구에 있는 해안고속도로까지 기동하라는 것이었다.

"잘 알았음. 자하라니강 하구를 향해 기동하겠음. 이상."

"오케이. 반드시 해내길 바란다. 그것이 제일 중요한 문제야. 그다음

전사의 길

중요한 것이 있는데, 이건 모든 것을 제멋대로 써 대는 그 친구들 문제야. 그들은 벌써 자네한테 와 있어. 그 안에 들어와 있다고."

라풀 참모총장이 말하는 '그 친구들'이란 이스라엘군 국방부 출입기자들이라는 것을 금방 알 수 있었다. 그들은 최전선 부대의 기사거리를 취재하기 위해서 현장에 나온 것이었다. 라풀 참모총장은 그들을 증오하고 있었다. 나는 이미 언론 접촉에 대한 상부의 지침을 받은 바 있으며 이를 적절한 방식으로 처리해 왔다고 자신하고 있었다.

"알았음. 그들의 방문은 사전에 협조되었던 것임. 그리고 현재까지 아무것도 공표한 것이 없음" 하면서 내가 따지듯이 응답했다.

"하지만 내가 그곳에 도착했을 때는 말이야." 참모총장이 강조했다. "그들에게 퇴장하라는 지시가 이미 전달되어 있어야 돼." 그는 '퇴장'이라는 말에 힘주어 말하면서, 그가 기자들을 밖으로 내보내라는 지시를 벌써 하달했음을 암시하였다.

"잘 모르겠음. 그러나 여기 온 기자들은 사전에 국방부 관계자와 협조한 것으로 알고 있음. 현재 어떠한 기사도 밖으로 나간 것이 없음. 이상."

"내가 말하는 것은 그자들이 벌써 자네한테 와 있다는 사실이야! 바로 자네 지휘소의 천막 안에!" 참모총장이 거세게 말했다. "그들은 사전에 협조하지 않았어. 그들은 침입자야. 그들은 어디로 침입해야 할지를 너무나 잘 알고 있는 자들이야!"

이제 나도 인내심이 바닥나기 시작했다. 마침내 라풀 참모총장의 헬기가 사단 주 지휘소 지역에 착륙하였는데, 취재기자들은 참모총장이 누구와 함께 내리고 있는지 잔뜩 관심을 가지고 기다리고 있었다. 사단 주 지휘소가 도로 인접지역에 위치하고 있었기 때문에 외부에서의 접근이 용이하였다.

드로리 북부사령관이 무전에서 우리 사단이 언제 카르달레 교량을 통과해 북상할 수 있는지 물었다. 잠깐 확인한 후 나는 모파즈의 보병여단이 도하지역을 통제하고 있는 상태에서 북쪽으로 축선을 개통하기 시작했음을 보고했다.

"알았다, 그 부대를 계속 전진시켜라." 사령관은 현재의 상황에 만족했다. "모파즈 여단에 포병지원을 증강시키라. 그런 식으로 모파즈 여단을 지원해 주라. 일단 리타니강을 잘 도하한다면 모든 것이 오케이야."

"여기는 드로르, 잘 알겠음. 가비 부대에 문제가 조금 있었으나 지금 목표를 향해서 이동하고 있음."

"신속히 기동시켜라. 이상 교신 끝."

사령관과 교신을 마쳤다. 15시 5분이었다.

주 지휘소에 있는 사단작전참모 요시 라베에게 나의 작전지침을 무전으로 지시하였다. 그리고 "가비 부대의 현 위치를 파악하라"라고 덧붙였다. "가비 부대가 시간계획에 맞추어서 보포트 요새를 공격할 수 있는지 알고 싶다. 나에게 보고토록 가비에게 지시하라. 이상."

작전참모가 가비에게 최대한 시간계획에 맞추어 아르눈 고지와 보포트 요새를 공격하라고 전달하는 소리가 무전기에서 흘러나왔다. 곧 가비가 응답했다.

"훨씬 더 많은 시간이 소요될 것으로 판단함. 이상."

부대들은 구불구불한 도로와 능선을 따라 조금씩 전진해 나갔다. 대전차 로켓발사기(RPG-7)로 무장한 적들이 가끔 아군 전차의 기동을 방해하였지만 그리 오래 가지는 못했다. 가장 힘든 부분은 마을을 통과하는 것이었다. 대부분 마을에는 하나의 도로만 있었고 때로는 전차 한 대가 지나가기에도 비좁았다.

사단의 주요 4개 공격부대는 그들의 선두부대가 기동을 이끌었다. '모파즈의 보병여단'은 마르즈 아요운의 경사면으로부터 내려와 북서쪽을 향해 카르달레 교량지역으로 전진하였다. '골라니 보병여단'은 아키에 교량을 통과해 리타니강을 건너간 후 드웨르(Dwer)를 향해 북서쪽으로 계속 나아갔다. '바라크 기갑여단'도 아키에 교량을 통과해서 골라니 여단과 평행한 기동로를 따라 북쪽으로 향했는데, 나바티에 지역을 우회한 다음 하부시(Habush) 마을 근처의 자하라니강 도하지점을 확보하기 위해 기동할 것이다. '가비의 특수임무부대'는 작전계획에 따라 아르눈 고지와 보포트 요새 지역을 향해 이동해 나갔다. 나는 전술지휘소를 아키에 교량 근처에 위치시켜 놓고 리타니강 도하작전을 감독하였다. 나는 이 교량을 매우 중요한 장소로 간주하였는데, 여기에서 축선의 모든 부대들을 지휘통제하면서 '교통체증'을 일으키는 장애물들을 제거해 주고, 또 뒤처지고 있는 부대들을 독려하였다. 나는 가비의 부대가 걱정되었지만 그를 도와줄 뾰족한 수단이 없었다. 나는 가비의 부대를 바라크 기갑여단의 종대 대열에 끼워 넣지 않은 것을 다행으로 생각했다. 당시 내가 가장 바랐던 것은 사단의 전체 부대가 무사하게 리타니강 반대편으로 도하해 넘어간 것을 보는 일이었다.

적의 대전차로켓발사기 공격으로 인해서 바라크 기갑여단의 전차 한 대가 피해를 입고 승무원 두 명이 부상을 당했다. 많은 차량들로 인해서 도로상 교통이 매우 혼잡해 육로로 부상자를 후송할 수 없어서 후송헬기를 요청하기로 하였는데, 이어서 길고도 지루한 무전교신이 시작되었다. 사단작전참모 요시 라베 중령은 북부사령부 담당장교와 몇 번에 걸친 무전교신 끝에 피격된 전차 위치로 후송헬기가 출발했다는 답변을 마침내 받아 내었다.

바라크 기갑여단의 지휘관들이 부상자 위치를 지도상으로 불러 주었지만, 헬기는 동일한 확인점(Identical Code)이 부여되어 있었던 다른 지점으로 날아가 버렸다. 나는 이제까지 지도상의 다른 위치에 동일한 확인점이 부여된 경우를 한 번도 본 적이 없었다! 이 헬기는 부상자들이 실제 위치하고 있던 지점의 북동쪽 방향인 나바티에 근방으로 엉뚱하게 날아간 것이다. 결국 후송헬기는 적지에 착륙하게 되었고, 승무원 7명과 의무병 1명이 모두 적에게 사살되고 말았다. 이어서 헬기가 파괴되고 그들의 목소리는 무전망에서 사라져 버렸다. 북부사령부와 사단, 그리고 바라크 기갑여단은 당장 어떠한 방법이라도 강구해야 했지만, 테러분자들로부터 그 지역을 확보하기 전까지는 아무것도 할 수 없었다. 지루한 시간이 흐른 다음, 헬기의 잔해와 전사자들이 발견되었다. 우리는 단지 이 상황을 상급부대에 보고만 해 줄 뿐이었다.

17시경, 가비의 특수임무부대가 아르는 고지와 보포트 요새에 대한 공격개시 승인을 나에게 건의하였다. 리타니강에서 북상하면서 도로에 정체하고 있는 부대들을 기다리는 대신, 가비의 부대가 보포트 요새 지역을 즉시 공격하는 것이 바람직하였다. 나는 모든 상황을 파악한 후 가비에게 공격개시 명령을 내렸다. 보포트 요새로 전진하는 도중에 가비 중령은 무반동총이 탑재된 적 지프차 한 대를 발견하고 이를 초탄에 파괴시켜 버렸다고 자랑스럽게 보고하였다.

　　가비가 덧붙여 보고했다. "여기 퓨게트(Peugeot) 지역에도 취재기자들이 몇 명 있음. 이들이 우리를 괴롭히고 있음."

　　"지체하지 말고 보포트 요새를 신속하게 확보하라"라고 가비를 독려하였다. "취재기자들이 탄 차량에 타이어 펑크를 내 버려라. 이상!"

　　전투지역 한가운데서 이동 중인 지휘용 장갑차를 타고 일개 기갑사단을 지휘통제한다는 것은 결코 쉬운 일은 아니다. 사단장은 장갑차의 내부에 앉아 있지만, 그의 신경과 생각은 온통 장갑차 밖에 가 있다. 지휘관이나 선탑 책임장교는 장갑차 조종수에게 이 지점에서 저 지점으로 이동하라는 식으로 일일이 지시해야 한다. 그리고 지휘관은 전투 간 상황을 지속적으로 파악해서 탁자에 놓여 있는 상황판 지도에 적군과 아군 부대의 위치를 색깔로 표시해 두어야 한다.

아키예 교량을 통과해 리타니강을 도하한 후 북쪽으로 이동하다가, 나의 지휘용 장갑차가 적으로부터 사격을 받게 되었다. 이때 나는 앞에 혼자서 이동 중이었고 다른 장갑차들은 조금 뒤에 따라오고 있었다. 나는 한동안 지휘와 무전을 하지 못한 채, 적의 사격을 피하려고 나의 장갑차를 이동시키는 데 시간을 보냈다. 나는 작전장교에게 지시해서 뒤따라오는 정보처 보좌관 장갑차로 하여금 나를 추월해 다음 목적지까지 앞장서도록 했다. 나는 그를 신뢰하고 있었지만, 후임사단장 마탄 빌나이 장군도 그와 함께 있어서 다음 목적지로 가는 것에 대해 크게 걱정하지 않았다.

현재 모파즈 여단은 카르달레 교량을 통과한 후 순조롭게 전진 중이라고 사단 작전참모 요시가 무전으로 상황을 보고해 왔다. 나는 작전참모에게 전체적인 국면에서 볼 때 공격기세가 유지될 수 있도록, 메나헴 에이난의 제162사단을 모파즈 여단에 바로 후속시킬 것을 북부사령부에 건의하라고 지시했다.

17시 45분경, 가비 아시케나지 중령은 대부분의 병력을 이끌고 아르눈고지와 보포트 요새를 향해 전진중이라고 보고했다.

"잠시 후면 교전이 시작되는가?" 사단 작전참모가 물었다.

"15분에서 20분 후에 교전이 시작될 것 같음."

좋은 소식이었다. 나는 가비의 부대가 교통체증으로 인해서 지체된 시간을 만회하였음을 알았다. 그러나 거의 18시경, 카르달레 교량을 건너간 모파즈 여단장이 보고한 사항은 그리 희망적이지 못했다. 모파즈의 보병여단은 북쪽으로 향하는 도로상에서 수십 개의 지뢰를 만나는 바람에 부대의 진격속도가 상당히 둔화되었다는 것이다. 여단의 기동이 거의 불가능한 상태가 되었다. 모파즈 여단의 공격축선은 북부사령부에서 중점을 두고 있는 기동축선이기 때문에 나는 작전참모에게 북부사령부에 이 상황을 보고토록 지시하고, 또 후속하는 메나헴 에이난 사단에게도 통보해 주도록 지시하였다.

"모파즈의 여단을 지원할 공병부대를 추가적으로 요청하고, 우리를 후속하고 있는 에이난 사단의 현재 위치를 정확하게 파악하라. 이것은 매우 중요한 사항이다"라고 작전참모에게 지시하였다.

당시 나의 관심사는 우리 사단을 초월하는 에이난의 사단에 있었다. 북부사령부의 참모들을 경유하면 사령관이 적시에 보고받지 못할 가능성이 있기 때문에 나는 직접 보고하기로 했다.

"현재 아키예 교량지역을 안전하게 확보하고 있음. 만일 사령관께서 원하신다면 메나헴 에이난 사단을 그쪽으로 이동시킬 수도 있음"이라고 필요한 정보를 제공하였다.

"에이난 사단이 그 지역을 통과할 수 있겠는가?"

"가능함. 그러나 현재 도로상에 차량들이 많아서 내일 새벽까지는 곤란함." 이렇게 답변했다.

"안됐군. 그러면 에이난의 사단이 내일 아침 나바티예 근처에서 자네 사단을 초월할 수 있겠나?" 사령관은 이 점을 강조하며 물었다.

"가능함. 사단끼리 잘 협조하겠음. 에이난의 사단이 이미 우리 후미에 왔는가?" 내가 물었다.

"이동명령을 내렸지만 날이 어두워져 시간이 지체되고 있다네⋯."

나는 잠깐 상황을 판단해 본 후 다음과 같이 보고했다. "잘 알겠음. 에이난의 사단이 카르달레 교량 축선에서 초월하는 것에 대해서는 이미 보고 드린 바가 있음⋯. 카르달레 교량 축선이 한 시간 내외로 개통될 것으로 판단함." 나는 현 상황에서 더 빠르게 이동할 수 있는 기동로를 판단한 다음, 최초의 작전계획대로 밀고 나갈 것을 사령관에게 건의하였다.

"좋다. 그러면 카르달레 교량 축선을 빨리 개척하라. 그리고 나바티예와 자하라니강 도하지점을 향하는 축선도 빨리 확장시켜라. 다소 시간이 걸리겠지만 노력하라. 내일 아침 에이난의 사단이 아르눈 고지와 보포트 요새 지역을 경유해서 자네 사단을 초월할 수 있을 것이다. 이상." 사령관이 이렇게 지시하였다. 따라서 나는 에이난의 사단이 최초 작전계획에 명시된 대로 카르달레 교량을 경유하여 내일 새벽에 우리 사단을 통과하게 될 것으로 이해하였다.

"잘 알겠음. 사단에 부여된 임무를 완벽하게 수행하겠음."

"좋다. 계속 임무수행하기 바란다. 모든 것이 순조롭게 되도록… 대단히 좋다. 이상 교신 끝."

이상과 같은 교신내용은 모두 녹음되어 있다. 이 교신내용을 들은 사람이라면 그 누구라도 북부사령부가 나중에 실제 하달했었던 최종명령인 '메나헴 에이난 사단은 오직 아키에 교량을 경유하여 이동을 실시하라'는 것에 대해, 사단장인 나와 사단작전참모가 전혀 모를 수밖에 없었다는 결론을 내릴 것이다. 주 지휘소의 전화기 옆에 항상 대기하고 있으며 북부사령부와 항상 접촉하고 있었던 사단작전참모 요시는 이와 같은 사령부의 최종명령을 전혀 수령한 바가 없었다. 사단 주 지휘소 내의 다른 장교들도 마찬가지로 북부사령부와 교신할 때 전투상황에 대한 내용만 들었을 뿐이었다. 북부사령부가 내렸던 이러한 최종명령을 우연하게라도 들었던 장교는 우리 사단에 단 한 명도 없었다.

18시 22분경, 나는 상황파악을 위해서 가비의 부대를 무전으로 호출했다.

"여기는 가비." 그가 응답했다. "현재 모든 병력들이 함께 있음. 모두 공격대기진지에 들어가 있음. 야간이라 어두운 것이 문제임. 현재 보포트 요새 목표와 그리 멀지 않은 곳에 있음. 이미 아르눈 고지에서는 부대가 교전

중에 있음….."

"보포트 요새로 가는 선두제대는 어디에 있는가?" 가비에게 물었다.

"이미 보포트 요새와 나바티예를 연결하는 도로를 가로지르고 있음. 잠시 후면 보포트 요새와 통신중계소 지점에서 교전을 시작할 예정임."

내가 가비의 목소리를 들어 보건대 그는 이미 전투의 한가운데 들어가 있음을 알 수 있었다. 나는 더 이상 그를 성가시게 해서는 안 되겠다고 생각했다. 나 역시 적과 한창 교전하고 있을 때 누가 성가시게 하는 것을 싫어하였다. 가비의 특수임무부대에게는 4개 목표가 부여되어 있었다. 첫 번째 목표는 보포트 요새 남쪽에 있는 통신중계소 확보, 두 번째 목표는 보포트 요새 자체의 점령, 세 번째 목표는 보포트 요새와 카르달레 교량을 감제하는 아르눈 고지의 확보, 네 번째 목표는 자하라니강 하구에 위치한 석유저장고와 연결되는 송유관 도로의 확보이다.

"오케이, 대단히 좋다." 나는 이렇게 대답하면서 몹시 흥분되었다. 골라니 여단의 정찰중대는 보포트 요새 지역의 모형을 만들어 놓고 수차례에 걸쳐 피나는 훈련과 예행연습을 실시했었는데, 이제 막 그것의 결실을 보려는 순간이 왔다!

"오늘 깃발을 올릴 수 있겠는가?" 하고 물었다.

"가능함. 그렇게 하겠음. 어두워서 잘 볼 수 있을지 모르겠음. 사진도 몇 장 찍겠음. 할당된 포병탄약을 거의 썼기 때문에 추가로 할당해 주기 바람."

탄약 부족에 관한 그의 보고가 나를 놀라게 만들었다. 이제 막 보포트 요새를 휘몰아치려는 타이밍인데 가용한 포병탄약을 모두 써 버렸다고! 나는 추가적인 포병지원사격을 명령하고, 공군이 요새와 주변지역을 다시 폭격할 수 있는지 여부를 알아보도록 지시했다. 이 문제를 담당하고 있는 가지트 포병여단장과 누테크 공군연락장교가 가비 부대의 요청을 모두 해결해 주겠다고 대답했다.

나는 북부사령부 상황실에 무전하여 담당장교에게 현재 모파즈 여단의 발목을 잡고 있는 수많은 지뢰들이 갖고 있는 의미를 분명하게 전달해 주었다. 그는 지뢰 매설과 관련된 상황을 드로리 사령관에게 즉시 보고하겠다고 대답하였다. 나는 최초의 작전계획이 수정되기를 바랐으며, 북부사령부가 에이난 사단의 리타니강 도하를 위해서 다른 방책을 강구해 주기를 기대하였다.

아르눈 고지와 보포트 요새 점령작전

아르눈 고지는 카르달레 교량 너머로 저 멀리 희미하게 보이고 있으며, 이 고지는 리타니강 서안 쪽에 위치하여 강을 내려다보고 있다. 그리고 아르눈 고지 남쪽에 있는 보포트 요새는 해발 700m가 넘는 고지대 정상부에 위치하여 있으며, 회교도들이 12세기 초에 건축한 것으로서 아랍어로 '칼라트 아 샤키프(Kal'at a-Shakif)'라고 하며 이는 감시 요새(Observation Redoubt)를 의미한다. 십자군들이 이 지역에 머물면서 요새를 이용한 적이 있었고, 17세기 드루즈족 왕족인 파헤르 아 딘(Faher a-Din)이 사용한 적도 있었다. 최근 요새가 허물어지기 전까지 그 길이가 120m, 너비가 60m에 달하였다. 보포트 요새의 전략적 중요성이 매우 크다고 할 수 있는데, 이곳으로부터 지중해 해안평야와 시돈에 이르는 모든 도로들을 조망할 수 있으며 또 주변 지역을 통제할 수 있다.

테러분자들이 이곳을 장악한 이래, 보포트 요새는 이스라엘 북부 정착촌에 대한 테러 위협의 상징물로 바뀌었다. 과거 수년 동안 테러분자들과 관측요원들은 이 요새에 진지를 구축하고, 이스라엘 북부 갈릴리 지역과 국경도시인 메툴라(Metulla)를 공격하기 위해서 그곳으로 포구를 직접 겨냥하고 있었다. 우리의 공군 전투기와 포병부대가 그 요새를 가끔씩 공격하였지만 계속 일을 꾸미고 있던 테러분자들이 부상을 입었는지, 아니면 도

주하였는지, 아니면 그대로 있는지 도저히 알아낼 수가 없었다.[150]

가비의 특수임무부대는 아르눈 고지와 보포트 요새를 탈취 확보하는 작전계획에 따라 2개 제대로 나누어 공격을 실시하였다. 제1제대는 대대장 아마르(Amar) 소령이 지휘하는 대대규모 전투력으로서 보포트 요새 북쪽의 아르눈 고지를 탈취하여 진지를 구축한 다음 이곳으로부터 카르달레 교량, 송유관 도로, 리타니강을 통제하게 될 것이다.

제2제대는 보포트 요새 자체와 그 남쪽 통신중계소를 탈취하는 것이다. 이 제대는 정찰중대와 공병중대로 편성되어 있었고 정찰중대는 카플린스키(Kaplinsky) 소령이 지휘하였다. 그리고 공병중대는 츠비카(Tzvika)가 이끌면서 카플린스키 소령을 보좌하고 있었다. 정찰중대는 요새 남쪽 측방을 따라 구축된 참호진지와 보포트 요새를 공격하여 확보하고, 공병중대는 요새 남쪽에 있는 통신중계소를 점령하기로 하였다.

북부사령부의 최종 작전계획에 의하면, 아군의 모든 기동부대들이 다음 날 새벽 시간에 레바논 종심지역으로 공격해 들어간다는 것을 먼저 가정하고, 가비의 부대로 하여금 당일 주간에 보포트 요새를 탈취 확보하기로 하였다. 그렇지만 가비 부대는 보포트 요새 공격을 주간에 확보하는 상황, 그리고 야간에 확보하는 상황 두 가지를 모두 상정하여 훈련을 실시하였는데, 나는 이 훈련에 모두 참관했었다. 여기서 특이한 점은 이들은 리타니강을 도보로 도하해서 동쪽으로부터 목표까지 기어 올라가는 '도보공격' 훈련을 받았다는 사실이다. 앞에서 언급한 바와 같이 우리가 아키에 교량을 사용해도 좋다는 승인을 받자마자, 나는 이러한 도보공격 방법에 대해서 반대했었다. 나는 아키에 교량을 통과한 다음 서쪽으로부터 목표인 요

---

150 당시 이 지역 일대를 방어하고 있던 PLO는 카스텔 여단 예하의 테러리스트들로서 리타니강에서 자하라니강에 이르는 지역에 1,000여 명, 나바티예 지역에 1,000여 명이 방어하고 있었다.

전사의 길

새 바로 앞까지 평평한 기동로를 따라서 '탑승공격'을 해야 한다고 주장했었다.[151]

제1제대의 대대장 아마르 소령이 지휘하는 최초 돌파부대가 지도상에 확인점 548과 확인점 571이라고 표시된 보포트 요새 북쪽의 아르눈 고지를 향해서 어둠 속을 전진하였다. 이윽고 부대원들이 적의 참호진지 속으로 뛰어들어 적을 소탕하기 시작하였다. 벌어진 백병전에서 아마르 대대장은 얼굴에 심한 부상을 입었는데, 그의 무전병이 전사하고 다른 네 명의 병사들도 부상을 당했다. 대대장은 자기가 중상을 입었음에도 불구하고 한동안 무전기를 놓지 않고 부하들을 이끌면서 영웅적인 전투를 계속하였다. 아군 부대의 공격에 앞서 엄청난 양의 포병 탄막사격을 먼저 퍼부었음에도 불구하고, 이곳의 테러분자들은 계속 살아남아서 완강하게 저항하였다.

부대대장 수키(Shuki)가 부상당한 대대장의 지휘권을 넘겨받았다. 병사 여러 명이 지뢰지대에 걸려들어 부상을 당했다. 이들을 구출하려던 병사들도 역시 지뢰를 밟아 그곳에 쓰러졌다. 부상자를 치료하던 의무병이 전사하였다. 나중에 전차 한 대가 부상자들을 구출하기 위하여 지뢰지대 안으로 들어오기 전까지, 그들은 무려 3시간이 넘도록 지뢰밭에 그대로 누워 있었다. 부상당한 병사들을 전차 후면 상판 위에 싣고서 후송헬기가 착륙할 수 있는 지점으로 옮겼다.

한편 제2제대의 정찰중대장 카플린스키 소령은 보포트 요새와 통신중계소를 탈취하기 위해 무전으로 병력을 끌어모으며 지휘하고 있었는데, 갑자기 적이 쏜 총탄에 가슴을 맞고 쓰러졌다. 이러한 상황이 발생하자 가비

---

151 앞서 설명한 상급 및 하급 지휘관의 전술관 차이이다. 골라니 보병여단에서 잔뼈가 굵은 보병 출신의 드로리 북부사령관은 도보공격을, 기갑 출신인 카할라니 사단장은 탑승공격을 주장하였다.

특수임무부대장은 옆에 있던 구니 하르니크 소령을 보내 이 전투를 인수해 지휘하게 하도록 결심했다. 요새 공격임무의 세부사항까지 속속들이 잘 알고 있었던 구니는 곧바로 그곳을 향해 출발하였다. 그의 장갑차가 이동 중에 두 번씩이나 전복되었다. 그는 등에 부상을 입어 통증으로 괴로워하면서 남아 있는 길을 도보로 걸어 나아갔다. 마침내 그가 공병중대장 츠비카를 만나게 되자 이들은 최초의 계획을 바꾸기로 결정했는데, 츠비카의 공병중대가 선두에 서고 하르니크 소령의 정찰중대가 그 뒤를 후속하기로 하였다.

츠비카의 공병중대는 사격자세를 갖추고 통신중계소 목표를 향해서 도보로 전진하였다. 당시에 보름달이 떠 있고 청명한 날씨라 멀리서도 사람들의 그림자와 윤곽을 쉽게 확인할 수 있었다. 츠비카는 부하들을 이끌고 지뢰지대를 통과한 다음 통신중계소로 접근하였다. 그는 선두에서 적의 참호진지 속으로 뛰어들어 부하들과 함께 테러분자들과 백병전을 펼쳤다. 중대 의무병과 정찰팀장 에레즈(Erez)가 부상을 당했다. 일부 정찰부대원들의 추가적인 지원을 받는 가운데 공병중대는 마침내 통신중계소를 탈취하였다.

하르니크 소령은 정찰중대를 이끌고 위협적인 보포트 요새를 향해 나아갔다. 그가 중대를 이끌고 있다는 '리더의 존재감' 자체가 부하들의 사기를 올려 주었는데, 그는 무전에서 부하들에게 친숙한 예전의 자기 호출명인 '노켐(Nokem: 복수하는 사람이라는 뜻)'으로 등장하였다. 그래서 병사들은 예전 중대장이 다시 돌아와서 지금부터 자기들을 지휘하게 된 것을 알게 되었다. 정찰중대는 요새지역에 이르는 도로 근처에 있는 흰 색깔의 통로를 가로지르게 되었는데, 이때 그들의 모습이 노출됨으로써 적으로부터 많은 사격을 받게 되었다. 그때 정찰대원 야론 자미르(Yaron Zamir), 요시 올리엘(Yossi Oliel), 그리고 길 벤 아키바(Gil Ben Akiva)가 전사하였다. 첫 번째 목표는

전사의 길

보포트 요새와 연결된 남쪽의 참호진지를 탈취하는 것이다. 적의 기관총 탄환들이 엄청나게 쏟아지는 가운데 병사들은 앞으로 나아갔다. 다행히 적의 기관총 사수가 더 이상 볼 수 없는 사각지대로 아군 병사들이 들어서게 되자, 그들은 마침내 자유롭게 행동할 수 있게 되었다.

제일 먼저 참호진지 속으로 돌입한 2명의 병사는 분대장 아비캄 셔프 (Avikam Scherf)와 라지 구터만(Razi Guterman)이었다. 참호진지의 내부가 너무 협소해서 군장을 메고 총을 든 병사들이 그 안에서 자유롭게 움직이기 매우 힘들었다. 그들은 참호 속의 테러분자들을 소탕하다가 결국 적의 집중사격을 받고서 전사하고 말았다. 뒤따라 들어간 정찰중대의 소대장 모티 (Motti)가 참호진지의 내부 소탕을 계속 이끌어 나갔다.

이어서 하르니크 중대장과 모티 소대장은 이제 그들의 최종 목표인 보포트 요새를 향해서 전진하였다. 전투원들은 모든 방향으로 사격을 실시하면서 요새 내에 수류탄을 던져 넣었다. 거기서 많은 테러분자들이 사살되었고 나머지는 도주하는 모습이 보였다. 이때 은폐하여 완강하게 저항하고 있던 테러분자 한 명이 구니 하르니크 소령을 향해서 사격을 가했는데, 안타깝게도 그는 현장에서 즉사하고 말았다.

나머지 중대원들은 불굴의 투지를 보이면서 요새 내부를 완전하게 소탕하였다.

드디어 가비의 특수임무부대가 보포트 요새를 완전하게 장악하였다. 전투원들 가운데 한 명인 로니(Roni)가 어느 장갑차에 있던 흰색 바탕에 청색 별이 그려진 이스라엘 국기를 가지고 와서 보포트 요새의 안테나 꼭대기에 깃발을 매달았다. 나는 이 전투를 성공적으로 지휘했던 사람이 바로 가비 아시케나지 중령이라는 사실이 매우 기뻤다. 나는 가비가 뛰어나고 용맹스러운 '전투 리더'라는 사실을 새삼스럽게 발견하였다.

대략 22시경에 전투가 종료되었다. 얼마 후 나는 구니 하르니크 소령이 전사했다는 소식을 듣게 되었다. 그 사실을 받아들이기가 너무나 힘들었다. 분명 그 소식은 실수로 나에게 전해진 것이리라. 처음에 왔던 소식을 곧 취소하고 다른 소식을 또 전해 오리라. 그러나 다른 소식은 끝내 오지 않았다.

보포트 요새를 함락한 다음 날 아침, 전사자와 부상자들을 후송하였다. 얼마 후 메나헴 베긴 수상을 태운 헬기가 보포트 요새 근방에 착륙하였다. 수상은 아리엘 샤론 국방장관과 남부 레바논군 사령관 사드 하다드(Sa'ed Haddad)를 동반하고 있었다. 내가 이 지역의 작전책임을 갖고 있었던 사단장이었음에도 불구하고, 어느 누구 하나 나에게 이 방문에 대해서 사전협조를 하거나 미리 통보해 주지 않았다. 당시 나는 수상이 탄 헬기의 착륙에 대해서 전혀 아는 바가 없었는데, 전쟁 후에야 이 방문에 숨겨진 사실을 알게 되었다. 베긴 수상은 보포트 요새의 현지에서 행한 이스라엘 TV와의 인터뷰를 통해, 단 한 명의 인명피해도 없이 요새를 성공적으로 점령했다고 발표하였다. 수상이 이와 같이 잘못된 주장을 하게 된 이유가 무엇일까? 그의 잘못된 주장에 대한 국민들의 반응은 당혹스럽고 거세었다. 전사자의 유가족들은 베긴 수상의 발표가 전사한 자식들과 자기들에 대한 모욕이라고 주장했다. 군 수뇌부는 당시 베긴 수상이 상황을 제대로 파악하고 있지 못했다는 사실에 대해 놀라움을 금치 못했다. 드로리 북부사령관 자신도 수상의 방문에 대해서 전혀 들은 바가 없었으며, 수상이 상황을 제대로 파악하지 못한 이유도 전혀 모르겠다고 말했다. 나중에 내가 여기저기에 수소문해서 확인해 본 결과, 당시 베긴 수상측은 최고사령부 작전참모부와 계속 연락을 취하고 있었는데, 불행히도 작전참모부에서는 보포트 요새의 전투경과에 대한 최신 정보를 갖고 있지 못했던 것이다. 이것이 비참한 실수의 원천이 되었다.

전사의 길

레바논 전쟁이 끝난 후, 비판 여론이 들끓었고 모든 비난의 화살이 이제 나한테 쏟아졌다. '왜 사단장은 아르눈 고지와 보포트 요새에 대한 공격을 다음 날 아침까지 기다리지 않고, 전날 야간에 무리한 공격을 감행하도록 명령했는가?' 이것이 비난의 초점이었다!

하급부대가 수행하는 모든 임무는 작전의 전반적 책임을 가지고 있는 상급부대 사령부가 부여한다는 것은, 군인이라면 모두 알고 있는 사실이다. 따라서 오직 상급부대 지휘관만이 예하부대의 임무를 변경시킬 수 있다. 예하부대 지휘관은 전투를 실시하면서 상황에 따라 최초 작전계획을 수정하고 공격방향을 바꿀 수 있는 어느 정도의 '재량권'을 가지고 있지만, 일반적인 의미에서 보면 부여된 임무 전체를 임의적으로 변경할 수 있는 권리는 갖고 있지 않다. 더군다나 예하부대 지휘관은 상급부대 지휘관이 지시한 작전일정을 자기 임의대로 변경할 수 없다.[152]

북부사령부로부터 나의 사단에 '아르눈 고지와 나바티예 근처의 고지대를 확보'하라는 임무가 주어졌었다. 그리고 더욱 중요한 임무는 사단은 카르달레 교량을 경유하여 보포트 요새의 도로를 개척한 후 송유관도로를 따라 진출해서, '초월하는 에이난의 제162사단이 사용하게 될 통로를 확보'하라는 것이었다. 에이난의 사단이 이 축선을 사용하게 된다는 것은 모든 작전계획 내용에 분명하게 명시되어 있었다. 전쟁 첫날 아침 작전계획의 최종 브리핑 자리에서 나는 국방장관, 참모총장, 북부사령관, 그리고 사령부참모들에게 우리 사단은 후속하는 에이난의 사단을 위해서 기동축선을 개척할 것이며, 보포트 요새의 점령도 이를 위한 수단이라는 점을 분명하

---

152 카할라니는 미군 교리에서 말하고 있는 임무형지휘의 '절제된 주도권(Disciplined Initiative)' 개념을 다른 표현으로 설명해 주고 있다. 절제된 주도권(카할라니는 재량권으로 표현함)이란 상급부대에서 부여한 임무와 상급 지휘관의 의도범위 내에서 예하 지휘관이 상황변화에 대처하며 자발적으로 행동하는 재량권을 말한다.

게 강조했었다. 그날 아침 나의 작전계획 브리핑에 대해서 아무런 반대도 없었다. 메나헴 에이난 사단장도 자신의 작전계획을 발표하는 자리에서 자기 사단은 카르달레 교량을 통해 리타니강을 도하할 것이라고 분명하게 설명했었다.

레바논 전쟁이 끝난 다음, 나는 북부사령부 작전참모 아그몬(Agmon) 대령에게 "첫날 야간에 보포트 요새를 점령하지 말라고 누가 나에게 지시했는가?"라고 물어보았다.

"사령관님이 헬기로 사단장님 지휘소를 방문하셨습니다. 그때 사령관님이 개인적으로 지시하셨습니다." 아그몬 대령이 이렇게 대답하였다.

그렇다, 드로리 사령관이 사단 주 지휘소에 헬기로 내리기는 했지만, 그때 나는 전술지휘소 요원들과 함께 전방의 전투부대 현장에 나가 있었다. 그때 나는 오직 무전을 통해서만 사령관과 교신하였으며, 그때 녹음된 내용은 전쟁 후 보관문서 자료에 한 자 한 자 기록되어 있다. 기록된 문서를 보게 되면, 나는 '에이난 사단의 기동 통로 변경'에 대해서 전혀 알고 있는 바가 없는 것으로 나타나 있다. 즉 어떤 식으로든 나에게 임무 변경을 하달하였다는 내용이 기록되어 있지 않다. 가비의 특수임무부대가 보포트 요새를 공격을 감행하기 전에, 만일 내가 에이난의 제162사단이 아키예 교량 축선으로 기동로를 변경해서 이동하게 되었다는 사실을 알고 있었더라면, 나는 기꺼이 우리의 작전계획을 수정해서 보포트 요새를 야간에 무리하게 공격하지 않았을 것이며, 또 그렇게 하기 위해서는 북부사령부의 승인을 먼저 받았을 것이다.

북부사령관과 무전교신을 했던 기록을 보면, 내가 사령관에게 에이난 사단으로 하여금 모파즈 여단을 후속하도록 건의하는 표현이 있다. 당시 나는 에이난 사단이 카르달레 교량 축선으로 이동하여 전방에서 싸우고 있는 모파즈 여단에 활기를 불어넣어 주고, 또 그 여단을 도와서 기동축선을

전사의 길

개척해 줄 것으로 믿고 있었다. 보포트 요새와 주변의 아르눈 고지는 카르달레 교량을 감제하고 있다. 당시의 작전계획에는 그렇게 되어 있지 않았지만, 나바티예 지역과 아르눈 고지 점령에 대한 작전계획에서 보포트 요새를 '탈취확보(Capture)'가 아니라 '포위(Envelop)'로 하는 것이 더 타당할 수도 있었다. 다시 말해서 보포트 요새 지역을 포위하는 것만으로도 우리는 적을 그곳에 고착(Fix)시킬 수 있었던 것이다. 모든 사람들이 동의하는 바와 같이, 여기서 핵심은 우리 사단은 카르달레 교량 축선을 완전하게 개통할 때까지 보포트 요새와 아르눈 고지 일대를 사전에 확실하게 통제하고 있어야 했다.

또 무전교신 기록을 살펴보면, 북부사령부 작전참모가 사령부 승인을 받기 전까지는 보포트 요새에 대한 공격을 실시하지 않도록 우리 사단에 지시했던 내용이 나와 있다. 그러나 이 교신은 '21시 15분'에 이루어졌는데, 이 시각은 벌써 가비의 특수임무부대가 요새의 참호진지에서 전투를 거의 종료할 시점에 와 있었다. 당시 나는 그 시간에 사단작전참모로부터 북부사령부가 이러한 지시를 내렸다고 보고받았지만, 그 시점에서 전투상황을 종합적으로 판단한 다음 전투를 계속 실시할 것을 결심했고 가비 부대에게 임무를 종결하도록 지시했었다. 그리고 나의 판단과 결심했던 내용을 북부사령부에 모두 보고해 주었다.

오랫동안 군생활을 같이 하면서 아미르 드로리 북부사령관과 나는 서로에 대해서 잘 알고 있는 사이였다. 나는 드로리 사령관의 오래된 부하로서 그의 강점과 약점에 대해서 모두 알고 있지 않으면 안 되었다. 북부사령관이 '야간에 무리하게 요새를 공격하지 말라는 명령'을 고의적으로 하달하지 않았다는 것은 상상하기 힘들다. 그리고 북부사령부 작전참모인 아그몬 대령의 주장과 달리, 당시 나는 사령관과 직접 만난 적이 결코 없었다. 더군다나 지휘관들의 개인적인 만남의 행위를 가지고 정상적인 공적 업무로 대치할 수는 없는 일이다.

　이스라엘군은 작전간 수많은 통신체계와 문서체계를 운용하고 있다. 모든 작전계획과 명령, 그리고 지시는 전문, 문서 등의 형태로 보존된다. 팩스, 전신타자기, 다중채널 무전기, 전화, 그리고 많은 장비들이 구비된 북부사령부 상황실에서 근무하는 요원들은 사령부의 모든 작전계획과 지휘관 지침을 명령으로 바꾸어 예하 부대에 하달하는 책임을 가지고 있다. 당시 사단의 주 지휘소에서 근무했던 장교들은 북부사령부와 24시간 접촉을 유지하고 있었는데, 사령부 작전계획의 어떠한 변경사항도 접수하지 못했다. 따라서 '상황전파의 오류'는 북부사령부 상황실에서 야기된 것이라는 결론을 내릴 수 있다. 당시 북부사령부 상황실은 우리가 야간에 보포트 요새를 공격하면서 발생했던 사상자들에 대한 상황을 자세하게 파악하고 있었을 뿐 아니라, 심지어 우리 사단에게 이들의 후송에 필요한 헬기지원 조치까지 해 주었던 것이다.

　레바논 전쟁이 종료된 후, 나는 군 내외 안팎으로부터 날아오는 비난의 먹구름 속에 놓이게 되었다. 불행하게도 군에서는 누구 하나 진상조사위원회를 구성하거나 조사관을 임명하려 하지 않았다. 어느 누구도 나를 쳐다보려 하지 않았고 자신의 생각에 대해서도 말해 주지 않았다. 나는 그들의 행동에 대해서 내가 어떻게 대응해야 할지 알게 되었다. 나는 전사자 유가족들과 함께 이 문제를 민감하게 다루기로 하였다. 나는 그들과 고통을 함께 나누었으며 지금도 그렇게 하고 있다.

1988년 10월경, 나는 이스라엘군 최고사령부의 참모총장, 감찰실장, 그리고 군사연구실장에게 '우리 사단이 6월 6일 보포트 요새를 공격하지 말라는 명령을 수령했는지 여부'에 대해 공식적으로 조사해 달라고 요청하였다. 힘들고 긴 조사과정을 거친 다음, 군사연구실장은 나에게 다음과 같은 답신

전사의 길

을 보내왔다.

발신: 이스라엘군 최고사령부 군사연구실(1989년 4월 18일)
수신: 준장 아비그도르 카할라니
내용: 보포트 요새 전투에 관한 건(1988년 10월, 귀관의 요청서 595에 의거)

　　귀관의 요청에 따라 군사연구실에 보존된 권위 있는 자료에 근거하여 검토한 결과를 다음과 같이 통보합니다. 당시 사단장(귀관)은 귀관의 부대가 보포트 요새 공격을 실시하고 있는 도중에 북부사령부로부터 요새 공격에 대한 승인을 대기하라는 지시를 받은 것으로 사료된다. 공격 전투는 이미 19시경에 시작되었으며, 반면 북부사령부의 지시는 너무 늦게(21시 15분) 하달되었다.

군사연구실장 대령 베니 미카엘슨(Benny Michaelson)

인내력

인내력(Perseverance)과 관련된 히브리어 표현에 "목표를 기필코 달성하라(Stick to The Target)"라는 것이 있다. 이스라엘군에서 이 표현을 자주 사용한다. 물론 이 표현의 기원은 전쟁에 있다. 인내력은 상급자가 내리는 '명령의 힘'과 하급자가 '실행하는 어려움' 사이에 존재하고 있는 깊은 계곡을 연결해 주는 교량과 같은 것이라고 할 수 있다.

　　우리는 전장에서 목표를 공격하여 탈취하라는 명령, 또는 적을 소탕하라는 명령(부대 전체 또는 전투원 개인에게 하달된 명령)이 여러 가지 이유로 인해서 가끔 불이행되는 경우를 발견하게 된다. 첫째 경우는 피아 전투력의 균형이 나에게 너무 불리할 때이다. 다음 경우는 작전계획에 결함이 있을 때이다. 또 다른 경우는 실행하는 하급자의 인내력이 부족한 경우이다.

인내력이란 말로 쉽게 표현할 수 있는 그 이상의 것이다. 인내력은 희생정신, 숭고한 용기, 그리고 깊은 판단력을 요구하고 있다. 방어전투의 경우, 군인들은 국가의 생존과 가족의 생명이 위험에 닥치기 때문에 '한 치의 땅'이라도 지켜내기 위해서 어떤 대가를 치러서라도 반드시 싸워야 함을 잘 알고 있다. 그러나 공격전투일 경우에는 상황이 다르다. 당신은 자신의 생명을 위협하는 적의 포화를 받고 있는 가운데 본질적 이유나 그 중요성에 대해 잘 알 수 없는 목표를 점령하라는 명령을 받는다. 당신은 가끔 '이 명령이 정말로 타당한 것인가?'하고 자문한다. 정당한 질문이다. 그러나 피할 수 없는 또 다른 질문, 즉 가장 중요한 질문이 있다. '당신은 어떤 대가를 치르더라도 이 명령을 반드시 이행하겠는가?' 이 질문에는 명령의 이행으로 발생할 수 있는 자기 부하들의 사상자 숫자를 판단하는 지휘관의 능력과 특권이 포함되어 있는데, 그렇다면 이 판단을 근거로 해서 상급자의 명령에 '복종 또는 불복종'을 고려해도 되는가?

임무를 부여받은 지휘관은 자신이 지불하게 될 대가에 기초해서 상급자의 명령에 복종할 것인지 불복종할 것인지를 결정할 수는 없다. 당신은 공격전투에 나설 때 부상당할 것을 각오해야 하고, 차라리 부상으로 고통받는 것이 더 낫다고 생각해야 한다. 예하 부대 임무의 전체 변경, 또는 일부 변경에 대한 결심은 오로지 명령을 하달했던 상급 지휘관에게 달려 있다. 오직 상급 지휘관만이 목표, 작전일정, 기동로 등을 변경할 권리를 가지고 있다. 부하들은 명령의 이행을 거부할 권리를 가지고 있지 않다. 나는 이렇게 생각한다. 대안을 제시한다면 자기 입장을 먼저 내세우는 권리를 예하 지휘관으로부터 박탈하는 것이다. 때로는 재량권이라는 미명 아래 상급 지휘관의 명령을 임의로 이행하지 않는 것을 막기 위해서이다.

또 나는 상급 지휘관이 작전계획을 수립할 때 항상 예하 지휘관의 의견을 들어 보는 것이 최상의 방법이라고 생각한 적이 있었다. 그러나 나의 경험을 통해서 볼 때 이러한 협력이 반드시 좋은 것만은 아님을 깨달았다. 예를 하나 들면, 욤키푸르 전쟁 시 적이 감행한 최초의 공세작전이 돈좌된 직후에 나는 '시리아로 반격하여 다마스쿠스를 포위'하는 작전에 곧바로 참가하라는 명령을 상급 지휘관으로부터 받았다. 당시 나는 우리 대대가 반격작전에 곧바로 투입된다는 사실을 미리 알지 못했다. 만일 이 작전계획에 대해 미리 알고 있었더라면, 나는 분명히 여단장에게 강하게 이의를 제기했을 것이다. 적이 우글거리는 적 영토 안에 들어가서 특정지역을 확보하라는 명령, 즉 나의 대대로 하여금 시리아로 곧바로 진격하라는 사실 자체를 이해하기 어려웠다. 왜냐하면 나의 주된 관심은 당시 우리 대대의 상태였기 때문이다. 그때 나의 대대는 최악의 상태가 되어 있었는데 부하들은 극도로 지쳐 있었고, 누가 살아 있고 누가 죽었는지도 몰랐으며, 대부분 전차들은 파괴되었고 온전한 전차가 몇 대나 남아 있는지 파악조차 못하고 있었던 것이다.

반격작전 계획을 수립할 때 상급 지휘관이 나에게 의견을 물었더라면, 나는 아마 몇 시간 또는 며칠 동안 작전 참가를 연기해 주도록 건의했을 것이다. 그러나 나중에 전반적인 전쟁의 국면을 이해하고 난 다음에 나는, 당시 상급 지휘관이 내렸던 명령과 그 타이밍이 모두 옳았다는 것을 확신하게 되었다.

임무부여의 결정은 풍부한 경험, 판단력, 분명한 분석력을 가진 사람들과 전쟁사에 통달한 사람들에 의해서 이루어져야 함이 틀림없다. 이러한 결정을 하는 결심권자는 임무수행에 수반되는 사소한 문제들에 의해 크게 영향받지 않고, 전쟁의 전체를 고려하는 장기적 안목을 가지고 있어야 한다. 이렇게 해야 전쟁에서 승리할수 있는 작전목표와 작전일정을 결정할 수 있다. 정치가들이 상대국과 협상을 개시할 시점에 이르렀을 때, 아군의 군대는 협상에 유리한 지역을 확보할 수 있도록 작전계획을 수립해야 한다. 아무리 용감무쌍한 지휘관이라 할지라도 자기 부대에 미치는 제반 문제점을 무시할 수는 없는데, 이때 지휘관은 자신이 볼 수 있는 관점은 매우 지엽적일 수 있으므로 국가가 요구하고 있는 전쟁목표에 초점을 맞출 수 있는 큰 안목을 가져야 한다.

이스라엘의 운명은 '목표를 기필코 달성(Stick to their Target)'하려는 불굴의 투지를 가진 전사들에게 달려 있다. 이스라엘이 걸어온 역사의 길은 자기에게 부여된 임무를 전적으로 신뢰하면서 최고의 희생을 감수했던 사람들이 만든 위대한 업적으로 포장되어 있다.

일단 임무가 부여되면 어떠한 지휘관이나 병사라 할지라도 마음속에 이를 명심하고, 이를 달성하기 위해서 최선의 노력을 경주해야 하며, 불굴의 인내력으로 임무완수라는 목표를 달성해야 한다.

어윈(Irwin) 대령의 골라니 보병여단은 밤이 새도록 레바논 영토 내로 계속해서 진격해 들어갔다. 나는 골라니 여단이 자하라니강 하구 방향으로 가는 내리막 서쪽 도로에 들어서게 되자 부대를 재편성하도록 정지시켰다. 우리는 해안으로부터 약 10㎞ 정도의 거리에 있었으며 두 개의 큰 도로와 인접해 있었다. 나의 사단 전술지휘소 장갑차들은 골라니 여단의 선두부대인 아미람 전차대대 대열 가운데 끼어 있었다. 나는 지휘용 장갑차의 조종수에게 전속력으로 이동하도록 지시하여 적과 교전중인 최전방 지역에 도착하게 되었다. 이때 우리는 적의 중기관총 사격을 받게 되었는데 잠시 뒤로 물러나야 했다.

나는 일종의 무력감을 느꼈다. 과거에 내가 적으로부터 사격을 받았을 때 나는 전차포로 그 골칫거리들을 간단히 없애 버렸는데, 지금 타고 있는 지휘용 장갑차는 모든 것이 달랐다. 장갑차 안에서 지도를 들여다보면서 동시에 조종수에게 지시하는 것조차 쉽지 않았다. 내가 가지고 있는 유일한 무기는 여러 대의 무전기들과 안테나 뭉치들뿐이었다.

얼마 후 우리는 자하라니강 하구로 향하는 도로 교차지점에 도착하였다. 이때 적의 포병사격이 곧 예상된다는 경고가 무전망을 통해서 하달되었다. 우리는 '적 포탄 낙하 경고'에 대해서 유의하였다. 이에 대한 전술적 조치는 적의 포탄이 떨어지는 곳을 눈으로 확인한 후, 부대가 과도하게 밀집되는 것을 피하면서 보다 넓은 지역으로 신속히 이동하는 것이 원칙이다. 나는 예하 부대들에게 도로 교차지점으로부터 이격할 것을 명령하였다. 앞으로 5m도 채 나가지 않아 적 포탄이 내가 있는 지점에 떨어졌다. 내 장갑차는 후방에 파편이 맞았고, 포병여단장 이치크의 장갑차는 측방에 파편이 튀었다. 우리는 운이 좋았다.

다간(Dagan) 대령의 바라크 기갑여단도 야간을 이용해서 계속하여 이동하였다. 나는 바라크 여단에게 자하라니강 중류에 있는 마을인 하부시(Habush) 근처에 신속하게 도착하라고 강력하게 지시했다. 왜냐하면 테러분자들이 지역 내 유일한 도하지점인 그곳을 먼저 점령하게 되면, 그들은 아군을 효과적으로 저지하거나 고착시킬 수 있었기 때문이다. 더군다나 지뢰가 매설되어 있을 가능성도 배제하지 않았다. 만일 지뢰가 매설되어 있다면 적은 이곳에서 도로를 감제하면서 아군의 선도부대를 저지할 수 있게 된다. 비록 부대원들이 모두 지쳐 있었지만 나는 계속해서 다간 여단장을 다그쳤고, 그의 선두대대가 도하지역을 확보했다는 보고를 받기 전까지는 마음을 놓을 수 없었다.

모파즈의 보병여단은 야간에 부대를 재편성한 후 그의 선두부대가 송유관 도로에 매설된 지뢰를 제거하였으며 후속하는 아군 부대들이 원활하게 이동할 수 있도록 지원하고 있었다.

다음 날 오전, 사단 주 지휘소에 있는 사단작전참모 요시 라베 중령이 나에게 보급추진부대(연료, 탄약, 식량, 식수, 기타 품목)를 출발시켜도 좋은지 여부를 승인해 달라고 무전하였다. 나는 승인해 주면서 한마디 주의를 주었다.

"연료 보급에 대해 최대한 관심을 가지라." 나는 연료 부족에 대해서 염려하고 있었다. "이 문제를 적당하게 다루지 말라. 이것은 모든 작전과 직접 관련이 있고 또한 복잡하다. 연료 부족이 문제가 되면 그 자리에서 꼼짝달싹하지 못 한다는 점을 반드시 명심하라."

나의 의도를 잘 이해하고 있는 사단작전참모는 보급장교들을 모두 집합시켜서 이 문제를 세부적으로 협조하겠다고 응답하였다.

전투부대에 대한 적시 적절한 보급추진은 매우 복잡하고 어려운 작전으로서, 이때 민감하고 부서지기 쉬운 물자들을 잔뜩 적재한 보급트럭들의 긴 행군대열이 만들어진다. 보급추진부대는 반드시 전투병력에 의해 방호되어야 하며, 또 피지원 전투부대와 접촉하는 지점으로 이끌어 줄 안내요원이 필요하다. 이들에게 최신화된 통신전자운용지시가 주어져야 하고, 전투부대와 협조가 잘 되어 있어야 한다. 보급추진부대는 보급받을 전투부대별로 구분하여 정확한 부대에, 정확한 품목을, 정확한 물량으로 보급해 주어야 한다. 또 보급추진부대는 작전지역에 익숙한 부대나 연락장교가 호송해야 하는데, 그렇지 않을 경우 아군의 보급물자를 적 부대에 수송해 주는 경우도 가끔씩 발생한다.

나는 항상 전투부대가 임무수행 중 전선에서 연료나 탄약이 떨어질 가능성에 대해서 염려해 왔었다. 보급추진부대는 전투부대와 완벽하게 협조해서 전장의 어떤 장소에도 도착할 수 있도록 훈련되어야 하며, 전투원들에게 소요되는 물자를 책임감을 가지고 추진해 주어야 한다. 예하 전투부대에 적시 적절하게 물자를 보급시켜 주어야 하는 것은 상급 지휘관이 가지고 있는 고유한 책임 중의 하나이다.

사단의 보급추진부대가 저녁에 출발하였다. 다음 날 아침 일찍 확인하였지만, 그들은 아직 전투부대들과 접촉하지 못했다고 한다. 나는 무척 걱정이 되었다.

나는 전술지휘소 장갑차들과 함께 야지에서 밤을 새웠다. 우리는 주 도로에서 약간 떨어진 장소에 숙영지를 선정하였다. 장갑차들로 사주방어할 수 있도록 배치하고, 상호 간에 유선으로 연결하여 전화연락이 가능하도록 했다. 나는 북부사령부에다 잠시 우리 사단에 대한 무선대기 상태를 요청한 다음, 각개 여단망으로 들어가 그들의 지휘관들과 함께 현재의 작전계획을 검토하고 명일의 임무에 대해 토의하였다. 잠시 후 북부사령부의 부사령관인 우리 시모니(Uri Simhoni) 소장이 우리 사단 예하 부대들의 위치를 상세하게 알려 달라고 요청하였다. 이때 내가 그와 교신하면서 이해하게 된 것은 현재 메나헴 에이난의 사단이 베이루트-다마스쿠스 고속도로 점령을 위해서 북쪽으로 계속 기동 중에 있다는 것, 그리고 우리 사단에게는 시돈 방향으로 기동하라는 명령이 하달될 것이라는 것이다.

23시경, 나는 드로리 북부사령관과 교신했다. 이때까지도 나는 사단의 최종적인 기동목표가 어디인지 확실하게 알지 못했다. 내 나름대로 예상하고 있던 또 하나의 작전은 비스리(Bisri) 교차지점을 통과하여 디르 엘-카마르(Dir el-Kamar)에 도착한 후, 그곳에서부터 다하르 엘-바이다르(Dahar el-Baidar)까지 기동한 다음 베이루트-다마스쿠스 고속도로를 향해 계속 북진하라는 명령을 받는 것이었다.[153] 그러나 내가 예상했던 것과는 달리 드로리 사령관은 우리 사단에게 '시돈 방향으로 기동'하라는 명령을 하달했다. 북부사령부는 아직까지 '시돈을 점령(Occupy)'할지 여부에 대해서는 확실하게 결정하지 않고 있었는데, 시돈을 '점령'하는 것 외에 남쪽, 동쪽, 지중해의 3개 방향으로부터 '포위(Envelop)'하는 방안도 고려하고 있었다. 나는 내일 오전 중에 서부축선에서 해안도로를 따라 작전하고 있는 이치크 모르데카이의 제91사단으로부터 1개 기갑여단을 배속전환 받게 될 것이다. 이 여단은

---

153 카할라니는 자신의 기갑사단 특성을 살린 '기동위주 작전'을 염두에 둔 것으로 보인다.

엘리 게바 대령이 지휘하는 기갑여단[154]으로서 메르카바 I 전차와 M48 패튼 전차로 장비되어 있었다. 이 전차들로 인해서 우리는 사단이 보유하고 있는 성능개량 센추리온 전차 외에 다양한 종류의 전차들을 운용하게 될 것이다. 나는 센추리온 전차에 대해서 매우 익숙한 편인데, 욤키푸르 전쟁 당시 나의 제77전차대대는 바로 이 전차를 사용하였다.

북부사령부 무전망에서는 밤이 새도록 끊임없는 명령, 지시, 협조지침을 내보내고 있었다. 한편 사단작전참모 요시는 아직도 보포트 요새지역에서 발생한 부상자들을 후송할 수 있도록 북부사령부에 헬기지원을 계속해서 요청하고 있었다. 23시경이 다 되었는데도 부상자들은 여전히 전장에 누워 있었고 이들을 후송시키지 못하고 있었다.

"보포트 요새를 확실하게 점령했는가?" 부사령관 시모니 소장은 지금까지 보고받았던 내용을 모두 믿어야 할지 말아야 할지 의심하는 것처럼 동일한 질문을 반복했다.

사단작전참모가 이미 점령했음을 분명하게 대답했다. 그리고 덧붙였다. "부사령관님, 저희들은 너무나 오랜 시간 후송헬기가 오기를 기다리고 있습니다!"

약 90분 후, 나는 북부사령부 무전망에 들어갔다. 교신하는 것이 무척 어려웠는데 한참이 지나서야 겨우 욤키푸르 전쟁 당시 제7기갑여단 통신장교였으며, 현재 북부사령부 통신 담당인 샬롬(Shalom)과 연결이 되었다. 샬롬은 화가 잔뜩 나 있는 나를 진정시키려고 애를 썼다. 이제까지 북부사령부의 무전통신병이 나의 호출에 응답을 하면서 여러 번 "수신대기!"를 외쳐

---

154 엘리 게바의 기갑여단은 제211기갑여단이다. 엘리 게바 대령은 이스라엘군 역사상 최연소(32세)의 여단장으로서 유명하다. 그는 나중에 베이루트 시가지 점령작전의 전투를 거부하여 보직해임이 되는데, 이는 뒤에서 다시 설명하도록 하겠다.

됐고, 그 이후 갑자기 통신이 두절되었던 것이다. 이러한 일은 나를 더욱 화나게 만들었다. 나는 북부사령부 상황실 요원들이 제대로 기능을 발휘하지 못하고 있다는 인상을 받게 되었다. 내가 사령부에 수차례 질문했던 사항들이 응답이 없는 채로 계속 남아 있었는데, 아마 다른 지휘관들도 마찬가지였을 것이다. 이러한 일이 반복되자 나는 그 이유를 추론했는데, 그것은 북부사령부 장교들과 파견 나온 연락장교들이 빈번히 교체되고 협조가 부실해서 새로 바뀐 후번 근무자들이 제대로 기능을 발휘하지 못한다는 것이다. 물론 북부사령관과 참모들은 국방부나 최고사령부와 함께 장차작전을 검토하고 협조하는 데 온통 매달려 있었을 것으로 추측되었다. 그래서 내가 할 수 있는 일이란 나를 괴롭히고 있는 질문들에 대해서 스스로 답변할 수밖에 없었다. 우선, 시돈 방향을 향해서 우리 사단이 얼마나 빨리 기동해야 하는가? 결국 부대의 휴식과 전진속도에 대한 계획은 나 스스로 알아서 결정해야 했다. 그리고 가비 부대에서 발생했던 부상자들은 언제 아르눈 고지로부터 후송될 수 있을 것인가?

02시경, 드로리 사령관과 다시 교신한 후에야 비로소 사단작전의 임무 우선순위를 정하고 시간계획을 확정하였다. 북부사령부는 며칠간의 장차작전 계획은 고사하고 향후 24시간 작전계획에 대해서도 명확한 명령을 하달할 수 없었다. 정치적인 제한사항들을 고려해야 하고 또 모든 작전단계의 검토에서 국방장관과 참모총장이 참여함으로써, 북부사령부는 일정한 선까지 작전을 끝낸 다음 차후 작전을 위해서 상부의 또 다른 승인이 필요한 실정이었다.

03시경에도 사단작전참모 요시는 여전히 북부사령부 상황실과 협조하고 있었다. 이제 그의 목소리에서 쉰소리가 났는데 그는 약속한 두 대의 헬기 중 한 대밖에 지원하지 않았다고 불평하고 있었다. 이 말에 나는 안심이 되었다. 마침내 최소한 한 대라도 보포트 요새에 곧 착륙할 것이기 때문이었다. 나는 지휘용 장갑차에 올라가 의자 사이에 침낭을 펴고서 잠시 눈을 붙였다.

1982년 6월 7일, 월요일

날이 밝자 나는 바깥의 풍경을 자세히 살펴볼 수 있었다. 레바논 마을의 집들이 매우 가깝게 보였고 농부들이 정성스레 일구어 놓은 경작지들이 그냥 내버려 둔 바위투성이의 골란고원과는 너무나 대비되어서 눈에 잘 띄었다. 공기는 상쾌하고 깨끗하였다. 사방이 고요하였다. 나는 이 고요함의 의미를 잘 알고 있다. 이것은 오늘 하루 치르게 될 전투를 위해서 부대들이 전투준비를 완료하고 곧 기동을 개시한다는 의미이다. 나는 어느 장갑차 승무원이 끓여 준 커피 한잔을 재빨리 마신 후 무전기가 있는 곳으로 갔다.

우선 엘리 게바 여단장과 교신했는데 그의 기갑여단은 해안고속도로를 타고 북쪽 방향으로 이동 중에 있었다. 이 기갑여단이 우리 사단과 접촉하게 되면 그때부터 나의 지휘하에 들어오게 된다. 엘리와 나는 과거 제77전차대대에서 함께 근무한 적이 있었는데, 욤키푸르 전쟁 동안 골란고원에서 같이 싸웠다. 내가 동원사단장을 할 때 나의 휘하에서 여단장으로 근무한 적도 있었다. 지금 엘리의 기갑여단은 리타니강 교량을 건너 수 ㎞ 북쪽 지점에서 해안고속도로를 따라 기동하고 있었다. 나는 엘리 여단장에게 골라니 보병여단과 접촉하도록 지시했는데, 이때 골라니 여단은 서쪽 방향을 유지하면서 지중해 해안평야지대로 내려가는 도로에서 기동하고 있었다.

전쟁 2일차, 사단의 작전중점은 시돈 일대까지 최대한 신속하게 기동하는 것이다. 그리고 아왈리(Awali)강 일대에서 아모스 야론(Amos Yaron)의 제96사단과 연결할 것이다. 우선 '골라니 보병여단'은 2개 축선을 따라 기동하도록 하였다. 하나의 축선은 마즈랏 엘-아카비예(Mazra'at el-Aqabiye)로 향해 기동해서 해안고속도로에 도달하는 것이고, 다른 하나의 축선은 자하라니

전사의 길

강 남쪽에 조성된 제방 도로를 따라 자하라니강 하구의 석유정제소를 향해 기동해서 해안고속도로에 도달하는 것이다. 이후 여단은 해안고속도로를 따라 북쪽으로 기동하여 자하라니강을 도하한 다음 시돈을 향해 진격하게 될 것이다.

'바라크 기갑여단'은 하부시 마을 근처에서 자하라니강 중류 지역을 도하하여 시돈을 향하는 2개의 축선으로 기동할 것이다. 하나의 축선은 사르바(Sarba), 안쿤(Anqun), 시니크(Siniq)강 남쪽의 마그두시(Magdushe)를 경유하는 기동로이고, 다른 하나의 축선은 즈바(Jba)와 그 북쪽의 마즈달윤(Majdalyun)을 경유하는 기동로이다.

'가비의 부대'는 그곳에 남아 있는 병력을 가지고 아르눈 고지를 확보하고 나바티예 시가지 동쪽지역을 내려다보는 마즈랏 알리 타헤르(Mazra'at Ali-Taher) 능선을 점령할 것이다. 이렇게 함으로써 나바티예 시가지 자체를 확보하는 데 용이하게 될 것이다.

'모파즈의 보병여단'은 기동로 상에 있는 모든 장애물들을 극복하고 나바티예 고지대(Plateau)를 점령하게 될 것이다. 그곳에서 가비 부대를 배속받아서 그 부대와 함께 나바티예 시가지를 점령할 것이다. 따라서 나바티예 점령을 위한 모파즈의 여단은 가비의 부대, 제77전차대대, 보병대대, 공병대대 절반규모로 전투편성을 하였다.

'엘리 게바의 기갑여단'에게 부여할 임무에 대해서 나는 아직 명확하게 결심하지 못했다. 일단 여단장에게 자하라니강 하구를 향해서 계속 북진하도록 지시하고, 만일 우리 사단에게 '시돈 점령'의 임무가 북부사령부로부터 확실하게 부여될 경우, 그때 구체적인 임무를 하달하겠다는 지침을 주었다.

현재 사단작전참모 요시 중령 책임하에 운용되는 사단 주 지휘소는 여전히 작전지역 후방에 위치하고 있었다. 조용하고 편리한 시설이 그곳의 장점이다. 사단 주 지휘소가 후방에 위치하고 있음으로써 북부사령부 상황실과 유·무선을 통해 양질의 통화를 나눌 수 있었으며, 또한 그곳에 위치하고 있는 사단작전참모를 통해서 사단 전체 부대들의 상황을 파악하기가 용이하였다. 그리고 지금 내가 이끌고 있는 이동 전술지휘소는 어느 때라도 전방 상황을 쉽게 파악할 수 있었고, 향후 24시간의 사단작전계획을 수립할 수 있었다. 사단정보참모 메이어(Meir) 중령이 사단 주 지휘소에서 보내주는 모든 정보들을 전달받아 이곳 전술지휘소 장갑차에 있는 작전상황판을 정기적으로 최신화하였다. 이를 위해서 정보처 정보장교 두두(Dudu)가 옆에서 나를 보좌하며 자신의 임무를 훌륭하게 수행하고 있다.

내가 일단 차후 작전계획을 완성시키고 난 다음, 옆에 있던 작전장교 츠비카에게 차후 이동을 준비하라고 지시하고 전술지휘소 장갑차들의 행군대열을 갖추게 하였다. 골라니 보병여단과 바라크 기갑여단 가운데 나의 전술지휘소 제대가 함께 위치할 여단을 선택해야 했는데, 일단 골라니 여단에 합류하기로 결심하였다. 내가 골라니 여단에 합류하고 있어야 해안고속도로를 따라 남쪽으로부터 올라오고 있는 대부분의 예하부대들과 쉽게 접촉하게 될 것이다.

예하 부대들이 수십 개의 기동로를 따라 수많은 마을들을 통과함으로써, 사단 전체적으로 볼 때는 아주 넓은 작전지역에서 기동하고 있는 것이다. 전형적인 아랍 마을에는 하나의 주도로가 있었는데, 이것은 두 갈래로 갈라지다가 다시 주도로에 합쳐지는 특징을 보이고 있었다. 대부분의 도로들은 전차 차체의 폭보다 그리 넓지 않았다. 주도로에서 전차나 장갑차가 고장 나거나 부상자가 발생하게 되면 이를 구출해 내는 작업이 매우 힘들었고, 이러한 상황이 발생하게 되면 부대 전체가 그 자리에서 한동안 대기할 수밖에 없었다.

마을로 진입하기 전에 주민들이 우리에게 호의적인가, 아니면 적대적인가를 미리 확인해야 했다. 다행히 대부분의 마을에 집집마다 백기를 걸어 놓아서 우리는 경계심을 다소 늦출 수 있었다. 그러나 어떤 마을에서는 좁은 도로를 통과하고 있을 때, 건물 유리 창문이나 가정집으로부터 적의 사격을 받기도 하였다.

교범상에 기술된 전투요령에 따르면, 부대가 어떤 지역에 진입하기 전에 반드시 적의 화기가 의심되는 곳을 미리 확인하도록 되어 있다. 만일 그곳이 적진지로 확인되면 공군, 포병, 또는 전차사격을 집중시켜서 이를 먼저 무력화시킨다. 그러나 레바논 작전환경에서는 모든 곳이 의심스러웠기 때문에 이러한 전투기술을 적용할 수가 없었다. 많은 주민들이 살고 있어 이들을 다치게 할 수 있었는데, 우리가 위협을 받는 상황임에도 불구하고 무고한 주민들이 피해받지 않도록 최선을 다했다. 레바논 주민들이 가진 우리에 대한 감정은 전쟁의 비참함 이상으로 나빴기 때문에 우리는 그들과 좋은 관계를 유지해야 했다. 우리는 그들과 진정으로 협력하기를 바라고 있었다.

나는 지휘용 장갑차 안에서 모든 작전계획이 내 의도대로 정확하게 시행되는 것을 확인하면서, 기갑부대가 발휘하는 엄청난 힘에 자랑스러움을 느끼는 동시에 이처럼 보기 힘든 광경을 즐겼다. 또 최신형 무전기가 가진 우수한 성능에 대해서 놀랐다. 상급 지휘관들은 이 무전기를 사용해 수십 km 멀리 떨어진 곳에서 작전하고 있는 예하 지휘관들에게 그들의 기동방향을 변경해 주거나 임무를 변경해 줄 수 있었다. 나는 사단참모들과 예하 지휘관들 간에 서로 교신하고 있는 무전내용을 감청하는 것이 무척 즐거웠는데, 이들의 대화는 잘 조절되어 있었고 기름이 잘 칠해진 기계와도 같았다. 나는 이들의 교신내용에 대해서 지나치게 관여하지 않도록 노력했는데, 그 이유는 사단작전참모가 이번 전쟁에서 자기의 몫을 제대로 찾을 수 있도록 배려해 주었기 때문이다. 한편 사단작전참모가 있는 주 지휘소는 나로부터 멀리 떨어져 있었고, 또 나의 전술적 결심의 근거가 되는 모든 고려사항을 그가 항시 파악하고 있는 것이 아니기 때문에, 나 스스로 무전기 옆을 잘 떠날 수 없었다. 나는 잠시라도 무전기 헤드폰을 벗을 수가 없었는데, 그 이유는 긴급한 상황이 발생했을 경우 그 문제에 대해서 즉각 응답해 주고 결심해 줄 수 없었기 때문이다. 전투 실시간에 예하 지휘관들은 끊임없이 나와 접촉하기를 시도하고 있었는데, 이때 즉각적으로 응답해 주지 못할 가능성에 대해 항상 염려하였다. 즉각적인 응답의 부실은 통상 상급 지휘관이나 상급 사령부에 의해 빈번하게 자행되는 현상 중의 하나이다.

나는 '바라크 여단의 다간 여단장'에게 아랍 살림 지역에 대한 작전책임의 분할을 위해 에이난 사단과 협조하는 것을 위임해 주었다. 한편 '가비의 부대'는 마즈랏 알리 타헤르를 마침내 점령하였으며, 나바티예 시가지 근처에서 백기가 펄럭이고 있다고 보고하여 왔다. '모파즈의 여단'은 나바티예 인근의 고지대로 올라가면서 지체하고 있었는데, 여단장은 시간이 훨씬 더 걸리겠다고 보고하면서 오후까지는 가비 부대와 연결하겠다고 보고했다. 나는 모파즈 여단장의 보고를 듣고서 불안했는데, 나파티예 지역을 날이 어두워지기 전에 확보하기를 원했기 때문이다.

한편 '어윈 대령의 골라니 여단'은 자하라니강 하구를 지나서 시돈을 향해 북진을 준비하고 있었다. 여단장은 잠시 부대를 정지시키고 연료재보급을 실시하겠다고 건의하였다. 그는 기막힌 방법 하나를 찾아냈는데, 자하라니강 건너편에 있는 어느 민간 대형 주유소에서 필요한 양만큼의 연료를 획득해서 부대가 모두 주유한 것이다. 그런데 엘리 게바의 기갑여단이 심각한 연료 부족을 호소하였다. 여단장에게 그들의 보급부대가 어디에 있는지 물어보았으나 그는 답변하지 못했다. 우리 사단의 전투력 증원을 위해 배속된 그의 여단이 연료가 부족하게 되면, 사단 전체의 작전일정이 지체될 수 있다. 이를 방지하기 위해서 골라니 여단의 유조차량들을 엘리 게바의 기갑여단에 보내기로 결심하였다. 골라니 여단은 이미 민간 주유소에서 연료를 보충했으므로 더 이상의 긴급소요가 없었기 때문이다. 이때 골라니 여단장이 강하게 반대하고 나섰는데, 그럼에도 불구하고 나는 그의 연료를 엘리의 기갑여단에 즉시 넘겨주라고 지시하였다.

자하라니강 하구에 위치한 석유정제소의 거대한 유류저장시설 위로 두꺼운 연기가 피어오르고, 유류저장탱크 2개는 원인을 알 수 없는 화염 속에 휩싸여 있었다. 검은 연기구름이 하늘을 향해 솟구쳐 올랐고 멀리서도 잘 보였다. 나는 유류저장시설에서 흘러나오는 불타는 기름이 자하라니강으로 흘러들어서 우리의 도하를 방해하지 않을까 걱정하였다. 다행히 이런 일은 일어나지 않았는데, 우리의 선두부대가 이에 대한 예방조치를 미리 했기 때문이다.

우리는 시돈에 가까워지고 있었다. 골라니 여단장이 아인 힐웨(Ein Hilweh) 난민촌[155]으로 진입할 때 아미람의 전차대대가 여단을 선도하도록 조치했다고 보고했다. 그리고 난민촌으로 진입하는 통로를 개척하기 위해서 이곳을 감제하고 있는 능선을 먼저 점령하겠다고 건의하므로 이를 승인해 주었다.

11시경, 아모스 야론 제96사단장이 무전으로 나를 호출하였다. 그의 부대는 지중해 해상으로부터 해안에 상륙한 후, 시돈 북부 외곽에 있는 아왈리강 도하지역을 점령하고 있었다. 그리고 사단장 자신과 그의 일부부대

---

155 **아인 힐웨 난민촌:** 1948년 이스라엘이 건국할 때 추방된 팔레스타인 출신의 난민들이 옮겨 와 모여 사는 곳이다. 돌아갈 곳이 없는 난민들이 영구적으로 정착해서 살고 있으며, 인구는 약 7만 명 (2010년 기준)이다.

가 해안도로를 따라 북쪽으로 올라가서 현재 다무르(Damour)에서 수 km 남쪽에 위치하고 있으며, 그곳에서 베이루트로 가는 도로를 통제하고 있다고 알려 주었다. 나는 야론 사단장이 단독적으로 이동하고 있어서 혹시 적의 공격을 받게 되지나 않을까 염려가 되었다. 적지 후방에 해상으로 상륙한 야론의 사단은 현재 보급이 차단되어 있기 때문에, 우리는 그 부대와 연결하는 시간을 최소화할 수 있도록 노력해야 했다.

야론 사단장은 침착성을 보여 주었다. 북부사령부 작전계획에 따라 그의 사단은 현재 우리 사단에 배속되어 있는 엘리 게바의 기갑여단과 가능한 빠른 시간 내 연결하기를 기다리고 있었다. 한편 아모스 야론 사단에 합류하기 위해 그의 부사단장 이츠하크 자미르(Yitzhak Zamir) 대령이 일반차량과 장갑차들로 편성된 보급부대를 이끌고 시돈으로 가고 있었는데, 우리 사단이 시돈을 확보하게 되면 그들은 시돈 시가지를 통과해서 북진하기로 되어 있었다. 자미르 부사단장은 해상으로 상륙한 그의 사단 전체가 필요로 하는 모든 물자를 적재하고 있는 긴 행렬의 보급추진부대를 지휘하고 있었다. 그가 나에게 시돈의 도로축선이 언제쯤 개통될 수 있느냐고 물어보았을 때, 나는 그가 가지고 있는 조바심을 충분히 느낄 수 있었다.

그때 바라크 여단장 다간 대령이 현재 즈바(Jba) 마을을 향해 전진하고 있었던 에얄(Eyal) 전차대대의 선두 중대장인 우지 아라드(Uzi Arad)가 전사했다는 내용을 무전을 통해서 보고해 왔다. 그는 전쟁 바로 직전에 중대장에 임명되었었다. 나는 우지 아라드의 개인적인 사정에 대해 잘 알고 있었다. 나의 부하 중 하나인 다니(Dani)가 어렸을 때 고아였는데, 우지의 부모인 루시(Ruthie)와 아르예(Arye)가 그를 입양한 다음부터 그들은 형제와 같은 사이로 지내고 있었다. 다니가 우지 아라드의 부모님을 위로하기 위해 잠시 다녀와도 되는지 나에게 허락을 구했다. 물론 승인해 주었다.

갑자기 바라크 여단장이 불안한 목소리로 무전에 등장했다. 스피겔(Spiegel) 중령이 지휘하는 기보대대가 시리아군과 교전을 실시했다는 것이다. 즈바 북쪽 수 km 지점에서 다른 형태의 전투복을 입고 있는 군인들과 교전했다는 것이다. 나는 시계를 들여다보았다. 거의 13시가 다 되었다.

"여기는 드로르, 그들이 먼저 사격을 개시했는가?" 나는 바라크 여단장에게 물었다. 나는 이 사태가 어떻게 전개될지 짐작이 되었다.

당시 나에게 가용했던 정보에 의하면, 시리아군은 그 지역에 있지 않았어야 했다. 나는 시리아군이 접근하고 있는 아군을 발견하자마자 곧 사라져 주었으면 했다.

여단장이 곧바로 응신했다. "시리아군이 먼저 스피겔 대대에 대해서 사격을 했음!"

나는 즉시 무전기 주파수를 바꾸어 스피겔의 대대망으로 들어갔다. 그는 흥분하고 있었지만 계속 전진해서 시리아군을 과단성 있게 공격하려고 했다.

"시리아군으로부터 멀리 떨어져라!" 나는 재빨리 대대장을 진정시켰다. "어떠한 상황에서도 현재 위치로부터 더 이상 시리아군에게 접근하면 안 된다!"

그의 상황보고를 들어 보니 시리아군은 아군과 교전한 후 곧바로 퇴각할 것 같았다. 나는 그들이 퇴각해서 새로운 진지를 찾을 수 있도록 내버려 두라고 지시했다. 그리고 곧바로 드로리 북부사령관과 이 문제에 대해서 무전으로 토의하였다. 사령관은 몇 가지 질문을 통해서 전개된 상황을 파악하고자 하였다.

"무슨 근거로 그들이 시리아군이라 판단하는가?" 그는 다소 회의적인 어조로 질문하였다.

"스피겔 대대가 포로 몇 명을 잡았는데 시리아군이 분명함."

이에 사령관은 만족한 듯했지만 어쨌든 계속해서 질문하였다. 그는 시리아군과 갑자기 조우한 이 문제를 어떻게 처리해야 할지 즉각 결심하지 못했다. 우리가 판단했던 것보다 수㎞ 훨씬 남쪽에서 그들과 조우했기 때문이다.

사령관의 질문이 끝난 후 나는 이 문제를 다음과 같이 조치하도록 결론지었다. "잘 알겠음. 이제부터는 적과 접촉만 유지한 채 그 이상의 전투행동은 자제하도록 하겠음." 나는 우리 부대가 지금 시리아군을 공격하기 위해서는, 드로리 사령관이 이스라엘군 최고사령부의 승인을 먼저 받아야 한다는 사실을 잘 이해하고 있었다.

"스피켈 대대장은 무사한가? 무슨 문제는 없는가?" 사령관은 대대장과 그 대대의 안전에 대해서 걱정하였다.

"현재 대대장의 사기는 대단히 높고 대대의 상태도 양호함. 이상."

우리는 일단 이 문제를 매듭지었다. 우리는 이 지역에서 대기하면서 급편방어 진지를 구축하기로 하였다. 내 개인적으로는 계속 공격하는 것이 더 바람직하다고 생각했는데, 그 이유는 이들이 퇴각해서 공격하기 더 어려운 진지를 새로 구축하게 놔둘 수 없기 때문이었다. 전술적으로 이러한 경우 적을 계속 압박해서 재편성을 할 수 없도록 만들어야 한다. 그러나 이것은 의심할 여지 없이 아주 민감한 문제였다. 나는 다간 여단장과 스피켈 대대장에게 적과 접촉만 유지한 채 더 이상의 전투행동은 자제하라고 명령했다.

그때 나에게 더 급한 문제가 있었다. 골라니 여단의 아미람의 전차대대가 아인 힐웨 난민촌에 있는 적으로부터 매우 강력한 저항을 받고 있다는 것이다. 그리고 모파즈 여단의 나바티예 시가지와 주변지역을 확보하는 전투도 점점 더 걱정이 되었다. 여단장은 아직도 나바티예 근처의 고지대를 올라가고 있었는데, 그의 전투지휘가 그리 성공적이지 않아 보였다.

나는 북부사령관에게 현 상황을 보고하였다. 그러자 사령관은 "나바티예 지역 전투에 가비 부대를 모파즈 여단에 즉각 합류시켜서 함께 확보토록 하라"라고 지시하였다. 그러나 가비 부대의 투입은 마지막 순간까지 좀 더 기다려 보자고 내가 건의하였다. 그런 다음 나는 30㎞ 정도 떨어져 있는 가비 중령에게 무전으로 준비명령을 하달하였다. 가비는 모든 전투준비를 마쳤다고 하면서, 자신의 작전계획을 나에게 보고하였다. 나의 승인을 먼저 받은 다음에 행동을 개시하도록 그에게 강조하였다.

나는 사단작전참모 요시에게 사단 주 지휘소를 이동하여 현재 내가 있는 전술지휘소 위치에 금일 정오까지 합류하도록 지시하였다.[156] 지휘용 장갑차들을 붙여서 만든 전술지휘소는 예하지휘관들을 잠시 소집하는 데 안성맞춤이었으며, 이곳에서 차후 작전계획을 수립할 예정이다. 사단작전참모가 대규모의 사단 주 지휘소 요원들이 탄 차량 대열을 인솔하여 이곳 자하라니강 하구까지 이동하는 데는 최소한 몇 시간이 걸릴 것이다. 작전참모가 이동하고 있는 동안, 나의 전술지휘소는 사단의 넓은 작전책임 한가운데 위치해서 모든 부대들의 구심점으로 작용하고 있었다.

나는 바라크 기갑여단을 2개 제대로 나누기로 하였다. 우선 1개 제대는 스피겔의 기보대대로서 아랍 살림 일대에서 조우한 시리아군과 접촉을 유지한 채 급편방어를 실시하면서, 현재 북쪽으로 이동하고 있는 에이난 사단과 연결을 기다리도록 하였다. 나머지 부대들을 1개 제대로 편성하여 여단장이 직접 지휘해서 시돈 방향으로 전속력으로 기동하라고 재촉하였다. 그러나 이때 문제가 생겼는데 바로 연료 부족이었다. 이때 골라니 여단의 유조차로부터 연료를 보급받아 평온을 되찾은 엘리 게바 여단장이 사단

---

156 전장지역이 전방으로 확장되면서 전방에 추진된 전술지휘소 위치에 후방에 있던 주 지휘소가 이동해 와서 사단 지휘소를 통합하는 '예'를 보여 주고 있다.

무전망을 감청하고 있다가 중간에 끼어들었다. "바라크 기갑여단이 연료가 부족하면 우리의 연료를 줄 수도 있음. 이상." 그는 바라크 여단장 다간 대령이 듣고 있기를 바라면서 나에게 이렇게 건의하였다.

다음의 교신은 가비 부대와의 긴 대화였다. 가비 중령은 나바티예 시가지 점령을 위한 작전계획을 자세히 보고해 주었다. 나의 승인 없이는 '절대 넘어가서는 안 되는 몇 가지 작전지침'을 명확하게 하달해 주었다. 비록 그가 지금 나바티예 시가지에 내건 흰 깃발을 수백 개나 볼 수 있다고 하지만, 그의 부대가 시가지를 점령하면서 깊은 수렁에 빠져 드는 것을 원치 않았다. 모든 것을 세밀하게 확인한 후, 나바티예 시가지 점령을 위한 작전계획을 승인해 주었다.

마침내 사단 주 지휘소가 내가 현재 있는 전술지휘소 위치로 이동을 완료하였다. 새로 이동한 주 지휘소에 수많은 방문객들이 우리의 작전수행 활동을 방해하면서 찾아오기 시작했다. 나는 이들에게 '참관인 신분(Observer Status)'에 만족할 것을 강조해 준 다음, 나의 작전상황판과 장비들로부터 멀리 떨어져 있으라고 요구하였다. 예하 지휘관들도 주 지휘소에 있는 나를 찾아와서 대화를 위해 줄을 서야 했다. 그들은 자기 부대의 특별한 문제들을 나에게 모두 털어놓았는데, 대화를 진행하면 할수록 내가 짊어져야 할 짐이 덩달아 커졌다. 가끔은 자기 여단 수준에서 해결할 수 있는 문제를 굳이 나에게 답변을 요구하기도 했다. 대부분은 자기들이 작전일정에 지체되었거나, 또 불가능해 보이는 임무를 수령했을 때 무척 당황했었다고 불평을 늘어놓았다. 그러나 나와 대화를 가진 다음에 예하 지휘관들은 평정을 되찾았다.

나는 무전기 송수화기를 항상 들고 있었다. 나바티예 지역의 전투상황을 계속 감청하면서 필요할 때만 개입하였다. 또 시리아군과 교전이 있었던 아랍 살림 지역의 상황 전개를 감청하면서, 에이난의 사단과 스피겔 대대 간의 진지교대를 협조해 주었다. 진지교대를 마친 다음 스피겔 대대장에게 사단의 주력이 있는 시돈 방향으로 신속하게 이동할 것을 지시하였다. 나는 바라크 여단이 연료를 재보급받을 수 있는 방안을 즉시 강구하라고 지시했는데, 그렇지 않으면 작전일정에 맞출 수 없기 때문이었다. 그럼에도 불구하고 바라크 여단이 자정 이전에 시돈 지역에 도착하리라는 것을 기대하지는 않았다. 한편 엘리 게바의 기갑여단이 예비기동로를 이용하여 시돈을 향해 이동하던 중, 갑자기 급경사 지역을 만나는 바람에 전진이 불가능해졌다. 여단장은 어쩔 수 없이 복잡하고 어려운 조치를 통해 여단의 모든 전투차량들을 뒤로 후진시켜야 했다. 그리고 골라니 여단은 아인 힐웨 난민촌으로 진입하면서 항공지원과 포병지원사격을 요청하였다. 한편 사단 주 지휘소가 나의 위치로 모두 이동해 와서 모든 참모들이 바로 옆에 있기 때문에, 당분간 무전기를 통해서 그들에게 지시하고 확인할 필요가 없게 되었다.

어둠이 내리자, 나는 골라니 여단장에게 아인 힐웨 난민촌에 대한 공격의 강도를 낮추고 일단 근처에서 숙영을 준비하도록 지시하였다. 모티 (Motti) 중령의 기보대대가 시돈으로 가는 주도로상에 있었는데, 야간 숙영지를 정찰하는 도중에 근처의 감귤나무 숲으로부터 적의 공격을 받아 몇 명의 사상자가 발생하였다. 한편 가비 부대가 희소식을 전해 왔는데, 나바티예 시가지를 비교적 쉽게 확보했으며 사상자가 전혀 발생하지 않았다고 보고했다.

나는 부사단장 유드케 대령과 바라크 여단의 연료재보급 문제에 대해 토의했다. 그가 제안한 연료재보급 계획은 나에게 신뢰를 주었는데, 나는 모든 부대가 사용할 수 있는 연료보급지점을 잘 선정하라는 지침을 주었다. 연료 부족 사태는 다음 날 계획된 작전이든, 또는 우발작전이든 모든 것을 어렵게 만들 것이다.

여단장들이 제기한 불명확한 문제를 무전을 통해 토의해 가면서, 사단 주 지휘소는 '시돈 점령 작전계획'을 수립하면서 밤을 보냈다. 북부사령부는 그때까지도 우리 사단에게 '시돈 점령 임무'를 부여하는 것에 대해 명확하게 결정하지 않고 있었다. 전쟁개시 전에 하달되었던 사령부 최초작전계획에는 다무르와 베이루트로 향하는 기동축선을 우리 사단이 담당하도록 되어 있었고, 이치크 모르데카이의 제91사단이 시돈을 점령하도록 되어 있었다. 그러나 나는 현재 모르데카이 사단의 작전상황에 대해서 잘 알 수 없었고, 북부사령부가 다음 날 모르데카이 사단을 어떻게 운용할지에 대해서도 알지 못했다. 어쨌든 나는 스스로 알아서 '시돈 점령 작전계획'을 세밀하게 수립한 다음 잠자리에 들어갔다.

02시경, 작전부사관이 나를 깨웠다.

"북부사령부에서 드디어 정식명령을 하달하였습니다. 우리 사단보고 시돈을 점령하라고 합니다!" 그가 흥분하면서 말했다.

나는 그의 말을 듣고도 침착할 수 있었다. 전날 밤 여단장들에게 이미 준비명령을 하달했고 세부작전계획도 내려 주었기 때문이다. 그래서 나에게 필요했던 것은 우리가 수립한 시돈 점령 작전계획을 북부사령부의 승인을 받기 위해 즉각 보고해 주는 일이었다.

시돈 점령 작전은 6월 8일 새벽녘에 시작되었다. 간략하게 상황을 파악해 보니 바라크 여단은 아직도 연료재보급을 대기하고 있으며, 에이난 사단에게 진지를 교대해 주고 우리 쪽으로 이동 중인 스피겔의 기보대대도 아직 자신의 상급부대인 바라크 여단과 연결하지 못하고 있었다.

"자네는 이 전쟁을 망치려고 하는가?" 나는 사단군수참모 잭슨(Jackson) 중령을 질타하였다. "이제껏 일을 잘하고 있는 사람인줄 알았는데 지금 보

전사의 길

니 군수가 전쟁을 망치려 들고 있군!"

그를 압박하였다. 그는 비록 등골이 휘어지는 한이 있더라도 바람직한 해결책을 분명하게 제시하리라 믿었다.

불이 환하게 밝혀진 사단 주 지휘소 안에 작전참모 요시와 같이 일하는 사람들로서 정보참모 메이어, 포병여단장 가지트, 공군연락장교 누테크, 통신장교 일란, 공병참모 미츠라히와 그의 보좌관이 있었다. 이들은 각자의 역할에 정통해 있었으며 상호 간에 완벽한 전투협조체계를 이루고 있었다.

시돈 점령 작전을 효과적으로 수행하기 위해서 이제까지 여단장들에게 위임했었던 항공지원 운용권한을 내가 모두 넘겨받기로 결심하였다. 나는 공군이 자신들의 시간계획표에 따라서 시돈 내의 특정한 선까지 작전해 주기를 요구했는데, 이때 중요한 것은 공군이 나의 요청에 따라 원하는 표적을 완벽하게 타격해 주느냐 하는 것이었다. 이렇게 하는 것이 공군이나 나에게 모두 편한 방법이었다. 지상부대와 함께 전진하는 포병지원처럼 항공지원을 운용할 수 없다는 사실을 잘 알고 있는 사람이라면, 공군 자신들의 임무수행 방법을 굳이 제한하려고 들지 않는다. 왜냐하면 공군과의 의사소통은 간단한 문제가 아니며 이것은 특별한 기술을 요구하기 때문이다. 무전을 통해서 항공기를 표적으로 유도하는 것은 매우 복잡하고 어려운 일로서, 가끔은 공군이나 지상군 모두에게 위험한 일이다. 가끔씩 공군과 우리는 서로의 의사소통이 되지 않아, 항공기들이 표적을 공격할 때까지 계속해서 공중을 선회하곤 했다.

공군연락장교 누테크 대령은 우리가 가지고 있었던 건물마다 번호가 부여된 시돈 시가지의 항공사진을 불행히도 그들의 공군은 갖고 있지 않다고 말했다. 그는 공군사령부에서 실무를 담당하고 있는 장교를 찾을 수 없었다. 따라서 그는 공군사령부에 수차례 전화를 걸고 여러 장의 전문을 보낸 노력 끝에 마침내 이 문제를 해결하였다.

시돈의 시가지는 적이 위치하고 있는 표적들과 건물로 가득 차 있었다. 우리는 개별 항공기마다 개별 표적을 할당해 줌으로써, 개별 조종사로 하여금 정확한 종류의 폭탄을 장착토록 하고 이륙하기 전에 표적 특성과 윤곽에 대해 완전히 숙지토록 만들어 주었다. 항공지원은 특정한 목적을 달성하는 데 중요하게 기여했지만, 나는 가용한 항공자산들을 어떻게 운용할지에 대해 전반적으로 결정하지는 못했다.

야음을 이용해서 포병부대들을 자하라니강 하구 지역까지 모두 이동시켰다. 새벽까지 모든 포대들은 어떠한 범위에도 지원할 수 있는 사격진지를 점령하게 되었다.

북부사령부의 시돈 점령 작전명령에 의하면, 1개 공수여단이 모르데카이의 사단 지역을 초월해서 다음 날 우리 사단으로 배속이 전환되도록 되어 있었다. 이 공수여단의 지휘관인 구치(Gutzi) 대령은 이스라엘군 공수부대에서 유명한 인물로서 부여된 임무를 완벽하게 수행해 내는 군인으로 소문이 나 있었다. 최초에 시돈 점령작전을 수행할 예정이었던 모르데카이 사단장은 이 공수여단을 우리 사단에 배속전환시키는 데 동의해 주었다. 이러한 전투부대의 추가적인 증원과 화력자산의 증강은 도시지역 작전을 눈앞에 두고 있는 지휘관에게 매우 중요한 의미를 주었다. 나는 공수여단이 빠른 시간 안에 도착해 주기를 바랐다.

1982년 6월 8일~9일, 시돈 점령작전

시돈의 작전지역은 크게 2개 지역으로 나누어지는데, 고지대 경사지역과 지중해 해안지대이다. 시돈의 동쪽 시가지는 해발 100m인데 해안으로부터 내륙 방향으로 들어가면서 고도가 점차로 올라간다. 시돈의 도시지역은 자연녹지, 경작지, 그리고 광대한 감귤과수원으로 둘러싸여 있다. 시돈 시가지와 그 동쪽 고지대는 골짜기와 강으로 인해서 도시와 분리되어 있는

데, 도로와 통로를 사용하여 동쪽으로부터 도시 안으로 들어갈 수 있다. 남쪽으로부터 시돈의 시가지 안으로 들어가기 위해서는 해안을 따라 발달되어 있는 두 개의 주도로를 이용해야 하는데, 반드시 아인 힐웨 난민촌과 시돈의 중앙부를 통과해야 한다. 시돈에는 중요한 외곽 마을들이 있는데 이들은 아인 힐웨(Ein Hilweh), 엘 할랄리예(el-Halaliye), 엘 킨야(el-Kinya), 엘 카라(el-Khara), 미예-미예(Miye-Miye) 등이며 이 마을들이 시돈 도시를 둘러싸고 있다. 인구 15만 명의 거대도시 시돈을 이야기할 때 반드시 이러한 외곽 마을 지역을 함께 다루어야 한다.

PLO의 주요 분파인 파타(Fatah) 소속인 약 1,500명의 테러분자들이 시돈 도시를 점거하고 있었다. 이 테러분자들은 도시의 주요 도로들을 장악하고 천막숙영지에 머물면서 최근에는 요새화된 벙커들도 구축하였다. 또한 이 지역에서 활발하게 움직이는 군대조직은 팔레스타인 해방군(PLA)[157]의 퓨즈 기갑부대[158]로서 약 40대의 전차와 수십 대의 장갑차를 장비하고 있었다. 몇 개의 테러조직 본부들이 도시 내의 중심지역에 위치하고 있었는데, 이 중에서 카스텔(Kastel) 여단의 본부가 모든 테러분자 조직의 중앙본부로 운용되고 있었다. 또한 여러 조직들이 각자의 탄약고, 연료저장시설, 그리고 장비창고를 도시 내에 보유하고 있었다. 한편 레바논 정부군은 시돈 시가지의 동쪽에 주둔하고 있었다. 우리는 레바논 정부군의 활동에 대해서는 특별한 관심을 두고 있지 않았으나, 우리의 작전에 대해서 어떻게 반응하고 나올지 모르기 때문에 이 점에도 대비하고 있었다.

---

157 **팔레스타인 해방군(PLA: Palestine Liberation Army):** 이집트의 알렉산드리아에서 개최된 1964년 아랍연맹 회담 당시 팔레스타인 해방기구(PLO)의 군사조직으로 창립된 무장단체이다. 주요 조직으로 카스텔 여단, 야르묵 여단, 카라메 여단, 아인 잘루드 여단, 베이루트 수비대 등이 있었다. 세부적인 현황은 〈부록 5〉를 참고하기 바란다.

158 **퓨즈(fujj):** 여단급보다 작은 규모의 부대를 말한다.

'시돈 점령 작전계획'을 수립할 때 우리는 약 3,000명의 테러분자들이 도시 내에 포진하고 있는 것으로 가정하였다. 이 숫자에는 이스라엘군의 공격을 피해서 다른 지역으로부터 이곳에 도망쳐 들어온 테러분자들도 같이 포함되어 있다. 우리는 테러분자들이 조직적으로 '도시지역 방어전투'를 전개할 것으로 예상하였다. 그들은 인구 밀집지역에 많은 진지들을 확보하고 있었기 때문에 우리는 모든 도로, 골목길, 건물을 목표로 설정하고 이를 점령해야 했다.

나는 우리 사단에게 시돈 점령작전 임무를 부여한 북부사령부의 결정에 대해서 다소 놀랐다. 지금까지 나는 우리와 같은 상비군 기갑사단은 주로 '베이루트 점령이나 베카계곡 확보를 위한 신속한 기동위주 작전'에 투입될 것으로 믿어 왔기 때문이었다. 그렇지만 북부사령부의 결정에 대해서 아무런 불만 없이 받아들였는데, 왜냐하면 이번 전쟁의 주요 목표 가운데 하나를 우리가 성공적으로 임무달성하면 되었기 때문이다.

북부사령부에서 하달된 작전계획에 기초하여 내가 설정한 사단의 작전개념은 남쪽과 동쪽의 2개 방향으로부터 시돈 시가지를 향해서 공격하는 것이다. 그리고 해군사령부가 서쪽의 지중해 방향으로부터 강습부대를 해안에 상륙시켜 시돈을 공격함으로써 우리의 작전과 통합하기로 되어 있다. 한편 테러분자들의 퇴로를 열어 주기 위해서 북쪽으로 향하는 도로는 개방해 놓기로 하였다. 그들에게 후퇴할 수 있는 여지를 남겨 둠으로써 그들의 저항을 감소시키고 시돈의 점령을 더 용이하게 만들기 위해서였다. 나는 최대한 단시간 내에 작전을 종결시키도록 계획을 수립하였다. 이를 위해서 가장 중요한 것은 시돈 시가지를 남북으로 가로지르고 있는 도로들을 개통시키는 것이었는데, 이 도로들의 개통 없이는 아군의 모든 부대들이 이번 전쟁의 최종 목표인 베이루트가 있는 북쪽 방향으로 이동할 수 없기 때문

전사의 길

이었다.

구치 대령이 지휘하는 공수여단에게 부여한 임무는 북쪽으로 이동할 수 있는 '중앙도로 축선'을 개통하는 것이었다. 현재 골라니 여단이 아인 힐웨 난민촌을 점령하는 데 다소 고전 중에 있으나, 그곳의 임무가 종결되면 시돈 시가지의 중앙도로 축선과 '평행하게 나 있는 도로 축선'을 개통하는 임무를 수행할 것이다. 그리고 바라크 기갑여단에게 부여한 임무는 여단이 동쪽 방향으로부터 공격하여 남북을 관통하는 '중앙도로와 평행도로의 2개 축선과 연결'하는 것이다. 따라서 바라크 여단에게 동쪽 고지대로부터 내려와서 시돈 동쪽의 마을, 건물, 그리고 지역을 감제할 수 있는 능선을 먼저 확보하라는 임무를 부여하였다. 여기에서 임무를 수행하다가 나의 명령에 의거, 동쪽 방향으로부터 시돈 시가지를 향해서 강력한 기세로 진입토록 계획하였다. 엘리 게바의 기갑여단은 시니크강을 건너 시돈 동쪽에 나 있는 도로를 이용해 고지대로 올라간 다음, 바라크 여단이 점령한 지역을 통과해서 북쪽으로 이동한 후 다무르에서 대기하고 있는 '아모스 야론의 사단과 연결'하도록 계획하였다. 엘리 게바의 기갑여단은 다무르에서 야론의 제96사단과 연결한 후 그 사단의 지휘를 받으면서 베이루트로 기동하게 될 것이다.[159] 한편 아모스 야론 사단과 같이 상륙했던 이스라엘(Israel) 중령의 상비군 공수대대[160]가 나의 사단에 배속이 되었는데, 이 대대에게 해안고속도로를 타고 남쪽 방향으로 내려와서 북쪽으로 도망가는 테러분자들을 소

---

[159] 엘리 게바의 제211기갑여단은 최초 서부 해안축선에서 제91사단(모르데카이)에 배속되어 티레에서 전투를 치르고, 이후 시돈에서 제36사단(카할라니)에 배속전환되었으나 시돈 전투에는 직접 참가하지 않고 단순히 이 지역을 신속하게 통과만 하였으며, 이후 제96사단(야론)에 배속전환되어 베이루트 작전에 참가하였다. 기동성을 가진 기갑여단 운용의 융통성을 보여 주고 있는 좋은 '예'이다.

[160] 서부 해안축선에 참가한 제196사단에 배속되었던 제50공수대대이다. 그 후 이 대대는 카할라니의 제36사단에 배속전환되어 시돈 작전에 참가하였다.

탕하라는 임무를 부여하였다. 한편 이번 시돈 점령을 위한 작전계획에 예하 2개 부대는 제외했는데, 하나는 골라니 부여단장 가비의 부대이고 다른 하나는 모파즈의 여단이다. 이들은 현재 나바티예 시가지를 감제하는 고지대에 남아서 그곳을 계속 통제하고 있도록 지시하였다.

시돈과 주변의 표적에 대해서 일일 120소티(Sortie)[161]를 항공지원을 할당받았다. 또한 북부사령부로부터 추가적인 증원포병을 할당받았는데 이들은 시물릭(Shmulik) 중령, 요람(Yoram) 중령, 이스라엘(Israel) 중령이 지휘하는 3개의 상비군 포병대대와 몇 개의 동원 포병대대들이다. 이들을 효과적으로 통제하기 위해서 포병여단의 부여단장인 모세 로넨(Moshe Ronen) 중령에게 책임을 부여해 주었다.

날이 밝자 공군은 시돈 시가지에 명확하게 식별된 표적들에 대해서 항공폭격을 개시하였다. 항공폭격은 정밀타격(Pinpoint Attack)으로 실시되었다. 이번 전쟁에 동원된 예비역 공군대령 누테크가 능숙한 솜씨로 항공지원을 이끌어 내고 있었다. 그는 사단 주 지휘소의 옆에 정차하고 있는 자기 장갑차 안에서 북부사령부의 담당 공군연락장교에게 마치 협박하듯이 소리치고 있었다. 신경이 날카로워진 누테크 대령은 더 많은 항공지원을 요청하면서, 표적 성질에 맞도록 수정시켜준 폭탄 종류를 정확하게 달고 와서 폭격해 줄 것을 공군사령부에게 강력하게 요구하였다. 또 그가 전투기 조종사들과 나누는 무전교신 내용을 들을 수 있었다. 누테크 대령의 고함소리에 질려 버린 조종사들이 더 빠른 속도로 더 낮게 내려와서 표적을 공격하였다.

---

161 1소티는 하루에 1개 군용기가 1회 출격하는 것을 말한다. 따라서 하루 120소티라 하는 것은 30대의 항공기가 4회씩 출격하거나, 60대의 항공기가 2회씩 출격하는 것을 의미한다. 공군에서는 항공기가 공중에 떠 있어야 전력으로 간주하고 있다. 따라서 활주로에 전투기 숫자가 얼마나 많이 앉아 있느냐 하는 것보다는, 해당 공역에 얼마나 많은 소티가 가능한지를 더욱 중요하게 여긴다.

나는 포병지원 임무를 대부분 포병여단장에게 위임하였는데, 이들은 지상부대들이 도시에 진입하기 전에 적의 기세를 현저하게 약화시켜 줄 것이다. 우리는 많은 포병부대들이 가용하였고 충분한 양의 포병탄약도 보유하고 있었다. 시돈의 시가지는 아군 포병들이 쏘는 강력하고도 위협적인 포탄의 굉음 속에 서서히 파묻혀 가고 있었다.

공수여단장 구치 대령은 아침 일찍 자기 부대가 나의 지휘를 받게 될 것이라고 전날 보고해 주었었다. 그러나 정작 아침이 되었지만 공수여단은 아직도 수 km 뒤에 위치해 있었다. 또 놀랍게도 공수여단장은 자기 부대가 정오까지도 도착이 어려울 것 같다고 보고했다. 나는 그에게 부하들을 독려하라고 촉구했는데, 공수여단은 시돈 시가지의 남부 외곽지역에 벌써 도착해 있어야 했다.

골라니 여단은 아인 힐웨 난민촌 내부로 공격해 들어갔다. 나는 어윈 여단장 자신의 판단에 따라 작전을 수행해 나갈 수 있도록 위임해 주었다. 골라니 여단의 공격을 선도하고 있는 부대는 바라크 여단으로부터 배속받은 아미람 중령의 전차대대였다. 보통 키에 단단한 체격을 가진 아미람은 보병에서 기갑병과로 전과한 공수부대 출신이었다. 그는 전쟁에서 부상을 입어 손과 얼굴에 화상자국이 드러나 보였다. 그와 나는 약 3년 전 미국에서 지휘참모대학을 같이 다닌 적이 있었는데, 이러한 우정을 가지고 있다 해서 그의 행동을 편파적으로 옹호해 주지는 않았다. 그가 기갑부대 생활방식에 적응하는 것을 힘들어 해서 가끔씩 조언을 해 주었다.

아미람 전차대대의 전투상황을 감청하기 위해서 내 무전기 주파수를 그의 대대망에 맞추었다. 나는 선두에서 부하들을 이끌며 칭찬할 만한 용기와 리더십을 발휘하고 있는 지휘관의 활기찬 목소리를 무전을 통해서 들을 수 있었다. 대대장은 선두에서 부대를 이끌고 있었고, 골라니 여단장이 그 뒤를 후속하고 있었다. 그가 자랑스러웠다.

바라크 기갑여단의 다간 대령이 나에게 수차례 무전보고를 했다. 그의 여단은 도시를 빠져나온 수많은 민간인 차량들과 조우하였는데, 그들은 모두 손에 백기를 들고 있다고 한다. 우리는 이들을 어떻게 처리해야 할지 즉각 결심해야 하였다. 그의 여단에 또 다른 문제가 있는데 06시 30분이 되었는데 아직까지도 스피겔의 대대와 연결하지 못했다는 것이다. 여단장의 보고에 의하면, 2시간 반 정도 더 지나야 연결할 것 같다고 예상하므로 나는 여단의 이동속도를 다소 늦추어 주라고 지시하였다. 또 바라크 여단은 아왈리강 도하지역으로 상륙한 이스라엘 중령의 공수대대와 이미 무전으로 접촉했는데, 공수대대는 차분하고 침착하게 전투를 대기하고 있다고 하였다.

엘리 게바의 기갑여단은 우리 사단으로 배속전환이 될 때 이치크 모르데카이의 사단에 1개 전차대대를 남겨 두고 왔었다. 엘리 게바 여단장은 시돈 지역에 들어가기 전에 그 전차대대를 자기 여단에 다시 원복시켜 달라고 건의하였다. 나는 그의 여단이 시니크강을 도하한 즉시 그 대대가 원복할 수 있도록 조치해 주고, 현재 유일하게 이용 가능한 기동로인 시돈 동쪽의 고지대로 올라가는 도로를 따라 이동하라고 지시하였다. 엘리의 기갑여단이 이 통로를 개통하는 즉시, 나는 시돈 시가지를 한눈에 조망할 수 있는 동쪽의 미예-미예 고지대로 전술지휘소를 이동시키려 생각하고 있었다.

그러나 예상한 것보다 더 오래 기다려야 했는데, 그의 여단이 이동 중에 문제가 발생했기 때문이다. 가장 심각한 문제는 고지대의 도로를 올라가는 도중 전차 2대가 옆으로 전복된 것이었다. 따라서 도로가 2시간 동안 막혔으며 전복된 전차 뒤에는 여단의 모든 차량들이 줄줄이 대기하고 있어야 했다.

나는 사단 주 지휘소에 위치해 있으면서 북부사령부와 접촉을 계속 유지하였다. 사령관과 나는 야론의 제96사단이 현재 어려운 상황에 처해 있기 때문에 우리 사단이 가능한 빠른 시간 내 시돈의 도로축선을 개통해야 한다는데 공감하였다. 사령관은 무선전화에서 다음 내용을 분명히 해 주었다.

"시돈 점령작전에서 우리가 곤경에 빠지지 않는 것이 무엇보다 중요한데 이번 전쟁에서 벌써 많은 사상자들이 발생했어요. 그리고 야론의 사단에 대해서 너무 걱정하지 마시오. 그 부대가 당장 적의 공격을 받고 있는 상황은 아니고, 연료와 탄약 재보급만을 기다리고 있어요. 그들은 해상을 통해서 필요한 보급을 받을 수도 있고, 또 현재 대기하고 있는 사단의 장갑차들이 재보급을 곧 지원할 겁니다."

옆에 있던 부사령관 시모니 장군이 전화를 이어받더니 나를 재차 안심시키면서 용기의 말을 덧붙였다.

"탄약을 아끼지 마세요! 사령부 상황실에 있는 모든 사람들의 시선이 당신 사단에 쏠려 있어요. 우리 모두가 성원을 보내고 있어요!"

이 기회를 이용해서 나는 사령관과 부사령관에게 우리 사단의 현재 작전상황에 대해 자세하게 보고해 주었다.

12시가 되었는데도 중앙도로 축선의 개통 임무를 부여받은 구치 대령의 공수여단이 아직 도착하지 않았다. 공수여단장도 분명 나처럼 속도를 내라고 자기 부하들을 다그치고 있을 것이다. 시돈 시가지의 중앙도로 축선에서 전진을 제외하고 다른 축선의 모든 부대가 지금 조금씩 전진하고 있다는 사실을 공수여단장이 알아주기를 바랐다. 나는 시돈 점령 작전계획을 최초에 수립할 때 구치의 공수여단을 도시 동쪽에 집결시켰다가 그 방향에서 도시로 진입하는 방안도 고려했었다. 그러나 공수여단이 실제로 남쪽에서 이동해야 했고, 또 동쪽으로부터 시돈으로 진입하는 방안은 시간이 너무 소요될 것으로 판단되자, 나는 결국 공수여단을 남쪽으로부터 진입하도록 최종 결심했었다.

그날 아침 08시경, 어떤 여단장이 무전으로 나를 불렀다. 호출명이 센하브(Shenhav: 상아라는 뜻)로서 내가 잘 모르는 지휘관이 나의 지휘 아래 들어

온다고 보고하는 것이다. 이 친숙한 목소리는 대체 누구의 것이며, 또 어떤 새로운 부대가 나에게 들어온다는 것일까? 조금 더 대화를 나누자 의문이 풀렸다. 이 목소리의 주인공은 나의 오랜 전우인 하가이 레게브 대령이었는데, 그는 욤키푸르 전쟁 당시 제7기갑여단의 여단작전과장이였으며, 전사한 샴마이 카플란 중대장 밑에서 나와 같이 소대장으로 근무했었다. 나는 하가이 레게브의 기갑여단이 엘리 게바의 기갑여단을 후속하여 이동하다가, 나중에 야론의 제96사단과 연결할 것으로 판단하였다. 따라서 옆에 있던 요시 멜라메드 대령으로 하여금 레게브 여단장에게 보내서 현재 우리 사단의 작전상황을 자세히 설명해 주도록 지시하였다. 멜라메드 대령은 얼마 전 바라크 여단장 직책을 다간 대령에게 인계해 준 후 사단사령부에 와서 잠시 동안 나의 특별보좌관으로 임무를 수행하고 있었다.

나는 매번의 전쟁에서 같은 사람들을 다시 만나는 것이 놀라웠다. 1967년 6일 전쟁 시 우리는 제7기갑여단에서 하가이 레게브는 전차대대 작전장교를, 요시 멜라메드는 기보중대장을, 나는 전차중대장으로서 전쟁을 함께 치렀다. 1973년 욤키푸르 전쟁 시에도 또 제7기갑여단에서 하가이 레게브는 여단작전과장을, 요시 멜라메드는 처음에 부대대장을 하다가 나중에 기보대대장을, 나는 제77전차대대장을, 그리고 엘리 게바는 나의 밑에서 전차중대장을 했었다. 1982년, 우리는 레바논 전쟁을 치르기 위해서 다시 모였으며 우리의 공동목표를 달성하기 위해 지금 서로 협력하고 있는 것이다.

사단 주 지휘소의 무전망은 쉴 틈이 없었다. 나는 탁자 위에 펼쳐져 있는 상황판 지도에 각 부대의 진출상황을 표시하였다. 시돈 시가지를 보여주는 거대한 항공사진이 벽면에 걸려 있었는데, 나는 이것을 매번 훑어본 후 부대들을 추적하여 표시한 다음, 그들에게 필요한 지침을 주었다. 내 탁자 위에 있는 무선전화를 이용해서 드로리 북부사령관과 수시로 통화하고,

또한 옆에 있는 무전기를 통해 예하 부대를 지휘통제하였다. 작전부사관들은 무전을 들으면서 부대 이동상황을 추적하고 지도에 표시하였다. 지금은 대부분 참모들이 나와 가까운 거리에 있으면서 나의 지시를 받고 이를 조치하고 있다. 우리는 하루 종일 많은 외부의 방문객들을 맞이했다. 방문자들은 테이블에 조용히 앉아서 전투가 전개되는 상황을 주의 깊게 살펴보고 있었다.

방문자들 중에서 가장 놀라웠던 사람은 예쿠티엘 아담(Yekutiel Adam) 소장이었다. 그를 보니 반가웠다. 그는 항상 공명정대하며 진지하고 재능 있는 사람이었기 때문에 나는 그를 좋아하였다. 내가 지휘참모대학을 다닐 때 교관 중 한 사람이었던 하임 셀라(Haim Sela) 대령이 그를 수행해 와서 나에게 따뜻한 우정을 보여 주었다.

"북부사령부 상황실에서 지금 막 오는 길이야. 사령부 상황실에서 자네 사단의 모든 전투상황을 항상 파악하고 있더군. 그 사람들이 정말 흥분하고 있어요!"

"예? 누구 말입니까?" 나는 호기심에 물었다.

"참모총장을 포함해서 모든 사람들이 말이야. 가장 흥미를 느끼고 있는 사람은 베긴 수상이더군. 수상은 무전기에 흘러나오는 자네 목소리를 들을 때마다 자네를 무척 자랑스럽게 생각하더라고!" 나는 이것을 부인하지 않았는데, 전투상황이 전개되는 급박한 무전교신을 듣는다는 것은 정말 흥미로웠기 때문이다.

"자네도 이제 소장으로 진급하겠군." 아담 소장이 갑자기 내 어깨를 두드리며 이렇게 말했다. 왜 하필이면 한창 전쟁을 바쁘게 치르고 있는 나에게 이런 이야기를 들려주는 것일까?

"베긴 수상이 말했어. 거기에 있는 모든 사람들에게 이번 전쟁이 끝나면 자네를 소장으로 진급시키겠다고 말이야."

나는 그가 칭찬하는 말에 대해 어떻게 보답해야 할지 몰라서 미소만 지었다. 이러한 상황을 가장 쉽게 벗어나는 방법으로 "감사합니다"라고 얼른 인사치레를 한 뒤, 다시 본연의 전투지휘를 위해서 내 자리로 돌아가 무전기 송수화기를 들었다.

당시 바라크 기갑여단에서 테러분자 몇 명을 붙잡았는데, 이들을 다시 그들의 근거지로 돌려보내 나머지 테러분자들을 설득하고 항복을 유도함으로써 시돈의 점령을 조기에 끝내기로 계획하였다. 다간 여단장이 붙잡은 테러분자에게 나머지 테러분자들을 설득할 수 있는 내용을 명확하게 숙지시켜 준 다음 그들의 본부에 돌려 보내기로 하였다. 나는 아군 공군기들이 몇 소티 남은 폭격을 모두 마칠 때까지 그들의 출발을 잠시 대기시켰다. 그런 다음 사격중지 명령을 내렸다.

"지금 포로를 데리고 있는가?" 나는 다간 여단장에게 물었다.

"2명을 데리고 있음. 이상."

"알았다, 과거와 같은 일을 벌이지 않도록 조심하라!" 1978년 리타니 작전 당시 전쟁포로를 죽여서 물의를 일으킨 적이 있었던 다간 여단장에게 그때의 일이 재발하지 않도록 상기시켜 주었다.

우리의 다음 과제는 시돈 중심지역으로 진입하는 것이었다. 다간 여단장이 주도권을 쥐고서 임무를 수행하였다. 그는 레바논 군인 몇 명을 이용해서 도시의 유력인사들을 불러 모았는데, 그들과 협력해서 다음 단계의 작전을 준비하였다.

예하 부대들의 보고에 의하면, 당시 시돈의 시민들은 극도의 공황상태에 빠져 있기 때문에 도시를 장악한 테러분자들로부터 도망치려 하고 있다는 것이다. 따라서 아랍어를 구사하는 특별반(포로 조사관들로 편성)을 이용해 선무방송을 실시함으로써, 시민들로 하여금 안전한 지중해 해안 쪽으로 대피하도록 유도하기로 하였다. 동시에 항공기를 이용해 전단을 뿌려 시민들

전사의 길

로 하여금 테러분자들에게 절대 협력하지 말 것을 당부하고, 또 시민들이 우리의 요구를 잘 따른다면 어떠한 피해도 입지 않을 것이라고 홍보하기로 하였다. 나는 혼란에 빠진 채 공포에 떨고 있는 시민들이 안쓰럽게 보였다. 아군의 집중공격으로부터 시민들이 피할 수 있는 방법을 분명하게 알려 주어야 했다.

따라서 잠시 고민한 후, 10시부터 11시까지 1시간 동안 시돈 시가지 작전을 잠시 중지하기로 결심하였다. 그렇지만 1시간의 사격중지 발표에도 아랑곳하지 않는 적에 대해서는 전투행위를 계속해도 좋다고 승인해 주었다. 항공폭격을 중지하였고 포병사격도 10시 3분에 조용해졌다. 선무방송 특별반이 확성기로 방송을 시작하자, 시민들은 지시받은 대로 해안을 향해서 몰려가기 시작하였다. 시민들은 시돈 시가지에 진입한 이스라엘군의 전차들과 군인들의 놀라운 광경을 구경하기 위해서 모두 자기 집 밖으로 뛰쳐나왔다.

구치의 공수여단은 아직도 이동 중이어서 나는 중앙도로 축선 확보를 위한 작전개시시간을 결정할 수 없었다. 이 문제가 계속해서 나를 괴롭혔다. 시돈 시가지의 중앙도로 축선을 장악하는 것이 모든 부대의 선두제대가 북쪽 베이루트 방향으로 이동할 수 있는 가장 짧고 빠른 방법이며 또 가장 필요한 일이었다.

골라니 보병여단이 전반적으로 낮은 지대에 위치하고 있었기 때문에 그들과 통신상태가 불량하였다. 어윈 여단장이 아인 힐웨 난민촌에서의 전투가 순조롭지 못하다는 상황을 보고해 주었다. 나는 여단장에게 민간인 몇 명을 붙잡아 난민촌으로 다시 보내 테러분자 지휘관에게 우리가 곧 전병력으로 집중공격 할 것이라는 사실을 전해 주도록 하라고 지시하였다. 이 여단이 수행해야 할 임무가 명확하였기 때문에 나는 이 전투과정에 대해서 크게 간여하지 않기로 하였다. 나는 아미람 전차대대장이 임무를 성공적으로 완수할 것으로 믿었다. 난민촌에서의 적의 저항이 의외로 강력해서 우리를 당황하게 만들었는데, 우리는 이곳에 하루 종일 항공폭격과 포병사격을 실시하였다. 나는 골라니 여단을 너무 강하게 몰아붙이지 않았는데, 왜냐하면 이미 아미람 전차대대의 전차 몇 대가 피해를 입었고 병사도 몇 명 전사했기 때문이다. 나는 이제 우리가 시돈 중심지역 개척을 개시할 시점에 와있다고 판단했다.

"드로르(Dror), 여기는 라오르(Laor) 이상." 갑자기 낯선 목소리가 사단 무전망에 등장하였다. 혹시 잘못 들은 것이 아닌지 잠시 기다렸다.

"드로르, 여기는 라오르 이상." 목소리가 반복해서 흘러나왔다.

"여기는 드로르, 혹시 질리아(Zilia)[162]인가?"

"그렇음, 여기는 질리아. 부여된 임무를 완수하고 돌아와서 현재 대기 중에 있음. 이상."

정말로 에프라임 라오르 중령이었다. 그는 욤키푸르 전쟁 당시 나의 제77전차대대에서 부하 전차중대장으로 있었다. 놀랍게도 지금 나의 무전망에 등장한 것이다. 당시 그는 무면허 운전으로 인해 수감생활을 마친 후 출소한 직후였다. 그는 말썽꾸러기였지만 욤키푸르 전쟁 시 자신의 진짜 모습을 증명해 보였는데, 나는 이때의 일을 모두 기억하고 있다. 그 후 내가 제7기갑여단장을 할 때 그에게 이스라엘군 최초 전차대대인 제82전차대대장 직책을 맡겼었다. 그 후 라오르 중령은 우리 사단에 다시 전입 와서 전시 골란고원에 투입되는 동원부대 중 하나를 맡고 있었다. 그러나 그에게는 동원부대의 한가한 생활이 맞지 않았는데, 그는 이번에 나와의 우정에 기대어서 더욱 신나는 임무를 맡게 해 달라고 요청했었다. 그래서 나는 이번 전쟁에서 라오르 중령과 제7기갑여단 예하 동원기보중대장인 이갈 벤-샬롬(Yigal Ben-Shalom)에게 특별한 임무를 주게 되었다. 나는 이들에게 장갑차 2대를 내어 주고 레바논 마을에 가서 주민들이 모아 놓은 테러분자들의 무기를 모두 회수해서 돌아오도록 지시했었다. 이들은 탄약과 무기를 잔뜩 실은 대형 트럭과 픽업트럭들을 밤새도록 이끌고 무사히 돌아온 것이다. 이런 어려운 임무를 완수해 내다니 정말 대단한 배짱을 가진 사나이들임에 틀림없다!

엘리 게바 여단장이 다시 무전을 보내왔는데, 그의 기갑여단은 아직 고지대의 도로를 올라가는 데 성공하지 못했다고 했다. 이 보고에 기분이 별로 좋지 않았다. 한편 골라니 여단의 부여단장 가비는 자기 부대를 나바티예 지역에 계속 대기시켜 놓은 나의 조치에 대해서 다소 화가 난 듯 보였다. "저는 이런 처벌이 부당하다고 생각함. 이상."

"잘 알았다, 지금껏 정말 잘해 왔다." 나는 그의 기분을 북돋우어 주었다. "지금 자네를 위해서 내가 북부사령부와 싸우고 있는 중이야. 사령부에서는 자네를 동부 베카축선으로 보내고 싶어 하는데, 나는 그렇게 하지 않도록 요구하고 있다. 이상."

나는 가비 아시케나지 중령을 이해할 수 있었지만, 북부사령부의 정식 승인이 있기 전까지는 그를 나의 작전지역에 합류하라고 지시하고 싶지 않았다. 나는 북부사령부 작전참모에게 강하게 요구해서 가비의 부대를 나에게 합류시켜 주고, 최초 작전계획에 따라 그 지역에는 모파즈의 여단만 남겨 임무를 주는 것으로 설득하였다. 나는 이에 대해서 북부사령부를 완전히 설득시켰다고 믿지 않았지만 그래도 일단 대답을 기다려 보기로 하였다.

"아마도….." 가비가 계속해서 매달렸다. "제가 사단장님께 가는 문제를

---

162 질리아는 1973년 욤키푸르 전쟁 시 대대장이던 카할라니가 당시 부하 중대장 라오르를 호출할 때 사용했던 수년 전의 호출명이다. 이스라엘군 군인들의 끊어지지 않는 전우애가 돋보인다.

모파즈 여단장과 협조하면 되는 겁니까? 더 중요한 것은 지금 도로상에서 출발 준비를 모두 끝냈습니다!"

"자네의 심정을 충분히 이해하고 있지만 현 위치에서 다음 지시를 대기하라."

잠시 후 북부사령부로부터 하달된 명령은 가비의 부대가 우리 사단과는 따로 떨어져 동부 베카축선에서 다음 작전을 수행하라는 것이었다.

"제발 조심하기 바란다! 이상." 나는 동부축선의 작전지역인 자벨 바루흐(Jabel Baruch)를 향해 북쪽으로 떠나가는 가비에게 건투를 빌어 주었다.

우리는 적 항공기가 곧 공습한다는 경보를 받았다. 막상 시리아군의 전투기가 사단 주 지휘소의 안테나 위 상공을 날아가기 전까지는 어떻게 그런 일이 일어날 수 있는지 이해할 수 없었다. 시리아군 전투기들이 내는 천둥 같은 소리에 주 지휘소 전체가 흔들렸다. 우리는 인근에 파 놓은 대피호로 달려갔다. "내가 전차 안에 있었더라면 훨씬 더 좋았을 텐데" 하고 중얼거렸다. 그때 사단 주 지휘소를 방문하고 있던 최고사령부 군인복지위원회의 나트케 니르(Nattke Nir)가 나를 따라서 대피하였다. 그는 6일 전쟁 당시 부상을 당해서 한쪽 다리가 의족이었는데 비틀거리면서 주 지휘소를 빠져 나왔다. 가능하다면 나는 나트케를 등에 업고 안전하게 뛰어가고 싶었다. 다행히 적 전투기는 다시 돌아오지 않았다.

한편 아군 전투기들이 자신의 공격 순서를 기다리면서 시돈의 상공을 선회하고 있었다. 대부분의 포병대대들은 사단 주 지휘소로부터 그리 멀리 떨어지지 않은 곳에 사격진지를 점령하고 있었는데, 1시간 동안의 사격중지 명령이 해제되자 그들은 새로운 활력을 가지고 시돈 시가지에 대해서 포격을 재개하였다. 정오가 다 되었음에도 불구하고 공수여단은 아직도 임무수행 개시를 보고하지 않았다. 나는 할 수 없이 북부사령부에 우리의 작전일정이 지연되고 있으며, 현재까지 시돈 시가지의 중앙도로 개통을 착수하지 못했다고 보고하였다. 북부사령부 역시 당장 조치해 줄 수 있는 것이 아무 것도 없었다. 나는 계속해서 공수여단장을 압박했지만 그것도 소용없었다. 그때 나는 바라크 여단에게 동쪽의 고지대로부터 내려와서 전투지역을 두 갈래로 갈라놓고 있는 철로를 따라 이동하도록 승인해 주었다. 이를 위해 서 바라크 여단과 골라니 여단이 상호 간에 조우해서 오인사격이 일어나지 않도록 무전 협조가 필요했는데, 내가 여기에 참여해서 이를 조정하여 주 었다. 그때 나는 시돈 시가지의 중앙도로 개통의 임무를 골라니 여단의 모 티 보병대대에 전환하여 부여하는 것이 어떨까 하고 잠깐 생각했다. 작전 이 계속 지연되고 있어서 내가 정한 데드라인인 어두워지기 전 임무종결은 불가능해 보였다. 나는 공수여단장에게 내게 직접 와서 상황을 설명하라고 지시하였지만, 그는 자기 여단에 그대로 있으면서 부대를 보다 강하게 통 제해서 이동시키겠다고 건의하였다. 나는 그가 요구하는 대로 승인해 주 고, 대신 부사단장 유드케 대령을 그곳으로 보내 나의 지침을 설명해 주도 록 하였다.

나도 사단 주 지휘소를 떠나서 당장 현장으로 가고 싶었다. 전투지역 에 달려가서 화약 냄새를 맡고 싶었다. 그렇지만 이럴 경우 사단 전체에 이 득보다는 손해가 더 많을 것 같았다. 내가 현재 가 볼 수 있는 유일한 장소 인 저지대 전투지역으로 가게 되면, 다른 부대들과 무전교신이 불량해짐으 로써 지휘통제에 더욱 심각한 문제를 야기할 것이다. 이렇게 하는 대신 바 라크 여단이 점령했었던 동쪽의 고지대로 전술지휘소를 이동시키기로 결 심하고 이를 이동할 준비를 시켰다. 사단의 지휘통제가 가장 용이한 동쪽 고지대로 이동이 가능한 유일한 도로는 현재 엘리 게바 기갑여단이 개척 중인 '미예-미예(Miye-Miye)로 가는 통로'이다. 그러나 지금 이 통로에는 전복 된 전차가 도로를 가로막고 있으며, 여단의 모든 부대들은 이것이 처리될 때까지 인근 감귤나무 숲에서 대기하고 있다. 나와 예하 지휘관들이 원할 때 어느 곳으로도 갈 수 있는 지휘용 헬기가 대기하고 있었다. 나는 가능하면 헬기를 사용하지 않으려고 했는데, 아마도 이것이 나의 실책인 것 같았다. 헬기에 소수의 참모들만 태우고 미예-미예의 관측지점으로 날아갔어야 했었다. 그렇지만 내가 사단 주 지휘소에서 모든 부대들을 확고하게 지휘통제하고 있었기 때문에 그 어느 것 하나 놓치고 싶지 않았다. 만일 내가 주 지휘소를 떠날 경우 이러한 통제력의 일부를 잃어버릴 수도 있다.

옆에 있던 나의 친구이자 특별보좌관인 요시 멜라메드 대령이 시돈 입구에서 대기하고 있는 현장의 부대에 같이 나가 보자고 제안하였다.

"분명히 재미있을 것입니다."

"재미는 있겠죠. 그러나 사단의 모든 부대와 접촉이 단절될 수 있어요! 보세요, 우리는 공중에 떠 있는 모든 항공기들을 통제하고 있고 매 순간의 상황에 대해 적절하게 결심해 주어야 하잖아요. 시가지에서 전투 중에 있는 여러 부대들을 협조시켜야 하는 문제도 있어요. 우리 두 사람 중 누구 하나라도 이를 협조시켜 주지 않아서 서로 오인 사격하는 걸 상상해 보세요! 어느 아랍 도시 한가운데서 이스라엘 군인들이 다른 이스라엘 군인들에게 총질해서 죽이는 걸 바라지는 않잖아요!" 나는 요시에게 이 점을 설명하려고 애를 썼다.

"그러면 시돈 입구지역에 한번 나가 보는 건 어렵겠군요?" 그가 계속 고집스럽게 물었다.

"엘리 게바의 기갑여단이 도로를 개통시키게 되면 일단 현장에 나가서 잠깐 둘러볼 겁니다. 그리고는 미예-미예의 고지대로 전술지휘소를 옮겨서 거기서 지휘할 겁니다. 내가 더 이상 대대장이 아니라는 것을 잘 알고 있잖아요. 내가 현장지휘를 한답시고 그곳에 계속 붙잡혀 있다는 것은 무책임해요. 그곳에서 내가 볼 수 있는 건, 앞에 서 있는 전차나 장갑차들의 꽁

　　　　　　　　　　　　　　　　　전사의 길

무늬뿐이잖소. 사단장이 현장을 느낄 수야 있겠지만 전 부대에 대한 통제력은 상실하고 말 겁니다. 사단장이 단순히 화약 냄새를 맡아 보려고 꼭 그렇게까지 해야 될까요?"

요시는 고개를 끄떡였다. 아마 납득하였을 것이다. 만일 그가 나의 친한 친구가 아니었더라면, 나는 그렇게 솔직하게 말하지는 못했을 것이다.

"코드코드 드로르, 코드코드 드로르." 바라크 여단장 다간 대령이 흥분해서 외치는 소리가 내 무전망에서 흘러나왔다. "지금 골라니 여단 방향으로부터 계속해서 사격을 받고 있음. 그들에게 사격을 중지하도록 지시해 주기 바람!"

다간 여단장의 목소리는 정말 사격을 받고 있는 사람처럼 들렸다. 나는 골라니 여단에게 즉시 사격을 중지시키고, 누가 누구에게 사격을 했는지 확인토록 지시하였다. 나는 골라니 여단과 바라크 여단을 서로 협조시키는 일에 점점 더 휘말려 들고 있다는 생각이 들었다. 나는 두 사람의 여단장들에게 상호 간 확실하게 협조가 되었을 경우에만 사격을 재개하라고 명령하였다.

13시경, 나는 공수여단장으로부터 무전을 받았다. 이것이야말로 내가 절실하게 기다리고 있었던 무전이었다. 그러나 그의 보고내용은 현재 시돈 방향으로 도저히 이동할 수 없게 되었는데, 그 이유는 도로상에 전차와 장갑차 부대들이 꽉 들어차 있다는 것이었다. 기갑부대 차량들로 가득 차 있는 전형적인 도로 모습을 상상해 보는 것은 그리 어려운 일이 아니다. 이러한 종류의 일은 나를 항상 화나게 만들었다. 나는 모든 악의 근원인 올바른 교육훈련의 부재, 다시 말해서 기갑부대 지휘관들에 대한 교육이 잘못된 결과라고 생각했다. 이는 기갑부대에서 말하는 소위 '도로 군기(Get-off-the-Road Discipline)'에 대한 교육훈련의 부재였다. 내가 기갑부대에서 처음 군인의 길을 걷기 시작했을 때 배운 철칙 가운데 하나는 '절대, 절대로 차량으로 도로를 가로 막지 말라!'라는 것이었다.

나는 유드케 부사단장을 교통 혼잡이 벌어지고 있는 현장에 내보내기로 했다. 구치의 공수여단만 그곳에 정지해 있는 것이 아니었다. 거기에는 하가이 레게브의 기갑여단, 엘리 게바의 기갑여단 중 일부 부대, 포병대대들을 이끌고 있는 여러 부대들, 그리고 무엇보다 야론 사단의 보급추진부대들이 시돈을 통과해 가기 위해 도로에 쭉 늘어서 있다는 것이었다. 수많은 부대와 차량들로 뒤범벅이 된 도로상에서 통제력을 발휘할 수 있는 방법이 거의 없어 보였다. 나는 유드케 부사단장과 특별보좌관 요시 멜라메드 대령 두 사람이 함께 장갑차를 타고 현장에 가서 이 문제를 조속하게 해결하도록 지시하였다. 그들은 엉켜 있는 부대들을 앞으로 밀어붙이고, 이동지침을 주며, 순서를 재조정하고, 이동로를 지정해 주었다. 마침내 공수여단이 이 부대들을 뚫고 앞으로 나가게 되었다.

오후 15시가 넘어서야 공수여단은 여러 부대 지휘관들과 협조한 후 시돈 시가지로 진입하기 시작했다. 나는 중앙도로 축선이 정말로 개통될지 확신이 없었고 또한 염려스러웠다. 나는 공수여단장에게 무슨 일이 있어도 더 이상 지체하지 않도록 강조했다. 그리고 시돈 시가지의 중앙도로 축선 개통의 중요성에 대해서 설명해 주고, 또다시 설명해 주었다. 구치 대령이 나에게 '염려하지 마십시오!'라고 손쉽게 말하지만, 현재 시간은 너무 많이 흘러갔고 임무는 아직 완수되지 않았다. 그 어떤 이유도 중요하지 않다. 무엇보다 어두워지기 전에 중앙도로를 개통해야 했다.

현재 바라크 여단은 고지대에서 내려와서 도시의 북쪽 지역을 봉쇄하고 있는데, 남쪽으로부터 접근하는 공수여단에 의해서 오인사격을 받지 않도록 여단장에게 그의 부대를 뒤로 물러나게 하라고 지시하였다. 그리고 바라크 여단의 기동방향이 해안 쪽으로 되어 있기 때문에, 여단장에게 어

전사의 길

떤 상황에서도 절대 넘어가서는 안 되는 '레드라인'을 설정해 주었다. 이제 부터 나는 남쪽으로부터 전진하는 공수여단에게 작전의 모든 우선권을 두었다.

얼마 후 골라니 여단장이 아미람 전차대대를 아인 힐웨 난민촌으로부터 전투이탈시켜야 하겠다고 건의하였다. 그 이유는 이곳에 있는 적이 의외로 완강하게 저항함으로써 많은 사상자들이 발생했기 때문이다. 아미람의 전차대대는 난민촌 중앙의 학교건물에 숨어 있던 적으로부터 엄청난 사격을 받았다. 선두제대가 적의 매복에 걸려서 전차 1대와 장갑차 2대가 피격을 당하는 바람에 탄약수 1명이 전사하고 승무원 14명이 부상을 당했다. 이에 대대장은 어려움을 무릅쓰고 나머지 차량들을 끌어모은 후 어느 골목길로 일단 대피하였다. 전날에도 이미 전차승무원 2명이 사망하고 3명이 부상당한 바가 있었다.

골라니 여단은 적의 강력한 압박을 받는 가운데 아미람의 전차대대를 아인 힐웨 난민촌으로부터 구출해 내기 위해 안간힘을 썼다. 바라크 기갑여단의 부여단장인 도론 비버(Doron Biber)가 모레노(Moreno) 중령의 전차대대를 통제하여 아미람 대대의 전투이탈을 엄호해 주는 가운데, 이들을 난민촌으로부터 구출해 내었다. 이후 아미람 전차대대는 남쪽으로 이동해 시니크강 부근의 언덕에 도착한 후에야 겨우 안정을 되찾을 수 있었다.

이런 사태가 벌어진 다음에야 우리는 그 이유를 알게 되었다. 아인 힐웨 난민촌에는 수많은 테러분자들로 가득 차 있었고, 그들은 집집마다 웅크리고 있었다. 테러분자들은 장기간 포위에도 견딜 수 있도록 다량의 탄약과 장비를 보유하고 있었고 충분한 식량도 저장하고 있었다. 이들은 지하벙커에 몸을 숨기고 탄약저장시설까지 갖추었다. 아미람의 전차대대가 전차포로 탄약저장고를 사격하자 탄약들이 엄청난 굉음을 내면서 폭발하였다. 그의 전차대대는 적이 보유한 온갖 종류의 화기들로부터 사격을 받았는데 기관총, 저격병 소총, 대전차로켓발사기 RPG-7, 그리고 밀란(Milan) 대전차 미사일 등이 그것이었다. 아미람 중령이 타고 있던 대대장 전차 역시 그들의 공격을 받았다.

나는 골라니 여단장의 건의에 따라 아인 힐웨 난민촌으로부터 아미람의 전차대대를 전투이탈시키는 것에 대해서 흔쾌히 승인하여 주었다. 예하 지휘관이 나의 의도 범위 내에서 행동하고 명령을 따르는 정신자세를 견지하고 있는 한, 그에게 관심을 갖고 그의 요구를 들어주는 것이 나의 습관이었다. 만일 사단장이 예하 지휘관의 전투에 직접 개입하기로 결심하고자 했을 때는, 먼저 개입이 필요한 부분을 자세하게 파악하고 있어야 한다. 임무를 부여받은 여단장은 목표가 무엇인지, 어떤 방법으로 수행해야 하는지, 그리고 언제 목표를 달성해야 하는지 명확하게 알아야 한다. 대대에 하달하는 여단장의 명령에는 세부목표, 기동로, 이동 간 부대편성, 전투 간 부대편성 등이 더욱 구체화되어 있어야 한다.

이번 아인 힐웨 난민촌의 전투상황을 평가한 결과, 나는 우선 항공폭격과 포병사격을 실시하여 이곳을 충분하게 약화시킨 후 보병부대를 투입해야 하겠다고 결심했다. 보병부대는 인구밀집 지역의 전투임무를 수행하는 데 더할 나위 없이 적합한 부대인데, 보병들은 자신을 방어하고 있는 가운데 집집마다 소탕하면서 전진할 수 있기 때문이다. 이와 대조적으로 좁은 도로에 단독으로 전진하는 전차들은 취약하고 방어력을 제대로 발휘할 수 없다.

전투이탈을 완료한 아미람의 전차대대는 아인 힐웨 난민촌에서 멀리 떨어진 시니크강 근처 언덕 위에 집결지를 선정한 후 재편성을 실시하면서 밤을 보냈다. 나는 골라니 여단의 어윈 대령에게 내가 가지고 있던 공군자산의 일부를 인계해 주었고, 동시에 몇 개의 포병대대들도 여단 직접지원으로 넘겨주었다. 이렇게 전투력을 추가 할당해 주는 조치는 예하 지휘관의 용기를 북돋아 주고 사기를 올려 주려는 의도에서였다. "탄약은 충분하다. 전부 사용토록 하라. 이상!"

사단 주 지휘소에 계속해서 많은 방문객들이 찾아왔다. 이 중에는 단 숌론(Dan Shomron) 소장도 있었는데, 그는 남부사령관의 보직을 마친 후 후임 참모총장으로 물망이 오르는 가운데 정책연수를 떠나가 있었다. 그는 내 옆에 앉아서 전개되고 있는 작전상황을 주시하고 있었다.

"자네가 부럽군, 카할라니 사단장. 나는 당장이라도 자네 임무를 넘겨받을 수 있는데 말이야." 나는 이 말에 공감하며 고개를 끄덕였다.

전투지휘관들은 자기가 지휘할 부대가 없는 가운데 마침 전쟁이 일어나서 다른 전투지휘관들의 자문관 역할로 전락되는 것을 가장 두려워한다. 전투의 경험은 야전부대 전투지휘관들로 하여금 진급의 사다리를 올라가는 데 있어 연료와 같이 귀중한 역할을 하고 있다. 적의 포화가 빗발치는 가운데서 자신의 전투지휘 역량을 증명할 기회를 갖지 못한 지휘관들은 상관의 특별한 관심을 끌기 위해서 다른 방법을 강구해야만 한다. 군대의 전투지휘관이 가지고 있는 가장 큰 특권은 전쟁터에서 자신의 전사들을 승리로 이끄는 것이다.

15시 30분경, 공수여단이 시돈 시가지의 중앙도로에서 드디어 전투를 개시하였다. 어둡기 전에 축선을 개통하는 임무를 완료할 수 없다는 것이 분명하였다. 이것이 나를 답답하게 만들었는데, 다른 사람들은 쉽게 공감할 수 없는 일이다. 주 지휘소 안에서 사단장의 존재가 아무리 중요하다고 할지라도 가끔은 전장을 직접 보면서 현장에서 전투를 지휘해야 하는데… 엘리 게바 기갑여단의 상황을 확인해 보니, 미예-미예의 고지대로 올라가는 도로가 아직도 막혀 있었다. 그렇다고 해서 전술지휘소 장갑차들을 이끌고 해안고속도로를 따라서 시돈으로 이동 중인 부대에 합류하는 것도 분명히 무책임한 일이었다. 할 수 없이 사단 주 지휘소에 그대로 앉아 있기로 하였다.

공수여단이 도보공격으로 전진하면서 중앙도로 축선의 첫 번째 건물을 점령하기 시작했다. 지원된 전차들이 공수부대원들에게 방패를 제공하는 가운데 그들과 보조를 맞추면서 도로 중앙을 따라 이동하고 있었다. 공수여단이 북쪽으로 전진해 나감에 따라 항공폭격과 포병사격은 그들의 전방에 안전거리를 준수하면서 지원할 것을 강조해 주었다.

나는 현재의 상황을 설명하고 축선 개통의 예상 완료시점을 보고하기 위해서 드로리 북부사령관에게 무선전화를 했다. 나는 다소간 죄송하다는 어투로 시작하면서 엘리 게바의 기갑여단이 고지대를 올라가는 데 여전히 문제가 있으며, 따라서 이 여단이 야론의 제96사단과 연결하는 것도 시간이 다소 지연될 것이라고 보고했다.

"엘리 게바의 기갑여단을 신속하게 이동시키는 데 최대한 노력을 경주하세요." 사령관이 이렇게 요구하였다. "나는 내일 야론의 사단을 다무르에서 베이루트를 향해 기동시킬 작정이요. 베이루트 공항 남쪽에 이르는 도로를 개통해야 하는데, 이때 엘리 게바의 기갑여단이 반드시 필요해요."

사령관이 나에게 자세하게 명령을 내린 경우는 아마도 이때가 처음일 것이다. 아마 그도 최고사령부로부터 엄청난 압박을 받고 있음이 분명하였다.

"저희 바라크 기갑여단은 현재 1개 전차대대와 1개 골라니 기보대대(-)를 가지고 있습니다. 바라크 여단을 야론 사단에 배속전환을 시킬 수도 있습니다." 내가 이렇게 제안했다.

"자네 사단은 지금 부대들이 부족하지 않은가? 임무를 포기하려는 건가?" 사령관이 조금 놀라면서 물었다.

"바라크 여단은 현재 임무를 거의 완료했습니다." 나는 해결책을 찾은

전사의 길

기쁨으로 이렇게 대답하였다. "현재 바라크 여단이 점령하고 있는 지역은 부여단장에게 일부 병력만 주어서 통제해도 문제가 없습니다."

북부사령관은 이것에 대해서 나의 판단에 위임해 주었다.

"그러면 바라크 여단의 선두부대를 새벽 이전에 야론 사단 지역에 도착시키겠습니다." 나는 사령관에게 약속했다. 17시경, 나는 북부사령관과의 전화토의 결과에 따라서 바라크 여단의 다간 대령에게 새로운 준비명령을 하달해 주었다.

"코드코드 드로르, 여기는 보스, 이상." 나의 사단 무전망에 갑자기 라풀 참모총장이 들어왔다.

"여기는 드로르, 이상"

"샬롬, 자네에게 위스키 한 병을 보내도록 하겠네."

"잘 알겠음, 일이 모두 끝난 다음에 받도록 하겠음. 지금 받아 마시면 취할 것 같음."

"오케이. 곧 봅시다."

무슨 일인가? 라풀 참모총장은 태도나 대화에 있어 항상 다른 사람을 즐겁게 해 주고 놀라게 하는 것을 좋아하였다. 그는 어떤 방식으로든 나에게 칭찬을 해 주고 싶어 했는데 그 이유가 매우 궁금하였다. 얼마 후 라풀 참모총장이 탄 헬기가 사단 주 지휘소에 착륙하고 나서야 상황을 이해할 수 있었다.

주 지휘소에서 간단하게 작전상황을 브리핑한 후, 우리는 라풀 참모총장의 헬기를 함께 타고 '미예-미예 고지대'로 날아갔다. 거기에는 피로에 지친 바라크 여단의 지휘관들이 기다리고 있었는데 그들은 경례를 붙이며 참모총장을 맞이했다. 시돈 시가지가 한눈에 내려다보이는 양호한 관측지점으로 우리를 안내할 때, 나는 여단 지휘관들의 눈이 반짝거리며 빛나는 것을 볼 수 있었다. 그곳에서 우리는 테러분자들이 목숨을 부지하기 위해 시돈 시가지 도로 위에서 이리저리 뛰어다니며 도망치고 있는 모습을 볼 수 있었다. 라풀 참모총장의 요구에 따라서 나는 옆에 있던 어느 지휘관에게 전차사거리가 비록 멀기는 하였지만, 언덕 위에 있는 전차로 하여금 테러분자들에 대해 사격을 실시하도록 지시하였다.

"가용한 모든 전투력을 최대한으로 운용하게." 참모총장은 나를 보고 지시했다. "자네 사단이 운용하기를 원하는 항공기와 포병에 대해서 제한을 두지 않겠네." 그는 여전히 쌍안경에서 눈을 떼지 않은 채 말했다.

"탄약은 풍부합니다." 내가 대답했다. "가장 큰 문제는 공수여단이 언제 중앙도로 축선을 개통하느냐 하는 것입니다."

"공수여단에 압력을 넣어. 신속하게 기동하도록 만들라고!" 그는 이렇게 지시했다.

"죄송합니다만 오늘 내에는 점령이 어려울 것 같습니다. 그러나 내일 오전까지는 도시의 대부분이 우리 수중에 들어올 것으로 판단하고 있습니다." 조심스럽게 대답했다. 나는 내일 시돈의 중앙도로를 따라서 지휘하고 있는 나의 모습을 상상하면서 그곳을 내려다보았다.

참모총장을 배웅하고 난 다음 사단 주 지휘소로 돌아오자마자, 나는 엘리 게바의 기갑여단으로부터 기분 좋은 보고를 받았는데 그들은 마침내 고지대에 올라가는 데 성공했다는 것이다! 이제 안심이 되었다. 바라크 기갑여단 역시 아모스 야론의 사단을 향해서 이동할 준비를 시작하였다. 다간 여단장이 수립한 최초 계획에는 현재의 점령지역을 담당할 병력을 충분히 잔류하지 않도록 되어 있어서 이를 수정시킨 후 승인해 주었다. 이제 모든 일들이 제자리를 찾아가기 시작했다.

야간을 이용하여 다무르를 향해 이동하던 엘리 게바의 기갑여단이 바라크 여단 예하의 공병소대와 오인 충돌하여 그들에게 사격을 가했다. 부대 간에 서로 연결한다는 것이 조우전으로 발전되어 버렸다. 나는 무전을 통해 이 사태에 개입하였고, 문제를 해결한 후에야 엘리 게바의 기갑여단이 다시 이동할 수 있었다. 21시 30분경, 나는 바라크 여단이 북쪽의 야론 사단을 향해 아직도 출발하지 않은 것을 알게 되었다. 나는 귀중한 시간을 낭비하고 있는 다간 여단장을 질책하였는데, 알고 보니 그는 미예-미예 근처에서 포획한 시리아군의 이동대공미사일 발사대를 직접 확인하기 위해 현장에 갔던 것이다. 그것은 SA-9 이동대공미사일 발사대로서 이스라엘군은 아직 그와 유사한 장비를 보유하고 있지 않았다. 이 정보는 이스라엘 공군에 신속하게 전파되었다. 내가 듣기로 그 이동대공미사일 발사대는 나중에 이스라엘로 통째로 옮겨졌다고 한다.

야간에 다무르를 향하고 있는 부대들의 이동이 매우 복잡하였다. 야간 이동이 매우 힘들었는데, 그 이유는 도로가 익숙하지 않았고 고지대의 경사면이 매우 위험하였기 때문이다. 엘리 게바 여단장이 내일 아침까지 야간이동을 중지하고 잠시 대기하면 좋겠다고 나에게 건의했지만, 나는 이렇게 강조했다.

"헤드라이트를 켜도 좋다. 자네 여단의 책임은 너무나 막중하다. 머리를 쓰라. 다무르에 신속하게 도착하기 위해서 할 수 있는 모든 것을 다하라. 지난 24시간 동안 나는 자네에게 이스라엘군의 정신을 강조했다. 상급부대에서는 자네의 기갑여단이 시돈을 벌써 통과해 나간 것으로 알고 있어. 밤을 새우더라도 기동하라. 만일 자네 여단이 오늘 밤 안으로 다무르에 도착하지 못한다면, 역사가 자네를 용서하지 않을 것이다. 이상, 교신 끝."

엘리 게바 여단장은 더 이상 반박하지 않았다. 대신 새벽녘에 자기 여단이 야론의 제96사단에 이상 없이 배속되었음을 나에게 보고해 주었다. 몇 시간 후 엘리 게바의 기갑여단은 야론 사단장의 지휘를 받으면서 베이루트를 향해서 힘차게 기동하고 있었다.

우리는 내일의 작전을 준비하면서 저녁과 야간 시간을 보냈다. 나는 내일 지휘용 장갑차에 기관총 사수를 배치하고 어떠한 대가를 치르더라도 시돈 시가지의 중앙축선을 반드시 개통하고 말 것이다!

"내일 우리는 적의 총탄을 뚫고 장갑차로 돌진할거야!" 작전장교 츠비카에게 말했다. 그는 알겠다는 미소로써 대답하였다.

시돈 점령 작전의 열쇠는 중앙도로를 개통시키는 공수여단의 전투에 달려 있었다. 도시의 대부분은 이미 우리 수중에 들어와 있었다. 우리가 내일 수행해야 할 두 가지 과제는 아인 힐웨 난민촌을 점령하는 것과 중앙도로 서쪽의 해안까지 지역을 장악하는 것이었다. 나는 골라니 여단장에게 아인 힐웨 난민촌을 무력화시킬 작전계획을 다시 수립하라고 지시한 후, 여단장이 어떠한 건의를 하더라도 이를 긍정적으로 수용하겠다고 약속했다. 그리고 유드케 부사단장으로 하여금 내일 새벽에 지휘용 헬기를 타고 미예-미예 지역으로 날아가서 그 지역에서 작전 중인 모든 부대들을 통제하고 협조시키라고 지시하였다. 내 자신은 중요 교차지점의 현장에 가서 공수여단이 중앙도로 축선을 개통하는 것을 지휘하고 지원해 줄 것이다. 나는 사단본부의 주요 직위자들이 나머지 시간에 휴식을 취할 수 있도록 주 지휘소의 통제를 작전참모 보좌관인 우지 자구리(Uzi Zaguri)에게 넘겨주었는데, 그는 야간 동안에 주 지휘소를 책임지고 운용할 것이다. 내일의 왕성한 전투지휘를 보장해 줄 에너지 충전을 위해서 다른 참모들을 불러 모아 야전숙소 텐트로 이동하였다.

1982년 6월 9일, 수요일

시돈 시가지 표적에 대하여 포병부대들이 밤새도록 포격을 쉬지 않았고, 아군 전투기들은 새벽부터 폭격을 개시하였다. 전날 밤에 지역 일부를 장악한 공수여단이 시돈 시가지 내부로 전진하기 시작하였다. 공수부대원 두 명이 전날 야간에 전사했기 때문에 이들은 고도의 경계심을 유지한 채 전진하였다. 공수여단장은 중앙도로에 위치하여 부대를 지휘하였으며, 도로 한가운데를 따라 전진하는 전차들과 도로 양쪽에서 건물마다 수색하는 도보병사들은 상호 간에 필요한 엄호를 제공해 주고 있었다.

나는 시돈 진입부대의 첫 번째 전차로부터 약 200m 떨어진 뒤에 전술지휘소 장갑차들을 위치시키고 이동해 나갔다. 건물 사이에서 울려 퍼지는 기관총 소리가 긴장감을 더욱 높여 주었다. 항공폭격을 받은 시돈 시가지의 피해는 내가 예상했던 것보다는 덜 심한 것 같았다. 첫 번째 전차가 적 대전차화기의 사격을 받아 전차 조종수가 전사하고, 그 전차에 탑승했던 중대장이 심한 화상을 입고 후송되었다. 그는 놀랍게도 내가 제7기갑여단장을 할 때 예하 중대장으로 근무했던 장교였다.

항공폭격과 포병사격을 잠시 중지하자, 공황에 빠진 수백 명의 시민들이 도로상으로 나와서 뛰기 시작했다. 선무방송 특별반은 시민들에게 해안으로 빨리 대피해서 그곳에서 기다리라고 방송하였다. 전진 중인 부대들은 시민들의 부상을 염려해서 사격을 중지하고 잠시 대기하였다. 설상가상으로 시민들이 가려고 하는 도로에는 쓰러진 전신주들이 가로막고 있었다.

나는 테러집단 지휘관이 새벽이 되기 전 자기 부하들에게 이미 철수명령을 내렸다는 정보를 보고받았다. 따라서 전진하는 부대의 전방에 계획했었던 포병 탄막사격을 취소하였다. 시민들이 시내의 거리를 자유롭게 돌아다니는 것을 보니 그들은 테러분자들이 이미 도망간 것을 알고 있는 듯하였다. 시민들은 이제 자신감을 되찾고 있었다. 그들은 마치 우리와 사전에 협조라도 한 듯 부상자의 구조지원을 요청하고, 부상자를 후송하며, 구급차가 다닐 수 있도록 거리를 청소하였는데 이러한 모습들은 우리를 놀라게 하였다. 나는 아랍어를 구사하는 선무방송 특별반에게 시민들을 안심시키는 내용을 더 적극적으로 방송하라고 지시함으로써 그들의 긴장을 완화시키도록 노력하였다.

　나는 어떤 경우에서도 이 도시를 안전하게 통제하고자 노력하였는데, 우선 내가 가지고 있던 화력부터 통제하였다. 나는 모든 사격을 중지시켰다. 포병여단장 가지트 대령에게 포병사격을 전면 중지시키도록 하고, 공군연락장교 누테크 대령에게 공중폭격을 중지하는 동시에 모든 전투기들을 복귀시키라고 지시했다.

　누테크 대령이 이에 맞섰다. "무장한 전투기들이 현재 공중에 대기하고 있는데 수 분 내 폭격을 실시할 수 있습니다." 그는 공중폭격을 계속 주장하였다.

　"되돌려 보내게. 너무나 위험해." 내가 말했다.

　"전투기가 폭탄을 장착한 채로 다시 활주로에 착륙할 수는 없습니다." 그가 다시 주장을 폈다.

　"조종사들에게 폭탄을 바다에 내버리라고 하게. 우리는 욤키푸르 전쟁 때도 그렇게 했다네." 이번에는 그를 이해시켰으나 실망한 채 고개를 끄덕였다. 나는 무고한 시민들을 더 이상 학살하고 싶지 않았다. 테러분자들이 도시 한가운데 머물러 있었던 것은 시돈 시민들의 책임이 아니었기 때문이다.

중앙도로에서 전진하는 구치 공수여단장은 나의 기대와는 달리 지루한 전투를 이끌고 있었다. 내가 사단 무전망에서 그를 호출하였는데 응답하지 않자, 나는 그가 싫어하는 것이 분명했지만 그를 독려하기 위해서 공수여단 무전망으로 들어갔다. 공수여단의 선두부대 뒤에는 나머지 공수대원들이 긴 꼬리를 만들어 기다리면서 빈들거린 채 엄청난 전투력이 낭비되고 있었다.

　사단 주 지휘소는 야전예규대로 잘 운용되고 있었다. 사단작전참모 요시 라베 중령은 나머지 참모들을 장악하여 주 지휘소를 이끌어 가면서, 북부사령부와 계속 교신을 유지하였다. 부사단장 유드케 대령은 비예-비예 고지대에 헬기로 날아가서 골라니 여단과 바라크 여단의 잔류부대(부여단장 도론 비버 중령이 통제) 사이의 작전책임지역을 협조시켰다. 요시 멜라메드 대령은 또 한 명의 부사단장으로서 임무를 수행하였다. 나는 그에게 시돈 지역으로 들어오는 도로통제에 대한 책임을 맡겼는데 그는 진입하려는 부대들을 협조시키고, 지휘관들을 만나 상황을 설명해 주면서, 그 부대의 진입시간대를 지정해 주었다. 앞서 말한 대로 시돈의 중앙도로에는 나를 포함한 전술지휘소 요원들이 위치하고 있었다. 전투의 가장 핵심 국면의 현장에서 공수여단 지휘부의 뒤를 따라서 사단전술지휘소 장갑차 5대가 후속하고 있었다.

전투 내내 부사단장 유드케 대령과 나는 긴밀하게 접촉을 유지했다. 남녀노소의 민간인들이 탄 차량대열이 시내로부터 빠져나가기 위해서 부사단장에게 간청하였다. 나는 옷을 갈아입고 민간인으로 위장해서 도망가려는 테러분자들을 개인별로 확인한 후에 통과시키고 있는 부사단장의 통제방식에 동의하였다. 그는 사실상 이러한 방식으로 많은 테러분자들을 색출해서 체포하였다. 또 유드케 부사단장은 아인 힐웨 난민촌을 감제할 수 있는 위치에 올라가서 작전지역을 직접 보고 검토한 후, 동쪽으로부터 난민촌을 공격하고 있는 현재의 작전계획을 수정하여 나에게 건의하였다. 나는 그가 수정한 작전계획이 만족스러워서 이를 승인해 주고 그 작전의 시행도 같이 위임해 주었다.

도로교차 지역에 있는 나의 지휘용 장갑차로 에프라임 라오르 중령이 찾아왔다. 따뜻한 악수를 나눈 다음 그는, 자기에게 또 다른 신나는 임무를 부여해 달라고 요청하였다. 그래서 나는 아인 힐웨 난민촌에서 전투하고 있는 전차대대장 아미람 중령에게 직접 무전을 보냈다.

"여기는 드로르, 전투를 하고 싶어서 목이 마른 코드코드(Kodkod: 지휘관)가 여기에 한 명 있다. 그의 이름은 라오르, 그에게 전차나 부대를 좀 줄 수 있는가? 이상."

"여기는 아미람. 안 되겠음. 여기에도 다른 예비 코드코드가 기다리고 있음. 더 이상 필요하지 않음. 그러나 꼭 하고 싶다면 어느 것이든 가능함. 이상."

"알았다, 라오르는 자네의 전우이지 않는가. 도와주어야 하지 않겠나. 그에게 전차 1대와 장갑차 1대를 주면 좋겠다." 내가 제안했다.

"잘 알겠음. 이상 교신 끝." 그리고 라오르 중령은 그곳으로 떠났다. '이 세상의 어느 나라 군대가 저렇게 훌륭한 전사들을 가지고 있겠는가?' 나에게 스스로 물었다. 아미람 대대장은 무전을 바로 끝내지 않았다. 그는 사단장과 직접 교신할 수 있는 드문 기회를 십분 활용해서 아인 힐웨 난민촌의 전투상황에 대해 자세하게 보고하였는데, 심지어 피격당한 전차와 소탕한 테러분자들의 숫자 하나까지 상세히 설명해 주었다.

바라크 기갑여단의 부여단장 도론 비버 중령이 사단 무선망으로 들어왔다. 흥미롭게도 그는 수천 명의 민간인들이 시돈 중심부로부터 자기 부대 쪽으로 다가오고 있다고 보고했다. 나는 그것이 무슨 의미인지 잘 알고 있었다. 도시가 아군의 수중에 들어오고 있다는 의미였다. 내가 민간인 몇 명을 조사해서 시내 상황을 좀 더 자세하게 파악해서 보고하라고 지시하자, 그는 선무방송 특별반(포로조사관 편성)을 보내 달라고 건의하였다. 나는 비버 중령으로부터 필요한 정보를 금방 얻지 못하리라는 것을 깨달았다. 우리는 통역관들에게 얼마나 더 의존해야 하는가? 아랍어를 하나도 할 줄 모르는 이스라엘 장교단을 상상해 보라!

시돈의 시민들은 자신들의 삶의 문제로 바빴으며, 또 우리의 존재에 대해서도 빠르게 적응하고 있었다. 우리는 그들의 혼란을 막아야 했다. 그들

전사의 길

은 우리가 위험하고 의심스러운 적을 앞에다 두었을 때 가끔씩 방해물이 되긴 하였지만, 그들은 테러분자들에 대해서 그다지 호의적이지 않았던 것 같았다. 이제 시민들은 더 이상 생명의 위협을 받고 있지 않았지만, 또 다른 테러분자들이 시내로 잠입해 들어오지 않을까 두려워하고 있었다.

사단 무선망에서 내가 부르는 호출에 공수여단장이 또 응답하지 않았다. 그래서 나는 다시 공수여단 무전망으로 들어갔다. "계속해서 진격하라." 이렇게 지시했다. "자네 뒤에 줄줄이 서 있는 전투력이 모두 낭비되고 있다!" 나는 단호하게 말했다.

"그들에게 부여할 별도의 임무를 준비하고 있음." 여단장이 해명하였다. 나는 이를 받아들일 수가 없었다.

내가 오른쪽을 보니 넓은 도로가 하나 있었는데, 이를 개척하기만 한다면 동시에 두 개의 기동축선을 사용할 수 있었다. 공수부대원들은 건물지역 전투의 전문가들이었는데, 그들은 조를 편성해 서로 엄호하며 건물 벽을 따라 전진하면서 잠재적 위험이 있는 모든 출입문과 창문에 대해 주의를 기울였다. 도로 양쪽에서 전진하는 공수부대원들 사이에 전차가 도로 중앙에서 이동하면서 전차포를 사격하고 있었는데, 이것은 15년 전 6일 전쟁 당시 칸 유니스에서의 나의 경험을 생각나게 하였다.

내가 공수여단장 구치 대령에게 중앙도로 동쪽의 약 100m 떨어진 지점에 또 다른 도로를 개척할 부대를 추가 편성할 것을 명령하였는데, 그는 이 부대의 지휘책임을 부여단장에게 맡겼다. 나는 부여단장과 추가 편성 부대의 지휘관을 불러서 전투방법에 대하여 지시하였다. 그리고 그들의 임무를 명확하게 숙지시켜 주고 개척해야 할 도로를 분명하게 지시해 주었다. 행동을 개시하기 전에 돌파부대의 구조, 편성, 전투방법에 대해서 그들로부터 간단하게 설명을 들었다. 당시 내가 염려하고 있었던 것은 인구밀

집 지역의 끝부분 근처에서 중앙도로와 새로운 개척도로가 합쳐지게 되는데, 거기에서 여단장의 부대와 새로 편성한 부대가 충돌하지 않을까 하는 것이었다. 나는 여단장과 부여단장이 자신들의 행동을 명확하게 협조하고 실제로 아무 일 없을 때까지는 마음을 놓을 수가 없었다.

건물을 따라 공격하는 공수부대원들의 모습을 보니 기분이 흐뭇하였다. 도로 한가운데의 전차들은 공수부대원들을 엄호하다가 가끔씩 전차포로 사격을 지원해 주었는데, 마치 두 개의 부대는 같은 몸에 붙어 있는 팔과 다리와 같았다. 시돈은 곧 아군의 수중에 떨어졌고 시간이 지남에 따라 도시의 보다 많은 지역이 장악되었다. 한편 아인 힐웨 난민촌에 아직도 저항 세력이 남아 있었지만 이에 대해서 크게 신경 쓰지 않았다.

12시경, 마침내 공수여단장은 시돈 중심지역을 모두 장악하였으며 도로상의 적을 완전하게 소탕했다고 나에게 보고하였다. 나는 기분이 매우 좋았다. 사단 주 지휘소에 있는 부사단장 유드케 대령으로 하여금 지금까지 대기하고 있던 모든 아군 부대들에게 지시해서 그 부대들이 시돈 시가지를 통과해 북쪽의 다무르까지 가능한 최대 빠른 속도로 이동하도록 하였다.

시돈 시가지를 통과해서 나오는 아군 부대들의 기동은 마치 거대한 댐의 갈라진 틈새에서 쏟아져 나오는 물줄기와도 같았다. 오랫동안 대기하고 있다가 이 도시를 통과해 북쪽으로 이동하고 있는 긴 차량대열들을 나는 만족스럽게 바라보았다. 내가 옆으로 지나가자 차량에 탄 전사들이 손을 흔들었다. 그러나 아직 마음을 놓을 때가 아니었다. 모든 전사들은 손에 총을 꼭 잡고 있었고 그들의 시선은 적을 쫓고 있었다.

시가지 도로에 아직도 여기저기에 넘어진 전신주와 파괴된 차량들이 가로막혀 있었지만, 전차와 장갑차 조종수들은 이들을 손쉽게 우회하여 앞으로 이동해 나갔다. 시가지는 큰 타격을 받았는데 창문들은 산산이 깨져 흩어져 있었고, 일부 건물들의 상층부는 항공폭격으로 인해 폭삭 무너져

전사의 길

내려 있었다. 시돈 점령작전을 위해서 사전에 실시했던 포병부대들의 탄막사격은 시가지의 가로수들과 차량들에게 선명한 흔적을 남겨 놓았다.

공수여단의 병력들은 시내 도로상에 전개해서 주요 교차로를 통제하였다. 이스라엘군은 더 이상 시돈 도시에 대해서 피해를 입히지 않았다. 도시가 예전처럼 회복되고 전쟁의 상처가 아물 때까지는 많은 시간이 소요될 것이다. 도시의 고층건물들은 현대적인 모습을 보여 주고 있었는데, 고층건물들이 늘어서 있는 상점거리는 마치 텔아비브 남부에 있는 상업 중심지역을 연상시켰다. 이스라엘군이 도시 내로 들어왔을 때 대부분의 상점들은 문을 닫았고 대부분의 시민들은 집안에 조용히 머물러 있었다.

모르데카이의 제91사단은 우리가 한창 전투 중에 있을 때 시돈 근방에 도착해서 전투가 종료될 때까지 그곳에서 대기하였다. 모르데카이 사단장은 전날 하달된 북부사령부 작전계획에 따라 앞으로 '시돈 통제 작전'에 대한 지휘권을 인수할 것이다. 그때 동부 베카축선 부대들의 사령관 임무를 수행하고 있던 야노시 소장이 잠시 나를 방문하였는데, 그는 최고사령부의 공격 승인을 기다리면서 자신의 부대와 함께 베카계곡 진입을 대기하고 있었다. 나는 드로리 북부사령관에게 현재의 상황을 무전으로 보고하였다. 그는 기분이 좋아 보였다. 사령관은 나에게 시돈의 작전책임을 이치크 모르데카이 사단장에게 인계한 다음, 당시 가능성이 있었던 2개 방안 중 하나인 북쪽의 베이루트를 향해서 신속하게 기동하라고 시원스럽게 지시해 주었다. 당시 1개 방안은 해안고속도로를 따라 다무르까지 이동한 후 그곳에서 자벨 바루흐(jabel baruch)를 향해 동쪽으로 가다가 카로운(Kar'oun) 호수지역으로 내려가 시리아군과 싸우는 야노시 장군의 동부축선 부대를 증원하는 것이다. 또 다른 1개 방안은 베이루트를 향하고 있는 야론의 제96사단을 후속하는 것이었다. 그때 북부사령관이 갖고 있었던 작전개념은 엘리 게바 기갑여단을 배속받은 야론의 사단이 그날 저녁까지 베이루트 공항지역에 도달하는 것을 가정하고 있었다.

나는 아모스 야론 사단장이 우리 사단으로부터 배속전환 받은 바라크 여단에게 어떤 임무를 부여했는지 모르지만, 방금 북부사령관으로부터 받은 명령 내용을 바라크 여단장에게도 통보해 주었다. 북부사령관의 지시에 의해서 나는 골라니 보병여단, 바라크 기갑여단, 하가이 레게브의 기갑여단 등 3개 여단을 운용하게 될 것이다. 그리고 시돈 통제의 임무를 인수받을 이치크 모르데카이 사단에게 구치 대령의 공수여단을 다시 배속전환시켜 줄 것이다.

나는 공수여단장에게 북쪽을 향하는 아군 부대들이 도시를 통과하는 데 문제가 생기지 않도록 도시 외곽을 확보하라고 지시하였다. 이어서 나는 이치크 모르데카이 사단장을 어떤 건물의 옥상으로 안내해 그곳에서 시가지에 부대를 어떻게 배치하였는지 설명해 주었다. 그는 도시를 효과적으로 통제하기 위해서 자신의 마지막 부대가 도착할 때까지 내 사단의 일부 부대를 잔류시켜 줄 것을 부탁하였다. 내 생각에 그것은 과도한 요구였다. 그렇지만 도시를 확보할 수 있는 충분한 병력을 남겨 달라는 그의 요청에 동의해 주었다. 그리고 모르데카이 사단장에게 아인 힐웨 난민촌 작전의 어려움에 대해서 간략하게 설명해 주었다. 난민촌이 생각보다 쉽게 함락되지 않기 때문에, 임무를 종결하기 위해서는 보다 큰 규모의 전투부대를 편성하라고 조언해 주었다. 이 말을 들은 그는 시돈에 도착할 예정인 몇 개의 보병부대들로 하여금 곧바로 아인 힐웨 난민촌 방향으로 이동하라고 지시하였다. 나는 모르데카이 사단장에게 행운을 빌어 주면서 이 도시를 통제할 열쇠를 그에게 넘겨주었다.

점령한 도시의 기능을 정상적으로 복구하는 데는 많은 시간이 걸린다. 우선적으로 주요 교차로와 주요 지역을 확보해야 한다. 다음 시청, 학교, 은

전사의 길

행과 같은 공공기관을 접수하고 마지막으로 수도, 전기, 식량공급을 장악하여야 한다. 도시를 정상적인 상태로 회복하기 위해서는 시민들의 적극적인 협조를 얻어 내어야 한다. 이러한 목적을 위해서 이스라엘군은 도시를 장악하자마자 '특별 군 행정기관'을 설치하고 운영을 시작한다. 모르데카이 사단은 시내에서 마지막 테러분자들을 축출하자마자 이러한 군정기관을 설치했다. 우리는 시민들과 건설적인 협력관계를 어떻게 구축할지에 대해서 잘 알고 있었으며, 시돈은 곧바로 남부 레바논의 수도로서 기능을 수행할 수 있게 되었다.

모르데카이 사단의 부대들은 아인 힐웨 난민촌에서 또다시 5일 이상의 작전을 실시하였다. 도시지역 전투에서 소탕에 대한 전술교범의 설명을 보면, 적이 어떤 집에 더 이상 숨어 있지 않다는 것을 확인한 후 다른 집으로 이동하여 수색하라고 되어 있다. 그러나 실제로 이것은 불가능하였다. 어쨌든 나의 사단은 이 도시로부터 빠져나와 북쪽으로 갈 수 있게 되어서 매우 기뻤다.

내가 탄 지휘용 장갑차가 천천히 이동했다. 나는 이제껏 이 도시를 지도와 사진을 통해서만 알고 있었는데 이제는 내 눈으로 직접 확인하고 싶었다. 내가 좋아했던 전쟁영화의 한 장면으로서 불타는 거리를 따라 유럽으로 진격해 들어가는 연합군의 모습이 그려졌다. 북쪽에서 시돈 방향으로 들어오고 있는 공수대대가 내 옆을 지나쳐 갔다. 이스라엘 중령이 이끄는 이 부대는 야론 사단의 부대들과 함께 아왈리강 인근 해안에 상륙한 다음, 나의 지휘를 받으면서 시돈 점령작전 부대 일부로서 전투를 실시하였다. 공수부대원들은 시돈 외곽의 수목지대에서 전투하다가 전우 두 명을 잃어버렸는데도, 그들의 얼굴에 조금도 슬퍼하는 기색을 내보이지 않았다.

그날 오후 늦게, 드로리 북부사령관이 다무르에서 남쪽 수km 떨어진 나의 전술지휘소 인근에 헬기를 착륙시키고 나를 방문하였다. 사령관은 내성적이고 말수가 적은 편이지만 이때는 편안한 얼굴로 함박웃음을 지으며 나를 맞았다. 이번 전쟁이 시작된 후 우리는 처음으로 직접 만났다. 북부사령관은 조용한 목소리로 잠시 후 아군 전투기들이 이륙해서 베카계곡에 배치된 시리아군 지대공미사일 포대를 폭격할 것이라고 말했다. 그리고 동부축선의 상황에 대해서도 설명해 주었다. "야노시 장군이 사켈(Sakel) 사단과 레브(Lev) 사단을 이끌고 북쪽으로 전진 중인데 곧 시리아군을 공격할 것이네."[163] 나는 어느 정도 예상하고 있었지만 한편은 놀라웠다. 또 사령관은 북부사령부가 장차작전 계획을 아직 구체적으로 완성하지는 않았지만, 내가 수행할 '가능성이 있는 임무'에 대해 설명해 주었다.

"자네 사단의 첫 번째 운용방안을 이렇게 생각하고 있네." 사령관은 나의 작전지도에 가상의 선을 그려 가면서 설명하였다. "야론의 사단을 베이루트 남부지역 일대에 멈추게 할 거야. 배속된 요람 야이르(Yoram Yair)[164]의 공수여단과 엘리 게바의 기갑여단이 거기서 성공적으로 전투를 수행하게된다면 그들을 베이루트 공항 일대까지 진출시킬 예정이야. 그리고 야이르의 공수여단을 계속 전진시켜서 레바논 기독교 민병대와 합류시킬 생각이야. 동부축선의 야노시 장군이 베카계곡에서 작전을 어떻게 수행해 나갈지는 잘 모르겠어.[165] 하지만 자네 사단은 다무르에서 자벨 바루흐 방향으로 기동한 후 그곳에서 '베카계곡으로 진입하는 작전임무'를 준비하고 있어야

---

163 제252사단은 에마누엘 사켈(Emmanuel Sakel) 준장이 지휘했고, 제90사단은 지오라 레브(Giora Lev) 준장이 지휘했다.

164 요람 야이르: 별칭으로 야-야(Ya-Ya)라고 부른다. 그는 공수부대원으로서 이스라엘이 치른 여러 전쟁에 참가하였다. 그는 레바논 전쟁 시 제35공수여단을 지휘하여 베이루트의 PLO 테러분자 소탕을 실시하고 시리아군과 전투하였다. 나중에 제91사단장으로 부임해서 남부 레바논의 게릴라 소탕작전을 지휘하였다.

돼. 그렇게 되면 서쪽 방향으로부터 시리아군의 옆구리를 기습하게 될 거야."

사령관은 우리 사단의 예상되는 기동방향 화살표를 손가락으로 그려 보였다. 그리고 다시 지도를 들여다보며 이렇게 말했다.

"그리고 두 번째 운용방안으로서 야론의 사단이 카프르 실(Kafr Sil)을 점령하고 있을 때, 자네 사단은 해안 동쪽지역으로 이동해서 일단 그곳에서 '예비부대로서 대기'하는 것일세. 아마 내일 아침이 될 거요. 일단 계획수립을 위한 목적으로 골라니 보병여단, 바라크 기갑여단, 레게브의 기갑여단 등 3개 여단을 가지고 운용할 준비를 해 두게나."

예상되는 작전들의 목적과 방향이 분명하였다. 나는 좀 더 구체적인 임무를 원했지만 전장상황이 여전히 불확실하기 때문에 더 이상의 요구는 하지 않았다. 금일 야간에 북부사령관은 참모총장이 주관하는 장차작전 회의에 참가해서 다음 단계 작전계획을 승인받게 될 것이다. 굵은 공격방향 화살표를 그려 가면서 몇 가지 예상되는 국면을 더 토의한 후, 드로리 사령관은 북부사령부로 다시 돌아갔다. 사령관의 헬기가 이륙하자마자 적이 쏜 박격포탄 몇 발이 기막히도록 정확하게 나의 전술지휘소 장갑차 주위에 떨어졌다. 우리는 장갑차로 급히 뛰어올라가 이곳으로부터 재빨리 대피하였다. 이것은 아직 전쟁이 끝나지 않았다는 것을 우리에게 경고해 주기에 충분하였다.

---

165 이스라엘군 최고사령부는 동부 베카계곡 축선에서 시리아군을 공격하는 지휘관을 별도로 임명하였는데, 그는 아비그도르 '야노시' 벤갈 소장이었으며 당시 북부사령관이었던 아미르 드로리 소장의 바로 앞 전임자였다. 이스라엘군 최고사령부는 이러한 방법을 통해 동부축선 작전에 '자율적 지휘권'을 주었는데, 이는 지휘의 효율성을 높이기 위함이었다. 자세한 이스라엘군 지휘체계는 〈부록 6〉을 참조하라.

6월 9일 금요일, 아군 전투기들이 동부 베카계곡 축선에 배치된 시리아군 지대공미사일 포대(19기로 구성)를 공격해서 17기를 파괴하고 나머지 2기에게 피해를 입혔다. 또 이날 전개된 베카계곡 상공의 공중전에서 아군 전투기들이 시리아군 전투기 20대를 격추하였다.[166] 야노시 장군의 동부축선 부대들이 오후에 카로운(Karoun)호수를 향해서 북쪽으로 이동하기 시작하였다.

서부축선의 야론의 제96사단은 해안 축선을 따라 기동하였는데, 배속된 야이르의 제35공수여단은 카프르 마타(Kafr Matta)를 경유하는 '능선축선'을 따라 베이루트를 향해 전진하였다. 그리고 엘리 게바의 제211기갑여단은 다무르에서 베이루트로 가는 '고속도로 축선'을 따라서 베이루트 공항 방향으로 기동해 나갔다. 한편 나의 사단은 북쪽으로 이동하라는 북부사령부의 명령이 있을 때까지 다무르 남쪽 일대에서 대기하였다.

그때 엘리 게바의 기갑여단이 카프르 실 마을 남쪽에서 '적의 대전차 매복'에 걸려들어 전차와 병력에 상당한 피해를 입었다. 따라서 게바 여단장은 일단 철수하는 것을 사단에 건의하였는데 이것이 곧 승인되었다. 무전을 들어 보니 야론 사단장이 분명 당황하고 있었다. "철수하지 못한 아군 전차 몇 대를 테러분자나 시리아군이 탈취할 가능성이 있음을 유의하라!" 사단장은 사태가 그렇게 될 것으로 거의 확신하고 있는 듯하였다. 그 지역에서 전투하고 있던 지휘관들은 서로 무전을 교환하면서 한동안 정신이 없어 보였다. 엘리 게바의 기갑여단이 철수한 후 멀쩡한 메르카바 전차가 그

---

166 이스라엘 공군은 1973년 욤키푸르 전쟁 초반에 아랍 대공미사일망으로부터 당한 쓰라린 경험이 있었기 때문에, 그동안 적 대공미사일과 레이다에 대해 심층 분석하고 이에 대비한 훈련을 철저히 해 왔다. 따라서 1982년 레바논 전쟁에서 이스라엘 공군은 정보전과 전자전의 우세를 가지고 시리아군의 대공미사일 기지를 대부분 파괴하였으며, 공중전에서도 압도적인 승리를 보였다. 일주일 동안 레바논 상공에서 양측 공군기들이 뒤엉켜서 세 번에 걸친 치열한 공중전이 벌어졌는데, 이때 이스라엘은 4대의 공군기를 잃었지만 시리아 공군기는 무려 100여 대나 격추되었다.

곳에서 적에게 탈취당했다는 소식이 곧 들려왔다. 이 사실을 듣고서 나는 소름이 끼쳤는데, 이스라엘이 만든 최신형 전차가 첫 번째 전투에서 적의 수중에 고스란히 넘어가 버리다니! 우리의 사기가 떨어지는 것을 둘째 치 더라도, 메르카바는 이스라엘이 자체 개발한 최초의 전차로서 적의 수중에 들어가면 절대로 안 되는 특별한 성능과 기술적인 정보를 가지고 있었다. 나는 엘리 게바 기갑여단의 무전망에 들어가서 그들의 철수가 이루어지는 상황을 밤새도록 감청하였다.[167]

6월 10일 목요일 이른 아침, 나는 북부사령부로부터 준비명령을 받았 는데 곧이어 시행명령까지 받았다. 즉 엘리 게바의 기갑여단이 수행하고 자 했던 임무를 종결시키기 위해서 우리 사단의 바라크 기갑여단을 출동시 키라는 것이었다. 북부사령부에 다시 확인해 보니 현재 베이루트 공항에서 약 3㎞ 떨어진 곳에 있는 엘리 게바 기갑여단과 연결하기 위해서 바라크 기 갑여단의 투입을 서둘러야 한다는 것이었다. 바라크 여단은 고속도로를 따 라 베이루트 공항 방향으로 최대한 신속하게 이동해야 했다. 나는 북부사 령부에서 하달한 명령을 바라크 여단의 다간 여단장에게 즉시 전달해 주었 으며, 그는 곧바로 제96사단장 야론 준장의 지휘하에 들어갔다. 이때 나는 욤키푸르 전쟁 당시 '자기 예하 부대를 타 부대로 즉각 배속전환해 주는 데 실패했던 지휘관들이 결과적으로 명령 불복종을 초래'했던 과거의 사례가 생각났다. 나는 바라크 여단이 새롭게 수령한 임무를 성공적으로 완수해

---

167 카프르 실 마을: 이 지역은 베이루트 공항으로 들어가는 외곽지역으로서 방어에 유리한 지역이 었다. 이곳을 방어했던 부대는 베이루트 주둔 시리아군 제85보병여단 예하의 T-55전차 1개 대대와 특 공부대(Commando)들이었다. 특공부대는 RPG-7과 새거미사일 등을 가지고 이스라엘군 전차와 장갑 차들을 공격하여 큰 피해를 주었다. 시리아군은 총 30개의 특공대대(베이루트-다마스쿠스 고속도로: 20개 대대, 베카계곡: 10개 대대)를 레바논 전쟁에 투입시켰다. 자세한 시리아군 전투편성은 <부록 5> 를 참조하라.

낼지 의구심이 들었다. 나는 내 몸의 일부가 떨어져 나가는 것 같았다.

이날 오전 바라크 여단장 다간 대령은 2개 전차대대(-)와 1개 골라니 기보대대를 이끌고 베이루트로 향하는 도로를 개통하기 위해서 출발하였다. 모레노(Moreno) 전차대대 예하의 A 전차중대가 공병중대와 함께 선두에서 이동하다가 몇 시간 후 시리아군의 대전차 매복에 걸려서 심대한 타격을 받았다. 에피에(Effie)가 지휘하는 A 전차중대의 승무원 여러 명이 부상당하고 전사했다. 이를 지원하고 있던 에이탄(Eitan)의 공병중대 병사들도 마찬가지로 부상을 당했다.

피해를 당한 모레노 중령의 전차대대는 바라크 기갑여단의 선두부대 임무를 수행하고 있었다. 나는 이제까지 나의 예하 부대들을 친자식같이 키워 왔었다. 친구를 도와주려고 내 자식을 보냈다가 그들이 큰 상처를 입게 되고 말았는데도, 나의 조언 한마디 전해 줄 수 없는 아버지의 심정이 되었다. 나는 전쟁 전에 이들과 많은 대화를 나누었기 때문에, 거의 대부분의 지휘관들을 알고 있었으며 친숙한 병사들도 많았다. 나는 이들에게 훈련목표와 과제를 부여해서 직접 훈련시켜 왔고, 무엇보다 나의 정신을 심어 주면서 '최악의 전쟁에 대비한 최선의 전투방법'을 정성스럽게 가르쳐 왔던 것이다.

당시 나는 그저 방관자처럼 나의 바라크 기갑여단이 전투의 혼란 속으로 빨려 들어가는 것을 앉아서 지켜볼 도리밖에 없었다. 그때 북부사령부로부터 또 다른 명령이 하달되었는데, 이번에는 남아 있던 골라니 여단까지 야론의 제96사단에 배속전환시키라는 것이었다. 골라니 보병여단으로 하여금 해안도로 동쪽 능선에 있는 평행한 도로축선을 개통하라는 명령이었다. 나는 이번에 받은 명령은 정말 거부하고 싶었지만, 일단 한발 뒤로 물러서기로 했다. 북부사령관과 먼저 통화를 해 본 다음 골라니 여단을 인계할 생각이었다.

"사령관님, 저는 이 명령을 도저히 이해할 수 없습니다." 무선전화에 대고 이렇게 불평했다.

"선택의 여지가 없어." 사령관이 말했다. "모든 부대가 지금 곤경에 빠져 있는 것을 자네도 잘 알고 있지 않는가. 현재 야론의 사단에 많은 사상자가 발생했어. 그렇지만 우리는 베이루트 공항을 최대한 신속하게 점령해야 돼. 정치인들이 지금 휴전 이야기를 꺼내고 있기 때문에 우리는 베이루트를 신속하게 포위해야 된단 말이야." 사령관은 나에게 공감해 줄 것을 바라면서, 인내심을 가지고 단호하고 의연하게 말했다.

"그러면 저한테 임무를 주십시오. 제가 그 전투를 지휘하겠습니다. 약속 드립니다. 제가 해안고속도로를 개통하겠습니다!" 나는 사령관을 압박하였다. "저들은 모두 제 부하들입니다. 제가 반드시 이들을 지휘해야 합니다."

"자네 말을 이해하네. 일리가 있어. 그렇지만 1개 축선에서 두 명의 사단장이 전투를 지휘할 수는 없네."[168]

"그렇다면 야론의 사단을 전방으로 더 이동시켜서 레바논 기독교 민병대[169]와 연결작전을 실시하도록 조치해 주십시오. 제 생각에는 그것 또한 매우 어려운 임무입니다. 그리고 제가 고속도로 축선을 개통하겠습니다."

---

168 통일의 원칙(Unity of Command): 전쟁의 원칙 가운데 하나이다. 통일은 모든 부대가 공동의 목적을 달성하기 위하여 전투력의 분산적 사용을 방지하면서 이를 최대로 발휘하는 것으로서, 지휘(Command)의 통일과 노력(Effort)의 통일이 함께 이루어져야 한다. 지휘의 통일은 한 부대의 지휘권을 단일한 지휘관에게 부여함으로써 이루어진다.

169 레바논 기독교 민병대(일명 팔랑헤 민병대): 1970년 요르단 내전 이후 요르단으로부터 수많은 팔레스타인 난민들이 레바논으로 유입되어 레바논은 PLO를 중심으로 한 팔레스타인 무장세력의 근거지로 변해 버렸다. 이후 레바논에는 기독교인과 이슬람교인들의 숫자가 거의 비슷해지게 되어 정세 불안이 더욱 심해졌다. 마론파 기독교인들이 팔레스타인 무장세력에 반대하는 팔랑헤(Phalange) 민병대를 결성했는데, 이후 이스라엘은 팔랑헤 민병대를 적극 지원하게 되었다. 오늘날 이스라엘은 레바논의 친팔레스타인 이슬람 무장단체와 헤즈볼라 무장단체를 소탕하기 위해서 팔랑헤 민병대 정당인 카테브당을 계속하여 지원하고 있다.

나는 할 수 있는 마지막 노력을 다하였다.

"아비그도르, 일단 그들을 바로 보내 주도록 하라. 그리고 무슨 일이 일어날지는 두고 보자." 사령관이 단호하게 못을 박았다. 그리고는 이렇게 덧붙였다. "오늘 전투지역에서 만나도록 합시다. 그리고 엘리 게바의 기갑여단과 접촉하시오. 그 여단이 다시 자네 지휘를 받게 되니까 말일세."

나는 골라니 여단을 야론의 사단에 배속전환시켜 준 다음, 다무르-베이루트 해안고속도로 지역에서 벌어지는 전투를 보다 잘 관망하기 위해 인근의 언덕지역으로 전술지휘소를 이동시켰다. 그때 엘리 게바 여단장이 현재 상황을 보고하고 명령수령을 위해서 전차를 직접타고 나의 전술지휘소로 찾아왔다.

"자네는 도대체 전차에서 뭘 하고 있나?" 내가 어리둥절해서 물었다. "장갑차나 지프차가 더 편하지 않는가?"

엘리가 주저 없이 대답하였다. "사단장님, 기억 못하시겠습니까? 욤키푸르 전쟁 때 전차 밖에 잠시라도 나오지 않으셨잖습니까. 저는 지금 그것을 본받고 있습니다…."

그날 목요일, 나에게는 특별한 임무가 없어서 해안 평야지대에서 전투를 지휘하고 있는 야론 사단의 전술지휘소를 방문하였다. 화기애애한 만남이었다. 참모들에 둘러싸인 야론 사단장은 전투지휘에 여념이 없었다. 그의 전술지휘소는 카프리 실 마을 남쪽의 수 km 떨어진 신축 중에 있는 어느 건물에 설치되었는데, 여기에서 고속도로 일대가 한눈에 잘 내려다 보였다. 아모스 야론 사단장 옆에는 라풀 참모총장이 앉아 있었는데 나를 보더니 일어나서 악수를 청했다. "자네 부하들이 정말 잘 싸우고 있더군." 참모총장은 바라크 기갑여단을 치켜세워 주고 칭찬해 주었으나, 이 말은 마치 나의 상처에 소금을 뿌리는 것과 같았다.

나는 라풀 참모총장과 야론 사단장에게 인사를 한 후 옆에 붙어 있는 어떤 건물로 갔다. 전날 밤 이 건물 안에서 매복하고 있던 테러분자들에 의해서 예쿠티엘 아담 소장과 하임 셀라 대령이 피격을 당했다. 나는 우울한 기분을 가지고 잠시 그곳에 머무르면서 그들과 가졌던 추억을 회상하였다.

6월 11일 금요일 오후, 휴전이 발표되었다. 그때까지 골라니 여단과 바라크 여단은 아모스 야론 사단장의 지휘 아래서 작전을 수행하고 있었다. 우리 지역에서 휴전이 24시간 이상 지속되었다. 야론 사단의 부대들은 그 자리에서 전투를 잠시 중지하였다가, 바로 다음 날 토요일에 이들은 카프르 실(Kafr Sil) 마을과 라다 언덕(Radar Hill) 지역을 향해 전진하였다. 골라니 여단은 아미람 전차대대를 선두로 하여 카프르 실 마을을 점령하였다. 아미람 중령은 시리아 전차들과 차량들을 수백 미터 내지는 이보다 더 짧은 사거리에서 소탕해 버림으로써, 자신의 리더십과 용기를 다시 한번 입증해 보였다. 그들은 마을의 거리와 건물들 사이에서 전투하였다. 바라크 기갑여단은 고속도로를 따라 이동하면서 적을 소탕함으로써 베이루트에 이르는 주요 통로를 개척하였다. 아미람의 전차대대가 카프르 실 마을을 점령하자, 이어서 공수대대는 이 마을의 옆에 있는 라다 언덕을 확보하였다. 일요일이 되자, 야론의 사단에 배속되어서 그동안 임무를 성공적으로 완수해 주었던 바라크 여단과 골라니 여단이 우리 사단으로 다시 복귀하였다. 집밖에 나가서 숱한 고생을 한 자식이 집에 다시 돌아온 것을 환영해 주듯이, 나는 사단참모들과 군수지원단장 살리 대령에게 가능한 모든 방법을 동원해서 이 여단들이 원하는 모든 것을 조치해 주라고 명령하였다. 이들은 융숭한 대접을 받을 만한 충분한 자격이 있었다.

그동안의 주요한 전투가 끝이 나자, 나의 관심은 전투쇼크(shell-shock), 즉 전투거부 증상(Combat Reaction Syndrome)으로 고생을 했던 군인들에게 돌려졌다. 나는 이 문제에 대해서 조심스럽게 접근하였다.

전투거부 증상

전쟁터에서 싸우는 군인들은 자기 양심에 따라 전우에 대한 의무를 이행하는 것과 자기의 생존본능 사이에서 발생하는 심한 내적갈등의 상태에 놓이게 된다. 이러한 내적갈등을 해소할 수 있는 심리적 힘이 부족한 군인들은 임무수행 능력이 제한되며, 결국 임무완수에 실패하게 된다. 바로 이러한 내적갈등의 상황에서 전투거부 증상(즉, 전투쇼크이다)이 나타난다. 이러한 전투거부 증상은 다양한 형태로 표면화된다. 즉 분노의 표출, 불면증, 무관심, 실어증, 신체적 장애, 기타 증상들이 이에 해당한다. 이러한 증상, 즉 반응은 다양한 종류의 압박감(Pressure)으로 인해서 유발된다. 이 중에서 가장 큰 압박감은 자기 생존에 영향을 미치는 위험(Danger)이 주는 죽음에 대한 공포(Fear)이다. 군인은 심한 공포를 느끼게 되면 자제력(Self-Control)과 활동능력을 상실할 수 있다. 따라서 공포를 극복할 자신의 능력이 더욱 약화되고 신체적 고통을 야기함으로써 음식, 음료수, 그리고 수면조차 거부하게 된다.

군인들은 가끔 개인적 또는 직무에서 미해결된 문제들을 자신의 잡낭 속에 잔뜩 집어넣은 채로 임무에 임하게 된다. 이것들은 위험할 때나 전투의 상황 속에서 압박감을 증폭시키게 된다. 또한 지금껏 억제되어 온 과거의 정신적 충격(Trauma) 역시 적의 포화 속에서 표면으로 드러날 수 있다.

자기 지휘관과 인접 전우들에 대한 신뢰(Trust)는 전투에서 압박감을 극복할 수 있는 개인의 능력과 높은 상관관계를 가지고 있다. 다시 말하면 지휘관과 전우들을 신뢰하지 못하는 군인들은 위험을 극복하기가 쉽지 않다. 절친한 친구의 죽음 역시 자신을 약하게 만들어 자신감이 없어지고 전투의 압박감을 더 많이 받게 만든다.

또 다른 종류의 압박감은 자기 지휘관과 동료들이 가지고 있는 전문성에 대한 불신, 자기에게 지급된 무기성능에 대한 불신, 취하고 있는 전투행동의 정확성에 대한 불신을 가지게 될 때 생겨난다. 공포는 자기 부대에 대한 소속감이나 동료와 유대감을 느끼지 못할 때 훨씬 더 증폭된다. 또한 공포는 전투 시 자신이 맡은 역할이 주도적이 아니고 수동적일 때도 그를 따라 다닌다.

이스라엘군의 사단과 여단에는 정신건강 군의관(Mental Health Officer)들이 보직되어 있다. 이들의 임무는 두 가지이다. 첫째는 전장에서 내적갈등을 극복할 수 있는 전사들의 능력을 배양시켜 주는 것이고, 둘째는 전투쇼크 환자들을 치료한 다음 각자의 부대로 복귀시키는 임무이다. 또한 정신건강 군의관은 지휘관에게 조언함으로써 그로 하여금 이러한 전투쇼크 환자들을 치료하거나 이러한 상황이 발생하지 않도록 예방조치를 취하게 만든다.

우리 사단의 정신건강 군의관 로텐버그(Rothenberg) 소령은 나에게 전투거부 증상을 보이는 환자들에 대한 지휘관의 세 가지 조치방법을 알려 주었다. '첫째 전투쇼크 환자들을 전투지역 근처에서 치료하게 하라. 둘째 전투쇼크 증상이 나타나자마자 가능한 한 신속하게 치료하라. 셋째 전투쇼크 환자들로 하여금 빠른 시간 내 부대에 복귀해서 이상 없이 임무를 수행할 수 있다는 것을 기대하게 만들라.'

지휘관들은 전투거부 증상을 발생시키는 유발요인에 대해서 잘 알고 있어야 한다. 그리고 신뢰를 주는 올바른 리더십의 발휘, 개인적인 매력의 발산, 그리고 전투쇼크 환자들에게 확신을 주는 지휘관의 행동은 이러한 전투거부 증상 환자들을 구해 내고 이들을 다시 임무에 복귀시킬 전망을 높여 주게 된다.[170]

종전

나의 사단은 베이루트 남부에 위치한 국제공항 근처로 이동해서 다시 배치하게 되었는데, 이때 사단의 작전책임 지역을 둘로 나누어 바라크 기갑여단과 골라니 보병여단에게 부여하였다. 양개 여단을 보다 큰 규모로 재편성하여 향후 작전에 대비하였다. 우리는 아직도 해결되지 않은 문제들이 많이 있었고, 앞으로 전개될 전투를 예상하면서 긴장 속에서 하루하루를 보냈다. 당시 우리가 가장 궁금했던 것은 레바논 수도의 심장부로 진입하여 '베이루트 시가지 점령작전'을 실시하느냐의 여부였다.

나의 제36사단과 야론의 제96사단은 우리 사단 군수지원단이 지원해 주고 있는 보급에 모두 의존하고 있었는데, 군수지원단은 양개 사단에서 요구하는 엄청난 보급수요를 충족시켜 주느라고 무척 힘들었다. 우리에게 운반된 엄청난 양의 식량은 마치 도착하지도 않았던 것처럼 금방 사라져 버렸다. 병사들은 전투식량을 개봉해서 자기가 좋아하는 품목만 골라서 먹고 나머지는 버린 다음, 여전히 배가 고프다고 불평하였다. 이러한 현상은 특히 야이르의 공수여단에서 현저하게 나타났다. 보급을 추진해 주기 위한 이동로는 멀고도 구불구불한 길이었다. 식량, 연료, 탄약을 잔뜩 실은 보급 수송부대의 긴 트럭행렬이 이스라엘로부터 레바논의 심장부까지 이어졌다. 탄약 요구량 중에는 특히 포병탄약이 많이 차지하였다. 우리는 베이루트 시가지 내부에 있는 테러분자들로부터 계속적으로 사격을 받았는데, 이때마다 아군 포병부대에 의한 대응사격이 매우 효과적이어서 자연히 포병 포탄의 소모가 많게 되었다.

보급에서 한 가지 특별한 문제점이 있었는데 바로 식수의 부족이었다.

170　카할라니는 최근 군대리더십 교리에서 언급하고 있는 '전투스트레스 관리'에 대해서 핵심적으로 설명해 주고 있다. 전투스트레스 관리는 예방단계(Preventing)-식별단계(Identifying)-극복단계(Coping)로 이루어진다. 전투스트레스의 예방단계에서 지휘관의 리더십개입 증가를 강조하고 있는데 우선 신뢰관계 구축을 가장 우선시하고 있다. 다음 식별단계에서 클라우제비츠가 말하는 전투의 특성(위험, 노고, 마찰, 불확실성)이 주는 공포(Fear)가 전투스트레스 유발요인(Combat Stressor)으로 작용해서 압박감(Pressure)을 주게 된다. 이것이 전투스트레스 반응(Stress Reaction)으로 나타나 우리가 식별할 수 있으며 이것은 분노의 표출, 불면증, 무관심, 실어증, 신체적 장애 등이다. 마지막 극복단계에서 전투거부 증상을 보이는 환자들에 대한 지휘관의 세 가지 조치방법을 제시하고 있다. 전쟁 경험을 통해서 얻은 이스라엘군의 전투거부 증상과 조치에 대한 귀중한 지혜를 우리는 눈여겨볼 필요가 있다.

대형 급수탱크 트럭들이 북부 이스라엘의 나하리야(Nahariya) 지역으로부터 베이루트까지 부지런히 식수를 날랐지만 금방 바닥이 나 버렸다. 우리는 레바논의 물을 자유롭게 이용할 수 없었는데, 의무부대가 검사해서 합격판정을 해 주기 전까지는 어떠한 취수원의 물도 규정상 이용이 금지되어 있었다. 6월이 지나 8월이 되면서 무더운 열기가 최고조에 올라가게 되자, 부대에서는 특단의 대책을 강구해야만 했다.

식수해결에 대한 요구가 절실해지자, 부대원 중 한 사람인 모티 프리드만(Motti Friedman)이 식수 부족 문제해결을 위한 묘안을 짜냈다. 사설탐정 경력을 가진 모티는 먼저 5갤런짜리 식수통을 싣고 돌아다니는 민간인 픽업트럭을 수소문하여 찾은 다음, 자하라니강 하구로부터 취수원까지 가고 있는 그 차량의 뒤를 쫓아갔다. 모티는 마침내 무제한적으로 식수를 얻을 수 있는 취수원을 찾아내었다. 얼마 후 몇 명의 의무부대 담당관들이 그 지역에 도착해서 수질검사를 한 결과 이상이 없음을 확인하였다. 이후부터 사단의 모든 급수탱크들을 신속하게 채우는 데 아무런 문제가 없게 되었다.

사단의 군수지원단은 나에게 신뢰를 주고 있는 살리 대령이 지휘하였다. 나는 전투부대에서 요구하고 있는 엄청난 양의 보급소요를 머리를 맞대고 해결하기 위해서 회의를 소집하였다. 군수지원단 간부들과 의무대장 로멤(Romem), 정비대대장 이시(Issi), 보급대대장 탈모르(Talmor)가 참석하였다. 그들은 각자의 손에 지도를 들고, 자신의 몸을 보호하는 불연소 전차승무원복을 입은 채, 목에는 쌍안경을 멋지게 걸치고 마치 전투병과 장교들과 같은 모습으로 회의장에 나타났다. 군수지원단장 살리 대령의 개요 설명으로 회의를 시작하였다. 부단장 갈릴리(Galili)가 더욱 구체적으로 설명한 후 다른 참석자들은 내가 관심을 가지고 있었던 문제에 대해 심층적으로 분석해서 이에 대한 대책을 제시하였다. 모든 것들이 전문적이고 구체적이었으며 심도 있게 진행되었다. 회의가 끝났을 때 나는 내가 가지고 있었던 모든 염려들을 떨쳐 버릴 수 있었다. 사단은 이제 더 이상 배고프지 않을 것이다.

'전투 후 행동중후군(Post-War Behavior Symptoms)'이 빠르게 나타나 야전군기가 문란해지기 시작하였다. 당시 부대들을 특정한 지역에 모여 집결지를 선정하기 어려웠는데, 이틈을 이용해서 부하들은 야간 숙영시설로 레바논 민가들을 사용하기 시작하였다. 각 제대의 본부들도 마찬가지로 징발한 지역에 있는 민간인 건물을 이용해서 그들의 지휘소를 설치하기 시작하였다. 나는 즉시 모든 부대에 명령을 내려 야지에다 숙영 텐트를 치고, 각 제대의 본부는 마치 사막 한가운데 있는 야전지휘소처럼 설치하도록 강조했다. 나의 명령에 따라 사단사령부와 여단본부 요원들은 지휘소를 설치하기 위해 천막 네 귀퉁이를 부지런히 잡아당기고 있었다.

그리고 레바논군이 사용했었던 일제차량들이 하나의 필수품으로 변질되어 이를 주문한 군인들에게 선착순으로 제공되었다. 나는 이스라엘군의 표준 군용차량만 사용하도록 지시함으로써, 일부 몰지각한 부하들이 벌이고 있던 전리품 파티를 망쳐 놓았다. 사단 헌병대에 지시하여 도로 바리케이트를 설치한 다음, 어떠한 종류의 노획품이라도 개인이 소지하고 있으면 모두 압수하였다.

수많은 적의 탄약저장소들이 주민들의 거주지와 여러 지역에 흩어져 있었다. 이러한 물자들을 독점하여 압수하는 것이 상급 사령부로부터 승인되었는데, 사단 군수지원단이 이 임무를 전담하였다. 레바논으로 보급물자를 싣고 왔던 아군 보급수송부대는 이스라엘로 돌아가는 길에 테러조직들이 저장해 놓았던 무기와 탄약들을 가져가기 위해 그것들을 모두 트럭에 실었다. 적이 저장시설과 산간동굴에 저장해 놓았던 막대한 양의 군수품을 보고 우리는 모두 놀라지 않을 수 없었다. 수백 대의 이스라엘군 트럭들이 살상무기를 가득 싣고 이동하는 모습을 보는 것도 이번 전쟁의 특별한 경험 가운데 하나였는데, 그것들은 이스라엘로 가지고 가서 곧장 군 보관창고에 모두 집어넣을 것이다.

한동안 특별한 전투가 없었기 때문에 누구나 호위차량 없이 도시 주변을 겁 없이 돌아다닐 수 있었다. 따라서 도시에 남아 있던 테러분자들은 이것을 이용해 이스라엘군을 타격하는 좋은 기회로 삼았다.

북부사령부는 베이루트 시에 포진하고 있는 만 명 이상의 테러분자들을 제거하기 위해서 '베이루트 시가지 점령작전'에 착수하였다. 우리의 작전목적은 두 가지였다. 첫째는 테러분자들로 하여금 베이루트를 떠나게 만들거나, 둘째는 이들을 모두 소탕하는 것이었다. 이제까지 작전을 통해서 우리가 뱀의 몸통 전체에 상처를 내었다고 비유할 수 있는데, 그럼에도 불구하고 이 파충류의 머리가 고스란히 살아남아서 레바논의 수도 한가운데서 버젓이 버티고 있는 것이다. 이스라엘 정치지도자들은 PLO 지도자들에게 도시로부터 테러분자들을 몰아내기 위한 수단으로 '베이루트 시가지를 모두 점령하겠다는 위협'을 가했다. 그러나 우리가 실제 작전을 실시하지 않고서는 그들에게 가하는 어떠한 위협도 효과가 없었기 때문에 전투를 반드시 실시해야 했다. 우리는 베이루트의 시가지를 조금씩 확보해 나갔는데 처음에는 베이루트 공항 지역, 다음은 하이 살룸(Hai Salum) 지역, 그리고 나중에는 베이루트의 다른 시가지 지역으로 확대해 나갔다.

우리는 바시르 제마엘(Bashir Jemayel)이 이끄는 기독교 민병대에 대해서 매우 실망했다. 제마엘이 레바논의 주도권을 장악할 것으로 기대하고 있었다. 내가 기독교 민병대의 군인들을 처음으로 만났을 때 그들은 잘 다려지고 깨끗한 군복을 입고 멋진 선글라스를 쓰고 있었는데, 이 모습을 보고는 레바논에서 우리가 어쩔 수 없이 모든 짐을 져야 한다는 사실을 깨닫게 되었다. 이스라엘이 가지고 있었던 모든 희망사항은 바시르 제마엘이 암살된 9월 중순에 산산조각나 버렸다. 이 전쟁의 결과를 마무리 짓고, 또 강력한

레바논 정부를 세우게 될 위업의 후계자로 그 누구도 선뜻 나서지 않았다.[171]

1982년 6월 말, 북부사령부는 베이루트 외곽지대에 설치한 전방지휘소에서 작전명령을 하달하기 위해 모든 사단장과 여단장들을 소집하였다. 지휘소에는 거대한 베이루트 시가지 지도가 펼쳐져 있었고 그 옆에는 항공사진이 붙여져 있었다. 상황판 지도에는 작전계획을 도식하고 있는 여러 가지 색깔의 화살표들이 그려져 있었다. 이것은 바로 '베이루트 시가지점령 작전계획'이었다.

    나는 다소 놀라는 마음을 가지고 드로리 북부사령관과 그의 참모들을 바라보았다. 그들은 평소의 목소리로 차분하게 작전계획을 브리핑하였는데, 마치 이번 도시지역 전투와 같은 종류의 작전명령을 과거에 수차례나 하달했었던 것처럼 침착하게 진행함으로써, 우리는 종전에 참석했던 작전회의와 별다른 차이를 느낄 수 없었다. 그러나 나는 이번 작전이 얼마나 많은 피를 불러일으키게 될지 잘 알고 있었기 때문에 무척이나 괴로웠다. 어쨌든 명령을 모두 듣고 난 후, 단지 명확하지 않은 부분에 대해서 몇 가지 질문을 하였다. 그리고 나중에 사령관에게 개인적으로 질문하였다.

    "이 작전을 정말로 시행하실 겁니까?" 나는 사령관의 눈을 쳐다보면서 조용하게 물어 보았다.

    "작전을 준비하라는 상부의 지시가 있었네." 사령관이 대답했다. "우리

---

171   1982년 8월 말부터 실시된 PLO의 베이루트 철수는 9월 10일쯤 마무리되었다. 따라서 레바논 의회는 새로운 대통령을 뽑게 되는데, 아랍으로부터 이스라엘의 꼭두각시로 불리고 있던 기독교 민병대(팔랑헤)의 지도자 바시르 제마일이 선출된다. 그러나 이것이 그의 목숨을 재촉하고 말았는데, 며칠 후 그는 시리아가 지원하는 단체의 폭탄테러로 숨지고 만다. 이에 대한 보복으로 기독교 민병대에 의해 팔레스타인 난민촌인 사브라와 샤틸라에서 학살극이 벌어지는 등 레바논은 계속하여 혼란 속에 빠져들었다.

는 군인이고, 명령받은 대로 명령을 수행해야 되지 않겠나."

논쟁의 여지가 없었다. 북부사령관 스스로도 우리가 준비한 작전계획을 이스라엘 정부가 정말로 승인해 줄 것인지, 또 이 작전의 시행명령을 실제로 하달할 것인지에 대해 확신하지 못하고 있었다. 그럼에도 불구하고 나는 사단으로 돌아오는 길에 나름대로 작전계획을 구상하였다. 나의 사단은 신속하게 작전을 종결할 것이고, 모든 수단과 방법을 강구해서 가능한 한 사상자를 최소화시킬 것이다.

나는 예하 부대 지휘관들에게 베이루트 시가지 점령작전 계획에 대해 구체적으로 설명해 주었다. 부하들은 우리가 도시 내부로 진입해서 테러분자들을 완전히 소탕해야 하는 것이 정말이냐고 놀라움을 표시하였다. 그들의 질문 가운데 답변해 주기 가장 곤란했던 것은 동원된 공수부대원들의 질문으로서, 이들은 다른 군인들보다 나이가 많고 경험도 풍부하며 자신감이 월등하게 많았던 사람들이었다. 실은 나도 이번 작전계획에 대해서 개인적으로 불만을 가지고 있었는데, 그렇지만 나의 불편한 감정을 부하들이 절대 눈치채지 못하도록 조심하였다. 그러면서 나는 베이루트 시가지 전투에 들어가는 첫 순간부터 오직 임무완수에만 전념해야 한다고 역설하였다. 그리고 팀 구축(Team Building)의 중요성에 대해서 특히 강조하였는데, 이를 통해서만이 최소한의 사상자를 내면서 임무를 완수할 수 있을 것이다. 예하부대들은 사단의 작전계획을 완전히 이해하였으며, 우리는 베이루트 점령작전을 위한 준비를 모두 완료하였다. 이제 남은 것은 이스라엘 정부의 시행명령만을 기다리는 것이다.[172]

7월 중순, 나의 사단은 베이루트 작전지역의 임무로부터 해제되어 동부축선 작전지역으로 이동하라는 명령을 받았다. 우리는 동부축선으로 이동해서 베카계곡 내부에 있는 넓은 지역을 통제하게 되었다. 이때 추가적으로 1

개 여단을 받았는데, 이는 메이어 자미르 대령이 지휘하는 제7기갑여단이었다. 이 부대는 전쟁 초기 동부축선 부대에 배속되었었는데, 이제 다시 나의 사단으로 원대복귀한 것이다.

그곳에 머무르면서 우리는 고난의 시간을 보냈는데, 레바논의 혹독한 겨울을 맞이하였다. 거의 매일 밤 소수의 테러분자들이 아군을 공격하려고 우리 지역에 침투해 들어왔다. 그때마다 그들을 격퇴시켰지만 한번은 우리가 큰 피해를 입었다. 그들은 잘 준비된 작전을 성공적으로 실시해서 아군 병사 네 명과 보병중대장을 전사하게 만들었다.

나의 제36사단과 우리의 동쪽에 배치되어 있던 에마누엘 사켈(Emmanul Sakel)의 제252사단은 모세 바-코크바(Moshe Bar-Kochva) 소장의 지휘를 받으면서 작전을 수행하였다. 우리는 테러분자들과 협력하고 있는 시리아군에게 큰 타격을 주기 위한 작전계획을 수립하였다. 드디어 기회가 왔다. 아군 전차들은 전격적인 기동작전으로 시리아군 진지를 공격하여 약 70대의 전차와 많은 종류의 차량들을 파괴하였다. 시리아군은 아군의 공격에 충격을 받고 아군으로부터 훨씬 더 멀리 떨어진 후방으로 철수한 후 더욱 강력한 진지를 구축하였다. 테러분자들은 시리아 영토를 통해서 우리 작전지역에 침투하던 것은 멈추었으며, 이후부터는 다른 지역으로부터 침투하기 시작

---

172 당시 이스라엘군에서 가장 젊은 여단장이었던 제211기갑여단장 엘리 게바 대령이 베이루트 시가지 점령작전 명령에 대해 불복종하고 나섰다. 그는 이 작전이 무고한 시민들과 자기 부하들의 막대한 희생을 초래할 것이라면서, 작전참가를 거부하고 사임서를 제출했다. 며칠 후 그는 이스라엘군 당국에 의해서 보직해임되었다. 이 사건은 당시 이스라엘에서 많은 논쟁을 일으켰으며, 현재까지도 '도덕적 불복종' 사례로 토론되고 있다. 당시 《뉴욕타임스》는 다음과 같은 기사를 실었다. 베긴 수상이 그를 해임하기 전에 45분 동안 면담하였다. 엘리 게바가 말하길, "저는 여단장입니다. 시가지에 많은 아이들이 노는 것을 쌍안경으로 보았습니다." 베긴 수상이 물었다. "아이들을 죽이라는 명령을 받았는가?" 엘리가 그런 명령은 받은 적이 없다고 대답하자 베긴 수상이 말했다. "그러면 무엇 때문에 불평하는가?" 이후 제211기갑여단은 부대가 해체되는 운명을 맞았으며, 현재 이스라엘군에서 더 이상 존재하지 않는 부대가 되었다.

했다.

한편 베이루트 시가지 점령작전을 실시하고 있던 아군 부대들은 테러분자들의 목에 걸고 있는 올가미를 더욱 강하게 조여 갔다. 전투에 참가하고 있던 부대 가운데 우리 사단의 아미람 전차대대도 있었다. 8월 초 어느 날, 이 대대가 베이루트 공항 북쪽에서 진지를 구축하고 있었는데 적이 쏜 대전차미사일이 대대장 전차를 명중시키는 바람에 아미람 중령이 크게 부상을 입었다. 그의 부하가 베카계곡에 있던 나의 지휘소에 무전을 통해 알려 주어서, 나는 곧장 헬기를 타고 그곳으로 날아갔다. 그는 하이파(Haifa)에 있는 람밤(Rambam) 병원으로 즉시 후송되었는데, 의사들은 그가 시력을 잃을 수도 있다고 걱정하였다. 다행히 그런 불행한 일은 일어나지 않았고, 그는 자신의 임무에 복귀해서 대대를 다시 지휘하였다.

1982년 10월, 나의 사단은 작전 임무를 마치고 골란고원에 있는 원래의 주둔지로 복귀하였다. 지역주민들은 마치 흐트러진 물건을 제자리에 정돈하는 집주인을 맞이하듯 기쁜 마음으로 우리를 열렬히 환영해 주었다. 마침내 우리는 집에 다시 돌아온 것이다.

갈릴리 평화작전은 우리에게 많은 피의 대가를 요구했던 씁쓸하고도 고통스러운 전쟁이었다. 전쟁이 시작된 1982년 6월 6일부터 테러분자들이 베이루트를 떠나갔던 8월 31일까지, 이스라엘군에게 345명의 전사자와 2,383명의 부상자가 발생했다. 그리고 1982년 9월 1일부터 이스라엘군이 레바논에서 철수하면서 이스라엘 국경선 바로 북쪽에 '안전지대(Security Strip)'[173]를 설치할 때까지인 1985년 6월 3일 사이에, 또다시 306명의 전사자와 3,883명의 부상자가 생겨났다.

레바논 전쟁의 결과는 이스라엘 국민들의 마음을 찢어 놓고 단결을 흩트려 버렸다. 전쟁 불가피론자와 전쟁 반대자들 사이에 혹독하고 지루한 대중적 논쟁이 오랫동안 벌어졌다. 전쟁터로부터 날아오는 매일매일의 보도기사와 컬러 사진들이 각종 언론매체를 통해서 이스라엘의 모든 가정에 곧바로 전달되었는데, 이것이 국민들의 갈등을 부채질하고 불협화음을 더욱 가속화시켰다.

작전을 준비하고 전투의 한가운데 있었던 나는, 이 전쟁은 반드시 필요한 전쟁이었고 또 정당한 전쟁이었다고 믿고 있다. 그러나 우리가 레바논에 가서 그렇게 오랫동안 있게 되리라고는 결코 상상하지 못했었다. 시간이 지나면서 우리가 레바논의 수렁으로 점점 더 깊숙하게 빠져들게 되자, 나는 이스라엘의 대화 상대자로서 법과 질서를 수호할 만한 군대를 보유하고 있지 못했던 레바논이라는 국가에 대한 신뢰를 모두 잃어버렸다. 어렵고 힘든 3년의 시간이 흐른 뒤 우리의 군인들이 집으로 다시 돌아왔다. 나는 안도감과 만족감을 가지고 자기 고향으로 돌아가는 군인들의 모습을 지켜보았다.

사단장 집무실 앞 주차장에 부대 깃발들이 높게 휘날리고 있었다. 이취임식 행사를 위해서 장교와 부사관들이 일상 전투복에서 번쩍거리는 정복으로 갈아입었다. 즐거운 분위기가 곳곳에 스며들어 있었다. 그러나 1983년 1월의 잿빛 하늘과 함께 골란고원에 찾아온 겨울은, 이곳을 떠나게 되는 나의 감정과 잘 어울리고 있었다. 나는 이제 마탄 빌나이 장군에게 사단의 지휘권을 넘겨주었다. 그는 활기찬 모습을 보여 주었고, 나는 가슴속에 품고 있

---

173 이스라엘이 자국의 안전을 위한다는 명목으로 레바논 남부에 설정해 놓은 '안전지대'는 이스라엘과 아랍 간 충돌의 역사가 그대로 담겨 있는 곳이다. 안전지대는 이스라엘 북부해안 나코우라로부터 남부 레바논 시돈에서 동쪽으로 15㎞ 떨어진 제지네까지 이르는 지역이다. 이 지역은 현재 UN 레바논평화유지군(UNIFIL)이 담당하고 있으며, 우리나라의 동명부대가 그 일부분을 담당하기 위하여 2007년 7월부터 티레(Tyre)에 파병되어 임무를 수행하고 있다.

전사의 길

는 슬픔을 감춘 채 주위 사람들에게 웃음을 보내 주었다. 정들었던 사단과 부하들을 떠난다는 것이 정말로 섭섭하였다. 나는 이번에 골란고원을 영원히 떠나간다는 것을 잘 알고 있었다. 나는 이제 골란고원 풍경의 일부가 되었으며, 또 나의 일부에 골란고원이 영원히 남아 있을 것이다.

갈릴리 평화작전—레바논 전쟁

골란고원에서 텔아비브로[174]

1983년 1월, 나는 라풀 참모총장의 승인을 얻어 이스라엘군 국방대학교 과정에 입교하게 되었다. 국방대학교 총장은 옛날 상관이었던 야코브 '재키' 에벤(Ya'akov 'Jackie' Even) 소장이었으며, 나는 이곳에서 몇 달 동안 학문과 지식을 풍성하게 만들 수 있는 특권을 누릴 수 있었다. 그해 4월 라풀 참모총장이 전역하고 후임으로 모세 레비(Moshe Levy) 장군이 취임하였는데, 그는 아비그도르 '야노시' 벤-갈 소장과 단 숌론 소장과의 경쟁에서 이김으로써 이스라엘군 최고의 자리에 오르게 되었다. 야노시 장군은 곧바로 전역한 후 사업에 뛰어들었으나, 단 숌론 장군은 차기 참모총장에 오르려는 포부를 가지고 군복무를 계속하였다.

나는 한 가지 희망을 가지고 있다. 모세 레비 참모총장을 만나 면담하면서 국방대학교를 수료한 후 지휘참모대학 학장이나 최고사령부 일반참모부장 보직을 받고 싶다는 희망을 피력하였다. 실제로 며칠 지나지 않아 내 친구인 암람 미츠나 장군 후임으로 지휘참모대학 학장으로 발령이 났다. 얼마간의 인수인계 기간을 가진 후 나는 지휘참모대학 학장에 취임하였다.

지휘참모대학은 내가 가지고 있던 귀중한 군대경험을 후배 군인들에

---

174 텔아비브(Tel Aviv) 지역에 있는 이스라엘군 최고사령부와 연계된 여러 군 관련 기관들을 이스라엘 군인들은 '철의 삼각(Iron Triangle)'이라고 호칭한다. 독립전쟁 당시부터 조성되어 밀집된 도시 환경 속에 자리 잡은 이 군사기관들은 주로 이스라엘군의 지휘, 행정, 통신, 지원, 교육 등의 기능을 수행한다.

전해 줄 수 있는 최상의 학교기관이었다. 지휘참모대학은 대위, 소령들이 반드시 거쳐 가야 하는 주요 교차점으로서, 나는 중령 계급을 달고자 하는 장교들에게 요구되는 필수과정으로 만들기 위해서 최선을 다했다. 이를 위해서 최고사령부 일반참모부의 장군들을 끈질기게 설득하였는데, 마침내 학생장교 정원을 두 배로 늘려 필수과정으로 만들었다.

지휘참모대학 학장은 학습내용과 교육방법에 대하여 많은 것을 지도해 줄 수 있어야 한다. 나는 지휘참모대학의 학생들에게 고급장교의 계급과 자질에 어울리는 행동양식을 배양시켜 주기 위해 많은 노력을 기울였다. 예를 들어 시험 부정행위를 저지르는 자에게는 가차 없이 퇴교조치를 내렸다. 그리고 개별 학생장교에게 개별 과제를 부여해서 그것을 자기 혼자 힘으로 해결하도록 요구했다. 이러한 조치는 학업을 회피하는 데 관심 있는 장교들에게는 불만이었지만, 대표로 과제를 연구한 학생의 과제물을 복사해서 다른 학생들에게 나누어 주는 데 필요했던 복사지의 양이 대폭 줄어들게 되었다. 나는 야전부대에서 써먹을 수 있는 실용적인 교육 내용으로 바꾸었다. 학생들이 장차 대대장과 여단장 직책을 수행할 수 있고, 또 야전부대 고급 참모로서 임무를 수행할 수 있도록 교육시켰다. 그리고 일반학문을 연구할 기회를 조성해 주고, 다양하고 풍부한 과외활동 여건을 만들어 주었다.

지휘참모대학은 항상 새로운 개념을 수용하고, 또 학습내용을 최신화해야 하는 도전에 직면해 있었다. 당시 학장이라는 직책을 수행하는 것이 쉽지만은 않았는데, 그 이유는 내가 설정한 과정목표를 달성하기 위해서 몇십 명에 이르는 대령급 교관을 포함해 몇백 명의 학생장교들에게 나의 권위와 리더십을 효과적으로 발휘해야 했기 때문이었다. 지휘참모대학이 갖고 있는 진정한 의미의 최종 시험은, 자신의 능력을 발휘할 수 있는 학생들의 역량을 올바르게 시험하는 것이라고 할 수 있다. 이점에 있어서 학생장교들은 매우 적극적이었다. 이스라엘의 일반대학 학생들처럼 지휘참모대학 학생장교들은 학장이 제시한 군사과정 목표와 교관들의 요구에 도전하면서 다양한 각도에서 '국가경영'에 대한 학습기회도 놓치지 않았다.

지휘참모대학은 단순히 수료하는 곳이 아닌 그 이상의 의미를 가진 학교라고 할 수 있다. 전쟁과 같은 혹독한 경험을 겪은 후 지휘참모대학에 들어간 장교들은 일반적으로 그곳에서 긴장을 풀면서 여유 있는 시간을 보내려는 생각을 가질 수도 있었다. 그러나 그들은 좋은 성적을 획득하고 긍정적인 교관평가를 받기 위해서 학업에 열심히 매진하고 있었는데, 이로 인해서 그들이 받고 있는 엄청난 스트레스를 보고서 나는 놀라지 않을 수 없었다.

과거 몇 년 동안 이스라엘군은 점차적으로 고급 군사교육의 중요성을 인식하게 되었으며, 지휘참모대학 과정은 장교들의 군 경력 관리에서 분리할 수 없는 필수적인 곳이 되었다. 과거에는 장교 보직교체 중간에 여유가 있었던 장교들이나, 또는 군 전체적으로 인력이 넘쳐나 잠시 보직대기 중인 장교들의 경우에만 지휘참모대학에 입교할 수 있었다. 이러한 방침은 야전부대 장교들에게 불리하게 작용하였는데, 왜냐하면 야전부대 지휘관들이 자기 부대에서 열심히 일해야 하는 부하들이 계속 필요하므로 그들이 고급 군사교육을 받을 수 있는 기회를 의도적으로 거부했기 때문이었다. 오늘날 이스라엘군은 고급 군사교육을 이수한 장교들이야말로 유능한 장교이며, 이들이 야전부대에서 자기의 역량을 훌륭하게 발휘하게 된다는 사실을 잘 알고 있다.

이스라엘군은 상비군에 능력 있는 장기복무 장교들을 확보하기 위해서 많은 노력을 기울이고 있다. 장교들의 장기복무자 선발 기준에 적용하는 주요 평가요소 가운데 하나는 민간학력인데, 예를 들면 어떤 중대장이 장기복무를 신청했을 경우 그 자신이 복무기간 동안 학사학위를 취득할 가

전사의 길

능성이 있는지를 고려해서 장기로 선발한다. 지휘참모대학은 심지어 고등학교를 중퇴한 장교들에게도 민간대학에서 학사학위를 받을 수 있는 기회를 주는데, 그가 만일 민간대학에서 높은 학점을 받게 되면 나중에 지휘참모대학 과정에 연결시켜 준다. 또한 지휘참모대학 학생장교들의 성적을 공식적으로 평가하는 학장은 만일 우수한 학생들이 원한다면, 지휘참모대학 수료 후 민간대학에서 학업을 받을 수 있는 기회를 줄 수도 있다. 이와 같이 고급 교육을 받을 수 있는 다양한 접근성을 열어 줌으로써 이스라엘군 장교들로 하여금 지휘참모대학을 매력적인 곳으로 인식하게 만들었다. 또한 그 순서를 바꾸어 할 수도 있다. 먼저 민간대학에서 학업을 마친 다음 이어서 지휘참모대학에 입교할 수도 있다. 이와 같이 새로운 환경 변화에 부합하도록 지휘참모대학의 운영 방침을 부단하게 발전시켰다.

내가 지휘참모대학 학장에 부임하고 나서 연초에 계획된 학습내용과 교육일정을 반드시 준수토록 하는 공식적 교육프로그램을 정착시켰다. 이제까지 대학의 교육일정은 이스라엘군의 비상사태와 같은 외부 상황에 의해 많은 영향을 받아 왔는데, 이러한 상황에 따라서 수시로 변경되지 않고 안정적으로 실시할 수 있는 교육계획을 처음으로 가지게 되었다. 시온 시브 교수부장과 교관들이 작성한 연간교육 일정계획표(Schedule)가 반드시 준수됨에 따라 학습 분위기가 정착되었으며, 이에 따른 교육성과도 달성해 낼 수 있었다.

일정계획표(Schedule)

이스라엘군에 이러한 표현이 있다. '모든 계획은 변경을 위한 기반이다(Every plan is a basis for change).' 이 표어는 어디서나 들을 수 있다. 이 표어는 당신으로 하여금 양심의 고통 없이 당신의 계획을 멋대로 변경할 수 있게 만들어 주는 근거가 되어 준다. 만일 상관이 일정계획표를 무시하게 되면 결과적으로 많은 시간들이 낭비되는데, 예를 들어 참모 장교들이 정해진 시간에 회의를 참석하기 위해 지휘관실 문밖에서 기다리고 있는 동안 일정이 지연되고 또다시 지연됨으로서 모두의 시간이 낭비된다.

이러한 일정계획표의 계속적인 변경으로 인해 피해를 보는 가장 큰 희생자는 지휘관의 행정보좌관들이다. 그들은 걸려 오는 전화마다 신경을 쓰며 어느 때라도 회의가 시작될 수 있도록 준비한 채, 앞서 들어간 대화자와 지휘관이 그들의 대화를 마무리할 때까지 집무실 문밖의 다른 편에 앉아서 시간을 낭비하면서 기다린다. 보좌관들은 이미 결제되어 사전에 전파되었던 일정계획표를 다시 변경하느라 많은 시간을 보낸다.

우리 군대에 또 다른 표현도 있다. '지휘관은 절대로 시간에 늦는 법이 없다. 왜냐하면 그가 자신의 일정계획을 뒤로 미루었기 때문이다.' 실제로 많은 지휘관들이 일정을 지연시키고 있는데, 항상 정당한 사유가 있는 것은 아니다. 솔직히 말해서 나 역시 이러한 부당함을 저지른 적이 많다. 상급 사령부에서 가끔 일정계획표의 변경이 필요할 경우, 이를 심사숙고하지 않은 채 변경해서 하급 부대로 내려 보내는 권리를 부당하게 사용한다. 비록 상급 사령부에서 이러한 일정계획의 변경이 정당하다고 하더라도, 중간제대에서는 변경된 일정에 대해서 혼란을 일으키고 또 단계적으로 말단부대까지 내려간다.

군대에서는 일정계획표의 무계획적인 변경으로 인해서 많은 대가를 치른다. 비록 일상생활에서는 시간을 잘 지키려고 노력하는 지휘관이라고 할지라도, 일정계획의 변경을 생사와 관련된 문제까지는 연결시키지 않는다. 최고조의 비상사태가 발령되어 엄청난 스트레스를 받고 있는 경우, 우리는 일정계획을 거의 수립하지 않거나 단기간에만 집중하는 경향이 있다. 이때 지휘관과 참모들은 월간 일정계획표는 물론 심지어 주간 일정계획표를 수립하는 것조차 중요한 것이 아니라고 생각한다.

대부분의 일정계획표(연간, 분기, 월간, 주간)나 일일시간계획표의 작성은 참

전사의 길

모나 보좌관들에게 위임되어 있다. 지휘관은 나중에 자기 일정계획표의 효력이 나타나서 자기 스스로 그 혼란 속에 빠져들어 가기 전까지는, 그 일정계획의 타당성을 미리 인식하지 못한다. 그렇게 되면 지휘관은 당장의 문제해결을 위해서 일정을 조정하고, 또 시간이 허락되지 않는 일정은 취소하는 등 오로지 급한 불을 끄는 데 만족해야 한다. 빈번하게 일정을 취소하고 변경을 일삼는 상관은 마치 흔들리는 시계추와 같은 사람이라는 이미지를 주게 되며, 그의 신뢰성에 대해서 의문을 갖게 만든다.

많은 사람들이 동의하지만, 대부분의 이스라엘군 지휘관들과 장교들은 일주일 이후의 만남을 약속하는 것이 무척 어렵다. 사적인 일에 약속을 잡는 것도 마찬가지다. 장교들은 한 가정의 가장으로서 자기 가족과의 불필요한 논쟁거리를 피해 갈 수 있는 말을 자주 사용하게 된다. "부대 일정이 갑자기 바뀌어서 오늘 집에 못 들어갈 것 같아. 어쨌든 난 군인이잖아."

반면, 항상 무전을 대기하면서 총의 방아쇠를 당길 채비를 한 가운데 최전방에서 근무하고 있는 군인들에게는 예정에 없던 일정 변경이 정당화될 수 있다. 그들은 고도의 경계태세를 유지하면서 항상 긴장한 채로 어떠한 상황 변화에도 즉각적으로 대응할 수 있는 준비를 해야 하기 때문이다. 그러나 평시의 상황에 있는 여타의 부서에서는 일정을 갑작스럽게 변경시킬 수 있는 정당성을 찾기란 쉽지 않다.

모든 일을 하는 데는 적당한 시간과 장소가 있다. 평시나 전시를 막론하고 군인들은 일의 시작과 마무리를 맺는 데 있어 생각해야 할 것이 있다. 야간까지 업무를 연장하는 풍토가 야전부대의 전형적인 모습이 되었으며 하나의 철학이 되어 버렸다. 이들은 야간을 하나의 '여유시간(Spare Time)'으로 간주하면서, 주간에 미처 마치지 못한 업무를 야간에 마무리 지으려고 애를 쓴다. 복무규정상 군인들은 하루에 최소한 6시간 이상의 수면시간을 보장받도록 되어 있다. 우리의 야전부대 군인들은 "업무를 아직 끝내지 못했습니다. 그래서 오늘 야간에 마무리 지으려고 합니다!"라고 하면서 자신들이 가지고 있는 하나의 특권이라고 영광스럽게 말한다. 가끔씩 우리는 한숨도 자지 못한 밤, 소위 '하얀 밤(White Night)'을 보내면서 일하고 있는 군인들을 만나게 된다.

잠을 한숨도 재우지 않은 채 군인들로 하여금 자기의 역할을 다하도록 훈련시킬 수는 없다. 오직 그들에게 수면 부족의 고통을 참아 가며 일하는 방법에 대해서 가르치고 있을 뿐이다. 수면 부족은 사람으로 하여금 자기 주변의 일에 대해서 집중력을 감퇴시키게 만든다. 이러한 잘못된 관행을 시정하지 않는다면, 이스라엘군에서 제시하고 있는 교육훈련의 목표를 성공적으로 달성하기란 결코 쉽지 않을 것이다.

민간 사업가들의 첫 번째 철칙인 '시간은 돈이다'라는 말은 시간 사용에 대한 효율성을 강조하는 말이다. 이에 반해서 이윤추구의 동기가 결여되고 인력과 시간을 최적화하는 데 관심이 적은 공공조직에서는 항상 효율성이 떨어진다.

이스라엘군에서는 조직의 인원수와 이들에게 부여되는 과제 수가 적절하여 효율적으로 업무가 수행되는지 확인하는 직무분석을 주기적으로 실시하고 있다. 그러나 어떠한 형태의 합리적인 직무분석의 시도에도 불구하고 불합리한 조직 운용이 계속되고 있다고 생각한다. 우리는 군인 한 명당 적절한 수의 과제를 수행하도록 만듦으로써 경제적으로 인력을 운용해야 한다.

나는 지휘관과 참모들이 밤을 새워서 일을 하고 있는 동안, 다른 한편에서는 상당수의 군인들이 빈둥거리고 놀고 있는 모습을 본 적이 있다. 조직의 슬림화란 직책의 숫자를 줄인다는 의미이다. 그러나 지휘관들은 자기 조직의 자리를 줄이는 것에 반대하고 나서면서 이러한 질문을 자주한다. '그런데 그런 자리를 줄이게 되면 나한테 돌아오는 보상으로는 도대체 무엇이 있는가요?'

우리에게 부여된 과제를 효율적으로 해결하는 유일한 방법은 우선 '고도의 군대 직업윤리'를 개발하여 부단하게 학습시키고, 동시에 주간 동안의 일과 시간을 최대한 활용해서 일하는 것이다. 이스라엘에서 일요일 아침부터 금요일 오후까지 주 6일은 우리가 효율적으로 일을 하는 데 충분한 시간이다.[175]

지휘참모대학 학장으로 재직하는 동안 나의 첫째 아들인 드로르가 18살이 되어 징병대상이 되었다. 처음으로 아들이 군복 입고 있는 모습을 보면서 나는 한 세대가 지나가고 있음을 실감하게 되었다. 나는 병사들을 만날 때마다 내가 그들의 아버지인 것처럼 느끼게 되었다. 이제 나는 군생활을 같이하고 있는 그들의 동료이자 경험 많은 큰형님과 같은 존재는 더 이상 아니었다.

아들이 부대 내에서 동료들과 자신이 받았던 부당한 일과 또 그가 가지고 있는 사소한 고민거리를 나에게 털어놓을 때, 나는 이에 대해서 일절 관여하지 않았다. 나는 초급 지휘관들이 자기 부하들에 대해서 저지르고 있는 그런 못된 종류의 행동에 대해 잘 알고 있었지만, 그저 그러려니 하고 넘어갔다. 한밤중 부대 내에서 벌어지고 있는 일을 누구보다도 잘 알고 있는 고참 군인보다는, 단지 한 병사의 아버지로서 남아 있기를 바랐다.

그러나 정작 아들이 실제 작전임무에 출동하거나 위험한 일을 처리하고 있을 때, 나는 아들이 겪고 있을 시련을 생각하면서 그저 불안해할 뿐이었다. 아들은 부대에 있고 나는 여기에 있는데, 내가 여기서 해 줄 수 있는 일이 도대체 무엇이 있다는 말인가? 내가 군생활을 하고 있을 동안 나의 부모님이 겪으셨던 온갖 노심초사를 이해할 수 있게 되었다. 이제서야 나는 아들을 전쟁터에 내보낸 아버지의 심정을 알게 되었다.

---

175 현재 이스라엘은 주 5일 근무를 하고 있다. 관공서와 일반직장은 일요일부터 목요일까지 근무한다. 이스라엘의 주말은 금요일 일몰부터 토요일 일몰까지(안식일)이기 때문에, 금요일을 휴무하거나 이날 오전근무만 하고, 대신 일요일부터 정상적인 근무를 시작한다.

당시 지휘참모대학 학장을 하면서 나는 또 하나의 직책을 부여받았는데, 이는 전쟁의 위기가 발생했을 때 곧바로 임무를 수행할 수 있는 '전시 사단장' 직책이다. 이것을 이스라엘군에서 예외적인 조치로 시행하였는데, 그동안 나는 개인적으로 이 제도를 강하게 주장하여 왔었다. 따라서 나는 전쟁이 발발하게 되었을 경우, 전시에 새로운 직책을 찾아서 헤맨다거나 또는 다른 전투지휘관들의 고문관 역할에 머무를 필요가 없게 되었다. 전시 사단장 직책의 일은 평시에 상근 업무를 요구하고 있었기 때문에, 결과적으로 나는 지휘참모대학 학장으로 보내는 기간을 두 배나 힘들게 보내게 되었다. 다행하게도 추크 부스탄(Tzuk Bustan) 대령이 그 사단의 부사단장으로 근무하면서 평시의 모든 업무를 잘 처리해 주었기 때문에, 나는 전시 사단장 직책을 무난하게 겸직할 수 있게 되었다.

한편 지휘참모대학 학장으로서 보직기간이 끝나 갈 무렵, 모세 레비 참모총장은 나와 같은 준장 계급을 가진 동년배의 장군을 나보다 상위 직책에 보직시켰다. 그 직책은 야전 사령관[176]으로 진출하고자 할 때 우선권을 가지는 것이 통상의 관례였기 때문에 나는 불리한 위치에 서게 되었으며, 의사결정권자에게 더 활발한 로비를 펼쳐야 이 문제를 해결할 수 있게 되었다. 그러나 그러한 행동은 결코 나의 적성이 아니었다.

참모총장의 의중은 도대체 무엇일까? 참모총장의 측근이 나에게 암시해 주기를, 내가 그의 사람이 아니기 때문에 현재의 참모총장에 기대어 진급할 수 있는 기회는 거의 없을 것 같아 보였다. 나는 일단 기다려 보기로 하였다.

---

176 야전 사령관: 3개 지역사령관(북부사령부, 중부사령부, 남부사령부)을 말하며 소장 계급이다.

전사의 길

이번에 이치크 모르데카이 장군이 요시 펠레드(Yossi Peled) 장군 후임으로 최고사령부 교훈참모부장이 된 것이다. 나와 같은 동년배가 처음으로 나의 상관이 되었다. 더군다나 과거 한때 나의 부하였던 사람 밑에 내가 놓이게 된 것이다. 이러한 일은 내 개인적으로 처음 있는 일이었다. 현재의 상관이 된 과거의 부하와, 또 과거에 그의 상관이었던 나 자신에 대한 관계를 설정하는 데 혼란을 일으켰다. 이런 일이 생기게 되면 통상 그들은 성숙함을 발휘해 서로 호의를 베풀어 줌으로써, 최초에 발생한 혼란을 없앤 후 각자 자신의 지위와 역할에 맞는 방식으로 행동하게 된다.

지휘참모대학 학장을 마치고 난 후 내가 원했던 직책은 새로 창설된 지상군사령부(Ground Corps Command)[177]의 부사령관이었다. 아미르 드로리 지상군사령부 사령관이 나의 요청을 받아들여 줌으로써, 과거 한때 우리 사이에 있었던 불화에 대한 소문이 사라지게 되었다. 참모총장 역시 이를 승인해 주었다. 그래서 나는 지휘참모대학 학장으로 3년을 보낸 후, 후임의 자리를 내가 골란고원에서 사단장을 할 때 부사단장을 지냈던 유드케 장군에게 넘겨주었는데 그의 임명에 대해서 아무도 이의를 제기하지 않았다. 그리고 나는 얼마간의 휴가를 가지기 위해 집으로 돌아갔다.

몇 주 지난 후 모세 레비 참모총장이 나를 불렀다. 그는 내가 지휘참모대학을 혁신시켜 준 것에 대해 치하해 주면서, 앞으로 더욱 발전시킬 수 있는 방안에 대한 조언을 구했다. 참모총장은 내가 학생들에게 끼쳤던 바람

---

177 **지상군사령부:** 1983년에 창설되었으며 우리나라의 교육사령부와 유사한 기능을 수행하는 사령부이다. 그 이전까지는 작전지휘권을 가지지 않은 4개 기능사령부(훈련사령부, 기갑사령부, 가드나사령부, 나할사령부)가 각각 참모총장의 직접통제하에 있었다. 창설된 지상군사령부는 참모총장의 직접통제를 받으며, 육군의 각 병과를 통합하고 예하에 보병 및 공수부, 기갑부, 포병부, 공병부 등 4개 부서를 두었다. 현재는 정보부가 추가되어 5개의 전투 및 전투지원 부서를 두고 있다. 지상군사령부의 주요 수행 업무는 예산 및 편제 발전, 훈련 및 교리 발전, 인력개발 및 운용, 무기체계 연구개발 및 획득이다.

직한 영향에 대해서 언급하면서, 이제 지휘참모대학은 모든 장교들이 가고 싶어 하는 학교가 되었다고 말했다. 대화가 계속되고 분위기가 편안해지자, 나는 최근에 공석이 된 최고사령부 교훈참모부장으로 근무하고 싶다는 의향을 내비쳤다.

참모총장은 이에 동의하였다. "자네라면 적임자지. 그리고 자네는 육군의 준장 계급에서 가장 선임자이니 진급도 할 만하지." 이렇게 말하고 대화를 끝냈다. "이 문제에 대해서는 좀 더 대화를 나누어 보도록 하자고."

몇 달 후 나는 참모총장 행정실로부터 연락을 받았다. 지상군사령부의 부사령관으로 신고하라는 것이었다. 새로 부임한 우리 사기에 사령관이 몇 주 전 자기와 같이 일해 주면 좋겠다고 내게 말한 적이 있었다. 그래서 기다리고 있던 전화를 받은 지 채 24시간이 되기도 전에, 나는 군복에다 지상군사령부 부대마크를 달았다.

나는 지상군사령부 업무에 빠르게 적응하였다. 나는 거의 모든 지휘관들과 예하 부대를 잘 알고 있었기 때문에 마치 내 집에 온 것처럼 편안함을 느꼈다.

과거 내가 사단장으로 재직할 동안, 부대를 제병협동으로 훈련시킬 수 있는 조직이나 상급 사령부가 없어서 많은 곤란을 겪었다. 따라서 당시 내가 오직 할 수 있었던 것은 각자 병과 부대별로 각자의 전투력을 극대화시켜 주는 것이었다. 각자 병과부대들은 자체 우선순위에 따라 자원을 할당하고 부대를 훈련시켰다. 내가 사단장이었지만 내 마음대로 자원이나 병력을 부대 간에 전환하여 사용할 수 없었다. 따라서 어떤 부대는 훈련이 잘되어 있었고 또 어떤 부대는 그렇지 못했다. 통상 훈련이 잘된 부대는 같은 색깔의 베레모를 쓴 같은 병과의 군인들이 모여 있었던 병과부대[178]들이었다. 심지어 포병부대의 잉여분 교탄을 사격할 수 있도록 조정해 주기 위해 전차부대에 배정된 훈련시간을 마음대로 빼내어 쓸 수 없었다. 병과별 교육

훈련이 우선시되는 여건 속에서 전투준비를 하는 데 불필요한 부분들이 많이 중복되어 있었다. 각자 병과학교와 병과부대들은 타 병과와 상호협력 없이 오직 자신들만의 무기체계와 물자를 개발하고 자신들의 기준에 맞추어 군인들을 훈련시켜 왔다.

지상군사령부의 창설은 이 모든 것에 대한 해답을 제시해 주었다. 나는 지상군사령부가 지향하고 있는 목표와 방향을 이해하고 그것의 추진에 직접 동참한 후에야, 이 조직이 얼마나 거대하고 강력한 집단인가를 알 수 있게 되었다. 지상군사령부는 각 병과부대들을 협력시키는 기관인데 특히 병과 교육기관인 보병학교, 포병학교, 기갑학교, 공병학교, 장교후보생학교(OCS), 특수병과 학교 등을 관장하는 조직이다. 나는 다시 부지휘관이 되었지만 이번에는 전과 여건이 달랐다. 지상군사령부의 부사령관이라는 직책은 개인적인 성향과 이를 충분히 감당할 수 있는 역량이 있다면, 어떤 일이든지 추진해 낼 수 있었다. 또한 사기에 사령관이 나에게 업무 재량권을 상당부분 위임해 주었기 때문에 일하기에 무척 용이하였다. 우리는 제병과의 상호작용을 향상시키기 위해 창조적이고 생산적인 방법을 동원함으로써, 이스라엘군의 현용 전력을 극대화시키고 미래 전력을 창출하는 데 많은 성과를 거두었다. 이곳의 직책은 내가 군에서 받았던 최고 보직 중의 하나였다.

---

178 **베레모 색깔:** 이스라엘군은 다양한 색상의 베레모를 착용함으로써 병과, 군별, 그리고 특징적 전통을 가진 부대를 나타낸다. 이러한 전통은 같은 병과나 같은 부대에 대한 소속감과 자부심을 가지게 한다. 보병(황록색), 포병(청록색), 기갑(흑색), 공병(회색), 전투병과를 제외한 병과(초록색), 공수부대(적색), 골라니부대(갈색), 기바티부대(자주색), 나할부대(녹색), 해군(청색), 공군(진회색) 등이다.

맺음말

다른 모든 고급 장교들과 같이 나도 이제 군생활의 갈림길에 들어서게 되었다. 나는 이제까지 군대의 일을 사랑해 왔었다. 매일매일 아침을 창조의 기쁨으로 시작했었다. 또 내가 입고 있는 군복은 나의 인격으로부터 분리할 수 없는 나의 명함이 되었다. 나는 단순히 외출하는 것조차 '부대이동 하겠습니다'라고 말하는 식의 군대언어가 몸에 배었다. 이 모든 것을 생각해 볼 때 나의 미래가 궁금하였다. 해외 주재 이스라엘 대사관의 무관으로 나가서 근무하는 것도 그리 마음에 끌리지 않았다. 비록 나에게 주는 직책이 아무리 매력적이라고 하더라도, 육군 소장의 계급과 권위를 수반하지 않는다면 나는 어떠한 보직도 받아들이지 않으리라 마음먹었다.

갈림길에 선 장교들

다른 나라의 군대와 달리 이스라엘군에서 장교들은 비교적 젊은 나이에 중요 직책에 오르게 된다. 매번 전쟁이 끝난 후 많은 장교들이 진급하게 되는데, 전쟁 전에 수행했던 자기 직책과 비교해서 더 낮은 계급장을 달고 있었던 장교들이 우선적인 대상이 된다. 또 이스라엘군에서는 만성적인 장교 부족 현상을 겪고 있기 때문에 젊은 나이에 많은 장교들이 상위 직책에 임명된다. 따라서 우리나라 군대는 세계에서 가장 짧은 진급 최소경과 기간을 가지고 있다. 이 현상은 특히 전투부대에서 두드러진다. 대대장은 대략 27세 정도, 여단장은 32세에서 35세 사이, 그리고 사단장조차 40대 초반에 그 직책을 수행한다.

피라미드 계층구조를 형성하고 있는 일반적인 사회 조직과 마찬가지로 이스라엘군에서도 상위 직책으로 진출하기란 매우 힘들다. 많은 장교들이 소수의 상위 직책을 두고 경쟁하게 되는데, 일단 그 자리에 누가 선택되고 나면 그 직책을 두고 다투어 왔던 다른 사람들은 모두 배제된다. 따라서 많은 장교들은 상위 직책에 자리가 생기는 기회를 엿보고 있다.

대부분의 장교들은 자신이 군대에서 계속 복무할 수 있다는 것을 당연하게 생각하고 있으며, 또 더 중요한 직책도 능히 잘 해낼 수 있다고 믿고 있다. 그들은 먼저 진급한 사람과 자기 자신을 비교해 본 후 하나의 결론에 도달하게 되는데, 자신은 먼저 진급한 사람보다 결코 모자라는 사람이 아니며, 만일 그렇다손 치더라도 진급을 추구하는 자신의 권리는 절대적인 것이라고 생각한다.

어느 단계의 계급까지 올라가면 장교들은 자기 홍보의 필요성을 느끼게 된다. 장교들은 상위 직책의 꿈을 향해 나가면서 영향력 있는 사람들을 만날 때까지 어떠한 노력도 아끼지 않으며, 자신을 진급시켜 줄 그들에게 로비하기 시작한다. 장교들의 능력을 평가하고 있다지만 절대적인 기준은 있을 수 없으므로 다음과 같은 비밀이 공공연하다. '틀림없는 사람과 틀림없는 관계를 유지하라. 그러면 당신의 삶이 보장될 것이다.'

장교들은 자신이 원하는 보직을 얻지 못하고 40세가 넘어가게 되면 필연적으로 전역을 고려하게 된다. 그러나 현 상태에서 그대로 안주하고 싶은 장교들은 전역을 서두르지 않고 계속 군복무하기를 희망한다. 왜냐하면 군대는 직업군인들에게 하나의 큰 울타리를 제공해 주고 있는데, 이들에게 적절한 봉급을 주고 경제적인 안전망을 지켜 주며 또 필요한 각종 혜택을 주기 때문이다.

전역해서 사회생활로 돌아가려고 할 때 온갖 종류의 불안감이 드는데, 이 중에서 가장 큰 두려움은 불투명한 미래의 삶이다. 이스라엘의 일반사회는 고급 장교들이 가진 능력과 명성을 높게 평가해 주고 있기 때문에, 이들이 민간 분야에서 어렵사리 자기 자리를 찾는 것에 대해서는 의심의 여지가 없다. 그럼에도 불구하고 40세나 50세의 나이에 직업을 새로 구해야 한다는 사실은 전역장교들에게 일종의 절망감을 안겨 준다. 이제까지 막중한 책임을 지고 일하는 데만 익숙해져 있던 고급 장교들에게 피할 수 없는 한 가지 사실은, 전역 후에 더 이상의 진급은 없다는 것이다. 극소수의 예외적인 사람들만이 자기가 군에 있을 때 가졌던 비슷한 지위에 오를 수 있다. 나머지 대부분의 사람들은 통상 밑바닥에서부터 다시 시작해서 새로운 길을 개척해야 한다. 우리는 어느 누구도 중년의 나이에 자신의 삶을 새로 시작하려 들지 않기 때문에, 많은 이스라엘군 장교들이 전역을 자꾸 미루고 있는 것도 그리 놀라운 일은 아니다.

일단 군복무를 계속하기로 결정하고 나면, 장교들은 진급을 위해서 자신이 할 수 있는 일은 무엇이든지 다 하게 된다. 그러나 문제는 진급 기회가 거의 희박한 사람들은 자신이 분명하게 할 수 있는 일이 거의 없다는 것이다. 그렇다고 해서 화려한 군경력을 가지고 있는 고급 장교에게 다가가서 '당신은 이제 갈 때까지 다 가지 않았나요'라고 말하기도 어렵다. 그렇기 때문에 많은 사람들은 결코 오지 않을 진급에 목을 빼고 기다리고 있다. 그러다가 그들은 배은망덕한 자들의 희생양이 되었다는 억울한 감정을 가진 채, 결국은 전역하게 된다.

군대는 장교들에게 군생활을 열심히 하고 있을 동안 전역 후에 하게 되는 일에 대해서는 그 어떠한 것도 시켜 주지 않는다. 군대는 자기 조직에 필요한 것을 최대한 얻어 내기 위해서 장교들의 수십 년 동안의 세월을 십분 활용한다. 그리고 전역이 임박한 장교들에게 사회생활로 전직이 용이하도록 군의 재취업 교육기관에서 프로그램을 만들어 교육시켜 준다. 특정병과의 출신이나 전문직 장교(의무, 법무 등) 출신들은 사회에서 비교적 쉽게 직업을 구한다. 이와 대조적으로 전투부대에서 근무했던 직업군인들은 직장을 새로 구하기가 쉽지 않다. 전투병과 배지를 달고 훈련장에서 구슬땀을 흘렸고, 국경선의 철책에서 불철주야 고생했으며, 여러 전쟁터에서 죽을 고비를 무수히 넘겨 가며 20~30년 동안 고생했던 전투병과 군인들은 전역이라는 것이 특별히 고통스러운 일이라

전사의 길

는 것을 발견하게 된다.

　일반사회는 매년 급격하게 변화하고 있다. 민간분야는 과거의 한때처럼 평온한 곳이 아니기 때문에, 이스라엘군 장교들이 사회에 진출해서 직장을 잡는다는 것이 예전보다 더 어렵게 되었다. 그렇다고 해서 이제 막 군생활을 시작한 젊은 장교들은 먼 장래의 선택에 대해서 지금 당장 걱정할 필요는 없다. 그렇지만 나는 젊은 장교들이 군인으로서 올바른 삶을 살아가기 위해 군생활의 어려움을 참아 내기보다는, 전역 후 사회 직장에서 필요로 하는 경력을 쌓는 데 더 많은 관심을 가지려 하지 않을까 우려한다. 사회에서는 가치관의 우선순위가 변화하고 있고, 전투부대에서 복무하려는 장교들의 확보가 점차 어려워지고 있다. 군은 적극적인 홍보활동을 통해서 이러한 풍조를 바꾸려고 노력하고 있으며, 또 전투병과 장기복무자들을 충분하게 확보하기 위해서 장려금과 많은 혜택을 제공하고 있다. 그러나 그 성과가 눈에 띄게 보이지는 않는것 같다.

단 숌론 장군은 참모총장에 부임하기 전에 일반참모부에 있는 특별부서에 머물면서 새로운 직책에 대한 준비를 하고 있었다. 이때 나는 단 숌론 장군에게 면담을 요청하였다. 그는 당시 참모총장이었던 모세 레비 장군의 반대에도 불구하고 마침내 후임 참모총장으로 내정되었는데, 무척 낙천적이고 따뜻한 마음을 가진 사람이었다. 그와의 대화는 동료처럼 사적인 분위기 속에서 이루어졌고 내가 방을 나서려고 일어섰을 때, 나는 터널 끝에서 비치는 한 줄기의 빛을 볼 수 있었다.

　1987년 5월, 참모총장으로 취임한 단 숌론 장군이 공식 면담을 위해서 나를 호출하였다. 나는 참모총장과 이번의 대화가 내 군대 경력의 운명을 결정하리라는 것에 대해 의심의 여지가 없었다. 나는 분명한 대답을 받아 내어야 하겠다고 결심하였다. 만일 숌론 참모총장이 나에게 진급의 자리를 주지 않는다면, 나는 미련 없이 군을 떠날 것이다. 며칠이 지났다.

참모총장이 다시 불러서 다정스럽게 말했다.

"나는 요 며칠 동안 이스라엘군의 주요 기능을 몇 가지 검토해서 발전시킬 것을 결심하고 이를 적극 추진하기로 했네." 이렇게 말한 다음 본론에 들어갔다.

"자네는 야전부대 사령관으로 나가게 될 거야!"

"언제 말입니까?" 나는 그 시점을 알고 싶었다.

"한 달, 아니면 6주 이내에 이 문제가 일단락될 걸세."

그리고 나는 최고사령부 인사참모부장으로 먼저 근무하고 싶다는 의향을 전달했다. 나는 이 보직을 통해 이스라엘군에서 가장 중요한 무기인 훌륭한 자질을 가진 인재들을 선발하여 이를 육성하는 데 영향력을 미치고 싶었다.

몇 주 후 내가 곧 진급하게 될 것이라는 기사가 언론에 보도되었다. 세상에 미리 알려지는 것을 극구 피하려고 했던 나의 노력이 수포로 돌아갔다. 다음 날인 토요일, 이제까지 나를 성원해 주고 있던 수많은 사람들이 집에 있는 나에게 축하전화를 주었다. 그냥 알고 지내는 친구들도 인사를 건네주었고, 특별하게 친했던 친구들은 내가 이제까지 이 사실을 비밀로 해 온 것에 대해 이해하여 주었다. 나는 난처해졌다. 도대체 이 말이 어디서 흘러나와 언론에 보도되었는지 알 수 없었다.

8개월을 기다린 후 나는 참모총장에게 면담을 요청하였다. 이때 단 숌론 장군은 나를 똑바로 쳐다보지 못하고 책상위에 검토해야 할 서류를 찾는 척하였다. 그는 내가 이번에 면담을 요청한 이유에 대해 잘 알고 있었다.

"카할라니, 가까운 장래에 진급은 어려울 것 같아요." 그는 지난번과는 전혀 다르게 말했다.

나는 무엇이 참모총장으로 하여금 마음을 바꾸게 만들어 우리의 약속

전사의 길

을 저버리게 했는지 좀 더 자세하게 말해 달라고 요구했다.

단 숌론 참모총장이 조심스럽게 말했다.

"윗선에서 다른 지시가 내려왔네."

나는 눈을 돌렸다. 이제는 끝내야 하겠다고 스스로에게 말했다. 그러나 나는 이 사안에 대해서 이츠하크 라빈 국방장관과 면담할 권리가 있었기 때문에 그 권리를 사용하기로 하였다. 라빈 장관은 내가 언론에 대해서 실수했다고 생각하고 있었고, 또 단 숌론 참모총장과 내가 했던 구두 약속이 반드시 구속력 있는 것은 아니라고 말했다. 그는 나의 격해진 감정을 누그러뜨리려고 애쓰고 있었다.

"인내심을 가지게!" 라빈 장관은 자신의 이야기를 들려주면서 이를 증명해 보이려고 노력했다. 과거 모세 다얀(Moshe Dayan) 참모총장은 퇴임하기 전에 라빈이 아닌 다른 사람을 자기 후임 참모총장이 되기를 바라면서, 라빈을 교육연수에 보내 버리려고 했었다. 그렇지만 라빈은 나중에 결국 참모총장에 올랐던 것이다.

"자, 오늘 내가 어디에 있는지 잘 보라고. 바로 이 자리까지 와 있지 않는가." 국방장관은 웃으면서 말했다. "이번 선거가 끝날 때까지는 그 누구도 진급하지 않을 걸세!"

나는 포기하지 않았다. 적어도 내가 진급대상에 포함되어 있는지 여부는 말해 주어야 하지 않는가? 모든 것이 결정되면 따르겠지만, 나의 전역을 성급하게 언급하는 것은 부당하였다. 더군다나 나의 진급을 11월에 예정된 선거와 연계시키는 것은 더욱 부당하였다.

내가 몇 가지를 더 언급하면서 압박하는 바람에 결국 국방장관이 지고 말았다.

"그러면 이번 여름까지는 확답을 주겠네." 라빈 장관이 약속하였다.

국방장관실을 나오면서 나는 두 가지의 생각이 들었다. 하나는 나의 전역문제가 일단 해결되었다는 것과, 또 하나는 아직도 혼란스러운 상황이 계속 남아 있다는 것이다. 나는 일단 기다려 본 후 향후의 거취를 결정하기로 하였다.

여름이 되자 단 숌론 참모총장이 나에게 최고사령부의 교훈참모부장 자리를 제의하였다.

"자네의 인품은 이 나라 젊은이들의 상징이 되고 귀감이 될 걸세. 이 직책을 하면 이스라엘군을 물론 국가에도 많은 기여를 하게 될 거요!" 참모총장이 강조하였다.

나는 즉석에서 거절했다.

"저는 준장 계급을 달고서는 어떤 보직도 맡지 않겠습니다. 하지만 교훈참모부장 임명과 동시에 일 년 전 저에게 약속하셨던 야전부대 보직을 함께 받으면 좋겠습니다. 다시 말씀드리면 야전부대 사령관을 위한 진급 말입니다. 이 두 가지 모두 말입니다."

"나쁘지는 않군." 참모총장이 동의했다. "조만간 알려 주겠소!"

1988년 7월 말, 최고사령부의 일반참모부장 가운데 몇 사람이 그들이 가지고 있던 내부정보를 나에게 알려 주었다. 참모총장이 나에게 약속했던 야전부대 사령관 보직을 나 대신 다른 사람에게 주기로 결정하였으며, 일주일 이내 그가 취임할 것이라는 것이다. 이제는 모든 것이 끝났다. 전역을 결심하였다. 나는 사기에 지상군사령관에게 2주 이내로 보직을 떠나겠다는 사실을 알렸다. 나는 마무리 하지 못한 일을 모두 처리할 수 있도록 나의 일정계획을 보좌관에게 일임해 주었다. 나의 군생활에 있어서 보다 나은 변화를 기대하면서 마음을 졸여 왔던 수년의 세월을 보낸 후, 이러한 대단원의 결말은 오히려 나에게 일종의 해방감을 가져다주었다. 전역은 나 혼자의 결정이었다. 나는 오직 나의 양심, 직관, 존엄에 귀를 기울였으며 이들이 명령하는 대로 따랐다.

나는 나의 결심을 곧바로 참모총장 행정실장에게 알려 주었다. "나는 그 누구한테도 유감을 가지고 있지 않네." 최근에 직책을 맡은 담당 장교에게 말했다. "참모총장께 내가 전역할 것이라고 보고해 주게. 나는 씩씩하게 걸어서 나갈 거야. 약속하네."

숌론 참모총장은 언론을 통해서 나에게 그 어떤 것도 약속해 준 바가 없었노라고 주장하면서 대응하였다. 그것은 나에 대한 일종의 모욕이었다. 그렇다. 참모총장은 당연히 자신의 마음을 바꿀 권리가 있다. 그렇지만 이를 표현하는 데 분명 더 좋은 방식이 있었을 텐데….

나는 전역식을 위해서 골란고원에 주둔하고 있는 제7기갑여단으로 갔다. 내가 사병으로부터 시작해서 소대장, 중대장, 대대장, 그리고 여단장으로 성장해 온 이 곳에서 군을 떠나고 싶었다. 전역식 날 나는 무척 즐거운 하루를 보냈는데, 현직 여단장이 온갖 정성을 기울여 재미있는 행사를 준비해 주었기 때문이었다. 이 여단에서 복무중인 아들 드로르를 만나 본 후 작별을 고하고 네스 시오나의 고향 집으로 향했다.

거울 속에 비친 나의 모습을 바라보면서, 그동안 참 많은 일들이 있었구나 하고 생각했다. 내가 막상 이스라엘군을 떠나고 보니, 나의 머리털은 거의 다 빠지고 남아 있는 것도 대부분 백발이 되었다. 내가 집으로 가지고 온 커다란 가방에는 나의 발자취와 그동안 내가 이루었던 성취에서 나오는 만족감이 한가득 들어 있었다. 나는 그동안 나의 노력이 결코 헛되지 않았다고 생각한다. 내가 만일 군인의 일을 다시 시작해야 한다면, 나는 분명히 다시 시작할 것이다.

내가 군대에 기여한 것보다 군대는 그 이상의 것을 나에게 보답해 주었다. 나는 많은 인생의 경험, 지식, 그리고 상처를 간직하고서 군대를 떠나왔

골란고원에서 텔아비브로

다. 내가 떠나온 군대는 군복 입은 모든 사람들을 위한 따뜻한 가정이자 하나의 대가족이었다.

　나는 어렸을 때부터 시오니즘, 이스라엘의 건국, 그리고 국가 수호에 대한 많은 이야기를 들으면서 자라났다. 오늘날 내 몸에 난 전쟁의 상처들이 말해 주고 있듯이, 나는 내 자신이 어렸을 때 들었던 이야기들의 일부가 되어 가고 있음을 느끼고 있다.

전사의 길

부록

<부록 1> 6일 전쟁 작전요도: 시나이 전선

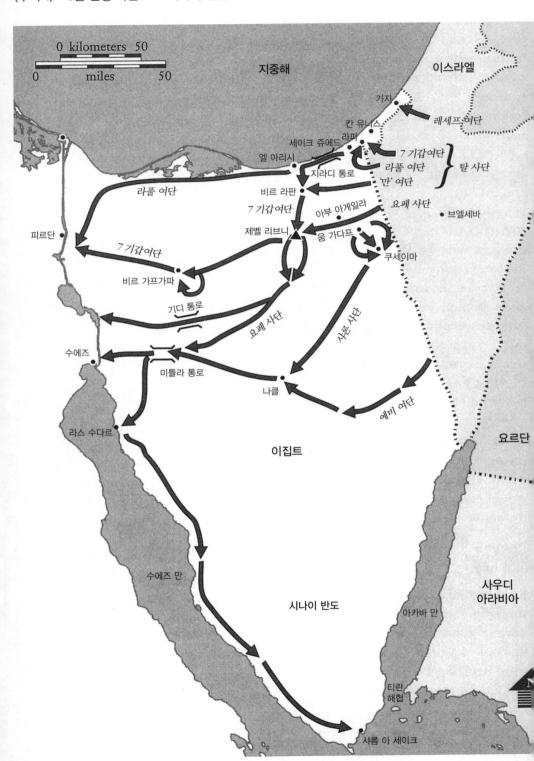

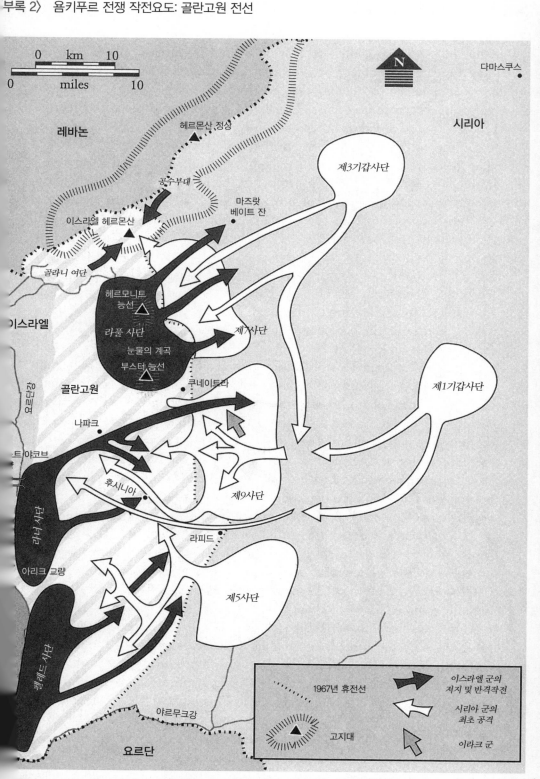

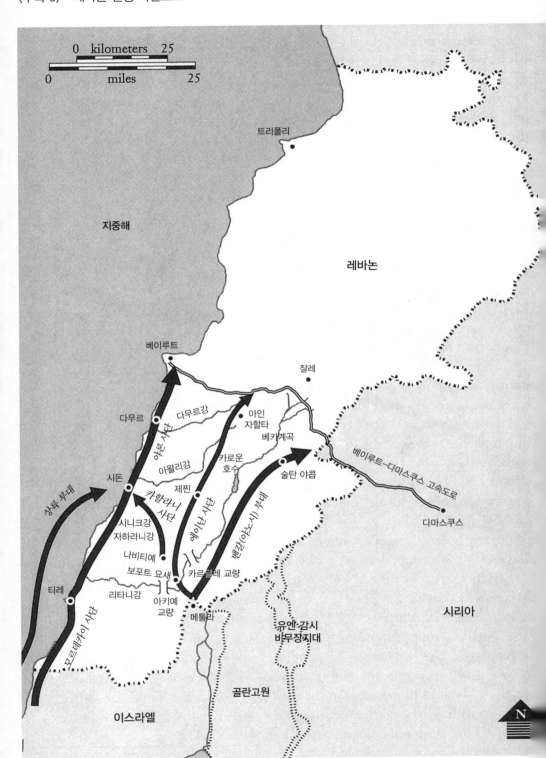

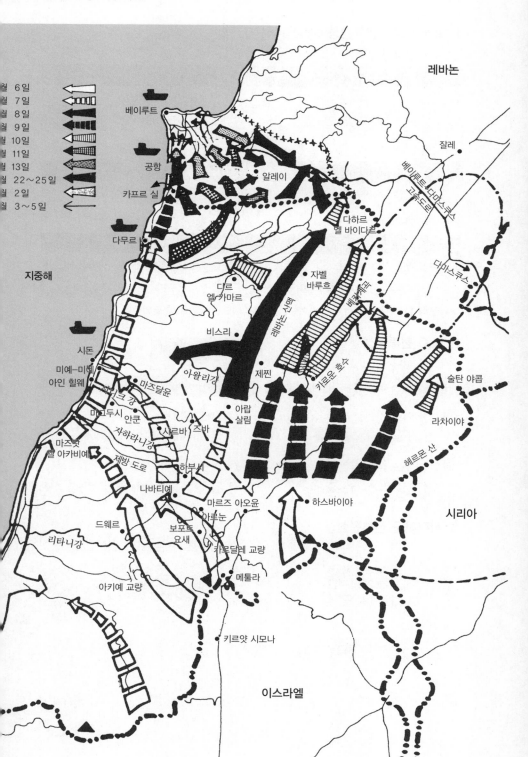

〈부록 4〉 레바논 전쟁 세부작전요도

1. 이스라엘군 전투편성(북부사령부)

〈서부 해안축선 부대〉

Task Force A	상륙부대 Task Force B
제91사단	제96사단
제211기갑여단	제35공수여단

〈중앙축선 부대〉

Task Force C	Task Force D
제36사단(-)	제162사단(-)

〈동부 베카축선 부대〉

Task Force H	Task Force V	Task Force Z	특별기동부대	예비대
제252사단	제460기갑여단	제90사단	2개 혼성여단	제880사단
	1개 기계화보병여단			

※나중에 1개 기갑여단, 1개 공수여단, 1개 보병여단이 추가로 증원되었음.

2. PLO 전투편성

〈카스텔 여단〉

티레(2,000명) | 리타니강-자하라니강(1,000명) | 시돈(1,500명) | 주아이야(700명) | 나바티예(1,000명)

〈야르묵 여단〉

마르즈 아오윤(500명)

〈카라메 여단〉

하스바이야-라차이야(1,500명)

〈아인 잘루드 여단〉

시돈-다무르(1,000명)

〈베이루트 방어 부대〉

베이루트(6,000명)

3. 시리아군 전투편성

〈베카계곡〉

제1기갑사단
제62독립여단
10개특공대대

〈베이루트-다마스쿠스 고속도로〉

1개 전차여단
1개 보병여단
20개 특공대대

〈베이루트〉

제85보병여단

〈부록 6〉 레바논 전쟁 시 이스라엘군 지휘체계

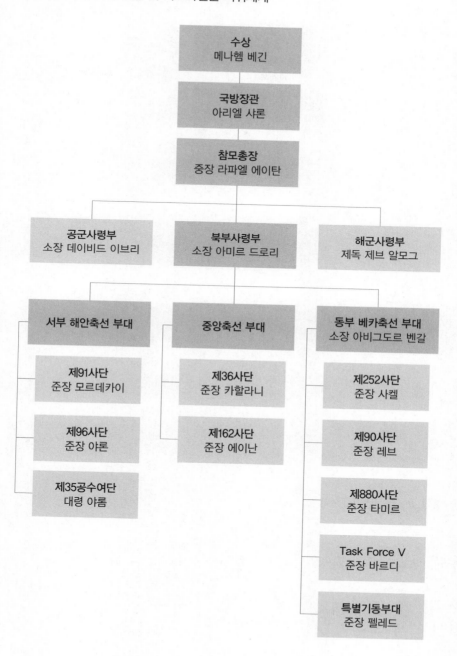